U0229342

电网**新技术**读本

智能用电
与大数据

ZHINENG YONGDIAN
YU DASHUJU

国家电网公司人力资源部　组编

中国电力出版社
CHINA ELECTRIC POWER PRESS

内 容 提 要

本套书选取目前国家电网公司最新的 18 项技术发展成果，共四个分册，分别为智能用电与大数据、清洁能源与储能、电力新设备、新型输电与电网运行。每个分册由 3~6 项科技创新实践成果组成。

本书为专业类科普读物，不仅可供公司系统生产、技术、管理人员使用，还可作为公司新员工和高校师生培训读本，亦可供能源领域相关人员学习、参考。

图书在版编目（CIP）数据

电网新技术读本 / 国家电网公司人力资源部组编 . —北京：中国电力出版社，2018.4
ISBN 978-7-5198-1433-5

Ⅰ. ①电…　Ⅱ. ①国…　Ⅲ. ①电网－电力工程－研究　Ⅳ. ① TM727

中国版本图书馆 CIP 数据核字（2017）第 293724 号

出版发行：中国电力出版社
地　　址：北京市东城区北京站西街 19 号（邮政编码 100005）
网　　址：http://www.cepp.sgcc.com.cn
责任编辑：袁　娟　郭丽然　高　芬
责任校对：常燕昆
装帧设计：王英磊　赵姗姗
责任印制：邹树群

印　　刷：北京九天众诚印刷有限公司
版　　次：2018 年 4 月第一版
印　　次：2018 年 4 月北京第一次印刷
开　　本：710 毫米 ×980 毫米　16 开本
印　　张：48.75
字　　数：812 千字
印　　数：0001—3000 册
定　　价：168.00 元

编 委 会

编 写 组

组　长　吕春泉

副组长　赵　焱

成　员　（按姓氏笔画排序）

于玉剑	王少华	王海田	王高勇	王　赞
邓　桃	田传波	田新首	刘广峰	刘文卓
刘　远	刘建坤	刘剑欣	刘剑锋	刘　博
刘　超	刘　辉	孙丽敬	庄韶宇	汤广福
汤海雁	汤　涌	纪　峰	许唐云	闫　涛
佘家驹	吴亚楠	吴国旸	吴　鸣	宋新立
宋　鹏	张　升	张宁宇	张成松	张明霞
张　朋	张　翀	张　静	李文鹏	李　庆
李　特	李索宇	李维康	李　智	李　琰
李　琳	李　群	李　鹏	杨兵建	苏运豪
迟忠君	陈龙龙	陈继忠	陈新前	陈象贤
陈　静	周万迪	周建辉	周　风	周劲松
庞　辉	郑　柳	金　锐	姚国磊	柳在汛
胡　晨	贺之渊	赵　冲	赵　磊	凌在磊
徐　珂	郭乃网	高家良	崔一宽	崔　妮
常乾坤	曹俊平	温　艳	蒋愉	韩正一
解　兵	蔡万里	潘	魏晓光	瞿海

前　言

习近平总书记在党的十九大报告中指出，"创新是引领发展的第一动力，是建设现代化经济体系的战略支撑"。科技兴则民族兴，科技强则国家强。国家电网公司作为关系国民经济命脉、国家能源安全的国有骨干企业，是国家技术创新的国家队、主力军，取得了一大批拥有自主知识产权、占据世界电网技术制高点的重大成果，实现了"中国创造"和"中国引领"：攻克了特高压、智能电网、新能源、大电网安全等领域核心技术；建成了国家风光储输、舟山和厦门柔性直流输电、南京统一潮流控制器、新一代智能变电站等重大科技示范工程；组建了功能齐全、世界领先的特高压和大电网综合实验研究体系和海外研发中心；构建了全球规模最大的电力通信网和集团级信息系统，以及世界领先的电网调控中心、运营监测（控）中心、客户服务中心，建立了较为完整的特高压、智能电网标准体系。截至 2016 年底，国家电网公司累计获得国家科学技术奖 60 项，其中特等奖 1 项、一等奖 7 项、二等奖 52 项，中国专利奖 72 项，中国电力科学技术奖 632 项。累计拥有专利 62036 项，连续六年居央企首位。

为进一步传播国家电网公司创新成果，让公司系统广大干部和技术人员了解公司科技创新成果和最新研发动态，增强创新使命感和责任感，激发创新活力和创造潜能，国家电网公司人力资源部组织编写

了本套书，希望通过本套书的出版，促使广大干部员工以时不我待的精神和只争朝夕的劲头，不忘初心，持续创新，推动公司和电网又好又快发展。全套书共四个分册，分别为智能用电与大数据、清洁能源与储能、电力新设备、新型输电与电网运行，每个分册由 3～6 项科技创新实践成果组成。智能用电与大数据分册包括智能用电与实践、电力大数据技术及其应用、电动汽车充电设施与车联网；清洁能源与储能分册包括风光储联合发电技术、可再生能源并网与控制、虚拟同步机应用、新型储能技术；电力新设备分册包括直流断路器研制与应用、新型大容量同步调相机应用、特高压直流换流阀、大功率电力电子器件、交流 500kV 交联聚乙烯绝缘海底电缆、±500kV 直流电缆与应用；新型输电与电网运行分册包括电网大面积污闪事故防治、柔性直流及直流电网、电力系统多时间尺度全过程动态仿真技术、统一潮流控制器技术及应用、交直流混合配电网技术。作为一套培训教材和科技普及读物，本书采取了文字与视频结合的方式，通过手机扫描二维码，展示科研成果、专家讲课和试验设备。

智能用电与大数据分册由信产集团、上海电科院、南瑞集团组织编写；清洁能源与储能分册由冀北电科院、中国电科院组织编写；电力新设备分册由联研院、江苏电科院、湖北电科院、浙江电科院组织

编写；新型输电与电网运行分册由中国电科院、联研院、江苏电科院、国网北京电力组织编写。

由于编写时间紧促，本书难免存在疏漏之处，恳请各位专家和读者提出宝贵意见，使之不断完善。

编　者

2017 年 12 月

目录

前言

1 智能用电与实践

PART

1.1 概述 ……………… 2

　1.1.1 智慧用能发展背景 … 2

　1.1.2 应用背景 …………… 3

1.2 主要创新点 ………… 5

　1.2.1 基于物联网的智能硬件
　　　　系统 …………… 5

　1.2.2 面向移动互联网的智慧家
　　　　庭平台与客户端 …… 12

　1.2.3 适应智能电网的智慧家
　　　　庭服务体系 ……… 15

　1.2.4 以电能为核心的区域综
　　　　合能源系统 ……… 17

1.3 工程应用 ……………… 19

　1.3.1 天津中新生态城智慧
　　　　家庭 …………… 19

　1.3.2 客服北园区绿色复合型
　　　　能源网 ………… 24

1.4 技术展望 ……………… 32

　1.4.1 经济效益分析 …… 32

1.4.2　社会效益分析 ···················· 33

2 电力大数据技术及其应用

PART

2.1　概述 ····················· 36

2.1.1　大数据的提出 ··················· 36

2.1.2　电力大数据 ···················· 37

2.1.3　电力大数据的研究及应用现状 ············· 40

2.2　电力大数据平台技术 ················· 43

2.2.1　电力大数据平台总体架构 ············· 43

2.2.2　硬件平台 ···················· 44

2.2.3　基础平台 ···················· 45

2.2.4　应用平台 ···················· 47

2.3　电力大数据应用场景 ················· 48

2.3.1　服务于电网企业自身 ··············· 48

2.3.2　服务于电力用户 ················· 52

2.3.3　服务于社会经济 ················· 53

2.4　配用电大数据应用案例 ················ 54

2.4.1　配用电大数据总体架构 ·············· 55

2.4.2　配用电大数据应用 ··············· 56

2.5　电力大数据应用 ·················· 66

2.5.1　电力大数据价值蓝图 ·············· 66

2.5.2　电力大数据推进计划 ·············· 67

2.6　技术展望 ····················· 69

参考文献 ······················· 71

3 电动汽车充电设施与车联网

3.1 概述 ·· 74

　3.1.1 电动汽车及其充电设施 ························· 74

　3.1.2 车联网 ·· 77

3.2 主要创新点 ·· 78

　3.2.1 电动汽车充电设施 ······························· 78

　3.2.2 车联网服务平台 ································· 81

3.3 工程应用 ··· 87

　3.3.1 充电设施建设与实践 ··························· 87

　3.3.2 车联网 ·· 89

3.4 技术展望 ··· 98

　3.4.1 电动汽车及充电设施技术展望 ··············· 98

　3.4.2 车联网平台技术展望 ··························· 99

参考文献 ··· 100

PART 1

智能用电与实践

1.1 概述

近年来，应对气候变化、保障能源安全，已经成为世界各国能源战略的重要内容，受到广泛关注。随着经济与社会的快速发展，我国对能源的需求量愈来愈大，能源供给与能源需求之间的矛盾越来越突出。加之当前能源形式以化石燃料为主，也带来了日益加剧的环境污染问题。为缓解能源短缺与能源需求的矛盾，缓解环境保护的压力，我国在可再生能源规模化开发利用、智能电网发展与建设等方面制定了相应的政策和发展规划。

美国著名学者杰里米·里夫金在《第三次工业革命》中提出"我相信我们正处在第三次工业革命的开端，在这次革命中，互联网技术将与可再生能源结合在一起，创造一种强大的、新的能源基础设施"。将能源网和互联网深度融合，可为解决人类所面临的能源危机和环境问题提供新途径。

近年来，我国在"互联网＋"智慧能源、电能替代、可再生能源等方面相继出台了一系列政策，明确了未来我国能源的发展方向。

1.1.1 智慧用能发展背景

2008 年，美国国家科学基金项目"未来可再生电力能源传输与管理系统"提出了能源互联网这一概念，指出能源互联网是一种构建在可再生能源发电和分布式储能系统基础上的新型电网结构，是智能电网的发展方向。加拿大为提高能源利用效率、响应节能减排、增强多能源协同效益，推出了覆盖全国的社区多能源系统（Integrated Community Energy Solutions，ICES），计划在 2050 年之前完成技术、信息、政策的革新。2012 年 5 月 9 日，欧盟在布鲁塞尔召开了题为"成长任务：欧洲领导第三次工业革命"的会议，提出了"E-energy"计划，致力于打造新型能源网络，在整个能源供应体系中实现数字化互联以及计算机控制和监测。

智慧城市的理念已成为世界各国实现本国城镇化进程、城市可持续发展的共同选择，赢得政府、公众和企业各方的广泛关注。2009 年9 月，美国迪比克市与 IBM 共同宣布，将建设美国第一个智慧城市；2015 年 10 月底，白宫发布《美国创新新战略（New Strategy for American Innovation)》，智慧城市为 9 大主要发展战略领域之一。2011年欧盟推出"智慧城市和社区计划"（Smart Cities and Communities Initiative)，支持交通和能源的试点项目；2012 年 7 月 10 日，欧盟委员会发起了"智慧城市和社区的欧洲创新伙伴关系"（Smart Cities and Communities European Innovation Partnership)，在特定的城市开展示范项目来优化城市生活空间，提升居民生活质量。2009 年 7 月，日本提出了中长期信息技术发展战略"I-Japan 战略 2015"，旨在构建一个以人为本、充满活力的数字化社会。2009 年韩国政府提出了"U-City"综合计划，标志着智慧城市建设上升至国家战略层面。2011 年 6 月，首尔发布"智慧首尔 2015"计划。2006 年，新加坡启动"智慧国家2015"计划，2014 年，新加坡政府公布了"智慧国家 2025"的 10 年计划。我国在"促进工业化、信息化、城镇化、农业现代化同步发展"的指引下，随着国家智慧城市试点分批发布，《关于促进智能电网发展的指导意见》《关于促进智慧城市发展的指导意见》《互联网＋行动计划纲要》等智慧城市相关政策密集出台，各地方政府积极响应，开展智慧城市建设作为落实国家新型城镇化战略和"转变发展方式、实现小康社会"的重要手段和有效途径，纷纷提出自己的智慧城市建设规划，已经有超过 500 个城市在进行智慧城市试点，计划投资规模超过万亿元。

1.1.2　应用背景

（1）政策背景

2014 年 6 月 13 日，国家主席习近平主持召开中央财经领导小组第六次会议，在就推动能源生产和消费革命五点要求中指出，推动能源供给革命，建立多元供应体系，立足国内多元供应保安全，大力推进煤炭清洁高效利用，着力发展非煤能源，形成煤、油、气、核、新能源、可再生能源多轮驱动的能源供应体系，同步加强能源输配网络和储备设施建设。

自 2009 年起，国家电网公司已经有序开展坚强智能电网建设工作，并且已经完成多项智能电网综合工程建设，进行了输变电设备状态监测、智能变电站、配电自动化、用电信息采集、智能用电服务、电动汽车充电服务网络、智能电网调度技术支持系统、分布式并网等推广应用，实现了电网智能化水平的全面提升。

（2）技术背景

智慧家庭系统具有安全、方便、高效、快捷、智能化、个性化的独特魅力，对于改善现代人类的生活质量，创造舒适、安全、便利的生活空间有着非常重要的意义，并具有非常广阔的市场前景。虽然其问世，至今还未能像 DVD、家用 PC、手机等其他家用电器那样，迅速掀起一股潮流，但从发展趋势看，智慧家庭的日益普及将是一种必然。预计到 2010 年，我国大中城市中 60% 的住宅会实现一定程度的智慧家庭。在未来，没有智慧家庭系统的住宅也许会像今天不能上网的住宅那样不合潮流。

智慧家庭网络指的是在一个家居中建立一个通信网络，将各种家电设备互相连接起来，实现对所有智慧家庭网络上的家电设备的远程使用和控制及任何要求的信息交换，如音乐、电视或数据等。智慧家庭网络的构架包括家庭内部网络系统、智慧家庭控制器以及智慧家庭网络与外部 Internet 网络之间的数据通信。其中，智慧家庭控制器是智能家庭网络的一个重要组成部分，起到核心的管理、控制和与外部网络通信作用。它是通过家庭管理平台与家居生活有关的各种子系统有机结合的一个系统，也是连接家庭智能内部和外部网络的物理接口，完成家庭内部同外部通信网络之间的数据交换功能，同时还负责家庭设备的管理和控制。

智慧家庭控制器一方面需要为家庭内部布线提供通信接口，能够采集家庭设备的信息，并进行处理，自动控制和调节；另一方面智慧家庭控制器作为家庭网关，也为外部提供网络接口，连通家庭内部网络和外部 Internet 网络，使得用户可以通过网络等方式访问家庭内部网络，实现监视和控制。此外智慧家庭控制器还应当具备自动报警等功能，即当发现报警信号如：有人恶意闯入，温度超高等，控制器能立即处理并向用户发出报警信号。

智能家居是以住宅为平台，利用网络通信技术、移动互联网技术、安全防范技术、自动控制技术、音视频技术将家居生活有关的设施集成，构建高效的住宅设施与家庭日程事务的管理系统，提升家居安全性、便利性、舒适性并实现环保节能的居住环境。

1.2　主要创新点

全球能源互联网的提出明确了智能电网的未来发展方向，智能用电作为智能电网的重要组成部分，与居民家庭用电的信息化水平密切相关。智能用电系统总体架构如图 1-1 所示。

智能用电服务解决方案主要包括智能用电服务平台、智能用电产品以及智能用电手机客户端，能够为用户提供智能家居、家庭能效、用电互动等服务。用户使用手机客户端不仅可以远程操作家用电器的开关状态，设定电器的智能化工作模式，还能及时掌握家用电器的详细用电数据，获取能效统计分析报表。用户还可以使用手机终端为家庭电表缴纳电费，查询历史用电账单和电费余额。

1.2.1　基于物联网的智能硬件系统

智慧家庭硬件系统架构如图 1-2 所示。

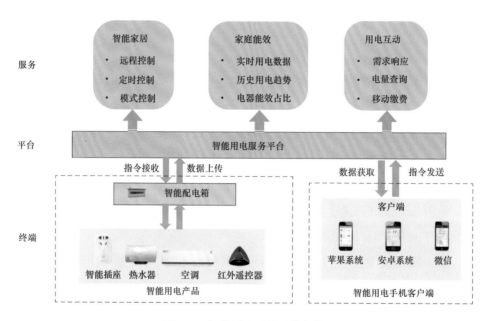

图 1-1　智能用电系统总体架构

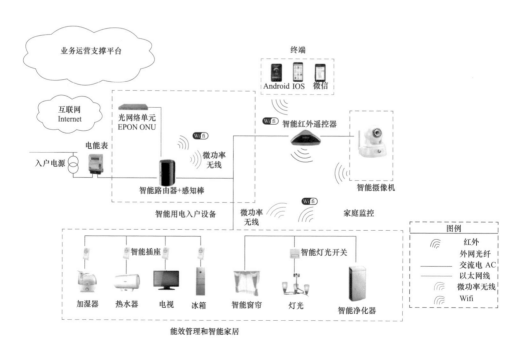

图 1-2　智慧家庭硬件系统架构

在家中安装布置智能用电设备，借助智生活手机客户端软件，实现家庭的智能化管控，并开展相应的智能用电服务。智能用电系统所有设备采用无线方式连接网络，不需要布线，即可实现整个展厅传统电器的智能化，并与智能用电服务平台互动。在展厅中靠近网口和电源位置布置智能路由器，配置好网络，使无线信号覆盖全部区域。用户可以任意选择无线网络、2G、3G、4G 等多种运营商提供的终端接入服务，实现客户端设备的联网需求，满足用户使用智慧家庭客户端对家庭中的智能设备的控制。

（1）智能路由器如图 1-3 所示。智能路由器是智能家居系统的控制中心，提供 Wifi 和射频两种无线通信方式，可以作为普通路由器支持手机、笔记本等移动终端连接互联网，同时支持智能插座、红外遥控、净化器等采用 Wifi 或射频方式进行数据通信的智能家居设备正常连接互联网，实现远程控制、状态查询、定时设定等操作。

（2）智能插座如图 1-4 所示。智能插座集 Wifi 通信和电能计量功能于一体，可利用家庭中现有的 Wifi 网络连接互联网，通过智能手机客户端软件远程打开或关闭制定的电器，设定电器的工作时间，掌握电器的用电数据，节约用户的电费开支。

图 1-3　智能路由器

图 1-4　智能插座

（3）智能红外插座如图 1-5 所示。智能红外插座是集开关控制、电量计量、红外遥控、温湿度检测、与 Wifi 通信于一体的智能插座，采用无线方式连接互联网，通过手机客户端可以实现远程通断电控制、家电工作模式控制、用电数据查询、定时控制等功能。用户可以使用智慧家庭软件客户端控制家庭需求响应终端的电源通断，并通过该终端控制空调设备，调节空调工作参数和模式。智能红外插座还能够采集电器设备的电量数据，用户使用智慧家庭软件客户端可以查看电器设备的当前用电信息和历史用电数据。

（4）智能插排如图 1-6 所示。智能插排搭载了无线通信模块和计量模块，采用无线方式接入互联网，用户使用手机即可进行总路和各个分路的通断电控制，并可采集每一路的用电信息，进一步实现家庭能效分析。同时还具备过载保护功能，当电器设备发生过载异常时，能够及时切断电源。

图1-5　智能红外插座　　　　　　　图1-6　智能插排

（5）智能红外遥控如图 1-7 所示。智能红外遥控是连接用户与传统红外家电的关键设备，使用一部手机完成电视、空调等红外家电的智能化控制。智能红外遥控支持云码库和自学习两种遥控学习方式，用户可以使用手机客户端完成远程控制家中红外电器开关机、设定电器设备工作模式（如空调温度设定）、设定电器设备的工作时间等操作。

智能红外遥控以无线方式通过路由器连接互联网，其全方位红外发射特性能够实现家中红外电器的无死角控制，具有较高的可靠性。

图 1-7　智能红外遥控

（6）智能墙壁插座如图 1-8 所示。智能墙壁插座是替代家庭常用传统墙壁插座的智能化产品，搭载了 Wifi 模块和计量模块的插座，以无线方式通过路由器连接上网，通过手机客户端可以实现远程通断电控制、用电数据查询、定时控制开关等功能。

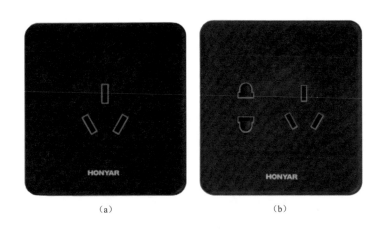

（a）　　　　　　　　　　　　（b）

图 1-8　智能墙壁插座

（a）16A 智能墙插（标准大三孔）；（b）10A 智能墙插（标准小五孔）

（7）智能墙壁开关如图 1-9 所示。智能墙壁开关是替代家庭常用传统墙壁开关的智能化产品，搭载了 Wifi 模块，以无线方式通过路由器连接上网，通过手机客户端可以实现对灯光开关的远程控制，实时查看灯光的当前状态，避免出门忘记关灯的烦恼。当用户外出度假时，还可以利用智能墙壁开关的定时功能，每天定时开关灯，模拟家中有人的情形。

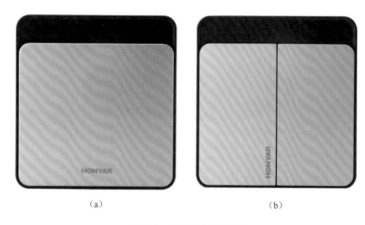

（a）　　　　　　　　　　（b）

图 1-9　智能墙壁开关

（a）智能墙壁开关（一路）；（b）智能墙壁开关（二路）

（8）智能吸顶灯如图 1-10 所示。智能灯光设备使用无线模块接入互联网，满足用户远程和定时控制需求，可实时查看当前工作状态。同时提供调光调色功能，为用户提供丰富的使用情景。

（9）智能窗帘如图 1-11 所示。家中使用的传统窗帘需要用户每天自行手动控制开闭，智能窗帘通过在导轨两端安装电机，采用无线方式连接网络，用户可以使用手机客户端进行远程和定时控制，随意控制窗帘的开度。用户可以根据自己固定的日常作息时间，提前设定好窗帘的工作时间。

图 1-10　智能吸顶灯

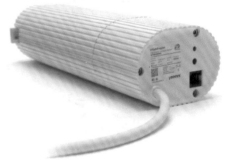

图 1-11　智能窗帘

（10）智能空调如图 1-12 所示。智能空调是在传统空调的基础上增加无线通信模块，将智能空调连接到互联网中。除具备传统空调的所有基本功能外，用户还可以使用手机远程控制智能空调的工作模式，并且可以设定空调的定时工作时间。同时，智能空调可以接收需求响应调控指令，在电网高峰时段自动智能空调的温度设定值，降低家庭负荷水平，实现电网削峰填谷。

（11）智能热水器如图 1-13 所示。智能热水器支持用户使用手机控制热水器的工作状态，支持远程控制、定时控制和模式控制，及时知晓干烧等故障报警信息。根据个人使用习惯设定热水器的工作时间，可以大大提高热水器的电能使用效率。根据天气变化及时精准调节温度。安装智能热水器还能够参与电网公司的需求响应服务，享受先进便捷的智能电网服务。

图 1-12　智能空调　　　　　　　图 1-13　智能热水器

（12）智能空气净化器如图 1-14 所示。智能空气净化器除具备传统空气净化器的基本功能，还具备定时、风速调节等功能。通过设备上搭载的无线通信模块实现连接互联网，用户使用手机即可对智能空气净化器进行远程和定时控制，设定其工作模式，实现智能净化。

（13）智能监控摄像头如图 1-15 所示。智能监控摄像头，支持设备采用有线或无线方式接入，用户使用手机即可远程访问家中智能摄像头设备，实时查看监控画面，任意调节监控角度。用户还可以根据家庭网速的实际情况，设定监控画面的清晰度，从而为用户提供一个清晰流畅的显示画面。同时，智能监控摄像头还能为用户提供移动侦测、红外夜视、双向语音等功能，出现异常情况时，及时为用户推送消息通知。

图 1-14　智能空气净化器　　　　　图 1-15　智能监控摄像头

（14）智能配电箱如图 1-16 所示。智能配电箱主要包含智能空开、电源模块、弱电模块、强弱电隔离装置等。除具备传统配电箱的功能以外，还可实现手机客户端查看家庭用电信息，接收过载、漏电等报警信息推送。

图 1-16　智能配电箱

1.2.2　面向移动互联网的智慧家庭平台与客户端

1.2.2.1　智慧家庭平台
智慧家庭平台核心系统包括：智能家居模块，智能用电模块，用户管理模块，终端集成模块，设备集成模块，运营监控模块，如图 1-17 所示。

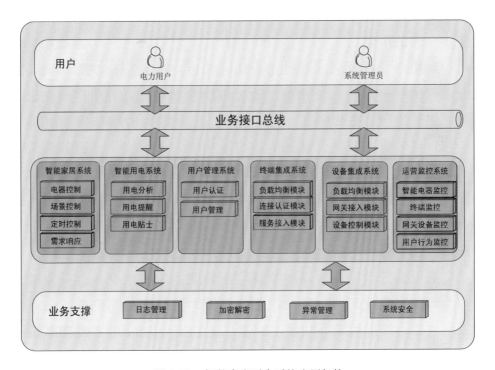

图 1-17　智慧家庭平台系统应用架构

（1）智能家居模块。通过电器控制功能，实现对用户家庭中的主要电器如空调、热水器、灯光、窗帘和智能插座等家电设备的添加、修改和删除操作功能，使之能和各模块对接。对添加到系统的电器进行开关控制，同时还可对灯光进行亮度调节，空调和热水器的工作模式调节等。通过场景控制功能，实现对多个电器的统一控制，场景控制支持用户新建场景，将多个家用电器添加到场景中，实现对多个家电的批量控制。通过定时控制功能，实现对单个电器功能的定时控制。

（2）智能用电模块。通过用电分析功能，对采集的电量进行统计，支持用户按照时间对采集的电量进行统计，支持用户按照时间、按照电器查询历史电量，对用户家庭使用的电器的电量进行对比分析，方便用户了解家庭的具体用电情况，从而避开用电高峰。通过用电提醒功能，用户可以设置用电目标提醒、电器待机提醒、异常用电提醒。通过节能贴士功能，展示给用户一些用电小常识和节能方法，促进用户更加合理的用电。

（3）用户管理模块。通过用户认证功能，实现用户注册功能，实现登录时的用户身份认证功能。通过用户管理功能，对用户信息进行管理，支持用户信息的修改，支持密码重置，支持用户绑定网关设备。

（4）终端管理模块。通过负载均衡功能，为防止单一服务负载压力过大，将众多终端均匀分布到系统中多个接入模块中、增加系统吞吐量、加强系统数据处理能力、提高系统的灵活性和可用性。通过连接认证功能，保障终端登录认证可靠性，保存用户登录信息，处理多终端访问控制。

（5）设备管理模块。通过负载均衡功能，为防止单一服务负载压力过大，将用电设备通过网关汇集，再将网关均匀分布到系统中多个接入模块中、增加系统吞吐量、加强系统数据处理能力、提高系统的灵活性和可用性。通过网关接入功能，保障网关登录认证可靠性，对网关进行在线监控，支持网关断线重连，提供网关升级功能。通过设备控制模块，提供服务端向网关下发指令的通道，解析网关指令，通过底层设备协议控制特定设备，处理定时采集的电量和功率信息。

（6）运营监控模块。通过电器状态监控功能，对所有接入的智能电器状态进行监控，随时将最新状态反馈给用户，同时对电器性能进行监控，确保电器的稳定运行。通过终端状态监控功能，对所有网关设备进行监控，通过心跳机制确保网关正常工作。通过全网数据分析，对所有用户、电器的行为产生的数据进行统计分析，并通过荧屏等方式展示出有价值的分析结果。

1.2.2.2　智慧家庭服务客户端（如图 1-18 所示）

智慧家庭服务客户端分为：PC 桌面应用客户端、基于 IOS 和 Android 系统的移动客户端、基于微信公共账号的微信客户端。

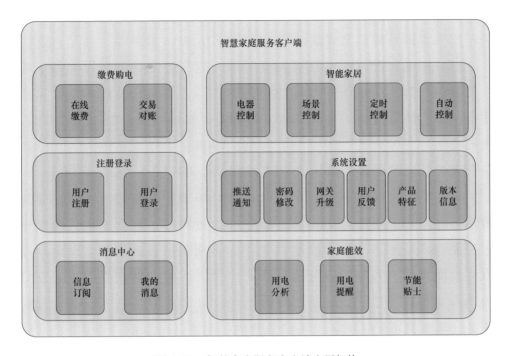

图 1-18　智慧家庭服务客户端应用架构

（1）PC 桌面应用客户端。包含缴费购电、用户管理、消息中心、智能家居、系统设置和家庭能效功能，由于 PC 客户端不能使用云消息推送服务，所以不能收到实时推送的消息，可通过在线查询查看消息。

（2）基于 iOS 和 Android 系统的移动客户端。包含缴费购电、用户管理、消息中心、智能家居、系统设置和家庭能效功能，支持接收实时消息推送。

（3）微信客户端。包含智能家居、公共账号关注、家庭能效、账号绑定功能，用户通过关注微信公共账号并绑定已有的账号才能使用系统功能。微信客户端提供文字指令查询和语音指令控制功能。

1.2.3　适应智能电网的智慧家庭服务体系

智慧家庭样板间是智慧家庭先进技术及设备的集中展示窗口，以用电互动、智能家居、家庭能效等业务内容为载体，集中展示用电互动、电器控制、家庭能效、视频监控、光伏发电、需求响应等建设成果，以实现提升智慧家庭建设的整体影响力。

（1）用电互动。用电互动主要展示用电服务互动和居民侧需求响应等业务内容。用电服务互动建设内容主要包含用户快捷缴费、家庭用电信息、能效分析、节能服务、新能源、能效评级、电器排名指数、电器使用习惯分析等；居民侧需求响应内容主要体现在电力公司的负荷调整方面，包含调整前的负荷过高状态和调整后的负荷平衡状态。

（2）电器智能控制。用户可以通过使用展厅准备好的手机，登录智生活客户端，对展厅内所有智能电器进行操作。包含家电控制、定时控制、场景控制等多种控制方式，如回家前可开启空调，设定空调温度及模式等；回家时，可执行回家模式，样板间灯光亮起来，窗帘自动拉开，空气净化器、空调等电器自动开启；可给热水器添加定时任务，满足需求的同时，又可有效节约用电。

（3）家庭能效。液晶显示屏实时展现各电器的用电数据，包含用电趋势、用电提醒、节能贴士等内容，观众可以直接查询展厅中各电器的历史用电数据。

展示电器使用智能家居模块和不使用智能家居模块在节能方面的差异，如热水器在应用定时控制和不用定时控制时，所耗电的区别；展示待机电器提醒，帮助培养用户的节能减排习惯。

通过已安装光伏发电设备，展示光伏设备旁的双向电表中记录的光伏设备并网累计电量；视频展示光伏设备并网与储能原理，每日的发电量及累计发电量。

（4）视频监控。婴儿看护：在展厅的婴儿车或床上安装一个视频监控，并将视频监控到的画面，婴儿的一举一动投放到显示屏或电视上。

防盗监控：在展厅各个方位安装摄像头，用户可通过登录客户端，查看各摄像头所覆盖区域的实时状况。

设定智慧家庭展厅中的摄像头，如有异常侵入自动拍照，并将其保存云端供用户查看，同时给展厅准备好的手机上发送信息，告知用户异常情况。

（5）分布式光伏接入。在屋顶等位置安装分布式光伏基础设备，如光伏电池板、即插即用一体化装置等，支持光伏发电家庭自用和并网。使用手机客户端实时查看设备工作状态信息，掌握家庭用电和并网电量数据，实现家庭能效及电费的优化管理。

（6）需求响应。鼓励居民积极参与电网公司推行的自动需求响应业务，签署需求响应服务协议，给予一定的资金和电费激励。用户主动上传智能互动电器设备的工作状态及电量使用信息，在用电高峰时段，通过改变设备参数降低能耗。利用一定区域内实施自动需求响应的整体效应，达到削峰填谷的作用。

1.2.4　以电能为核心的区域综合能源系统

（1）典型系统架构。构建以电能为核心的局域能源互联网架构模型，目的是实现"源-网-荷-储"优化配置及利用，提升区域能源综合利用效率，实现对电、冷、热、热水的统一调度、综合分析和优化运行。在局域能源互联网架构设计中，我们强调以电能为核心来构建能源综合供给模型，因地制宜引入各种可再生能源，向用户提供灵活的电、冷、热等多种能源供应形式。本项目涉及的两个工程的典型系统架构如图1-19所示。

在局域能源互联网典型架构中，包含光伏发电、风力发电、冰蓄冷、地源热泵、太阳能空调、太阳能热水、电池储能、蓄热式电锅炉、超低温空气源热水、常规制冷机组等各种能源生产子系统，各子系统为区域提供冷、热、电及热水等能源，在建设时根据区域特征因地制宜选取。

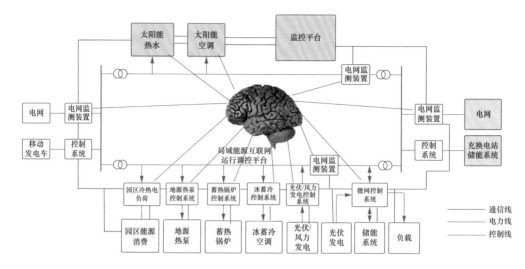

图 1-19　局域能源互联网典型架构

　　局域能源互联网由局域能源互联网运行调控平台＋能源子系统组成，以电能为核心综合能量流和信息流，实现区域范围内电、热、冷等多种能源综合优化调度和控制。能源互联网运行调控平台作为局域能源互联网的大脑，可实现局域能源互联网的动态组网和自动监测控制，对各种能源设施实现全生命周期的监测管理，通信信息网络作为局域能源互联网的神经网络实现能源信息的共享，配电网、冷热管道作为能源传输血管实现能量的传输分配。

　　（2）典型能源供应模式。局域能源互联网需要考虑冷热电多种供能模式的协调运行，能源子系统供能模式具有多样化特征，以区域冷热电负荷实现高质量供应为目标，充分考虑绿色节能及经济性。在本项目所涉及的两个工程中，典型的能源供应模式如下。

　　1）电能供应。区域电能供应主要包含光伏/风力发电、电池储能与传统电能协调供应，以优先利用清洁能源为主，实现区域中清洁能源发电高效利用，以传统电网为支撑，确保区域中负荷可靠供电。

　　2）热能供应。区域热源系统主要包含地源热泵、蓄热电锅炉系统及太阳能空调等。在冬季区域中热负荷容量较高情况下，采用地源热泵或者太阳能空调与蓄热式电锅炉系统并联协调运行，集中供暖。

3）冷源供应。区域冷源主要包含地源热泵、冰蓄冷、常规制冷机组及太阳能空调等。在夏季冷负荷较高时，太阳能空调、冰蓄冷机组、地源热泵机组及常规制冷并联协调耦合运行，为区域提供高质量冷源供应。

4）生活热水供应。生活热水可由空气源热泵、太阳能热水、蓄热式电锅炉配合供应。太阳能热水与蓄热式电锅炉并联协调运行生产生活热水。

系统运行调控平台通过对四个环节监测感知及优化运行管理实现对区域冷能系统、热能系统、电能系统及生活热水能源生产匹配调度，实现区域能源环保、经济、高效率运行。各系统间典型关联关系如图 1-20 所示。

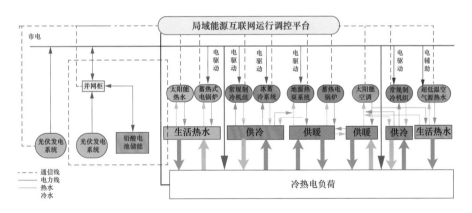

图 1-20　局域能源互联网子系统间关联关系

1.3　工程应用

1.3.1　天津中新生态城智慧家庭

1.3.1.1　智慧家庭服务基础设备建设

在示范区常住的约 6000 户居民中，选择 5000 户家庭安装智能网关

1个、红外遥控器1个、智能插座3个、电力猫1对、环境检测仪1个；另外1000户应用智能电器与电网互动技术，其中选取100户装配智慧家庭能源中心，另外900选用智能网关代替智慧家庭能源中心，每户安装智能空调1台，智能热水器1台，智能插座1个，智能插排1个，智能灯具1个，智能窗帘1个，环境质量监测仪1个，电力猫1对。

（1）智慧家庭能源中心。智慧家庭能源中心是一种配电箱与智慧家庭终端相结合的产品，包括带漏电保护的总空气开关、电源模块、电压电流互感器、综合故障及用电监控模块、前面板、自动开关、总控模块。其中，综合故障及用电监控模块包括电量检测、漏电检测、过载检测、过流检测、过热检测、短路故障及电弧故障等，集快速检测于一体。智慧家庭能源中心硬件架构如图1-21所示。

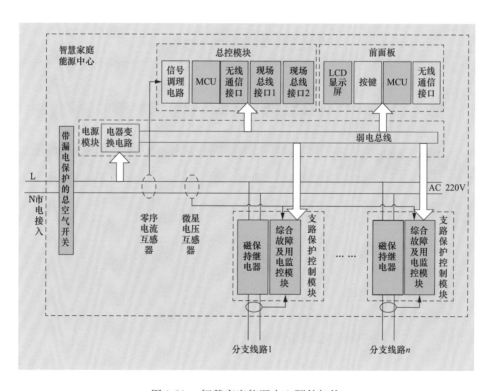

图1-21　智慧家庭能源中心硬件架构

在生态园吉宝季景兰庭、万科锦庐、万通生态城新新家园、远雄兰苑、吉宝沁风御庭、首创康桥郡等 8 个小区选取 100 户家庭进行智慧家庭能源中心的安装。

（2）即插即用一体化装置。选取生态城内 10 户家庭应用即插即用光伏设施，每户建设 3kW 容量，通过与用户、物业、相关人员签订协议，在每栋楼的楼顶铺设光伏电池板。楼顶一般承重可达 $100kg/m^2$，光伏发电组件约为 $15kg/m^2$，楼顶可以承受光伏发电组件的重量。即插即用一体化装置具备网络通信模块和并网功能，实现与智慧家庭网络进行交互，实现发电电量信息、身份认证、电量计费等信息的传输，如图 1-22 所示。

图 1-22　家庭光伏示意图

1.3.1.2　智慧家庭服务子系统与业务建设

智慧家庭服务子系统主要包含智能用电模块、智能家居模块、用户管理模块、终端管理模块、设备管理模块和运营监控模块等六个模块。系统性能指标如表 1-1 所示。

表 1-1 　　　　　　　　　　　　　系 统 性 能 指 标

分类		性能要求
用户规模	用户接入	100 万用户接入
	用户在线	10 万用户在线
	并发用户数	5000 并发
事务处理	快速响应	响应时间≤3s
	普通响应	响应时间≤5s
查询	简单查询	响应时间≤3s
	多条件查询	(1) 两个及以上条件的组合的精确查询响应时间≤10s; (2) 单个条件的模糊查询响应时间≤15s
统计	简单统计	响应时间≤5s
	复杂统计	响应时间≤10s

（1）远程控制。在整个智慧家庭系统中，智慧家庭网关作为核心设备，向上连接智慧家庭服务子系统，向下与诸如空调、热水器、灯光、窗帘、插座等智能设备交互。用户使用智能家居客户端软件发出设备控制指令，指令通过互联网传送到智慧家庭服务子系统根据用户信息找到对应的家庭网关并下发控制指令，网关接收到指令后，将其翻译成智能家居通信协议，然后下发给智能电器，回收电器的返回信息并上传至服务系统，最终用户在客户端软件上看到控制的结果。智能家居客户端软件远程控制图如图 1-23 所示。

（2）智能控制。通过大数据分析出用户生活习惯，结合室内外环境参数如温度、湿度、居家照度以及空调、照明、门窗、可视监控等信息进行数据融合，并利用模糊控制技术，对家用电器、门窗等设备进行智能控制，从而达到舒适、智能的目的。

（3）能效分析。智能用电模块主要通过智能家庭网关采集家庭用电信息，并上传至智慧家庭服务子系统，进行数据分析，最终将结果反馈给用户。能效分析客户端展示如图 1-24 所示。

（4）负荷控制。结合用户对系统的个性化设置以及居家电器的功耗、国家对电器能耗的相关规定和参数，形成一套能源消耗的模型和消耗函数，并根据多次实验结果，决定各加权参数；通过能源消耗模

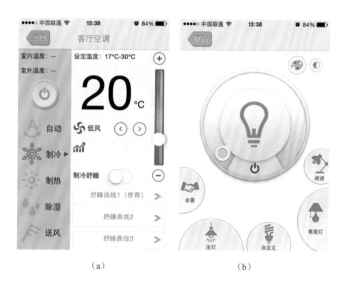

（a）　　　　　　　　　　　（b）

图 1-23　智能家居客户端远程控制

（a）空调；（b）灯光

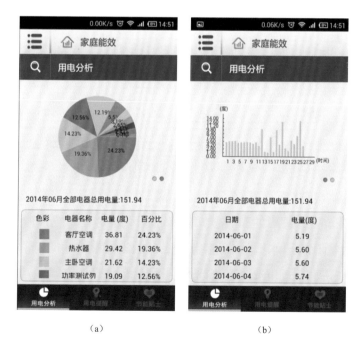

（a）　　　　　　　　　　　（b）

图 1-24　能效分析客户端展示

（a）展示一；（b）展示二

型和消耗函数的局部最优解及耗能指标，得到居家环境中所有电器的耗能指标，对家用电器耗能的组合优化，达到节电、调控的目的。

（5）智能缴费。用户可以直接在 AppStore 或 Android 市场下载智生活软件客户端软件，实现生态城用户在手机、电脑等终端上进行自助缴费，能够实现用电查询、余额查询、在线缴费等功能。

1.3.1.3 智慧家庭服务客户端建设

智慧家庭服务客户端建设基于 IOS 系统、Android 系统、PC 和微信等多种类型的智慧家庭服务客户端应用，为用户提供用电互动、智能用电、智能家居、交费购电等功能，建设用户、用电设备与电网之间的新型互动模式。

建设用于 PC 桌面应用客户端、基于 IOS 和 Android 系统的移动客户端、基于微信公共账号的微信客户端，为用户提供多元化的客户端选择方案。保障同一用户的不同类型客户端可同时在线运行，客户端之间实时数据同步，保障同一用户客户端上数据展示的一致性。

1.3.2 客服北园区绿色复合型能源网

2012 年，国家电网公司提出在南京、天津两地建设国网客服中心南北园区，实现全网 95598 业务集中，一期工程规划建筑面积 27.88 万 m^2，包括呼叫中心及其配套的运行管理中心、公共服务楼及员工宿舍楼，规划建设 6000 座席，各 3000 座席。

在局域能源互联网的具体实践中，园区分别建成分布式光伏发电、地源热泵、太阳能热水、太阳能空调、空气源热泵等能源生产子系统；部署冰蓄冷、蓄热式电锅炉、储能微网等蓄能调节系统。园区初步建成了以电能为单一外购能源的综合能源自治体系，通过局域能源互联网运行调控平台重点实现了园区电、冷、热、热水的统一调度、综合分析和优化运行。

国网客户服务中心北方园区位于天津市东丽区，泉流路以东，智

景道以北，丽湖环路两侧，地处东丽湖温泉度假旅游板块，规划建设
3000 座席，一期总建筑面积 14.3 万 m²，包括 1 栋运监中心、2 栋呼叫
中心、2 栋公共服务楼、5 栋员工宿舍楼，如图 1-25 所示。

图 1-25　国网客户服务中心北方园区规划设计图

北方园区建成八大能源子系统，为园区提供电、冷、热、热水的
综合能源。光伏发电系统直接并入园区 0.4kV 配电线路，为园区提供
电力支撑。储能微网系统包含 60kW 光伏、200kWh 铅酸储能和 40kW
照明负荷，能够示范微网运行控制技术，并且也已通过联络线接入园
区 0.4kV 配电线路。园区建成集中式能源中心，为研 1～9 提供冷、热
和热水。热水主要由太阳能热水系统提供，不足时由蓄热式电锅炉进
行补充。考虑到经济性和绿色性策略，园区供热主要由地源热泵系统
提供，不足时由蓄热式电锅炉进行补充；园区供冷主要由地源热泵系
统和冰蓄冷系统提供，不足时由常规冷水机组进行补充。园区同时在
研 10 楼建成分布式能源供应系统，采用槽式集热器利用太阳光的辐照
对油进行加温，高温油驱动溴化锂机组为研 10 供冷，供冷不足时由风
冷机组进行补充；高温油也可与换热器进行热交换为研 10 供热，供
热不足时通过联通管道由能源中心进行补热；同时高温油也可与换热

器进行热交换为研 10 供热水，供热水不足时由超低温空气源热泵系统和容积式电加热进行补充。局域能源互联网总体架构图如图 1-26 所示。

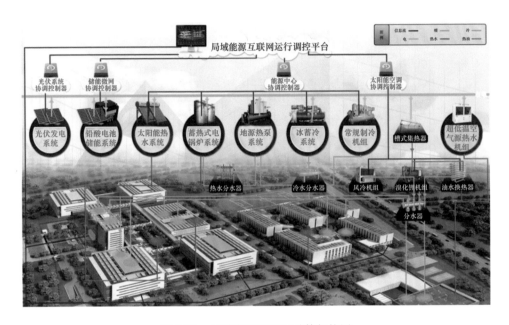

图 1-26　局域能源互联网总体架构图

1.3.2.1　光伏发电系统

北方园区光伏电站为用户侧屋顶光伏电站，位于天津市东丽区内，地理坐标位于东经 116°43′～118°04′，北纬 38°34′～40°15′，属太阳能 Ⅱ 类地区，区域多年平均太阳辐射量为 4845MJ/m² 以上，太阳能资源丰富。利用园区内 8 座建筑物及连廊的闲置屋顶建设光伏电站，园区一期屋顶面积总计 2.13 万 m²，可用面积 1.289 万 m²，采用 3020 块 260Wp 多晶硅光伏组件，装机总容量为 0.823MWp。采用多个发电单元组合，就近 380V 并网的并网方案。预计光伏发电量为 193.5 万千瓦时，因此一年可为北方园区节约 193.5 万千瓦时，经济效益非常明显。光伏现场情况图如图 1-27 所示。

（a）　　　　　　　　　　　　　（b）

图 1-27　光伏现场情况图

（a）远景；（b）近景

1.3.2.2　储能系统

储能系统由一组 50kW×4h 铅酸电池储能组成，均接入能源中心微网，储能系统并网图如图 1-28 所示。

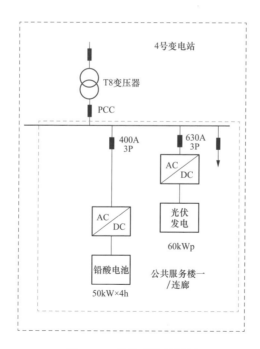

图 1-28　储能系统并网图

储能系统通过多种工作模式，可实现光伏与储能系统协调运行，提升电能质量并储存光伏的盈余电量，提高清洁能源利用效率。光伏系统与储能系统组成小型能源网进行平抑功率波动和削峰填谷存储光伏富余电量等控制策略，提高系统运行可靠性，以及办公区低负荷运行时提高光伏接入电网稳定性。电网故障时，可为能源中心部分负荷继续供电，最大限度延长供电时间，如图 1-29 所示。

图 1-29　储能系统现场情况图

1.3.2.3　地源热泵系统

地埋管地源热泵系统以岩土体为低温热源，由地源热泵机组、地埋管换热器、循环水泵等组成的空调系统。地源热泵机组是一种电动压缩式热泵机组，通过输入电能，实现低温位热能向高温位转移，从而达到制冷、制热的目的。制冷时是向地层释热的过程，将建筑物中的热量"取"出来，通过地埋管换热器，释放到大地中去；制热时是从地层吸热的过程，通过地埋管换热器吸收地层中的热量，用于空调供热，地源热泵系统现场情况图如图 1-30 所示。

地源热泵系统根据园区《地源热泵系统地埋管换热测试报告》，测试时共打 2 口 120m 深测试井，井径 200mm，测试用高密度聚乙烯双U 管，管径为 De32。测试结果如下：夏季排热工况下每延米井深的换热量 64.9W、冬季吸热工况下每延米井深的换热量 42.57W。

图 1-30　地源热泵系统现场情况图

地源热泵系统容量根据室外场地情况和测试结果选定。根据测试报告结果，采用竖直地埋管形式，选用管径为 De32 的高密度聚乙烯双 U 管，井径 200mm，井深 124m，有效埋管深 120m。通过机组选型，共配置了三台电动压缩螺杆式地源热泵机组。地源热泵系统的总制冷装机容量为 3585kW、总制热装机容量为 3801kW。

1.3.2.4　冰蓄冷系统

蓄冷技术主要为了平衡电网的昼夜峰谷差，在夜间电力低谷时段向蓄冷设备蓄得冷量，在日间电力高峰时段释放其蓄得的冷量，减少电力高峰时段制冷设备的电力消耗，是电力部门"削峰填谷"的最佳途径。冰蓄冷系统现场情况图如图 1-31 所示。冰蓄冷系统根据园区人员工作时间表计算设计日逐时负荷。双工况冷水机组与蓄冰装置采用串联的方式，主机上游设置。通过板式换热器进行热交换后提供 5.0℃

图 1-31　冰蓄冷系统现场情况图

空调冷冻水，冷冻水回水温度为 13.0℃。冰蓄冷系统可在"主机单制冰蓄冷""蓄冰装置单融冰供冷""主机单供冷"以及"主机与蓄冰装置联合供冷"四种模式下运行。

1.3.2.5　太阳能空调系统

太阳能空调系统由太阳能集热器、空调主机、换热器等设备以及导热介质组成。太阳能集热器从太阳光中获取热量，制冷时，获取的热量通过导热介质驱动吸收式冷水机组制冷；制热时，获取的热量通过导热介质驱动吸收式热泵机组制热，或通过换热器直接产生空调热水用于供热，其现场情况图如图 1-32 所示。

图 1-32　太阳能空调系统现场情况图

太阳能空调系统根据可设置太阳能集热板的屋面面积大小确定太阳能空调系统的配置，其原理图如图 1-33 所示。

在研发楼十的屋面上设置占地面积约 $1350m^2$ 的槽式太阳能集热器，集热器从太阳光中获取能量，通过高温导热油输送至空调设备。供冷时，由高温导热油驱动溴化锂吸收式冷水机组制备冷冻水；供热时，通过油-水换热器进行热交换产生空调热水。同时，为解决夜间或阴雨天等太阳能不保证情况下系统正常供能，选用风冷冷水机组和市政热网作为太阳能空调系统的补充及后备冷、热源。

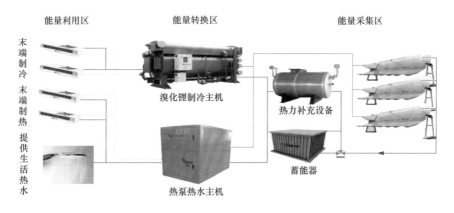

图 1-33　太阳能空调系统原理图

1.3.2.6　太阳能热水系统

太阳能作为预热热源的集中热水系统包括太阳能采热系统，太阳能储热系统、太阳能预热系统、电锅炉高温水换热系统。太阳能集热器从太阳光中获取热量，通过换热器将热量转移至保温集热水箱中，用于生活冷水的预热热源；基地电锅炉利用低谷电蓄热的高温水（85℃）作为集中热水系统的保证热源，其现场情况图如图 1-34 所示。

图 1-34　太阳能热水系统现场情况图

1.3.2.7　蓄热式电锅炉系统

蓄热式电锅炉系统在电网用电低谷时段，将热量存储在蓄热介质中，在电网用电高峰时段，将储存在蓄热介质中的热力释放出来供用户使用。其现场情况图如图 1-35 所示。

图 1-35　蓄热式电锅炉现场情况图

蓄热式电锅炉系统是园区生活热水的热源的组成部分。系统采用间接供热的方式，通过换热器进行热交换后供生活热水系统使用。共选用 4 台功率为 2050kW 的承压电热水锅炉，并配 4 台总储水量为 618m³ 的蓄热水箱。运行方式为全谷电运行，低谷电时段（23：00～7：00）开启电锅炉，加热蓄热水箱中的水，同时给生活热水系统提供热源。蓄热终了水箱温度为 85℃；平、峰电时段（7：00～23：00）关闭电锅炉，由蓄热水箱中的热水给生活热水系统供热。

1.4　技术展望

1.4.1　经济效益分析

通过智能电网创新示范工程智能小区建设，将使用户用电更加合理，减少用电高峰期用电，增加谷时用电，减少电器待机用电，示范小区的全面推广应用，将实现家庭用电峰谷差下降 10％左右。

通过产业联盟统一智能用电标准协议，并在智能小区中示范应用，将促进智能电器、智能设备在用户家庭的普及，带动整个行业的快速发展。

分布式能源的广泛应用，实现区域绿色能源的接入，结合家庭用电移峰填谷，将大大节约电厂与电网的基础建设投入，预计能节约20％～30％的投资。

1.4.2　社会效益分析

（1）有助于国家节能减排战略的实现。智能小区的建设实现电网与用户间双向信息交互以及智能家电的应用，实现居民用户全方面了解家庭总能耗，鼓励用户合理用能、绿色用能，有利于提高终端设备的能源利用效率，降低全社会用能，促进国家节能减排战略的实现。

（2）促进智慧城市的建设。智能小区用户家庭智能化应用推广，大大提升居民的信息化水平，改变居民的用能方式，增加居民生活的便利度，不仅推动坚强智能电网的发展，更切合了智慧城市发展战略。智能用电小区的研究成果及模型，应用规模扩大后有效减缓电力投资，削减电厂发电量，对电力基建投资及节能减排都有重大意义。

（3）为用户提供更便捷、优质、高效的服务。智能小区提供多项智能化服务，不仅让用户参与到能效管理环节，得到更优质、安全、可靠的用能服务，同时，为用户提供了许多增值服务，可以享受高带宽的光纤网络，以及在线缴费、视频等服务，极大地满足了居民的多元化需求，改善了居民的生活品质。

PART 2

电力大数据技术及其应用

随着云计算、移动互联网和物联网等新一代信息技术的创新和应用普及，人类已经进入一个数据爆炸性增长的大数据时代，仅 2010 年全球企业一年新存储的数据量就超过了 7000PB（$1PB=2^{50}B$），且以每年 50％的速度在增加。从医药到教育，再到其他各个领域，在现代社会的每个角落大数据无处不在。大数据时代给各行各业带来了挑战和机会，对于电力行业而言，同样吹响了变革的集结号。

2.1 概述

2.1.1 大数据的提出

早在 1980 年，著名未来学家托夫勒就在其所著的《第三次浪潮》中将大数据称颂为"第三次浪潮的华彩乐章"。从 2009 年开始，"大数据"成为互联网信息技术行业的流行词汇，大数据起初多在互联网行业应用，全球互联网企业意识到大数据时代的来临，以及数据对于企业有着重要意义。2011 年 5 月，全球知名咨询公司麦肯锡全球研究院发布了一份题为《大数据：创新、竞争和生产力的下一个新领域》的报告。报告指出，大数据已经渗透到每一个行业和业务职能领域，逐渐成为重要的生产因素；而人们对于大数据的运用预示着新一波生产率增长和消费者盈余浪潮的到来。

大数据真正兴起于 2012 年。当年 1 月份，瑞士达沃斯召开的世界经济论坛上，大数据是主题之一，会上发布的报告《大数据，大影响》宣称，数据已经成为一种新的经济资产类别，就像货币或黄金一样。2012 年 3 月 22 日，奥巴马政府宣布 2 亿美元投资大数据领域，并对数据的定义为"未来的新石油"。2012 年 3 月 29 日，美国政府在白宫网站上发布了《大数据研究和发展倡议》，表示将投资 2 亿美元启动"大数据研究和发展计划"，增强从大数据中分析萃取信息的能力。此后奥地利数据科学家舍恩伯格编著出版《大数据时代》一书，他在书中前瞻性地指出，大数据带来的信息风暴正在变革我们的生活、工作和思维，大数据开启了一次重大的时代转型，讲述了大数据时代的思维变革、商业变革和管理变革，标志着大数据时代的来临。

大数据是一个较为抽象的概念，至今尚无统一的定义，其中 Gartner 机构和麦肯锡咨询公司给出的定义最具代表性。Gartner 机构认为"大数据是指具有海量、多样化和高增长率等特点，需要借助新的处理模式才能获得更强决策力、洞察发现力和流程优化能力的信息资产"。麦肯锡认为"大数据是指在一定时间内无法用传统数据库软件工具采集、存储、管理和分析其内容的数据集合"。

按照在计算机中存储和组织方式的不同，数据可分为结构化数据、半结构化数据和非结构化数据。结构化数据即关系型数据库，可以用二维表结构来逻辑表达；非结构化数据为不方便用数据库二维逻辑表来表现的数据，包括图片、音频和视频信息等；半结构化数据介于结构化数据和非结构化数据之间，有一定的结构，但结构不完整、不规则，或者结构是隐含的，HTML 文档就属于半结构化数据，它一般是自描述的，数据的结构和内容混在一起，没有明显的区分。通俗地讲，大数据采集、分析、加工和利用的对象从传统的结构化数据，拓展到文本、图像、音频和视频数据等非结构化数据和半结构化数据。

大数据的核心思想本质是数据挖掘。与传统数据挖掘和数据分析相比，大数据的数据挖掘为非结构化数据提供了途径，提供了更多有价值的隐藏信息。

2.1.2　电力大数据

电力系统是世界上最复杂的物理系统之一，具有地理位置分布广泛、发电用电实时平衡、传输能量数量庞大、电能传输光速可达、通信调度高度可靠、实时运行从不停止、重大故障瞬间扩大等特点，这些特点决定了电力系统运行时产生的数据数量庞大、增长快速、类型丰富。以国网上海市电力公司为例，2015 年，结构化数据的存储量达 27TB（$1TB=2^{40}B$），半结构化/非结构化数据的存储量达到 300TB，完全符合大数据的所有特征。

电力大数据是大数据理念、技术和方法在电力行业的实践。2013 年，中国电机工程学会发布了《中国电力大数据发展白皮书》，首次提出了电力大数据的理念，明确了其内涵和特征，展望了电力大数据的价值、应用前景和发展挑战，提出了电力大数据的关键技术和发展策略，是中国电力大数据发展史上纲领性的文件。此后，国内各发电企业、电网公司纷纷开展电力大数据的研究。

电力大数据大致分为三类：一是电网运行或设备检测或监测数据，主要包含在能量管理系统（energy management system，EMS）、配网管理系统（distribution management system，DMS）、广域量测管理系统（wide area measurement system，WAMS）、生产管理系统（pouer production management system，PMS）、电网调度管理系统（operation management system，OMS）、故障管理系统（management system，TMS）、图像监控系统等；二是电力营销系统，如交易电价、售电量、用电客户等方面的数据，主要包括营销业务系统（SG186）、95598 客户服务系统、电能量计量系统、用电信息采集系统等；三是电力企业管理数据，主要包括在协同办公系统、企业资源计划系统（enterprise resource planning，ERP）、物资电子商务平台系统等。

电力大数据的特征可以概括为 3“V”3“E”。其中 3“V”分别是体量大（volume）、类型多（variety）和速度快（velocity），3“E”分别是数据即能量（energy）、数据即交互（exchange）、数据即共情（empathy）。

（1）体量大。体量大是电力大数据的重要特征。随着电力企业信息化和智能电网的全面建设，数据采集的范围、频度显著增加，电力数据飞速发展。

（2）类型多。电力大数据涉及多种类型的数据，包括结构化数据、半结构化数据和非结构化数据。随着电力行业中视频应用的不断增多，音视频等非结构化数据在电力数据中的占比进一步加大。此外，电力大数据应用过程中还存在着对行业内外能源数据、天气数据等多类型数据的大量关联分析需求，而这些都直接导致了电力数据类型的增加。

（3）速度快。主要指对电力数据采集、处理、分析的速度。电力系统中业务对处理时限的要求较高，以"1s"为目标的实时处理是电力大数据的重要特征，这也是电力大数据与传统的事后处理型的商业智能、数据挖掘间的最大区别。

（4）数据即能量。电力大数据具有无磨损、无消耗、无污染、易传输的特性，并可在使用过程中不断精炼而增值，可以在保障电力用户利益的前提下，在电力系统各个环节的低耗能、可持续发展方面发挥独特而巨大的作用。

（5）数据即交互。电力大数据与国民经济社会存在广泛而紧密的联系，其价值不只局限在电力工业内部，更能体现在整个国民经济运行、社会进步以及各行各业创新发展等方方面面，而其发挥更大价值的前提和关键是电力数据同行业外数据的交互融合，以及在此基础上全方位的挖掘、分析和展现。

（6）数据即共情。企业的根本目的在于创造客户，创造需求。电力大数据天然联系千家万户、厂矿企业，推动中国电力工业由"以电力生产为中心"向"以客户为中心"转变，这其中的本质就是对电力用户的终极关怀，通过对电力用户需求的充分挖掘和满足，建立情感联系，为广大电力用户提供更加优质、安全、可靠的电力服务。

电网企业应用电力大数据，主要有以下两个方面的作用：一是将数据视作人财物一样的企业核心资产，通过复杂的关联分析，让数据创造新的价值，提升精细化管理水平，促进管理方式和商业模式创新；

二是将大数据技术应用于电力系统发、输、变、配、调、用六大环节，通过技术变革，优化电网生产方式，提升生产效率，推动电网创新发展。

2.1.3 电力大数据的研究及应用现状

在大数据技术的发展历程中，国外数据厂商最先预料到了其中蕴含的巨大价值，从数据存储、数据计算、数据挖掘到数据应用方面开发出了一系列技术和产品。

谷歌提出了一整套基于分布式并行集群方式的基础架构技术，利用软件的能力来处理集群中经常发生的节点失效问题。2008～2015 年，Apache 基金会所开发的分布式系统基础架构 Hadoop 逐渐成熟，在互联网行业无不将 Hadoop 作为大数据计算的标准配置，且应用形式趋于多样化。Oracle 公司开发分布式键值数据库 NoSQL，能够处理非 SQL 架构的数据存储，IBM 公司开发了大数据专家系统软件 PureData，具有处理在线交易及商务分析功能，并在此基础上，推出了面向分布式系统基础软件架构 Hadoop 的 PureData for Hadoop，提高了企业部署 Hadoop 的速度，谷歌、脸书等一些知名互联网公司都在开源 Hadoop 技术的基础上，面向业务需求开发了特色数据处理产品。这些分布式并行信息处理技术的发展为电力大数据的应用奠定了基础。

2.1.3.1 国外应用现状

国外的电力大数据研究和产品应用都比较早，形成了三种应用模式：电力能源数据综合服务平台、智能化节能决策支持和面向企业内部的管理决策支持。

（1）电力能源数据综合服务平台案例。美国 AutoGrid 公司通过建立能源数据云平台 EDP，覆盖发电、输电、配电及用电环节，创造了电力系统的全面的、动态的图景。面向电力用户，AutoGrid 从智能电表、建筑管理系统、电压调节器和温控器等设备获得实时数据，结合电力系统的模型形成数据分析引擎，提供能源消耗情况、用电量预测、电价需求侧响应等信息，提升客户整个生命周期的价值收益。面向电网客户，AutoGrid 帮助电网各端匹配电力供应和需求，提供需求侧响应对策略、电网负荷预测等信息，实现电网调度优化、有效降低运营成本。

（2）智能化节能决策支持案例。美国 C3 能源公司建立 C3 能源分析引擎平台，将多个分散电力系统数据存储在云平台上，与工业标准、天气预报、楼宇信息、持久协议和其他外部的数据相结合，开发了 C3 电网分析（C3 energy grid analytics）、C3 石油天然气分析（C3 energy oil & gas analytics）和 C3 用户分析（C3 energy customer analytics）三个分析工具，形成了智能仪器控制、资产保护、预测性维护、需求响应分析、负荷预测等 10 种成熟的解决方案。一方面面向公共事业公司，帮助其了解用户用能情况，合理设计需求响应方案，提供能源投入冗余分析、能耗基准点、电力用户空间视图等服务类应用；另一方面通过公共事业公司授权面向用户，用户可以借此进行能耗管理，响应需求管理，调整自己的能耗安排。

（3）面向企业内部的管理决策支持案例。法国电力公司通过采集电力大数据并对其进行分析研究以获得应用价值。目前法国已具备了超过 3500 万个智能电表，收集国内个人用户的用电负荷数据。智能电表每 10min 一次进行负荷采集计算，法国目前的所有智能电表每年将产生 1.8T（1T＝2^{40}）次负荷记录以及 600TB 数据。智能电表所产生并积累的数据量将在短短几年内就达到 PB 级。法国的电力部门针对此情况专门成立了大数据项目小组，对采集到的电力数据进行数据分析工作，提高对电力用户负荷数据处理能力，对用户的短期负荷趋势进行预测。通过对海量数据处理技术深入分析与研究，得到了一套能够在规定延迟时间内对数据进行复杂、并行处理的方法；可以在不同维度上进行处理，实现了电网调度实时处理等高级应用；对电网系统中电力调度进行适度优化；通过对电力用户用电负荷数据的管理，实现用户电价的实时调节及电网中可再生能源接入。

2.1.3.2 国内应用现状

国内的电力大数据的应用还处于起步阶段，但发展趋势猛烈。

国家电网公司依托 2014 年研究成果，在 2015 年 1 月发布《国家电网公司大数据应用指导意见》，明确了大数据应用顶层设计和应用规划，涉及三大领域 35 项典型应用场景，并正式启动企业级大数据平台的研发的试点工作。具体地说，到 2020 年，在现有一体化信息平台基础上，建成国家电网公司总部和省公司两级部署的具有国际先进水平的基于云架构的企业级大数据平台，大数据成为推动智能电网创新发展的关键核心技术，在电网生产、经营管理和优质服务三大领域广泛应用，构建形成大数据应用管理、共享开放、运维分析、标准规范和信息安全五个体系，公司数据整合、存储、计算和分析能力显著增强，数据增值和业务创新能力明显提升。

《国家电网公司"十三五"科技战略研究报告》指出，"十二五"期间先进计算与电力大数据技术取得良好开端，主要体现在：在一体化信息平台及专业应用实现基础上，探索了大数据平台基础体系架构与应用规范；掌握了批量计算、流计算、内存计算等先进计算技术；在实时数据采集、数据库实时复制、分布式 ETL（extract，transfer 和 load，即提取，转换和装载）等数据整合技术方面取得突破；运用分布式文件系统、分布式数据库技术，提升了数据存储横向扩展能力；在数据检索、分析挖掘技术上取得突破，提升了大数据专业化分析能力。该技术领域整体处于国内先进水平，但同国际领先水平仍有一定差距，主要在基于大规模集群的计算架构、混合计算体系、数据质量治理、深入分析挖掘、数据业务应用建设等方面有待深化研究。

中国南方电网有限责任公司针对电力大数据技术实现和应用也开展了有益的尝试。建设了基于数据中心的数据资源管理平台，研究了基于大数据的电网体系架构、基于大数据的数据集成、存储、处理以及基于大数据的可视化技术，大幅提升了数据治理效率，不仅使得分析效率提升数倍，还将硬件成本降低了 50％以上，为后续构建企业级大数据平台奠定了良好的基础。在具体应用方面，研究用户用电数据的存储、分析、修正，研究配用电网架优化、电力调度以及用户节电、用电负荷预测，研究电力大数据在输变电设备负载动态评估、故障检查、状态评测以及运行风险评估等多个方面的应用。通过深度挖掘电力大数据的核心价值，为企业管理、电网的智能化运行提供坚实的技术支撑。

2.2　电力大数据平台技术

电力大数据技术包括大数据平台技术和应用技术。电力大数据平台技术属于信息技术，除了一些电力行业特定的专用工具外，和其他大数据平台技术是类似的。电力大数据应用基于大数据平台来实现。

2.2.1　电力大数据平台总体架构

由于电力大数据具有数据类型多、数据量大、数据处理要求高的特点，为了满足管理和应用电力大数据的需求，必须采用新的采集、存储和处理技术，构建电力大数据体系架构。电力大数据平台总体架构图如图 2-1 所示。

整个大数据平台可分为三层：硬件平台层、基础平台层和应用平台层。硬件平台层包括各种计算机节点和高速网络，基础平台层包括数据集成、数据存储、数据查询/统计、数据处理引擎等基础功能，应用平台包括数据的分析挖掘、应用开发工具、系统管理和安全管理等功能。

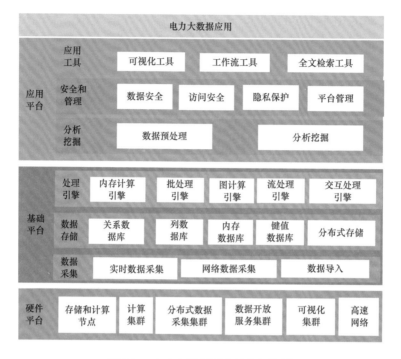

图 2-1　电力大数据平台总体架构图

2.2.2　硬件平台

硬件平台层需要突破存储和计算能力限制,一般采用多核服务器集群并行计算架构,以及高速缓存存储器 Cache、内存、辅存和分布式存储的多层存储结构。基于内存计算架构完成高速的大数据处理成为重要发展趋势。

硬件平台的节点集群包括数据存储和计算节点、数据采集专用节点、高性能计算节点、数据服务专用节点、可视化专用节点、大数据管理节点以及高速通信网络。

数据存储和计算节点主要用来存储多源异构的海量电力数据,数据采集节点用来采集分散在不同业务系统的各类源数据,高性能计算节点专门用于计算量大而数据量较小的计算,数据服务节点用于对外提供访问服务,可视化节点用于图形快速处理和直观显示,大数据管理节点用于集群的控制和管理，高速通信网络可配置万兆以太网，实现内部的高速互联。

硬件平台应具备节点可扩展、通过磁盘阵列实现数据存储不丢失、集群内负载均衡等性能特点。

英特尔公司针对大数据的分发和管理需求优化了其 X86 平台芯片和架构。其推出了至强处理器 E7V2 系列，最高可支持 32 路服务器，最多 15 个处理内核和每插槽 1.5TB 内存容量。英特尔至强处理器平台对网络和 I/O 技术所做的优化，实现了更高的分析性能：以往分析 1TB 的数据需要 4 个多 h 到如今 7min，Intel Hadoop 分布式框架还通过固态硬件缓存加速来实现优化。

2.2.3　基础平台

基础平台实现电力大数据的采集、存储、处理。

数据采集通过 ETL 抽取、实时数据采集、信息交互从外部数据源导入结构化数据（关系数据库）、半结构化数据（日志、邮件等）、非结构化数据（音频、视频、文件等）及实时数据。

数据存储通过改进现有关系数据库、数据仓库存储技术，融合可靠的分布式文件系统（DFS）、大数据去冗余及高效低成本的大数据存储技术，完成大数据的存储，建立相应的关联索引，进行管理和调用服务。一般结构化数据采用关系型数据库存储，半结构化数据采用列式数据库或键值数据库（例如 NoSQL），非结构化数据存储在分布式文件系统中，实时性高、计算性能要求高的数据存储在内存数据库或实时数据库。大数据存储技术须重点突破分布式非关系型大数据存储与管理技术、异构数据的数据融合技术以及大数据移动、备份、复制等技术。

处理引擎为数据处理和数据分析挖掘服务，包括内存计算引擎以及基于内存计算的批处理引擎、图计算引擎、交互处理引擎和流处理引擎，提供基于异构存储介质的分布式内存抽象，实现数据缓存，加速提高数据输入输出性能。批处理引擎面向机器学习和挖掘算法，图计算引擎面向图计算，交互处理引擎面向 SQL 访问，流处理引擎面向连续的流数据处理。

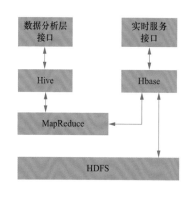

图 2-2　Hadoop 基础平台架构图

已实现的典型基础平台应用产品是 Hadoop，实现了大数据存储、计算和处理，实现架构如图 2-2 所示。Hadoop 分布式系统基础软件架构，能够以一种可靠、高效、可伸缩的方式实现对大量数据进行分布式处理。Hadoop 的框架最核心的设计就是分布式文件系统（hadoop distributed file system，HDFS）和 MapReduce。HDFS 为海量的数据提供了存储能力，而 MapReduce 为海量的数据提供了计算能力。

HDFS 设计用来部署在低成本的硬件上，并且具有有高容错性的特点；它提供高吞吐量来访问应用程序的数据，以适应那些有着超大数据集访问和传输的应用程序；HDFS 可以以流的形式访问文件系统中的数据。

MapReduce 是处理大量半结构化数据集合的编程模型，可以把一个应用程序分解为许多并行计算指令，跨大量的计算节点运行非常巨大的数据集。使用该框架的一个典型例子就是在网络数据上运行的搜索算法。

Hadoop 数据库 HBASE 是一个适合于非结构化数据存储的数据库，利用 HDFS 作为其文件存储系统。

Hive 是基于 Hadoop 的一个数据仓库工具，可以将结构化的数据文件映射为一张数据库表，并提供简单的 SQL 查询功能，可以将 SQL 语句转换为 MapReduce 任务进行运行，适合数据仓库的统计分析。

基于 Hadoop 框架的开源组件体系还在不断丰富和加强，应用场景也越来越多。

2.2.4　应用平台

应用平台基于基础平台为大数据应用开发提供大数据分析、接口和工具，包括分析挖掘、数据安全和平台管理、应用开发工具等。

数据挖掘是大数据应用的本质。数据挖掘技术是通过分析大量数据，从大量数据中寻找其规律的技术，主要有数据准备、规律寻找和规律表示等三个步骤。数据准备是从相关的数据源中选取所需的数据并整合成用于数据挖掘的数据集，包含但不限于数据的清洗、数据的集成、数据的变换等；规律寻找是用某种方法将数据集所含的规律找出来；规律表示是尽可能以用户可理解的方式（如可视化）将找出的规律表示出来。对于结构化数据，常用分析方法有相关分析、回归分析、聚类分析、时间序列分析和异类分析等，对于半结构化和非结构化数据，常用的分析方法有文本分析、语音分析、图像分析、视频分析和机器学习等。

安全和管理指大数据的信息安全及大数据平台的管理。电力大数据由于涉及众多电力用户的隐私，对信息安全也提出了更高的要求。大数据安全是指通过数据销毁、加解密、分布式访问控制、认证/审计等技术，实现数据隐私保护和推理控制、数据真伪识别和取证、数据完整性验证，完成大数据采集到应用的全过程监控。大数据平台管解决大规模服务集群软、硬件的管理问题，并动态调配大数据平台的系统功能。

应用开发工具包括可视化工具、工作流工具及全文检索工具等。大数据可视化组件需要展现多层多级的复杂数据关系，适合大数据可视化的工具包括网络图、旭日图、区域图、树状图、和弦图、平行坐标图、索引图、日历图、标签云和填料图等。

工作流工具为各应用提供了业务工作流的定制工具，实现基于大数据的业务配置管理。

全文检索工具为海量数据和信息的查询检索提供了手段，结合可视化工具能直观展示各种结构化和非结构化数据。

2.3 电力大数据应用场景

《大数据时代》的作者舍恩伯格说，可以抽象地认为，智能电网就是"大数据"这个概念在电力行业中的应用，就是通过网络将用户的用电习惯等信息回传给电网企业的信息中心，进行分析处理，并对电网规划、建设和运营服务等提供更可靠的依据。同时，对于风能、太阳能等具有间歇性的新能源，通过大数据分析进行有效地调节，也可以使新能源更好地与传统的水火电进行互补，更为灵活地出力。由此可以看出电力大数据涉及发、输、变、配、用、调各个环节，是跨单位、跨专业和跨业务的。

智能电网的迅速发展使信息技术、通信技术与电力企业的生产管理快速融合，电力企业面临着正在形成的大数据环境，为此，需要不断挖掘大数据业务需求，探索电力大数据应用的理论和方法。

电力大数据的应用可以概括为三个方面：一方面是电力企业内部跨专业、跨单位和跨部门的数据融合，提升企业管理水平和经济效益，支持电网自身的发展和运营；第二方面是为电力用户服务；第三方面是与宏观经济、社会保障等信息融合，促进社会经济发展，为社会、政府部门和相关行业服务。

2.3.1 服务于电网企业自身

运用大数据优化电网企业管理模式，提升电网企业经营管理水平，有几个典型的应用场景。

2.3.1.1　电网规划数据挖掘和诊断评估

国网福建电力依托大数据平台,构建了电网规划数据挖掘和诊断评估模型,搭建起了全省统一的配电网规划基础数据库,包括静态参数和运行参数,并实现静态参数季度更新、运行数据月度更新。该模型关联分析数据的特征,找到数据之间的逻辑关系及不同指标的规律分布,为确定配电网相关指标的合理范围、标准提供数据支撑,多维度、层层递进地挖掘分析海量数据,诊断出全省各地,包括各乡镇供电设备的供电能力、运行效率、供电质量等情况,研究它们之间的相互作用关系、影响程度,从而判断指标异常的主、次要原因。

2.3.1.2　短期及中长期负荷预测

国网江苏电力建立江苏省全社会用电信息大数据分析系统,从电能量管理、用电信息采集、设备状态监控、生产管理等多个系统中采集 600 多亿条记录数据,并从外部获取气象、经济运行等数据,搭建了 50 个计算节点的大数据平台,在将国民经济 99 个行业和全省 13 个地市负荷细分为 11 781 种负荷特性组合的基础上,以气象、节假日等为主要影响因素,以用户信息、历史负荷为源数据,考虑用电客户对峰谷电价、温度、节假日的敏感程度以及生产班次安排等,组建了超过 70 万个负荷影响模型,模型包含的数据关联关系超过 110 亿项,由此对用电信息采集系统每日采集到的数据进行模型在线机器学习,进而实施各电压等级母线负荷的时序预测,并依据全网电力系统运行方式汇聚全网负荷,做出全省短期和中长期负荷的预测。

2.3.1.3　配网故障预测及抢修应用

国网上海电力试点配网故障抢修精益化管理应用,通过构建故障量预测、抢修效率分析模型,建设实时监测、抢修分析等应用场景,预测未来一天或者一个月各区域、不同电压等级的设备故障量精度达到 70% 以上,预测准确率提高 40%,抢修达标率提升 15%,抢修平均时长缩短 30min,有效提高优质服务水平。

2.3.1.4 配网状态全面监测及设备故障预警

通过研究气象数据和10kV馈线负荷之间的关系，利用大数据分析总结不同馈线随季节和昼夜变化的规律，以及受气温等气象条件、节假日、重要事件等因素的影响特性，构建科学的馈线负荷预测系统，通过对城市配网故障报修工单进行初步分析，选取气温、气压、温度、降水量等因素进行相关性分析，挖掘工单数量与气温相关性随季节变化的基本关系。基于以上的分析手段，为配网调度人员管理特别是迎风度夏期间合理安排负荷转供、检修计划和有序用电提供手段。

2.3.1.5 线损计算与分析

利用数据抽取技术，全面获取网架、用户、分布式电源等电网资源的基础台账数据，运行数据以及自动采集数据等，采用分布式存储技术构建电网能量节点基础数据管理模型，实现各类基础数据的查询分析、关联对照与异常诊断，采用分布式计算技术实现省市县级全面、动态线损管理，以及分区、分压、分元件和分台区的四分理论线损的计算和统计分析，降低管理线损，增加企业经济效益。

2.3.1.6 配电网运行效率监测

国家电网公司建立"配电网运行效率监测"系统，整合了包括PMS、调度OMS、调度DMS、调度EMS、用电采集系统、数据中心和海量平台等各业务系统数据，实现负荷监测、效率监测等功能，能够对运行效率相关各项关键性能指标进行实时监测，并运用科学模型开展深度分析，评价地区配电网的投入产出效率。2015年4月该系统在厦门供电公司上线，之后不久就监测到厦门地区7月份出现低电压公用变压器6台，影响用电客户752户；累计出现低电压监测点520户，涉及台区254台。

2.3.1.7 配网公用变压器台区运行监测

国家电网公司基于26个省（市）公司用电信息采集系统产生的海量明细数据，运用大数据分析技术，关联基础档案数据7亿条，判定电压、电流等时标数据 120 亿条，累计处理数据量达 2.7T，通过监测发现"低电压"台区共计 41 067 个，"过电压"台区共计 197 489 个，"重过载"台区共计 54 382 个，"轻空载"台区共计 247 452 个，为开展"低电压"治理、迎峰度夏相关工作提供有效支撑。

2.3.1.8　新能源运行数据分析

为破解新能源消纳难题，国网西北分部将大数据分析技术与新能源消纳需求深度融合，建立了新能源运行数据分析平台，整合数据采集与监视控制系统（supervisory control and data acquisition，SCADA）、交易、设备故障、天气预测等系统数据，以调度运行需求为导向，开展新能源运行的大数据分析，新提出新能源保证出力算法，为方式安排和实时调度运行提供了详实的数据决策参考依据，以新能源优先调度评价为基础，从新能源消纳空间、断面限制和调峰能力等方面以日、周、月、年为周期，对新能源消纳情况展开详细分析，有针对性地指出不同省区面临的新能源消纳难点，根据各省区不同特点完善新能源消纳规则。

2.3.1.9　精准反窃电方法

国网江苏电力创新反窃电方法，提出"选数据、比差异、勘现场、抓现行、追损失"大数据分析精准反窃电五步法，运用大数据分析手段挖掘窃电线索。该公司通过分析电流、电压、线损、波形等数据变化情况，构建历史数据、同行业数据、用电档案信息等多种比对模型，提高对窃电客户的识别精度，绘制窃电现场画像，使反窃电人员能够足不出户精准抓捕窃电客户。据统计，自运用大数据分析法反窃电以来，国网江苏电力累计查获多起高压窃电案，单笔追补金额在 300 万元以上的达 7 起。

2.3.1.10　电费回收风险挖掘分析

国网浙江电力基于用户电费账务、业扩报装、违约窃电等共计1900 余万条营销数据，运用逻辑回归等分析算法，开展主动式电费回收风险挖掘分析，对 38.34 万个客户的电费回收风险影响因素及程度进行建模分析，发现 4.2 万欠费用户、欠费金额总计 5.63 亿元，并基于历史数据对大客户欠费概率进行预测，提早识别高风险客户，通过有针对性地采取应对措施，有效降低电费回收风险。

2.3.1.11　量价费损监测分析

国家电网公司基于用电信息采集系统明细数据，采用大数据挖掘技术，对覆盖"发购供售"全过程的线损、电量、电价和电费等重要经营指标进行在线监测和分析，实现设备运行状态、用户用电行为、台区供电服务等业务的异动监测。已在 27 家省（市）公司 255 个地市公司成功应用，累计追补电量 1.69 亿千瓦时，追补电费 1.66 亿元。

2.3.2　服务于电力用户

主要利用电网数据、气象数据、社会经济数据等，给用户提供更加丰富的增值服务内容。典型的应用场景如下。

2.3.2.1　需求侧管理/需求响应

当需求侧管理日益成为电网运营的一个重要部分时，电力大数据的应用也变得日益重要。通过电力大数据的采集、分析及应用，可以帮助电网平衡各方的电力供应和需求，降低相关各方的成本。通过收集并处理电力用户智能电表、气温、房屋和建筑能耗、空调用电等数据，分析其主要用电设备的用电特性，预测用电量，在分类分析的基础上，通过聚合，可得到某一片区域或某一类用户可提供的需求响应总量，再分析哪一部分容量、多少时间段的需求响应量是可靠的，分析结果可为制定需求管理/响应激励机制提供依据，结合电价信息实现需求侧响应，提升电力用户的价值收益。对于电网企业来说，可提供需求响应应对策略，预测发电情况和电网动态负荷，预测电网运行故障，改善客户平均停电时间和系统运营时间，从而实现电网优化调度，减少非技术性损失，降低运营成本。

2.3.2.2　用户用电行为分析

在智能电表大量部署的情况下，可以获得较短时间间隔的用电数据，融合居民信息等数据，基于大数据挖掘技术可以研究各类居民的高频用电数据特征，基于行为科学和社会实验方法，利用各类离散选择模型研究居民用电行为的偏好特征，基于消费者行为理论，利用各种时间序列和面板数据模型，研究各类用电行为的动因。对用户的用电行为进行分析，可以通过与典型数据、平均数据进行比对给出能效分析结论，对用户的能效给出评价，并提出改进建议。

2.3.2.3　供电服务舆情监测预警分析

大数据时代的到来为供电服务舆情监测带来了技术优势。通过采集微博、微信、论坛等互联网新媒体上发表的海量互联网舆论信息、停电信息、思想动态等，建设大数据舆情监测体系，基于大数据与云计算的集合，利用大数据采集、存储、分析、挖掘技术，能更加准确地分析舆情，挖掘、提炼关键信息，建立负面信息关联分析监测模型，及时洞察和响应客户行为，进而制定决策方案，拓展互联网营销服务渠道，提升企业精益营销管理和优质服务水平。

2.3.2.4　电动汽车充电设施规划

采集电动汽车类型数据、用户信息、配网网架和运行数据、地理信息、社会经济数据等，利用大数据技术预测不同类型电动汽车的保有量、用电需求等情况。参照交通密度、用户出行方式、充电时间等因素，依据城市与交通规划以及电网规划，建立电动汽车充电设施规划模型，对电动汽车充电设施的规划方案制定提供依据。

2.3.3　服务于社会经济

电力需求变化是经济运行的"晴雨表"和"风向标"，能够真实、客观地反映国民经济的发展状况与态势。通过对用户用电数据的分析，可为政府了解和预测全社会各行业发展状况和用能状况提供基础，为政府就产业调整、经济调控等做出合理决策提供依据。

2.3.3.1　提供经济指导

作为重要经济先行数据，用电数据可作为投资决策者的参考依据。如将人口调查信息、电网企业提供的用户实时用电信息和地理、气象等信息进行整合，设计一款"电力地图"。该图以街区为单位，可以反映各时刻的用电量，并可将用电量与人的平均收入、建筑类型等信息进行比照。通过完善"电力地图"，能更准确地反应该区经济状况及各群体的行为习惯，以辅助投资者的决策，也可为城市和电网规划提供基础依据。

2.3.3.2　相关政策制定依据和效果分析

通过分析行业的典型负荷曲线、用户的典型曲线及行业的参考单位 GDP 能耗，可为政府制定新能源补贴、电动汽车补贴、电价激励机制（如分时电价、阶梯电价）、能效补贴等国家和地方政策提供依据，也可为政府优化城市规划、发展智慧城市、合理部署电动汽车充电设施提供重要参考，还可以评估不同地区、不同类型用户的实施效果，分析其合理性，提出改进建议。

2.4　配用电大数据应用案例

国网上海市电力公司承担了国家"863"计划课题《智能配用电大数据应用关键技术》，课题研究目标是设计配用电大数据先进适用体系架构，掌握多源异构配用电数据的集成、存储、处理、可视化等共性关键技术，掌握用电负荷海量数据分析处理的关键技术，掌握智能配用电大数据典型业务分析的关键技术，依托示范工程建设实现应用创新。课题选择浦东新区开展智能配用电网大数据应用示范，浦东新区供电面积 1210 平方公里，供电用户 180 万户，行业类别、用户类型齐全，新能源种类多样；电能消费在终端能源消费中的比重高，用电负荷密度高，社会经济发展水平高，大数据应用需求和意义大。

2.4.1　配用电大数据总体架构

基于配用电大数据功能性需求和非功能性需求，结合配用电大数据来源多、结构杂、数据量大、时序性严格及采集频度高的客观特性，以可扩展性基础设计和可定制化灵活设计作为理论基础，设计出配用电大数据的软硬一体化体系架构。总体架构如图 2-3 所示。

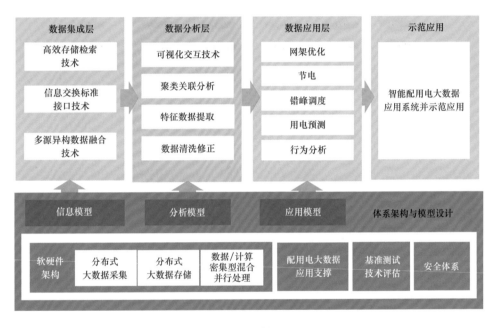

图 2-3　总体架构

在硬件体系架构方面，结合配用电大数据的数据量、数据特征以及配用电大数据业务需求，课题组优化配置了大数据集群硬件的体系架构和网络拓扑，形成了以大数据处理平台为核心，高性能平台为辅助的混合型大数据硬件集群，包括 28 台存储和计算节点，3 台 4 路高性能计算（可视化）专用节点，2 台 4 路数据服务节点，2 台 8 路高性能计算专用节点组成，集群节点总数达到 35 台，总存储容量达到 1.305PB。硬件架构如图 2-4 所示。

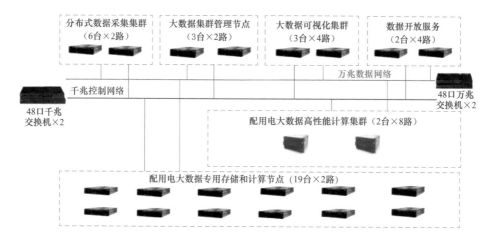

图 2-4　硬件架构

在软件体系架构方面，搭建了性能超强、数据分析功能完善和生态系统完整的大数据平台 CloudCanyon。CloudCanyon 由浪潮公司开发，能够提供企业级的、兼具高可靠性和稳定性的 Hadoop 平台，其组件包括 HDFS 分布式文件存储系统、MapReduce 编程框架、ZooKeep-er 分布式协同工作系统以及 Hive 数据仓库，Pig 数据流分析平台和 HBase 分布式数据库、Sqoop 数据转移工具和分布式监控工具。该平台不仅包含有分布式的数据采集、存储和处理流程，还集成了大数据混合并行处理架构，通过严格基准测试，并行数据写入速度达到 1.8GB/s，并行读取速度达到 2.1GB/s，并发计算量超过 300，查询类交互时间在毫秒级。

2.4.2　配用电大数据应用

配用电大数据主要用在用户用电行为分析、用电预测、节电、网架优化、错峰调度等五方面。

2.4.2.1　用户用电行为分析

用户用电负荷数据是配用电大数据的重要组成部分，并且具有规模大、时效特征强、价值密度低等特征。同时，随着社会信息化的迅速发展，特别是大数据时代的到来，大量社会、经济、气象、地理信息等数据资源的互通互联成为现实，为发掘用电负荷数据与其他用电数据以及电力系统外部数据的关联关系提供了可能。特别是大量经济社会数据与用电负荷数据关联密切，这种数据的关联与耦合蕴含着大量的知识与经济运行规律，具有重要的经济社会价值。用户用电行为分析过程如图 2-5 所示。

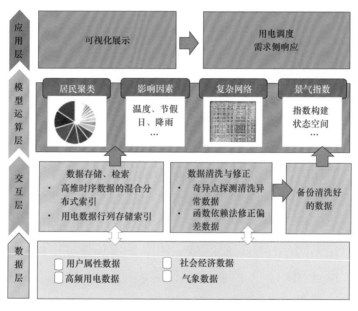

图 2-5　用户用电行为分析过程

对于居民用电来说，由于居民的用电行为存在很强的个体差异性，如果能对不同类型用户采用有针对性的方法进行用电预测，则可以最大程度地优化调度策略、节约成本、稳定网架。上海市浦东 180 万居民的用电行为特征如图 2-6 所示。由图 2-6 可见，浦东居民可分为 36 种不同的用电类别。

对于居民用电聚类结果中的每一类用户，通过关联气象、日期等数据，分析用户对温度、节假日、阶梯电价等的敏感性，发现用户用电行为存在惯性，即前一天的用电行为往往会延续到后一天，但是不

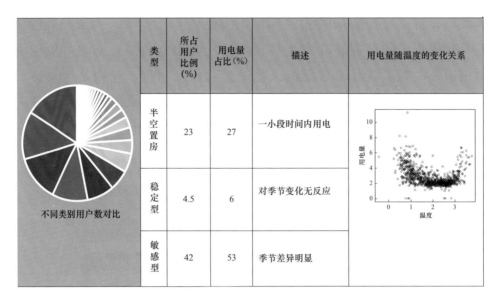

类型	所占用户比例(%)	用电量占比(%)	描述	用电量随温度的变化关系
半空置房	23	27	一小段时间内用电	
稳定型	4.5	6	对季节变化无反应	
敏感型	42	53	季节差异明显	

图 2-6　居民用电聚类结果

同类型用户惯性的大小不同；用电量与温度呈 U 型关系，即居民存在一定的适温区域，在这段区域内对制冷或制热的需求不高，用电量也处于基准水平，但是当温度超出适温区域时，用电量随着温度变化集聚升高，但是不同用户的适温区域、用电量增长速度不同。

对于工商业用户，工商业用户和居民的区别在于，不同行业之间存在强烈的上下游、替代等关系，不能对每一个用户单独进行分析。采用格兰杰因果检验的复杂网络模型对所有工商业用户进行了行业间的相关关系研究，构建了全行业间相关关系复杂网络图，发现各个行业间普遍存在相关性，行业内部会形成小社团。从大数据的角度分析了行业间关联关系，不仅验证了传统经济学分析结果，更发掘了很多行业间隐含的关系，给出了所有行业间整体的用电量传递关系。

图 2-7 是工商业行业相关性分析结果，通过结果可以看到，工业、第三产业行业内部之间各行业均具有较强的相互相关性。

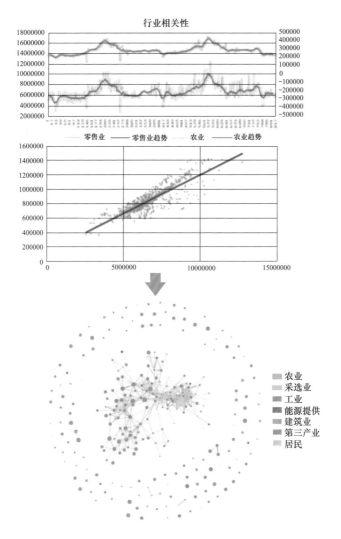

图 2-7　工商业行业相关性分析结果

了解了行业间的相关关系和用电量传递关系，一旦某个行业的用电量发生剧烈变化，我们就可以预测未来一定时间内整个工商业网络受到的影响范围和程度，进一步预测用电负荷的变化，从而提前做出应对策略。通过复杂网络结构提取相关行业，利用随时间发展的状态空间模型分析一个行业未来可能的用电量增长状况，得到非常准确的预测结果。

图 2-8 是通过对相关行业的用电量变化情况及行业间关联驱动关系进行分析，对纺织服装制造业的用电增长进行预测。

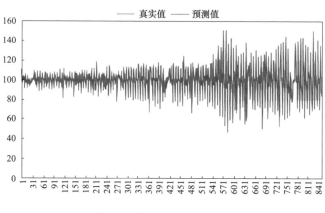

图 2-8　行业用电量预测图

2.4.2.2　用电预测

用电预测是根据系统的运行特性、增容决策、自然条件与社会影响等诸多因数，在满足一定精度要求的条件下，确定未来某特定时刻的负荷数据，其中负荷是指电力需求量（功率）或用电量。

准确及时的用户用电预测为节电、网架优化、错峰调度等提供了共性支撑。用户用电信息采集系统、负荷控制系统、电能服务平台、用户用能管理系统等配用电信息系统积累了大量用电基础数据，为分析用户个体、群体用电量和负荷预测提出了新的技术要求。

气象变化影响用电行为，在负荷预测中需要考虑气象条件。气象数据包括特定区域内的气压、温度、湿度、风、云和降水量等多种信息，以及这些气象信息的多时间尺度的预测结果。社会经济发展、人口变化等都影响用电负荷，因此也需考虑这些数据。

综合电网运行负荷数据、气象数据、地理信息系统、人口、经济、节假日等数据，基于用户用电行为分析，通过关联分析、回归分析、神经网络等各种数据挖掘和分析方法，识别影响负荷的敏感成分，进而构建不同类型不同目标的负荷预测模型，如系统短期负荷预测模型。通过多数据源关联的大数据分析，采用影响因素相似性最大原则，进行了预测模型的训练样本筛选，并基于每个负荷单元进行分析，可以准确预测某台区、线路、区域的未来用电曲线，如图 2-9 所示。

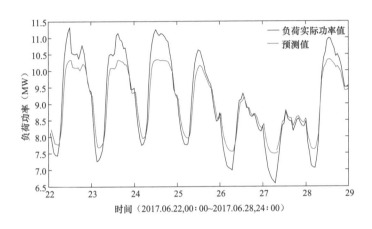

图 2-9　用电预测实例

　　采用大数据分析和预测方法，利用基于分布式计算框架的分布式关联规则挖掘算法，结合分布式大数据采集、存储和处理硬件体系架构，可以对电网负荷进行预测计算，预测结果将应用到电网规划、节能经济调度等领域。

2.4.2.3　节电

　　节电是国家节能减排战略的重要一环。配用电系统网架复杂，装备水平差异性大、用户类型多、节电潜力大。随着智能配用电技术的发展，各级电网公司建设了配电自动化系统、用电信息采集系统、负荷控制系统等配用电信息系统，为电网、用户节电的大数据应用提供了基础支持。

　　在节电分析中，评判不同类型用户用电水平的优劣高低需要确立参考标杆，与标杆值对比不仅能实现节电潜力的量化，同时为用户节电改造提供了方向。因此标杆的选择一直是节电分析的重点。传统的标杆选择以行业能效标准或者同行业先进水平为主，缺点在于随着产业结构调整速度的加快，管理部门确定的标杆时效性较差，此外，即便是同一行业内，用户的用电规模、用电行为千差万别，在行业尺度确立标杆不具代表性。为构建节电策略，传统做法是由专门节能公司入户安装计量设备，给出改造方案，调研成本较高，导致用户缺少节电积极性，对自身耗电水平信息匮乏。

结合大数据分析优势，使用行业全体用户功率，冻结电量等数据，计算用电特性评价指标，通过高维度聚类、流形降维等方法，实现了行业用电群体的精细化划分。在各群体内根据近期耗电特点，动态确定群体节电标杆，据此量化每个用户的节电潜力。结合气象、社会数据，使用关联分析、主成分分析、多元回归等方法，得出各用户节电潜力对气象、社会等因素的敏感性，结合行业特点有针对性地提出节电策略。使用极端梯度提升树算法，对未来短期的节电潜力进行预测，若潜力较高可提前提醒用户加以关注。实现大数据环境下用户的节电分析功能，为节电改造工作的推进提供指导。

图 2-10 是用户节电分析结果，用户用电曲线（蓝色）与行业标杆用户用电曲线（红色）进行比较，可以得到用户节电潜力，并根据不同时段用电特性，为用户提供定制的节电策略。

2.4.2.4　网架优化

在传统的配用电网架优化中，由于数据来源和数据分析及应用的不足，网架优化面临较多的不确定性因素，优化结果往往与实际情况之间存在较大差异。配用电网用户众多，不同用户的用电特征及用电需求不同，同时，随着城镇规划与建设以及分布式电源、电动汽车等新型电源及非常规负荷的接入，配用电网架优化需要考虑的数据来源和数据类型越来越多。

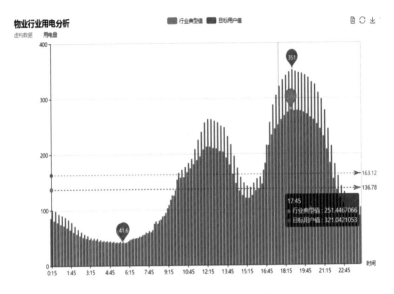

图 2-10　用户与标杆日用电对比

　　分析网架结构的拓扑特性，定义负荷点间最短路径长度、电源—负荷节点对最短路径长度、节点度分布作为配电网网络拓扑的指标将网架进行聚类，挖掘出各供电单元网络拓扑呈现出的群体特性，并负荷时空聚集特性及影响因素不确定性进行负荷时空分布预测。在完成拓扑聚类分析和负荷时空分布预测后，可以挖掘潮流、可靠性、负荷、线损等数据与网络拓扑数据的聚类结果之间的关联关系。基于这种映射关系，在输入待优化网架时，依次计算该网架的潮流、可靠性等指标，再利用关联分析挖掘出的映射关系，可以找出适应于待优化网架的期望指标的目标网架结构的特征类别。规划模型中，还需考虑负荷、光伏出力等不确定性因素的影响，并考虑用随机潮流来描述光伏电源以及其他不确定性对网络的影响。对此，使用抽样和多场景分析的方法，对负荷和光伏出力等不确定性因素在概率比较高的数值范围内进行抽样，得到对应的若干场景，分别用基于拓扑结构特征的配电网规划方法对每个场景进行网架优化，对得到的结果中的每一个决策变量进行统计，取出现概率较大的值，对最终得到的结果进行修复，得到优化结果。

　　图 2-11 所示是拓扑特征聚类结果，图 2-12 所示是得到的网架聚类结果。根据网架拓扑不同特征维度，可以将网架分成若干类，同一类中的网架拓扑具备相似性，并为优化目标提供分析样本，考虑负荷预测及不确定性后可以得到网架优化结果。

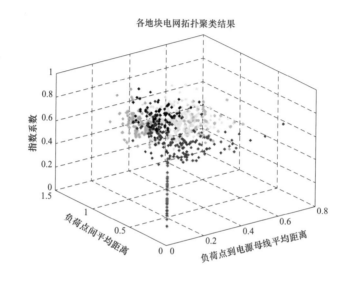

图 2-11　拓扑特征聚类结果

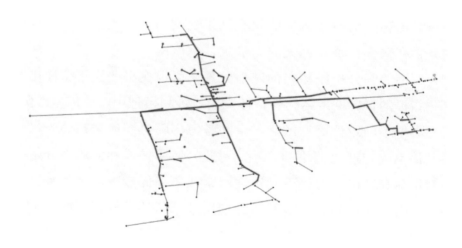

图 2-12　网架优化结果

2.4.2.5　错峰调度

错峰调度是指根据电网负荷特性，通过行政、技术、经济等手段将电网用电高峰时段的部分负荷转移到用电低谷时段，从而减少电网的峰谷负荷差，优化资源配置，提高电网安全性和经济性。

随着配电自动化、用电信息采集、负荷控制、电能服务平台等信息系统在全国范围内的推广实施，为将分布式电源、用户侧自备电厂、用户需求响应等配用电资源纳入错峰调度范畴提供了大数据基础；另一方面，传统的配用电错峰调度资源分配缺乏高效的技术手段，没有很好地兼顾电网安全与用户经济利益。

随着智能表计大规模应用和系统接入，用电信息数据资源开始急剧增长并形成了一定的规模，我国电力行业开始步入大数据时代。通过大数据技术的引入和应用，可以释放"大数据"的业务潜力，应用到错峰用电领域，实现错峰用电管理应用的实用化、精益化、高效化。

基于用户的用电模式识别而开展的错峰潜力分析，结合配用电错峰调度资源多源数据融合规则和方法，利用满足配用电安全性、经济性及用户多样化用电需求的用户用电特性等多因素的错峰资源大数据层次化聚类分析方法，考虑经济性和安全性等约束边界，构造配用电侧可调度错峰资源分配指标权重系数矩阵，综合配电、用电和社会经济等多维可调度资源，建立配用电侧错峰指标分配体系和递阶层次模型，为供电企业开展错峰用电管理工作提供依据，有效地弥补现有错峰用电管理方式相对粗放的不足，且支持将错峰用电管理作为一项长期用电管理工作来开展，可以有效地降低系统高峰负荷，提高负荷率，减小峰谷差。错峰用电框架图如图 2-13 所示。

大数据技术应用到错峰用电领域的关键是利用大数据技术进行用户的用电模式识别，利用数据挖掘技术对用户的用采数据进行深入分析来开展，进而获得用户的错峰潜力等潜在的有用信息，既能够为供电企业开展错峰用电管理工作提供依据，又能够为电力用户更好地制定用电方案。

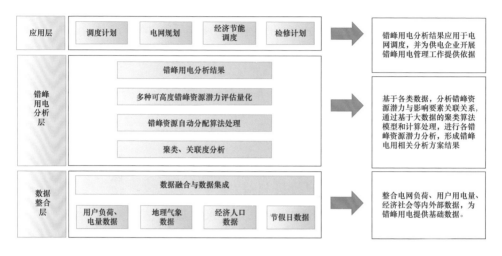

图 2-13　错峰用电框架图

2.5　电力大数据应用

近几年，大数据技术不断发展，电力行业大数据应用也不断拓展加深，但大数据应用在电网企业整体业务中目前依然是"点状"试行，还只是少数人的先期实践。因此，如何推进大数据在供电公司系统内的整体推进需要进一步的研究，通过判断电力大数据应用的成熟程度，可以明确大数据在电网企业应用的推进路径，以期取得大数据应用的更大效益和效果。

2.5.1　电力大数据价值蓝图

电力大数据体系根据其成熟程度可以划分为三个能力等级，分别是基本能力、中阶能力和高阶能力。电网企业推进大数据就是要从数据资产、关键技术和大数据应用三个方面逐步构建能力、提高体系的先进性，最终实现电力大数据的价值蓝图，如图 2-14 所示。

图 2-14　电力大数据的价值蓝图

　　在数据资产方面，基本能力是实现业务数据集成，包括开展数据盘点、数据清洗、数据接入等；中阶能力是建成企业级数据中心，包括完善数据架构、数据规范、出台元数据管理等；高阶能力是实现数据全生命周期管理，包括完善数据安全框架、数据质量规范等。

　　在关键技术方面，基本能力是实现信息统计及检索，包括掌握分布式数据库、并行计算架构、数据报表、抽取转换加载等技术；中阶能力是实现知识提炼及发现，包括掌握机器学习和数据挖掘技术等技术；高阶能力是实现商业智慧洞察，包括掌握预测性分析技术等。

　　在大数据应用方面，基本能力是实现业务点的应用，包括解决业务问题，优化业务流程等；中阶能力是实现组织面的应用，包括优化资源配置、提升管理协同等；高阶能力是实现城市体应用，包括服务经济发展、服务民生改进等。

2.5.2　电力大数据推进计划

　　电力大数据推进可划分为四个阶段，分别是顶层设计阶段，试点探索阶段、拓展提升阶段和深化完善阶段。每个阶段从数据资产、关键技术和大数据应用三个方面，规划阶段目标和应开展的重点工作，如图 2-15 所示。

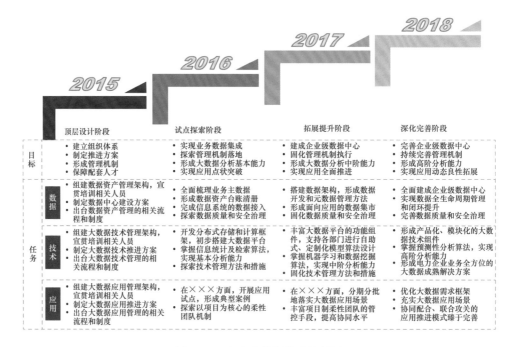

图 2-15　电力大数据推进计划图

顶层设计阶段是大数据推进的第一阶段，主要工作是建立组织架构、制定推进方案、完善管理机制，为后续工作的开展奠定良好基础。

试点探索阶段是大数据推进的第二阶段，主要工作是实现业务数据的初步集成，初步构建大数据分析平台，形成信息统计及检索等基本分析能力，探索管理机制的落地，并实现大数据应用的点状突破。

拓展提升阶段是大数据推进的第三阶段，主要工作是建成企业级数据中心，开发大数据平台解决方案，形成数据提炼及分析等中阶分析能力，固化成熟的管理机制，全面推广大数据应用。

深化完善阶段是大数据推进的第四阶段，主要工作是全面建成企业级数据中心，完善大数据平台解决方案，形成商业智慧洞察等高阶分析能力，动态拓展大数据应用场景。

2.6　技术展望

信息技术已经全面渗透到电力生产和企业管理的各个流程和领域，以大数据为核心的泛在智能电网，将优化电力的生产方式、利用方式以及消费方式，如清洁能源、电动汽车的发展和利用等，有望催生新的经济模式。在中国电机工程学会发布的《中国电力大数据发展白皮书》中，对电力大数据的应用前景描述如下："积极应用大数据技术，推动中国电力大数据事业发展，重塑电力'以人为本'的核心价值，重构电力'绿色和谐'的发展方式，对真正实现中国电力工业更安全、更经济、更绿色和更和谐的发展。"

电力大数据的突出优势使其应用前景非常广泛，然而如何从海量数据中通过专业化的处理，挖掘出数据的潜在价值是电力企业面临的前所未有的新挑战，主要体现在以下几个方面：

（1）数据质量挑战。目前电网企业所采集的数据量十分巨大，但部分数据质量较低，数据管控能力不强。大数据时代，数据质量的高低、数据管控能力的强弱直接影响了数据分析的准确性和实时性。目前，电力行业数据在采集密度，数据获取的及时性、完整性、一致性等方面的表现均不尽如人意，数据源的唯一性、及时性和准确性急需提升，部分数据尚需手动输入，采集效率和准确度还有所欠缺，企业也缺乏完整的数据管控策略、组织以及管控流程。

（2）数据集成挑战。电力数据储存时间要求以及海量电力数据的爆发式增长对 IT 基础设施提出了更高的要求。目前，电力企业大多已建成一体化企业级信息集成平台，能够满足日常业务的处理要求，但其信息网络传输能力、数据存储能力、数据处理能力、数据交换能力、数据展现能力以及数据互动能力都无法满足电力大数据的要求，尚需进一步加强。

（3）数据分析和挖掘挑战。电力大数据的分析和挖掘主要面向结构化和非结构化数据，能够针对复杂数据结构、多类型的海量数据做有效的处理，但目前电力行业的数据挖掘计算大多都是基于小数据集进行，对于海量、多类型、非结构化数据，给分析和挖掘算法的准确性、实时性均提出了挑战。

大数据发展到今天，覆盖的范围越来越大，在各行各业产生的影响也越来越大，发展的速度在不断地加快，但是从整体上来看，目前大数据的发展还是处于初期阶段，对于大数据的研究还要不断的深入。电力大数据的应用将随着大数据技术的发展而发展，各种新的应用将不断深入，大数据必然会助力电力工业的发展，成为电力工业发展的驱动器。

参 考 文 献

[1] 中国电力大数据发展白皮书［R］. 北京：中国电机工程学会信息化委员会，2013.

[2] 公司大数据应用认知与实践［R］. 北京：国网运监中心，国网智能电网研究院，2015.

[3] 国家电网公司大数据应用指导意见［R］. 北京：国家电网公司，2015.

[4] 秦虹. 从"业务驱动"向"数据驱动"转变［N］. 中国电力报，2017-05-04（007）.

[5] 庄颖芳，戴贤哲. 大数据辅助决策让配网更高效［N］. 中国电力报，2015-09-22（007）.

[6] 任冲，唐洁晨. 大数据助力西北电网新能源消纳［N］. 国家电网报，2017-05-16（007）.

[7] 曾宇星. 福建配电网规划应用大数据分析［N］. 国家电网报，2015-12-16（003）.

[8] 周瑾. 国网江苏电力应用大数据分析精准反窃电［N］. 国家电网报，2017-05-10（003）.

[9] 沈伟民. 国网江苏公司应用大数据精准预测负荷［N］. 中国电力报，2015-09-21（001）.

[10] 王山林. 国网福建电力应用大数据预测重过载台区［N］. 中国电力报，2015-09-21（001）.

[11] 冯阳. 龙源电力构建国内首个风电大数据平台［N］. 中国电力报，2015-07-04（006）.

[12] 郝悍勇，刘青. 深入探索电力大数据平台关键技术应用［N］. 国家电网报，2016-04-19（007）.

[13] 彭小圣，等，面向智能电网应用的电力大数据关键技术［J］. 中国电机工程学报，2015，35（3）：503-505.

[14] 陈琦. 基于 Hadoop 的电力大数据特征分析研究［D］. 北京：华北电力大学，2016.

[15] 孙柏林. "大数据"技术及其在电力行业中的应用［J］. 电气时代，2013，8：18-23.

[16] 国家电网公司大数据技术参考框架（征求意见稿）［R］. 北京：国家电网公司信息通信部，2014.

[17] 配用电大数据体系结构研究报告［R］. 上海：国网上海市电力公司，浪潮电子信息产业股份有限公司，2016.

[18] 智能配用电大数据应用关键技术研究报告［R］. 上海：国网上海市电力公司，复旦大学，上海交通大学等，2016.

[19] 瞿海妮，许唐云，等. 电网企业大数据应用需求分析及推进路径研究报告［R］. 上海：

国网上海市电力公司电力科学研究院，2016.

[20] 舍恩伯格. 大数据时代. 浙江出版社，2013.

[21] 麦肯锡全球研究院. 大数据：创新、竞争和生产力的下一个新领域 ［R］. 2011.5.

[22] 赖征田，等. 电力大数据. 机械工业出版社，2016.1.

PART 3
电动汽车充电设施与车联网

3.1 概述

3.1.1 电动汽车及其充电设施

随着石油资源紧缺、环境恶化问题日益凸显，新能源和相关产业越来越受到重视。电动汽车推广应用是实施能源安全战略、低碳经济转型、生态文明建设的有效途径。2020 年以前，我国将形成超百万辆电动汽车产业化能力，2025 年有望成为最重要的电动汽车市场。

法国巴黎是最早将清洁能源汽车引入公交系统的城市。德国政府也加大了对电动汽车市场发展和对绿色能源的支持，截至 2015 年底，德国公共充电桩保有量约为 5571 个，其中快速直流充电桩 784 个，普通交流充电桩 4787 个。美国在电动汽车技术及其基础设施建设也全球领先。截至 2015 年底，美国公共充电桩大约有 31674 个，到 2016 年 9 月份已经突破 44 000 个。日本政府十分重视电动汽车发展。截至 2015 年底，日本公共充电桩数量约为 22110 个，其中快速直流充电桩 5990 个，普通交流充电桩 16120 个。

2010 年开始，国家电网公司开始大规模建设公共充电设施，截至 2016 年底，国家电网公司至少已累计建成充电站 5528 座，充电桩 4.2 万个。

根据充电方式、速率的不同，电动汽车充电设施可分为交流充电桩、直流充电机和电池更换站三类。

3.1.1.1 交流充电桩

交流充电桩是指采用传导方式为具有车载充电机的电动汽车提供交流电能的专用装置，由桩体、充电接口、保护控制装置、计量计费装置、读卡装置、人机交互界面等部分组成。随着充电技术、运营模式的不断发展，也可在此基础上增加其他配置。其系统简单，占地面积小，操作方便。可分为落地式和壁挂式：落地式充电桩适合在各种停车场和路边停车位进行地面安装；壁挂式充电桩适合在空间拥挤、周边有墙壁等固定建筑物需地下停车场或车库进行壁挂安装。

交流充电桩具有人机交互功能、计量功能、刷卡计费功能、通信功能、安全防护功能，主要技术参数见表 3-1。

表 3-1　　　　　　　　　　　交流充电桩的主要技术参数

项目	参数
供电模式	交流单相或三相
额定电压	220V/380V
额定频率	50Hz
额定电流	16A/32A
计量准确度等级	1.0 级
剩余电流保护额定动作电流	30mA
剩余电流保护额定动作时间	≤0.1s
连接器机械操作寿命	≥10000 次

3.1.1.2　直流充电机

直流充电机是指与交流电网相连，采用高频电源技术为电动汽车车载动力电池提供直流电源的供电装置。主要由控制单元、计量装置、读卡装置、人机交互装置、充电机模块、低压辅助电源、交流进线断路器、交流进线接触器、避雷器、直流输出熔断器、直流输出接触器、充电电缆和桩体等构成。具有充电功率大，效率高，时间短等特点。

直流充电机根据充电机安装位置的不同，充电机可分为车载充电机和非车载充电机。其中，车载充电机固定安装在电动汽车上，通过连接器和电缆与交流充电桩连接，实现为电动汽车充电功能；非车载充电机固定安装在地面上，输出接口通过连接器和电缆与电动汽车连接，实现为电动汽车进行直流充电。

非车载充电机主要由交直流功率变换和直流输出控制两部分构成，可分为一体式和分体式两种。一体式充电机指的是由交直流功率变换部分和直流输出控制部分组合成一体的充电机。分体式充电机指的是交直流功率变换部分（一般称为整流柜）和直流输出控制部分（一般称为直流充电桩）独立组装，两部之间通过电缆连接组成一套完整的充电机，分体式充电机的典型结构见图 3-1。

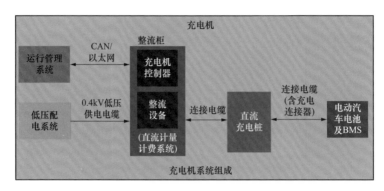

图 3-1　分体式充电机典型结构图

充电机主要功能有：充电控制功能、人机交互功能、计量功能、刷卡计费功能、通信功能、保护功能、防护功能。主要技术参数见表 3-2。

表 3-2　　　　　　　　　充电机的主要技术参数

额定输入电压	380V（三相）
输入功率因数	≥0.93
额定输出功率	30kW，60kW，120kW 等
输出电压范围	200～500V，350～700V，500～950V
输出稳流精度	不超过±1%
输出稳压精度	不超过±0.5%
输出纹波系数	≤0.5%
满载工作效率	≥93%
满载工作噪声	≤55dB
连接器机械操作寿命	≥10000 次

3.1.1.3　换电设备

电池更换站是指采用电池更换方式为电动汽车提供电能供给，并能够在换电过程中对更换设备、动力蓄电池进行状态监控的场所。电动汽车换电设备主要由充电架、电池箱及电池箱更换设备组成，充电架是带有充电接口的立体支架，可实现对电池箱存储、充电、监控等功能。具备符合标准电池箱要求的安装位置，具有良好的稳固性、承重能力、绝缘能力、可扩展性等，满足大规模电池箱充电和存储的需求。电池箱是指由若干单体电池、箱体、电池管理系统及相关安装结构件等构成的成组电池。一般其物理尺寸、功能实现、容量等和电动汽车的整车设计紧密相关，具备符合标准要求的总成结构。电池箱更换设备是指针对不同类型的电动汽车和不同标准等级的电池箱，在电动汽车和充电架之间能够实现电池箱更换的专用设备。

3.1.2 车联网

车联网（Internet of Vehicles，IOV）是汽车移动物联网的简称，指应用传感、无线移动通信、互联网、卫星定位、感知与控制、海量数据处理等技术，有效识别在网车辆和道路交通基础设施的动静态信息，依托信息综合应用平台进行实时、高效、智能服务和管理的综合服务系统。从网络上看，车联网（IOV）系统是一个"端管云"三层体系。车联网应用原理示意图见图 3-2。

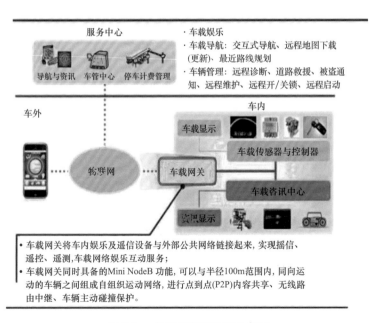

图 3-2 车联网应用原理示意图

国家电网公司建设的电动汽车车联网服务平台（简称车联网平台）是车联网、智能充换电服务网络及电动汽车应用的结合体，是落实国家电动汽车发展战略的重要实践。电动汽车车联网服务平台通过建设桩联网、车联网和智能电网三个物联网，让电动汽车用户通过互联网享受一站式便捷服务，体验感知"从有电可充，到充电无忧，最终实现充绿色电，比加油更方便，首选电动汽车出行"。车联网平台建设蓝图见图 3-3。

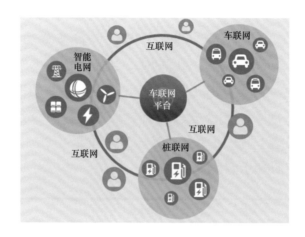

图 3-3　车联网平台建设蓝图

3.2 主要创新点

3.2.1 电动汽车充电设施

国际上对电动汽车充电设施的定义和内涵均以 IEC 61851 系列标准作为系统参考。IEC 61851 标准与涉及通信协议的 ISO/IEC 15118 系列标准、涉及无线充电的 IEC 61980 系列标准、涉及充电接口的 IEC 62196 系列标准以及涉及电池更换的 IEC 62840 系列标准一起，初步构建了电动汽车充电设施国际标准框架体系。具体见表 3-3。

表 3-3　　　　　　　　　　　　　国际充电设施相关标准

序号	标准名称	技术领域
1	ISO/IEC 15118—1：2013 Ed 1.0Road vehicles-Vehicle to grid communication interface-Part 1：General information and use-case definition	电动汽车充电
2	IEC 61851—1：2010 Ed 2.0Electric vehicle conductive charging system-Part 1：General requirements	电动汽车充电
3	IEC 61980—1：2015 Ed 1.0Electric vehicle wireless power transfer (WPT) systems-Part 1：General requirements	电动汽车充电
4	IEC 62196—1：2014 Ed 3.0Plugs, socket-outlets, vehicle connectors and vehicle inlets-Conductive charging of electric vehicles-Part 1：General requirements	电动汽车充电
5	IEC 62840—1Ed 1.0Electric vehicle battery swap system Part 1：System description and general requirements	电动汽车充电

我国电动汽车充电标准中，核心标准主要有 GB/T 18487.1—2015《电动汽车传导充电系统　第 1 部分：通用要求》、GB/T 27930—2015《电动汽车非车载传导式充电机与电池管理系统之间的通信协议》和 GB/T 20234《电动汽车传导式充电用连接装置》等系列标准，见表 3-4。

表 3-4　　　　　　　　　　　　　国内充电设施相关标准

序号	标准编号	标准名称	备注
1	GB/T 18487.1—2015	电动车辆传导充电系统一般要求	国家标准
2	GB/T 18487.2—2001	电动车辆传导充电系统　电动车辆与交流/直流电源的连接要求	国家标准
3	GB/T 18487.3—2001	电动车辆传导充电系统　电动车辆交流/直流充电机（站）	国家标准
4	GB/T 19596—2004	电动汽车术语	国家标准
5	GB/T 20234.1—2015	电动汽车传导充电用连接装置　第 1 部分：通用要求	国家标准
6	GB/T 20234.2—2015	电动汽车传导充电用连接装置　第 2 部分：交流充电接口	国家标准
7	GB/T 20234.3—2015	电动汽车传导充电用连接装置　第 3 部分：直流充电接口	国家标准
8	GB/T 27930—2015	电动汽车非车载传导式充电机与电池管理系统之间的通信协议	国家标准
9	GB/T 28569—2012	电动汽车交流充电桩电能计量	国家标准

续表

序号	标准编号	标准名称	备注
10	GB/T 29781—2013	电动汽车充电站通用技术要求	国家标准
11	GB/T 29318—2012	电动汽车非车载充电机电能计量	国家标准
12	GB/T 29317—2012	电动汽车充换电设施术语	国家标准
13	GB/T 29772—2013	电动汽车电池更换站通用技术要求	国家标准
14	GB/T 29316—2012	电动汽车充换电设施电能质量技术要求	国家标准
15	GB 50966—2014	电动汽车充电站设计规范	国家标准
16	NB/T 33001—2010	电动汽车非车载传导式充电机技术条件	行业标准
17	NB/T 33002—2010	电动汽车交流充电桩技术条件	行业标准
18	NB/T 33003—2010	电动汽车非车载传导式充电机监控单元与电池管理系统通信协议	行业标准
19	NB/T 33009—2013	电动汽车充换电设施建设技术导则	行业标准
20	NB/T 33007—2013	电动汽车充电站/电池更换站监控系统与充换电设备通信协议	行业标准

　　国家电网公司结合自身发展的需求，在参考借鉴 ISO/IEC 等国际标准和遵循相关国家标准、行业标准的基础上，分别从充换电接口、充/换电站及服务网络、建设与运行等领域制定了一系列工程化应用标准，见表 3-5。

表 3-5　　　　　　　　　　　国网公司充电设施相关标准

序号	标准编号	标准名称	备注
1	Q/GDW 236—2008	电动汽车充电站　通用技术要求	企业标准
2	Q/GDW 237—2008	电动汽车充电站　布置设计导则	企业标准
3	Q/GDW 238—2008	电动汽车充电站　供电系统规范	企业标准
4	Q/GDW 397—2009	电动汽车非车载充放电装置通用技术要求	企业标准
5	Q/GDW 398—2009	电动汽车非车载充放电装置电气接口规范	企业标准
6	Q/GDW 399—2009	电动汽车交流供电装置电气接口规范	企业标准
7	Q/GDW 400—2009	电动汽车充放电计费装置技术规范	企业标准
8	Q/GDW 478—2010	电动汽车充电设施建设技术导则	企业标准
9	Q/GDW 486—2010	电动汽车电池更换站技术导则	企业标准
10	Q/GDW 487—2010	电动汽车电池更换站设计规范	企业标准
11	Q/GDW 488—2010	电动汽车充电站及电池更换站监控系统技术规范	企业标准
12	Q/GDW 685—2011	纯电动乘用车快换电池箱通用技术要求	企业标准
13	Q/GDW 686—2011	纯电动商用车快换电池箱通用技术要求	企业标准

续表

序号	标准编号	标准名称	备注
14	Q/GDW 1233—2014	电动汽车非车载充电机通用要求	企业标准
15	Q/GDW 1234.1—2014	电动汽车充电接口规范　第1部分：通用要求	企业标准
16	Q/GDW 1234.2—2014	电动汽车充电接口规范　第2部分：交流充电接口	企业标准
17	Q/GDW 1234.3—2014	电动汽车充电接口规范　第3部分：直流充电接口	企业标准
18	Q/GDW 1235—2014	电动汽车非车载充电机通信协议	企业标准
19	Q/GDW 1485—2014	电动汽车交流充电桩技术条件	企业标准
20	Q/GDW 1591—2014	电动汽车非车载充电机检验技术规范	企业标准
21	Q/GDW 1592—2014	电动汽车交流充电桩检验技术规范	企业标准
22	Q/GDW 1880—2013	电动汽车车载充电机检验技术规范	企业标准
23	Q/GDW 1881—2013	电动汽车充电站及电池更换站监控系统检验技术规范	企业标准
24	Q/GDW 11163—2014	电动汽车交流充电桩计量技术要求	企业标准
25	Q/GDW 11164—2014	电动汽车充换电设施工程施工和竣工验收规范	企业标准
26	Q/GDW 11165—2014	电动汽车非车载充电机直流计量技术要求	企业标准
27	Q/GDW 11166—2014	电动汽车智能充换电服务网络运营监控系统技术规范	企业标准
28	Q/GDW 11167—2014	电动汽车充换电设施术语	企业标准
29	Q/GDW 11168—2014	电动汽车充换电设施规划导则	企业标准
30	Q/GDW 11169—2014	电动汽车电池箱更换设备通用技术要求	企业标准
31	Q/GDW 590—2010	电动汽车传导式充电接口检验技术规范	企业标准

3.2.2　车联网服务平台

车联网平台主要是利用"大云物移智"（大数据、云计算、物联网、移动通信、人工智能）技术，按照"大平台＋微服务"思路，通过车联网平台业务服务能力云化，构建充电服务、出行服务、增值服务、数据服务多个应用群及能力开放平台，具有应用服务构建灵活、个性化、快速响应、可扩展、方便社会合作伙伴接入等特点，是开放、智能、互动、高效的电动汽车综合服务平台，见图3-4。

图 3-4 车联网平台 3.0 系统结构示意图

3.2.2.1 云基础平台

云计算基础平台包括云基础设施平台、云基础服务管理平台和云中间件服务平台。云基础设施平台是基于基础设施构建的一种能够提供动态资源池、虚拟化和高可用性的计算平台。云服务管理平台是基于云基础设施之上提供云资源服务的资源配置、运行监控等管理服务的平台。云中间件服务平台是基于云基础设施上构建平台通信、数据交换、安全管理等基础服务的平台。

云基础设施平台是以服务的模式提供虚拟硬件资源,是将基础设施资源(计算、存储、网络带宽等)进行虚拟化和池化管理,便于实现资源的动态分配、再分配和回收。在服务提供方面主要以计算资源、存储资源提供为主,为业务信息系统分配虚拟服务器、存储空间,提供应用服务器、数据库管理系统等应用系统运行环境。

云基础服务管理平台主要提供资源配置,运行监控等服务,具体功能包括:提供对物理设备的接入和管理功能;提供对不同虚拟层(VMM)的适配、集成能力;实现计算、存储和网络的虚拟化和资源统一管理;提供资源动态分配,动态耗能管理、调度策略管理、资源池高可用性和备份恢复等功能；对外提供基础资源池服务能力；提供对外标准接口；提供云资源池的统一管理维护。

中间件服务平台实现异构分布网络环境下的软件系统的通信、互操作、协同、事务、安全保证等功能，包括分布式应用服务框架，分布式关系型数据库服务和消息队列、实时数据处理展示、能力开放平台 5 个部分，中间件能够提供底层基础设施层和上层应用软件层之间的连接，特别是应用软件集成和业务流程逻辑集中。

3.2.2.2　数据采集技术

充电桩运行数据采集和监视模块是车联网平台的基础应用之一。针对充电桩运行数据的高并发、连续性特点，模块采用多任务分布式架构、以集群方式运行。模块由报文解析、数据处理等多个子任务模块组成，通过 HSF 框架串联任务流程。各个子任务模块基于 EDAS 云平台服务治理方案动态扩容，实现集群化运行。模块基于 REDIS、DRDS 中间件构建实时数据库和历史数据库，实现断面数据、变化数据的存储，同时对外开放数据库查询 API。采集模块向上层应用提供数据分发服务。在并发分布式环境下，实现时序消息的有序化，保证监控数据的连续性和准确性。

（1）基于物联网协议的数据采集技术。MQTT（Message Queuing Telemetry Transport，消息队列遥测传输）是一种轻量的，基于发布订阅模型的即时通信协议。该协议设计开放，协议简单，平台支持丰富，几乎可以把所有联网物品和外部连接起来。充电桩等设备视作客户端，车联网平台视作服务端，MQTT 会构建底层网络传输，建立客户端到服务器的连接，提供两者之间的一个有序的、无损的、基于字节流的双向传输。当应用数据通过 MQTT 网络发送时，MQTT 会把与之相关的服务质量（QoS）和主题名（Topic）建立关连。

（2）高并发、大数据量的数据处理技术。数据采集采用服务器集群技术解决充电桩高并发接入问题，数据采集集群的负载均衡器收到接入请求后，将采集任务按照配置分配到前置采集服务器。充电桩数据采集集群由两台负载均衡器和若干服务器组成。单个采集集群无法满足 500 万充电桩的采集任务，因此整个充电桩数据采集系统由若干个采集集群组成。集群数量由接入充电桩数据决定，如果要采集 500 万个充电桩的数据，需要 3 个采集集群完成。采集集群具有自动屏蔽故障节点、负载能力可线性扩充等特点。

（3）基于微服务设计理念的数据采集系统，微服务的容错机制，保证了采集系统在个别服务提供者出现故障时，完全不会影响该服务正常提供服务。微服务中采用如今流行的网络通信框架 Netty 加上 Hession 数据序列化协议实现微服务间的交互，主要考虑点是在大并发量时，服务交互性能达到最佳。这类 RPC 协议采用多路复用的 TCP 长连接方式，在服务提供者和调用者间有多个服务请求同时调用时会共用同一个长连接，即一个连接交替传输不同请求的字节块。它既避免了反复建立连接开销，也避免了连接的等待闲置，从而减少了系统连接总数，同时还避免了 TCP 顺序传输中的线头阻塞（head-of-line blocking）问题。

3.2.2.3 大数据技术

车联网平台存在实时采集数据、拓扑连接、支付结算、文档、图片等数据类型，大部分数据的存储周期非常长，同时在峰谷时段的数据量差异也比较明显。车联网平台大数据分析应用包括充电桩规划、充电桩运维、车联网交易、车联网营销、用户数据分析等五大功能。

（1）大数据采集存储及处理技术。大数据存储技术主要包括适应电力大数据环境的分布式列式存储数据库、分布式文件系统、分布式内存数据库等存储技术，支持结构化数据和半结构化数据低延迟即席查询，可大吞吐量高效地批量加载与处理非结构化数据，可在内存中存储结构化数据并高效的进行读写操作。大数据处理技术主要是指大数据的流计算技术，构建在线监测、在线分析和在线计算等实时数据处理平台。利用大数据的批量计算、内存计算等技术，结合各类业务逻辑和算法，实现海量数据的离线分析与处理能力。

（2）大数据挖掘分析技术。数据挖掘涉及的技术方法很多，有多种分类法。根据挖掘任务可分为分类或预测模型发现、数据总结、聚类、关联规则发现、序列模式发现、依赖关系或依赖模型发现、异常和趋势发现等；根据挖掘方法分，可粗分为：机器学习方法、统计方法、神经网络方法和数据库方法。机器学习包括归纳学习方法（决策树、规则归纳等）、基于范例学习、遗传算法等；统计方法包括回归分析、判别分析、聚类分析、探索性分析等；神经网络方法包括前向神经网络（BP 算法等）、自组织神经网络等。数据库方法主要是多维数据分析或 OLAP 方法。

车联网平台大数据分析设计流程如图 3-5 所示。

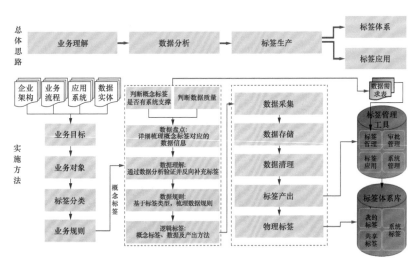

图 3-5　分析设计流程

3.2.2.4　可视化展示技术

依据系统的不同可视化人机交互需求，提供以 ECharts 为主的架构方案，相比传统的用表格或文档展现数据的方式，可视化能将数据以更加直观的方式展现出来，使数据更加客观、更具说服力，有效帮助用户做业务的数据洞察，提高系统易用性和操作人性化，能有效降低系统的开发运维难度和整体 IT 成本。

根据车联网业务的需求，基于 ECharts 数据可视化图表技术，对系统展示层的数据可视化图表进行深度定制，包括折线图、饼图、柱状图、色块地图、仪表图等图形展示组件，在视觉方面提供直观、生动的数据展示效果，在操作互动方面，数据图表具有可交互的功能，可以实现国、省、市、站数据逐级钻取的功能，并基于 html5 的显示特效提高可视化的展示效果。

3.2.2.5 安全防护技术

通过认证技术、安全监测分析技术、在线终端证书管理体系，建设相关安全防护方案，以保证车联网平台安全、稳定、可靠运行，支撑业务安全、稳定开展。

（1）面向云平台高并发接入认证技术。车联网平台通过采用基于哈希算法的安全认证方式，建立车联网平台与设备终端间的身份及信息的双向加密认证防护机制，提升了车联网平台整体安全防护能力。车联网平台终端接入架构图见图 3-6。目前，接入车联网平台的终端主要包括充电桩、车载终端、手机 APP、运维检修终端等几个类型，

图 3-6 车联网平台终端接入构架图

因此，车联网平台终端分布广、数量多、终端位置不固定（除充电桩终端外）、并发几率大。针对现状，研究对比各种认证技术及国密 SM2 认证算法在硬件加密单元中的实现效率，最终采用优化的国密 SM2 认证运算调度算法优化认证策略，在达到安全强度的条件下，实现了终端及业务类型之间多模式兼容的双向认证。满足了车联网服务业务对通信系统在可靠性、可扩充性和实时性方面提出严格的要求，提升接入效率。

（2）车联网云平台的安全监测分析技术。建立车联网云平台安全检测体系，包括车联网云平台脆弱性感知、车联网云平台威胁分析等技术，提升了云平台整体安全防护能力，安全态势感知系统技术架构图见图 3-7。

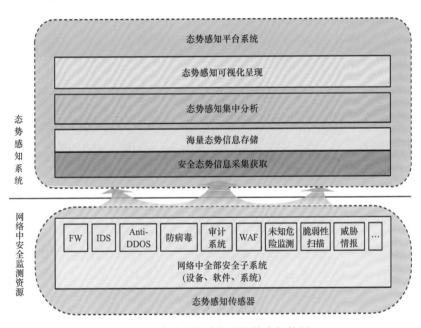

图 3-7　安全态势感知系统技术架构图

3.3　工程应用

3.3.1　充电设施建设与实践

国家电网公司作为我国主要的能源供应企业之一，积极落实科学发展观，把推动电动汽车发展作为实施发展国家能源发展战略、促进节能减排、履行社会责任的重大战略举措。经过多年的探索与实践，国家电网公司在电动汽车市场的发展前景、充换电设施相关标准研究、充换电设施技术研究和设备研发、充换电服务运营模式、与汽车和电池厂商以及各级政府沟通、电动汽车智能充换电服务网络示范项目建设与运营等方面，创造性、系统性地开展了卓有成效的工作，研制了系列化、标准化交直流充电设备、电池更换设备和监控系统，在北京、上海、江苏、天津、浙江、山东、重庆等地建设了大量的电动汽车充换电设施示范工程，为电动汽车提供安全、可靠、智能化的电能补给，实现了充换电设施合理化布局，并构建了智能、开放、互动、跨区域、全覆盖的电动汽车智能充换电服务网络运行管理系统，为电动汽车用户提供更为灵活便捷的充电服务。

截至 2016 年底，国家电网公司至少已累计建成充电站 5528 座，充电桩 4.2 万个，涵盖了充电（快充/慢充）、换电等多种模式。同时，国家电网公司在京哈、京港澳、京沪、沪蓉、沪渝、环首都、环杭州湾等多条高速公路沿线构建了"六纵六横两环"高速公路快充网络，运营区域囊括 95 座城市，续行里程 1.4 万余公里，全面覆盖京津冀鲁、长三角地区主要城市，促进了我国充电设施建设由点到面、由城市扩展到城际的发展，为电动汽车走出城市、跨城际出行提供了绿色环保、方便快捷的充电服务见表 3-6 和图 3-8、图 3-9。

表 3-6 国家电网公司推进电动汽车发展

	2010	2011	2012	2013	2014	2015	2016
累计建成充换电站（座）	87	251	359	400	618	1537	5528
累计建成充电桩（万个）	0.7	1.5	1.8	1.97	2.4	2.96	4.2

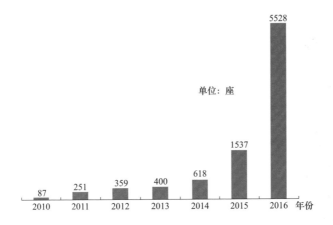

图 3-8　国家电网公司累计建成充换电站

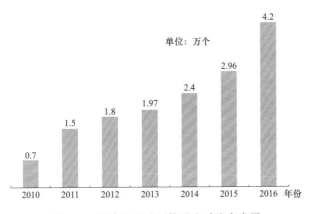

图 3-9　国家电网公司推进电动汽车发展

3.3.2　车联网

2017 年 6 月，国网电动汽车公司已经为江西、山东、重庆、厦门等多地政府建设了电动汽车政府监管服务平台，实现车、桩一体化监管，为政府开展监管工作提供了有力支撑。

图 3-10 展示的是厦门市充电服务公共管理平台中充电设施建设规模、发展趋势、实时功率变化趋势、累计充电等数据。

图 3-11 展示的是厦门市充电设施政府监管大屏中充电设施规模、地理分布、实时功率变化、实时充电电价、实时服务费等内容的监视。

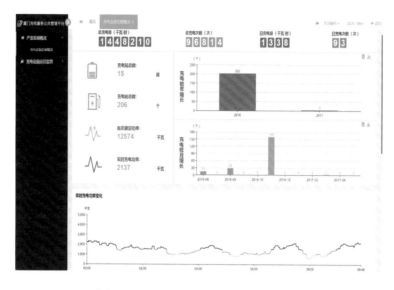

图 3-10　厦门市充电服务公共管理平台

通过应用该平台，试点单位获得了多方面成效，提高了政府对充电基础设施的监管水平，完善了电动汽车与充电设施统一管理体系，加强了政府、公众和企业之间的互动，有效整合政府和社会资源、降低服务成本、提高监管和服务的效率。

3.3.2.1　大数据分析服务应用

目前大数据分析应用平台已开始为国网电动汽车服务公司提供分析挖掘服务，对现有的电动汽车和充电桩数据均做出了初步统计分析，为电动汽车公司的市场拓展和规划决策提供支撑。

（1）充电桩规划。利用大数据分析平台，通过抽取车联网充电桩地理信息数据、充电桩交易数据、充电桩忙闲数据、用户充电偏好等数据，分析用户对充电桩需求较大的区域并进行排名，为规划和优化充电桩网络建设提供支持。同时，在规划建设充电桩网络过程中，可以利用大数据分析平台对充电桩网络的规划建设方案进行效果模拟计算，验证规划合理性。基于充电桩网络规划建设参数，采用大数据分析算法，计算并预测新增充电桩网络建成投产后的效果，包括充电桩

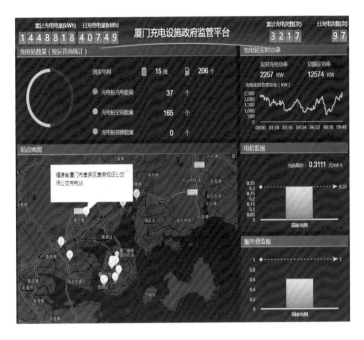

图 3-11　厦门市充电设施政府监管大屏

使用率，新增充电桩网络用户量预测，充电桩盈利效果，建设成本回收年限等。充电桩建设规划模型见图 3-12。

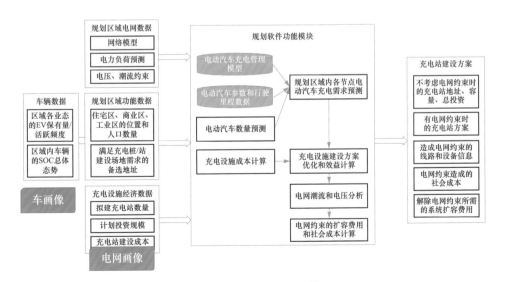

图 3-12　充电桩建设规划模型

（2）充电桩运维。在充电桩的全生命周期中，利用大数据平台对充电桩运行检修数据、充电桩属性信息（包括充电桩品牌、充电桩型号、类型等属性信息）、运维充电桩班组信息、充电桩交易数据充电桩故障率等数据进行统计分析，建立充电桩运维考核指标评价模型，实现对最可靠充电桩品牌及型号、最受用户欢迎的充电桩型号排名、盈利最多的充电桩等维度的排名。同时，利用大数据的聚类、回归等分析算法，结合充电设施的可靠性和稳定性相关数据，为充电桩供应商的考核评价提供基础数据。利用机器学习等技术，建立充电桩故障预告警模型，经过不断迭代和训练，建立多维度故障对比模型，实现对运行充电桩的故障预告警。

（3）车联网交易。利用"APP 扫码充电行为记录""APP 支付方式""交易记录信息""销卡/账户退费申请登记表""交易明细表""交易结算产生的分配利益及划拨款项的报表信息""充值卡表"等历史数据，建立用户交易行为分析、综合交易分析、用户留存分析模型，分析用户充电行为、充值行为、充电时长等交易行为，分析充电桩日常运营业务等特征。

（4）车联网营销。利用"APP 充电站点""充电设备经纬度历史记录表""站接入充电桩实时监测表""站接入设备故障信息"等充电桩运行和交易数据，采集"车辆前置采集平台"提供的车辆运行数据，如：车辆租赁市场、公里数、品牌排行等建立桩投资收益分析、车租赁报告分析、充电长路径规划、LBS 服务和租赁保险服务模型进行分析，见图 3-13。

（5）用户数据分析。利用电动汽车公司现有手机客户端 APP、网站客户端及车载终端等数据内容，包括"APP 充值行为表""APP 搜索偏好""APP 登录和登出日志"等信息建立用户画像，构建完整准确的用户流失预警模型和用户数据服务模型。驾驶行为分析流程见图 3-14。

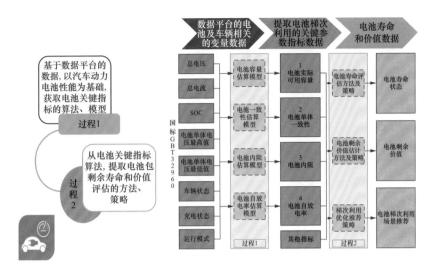

图 3-13　电池寿命分析模型

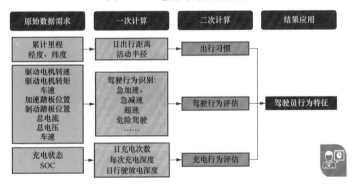

图 3-14　驾驶行为分析

基于驾驶行为的用户分群模型见图 3-15。

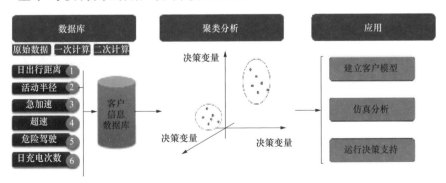

图 3-15　基于驾驶行为聚类分析的用户细分模型

3.3.2.2 清分结算服务应用

清分结算是智能充电服务是采用云架构模式实现以客户为主体的电商模式型智能充电服务，是以充值服务与充电服务双业务主线的车联网应用。在系统建设中实现客户管理、账户管理、交费管理、消费管理、账务管理等核心业务功能。

（1）客户管理。客户管理支撑了用户、商户、信用管理、风险管理、综合分析业务，连接互动渠道层，承接业务系统，为用户提供完整的智能充电业务。客户管理中的用户分为车联网管理平台人员、使用充电服务的用户和提供充电服务的车联网商家。用户体系支持了个人充电、企业一户多卡的充电业务场景，商户体系支撑了自营、加盟、个人桩分享等多种业务模式。具体的用户体系见图3-16。

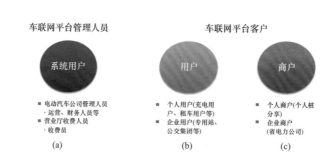

图 3-16　用户体系图

（a）车联网服务平台；（b）e充电（网站、APP）；（c）车联网商户平台

客户管理的建设统一和整合了用户与商户的资源，连接了充电桩服务商与充电消费者之间的关系。

（2）交费管理。交费管理在非现金业务上采用多渠道融合技术实现了支付宝、微信、银联以及行业内的电e宝支付方式对账户的充值。通过交费管理使充值资金的流转在车联网服务平台上实现了全程的监管，实现了充值交费环节的闭环。流程见图3-17。

（3）账务管理。账务管理是国网电动汽车服务公司通过车联网服务平台实现与各商户的全流程的清分结算业务。其包含了与商家之间的清分结算协议签订、清分结算数据生成、清分结算确认、结算票据提交、结算票据确认、结算款划拨、划拨款确认。业务流程图见图 3-18。

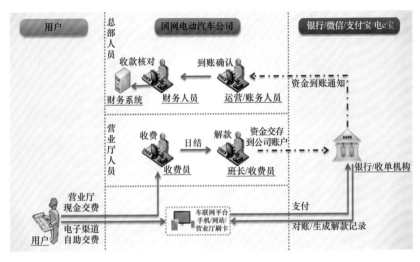

图 3-17　充值交费流程图

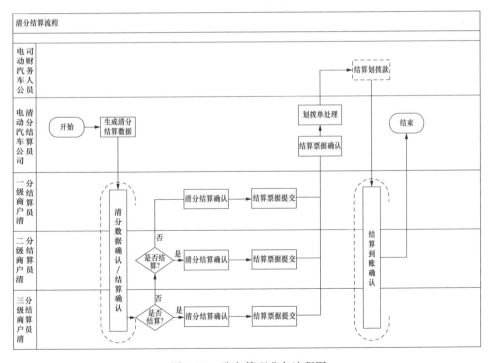

图 3-18　账务管理业务流程图

自车联网平台正式部署投运以来，清分结算服务稳定支撑了 e 充电 APP 客户端、e 充电网站及营业厅的用户注册、用户缴费充值、用户充电消费等日常应用，并为电动汽车服务公司 1：商户 N 模式的大规模资金清分结算提供了有力保障。截至当前，电动汽车服务公司通过车联网平台共服务了数以万计的用户，支撑了 27 家省级公司公共桩充电、缴费及票据开具业务，累计清分充电资金超过千万。

通过清分结算服务，为电动汽车用户便捷充电结算提供了有力支撑，促进了电动汽车服务有限公司与各商户间资金顺畅、高效流转。

3.3.2.3 政府监管服务应用

政府监管服务应用基于云架构、数据分析、系统互联、可视化展示等技术，是服务于政府、车企、充电设施运营商、公众的电动汽车和充电设施一体化政府监管服务应用。该应用通过政府、企业、第三方机构等共同参与，为政府和行业相关单位搭建沟通的桥梁，提供在线数据监视、统计分析、信息发布、政策法律和技术经济信息咨询、信息化建设、知识咨询诊断等信息资源和业务服务，辅助政府对电动汽车充电设施的有效监管与决策支持。

（1）大数据分析和持续改进利用运营沉淀的大量数据和用户信息，搭建大数据分析平台，通过数据分析和挖掘给政府、企业、公众提供个性化服务。数据分析的结果用于改进服务质量、指引行业发展、评价现有工作绩效。主要功能为：设施使用频率统计、设施占用状况统计、电气运行参数对标、计量精度评价、维修绩效评价、服务评估、市场及服务监管、能效评估、节能减碳指标、新能源成效等。

（2）通过标准的通信协议实现与新能源汽车企业平台的数据交互，实现新能源汽车的集中监管，灵活地对车辆档案进行批量导入与搜索查询，对所录入平台的车辆进行实时监测，跟踪车辆位置、状态、异常告警实况，实现电动汽车产销分析，以及车辆电池充放电、车辆行驶里程等多维度运行信息的统计。

（3）实现各地政府对充电设施的建设情况、运营状况的统一监管，包括：建设规模、运营监管、使用率监管、价格监管、故障报警提醒、能源使用状况等，达到一种良性互动的目标，从而为充电设施管理提供支撑。

（4）对新能源汽车、充电设施进行集中监测，对发现的异常情况进行分类、分级处理，并通过闭环的业务流程实现对事件的发生、告警、处理、结果确认、查询等过程进行全过程管理。并定期对响应时间、处理速度、处理结果等进行统计，发现管理问题，提升应急事件处理能力。对历史已经发生的新能源汽车和充电设施故障、安全事件及相应的处理方案进行汇总和分析，制定针对相似事件的应急处置预案，实现应急事件的快速及时处理。

（5）通过对充电设施运营商及新能源汽车企业的备案、接电、接入、补贴、应急事件等业务进行电子化，实现线上的资质审批、安全接电、接入审批、补贴发放等流程，方便车企、设施运营商进行流程提交，方便政府工作人员进行线上业务流程审核，大大提交了相关业务的处理效率。

（6）根据各地政府需求，实现针对桌面、大屏等多种展示方式的应用建设，建立一体化的可视化解决方案，用于实时数据、统计数据效果的展示及日常的监控管理。

（7）实现新能源汽车相关新闻、政策、公告、办事指南、产品展示、流程指南、用户咨询等信息的发布，对新能源汽车、充电设施进行宣传和推广，方便用户快速了解行业情况，促进地区新能源汽车产业发展。

（8）通过门户网站形式，向公众展示充电设施位置查询、线路规划和服务引导等功能，并提供投诉举报和问卷调查等接口，实现与用户的互动和交流。

（9）强化互联网模式云服务化管理，全面实现政府监管服务的云端化。基于车联网云平台建设基础，建设支撑充行业监管和服务业务的政务云平台，建立充电基础设施运营在线信息监测网络。同时，采用多租户、分级管理形式提供政府监管服务，利用权限控制与个性化配置手段，既满足政府部门通用监管需求，又兼顾各级政府个性化要求。

3.4 技术展望

3.4.1 电动汽车及充电设施技术展望

（1）无线充电技术。可用于电动汽车无线充电的无线电能传输技术主要有三种：①感应耦合技术：基于松耦合变压器模型，应用电磁感应原理通过非接触的耦合方式进行能量传递的充电方式；②磁谐振技术：利用两线圈之间的强耦合磁谐振，实现能量的无线传输；③微波技术：将电能转换为电磁波空间定向辐射能量，并用特殊接收器接收定向辐射能，将其转换成电能，实现电能无线传输。其中基于近、中距离的 WPT（电磁感应和磁谐振式）的无线充电技术得到了快速发展。其特点见表3-7。

表 3-7　　　　　　　　　　主要无线电能传输方式的比较

WPT 方式	原理	优缺点
电磁感应式	松耦合变压器，电磁感应原理	技术成熟，传输效率达90%，传输功率从几瓦到几十千瓦，传输距离＜15cm
磁谐振式	收发线圈之间磁谐振耦合	传输距离可达2m，传输功率最高达3kW，近距离下传输效率可达90%，系统设计和控制较难
微波式	电磁波定向辐射	远距离大功率输电（可达几十千米，兆瓦），辐射强，损耗大，需要无阻挡直线传输。装置复杂

（2）有序充电控制。电动汽车有序充电技术是解决规模化电动汽车充电对电网影响的重要技术手段，通过综合应用智能电网技术和经济手段对充电行为进行引导和协调控制，对电动汽车进行有序充电引

导，不仅能减少大规模随机无序充电对电网造成的冲击，还能通过其一定的可调控性来改善该地区电网的负荷特性，充分发挥电动汽车电池的电能储存功能，实现用户与电网的共赢。

（3）充电设施与电网互动（V2G）。电动汽车 V2G 技术是指当混合电动车或是纯电动车不在运行的时候，通过连接到电网的电动马达将能量输给电网，反过来，当电动车的电池需要充满时，电流可以从电网中提取出来给到电池。

3.4.2　车联网平台技术展望

（1）提升综合服务能力，共享云服务平台，实现行业共建共赢。

（2）开发大数据应用，拓展智能服务，创新运营盈利模式。

（3）发挥充电智能，增强与电网互动，助推全球能源互联网发展。

参 考 文 献

［1］ 孙其博，刘杰，黎羴，范春晓，孙娟娟. 物联网：概念、架构与关键技术研究综述［J］. 北京邮电大学学报，2010，33（03）：1-9.

［2］ 刘智慧，张泉灵. 大数据技术研究综述［J］. 浙江大学学报（工学版），2014，48（6）：957-969.

［3］ 李洪峰，唐宇等. 电动汽车车联网服务互动平台建设方案探讨［J］. 电网与清洁能源，2016，32（1）：69-74.

电网**新技术**读本

清洁能源
与储能

QINGJIE NENGYUAN
YU CHUNENG

国家电网公司人力资源部　组编

中国电力出版社
CHINA ELECTRIC POWER PRESS

内 容 提 要

本套书选取目前国家电网公司最新的 18 项技术发展成果，共四个分册，分别为智能用电与大数据、清洁能源与储能、电力新设备、新型输电与电网运行。每个分册由 3~6 项科技创新实践成果组成。

本书为专业类科普读物，不仅可供公司系统生产、技术、管理人员使用，还可作为公司新员工和高校师生培训读本，亦可供能源领域相关人员学习、参考。

图书在版编目（CIP）数据

电网新技术读本 / 国家电网公司人力资源部组编 . —北京：中国电力出版社，2018.4
ISBN 978-7-5198-1433-5

Ⅰ．①电… Ⅱ．①国… Ⅲ．①电网－电力工程－研究 Ⅳ．① TM727

中国版本图书馆 CIP 数据核字（2017）第 293724 号

出版发行：中国电力出版社
地　　址：北京市东城区北京站西街 19 号（邮政编码 100005）
网　　址：http://www.cepp.sgcc.com.cn
责任编辑：袁　娟　郭丽然　高　芬
责任校对：王开云
装帧设计：王英磊　赵姗姗
责任印制：邹树群

印　　刷：北京九天众诚印刷有限公司
版　　次：2018 年 4 月第一版
印　　次：2018 年 4 月北京第一次印刷
开　　本：710 毫米 ×980 毫米　16 开本
印　　张：48.75
字　　数：812 千字
印　　数：0001—3000 册
定　　价：168.00 元

编　委　会

主　任　舒印彪

副主任　寇　伟

委　员　辛保安　黄德安　罗乾宜　王　敏　杨晋柏

　　　　　刘广迎　韩　君　刘泽洪　张智刚

编 写 组

组　长　吕春泉

副组长　赵　焱

成　员　（按姓氏笔画排序）

于玉剑　　王少华　　王海田　　王高勇　　王　赞
邓　桃　　田传波　　田新首　　刘广峰　　刘文卓
刘　远　　刘建坤　　刘剑欣　　刘剑锋　　刘　博
刘　超　　刘　辉　　孙丽敬　　庄韶宇　　汤广福
汤海雁　　汤　涌　　纪　峰　　许唐云　　闫　涛
佘家驹　　吴亚楠　　吴国旸　　吴　鸣　　宋新立
宋　鹏　　张　升　　张宁宇　　张成松　　张明霞
张　朋　　张　翀　　张　静　　李文鹏　　李　庆
李　特　　李索宇　　李维康　　李智建　　李　琰
李　琳　　李　群　　李　鹏　　杨　兵　　苏运豪
迟忠君　　陈龙龙　　陈继忠　　陈新前　　陈象贤
陈　静　　周万迪　　周建辉　　周　风　　周劲松
庞　辉　　郑　柳　　金　锐　　姚国磊　　柳凌在
胡　晨　　贺之渊　　赵　贺　　赵　一　　凌　汛
徐　珂　　郭乃网　　高　冲　　崔　宽　　崔　磊
常乾坤　　曹俊平　　温家良　　蒋愉　　韩正一
解　兵　　蔡万里　　潘　艳　　魏晓光　　瞿海妮

前　言

习近平总书记在党的十九大报告中指出，"创新是引领发展的第一动力，是建设现代化经济体系的战略支撑"。科技兴则民族兴，科技强则国家强。国家电网公司作为关系国民经济命脉、国家能源安全的国有骨干企业，是国家技术创新的国家队、主力军，取得了一大批拥有自主知识产权、占据世界电网技术制高点的重大成果，实现了"中国创造"和"中国引领"：攻克了特高压、智能电网、新能源、大电网安全等领域核心技术；建成了国家风光储输、舟山和厦门柔性直流输电、南京统一潮流控制器、新一代智能变电站等重大科技示范工程；组建了功能齐全、世界领先的特高压和大电网综合实验研究体系和海外研发中心；构建了全球规模最大的电力通信网和集团级信息系统，以及世界领先的电网调控中心、运营监测（控）中心、客户服务中心，建立了较为完整的特高压、智能电网标准体系。截至 2016 年底，国家电网公司累计获得国家科学技术奖 60 项，其中特等奖 1 项、一等奖 7 项、二等奖 52 项，中国专利奖 72 项，中国电力科学技术奖 632 项。累计拥有专利 62036 项，连续六年居央企首位。

为进一步传播国家电网公司创新成果，让公司系统广大干部和技术人员了解公司科技创新成果和最新研发动态，增强创新使命感和责任感，激发创新活力和创造潜能，国家电网公司人力资源部组织编写

了本套书，希望通过本套书的出版，促使广大干部员工以时不我待的精神和只争朝夕的劲头，不忘初心，持续创新，推动公司和电网又好又快发展。全套书共四个分册，分别为智能用电与大数据、清洁能源与储能、电力新设备、新型输电与电网运行，每个分册由 3～6 项科技创新实践成果组成。智能用电与大数据分册包括智能用电与实践、电力大数据技术及其应用、电动汽车充电设施与车联网；清洁能源与储能分册包括风光储联合发电技术、可再生能源并网与控制、虚拟同步机应用、新型储能技术；电力新设备分册包括直流断路器研制与应用、新型大容量同步调相机应用、特高压直流换流阀、大功率电力电子器件、交流 500kV 交联聚乙烯绝缘海底电缆、±500kV 直流电缆技术与应用；新型输电与电网运行分册包括电网大面积污闪事故防治、柔性直流及直流电网、电力系统多时间尺度全过程动态仿真技术、统一潮流控制器技术及应用、交直流混合配电网技术。作为一套培训教材和科技普及读物，本书采取了文字与视频结合的方式，通过手机扫描二维码，展示科研成果、专家讲课和试验设备。

　　智能用电与大数据分册由信产集团、上海电科院、南瑞集团组织编写；清洁能源与储能分册由冀北电科院、中国电科院组织编写；电力新设备分册由联研院、江苏电科院、湖北电科院、浙江电科院组织

编写；新型输电与电网运行分册由中国电科院、联研院、江苏电科院、国网北京电力组织编写。

由于编写时间紧促，本书难免存在疏漏之处，恳请各位专家和读者提出宝贵意见，使之不断完善。

编　者

2017 年 12 月

目 录

前言

1 风光储联合发电技术
PART

1.1 **概述** ·················· 2

1.1.1 风光储联合发电
技术 ·········· 2

1.1.2 新能源发电特性 ······ 3

1.1.3 电力储能技术 ········· 5

1.2 **主要创新点** ·············· 7

1.2.1 电池储能规模化集成
技术 ·········· 7

1.2.2 风光储联合发电系统
运行控制技术 ······ 13

1.2.3 风光储发电设备精益化
维护关键技术 ······ 19

1.3 **工程应用** ················ 24

1.3.1 国家风光储输示范
工程 ··········· 24

1.3.2 大规模储能电站集成
及调控技术 ········· 25

1.3.3 风光储联合发电控制
运行技术 ··········· 27

　　　1.3.4　风光储发电设备精益化维护技术 ⋯⋯⋯⋯⋯⋯ 30

　1.4　技术展望 ⋯⋯⋯⋯⋯⋯⋯⋯⋯⋯⋯⋯⋯⋯⋯⋯⋯⋯ 47

　　　1.4.1　风光储发电维护技术 ⋯⋯⋯⋯⋯⋯⋯⋯⋯⋯ 47

　　　1.4.2　风光储发电运行控制技术 ⋯⋯⋯⋯⋯⋯⋯⋯ 48

　　　1.4.3　风光储发电并网调度技术 ⋯⋯⋯⋯⋯⋯⋯⋯ 48

　参考文献 ⋯⋯⋯⋯⋯⋯⋯⋯⋯⋯⋯⋯⋯⋯⋯⋯⋯⋯⋯⋯⋯ 50

2　可再生能源并网与控制

PART

　2.1　概述 ⋯⋯⋯⋯⋯⋯⋯⋯⋯⋯⋯⋯⋯⋯⋯⋯⋯⋯⋯⋯⋯ 56

　　　2.1.1　可再生能源及其发展现状 ⋯⋯⋯⋯⋯⋯⋯⋯ 56

　　　2.1.2　可再生能源发电的结构与特点 ⋯⋯⋯⋯⋯⋯ 59

　2.2　可再生能源并网特点及并网关键技术 ⋯⋯⋯⋯⋯ 65

　　　2.2.1　可再生能源并网特点 ⋯⋯⋯⋯⋯⋯⋯⋯⋯⋯ 65

　　　2.2.2　可再生能源并网关键技术 ⋯⋯⋯⋯⋯⋯⋯⋯ 70

　2.3　工程应用 ⋯⋯⋯⋯⋯⋯⋯⋯⋯⋯⋯⋯⋯⋯⋯⋯⋯⋯⋯ 80

　　　2.3.1　无功电压控制 ⋯⋯⋯⋯⋯⋯⋯⋯⋯⋯⋯⋯⋯ 80

　　　2.3.2　无功补偿容量配置 ⋯⋯⋯⋯⋯⋯⋯⋯⋯⋯⋯ 81

　　　2.3.3　低电压穿越能力验证试验 ⋯⋯⋯⋯⋯⋯⋯⋯ 84

　2.4　技术展望 ⋯⋯⋯⋯⋯⋯⋯⋯⋯⋯⋯⋯⋯⋯⋯⋯⋯⋯⋯ 86

　　　2.4.1　海上风力发电技术 ⋯⋯⋯⋯⋯⋯⋯⋯⋯⋯⋯ 86

　　　2.4.2　可再生能源发电频率支撑、阻尼控制技术 ⋯ 86

　　　2.4.3　可再生能源发电故障穿越技术 ⋯⋯⋯⋯⋯⋯ 87

　　　2.4.4　可再生能源发电调度运行控制技术 ⋯⋯⋯⋯ 87

　参考文献 ⋯⋯⋯⋯⋯⋯⋯⋯⋯⋯⋯⋯⋯⋯⋯⋯⋯⋯⋯⋯⋯ 88

3 虚拟同步机应用

3.1 概述 ·················· 90

3.1.1 虚拟同步机技术相关概念 ·················· 90

3.1.2 技术背景与需求 ·················· 92

3.1.3 技术现状 ·················· 96

3.2 技术原理与典型应用 ·················· 105

3.2.1 技术原理 ·················· 105

3.2.2 虚拟同步机技术的典型应用 ·················· 113

3.3 示范工程 ·················· 119

3.3.1 张北风光储输虚拟同步机示范工程 ·················· 120

3.3.2 分布式应用场景示范工程 ·················· 122

3.4 技术展望 ·················· 124

3.4.1 技术层面 ·················· 124

3.4.2 实践应用层面 ·················· 125

参考文献 ·················· 126

4 新型储能技术

4.1 概述 ·················· 130

4.2 储能技术 ·················· 132

4.2.1 电化学储能 ·················· 132

4.2.2 机械储能 ·················· 143

4.2.3 电气储能 （超级电容） ·················· 150

4.2.4 热储能 ·················· 155

4.3 工程应用 ·················· 161

4.3.1 全球储能应用 ·················· 161

    4.3.2　我国储能工程应用 ·· 164

4.4　技术展望 ··· 166

    4.4.1　电化学储能 ·· 166

    4.4.2　物理储能 ·· 168

    4.4.3　储热/储冷 ·· 169

参考文献 ··· 172

PART 1

风光储联合发电技术

1.1 概述

1.1.1 风光储联合发电技术

风光储联合发电系统主要由风力发电单元、光伏发电单元、储能系统和智能控制调度系统等构成。风光储联合发电作为一个新的技术体系，需要具备以下并网运行能力：

（1）风光功率预测。风光功率预测是风光储联合发电系统制定发电计划和调度方式的基础。功率预测系统根据近期的气象信息和各风电场和光伏区的发电历史信息进行综合分析，得到比较准确的风电场和光伏区的发电功率。

（2）并网电力电子接口。发电功率因数控制、有功功率和无功功率控制、电能质量等很多功能和技术指标的实现都体现在其电力电子接口，即变流器的控制上。如果控制不好，会导致电能质量不合格、功率控制无效等多方面的问题，甚至会造成设备损坏等严重的安全生产事故。

（3）风光储智能发电调度。由于风力发电和光伏发电受自然气象影响巨大，在某种程度上其有功功率输出具有不可控性，所以风光储联合发电系统的调度策略主要体现在对储能装置的控制上，通过储能装置的充放电对随机性较大的风电和光电进行存储和释放，来达到对整个发电系统的输出功率进行控制。发电系统中的储能装置主要工作在以下4种模式：平滑功率输出模式、跟踪计划出力模式、负荷削峰填谷模式、系统调频模式。

（4）储能及其控制技术。储能装置的容量和响应速度是其最重要的性能指标，尤其是要求储能装置平滑出力和跟踪曲线时，对储能装置的响应速度要求很高；而在削峰填谷模式中，对储能装置的容量要求很高。

（5）无功电压支撑与控制。当系统发生故障或系统电压发生闪变的时候，风机端电压瞬时变化很可能超出其正常工作电压和低电压穿越极限，造成风机脱网，因此，无功电压控制就显得非常重要。目前，静止无功发生装置 SVG 作为新一代的快速无功补偿装置被引入了风光储联合发电系统，有望使其在无功电压控制方面得到改善。

1.1.2 新能源发电特性

（1）风力发电特点

风电与常规同步机发电相比，存在很大的差别：风是风电机组的原动力，它不可控而且是随机波动的，不能按计划发电，调度困难，而一般同步机均可调节，可调度；另外，与常规发电厂不同，风电机组可能采用不同的发电机结构类型，该类型与变流器电力电子控制技术相关，而且单台风机容量偏小，虽然大型风电厂包含上百台机组，但整体容量也大大小于水火电站的同步发电机容量。由于风电机组出力的随机性，直接导致了风电对电网影响不能用水火电厂的常规思维来考虑。对于大容量风电厂接入系统，其对电力系统的影响可能是局部范围的，也可能是全系统范围的。

对于局部电力系统来说，风力发电出力的随机性可能会影响到线路潮流和母线电压，保护方案、故障电流和开关装置的定值。因为风力发电的随机性，导致该区域内电网潮流在随时改变，因此风电厂与系统的连接点（一般为公共变电站的某一电压侧母线）的保护方案将很难制定。另外，在外部电网发生短路故障时，风电机组所能提供的短路电流目前全世界仍未有定论，这对于电网侧保护方案的制定，故障电流及开关装置的整定，有很大的影响。此外，风力发电对于局部电网电能质量也有较大影响，由于风电厂内存在大量电力电子设备，风电厂运行时会产生大量谐波，对电网电压的谐波畸变起到重要影响。

对于全系统来说，风力发电将影响到电力系统动态和稳定性，无功功率和电压支撑，以及系统的频率支撑。定速风电机组的笼型感应发电机在转子速度飞逸后会引起局部电压崩溃，而变速风电机组的电力电子元器件对电网电压低所引起的过电流十分敏感，这可能会对电力系统的稳定性造成严重后果。如果变速风电机组在电力系统中的渗透率非常高，并且在相对较小的电压跌落后就与电网断开，那么对于电力系统来说，突然大范围的发电机组脱网会导致严重的后果。

（2）光伏发电的发电特点

光伏发电与风力发电一样，是一种清洁的能源，资源消耗较小，同时又不释放污染物、废料，不产生温室气体破坏大气环境，也不会有废渣的堆放、废水排放等问题，有利于保护周围环境，是一种绿色可再生能源。

太阳能光伏发电系统由光伏组件、直流监测配电箱、并网逆变器、计量装置及上网配电系统组成。太阳能通过光伏组件转化为直流电力，通过直流监测配电箱汇集至并网型逆变器，将直流电能转化为与电网同频率、同相位的正弦波电流。

太阳能光伏并网电站是利用太阳能电池将太阳能转换成为直流电能，再通过直流/交流并网逆变器将太阳能电池阵列发出的直流电逆变成 50Hz、220/380V 的交流电。

并网的太阳能发电系统具有清洁性、安全性、长寿命、资源充足及潜在的经济性等特点。但同样的，太阳能具有能量密度低、稳定性差的弱点，受地理分布、季节变化、昼夜交替等影响。

随着我国西北，华北地区等较适合建设光伏电站的区域内越来越多大规模光伏电站的逐步投运，光伏并网发电将对电网带来如下问题：

1）负荷峰谷对电网的影响。由于光伏并网发电系统不具备调峰和调频能力，这将对电网的早峰负荷和晚峰负荷造成冲击。因为光伏并网发电系统增加的发电能力并不能减少电力系统发电机组的拥有量或冗余量，所以电网必须准备相应容量的旋转备用机组来解决早峰或晚峰的问题。

2) 昼夜变化。我国东西部时差及季节的变化对电网的影响。由于阳光和负荷出现的周期性，光伏并网发电量的增加并不能减少对电网装机容量的需求，而且输出功率的不稳定导致电网电压波动。

3) 气象条件的变化对电网的影响。当一个地区的光伏并网容量达到一定规模时，如果气象条件发生大规模变化，为了控制和调整系统的频率和电压，电网需要为光伏并网系统提供足够的区域性旋转备用机组和无功补偿容量。

在当前能源安全问题突出、环境污染问题严峻的背景下，大力发展风力发电、太阳能发电等可再生能源，是我国乃至全球能源实现绿色低碳战略转型的重大需求。随着"三北"地区风电/光伏电站的大规模建设，我国风光发电逐步向主力电源迈进。但源于风光资源波动性、随机性、间歇性等本征特性，风电场、光伏电站难调度、难控制。储能与风光发电联合，可以有效抑制波动、提升新能源的可控性、灵活性，是破解我国可再生能源并网难题的有效途径。

1.1.3　电力储能技术

电力储能是通过物理或化学手段将电能储存起来，并在出现用电需求时释放。电力储能系统由储能装置和电网接入装置两大部分构成。储能装置主要实现能量的储存、释放或快速功率交换。电网接入装置实现储能装置与电网之间能量的双向传递与转换，从而实现电力调峰、能源优化、提高供电可靠性和电力系统稳定性等功能。电力储能系统的容量范围比较宽，从几十千瓦到几百兆瓦，放电时间跨度大，从毫秒级到小时级，应用范围广，贯穿整个发电、输电、配电、用电系统。

电力储能技术主要分为物理储能（如抽水储能、压缩空气储能、飞轮储能等）、化学储能（如铅酸电池、氧化还原液流电池、钠硫电池、锂离子电池）和电磁储能（如超导电磁储能、超级电容器储能等）

三大类。根据各种储能技术的特点，抽水储能、压缩空气储能和电化学电池储能适合于系统调峰、大型应急电源、可再生能源并入等大规模、大容量的应用场合；而飞轮储能、超导电磁储能和超级电容器储能适合于需要提供短时较大的脉冲功率场合，如应对电压暂降和瞬时停电、提高用户的用电质量，抑制电力系统低频振荡、提高系统稳定性等。不同电力储能技术作用具体介绍如下：

（1）物理储能中最成熟、应用最普遍的是抽水蓄能，主要用于电力系统的调峰、填谷、调频、调相、紧急事故备用等。抽水蓄能的释放时间可以从几个小时到几天，其能量转换效率在 70%～85%。抽水蓄能电站的建设周期长且受地形限制，当电站距离用电区域较远时输电损耗较大。压缩空气储能早在 1978 年就实现了应用，但由于受地形、地质条件制约，没有大规模推广。飞轮储能利用电动机带动飞轮高速旋转，将电能转化为机械能存储起来，在需要时飞轮带动发电机发电。飞轮储能寿命长、无污染、维护量小，但能量密度较低，可作为蓄电池系统的补充。

（2）化学储能根据所使用化学物质的不同，可以分为锂离子电池、铅酸电池、液流电池、钠硫电池等。锂离子电池、铅酸电池技术成熟，可制成大容量存储系统，单位能量成本和系统成本低，安全可靠、再利用性好，是目前最实用的储能系统，已在小型风力发电、光伏发电系统以及中小型分布式发电系统中获得广泛应用。液流储能电池能量转换效率较高，运行、维护费用低，是高效、大规模并网发电储能、调节的技术之一，已在国内及美国、德国、日本和英国等发达国家有示范性应用。

（3）电磁储能以超级电容储能为主，超导储能目前还处于探索研究阶段。超级电容器是 20 世纪 80 年代兴起的一种新型储能器件，由于使用特殊材料制作电极和电解质，这种电容器的存储容量是普通电容器的 20～1000 倍，同时又保持了传统电容器释放能量速度快的优点，目前已经不断应用于高山气象站、边防哨所等电源供应场合。

大规模电力储能技术的研究和应用才刚起步，是一个全新的课题，也是国内外研究的一个热点领域。由于我国的能源中心和电力负荷中心距离跨度大，电力系统一直遵循着大电网、大电机的发展方向，按照集中输配电模式运行，随着可再生能源发电的飞速发展和社会对电能质量要求的不断提高，储能技术应用前景广阔。

1.2　主要创新点

1.2.1　电池储能规模化集成技术

1.2.1.1　电池储能技术

电力储能是通过物理或化学手段将电储存起来，在出现用电需求时释放的过程。电力储能系统由储能元件组成的储能装置和由电力电子器件组成的电网接入装置两大部分构成。储能装置主要实现能量的储存、释放或快速功率交换。电网接入装置实现储能装置与电网之间的能量双向传递与转换，从而实现电力调峰、能源优化、提高供电可靠性和电力系统稳定性等功能。电力储能系统的容量范围比较宽，从几十千瓦到几百兆瓦，放电时间跨度大，从毫秒级到小时级，应用范围广，贯穿整个发电、输电、配电、用电系统。

目前电力储能技术主要分为物理储能（如抽水储能、压缩空气储能、飞轮储能等）、化学储能（如铅酸电池、氧化还原液流电池、钠硫电池、锂离子电池）和电磁储能（如超导电磁储能、超级电容器储能等）三大类。根据各种储能技术的特点，抽水储能、压缩空气储能和电化学电池储能适合于系统调峰、大型应急电源、可再生能源并入等大规模、大容量的应用场合；而飞轮储能、超导电磁储能和超级电容器储能适合于需要提供短时较大的脉冲功率场合，如应对电压暂降和瞬时停电、提高用户的用电质量，抑制电力系统低频振荡、提高系统稳定性等。不同电力储能技术作用具体介绍如下：

（1）物理储能中最成熟、应用最普遍的是抽水蓄能，主要用于电力系统的调峰、填谷、调频、调相、紧急事故备用等。抽水蓄能的释放时间可以从几个小时到几天，其能量转换效率在 70%～85%。抽水蓄能电站的建设周期长且受地形限制，当电站距离用电区域较远时输电损耗较大。压缩空气储能早在 1978 年就实现了应用，但由于受地形、地质条件制约，没有大规模推广。飞轮储能利用电动机带动飞轮高速旋转，将电能转化为机械能存储起来，在需要时飞轮带动发电机发电。飞轮储能的特点是寿命长、无污染、维护量小，但能量密度较低，可作为蓄电池系统的补充。

（2）化学储能根据所使用化学物质的不同，可以分为锂离子电池、铅酸电池、液流电池、钠硫电池等。锂离子电池、铅酸电池具有技术成熟，可制成大容量存储系统，单位能量成本和系统成本低，安全可靠和再利用性好等特点，也是目前最实用的储能系统，已在小型风力发电、光伏发电系统以及中小型分布式发电系统中获得广泛应用。液流储能电池具有能量转换效率较高，运行、维护费用低等优点，是高效、大规模并网发电储能、调节的技术之一，已在国内及美国、德国、日本和英国等发达国家有示范性应用。

（3）电磁储能以超级电容储能为主，超导储能目前还处于探索研究阶段。超级电容器是 20 世纪 80 年代兴起的一种新型储能器件，由于使用特殊材料制作电极和电解质，这种电容器的存储容量是普通电容器的 20～1000 倍，同时又保持了传统电容器释放能量速度快的优点，目前已经不断应用于高山气象站、边防哨所等电源供应场合。

1.2.1.2　电池储能系统单元集成方法

为进一步提高电池储能变流器效率本书提出，三电平式单级型储能变流器结构可以将变流器转换效率由 96% 提高到 98%。

图 1-1 为变流器的主电路数字仿真结构图，从图中可以看出，三电平式双向储能变流器仿真模型主要包括主电路和控制模块两大部分。其中，主电路模块中主要包括三相电源、测量模块、隔离变压器、交

流侧电感、三电平桥、直流侧电容、储能电池等。控制模块中主要包括采样滤波模块、控制器、PWM 波产生模块等。图 1-1 中，主电路参数为：电压 380V（线电压），频率 50Hz，额定功率 500kW，交流侧电感 300μH，直流侧电容 75000μF，直流侧电压 600V。电池的 600～800V 直流电源经过三相桥逆变成为工频 380V 交流电，经过三相电感 L 进行滤波后，直接并入三相交流电网。

图 1-1　锂电池储能

　　A 相电压经过零检测，通过相角算法得到与三相电压同相位同频率的相角 θ。同时，反馈回路对主电路其中两相交流电流值 I_a、I_b 和直流电压值 V_{dc} 进行采样，根据 I_a、I_b、V_{dc}，接口算法得到三相电流值 $I_{a\text{-}m}$、$I_{b\text{-}m}$、$I_{c\text{-}m}$、$V_{dc\text{-}m}$。随后，$I_{a\text{-}m}$、$I_{b\text{-}m}$、$I_{c\text{-}m}$ 经过克拉克（CLARK）和帕克（PARK）变换得到旋转坐标下的有功电流反馈值 D_s 和无功电流反馈值 Q_s；给定电压 $V_{dc\text{-}ref}$ 和反馈电压 $V_{dc\text{-}m}$ 的差值经过 PI 调节后，得到结果 $D_{s\text{-}ref}$ 作为有功电流设定值，该值与有功电流反馈值 $D_{s\text{-}Fdb}$ 进行 PI 运算，并对运算结果 $D_{s\text{-}err}$、$Q_{s\text{-}err}$ 进行 PARK 反变换，进而根据空间矢量算法对 PARK 反变换得到的结果 T_a、T_b、T_c 作处理，最后通过 SP-WM 转换接口程序得到各相 12 路脉冲宽度调制（pulse width modulation，PWM）占空比输出值。该算法以交流电流作为控制内环，直流电压作为控制外环，系统可以在较宽直流电压范围内调节电流值。当发生波动时，通过比例积分（PI）调节作用来调节输入电流，同时保证直流侧电压不变，从而达到 AC/DC 双向变流功能。三电平储能控制系统结构框图如图 1-2 所示。

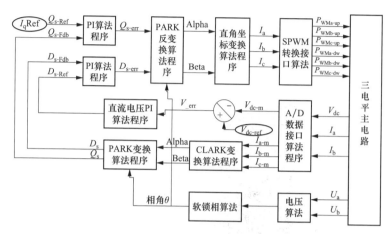

图 1-2　三电平储能控制系统结构框图

电池管理系统总体架构如图 1-3 所示，电池管理系统架构设计以高电压隔离、高精度采集、实时性传输、可靠性监测、安全性保护控制以及集成方便、扩容简单为原则，分三层控制架构设计，包括电池组管理单元、电池簇管理单元和由多个电池串并联的电池阵列管理单元。

1. 2. 1. 3　储能系统集成方法

电池储能电站的监控硬件平台示意图如图 1-4 所示，包括站控层、就地监控层和设备层三大部分。站控层内包括前置管理机、实时/服务器历史、磁盘阵列、分析/显示用服务器，协调控制器等。就地监控层包括就地控制器，就地监测设备及显示单元。设备层中包括变流器、电池、配电系统、电网监测设备等。

电池储能电站控制系统采用分层分布式控制方案。储能电站监控用站控层主要负责通信管理、数据采集、数据处理及运行管理等功能。通过能量管理系统来计算各 PCS 的功率指令；就地设备监控层监测 PCS、电池及配电系统的实时状态，并将上层控制指令及时下发给每个控制单元。

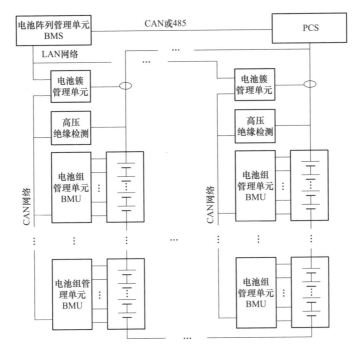

图 1-3　电池管理系统总体架构

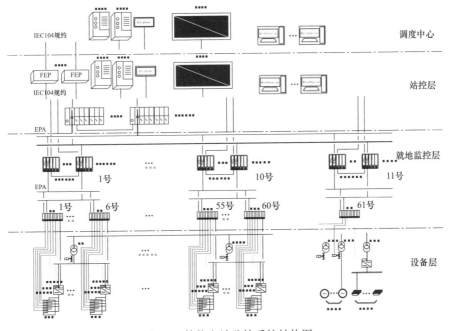

图 1-4　储能电站监控系统结构图

　　储能电站实时总功率协调控制功能是针对本地储能电站监控系统计算或上层调度下发（含网调指令）的储能系统总功率需求 $P_{\text{总需求}}$，储能电站能量管理系统根据采集的当前各类储能单元的状态信息，如电池运行状况，当前储能系统最大充放电能力，电池荷电状态（state of change，SOC）等信息，有效合理分配 $P_{\text{总需求}}$ 至各个储能子单元，以保证系统的实时功率需求，并防止电池的过充或过放电，确保储能电站正常、安全、可靠的工作。例如，基于 SOC 的功率分配流程图如图 1-5 所示。

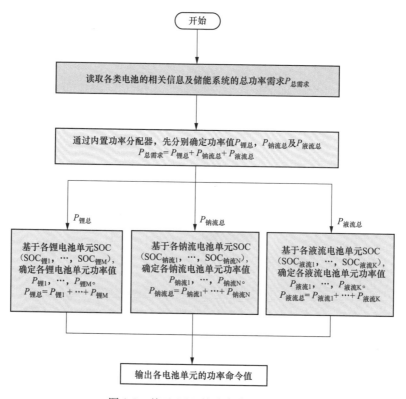

图 1-5　基于 SOC 的功率分配流程图

　　电池功率分配功能模式下，储能监控系统具备包括但不仅限于：

　　1）支持在不同类别（锂电池，钠硫电池及液流电池）、不同特性和不同区域储能电池间实现电池功率需求分配的功能，并保证电池单元间实时调度管理，保障储能系统满足功率需求值；

2）支持储能系统剩余容量实时监控功能，以保障储能系统剩余容量保持在有效工作区间，在线控制效果不受影响，并安全可靠运行；

3）支持向上层调度及监控系统实时提供储能系统的当前允许使用容量信息和当前可用最大充放电能力信息等；

4）支持对采集的当前各类储能单元的状态信息的诊断及处理功能，实现对电池功率在各电池单元间实时优化分配。

锂电池储能电站的实时总功率需求 $P_{锂总}$ 可如下述方法实时计算。

实时功率需求 $P_{锂总}$ 为正值时（放电状态），锂电池储能子单元功率命令值分别基于各储能子单元的荷电状态（State of Charge，SOC），如下式计算

$$P_{锂i} = \frac{SOC_{锂i}}{\sum\limits_{i=1}^{L} SOC_{锂i}} P_{锂总} \qquad (1\text{-}1)$$

实时功率需求 $P_{锂总}$ 为负值时（充电状态），各锂电池储能子单元功率命令值分别基于各储能子单元的放电状态（State of Discharge，SOD），如下式计算

$$P_{锂i} = \frac{SOD_{锂i}}{\sum\limits_{i=1}^{L} SOD_{锂i}} P_{锂总} \qquad (1\text{-}2)$$

$$SOD_i = 1 - SOC_i \qquad (1\text{-}3)$$

1.2.2　风光储联合发电系统运行控制技术

1.2.2.1　风光储联合发电多周期优化调度技术

（1）日前、日内分解协调优化方法。在三公调度模式下，年度电量跟踪是发电计划编制的基本要求，以追求机组同进度完成年度合同电量为目标，以确保电力系统安全稳定运行和连续可靠供电为前提，所编制的日前发电计划必须满足网络安全约束条件，因此需要进行精

细化的网络安全校核，确保电网中不出现线路潮流越限的情况，或者使越限的线路条数、越限率最小。同时，需要对线路、断面进行 N-1 校验，保证发电计划满足电网运行的 N-1 条件。节能、环保性是发电计划的辅优化目标，在满足安全节能的前提下，追求电网发电的清洁性、经济性，在煤耗相同的情况下，优先让脱硫效率高、电价低的机组发电。

当电力系统运行从日前过渡到日内，预期计划和实际情况之间存在着差别，如负荷变化、机组启停时间、输配电设备停复役时间等，客观上造成部分发电机组无法完全执行事先制订的发电计划，通过日内发电计划模块跟踪这些变化，及时修正日前计划，确保发电计划的经济性，减少人为因素的负面干扰，在电网发生重大安全故障及拓扑结构发生变化时，能够在保证电网安全的前提下快速给出修正后的发电计划结果。在日内计划优化过程中，通过跟踪日前计划确定的机组负荷率，在保证电网安全的同时，实现年度合同电量逐步落实。

（2）日内、实时分解协调优化方法。日内发电计划优化编制范围是未来 1h 至未来多小时每个时段机组组合计划和出力计划，而实时发电计划的优化编制范围是未来 15min 到未来 1h 的发电计划。由于日内发电计划采用短期负荷预测，其预测范围包含在日前发电计划范围之内，所以日内发电计划主要解决的是机组非计划停运，输电设备停复役等造成的机组启停和出力变化，确保发电计划的经济性。而实时发电计划采用超短期负荷预测，随着周期的缩短，负荷预测结果更加精确，实时发电计划负责跟踪负荷的微小变化，考虑联络线的计划偏差，捕捉重大电网故障和拓扑变化，在保证电网安全的前提下，滚动更新发电计划结果。

实时发电计划将机组分为：跟踪日内计划模式机组、固定出力曲线机组、自动参与区域控制误差（Area Control Error，ACE）调整的机组、参与实时计划调整的机组、跟踪实际出力的机组、新能源机组，前四类机组可以进行人工设置，在紧急情况下可以按照一定规则互相转换。六类机组中，只有参与实时计划调整的机组承担短期负荷预测的偏差，其他五类机组均有出力计划来源。在实时计划编制中，原则上参与实时计划调整的机组根据日内发电计划确定的机组负荷率生成期望计划，其他机组作为固定出力进入优化，以实现日期望电量向日内传递，也可以根据电厂电量完成情况对机组负荷率进行人工修正。这部分机组的实时发电计划编制和日内发电计划的优化没有本质区别。

编制参与实时计划调整机组的实时发电计划时，采用和日内发电计划相同的机组负荷率，必要时可以人工调整机组负荷率，基于和日内发电计划偏差最小的原则进行实时发电计划编制。

（3）实时计划优化调度求解方法。基于商用优化软件包 CPLEX，对建立的模型采用线性规划算法求解。在风光储优化调度模型中，只有绝对值的表达形式为非线性。目标函数中存在绝对值形式，意味着模型不可能直接应用线性规划算法求解。绝对值形式可以通过引入非负变量 p_t^+ 和 p_t^- 来替换，即

$$| p_t - p_{t-1} | = p_t^+ + p_t^- \tag{1-4}$$

式（1-4）可转化为

$$\Delta_t = p_t^+ + p_t^- \tag{1-5}$$

同时引入约束

$$p_t - p_{t-1} = p_t^+ - p_t^- \tag{1-6}$$

$$p_t^+ \geqslant 0, p_t^- \geqslant 0 \tag{1-7}$$

至此，模型转化为线性表达形式，可以采用线性规划算法求解。通过对模型中的非线性因素进行线性化处理后，采用商用优化软件包 CPLEX 提供的线性规划算法求解风光储日前优化调度问题。

1.2.2.2　风光储联合发电有功功率实时控制技术

联合发电系统有功功率分级控制方法的基本设计方案是，利用第一级控制对风电、光伏电源的输出功率波动进行抑制，利用第二级控

制对超级电容器和磷酸铁锂电池组成的混合储能系统各储能单元的充放电功率进行分配。分级控制方法的总体框图如图 1-6 所示。

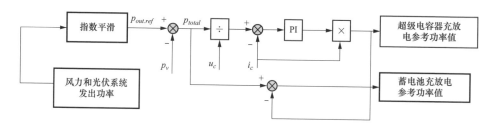

图 1-6　分级控制方法的总体框图

（1）分级控制方法中的第一级控制

第一级控制采用指数平滑算法，它具有不需要存储许多历史数据和能够充分考虑各期数据重要性的优点。指数平滑优化功率输出的原理公式为

$$P_{out.ref}(t) = \alpha(t)P_V(t) + [1-\alpha(t)]P_{out.ref}(t-1) \tag{1-8}$$

式中：$P_V(t)$ 为风力和光伏系统发出功率；$P_{out.ref}$ 为风力和光伏系统输入电网功率参考值；$\alpha(t)$ 为平滑因子，且 $0<\alpha(t)<1$。根据装机容量与平滑要求设定 α 的初值，再根据风力和光伏系统输出功率的变化情况及混合储能系统的储能状态调整 $\alpha(t)$ 的值。第一级控制平滑效果如图 1-7 所示。

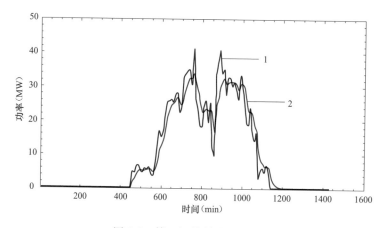

图 1-7　第一级控制平滑效果图

图 1-7 中曲线 1 是平滑前的风光电源功率值，曲线 2 是平滑后的功率参考值。从效果图可以看出，平滑后的峰值与功率变化率明显减小，通过第一级控制可以在满足电网对于控制电站直流母线电压质量的前提下，平抑风光电源输出功率峰值，减小有功变化率，提高风能与光能利用率。

（2）分级控制方法中的第二级控制

第二级控制用于分配混合储能系统的计划出力。根据第一级控制中获得的混合储能系统输入电网功率参考值，得到混合储能系统所需吞吐总功率为

$$P_{total}(t) = [1-\alpha(t)] \times [P_{out.ref}(t-1) - P_V(t)] \qquad (1\text{-}9)$$

按照功率分配策略进行储能系统内部超级电容器组、磷酸铁锂电池组之间的功率分配。分配结果如图 1-8 所示。图中曲线 1 为系统所要求的混合储能系统总出力值，曲线 2 是超级电容器的出力情况，曲线 3 是蓄电池的出力情况。超级电容器与磷酸铁锂电池的出力完全能够满足系统的功率需求，而且超级电容器承担了较高的充放电功率，磷酸铁锂电池的出力在 -3~4MW，磷酸铁锂电池和超级电容器吞吐的功率完全能够满足混合储能系统总出力要求，相对于总容量相同的单纯蓄

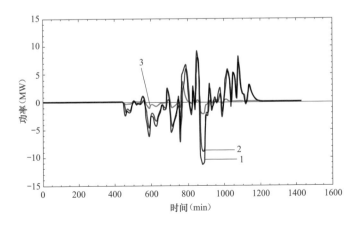

图 1-8　第二级功率分配控制结果

17

电池储能系统，该系统中蓄电池没有出现短时大功率输出情况，有利于延长蓄电池的使用寿命、提高了储能系统的运行经济性。

分级控制策略既能合理优化光伏电站功率输出特性，提高光能利用率，又能有序安排混合储能系统各单元的充放电操作过程。把超级电容器作为充放电操作的主体，优化了锂电池的充放电过程，使混合储能系统能更加快速、准确地平抑风力和光伏电源功率波动，在改善联合发电系统供电电能质量的同时，提高了混合储能系统的整体工作效率。

1.2.2.3 风光储联合发电监控系统研究与设计

平台是整个联合发电智能监控系统的基础，也是整个系统建设的重点和关键点。平台技术在联合发电监控系统的技术需求主要归纳为以下几个方面：

（1）一体化。从联合发电智能监控系统的功能业务上分析，必须要实现控制中心实时监测、优化调度、实时控制、功率预测、运行管理等业务的横向集成和与上级调度的纵向贯通。横向上，系统需要通过统一的基础平台实现各类应用的一体化运行；纵向上，需要通过基础平台实现上下级调度技术支持系统间的一体化运行和模型、数据、画面的源端维护与系统共享，实现厂站和调度中心之间的可靠运行。

（2）标准化。系统需要采用统一的平台规范标准以及接口规范标准，通过标准化实现平台的高度开放性。系统应充分支持国际和国家先进技术标准，支持 IEC 61970、IEC 61850 等系列最新国际标准，以便推进标准创新，占领技术标准制高点，积极参与国际标准制定。

（3）开放性。平台应在图形、模型、数据库、消息、服务、系统管理等方面提供标准化的应用接口，为各种应用提供统一的支撑，为系统功能的集成化打下坚实基础，为开发新应用、扩充功能和可持续发展创造条件，即具有更好的开放性、灵活性、可扩展性和友好性。

（4）安全性。平台应在二次系统安全防护基本原则的基础上，建设能够实现横向集成生产控制业务、纵向联接调度和风光储联合发电系统的二次系统纵深安全防护体系，满足国家信息安全等级保护的相关要求。

（5）方便性。系统应能方便地对所支撑的应用进行配置、管理，以实现灵活的裁剪；支持工程实施环境的可配置性和服务的参数化使用，方便地支持平台功能的客户化调整；充分考虑用户的需要，方便系统的工程化、运行管理、日常维护、升级改造等工作。

当前的平台技术主要包括基于面向客户机—服务器的结构体系和面向服务的架构体系（SOA）。其中后者代表了系统平台的发展方向。因此本系统采用 D5000 的平台架构，以充分利用面向服务的架构（SOA）、基于安全分区的体系结构、面向设备的标准模型和统一的可视化界面等国际前沿技术，满足上述的一体化、标准化等技术要求，具体如图 1-9 所示。

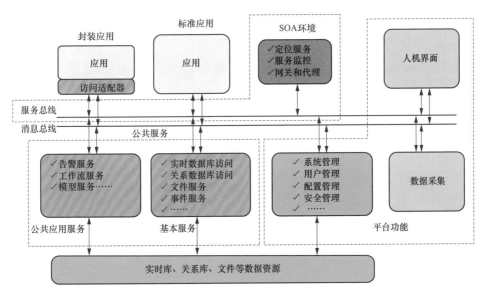

图 1-9　D5000 的平台架构

1.2.3　风光储发电设备精益化维护关键技术

1.2.3.1　基于能量利用的风、光发电机组实时状态评估技术

（1）风力发电机组发电性能指标及计算方法。风力发电机组发电

能力表示风力发电机组实际发电功率与理论发电功率的比值，由下式计算

$$F_g = \frac{\sum\limits_{i=1}^{N} P_{Fa,i}}{\sum\limits_{i=1}^{N} P_{Fp,i}} \times 100\% \qquad (1\text{-}10)$$

式中　F_g——统计时间长度内，风力发电机组的发电能力指标，%。

（2）光伏发电单元发电能力指标及计算方法。光伏发电单元发电能力由下式计算

$$G_g = \frac{\sum\limits_{i=1}^{N} P_{Ga,i}}{\sum\limits_{i=1}^{N} P_{Gp,i}} \times 100\% \qquad (1\text{-}11)$$

式中　G_g——统计时间长度内，光伏发电单元的发电能力指标，%。

设备评估时，可根据同类型发电设备的整体运行情况调整可靠性指标和性能指标阈值，筛选重点关注设备。风力发电机组和光伏单元的可靠性分为正常、亚健康和严重，风力发电机组和光伏单元的性能分为优、良、差。设备能量利用评估模型见表 1-1。

表 1-1　　　　　　　　　　风、光发电机组能量利用评估模型

可靠性 发电性能	正常	亚健康	严重
优	正常状态	亚健康状态	严重状态
良	亚健康状态	亚健康状态	严重状态
差	严重状态	严重状态	严重状态

1.2.3.2　基于海量数据采集分析的大容量储能系统诊断技术

储能系统试验标定的实际容量指标 S_g 由下式计算

$$S_g = \frac{E_{Test}}{E_{Nom}} \times 100\% \qquad (1\text{-}12)$$

式中　S_g——储能系统试验标定的实际容量指标，%。

容量测试设备与系统连接结构拓扑如图 1-10 所示。

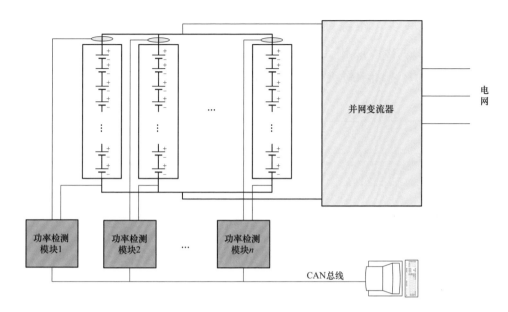

图 1-10　容量测试设备与系统连接结构拓扑

系统主要包含测试监控计算机（容量测试监控系统软件）、并网变流器（PCS）；电池（一个机组多组电池）、电池管理系统（每组电池配有从 BMS，每个机组配有主 BMS）、高精度容量测试功率检测模块（数据采集，每组电池 1 个数据采集装置）。

系统使用容量测试监控系统软件通过对并网变流器的控制，按照一定的电池测试方法来对电池进行可控制有条件的充放电实验，并在实验中通过容量测试功率检测模块测量和计算电池的容量。为了有效的保证电池不会过充或者过放，实验过程中要通过电池管理系统对电池进行监测。

基于储能容量测试设备，建立了 SOC 准确度的测试方法。截取 2013 年储能电站在四种工况下的储能系统出力曲线，结合四种出力的可能发生时间段，绘制日典型工况，并对比各种工况出力特性如图 1-11 所示。调频工况下，储能系统大多数情况下出力较小，波动率较小，充放电转换较少；削峰填谷工况下，储能系统基本以恒定功率充放，充放电转换较少；跟踪计划发电工况下，储能系统出力总功率大，波动率大，充放电转换相比其他工况更为频繁；平滑风光波动工况下，储能系统出力波动率较大，储能系统出力较小。

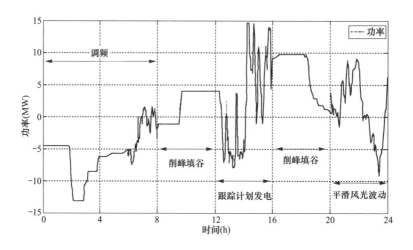

图 1-11　储能电站典型工况曲线示意图

由于储能厂房内有较为完备的温度控制系统，电池工作温度恒定在 20℃左右，可忽略温度对电池的影响，且电池密封在电池箱内，处于静止状态，应力的变化可忽略。则要表达运行工况所有信息量，则至少需要四个特征量：充放电电流曲线幅值分布、电流变化率分布、充放电转换次数及储能系统出力为 0 的概率分布。

为了研究大容量储能系统运行工况下电池模组性能衰减规律，需设计用于实验室测试的典型工况，典型工况应满足以下要求：①涵盖大容量储能系统运行工况的重要特征，逼近真实运行数据。②典型工况循环时间周期较短，便于试验人员暂停试验与试验数据分析。③一个循环周期内，电池模组的能量转移代数和接近于 0，即 SOC 回到起始点，以减少试验过程中对 SOC 的调整，典型工况设计步骤如图 1-12 所示。

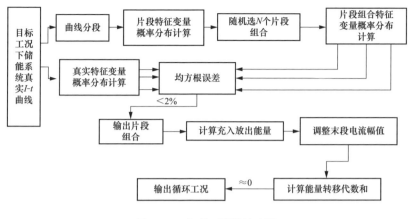

图 1-12　典型工况设计步骤

1.2.3.3　融合多源信息的风光储发电设备维护专家辅助决策系统

风光储发电设备状态评估辅助决策系统由智能故障诊断与检修指导模块、设备状态评估分析模块、电站生产辅助管理模块构成。系统具有风机、光伏、储能设备的故障监测预警、状态评价、风险评估、辅助资产管理等功能，对于不同的设备评估项目，支持定期自动/人工启动两种评估模式，完成一个评估项目的系统评估耗时小于 30min。图 1-13 为系统的功能框架与信息流图。

通过将风机、光伏、储能 SCADA 运行数据在线或离线导入设备状态评估分析功能模块，系统自动处理、分析输入数据，基于可靠性和发电性能评价指标计算得到整体健康状态评估结果。若整体健康状态评估结果为非正常状态，系统可利用辅助分析工具利用专家经验初步判断缺陷类型和缺陷位置。

后台专家系统通过参考设备历史运维记录和年度检修计划，结合专家经验，判断设备缺陷，以及何时、如何进行开展检修，在系统中给出检修维护建议。设备运检人员收到系统的设备状态预警，运用智能故障诊断功能模块中的智慧图纸功能，可按照系统中集成的故障树逻辑逐步找到故障点，并查看模块中检修指导文件，来实施完成设备维护或部件更换。同时故障诊断模块总的故障点概率统计功能能够实

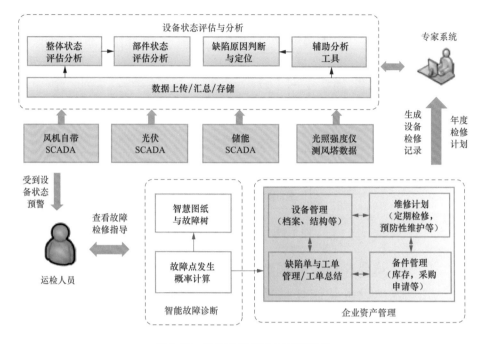

图 1-13　系统功能框架与信息流图

时统计故障点发生和实施检修的概率，为资产管理模块的备品备件库存提供依据。

　　运检人员在完成检修后，须在电站生产辅助管理模块中填写检修工单，记录检修故障发生时间、检修结束时间、故障原因、故障解决方式、部件更换记录及编号等，实施此次检修消耗的备品备件自动与备品备件库存关联，自动更新备品备件库存。

　　上述三方面功能相互关联，互为因果，形成了风光储发电设备状态评估辅助决策系统的功能框架。

1.3　工程应用

1.3.1　国家风光储输示范工程

大力开发和利用可再生能源，已成为世界各国保障能源安全、优化能源结构、保护生态环境、减少温室气体排放、应对金融危机的重要措施，也是我国实现经济社会资源和环境可持续协调发展的必由之路。风能和太阳能发电具有波动性、随机性及间歇性的特点，在新能源大规模开发利用背景下，如何安全、可靠地接入电网成为亟需解决的技术难题。

2011 年 12 月 25 日，国家电网公司采用世界首创的建设思路和技术路线，自主设计、建设并投运了全球新能源综合利用水平最好、规模最大的新能源示范工程——国家风光储输示范工程（简称示范工程）。

示范工程集风电、光伏发电、储能及智能输电四位一体，通过自主创新，实现多项技术创新及突破，包括风光储联合发电系统集成、运行调控、风光功率预测、大规模储能、风电入网检测等多项核心技术，达到国际领先水平，解决了制约大规模可再生能源集中并网的世界性技术难题。

示范工程攻克了联合发电优化调度、全景监控、电池储能大规模系统集成、风光储设备并网友好性、风光联合功率高精度预测等一系列重大难题，建立了完整的风光储联合发电核心技术体系，取得了多项自主知识产权，总体达到国际领先水平。示范工程采用分层控制、全景监视、智能管理等信息化技术手段，实现了新能源电站的智能化运维管理，以及与电网间的协调控制，对转变电力发展方式、大力推进国家新能源发展战略具有重大意义。

1.3.2　大规模储能电站集成及调控技术

（1）平滑风光发电

如图 1-14 所示，蓝色曲线实时风电总功率值，黄色曲线为实时光伏总发电功率值，浅蓝色曲线为实时风光总功率值，橙色曲线为实时储能总功率值，绿色曲线为实时风光储联合发电功率值。

通过执行能量管理系统中的平滑控制模式，风光发电波动率可以有效地减少。平滑前：风电 15min 波动率为 22.61%、光伏波动率为 1.52%、风光波动率为 16.12%。经储能电站平滑后，风光储联合波动

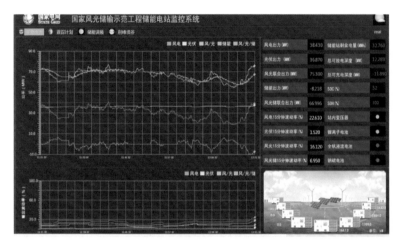

图 1-14　平滑风光发电控制效果图

率为 6.95％，达到了平滑风光发电波动的同时，满足风光储联合发电的 15min 波动率限制在 7％以下的控制目标。

（2）跟踪发电计划

如图 1-15 所示，蓝色曲线为实时风电总功率值，黄色曲线为实时光伏总发电功率值，橙色曲线为实时储能发电功率值，绿色曲线为实时风光储联合发电总功率值，红色曲线为实时风储总功率值。

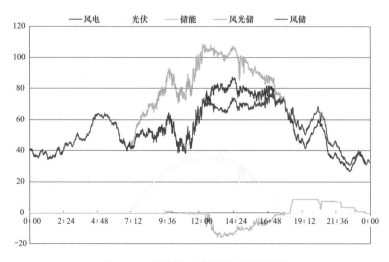

图 1-15　跟踪风电计划的控制效果图

通过执行能量管理系统中的"跟踪风电计划"模式，实际风电出力与调度下达的风电计划值（风储总功率限制在70MW）偏差被有效弥补，风储总发电（红色曲线）基本被限制在计划值左右，满足"跟踪风电计划"的应用需求。

（3）削峰填谷

如图1-16所示，蓝色曲线实时风电总功率值，黄色曲线为实时光伏总发电功率值，橙色曲线为实时储发电功率值，绿色曲线为实时风光储联合发电总功率值，红色曲线为实时风储总功率值。通过夜间以大功率吸收电网电能，减少电网调峰压力，支撑电网稳定，初步体现出大规模化学储能装置对电网支撑的可靠性和灵活性。

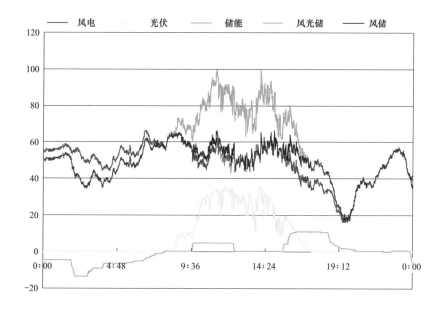

图1-16　储能削峰填谷曲线

1.3.3　风光储联合发电控制运行技术

储能电池能够在短时间内提供较大的功率支撑和负载，为系统频率控制提供了新的优异调节资源。图1-17为储能电站参与系统频率调频

的测试结果，储能实时目标出力由联合监控系统依据系统频率计算得出，
储能响应控制指令迅速，快速跟踪系统频率变化，满足调频应用需求。

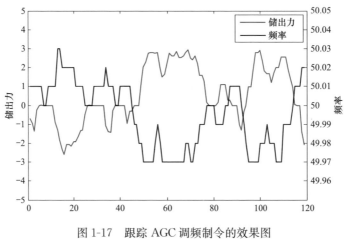

图 1-17　跟踪 AGC 调频制令的效果图

同时，上级调度机构也可通过联合监控系统直接将调频功率指令
下发给储能电站，实现储能调频的直接控制。图 1-18 所示为储能电站
执行华北网调下发的调频功率指令情况。储能电站实时总功率跟随华
北网调下发的调频功率命令值变化，偏差基本小于 0.5%，满足储能调
频的应用需求。储能电站参与实时调频的出力能力可以达到 15MW，
如图 1-18 所示。

无功电压控制现场运行稳定，控制效果良好。图 1-19 为电压跟踪
控制的效果。将目标电压从 230kV 调整为 225kV，控制死区为 1kV。
此时实际电压为 230.5kV，与目标电压之间偏差为 5.5kV，超过控制
死区。联合监控主站启动控制，实时电压下调为 224.5kV，与目标电压
之间偏差为 0.5kV。调节完成后，并网点无功从 -18Mvar 下调为
-30Mvar，SVG 挂接母线 35kV1 号母线电压从最初的 37.2kV 逐步下
调为 35.7kV；小东梁风电厂从 3.8Mvar 逐步下调为 -3Mvar，光伏电
站无功从 5Mvar 逐步下调为 0Mvar。从控制性能看，并网点电压调节
速大于 1kV/min，无功电压控制灵敏度为 0.5kV/Mvar。

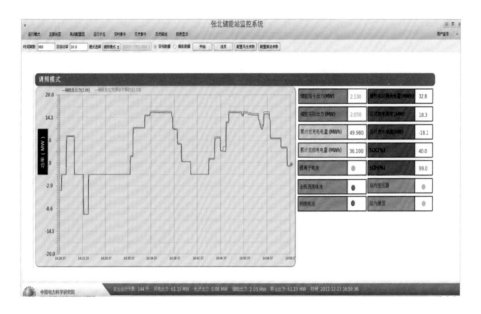

图 1-18　跟踪网调调频功率值实效图

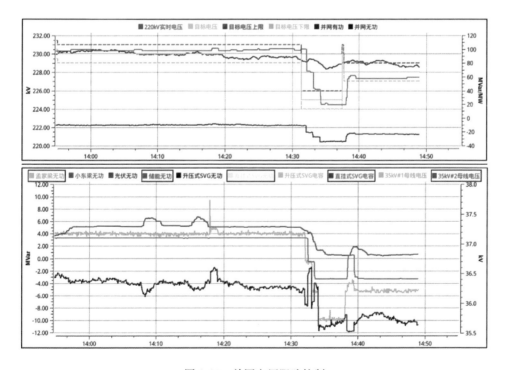

图 1-19　并网电压跟踪控制

图 1-20 为 SVG 动态无功备用优化效果。在 35kV 母线电压保持不变的情况下，投入电容器后，SVG 无功出力从 8Mvar 下降为 2Mvar，增加了 SVG 动态无功备用，从而提高了对电压快速波动的动态响应能力。

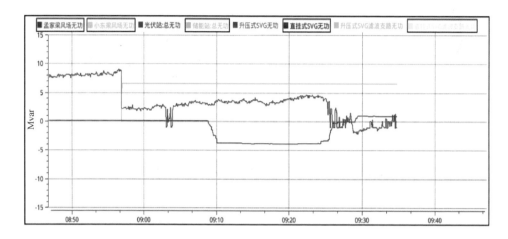

图 1-20 SVG 动态无功备用优化

1.3.4 风光储发电设备精益化维护技术

（1）风机发电性能指标分析

风光储一期、二期风机的发电能力指标及频次分布如图 1-21～图 1-24

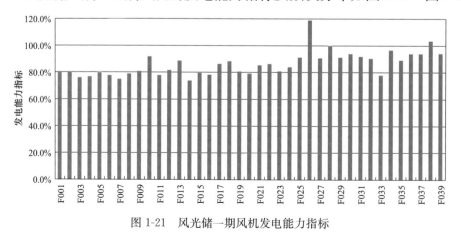

图 1-21 风光储一期风机发电能力指标

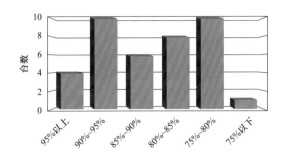

图 1-22　风光储一期风机发电能力指标频次分布

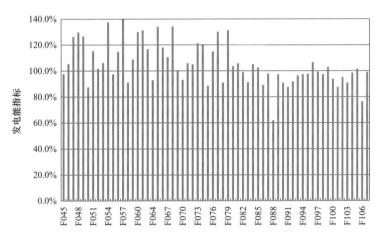

图 1-23　风光储二期风机发电能力指标

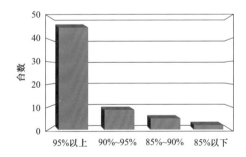

图 1-24　风光储二期风机发电能力指标频次分布

所示。由图可知，一期风机绝大多数处于 80％～95％变化区间内，发电能力最高的 F026 风机指标值为 119％，发电能力最低的 F014 风机指标值为 74％。二期风机绝大多数处于 90％以上，发电能力最高的 F057

风机指标值为 139％，发电能力最低的 F088 风机指标值为 61％。运用基于发电能力指标的实际值与理论值对比法、时间纵向对比法、空间横向对比法对风机功率散点图进行深入分析，可以找出发电性能退化原因，尽早制定针对性的维护检修策略，及时排查故障隐患。

（2）风电分系统发电性能退化原因分析

将所有风机功率曲线的对比折算到风机标准空气密度（1.225kg/m³）条件。选取发电性能为"优"的 F010 风机和发电性能为"差"的 F014 风机于 2015 年 9 月的实际功率曲线与保证功率曲线对比图，如图 1-25 所示。

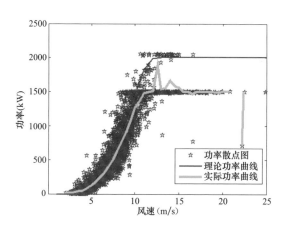

图 1-25　F014 风机 9 月功率曲线

可以看出，2015 年 9 月 F014 风机由于在大风情况下存在大量的限功率点，导致其发电能力指标偏低，而标杆风机 F010 在这段时间不存在限功率点。通过对风光储一期、二期发电性能状态为差的风机的进一步分析，可以得到限功率是影响这些风机发电性能为差的主要因素，剔除限功率点后，这些风机发电性能状态均提升为良或优。

根据设备评价结果，以许继二期 F057 机组为例，进行功率特性曲线测试。为了进一步分析产生偏航角度偏差对机组功率特性曲线的影响，对有 10.6 度偏差、补偿 5 度、补偿 7.5 度和补偿 10 度时的功率特

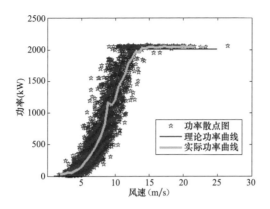

图 1-26　F010 风机 9 月功率曲线

性曲线保证率进行了对比。如表 1-2 所示，补偿后的功率特性保证率也由 95.2% 提升为 102.7%。

表 1-2　　　　　　　　　　　　功率特性曲线保证率

项目	功率特性曲线保证率
偏差 10.6 度	95.17%
补偿 5 度	97.65%
补偿 7.5 度	98.94%
补偿 10 度	102.71%

由图 1-27 所示，补偿后机组功率特性曲线与保证功率曲线更接近，特别是 9~11m/s 区间内有较明显的改善。

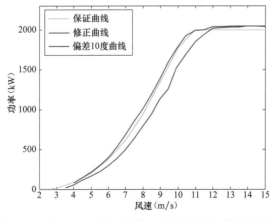

图 1-27　偏差 10.6 度、补偿 10 度与保证功率曲线对比

（3）光伏分系统发电性能评价结果分析

评价风光储示范工程光伏分系统 2015 年 1～11 月的 PR 指标，评价结果如图 1-28 所示。

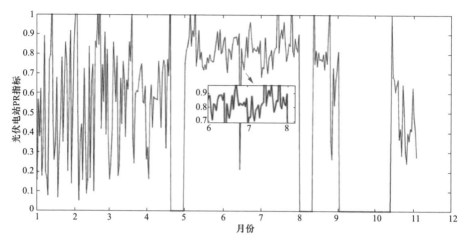

图 1-28　光伏分系统 PR 评价结果

可以发现，2015 年 1～4 月，由于断面约束等情况，统计测算的 PR 结果波动明显，2015 年 5 月起，PR 统计结果基本处于 0.8 左右，但存在个别天由于故障情况导致的逆变器长周期停机导致的 PR 指标异常。

2015 年 1～8 月所有标准数据准确、可靠，根据光伏电站 SCADA 系统记录的运行和气象数据信息，依据前面公式，对光伏电站内发电单元的性能比 PR、发电能力 G_g 等发电性能指标进行评估，并对评价结果进行分析，表 1-3 和表 1-4 为光伏分系统发电单元的发电性能评价结果。

表 1-3　　　　　　　　　光伏分系统一期发电单元发电性能评价结果

光伏发电单元	PR	$G_g(\%)$	当前状态	光伏发电单元	PR	$G_g(\%)$	当前状态
G001	0.81	88.32	优	G007	0.70	89.29	差
G002	0.73	72.44	良	G008	0.87	89.66	优
G003	0.77	90.97	良	G009	0.77	85.65	良
G004	0.78	88.45	良	G010	0.79	91.10	良
G005	0.62	73.28	差	G011	0.70	76.53	良
G006	0.63	92.04	差	G012	0.73	82.04	良

续表

光伏发电单元	PR	$G_g(\%)$	当前状态	光伏发电单元	PR	$G_g(\%)$	当前状态
G013	0.83	93.97	优	G030	0.68	70.44	差
G014	0.82	93.22	优	G031	0.60	62.35	差
G015	0.66	72.83	差	G032	0.76	80.85	良
G016	0.72	82.01	良	G033	0.66	70.74	差
G017	0.84	87.57	优	G034	0.68	76.00	差
G018	0.77	86.04	良	G035	0.74	87.57	良
G019	0.79	85.99	良	G036	0.73	89.51	良
G020	0.76	85.56	良	G037	0.46	46.44	差
G021	0.74	79.96	良	G038	0.73	77.67	良
G022	0.79	84.11	良	G039	0.75	78.26	良
G023	0.77	83.58	良	G040	0.71	74.80	良
G024	0.73	80.19	良	G041	0.74	78.79	良
G025	0.78	86.32	良	G042	0.73	75.88	良
G026	0.71	82.19	良	G043	0.77	87.87	良
G027	0.69	74.17	差	G044	0.84	111.29	优
G028	0.79	84.86	良	G045	0.83	126.27	优
G029	0.66	68.83	差	G046	0.77	112.62	良

表 1-4　　　　　　　光伏分系统二期发电单元发电性能评价结果

光伏发电单元	PR	$G_g(\%)$	当前状态	光伏发电单元	PR	$G_g(\%)$	当前状态
G047	0.77	85.44	良	G061	0.83	89.98	优
G048	0.77	90.00	良	G062	0.83	90.92	优
G049	0.76	87.93	良	G063	0.77	89.70	良
G050	0.73	78.22	良	G064	0.82	89.71	优
G051	0.79	87.02	良	G065	0.85	91.32	优
G052	0.76	84.11	良	G066	0.70	75.78	良
G053	0.80	89.32	优	G067	0.69	77.35	差
G054	0.81	90.32	优	G068	0.76	83.81	良
G055	0.88	90.09	优	G069	0.73	90.43	良
G056	0.78	84.56	良	G070	0.82	89.58	优
G057	0.74	80.23	良	G071	0.82	95.27	优
G058	0.73	80.52	良	G072	0.77	81.93	良
G059	0.76	86.00	良	G073	0.71	95.80	良
G060	0.78	88.43	良	G074	0.81	87.64	优

光伏发电单元	PR	G_g(%)	当前状态	光伏发电单元	PR	G_g(%)	当前状态
G075	0.76	79.37	良	G091	0.66	76.80	差
G076	0.80	87.29	优	G092	0.75	79.36	良
G077	0.68	89.67	差	G093	0.71	77.72	良
G078	0.78	77.53	良	G094	0.80	85.79	优
G079	0.78	84.84	良	G095	0.78	85.88	良
G080	0.80	85.16	优	G096	0.74	82.39	良
G081	0.70	85.98	良	G097	0.76	81.98	良
G082	0.79	81.11	良	G098	0.82	90.62	优
G083	0.75	80.58	良	G099	0.85	92.46	优
G084	0.78	85.65	良	G100	0.80	89.87	优
G085	0.78	84.52	良	G101	0.82	89.96	优
G086	0.72	74.82	良	G102	0.81	90.79	优
G087	0.81	83.84	优	G103	0.78	87.31	良
G088	0.80	85.09	优	G104	0.83	90.48	优
G089	0.83	88.35	优	G105	0.81	89.08	优
G090	0.81	85.67	优	G106	0.81	90.42	优

通过发电性能逐层分析方法，依据 PR 和 G_g 指标分析数据，G026 单元的发电性能处于良状态，该发电单元安装固定式多晶硅光伏组件，出现 PR 指标退化的原因初步判断是光伏组件被阴影遮挡、积灰或组件内部缺陷，导致发电性能退化。

对于发电性能存在退化的 G029、G037 和 G042 典型发电单元，通过评价数据对上述发电单元的发电性能从时间和空间两个维度，对比分析其退化产生的原因。

G029 的 PR 指标评价结果为 0.66，G080 发电单元的 PR 指标评价结果为 0.80。构成 PR 指标的关键因素为峰值日照小时数 Y_r 和发电利用小时数 Y_f 两个关键参量，其中峰值日照小时数由气象因素决定，与设备状态无关。因此，基于 2015 年运行数据，通过两个关键参量的关联性，对比分析 G029 发电性能退化原因，如图 1-29 和图 1-30 所示。可以发现，G029 发电单元的发电利用小时数明显低于发电性能处于优状态的 G080 发电单元，而 G029 单元的可利用较高，说明引起 G029 单元发电性能退化的主要原因为发电设备功率衰减。

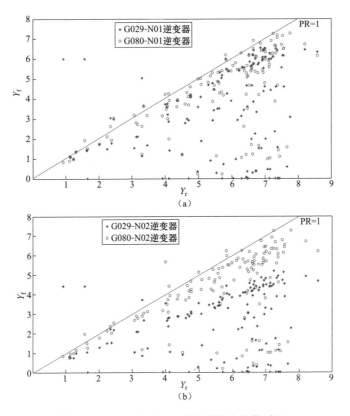

图 1-29　G029 和 G080 逆变器发电性能对比

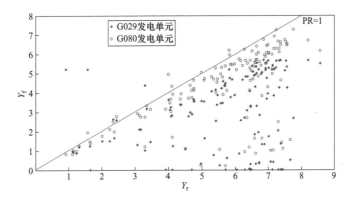

图 1-30　G029 和 G080 发电单元的发电性能对比

G037 发电单元的 PR 和 G_g 指标评价结果分别为 0.46 和 46.44％，通过对比该发电单元的实测功率和理论功率散点图，如图 1-31 所示，亦说明引起 G037 单元发电性能退化的原因为光伏组件功率衰减。

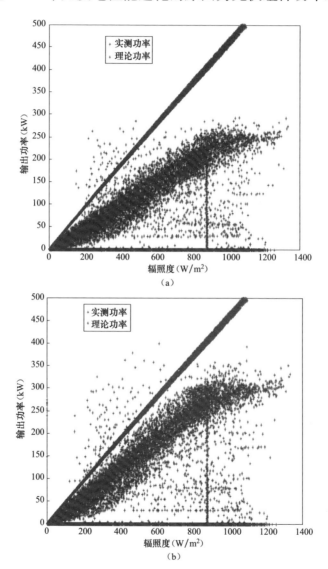

图 1-31　G037 发电单元实测功率和理论功率对比

通过分层递进的性能退化分析方法，进一步分析评估结果为亚健康状态的 G026 光伏发电单元的出现性能退化的部件和原因。以 7 月份某一典型日数据，运用发电能力 G_g 指标，首先，分析 G026 逆变器连接的 3801～3807 号汇流箱在当日的 G_g 指标，如图 1-32 所示，发现 3807 号汇流箱发电能力处于良状态。

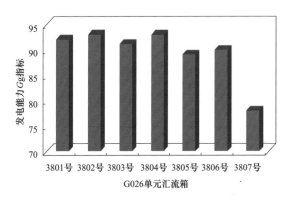

图 1-32　G026 发电单元汇流箱 G_g 指标统计

进一步评估 3807 号汇流箱内光伏组串的 G_g 指标，指导电站维护工作。通过评估结果，如图 1-33 可知，定位 07 号和 08 号光伏组串在 6：00～8：30 时段的发电能力出现明显偏差，需要及时进行维护。现场维护人员根据评估结果及时发现缺陷并证实，07 号和 08 号光伏组串内数块光伏组件存在阴影遮挡，造成 G_g 指标偏低。

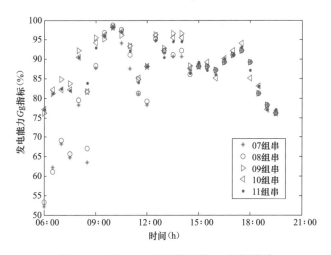

图 1-33　HL0307 汇流箱组串 G_g 指标统计

（4）储能分系统发电性能评价结果分析

2015 年设备发电性能抽检结果如表 1-5 所示：

表 1-5　　　　　　　2015 年储能系统发电性能评估结果

单元编号	S_g	η	状态评估结果
C1-3	88.68%	89.90%	良
C2-1	86.12%	88.80%	良
C3-4	84.39%	89.70%	良
C4-1	83.30%	87.20%	良
C4-2	82.70%	88.50%	良
C4-3	87.10%	90.20%	良

对 2015 年储能系统所有有记录的故障原因进行汇总分析，结论如图 1-34、图 1-35 所示。

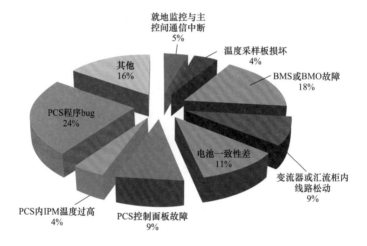

图 1-34　2015 年储能系统故障原因分析

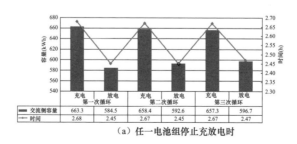

（a）任一电池组停止充放电时

图 1-35　C001-03 单元容量及能量效率（一）

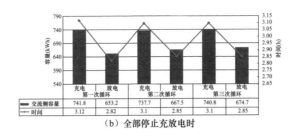

（b）全部停止充放电时

图 1-35　C001-03 单元容量及能量效率（二）

1）实测容量及能量效率。C001-03 单元任一电池组停止充放电时测得的容量及能量效率，及所有支路依次停止充放电时测得的容量及能量效率，数据如下。

表 1-6　　中航锂电 C001-03（第六组支路充放电截止）的容量及能量效率

序号	状态	时间（h）	交流侧容量（kWh）	三次循环充电容量的平均值	三次循环放电容量的平均值	能量效率
第一次循环	充电	2.68	663.3			
	放电	2.45	584.5			
第二次循环	充电	2.67	658.4	659.7	591.3	89.6%
	放电	2.45	592.6			
第三次循环	充电	2.67	657.3			
	放电	2.47	596.7			

表 1-7　　中航锂电 C001-03（所有支路充放电截止）的容量及能量效率

序号	状态	时间（h）	交流侧容量（kWh）	三次循环充电容量的平均值	三次循环放电容量的平均值	能量效率
第一次循环	充电	3.12	741.8			
	放电	2.82	653.2			
第二次循环	充电	3.10	737.7	740.1	665.1	89.9%
	放电	2.85	667.5			
第三次循环	充电	3.10	740.8			
	放电	2.85	674.7			

2）6 个电池组串容量一致性分析，如图 1-36 所示。

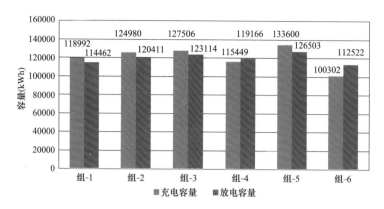

图 1-36　C001-03 六个电池组额定工况下充放电容量对比

根据 6 组电池组充放电过程的容量曲线和电压曲线,可以看出,6 组电池组在充放电末段表现出不一致性。其中组 6 性能最差,组 5 性能最好。

3)单体电压极差与容量对比曲线,如图 1-37～图 1-44 所示。风光储监控系统如图 1-45 所示。

4)异常单体编号输出。

由上述试验结果,可对 91、95、30、40 号等电池单体进行维护检查。

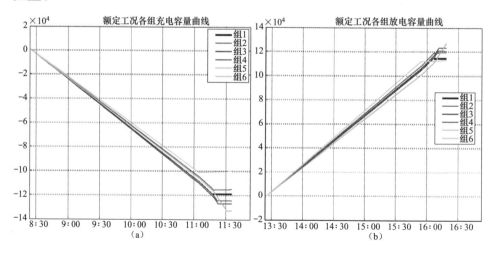

图 1-37　C001-03 六个电池组额定工况下充放电容量对比曲线

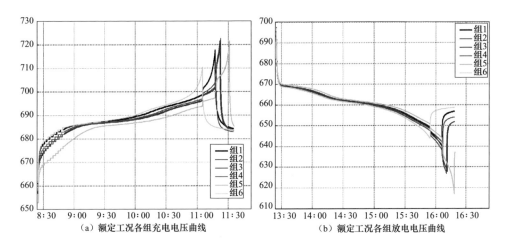

（a）额定工况各组充电电压曲线　　　　　（b）额定工况各组放电电压曲线

图 1-38　C001-03 六个电池组额定工况下充放电电压对比曲线

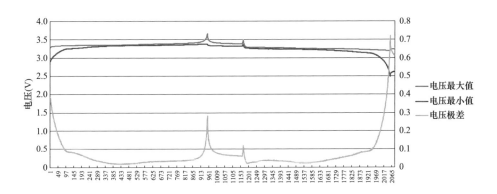

图 1-39　组 6 充放电过程电压一致性

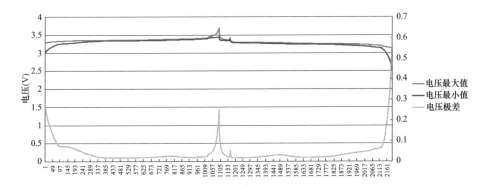

图 1-40　组 5 充放电过程电压一致性

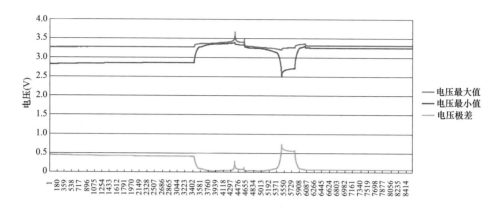

图 1-41　组 6 充放电过程电压一致性

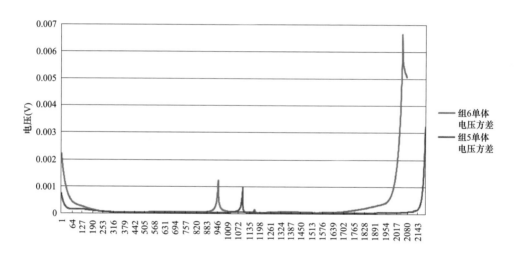

图 1-42　组 5 和组 6 单体电压分散程度对比

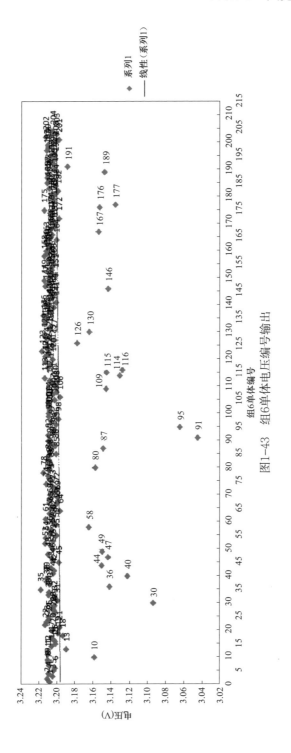

图1-43　组6单体电压编号输出

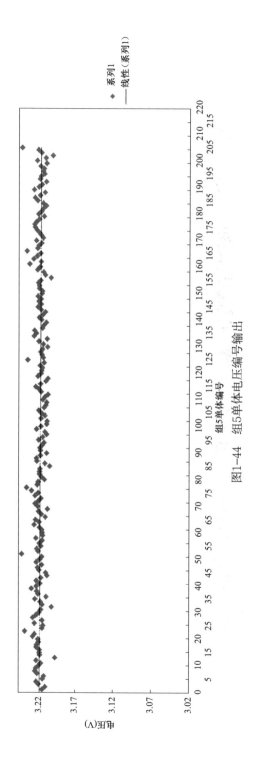

图1-44　组5单体电压编号输出

图 1-45　风光储监控系统

1.4　技术展望

1.4.1　风光储发电维护技术

风光储发电设备可靠性等运行指标远低于欧美先进水平，维护模式还停留在定维和事故后维修的初级阶段，关键部件缺陷诊断技术距工程应用尚有距离，基于数据的预防性维修技术刚刚起步，亟待开展多智能算法融合的整机全寿命健康管理及其信息化技术研究。

下一步，可重点攻关风光储发电设备关键部件的故障预测和电站状态维护技术，具备融合运行数据挖掘、在线监测和试验的缺陷诊断能力，建立适用于风光储设备和电站特点的状态评价与检修管控体系，在线监测和状态检修方面形成技术标准。开展风光储发电设备增功提效技术及电站维护技术达到国内领先水平。主要包括：

（1）风电机组及其关键部件的在线监测、试验和缺陷诊断技术。

（2）风电机组健康管理和风电场状态维护技术。

（3）风电机组/风电场增功提效预评估和后评估技术。

（4）光伏发电单元/光伏电站维护技术。

（5）电池储能系统维护技术。

1.4.2　风光储发电运行控制技术

风光资源的强随机性和电力电子设备的弱支撑性极大增加了电网调控难度，高占比新能源电网中主动调频/调压问题尚待解决。同时，当前各类大容量电池储能技术虽然发展迅速，但适用于复杂电网场景的储能配置和综合控制技术仍未解决。

研究风光储发电设备及电站的并网性能检测、评估及认证技术，具备基于大数据分析的新能源并网特征知识发现和运行风险预警能力，开展风光储发电设备级与电站级主动调频/调压技术研究并工程应用。

（1）风光储发电设备及电站的并网性能检测、评估及认证技术。

（2）风光储电站大数据平台及并网特性挖掘技术。

（3）风光储发电机组及电站主动调频/调压技术。

（4）恶劣电能质量环境下新能源发电主动适应性技术研究。

（5）应用储能提升新能源发电可控性技术。

1.4.3　风光储发电并网调度技术

随着新能源装机占比的提升和柔性直流电网等先进输电技术的应用，新能源发电与电网之间的交互影响越来越复杂，原有理论体系、仿真技术、并网控制和调度技术均需有新的突破。同时，单机、电站、观测、气象以及负荷等全网大数据的融合和挖掘技术研究尚不深入，不足以支撑高占比新能源基地精益化运行和消纳决策。

开展风光储等新能源并网谐振等新型稳定性机理及抑制技术研究，具备全面的新能源并网风险评估能力；开展风光储发电经柔直电网等的先进输送技术研究，掌握新能源发电与柔直电网交互影响机理；开展常规火电、大规模风光发电和储能协调调控技术研究，建设综合调控示范系统。

（1）风光储发电实测建模及实时仿真技术。

（2）新能源并网新型稳定性问题机理分析及抑制技术。

（3）风光储发电接入柔直电网运行控制技术。

（4）含高比例新能源的多能互补系统协同运行控制技术。

（5）基于新能源单机信息和数据挖掘的新能源消纳决策。

参 考 文 献

[1] 唐宏德，郭家宝，陈文升. 风光储联合发电技术及其工程应用 [J]. 电力与能源，2011，1（01）：61-63.

[2] 辛光明，刘平，王劲松. 风光储联合发电技术分析 [J]. 华北电力技术，2012，（01）：64-66.

[3] 郝新星. 基于虚拟同步机的微网逆变器控制策略及系统稳定性研究 [D]. 合肥工业大学，2015.

[4] A Roy，SB Kedare，S Bandyopadhyay. Optimum sizing of wind-battery systems incorporating resource uncertainty [J]. Applied Energy，2010，87（8）：2712—2727.

[5] 余梦泽，贾林莉，朱浩骏，丁伯剑. 平抑出力波动的风光储联合发电系统容量优化配置方法 [J]. 电气应用，2014，33（21）：44-48.

[6] 苗福丰，唐西胜，齐智平. 储能参与风电场惯性相应的容量配置方法 [J]. 电力系统自动化，2015，39（20）：6-11，83.

[7] 白恺，乔颖，吴林林，鲁宗相，柳玉，宗瑾，刘京波. 基于实测数据的风光储电站有功及无功控制系统建模方法 [P]. 北京：CN105720573A，2016-06-29.

[8] 辛晓帅，邹见效，徐红兵. 一种利用储能系统平滑风电场输出功率的方法 [P]. 四川：CN102664422A，2012-09-12.

[9] M. Kang，J. Lee，K. Hur，S. H. Park，Y. Choy and Y. C. Kang. Stepwise inertial control of a doubly-fed induction generator to prevent a second frequency dip [J]. Electr Eng Technology，2015，21（4）：357-361.

[10] 杨金刚，吴林林，刘辉，梁玉枝，李群炬. 大规模风电汇集地区风电机组高电压脱网机理 [J]. 中国电力，2013，46（05）：28-33.

[11] 李智，白恺，宗瑾，张改利，岳巍澎，李明. 光伏组件数学模型研究与分析 [J]. 华北电力技术，2013，（06）：1-4.

[12] 陈炜，艾欣，吴涛，刘辉. 光伏并网发电系统对电网的影响研究综述 [J]. 电力自动化设备，2013，33（02）：26-32.

[13] Xu H，Wu L，Liu H，et al. Study on the optimal proportion of wind and solar capacity

in transmission constraint area based on Copula theory ［C］// Power and Energy Engineering Conference. IEEE, 2016：2158-2163.

［14］ F Chiasserini, R Rao. Energy efficient battery management ［J］. IEEE J. Select. Areas Commun. 2001, 19 (7)：1385-1394.

［15］ 梁尚超，白恺，陈豪，李大中. 小规模储能技术在微网中的应用前景分析 ［J］. 华北电力技术，2013, (11)：36-40.

［16］ G. Delille, B. Francois and G. Malarange. Dynamic frequency control support by energy storage to reduce the impact of wind and solar generation on isolated power system's inertia ［J］. IEEE Trans. Sustain. Energy, 2012, 3 (4)：931-939.

［17］ 王海滨，陈豪，董建明，刁嘉，白恺，董文琦. 锂电池储能单元运行状态评估技术研究 ［J］. 华北电力技术，2016, (03)：8-17.

［18］ 李娜，白恺，陈豪，刘平，牛虎. 磷酸铁锂电池均衡技术综述 ［J］. 华北电力技术，2012, (02)：60-65.

［19］ He H, Xiong R, Zhang X, et al. State-of-Charge Estimation of the Lithium-Ion Battery Using an Adaptive Extended Kalman Filter Based on an Improved Thevenin Model ［J］. IEEE Transactions on Vehicular Technology, 2011, 60 (4)：14611469.

［20］ 王海滨，陈豪，董建明，刁嘉，白恺，董文琦. 锂电池储能单元运行状态评估技术研究 ［J］. 华北电力技术，2016, (03)：8-17.

［21］ 郝广亮. 锂电池组智能管理系统 ［P］. 上海：CN103545853A, 2014-01-29.

［22］ 周德佳，赵争鸣，吴理博，袁立强，孙晓瑛. 基于仿真模型的太阳能光伏电池阵列特性的分析 ［J］. 清华大学学报（自然科学版），2007, (07)：1109-1112.

［23］ 陈忠. 电池储能功率调节系统及其控制策略研究 ［D］. 合肥工业大学，2014.

［24］ 胡泽春，夏睿，吴林林，刘辉. 考虑储能参与调频的风储联合运行优化策略 ［J］. 电网技术，2016, 40 (08)：2251-2257.

［25］ 王皓怀，汤涌，侯俊贤，刘楠，李碧辉，张宏宇. 潮流计算和机电暂态仿真中风光储联合发电系统的实用等值方法 ［J］. 中国电机工程学报，2012, 32 (01)：1-8.

［26］ 李智，白恺，崔正湃，宗瑾，翟化欣，赵洲，李龙. 并网光伏电站日照量数据研究 ［J］. 华北电力技术，2015, (01)：45-49.

［27］ 张保华. 风光储微电网综合协调控制策略研究 ［D］. 沈阳工业大学，2013.

［28］ 柳玉，白恺，崔正湃，孙荣富，吴宇辉，宋鹏，吕游. 风电场短期功率预测水平提升

举措措施研究与实例分析 [J]. 电网与清洁能源，2015，31（12）：77-82.

[29]　Liu Y，Chen H，Li N，et al. The smoothing strategy of wind power combined with storage based on least square fitting [C]. International Conference on Smart Grid and Clean Energy Technologies. IEEE，2017：192-195.

[30]　黄世回，王汝钢，杨忠亮. 风光储一体化电站智能电能监测与计量系统 [J]. 广东电力，2016，29（06）：93-97.

[31]　任巍曦，寇建，王婧，吴宇辉. 风光储电站全景监测与综合控制技术分析 [J]. 华北电力技术，2015，（10）：52-56.

[32]　吴克河，周欢，刘吉臻. 大规模并网型风光储发电单元容量优化配置方法 [J]. 太阳能学报，2015，36（12）：2946-2953.

[33]　P Rong，M Pedram. An analytical model for predicting the remaining battery capacity of lithium-ion batteries [J]. IEEE Transactions on Very Large Scale Integration system，2006，14（5）：441-451.

[34]　李金鑫，张建成，周阳. 风光储联合发电系统能量管理策略研究 [J]. 华东电力，2011，39（12）：2026-2029.

[35]　Zhao Y，Wu L，Song W，et al. An evaluation index system for hybrid wind/PV/energy storage power generation system operating characteristics in multiple spatial and temporal scales [C] // International Conference on Renewable Power Generation. IET，2016：1-6.

[36]　尤培培. 风光储项目价格机制及经济性分析 [J]. 中国电力，2014，47（10）：148-151.

[37]　吕健钫，吴林林，盛四清，崔正湃，刘辉. 满足系统调度需求的储能技术的应用研究 [J]. 华北电力技术，2015，（03）：1-7.

[38]　宋鹏，刁嘉，张扬帆，杨伟新，白恺，胡林继. 风光储联合发电站生产管理系统的精益化设计与应用 [J]. 华北电力技术，2016，（03）：1-7.

[39]　S. M Muyeen，M. H Ali，R. Takahashi，et al. Wind generator output power smoothing and terminal voltage regulation by using STATCOM/ESS [C]. Power Tech，2007 IEEE Lausanne. Lausanne，2007：1232-1237.

[40]　陈满，陆志刚，刘怡，等. 电池储能系统恒功率削峰填谷优化策略研究 [J]. 电网技术，2012，36（9）：232-237.

[41]　刘巨，姚伟，文劲宇，等. 大规模风电参与系统频率调整的技术展望 [J]. 电网技术，2014，38（3）：638-646.

［42］ Lv J，Wu L，Cui Z，et al. A analysis method for system frequency modulation capacity considering the influences of large scale wind power ［C］// International Conference on Renewable Power Generation. 2015：6-7.

［43］ Bevrani H，Ghosh A，Ledwich G. Renewable energy sources and frequency regulation：survey and new perspectives ［J］. Renewable Power Generation，2010，4 (5)：438-457.

［44］ Tom L. Participation of inverter-connected distributed energy resources in gird voltage control ［D］. Leuven：Katholieke Universiteit，2011.

［45］ 王金华，王宇翔，顾云杰，等. 基于虚拟同步发电机控制的并网变流器同步频率谐振机理研究 ［J］. 电源学报，2016，14 (2)：17-23.

［46］ 张祥. 多端柔性直流输电系统的协调控制与优化运行研究 ［D］. 华南理工大学，2016.

PART 2

可再生能源并网与控制

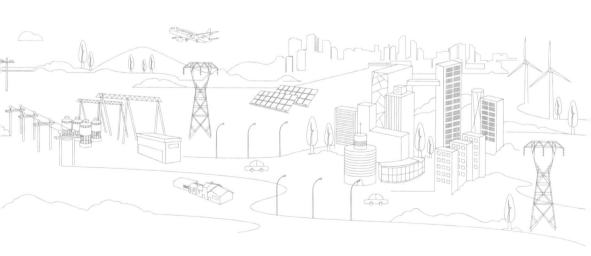

2.1 概述

一次能源可以分为可再生能源和非再生能源两大类。可再生能源包括太阳能、水能、风能、生物质能、波浪能、潮汐能、海洋温差能、地热能等。它们在自然界可以循环再生，是取之不尽，用之不竭的能源，不需要人力参与便会自动再生，是相对于会穷尽的非再生能源的一种能源。近些年，可再生能源领域的风能与太阳能发电技术取得了巨大进步，并在世界范围内快速发展。

大规模可再生能源发电接入后对电网的影响越来越大，可再生能源发电参与电网调节的需求日益突出，有必要开展可再生能源发电并网运行控制技术的研究。可再生能源发电运行控制主要包括有功功率控制和无功功率控制。

2.1.1 可再生能源及其发展现状

2.1.1.1 风力发电及其发展现状

风能是一种没有公害的清洁能源，利用风力发电非常环保，且能够产生巨大的电能，越来越受到世界各国的重视。风能蕴量巨大，全球的风能约为 $2.74 \times 10^9\,\mathrm{MW}$，其中可利用的风能为 $2 \times 10^7\,\mathrm{MW}$，比地球上可开发利用的水能总量还要大 10 倍。我国风能资源丰富，可开发利用的风能储量约 10 亿 kW，其中，陆地上风能储量约 2.53 亿 kW（陆地上离地 10m 高度资料计算），海上可开发和利用的风能储量约 7.5 亿 kW，共计 10 亿 kW。

把风的动能转变成机械动能，再把机械能转化为电力动能，这就是风力发电。风力发电是利用风力带动风车叶片旋转，再透过增速机将旋转的速度提升，来促使发电机发电。依据目前的风车技术，3m/s 的微风速度（微风的程度）便可以开始发电。风力发电正在世界上形成一股热潮。

风力发电所需要的装置，称作风力发电机组。这种风力发电机组，大体上可分风轮（包括尾舵）、发电机和铁塔三部分。风轮是把风的动能转变为机械能的重要部件，它由两只（或更多只）螺旋桨形的叶轮组成。当风吹向桨叶时，桨叶上产生气动力驱动风轮转动。桨叶的材料要求强度高、重量轻，目前多用玻璃钢或其他复合材料（如碳纤维）来制造。由于风轮的转速比较低，而且风力的大小和方向经常变化着，这又使转速不稳定；所以，在带动发电机之前，还必须附加一个把转速提高到发电机额定转速的齿轮变速箱，再加一个调速机构使转速保持稳定，然后再联接到发电机上。为保持风轮始终对准风向以获得最大的功率，还需在风轮的后面装一个类似风向标的尾舵。铁塔是支撑风轮、尾舵和发电机的构架。它一般修建得比较高，为的是获得较大的和较均匀的风力，又要有足够的强度。铁塔高度视地面障碍物对风速影响的情况，以及风轮的直径大小而定，一般在 6～20m 范围内。发电机的作用，是把由风轮得到的恒定转速，通过升速传递给发电机构均匀运转，因而把机械能转变为电能。

随着风力发电技术的发展，世界各国风电装机规模不断扩大，我国风电发展更是取得举世瞩目的成就。2016 年，全国风电保持健康发展势头，全年新增风电装机 1930 万 kW，累计并网装机容量达到 1.49 亿 kW，占全部发电装机容量的 9%，内蒙古、新疆、甘肃、河北、宁夏、山东、山西、云南、辽宁等 9 个省区装机容量超过 600 万 kW。其中，内蒙古风电装机超过 2000 万 kW，新疆、甘肃、河北风电装机超过 1000 万 kW。风电发电量 2410 亿 kWh，占全部发电量的 4%。2016 年，全国风电平均利用小时数 1742h，同比增加 14h，全年弃风电量 497 亿 kWh。

2.1.1.2　光伏发电及其发展现状

光伏发电是利用半导体界面的光生伏特效应而将光能直接转变为

电能的一种技术，主要由太阳电池板（组件）、控制器和逆变器三大部分组成，主要部件由电子元器件构成。太阳能电池经过串联后进行封装保护可形成大面积的太阳电池组件，再配合上功率控制器等部件就形成了光伏发电装置。

光伏发电的主要原理是半导体的光电效应。光子照射到金属上时，它的能量可以被金属中某个电子全部吸收，电子吸收的能量足够大，能克服金属内部引力做功，离开金属表面逃逸出来，成为光电子。硅原子有 4 个外层电子，如果在纯硅中掺入有 5 个外层电子的原子如磷原子，就成为 N 型半导体；若在纯硅中掺入有 3 个外层电子的原子如硼原子，形成 P 型半导体。当 P 型和 N 型结合在一起时，接触面就会形成电势差，成为太阳能电池。当太阳光照射到 P-N 结后，空穴由 P 极区往 N 极区移动，电子由 N 极区向 P 极区移动，形成电流。光电效应就是光照使不均匀半导体或半导体与金属结合的不同部位之间产生电位差的现象。它首先是由光子（光波）转化为电子、光能量转化为电能量的过程，其次是形成电压过程。

随着光伏发电技术的发展，世界各国光伏发电规模不断扩大，我国光伏发电发展更是取得举世瞩目的成就。截至 2016 年底，我国光伏发电新增装机容量 3454 万 kW，累计装机容量 7742 万 kW，新增和累计装机容量均为全球第一。其中，光伏电站累计装机容量 6710 万 kW，分布式累计装机容量 1032 万 kW。全年发电量 662 亿 kWh，占我国全年总发电量的 1%。光伏发电向中东部转移。全国新增光伏发电装机中，西北地区为 974 万 kW，占全国的 28%；西北以外地区为 2480 万 kW，占全国的 72%；中东部地区新增装机容量超过 100 万 kW 的省份达 9 个，分别是山东 322 万 kW、河南 244 万 kW、安徽 225 万 kW、河北 203 万 kW、江西 185 万 kW、山西 183 万 kW、浙江 175 万 kW、湖北 138 万 kW、江苏 123 万 kW。分布式光伏发电装机容量发展提速，2016 年新增装机容量 424 万 kW，比 2015 年新增装机容量增长 200%。

中东部地区分布式光伏有较大增长，新增装机排名前 5 位的省份是浙江（86 万 kW）、山东（75 万 kW）、江苏（53 万 kW）、安徽（46 万 kW）和江西（31 万 kW）。

2.1.2　可再生能源发电的结构与特点

2.1.2.1　风力发电机组的结构与特点

在运主流风电机组主要包括定速风电机组、最优滑差风电机组、双馈变速风电机组、带全功率变频器的异步或同步风电机组。每种类型的风电机组由于拓扑结构方面的固有差异，在性能上也具有一些各自的特点。

（1）定速风电机组。基于鼠笼式感应发电机的定速风电机组如图 2-1 所示，其在 80 年代出现并被广泛应用。该型风电机组只能在极有限的范围内改变转速（1%～2%），基本上被认为是近乎"定速"，在风力发电技术发展的早期，定速异步感应发电机一直是风电产业的主力。传统的同步电机以电网频率锁定下的固定速度旋转。它们自励磁，不需要滑环，并且不需要电力电子器件与电网连接。感应异步发电机有一个固有的转矩—速度曲线。在 20 世纪 70 年代后期和 80 年代早期，最流行的风机是叫作"丹麦概念"（200kW 左右）的拥有固定风叶并且与电网直接相连的定桨风机。这个简单的概念是在 20 世纪 50 年代由一个叫做 Jule 的工程师提出。异步感应发电机的构造简易以及鲁棒结构使其在风电产业流行了相当长的一段时间。由于风电机组的速度基本恒定，因此风电机组的输出功率会随着风速变化而波动。为了应对这个问题，该类型风电机组又出现了改进型双速设计版本。早期基于鼠笼式感应发电机的风电机组采用被动失速，缺乏有效的控制手段。改进型采用主动失速设计，风轮叶片可以通过控制系统进行变桨。由于感应发电机在发出有功的同时要吸收大量的无功功率，因此此类型风电机组通常在机端配置无功补偿设备。

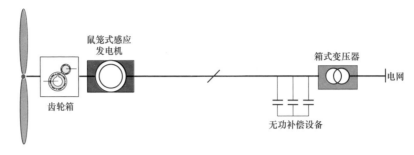

图 2-1　带鼠笼感应发电机的定速风电机组

（2）最优滑差风电机组。由于定速风电机组的转速通常是恒定的，所以风速的变化会产生转矩脉动，对传动系统产生压力，也会造成电网的电压波动。这些波动在阵风时会更加严重。最优滑差风电机组如图 2-2 所示，其是这些问题的解决方法之一，既不用增加投资又不要改变主体设计。和定速异步感应发电机一样，最优滑差风电机组本质上是一台带有定子和转子的感应电机。不同之处在转子结构。为了获得更大的滑差，最优滑差风电机组的转子通过滑环和电刷连接外部可调电阻器。当风机高于额定转速时，有效地控制外部电阻，使得气隙转矩可控，且转差率可变，这样性能就很类似变速电机。该型风电机组出现在 20 世纪 80 到 90 年代，采用绕线式转子感应发电机，通过采用电力电子器件控制转子电流大小，从而实现额定转速±10％范围内的变速，改善电能质量的同时，减轻了风电机组部件的机械载荷。该型风电机组配备桨距角控制系统，同时与基于鼠笼式感应发电机的风电

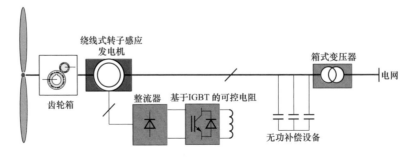

图 2-2　最优滑差风电机组（带可变转子电阻）拓扑结构

机组类似，也需在机端配置一定容量的无功补偿设备。丹麦 Vestas 公司的 OPti-Slip600kW ～ 2.75MW 风电机组和印度 Suzlon 公司的 2.1MW 风电机组采用这种结构。

（3）双馈风电机组。1996 年，一家德国公司 Tacke Windtechnik（已被通用电气公司收购）首次展示了采用双馈异步发电机（Double-Fed Induction Generator，DFIG）如图 2-3 所示、变速范围大幅提高（额定转速的－30％～＋40％）的 1.5MW 风机。这是继 500kW DeWind 风机、750kW 老式 Zond 风机之后的又一款大规模生产的风机，现在已经有很多厂家可以生产，如 Mitsubishi，Nordex，Repower，Vestas，以及中国的联合动力、明阳风电、远景能源、华锐风电等。由于异步发电机的定子和转子线圈都与电网相连，都参与能量转换过程，所以称为双馈。绕线转子只将发电机的滑差功率传输给电网，通常为 DFIG 总功率的 1/3，因此 DFIG 的变频器并不需要达到发电机的额定功率，这是这种结构的主要优点。当 DFIG 运行于超同步转速模式时，功率通过定子直接输送给电网。同时 DFIG 转子中的功率也通过变频器流入电网，或者简单的说就是转子为电网提供能量，也相当于"嵌入了正阻"。但是当风速进一步增大，而 DFIG 进入超同步转速时，根据风速，通过调整风机转子的叶片桨距可以限制多余的能量。DFIG 变频器的功率只有 DFIG 额定功率的 25％～30％。只有部分功率通过变频器进行反馈，因此降低了损耗，这是 DFIG 的优点。与全功率变频的

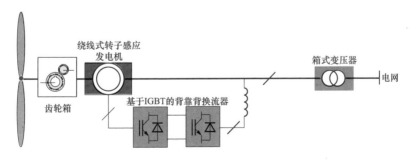

图 2-3   双馈风电机组拓扑结构

风机相比，DFIG 可以节省很大一部分投资成本。但是和同步电机相比，由于要高速运行，需要安装齿轮箱，这会降低双馈风电机组的可靠性。

作为当前市场上主流风电机组之一，双馈风电机组集合了之前风电机组设计的所有优点，同时在电力电子技术方面进行了改进。绕线式转子感应发电机的转子通过背靠背的采用绝缘栅双极型晶体管（insulated gate bipolar transistor，IGBT）的功率变换器连接至电网，其中功率变换器可以同时控制转子电流的幅值和频率。这种设计方案可以实现大约额定转速±40%范围的变速，实现了最大风能捕获。该变换器实现了有功功率和无功功率的解耦控制，可以在无需附加无功补偿装置的情况下实现灵活的电压控制，以及快速的电压恢复和异常电压穿越。

（4）全功率变换风电机组。全功率变换风电机组如图 2-4 所示，其定子通过采用绝缘栅双极型晶体管（IGBT）的全功率背靠背功率变换器与电网连接，风电机组的全部输出功率均通过该变换器注入电网。其发电机部分可能采用绕线转子或鼠笼式异步电机，绕线转子同步电机或永磁同步电机，而且根据电机类型的不同，可能配置齿轮箱也可能采用直驱式的结构。全功率变换风电机组的传动链可以是完全采用变速齿轮箱、部分采用变速齿轮箱（半直驱）或者不采用齿轮箱（直驱）。

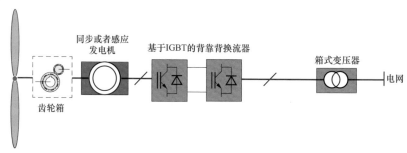

图 2-4　全功率变换风电机组拓扑结构

1993 年，德国的 Enercon 公司开创了直驱风电机组的先河。随后，几家直驱风电机组制造商也进入了该领域，如西班牙的 MTorres，德国的 Heidelberg（30 至 300kW），Emergya（750kW，900kW）。其中，Enercon 公司于 2007 年开发的 E-126 6MW 直驱风机，风轮直径有 126m。中国的金风科技、湘电风能等生产的永磁直驱风电机组即为带全功率变频器的同步风电机组。在直驱风机中，大直径凸极转子直接连到风机转子上，并以同步速旋转。因为风速的变化，风机的机械转子转速以及发电机机端的电气频率也是变化的。因为电气频率与电网的频率不匹配，所以发电机需要通过全功率变频器接入电网，实现与电网的解耦。由于省去了齿轮箱，直驱风机的体积较小，性能也更可靠。

使用绕线转子同步发电机（Wounding Rotor Synchronous Generator，WRSG）它比前三类的风机体积更大，因而机顶质量更高。同样容量的永磁体发电机体积比绕线转子同步发电机更小，因为转子上没有绕组所以重量更轻，机顶质量就降低了。而且由于不需要激励磁场，使用多极永磁体发电机风机的效率较绕线转子同步电机要高。极对数较少的电机转速比风速要高，采用直驱结构时，需要增加 WRSG 的极对数（大于 120）来降低风机的转速，且工作时转速波动小，使用 WRSG 的直驱风机需要设计成具有较大的直径和较小的极间距（不能大于 150mm）的结构，而永磁直驱同步电机没这么多要求。现代稀土永磁体在很小的空间里就能产生极大的磁通量，这样很容易设计出高极数的永磁直驱风机，以弥补低转速。而且永磁体的价格在降低，可靠性越来越强，但永磁体散热回路的设计问题仍然十分严峻。

全功率变换风电机组具有和双馈变速风电机组相似的特性，不过由于其与电网完全解耦，因此能提供更宽的变速范围以及更强的无功电压控制能力。除此之外，它的输出电流可以调节至零，因此可以限制注入电网的短路电流。

2.1.2.2　光伏发电的结构与特点

光伏发电系统是一种利用太阳电池半导体材料的光伏效应，将太阳光辐射能直接转换为电能的一种新型发电系统。光伏并网发电系统一般具有两种典型的系统结构：单级式并网光伏发电系统和两级式并网光伏发电系统。

单级式并网光伏发电系统结构示意图如图 2-5 所示，其主要由光伏电池阵列、DC/AC 光伏逆变器、控制器、并网开关等部分组成。其工作原理：光伏电池组件所产生的直流电通过 DC/AC 光伏逆变器变换为交流电馈送到电网。光伏电池阵列通过串联将直流电压提升到足够的电压等级以保证光伏逆变器正常工作所需的直流母线电压。与此同时，通过对光伏逆变器并网功率的控制实现对光伏电池最大功率点的跟踪。

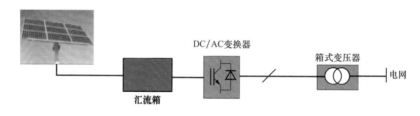

图 2-5　光伏发电单元拓扑结构

两级式并网光伏发电系统结构为在图 2-5 所示单级式并网光伏发电系统 DC/AC 光伏逆变器前端增加 DC/DC 变换器，其主要由光伏电池阵列、DC/DC 变换器、DC/AC 光伏并网逆变器、储能系统、控制器、并网/独立切换开关等部分组成。其工作原理是光伏电池阵列所产生的直流电通过 DC/DC 变换器后变换成另外一个电压等级的直流电（一般情况下升压变换），然后再通过 DC/AC 光伏并网逆变器变换为交流电输入电网。第一级变换将光伏电池阵列所产生的直流电通过 DC/DC 变换后，将其变换成受控的直流电存储到储能单元中或者提供给后级的光伏并网逆变器，第一级变换同时要实现对光伏电池阵列的最大功率跟踪功能。第二级的光伏并网逆变器将直流母线上的直流电逆变为交流电，将能量馈送到电网，同时要实现中间直流母线电压的稳压功能。

2.2　可再生能源并网特点及并网关键技术

2.2.1　可再生能源并网特点

根据所采用输电技术的不同，可再生能源并网接入电力系统方案主要可分为以下 3 种：①采用高压交流输电（High Voltage Alternating Current，HVAC）技术集中接入；②采用高压直流输电（High Voltage Direct Current，HVDC）技术集中接入；③采用分散式可再生能源接入。大规模风电集中并网是采用交流还是直流，取决于经济性的比较。直流输电线路的造价和运行费用均比交流输电低，但换流站的造价和费用均比交流变电站的高。因此，对同样的输送容量，只有当输送距离达到某一长度时，换流站多花费的费用才能被直流线路节省的费用所补偿，我们将这个距离称为交、直流输电的等价距离。

通常情况下，当输电距离大于等价距离时，采用直流输电比采用交流输电经济；反之则采用交流输电比较经济。目前，国际上的架空线路等价距离为 500～700km，电缆线路约为 20～40km。随着电力电子技术的发展，换流装置价格的下降，等价距离还会缩短。当然，输电系统采用交流或直流是由诸多因素决定的，等价距离不是唯一的因素。工程上的等价距离是在一定的范围内变化的（交流约$\pm5\%$、直流约$\pm10\%$）。

2.2.1.1　可再生能源通过交流线路接入电网

（1）交流电压等级。通过交流并网方式接入系统的可再生能源，根据其规模大小的不同所接入的电网电压等级一般也不同。大规模集中接入主要针对的是高电压等级电网，而分布式、分散式接入主要针对的是低电压等级电网。以下将首先介绍我国电压序列的特点，然后再分别介绍这两种接入电网方式。

电压序列是电网发展过程中逐渐形成的电压等级分层系列，我国电网经过长期发展，在不同地区形成了不同电压序列：

1）三华地区（华北、华中、华东）大部分的城市电网主要采用500/220/110/10/0.4kV 五级电压序列，农村电网则主要采用500/220/110/35/10/0.4kV 六级电压序列。

2）西北地区随着 750kV 电压等级的形成，城市电网主要采用750/330（220)/110/10/0.4kV 五级电压序列，农村电网则主要采用750/330(220)/110/35/10/0.4kV 六级电压序列。

3）东北地区由于历史原因，基本采用 500/220/66/10/0.4kV 五级电压序列。

4）此外，青岛、威海和天津中心城区电压序列为 500/220/35/10/0.4kV，上海城市电网 35kV 和 110kV 并存，电压序列为 500/220/110（35)/10/0.4kV。

国家电网公司经营区内不同地区电网电压序列详见表 2-1。

表 2-1　　　　　　　　　　不同地区电网电压序列

地区		电压序列	级数
三华地区	城市	500/220/110/10/0.4kV	5
	农村	500/220/110/35/10/0.4kV	6
西北地区	城市	750/330（220）/110/10/0.4kV	5
	农村	750/330（220）/110/35/10/0.4kV	6
东北地区	—	500/220/66/10/0.4kV	5
青岛、威海、天津中心城区	—	500/220/35/10/0.4kV	5
上海	—	500/220/110（35）/10/0.4kV	5

（2）接入方式。根据接入方式的不同，可再生能源发电集中接入又可以分为直接接入变电站和通过汇集站接入变电站两种方式。

1）直接接入变电站。该方式主要用于单个规模较大的发电场，通过专用输电线路将该发电场直接接入附近的变电站或输电线路。图 2-6（a）为发电场采用该方式接入电网时的示意图。除大型可再生能源发电基地外，我国大部分陆上发电场均采用这种接入方式。

2）建设汇集站。当存在多个规模较大且地理位置比较接近的发电场时，可在合适的位置建设专门的汇集站，再通过高压输电线路接入电网。图 2-6（b）为多个发电场采用该方式接入电网时的示意图。汇集站可能是开关站，也可能是变电站，需要根据实际情况经技术经济论证后确定。开关站的作用就是在网络上多一个节点，分配高、中压电能，有些开关站为了长距离输电，加装高压电抗器。

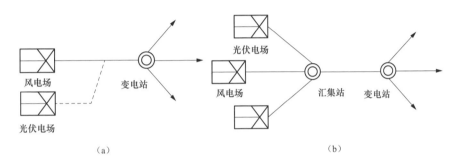

图 2-6　可再生能源不同接入方式示意图

（a）直接接入变电站；（b）通过汇集站接入

目前，我国大型的陆上风电基地普遍采用通过汇集站接入电网这种方式，其中最为典型的是我国的酒泉风电基地。酒泉风电基地一期工程主要集中在玉门、瓜州两个区域内，规划风电装机 5.5GW，风电场主要采用 330kV 汇集，通过 7 座 330kV 汇集站和 2 座 330kV 变电站汇集到甘肃 750kV 电网。

2.2.1.2　可再生能源通过直流线路接入电网

可再生能源发电通过交流输电是技术经济上最简易可行的方法，但是当并网风电场为大规模海上风电场且离岸距离较远时，由于电缆线路的对地电容比架空线大得多，风电场交流并网方式受到海底交流电缆长度的限制，于是直流输电技术有了用武之地。高压直流输电以其独特的技术优势受到越来越多的关注。要实现直流输电必须将送端的交流电变换为直流电（称为整流），而到受端又必须将直流电变换为交流电（称为逆变）。这两种电力变换统称为换流，需要有高电压、大容量的换流设备。

直流输电工程的系统结构可分为两端直流输电系统和多端直流输电系统两大类。两端直流输电系统是只有一个整流站（送端）和一个逆变站（受端）的直流输电系统，它与交流系统只有两个连接端口，是结构最简单的直流输电系统。多端直流输电系统与交流系统有三个或三个以上连接端口。例如，一个三端直流输电系统包括三个换流站，可以有两个换流站作为整流站运行，一个作为逆变站运行，即有两个送端和一个受端；也可以有一个换流站作为整流站运行，两个作为逆变站运行，即有一个送端和两个受端。目前世界上已运行的直流输电系统大多为两端直流输电系统。图 2-7 所示为两端直流输电系统示意图。两个换流站的直流侧分别接在直流线路的两端，换流站装有换流器和谐波滤波器，实现交流电和直流电之间的变换。换流器由一个或多个采用三相桥式换流电路的换流桥串联（或并联）组成。

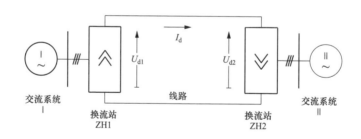

图 2-7　直流输电系统示意图

HVDC 在远距离大功率输电、海底电缆送电、不同额定频率或相同额定频率交流系统的互联等场合得到了广泛应用。这主要是由于：

1）直流输电两端的交流系统经过整流和逆变的隔离，无需同步运行，其输送容量和输电距离将不受电力系统同步运行稳定性的限制。一条 500kV 交流线路的自然功率为 1000MW 左右，在采取多种技术措施的情况下，输电能力充其量能够达到 1500～2000MW，而一条 ±500kV 直流输电线路输电能力通常为 3000MW。

2）直流输电可以实现不同频率、不同电压等级、非同步运行的电网间互联；并且不会增大所联交流电网的短路容量，即不增大断路器熔断容量。

3）直流输电对输送的有功和无功功率可快速方便地进行控制（毫秒级），对交流系统的有功和无功平衡起快速调节作用，从而提高交流系统频率和电压的稳定性。

传统 HVDC 核心部件换流器采用的是半控型器件晶闸管，其关断必须借助于交流母线电压过零，使阀电流减小至阀的维持电流以下才能使阀自然关断，因此传统直流输电技术存在一些固有缺陷，主要表现在：

1）由于触发滞后角和熄弧角的存在及波形的非正弦，传统 HVDC 要吸收大量的无功功率，数值约为输送功率的 40%～60%，需要大量的无功补偿装置及滤波设备。

2）传统直流输电技术需要交流电网提供换相电流，要保证可靠换相，受端交流系统必须具有足够的短路容量，否则会发生换相失败。因此，传统 HVDC 不能向无源网络输送电能。

这些固有的缺陷，只有采用全控型器件才能彻底克服。全控型器件的开关频率高，损耗小，关断由门极触发脉冲控制，换流站可以进行自换相，运行不需要借助外部电压源；VSC 结合脉宽调制技术（pulse-width modulation，PWM），两侧交流电网的无功潮流可以独立控制，不需要无功补偿设备；且有功功率控制和无功功率的控制相互独立。

这就是基于电压源换流器（voltage source converter，VSC）的高压直流（简称 VSC-HVDC）输电技术。这种换流器的功能强、体积小、可减少换流站的设备、简化换流站的结构，也称其为轻型直流输电（HVDC Light）。VSC-HVDC 输电技术是这种采用全控型器件的新型直流输电技术，在风力发电、太阳能发电等新能源并网以及向海岛和边远地区（无交流电压支撑）输送电能等特殊场合下，VSC-HVDC 输电技术成为必不可少甚至是唯一的技术手段。VSC-HVDC 的双端拓扑结构如图 2-8 所示，每侧的电压源换流站主要包括：全控换流桥、换流变压器（有时可以由电抗器取代）、直流侧电容器和交流滤波器四部分组成。换流变压器是 VSC 与交流侧能量交换的纽带，同时也起到对交流电流进行滤波的作用；VSC 直流侧电容器的作用是为 VSC 提供直流电压支撑、缓冲桥臂关断时的冲击电流、减小直流侧谐波；交流滤波器的作用是滤去交流侧谐波。两侧的换流站通过直流输电线相连或采用背靠背连接方式，一侧工作于整流状态，另一侧工作于逆变状态，两个换流站协调运行，共同实现两侧交流系统间的功率交换。

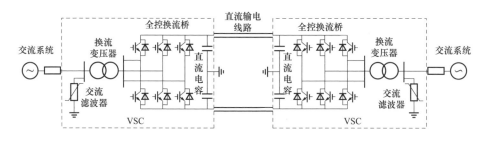

图 2-8　双端 VSC-HVDC 输电系统拓扑结构图

2.2.2　可再生能源并网关键技术

下面以风力发电为例，阐述风电场有功功率控制技术：①风电场有功控制方式，描述风电场自动发电控制技术及自动发电控制系统框架；②风电并网系统的电压稳定问题及其改善措施，描述风电场自动电压控制技术及自动电压控制系统功能；③风电场有功功率和无功功率综合协调控制技术。

2.2.2.1　有功功率控制技术

在各国风电场接入电力系统技术规定中，无一例外地要求风电场在某些情况下进行有功功率控制，其基本要求有两点：①控制最大功率变化率，②在电网特殊情况下限制风电场的输出功率。控制风电场有功输出的方式包括：切除风电机组、切除整个风电场、调节风电机组的有功输出水平（对于变桨距风电机组而言）。丹麦电网公司在风电场接入高电压等级电网的技术规定提出了风电场进行有功控制的 7 种方式。

（1）绝对功率限制。可以实现将风电场的输出功率控制在一个可调节的绝对输出功率限值上。如图 2-9 所示，风电场的输出功率可以设定限制在某一定值上，例如从额定功率的 20％到 100％。通常限定功率与并网点的 5min 测量平均值之间的偏差不应超过该风电场额定功率的 ±5％，同时可以设定从额定功率的 10％～100％的功率间隔在每分钟的输出功率上升速度和下降速度。

（2）偏差量控制。可以将风电场的输出功率控制在可能输出功率的一个固定偏差量上。如图 2-10 所示，将风电场的功率输出总是设定限制在可能出力以下的某个差值上，这个偏差量的单位可设为兆瓦（MW）。

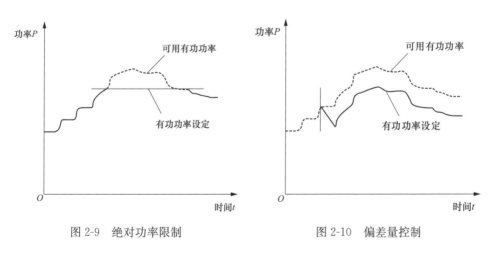

图 2-9　绝对功率限制　　　　　　　　图 2-10　偏差量控制

（3）平衡控制。在需要的情况下，平衡控制作为快速有功功率调节手段来控制风电场输出功率的上升和下降速度。

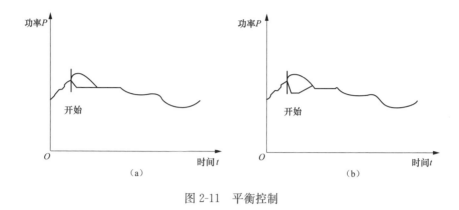

图 2-11　平衡控制

如图 2-11 所示，可以根据平衡控制指令有选择地设定功率变化量，一部分是基于当前输出功率的期望功率变化（以 MW 为单位），一部分是期望的功率变换率（以 MW/min 为单位）。有功功率平衡控制可以在设定的时间后自动复位，根据可调节的功率变化率回到适当的功率设定值上。

与平衡控制相关的是允许风电场输出功率超过绝对功率限制的定值范围，超出部分限制允许独立设置。应可以独立启用或禁用平衡控制功能。

（4）功率抑制控制。如图 2-12 所示，功率抑制控制可以保证风电场输出功率尽可能地维持在某时刻当前的输出功率值上（风速下降时除外）。当该项功能撤销时，风电场的输出功率可以根据可调节的功率变化率回到适当的功率设定值上。与绝对功率限制控制方式的区别在于，绝对功率限制方式是风电场的一个设定值，功率抑制控制方式是电力调度机构根据系统运行情况对风电场下达的指令。

（5）功率变化率限制。如图 2-13 所示，在风速增大或高风速条件下风机启动时，功率变化率限制可以防止风电场的输出功率增长过快。如果风速减小，只要不启用偏差量控制，功率变化率限制就没有任何作用。应可分别设定输出功率增长和减小时的最大功率变化率，也可以启用或禁用该项功能。

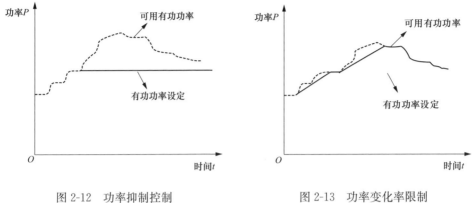

图 2-12　功率抑制控制　　　　　图 2-13　功率变化率限制

（6）系统保护。如图 2-14 所示，可以由系统向风电场控制器传递外部信号，以系统保护控制的形式对风电场输出功率进行快速下行调节。下行调节应以预定的下降速度进行。系统保护控制可调节的风电场最大功率下行量应该是可以设定的。只要外部系统保护信号一直存在且功率变化量还未达到最大值，下行调节就应当继续进行。当外部信号停止，系统保护控制应当结束，风电场保持当前的输出功率。

系统保护功能应当可以人工复位。当复位发生时，调节状态应返回到当前控制条件下的调节状态，返回速度可以单独设置。当该项功能复位后，如外部系统保护信号仍然存在，基于当前输出功率计算新的功率变化限定值，风电场的输出功率可能会进一步下行调节。

在系统保护接入风电场控制的情况下，30s 内可以将输出功率从满负荷下行调节到完全停止状态。系统保护功能是否接入应当可以独立设置。

（7）输出功率频率控制调节。如图 2-15 所示，通过自动频率调节功能，每个风电机组的控制装置应根据电网频率调整输出功率。通过风电场整体控制器，可以设置风电场整体的频率调节特性。对风电场频率控制特性的设置应当针对全体风电场全面考虑。

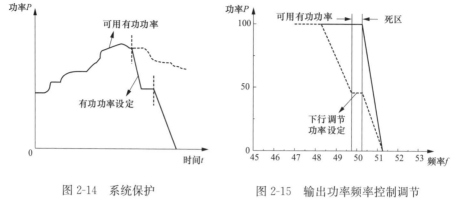

图 2-14 系统保护 图 2-15 输出功率频率控制调节

风电场输出功率的波动引起系统潮流的变化，进而引起系统电压的波动和频率波动。风电场有功功率控制可以有效减小波动的不确定性。

2.2.2.2 无功功率和电压控制技术

风电机组往往采用不同于常规同步发电机的发电技术，在电网发生故障时其暂态特性与传统同步电机有很大不同；加之大量风电接入改变了电网原有的潮流分布、线路传输功率及整个系统的惯量，因此风电接入后电网暂态稳定性会发生变化。下文将介绍用于提高暂态稳定性的一些方法，但对于一个给定系统，任何单一一种提高稳定性的方法可能会不合适，最好的办法很可能是几种方法的组合，这些方法均需要经过审慎的选择，以便在不同的事故和系统工况下，最有效地帮助系统维持稳定。

（1）风电送出线路安装串联补偿设备。输电线路的串联感性电抗是影响稳定极限的主要决定因素。减小输电网各种元件的电抗，可以增加故障后的传输功率，从而提高电压稳定性和暂态稳定性。而实现上述目的的最直接的方法是减小输电线路的电抗，该电抗是由额定电压、线路和导线结构及并行回路数决定的。在输电线路中采用串联电容器补偿可以有效降低输电线路电抗，加强电网结构。串联电容器直接补偿了线路串联电抗，可大大提高输电线的最大功率输送能力，这又直接转化为暂态稳定性的加强，但串联电容器应用的一个问题是可能引起临近的汽轮发电机产生次同步振荡。传统上串联电容器用于补偿非常长的架空线，近来，对利用串联电容器补偿较短但重载线路的好处的认识已有所增加。在暂态稳定应用中，采用投切式串联电容器可提供一些好处，当检测出发生一个故障或功率摇摆时，可将一组串联电容器投入，然后大约 0.5s 后再切除。这样的可投切电容器组可以位于一个变电站，以便能为几条线所用。

（2）可控高压电抗器。风电出力的波动性对电网电压造成了很大影响，而传统 500kV 甚至 750kV 等级的高压电抗器不能在线调节，只是为了补偿高压输电线路上的充电功率。但在风电装机容量较大的区域，由于风电场电压控制能力较弱，将引起相邻 500kV 母线甚至 750kV 等级母线电压下降较多，此时变压器低压侧的电抗器对高压侧母线电压的控制能力较弱，若高压侧电抗器在线可调，将极大地提高电网电压稳定性及控制能力。

（3）在风电场安装静止无功补偿器（static var compensator，SVC）或静止同步补偿器（static synchronous compensator，STAT-COM）。由相关分析可以知道，电网相关电压会随着风电场出力的变化而变化，当风电场位于电网末端时，如果在风电场安装的无功补偿设备是电容器组，那么在风电大出力时，相关母线电压波动很大。STATCOM 和 SVC 都可以应用于大规模输电网中以加强动态无功补偿、改善电网末端或大负荷中心电压稳定性。SVC 从本质上来讲仍然是并联的电容器组和电抗器组，但是基于晶闸管的控制能够提高其动态响应的速度，从而在一定程度上满足故障条件下的动态无功支持要求；由于其吸收或发出的无功功率仍然是与其端电压的平方成正比，当其无功功率达到自身无功极限值时，就会表现出与电抗器组或电容器组相同的无功电压特性，低电压水平下无法提供其额定的无功容量。STATCOM 装置相当于一个电压幅值可以控制的电压源，如果电压源提供的电压幅值大于交流系统接入点的交流电压，STATCOM 吸收的无功功率 $Q<0$，此时 STATCOM 相当于电容；如果电压源提供的电压幅值小于交流系统接入点的交流电压，STATCOM 吸收的无功功率 $Q>0$，此时的 STATCOM 相当于电感。电流大小由电压差与两点之间的阻抗比值决定，STATCOM 装置产生的电压幅值可以快速的控制，因此其吸收的无功功率可以连续的由正到负快速控制。

STATCOM 在控制策略上与 SVC 的区别在于：在 SVC 装置中，有外闭环调节器输出的控制信号用作 SVC 等效电纳的参考值，以此信号来控制 SVC 调节到所需要的等效电纳。而在 STATCOM 中，外闭环调节器输出的控制信号则被视为补偿器应产生的无功电流（或无功功率）的参考值，然后由参考值调节 STATCOM 来产生所需无功电流。其具体控制方法可分为间接控制和直接控制两大类，STATCOM 采用电流直接控制的方法的响应速度和控制精度比间接控制法有很大的提高。

STATCOM 在输电系统中作为无功补偿装置使用时，除具有 SVC 的所有良好性能外，运行范围更宽，且输出无功功率不受系统电压影响。相比于 SVC，在交流电压较低的情况下 STATCOM 可以提供更多的无功功率，因为 STATCOM 在电压下降到很低的情况下仍能提供额定值大小的电流。而且 STATCOM 的响应时间要比 SVC 小，有更快的响应速度。STATCOM 由于能够快速平滑地从容性到感性调节无功功率，因此对维持系统电压、改善电力系统动态特性、阻尼电力系统振荡、提高电力系统的静态与暂态稳定性都具有很高的应用价值。采用多重化技术的 STATCOM，谐波含量少，不需要滤波器，能够有力提高系统的暂态性能。

SVC 与 STATCOM 可以提供动态无功功率用以保证交流电压以满足并网要求。SVC 与 STATCOM 可以在几个周期内对交流电压的变化做出响应，因此不需要快速投切电容器组和变压器分接头切换运行。

其快速响应特性可以减少远方交流系统故障时风电场的电压跌落，增加了风电场的故障穿越能力，特别是在风电场通过较长的联络线接入电网的情况下。同样地，SVC 与 STATCOM 可以减小电网清除故障时过电压的幅值，降低由过电压导致的风电场切机的风险。

STATCOM 还有很强的过载能力，在故障瞬间可以提供 2～3 倍额定容量、持续时间达 2s 左右的无功支持，使节点电压质量得到提高。

（4）桨距角控制增加稳定性（动态电气制动）。在风电机组中，桨距控制系统通过控制风力机桨叶角度改变桨叶相对于风速的功角，从而改变风力机从风中捕获的风能。桨距角控制在不同的情况下采用不同的策略：

1）风电机组功率输出优化。在风速低于额定风速时，桨距角控制用于风电机组功率的寻优，目的是在给定风速下使风电机组发出尽可能多的电能。

2）风电机组功率输出限制。在风速超出额定风速时，利用桨距角限制风电机组机械功率不超出其额定功率，同时能够保护风电机组机械结构不会过载及避免风电机组机械损坏的危险。

桨距角控制由于能够在很短的时间内实现对风电机组机械功率的调节，类似于同步发电机组汽轮机的快关汽门功能，因此可以用于电网故障时的风电场稳定控制及作为提高风电场暂态电压稳定性的措施。

风电机组的桨距角控制可以分为下面两种：

1）桨距角控制，随着桨距角 β 增加，风电机组机械功率 P_M 降低。桨距角控制大多用于变速风电机组，也有少部分的恒速风电机组采用桨距角控制。

2）主动失速控制，随着桨距角 β 减少，风电机组机械功率 P_M 降低。主动失速控制多用于基于普通异步发电机的恒速风电机组。

桨距角控制也有助于实现低电压穿越能力。由于故障后机端电压降低，风电机组无法按原有的故障前有功功率运行，机械转矩大于电磁转矩引起风电机组超速，会导致整个风电场内所有风电机组超速保护动作将风电机组切除，因此需通过故障时或故障后降低风电机组机械转矩来阻止风电机组超速，改善其暂态电压稳定性。风电机组机械转矩的降低通过桨距角控制实现。

（5）双馈感应电机变频器控制措施。与传统的异步发电机相比，双馈风电机组由于采用了变频器控制，具有了以下的一些优点：

1）通过变频器控制转子电流为电机提供励磁；

2）具有控制无功与电压的能力；

3）通过独立控制电机的转矩与转子励磁电流，实现对有功功率与无功功率的解耦控制。

目前我国大多双馈风电机组采用恒功率因数控制，不能做到机组功率因数在线可调，不能充分利用双馈发电机组可以发出一部分无功功率的特性。因此，开发一种多目标控制系统，对双馈风电机组变频器进行在线调节，主动发出无功功率，以控制风电场并网点电压，这样的装置和控制策略可大大提高风电场接入电网后的电压稳定性。

双馈风电机组可以通过控制转子励磁电流的频率改变发电机转子转速，当电网侧发生故障转子加速时，也可以通过降低转子励磁电流频率保证转子旋转磁场的转速保持在同步转速，在故障过程中电磁功率不会发生剧烈的振荡；另外，若双馈风电机组在故障过程中能够采用类似于同步机强励的控制策略，还可以通过提高感应电势 $\dot{E}$（在暂态过程中为 E'）的值来提高电磁功率，同样起到改善暂态稳定性的作用。

（6）切除风电机组。对严重的输电系统事故，有选择地切除一些发电机，作为提高系统稳定性的一种方法应用已有多年。在系统的适当地点甩去部分发电量，能够减少通过已达到输电极限的输电断面的传输功率。

目前，在水电厂采用切机已是常见措施，通常这些水电厂远离负荷中心，且机组的突然切除也几乎没有损坏的风险。而风电机组具有相同的特性：远离负荷中心以及可以快速切除而不会有太大的风险。

因此，当系统发生严重事故时，切除风电机组是增强系统稳定性的一个有效手段。

2.2.2.3　并网电力系统有功/无功综合控制

为了控制风电场的有功功率、无功功率，减小风电场对系统的不利影响，有必要设计风电场的综合控制系统。风电场综合控制系统是根据调度的指令和风电场并网点的信号，调节风电场的无功补偿设备及风电机组本身的控制系统，实现整个风电场优化控制。风电场综合控制系统的输入信号有调度的指令、风速、并网点的有功功率、无功功率、电压等，控制目标为保持风电场的有功、无功、电压等在合理范围内变化。风电场综合控制系统的总体结构如图 2-16 所示。在正常情况下，电网根据风电场的输出功率，对某些调频电厂的自动发电控制装置进行调整，保持系统的功率平衡。紧急情况下，调度中心根据电网的运行状况向风电场下达指令，对风电场的有功功率和无功功率提出要求。风电场根据风速、电压等信息确定风电场的功率输出，并向各风电机组下达指令。对于变速风电机组可以通过桨距角调节风电机组输出的有功功率，对于定速风电机组只能通过起停的方式调节风电场输出功率。如果风电机组具有无功调节能力，风电机组也可以参

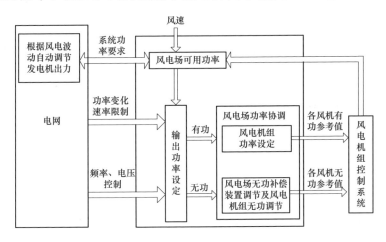

图 2-16　风电场综合控制系统总体结构

与系统电压调整；否则只能通过调节风电场的无功补偿装置及升压变压器分接头调节风电场无功功率。

2.3 工程应用

2.3.1 无功电压控制

下文将通过某含储能的新能源电站示范工程中 SVG 的稳态及事故动态特性分析进一步说明动态无功补偿装置对于抑制系统电压波动，提高系统电压稳定性的作用。

稳态情况下，新能源电站 AVC 系统对 SVG、电容器、电站内的风电和光伏发电单元等设备进行联合控制，跟踪并网点电压目标，同时优化动态无功储备。

2.3.1.1 电压跟踪控制

图 2-17 展示了电压跟踪控制的效果。图中上半部分为并网监控信息，包括并网点实时电压、目标电压、电压控制上下限、有功和无功。

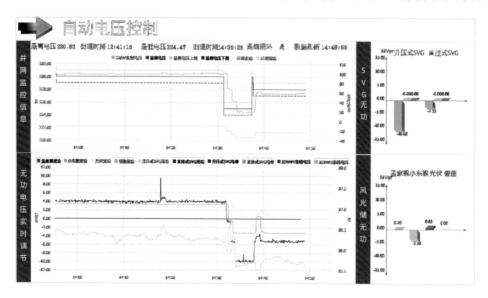

图 2-17　新能源电站稳态电压控制曲线图

红色曲线为目标电压，绿色曲线为实时电压。14：31：10 将目标电压从 230kV 修改为 225kV，控制死区为 1kV。此时实际电压为 230.5kV，与目标电压之间偏差为 5.5kV，超过控制死区。监控 AVC 启动控制，在 2011-12-23 14：34：10 实时电压下调为 224.5kV，与目标电压之间偏差为 0.5kV，满足控制要求。此时，关口有功基本不变，关口无功从－18Mvar 下调为－30Mvar。

图中下半部分为控制设备的动作时序。其中，粉色曲线为 1 号 SVG 挂接的 35kV1 号母线电压，其余曲线分别为风电无功、光伏无功和 SVG 无功。其动作过程是：SVG 挂接母线 35kV 1 号母线电压从最初的 37.2kV 逐步下调为 35.2kV；风电从 3.8Mvar 逐步下调为－3Mvar，光伏无功从 5Mvar 逐步下调为 0Mvar。其中 SVG 优先动作，对电压进行快速调整。随后，在 2011-12-23 14：37：30 将目标电压上调，实时电压也随之上调。

从该次调节过程可以看出，监控 AVC 通过对 SVG 等各种无功源的协调控制，可以快速跟踪并网点 220kV 母线电压，控制效果良好，该次调节速度＞1kV/min。

2.3.1.2　动态无功置换

当有功出力平稳时，联合监控 AVC 通过慢速无功设备调节，将 SVG 的动态无功调节能力置换出来，提高动态无功储备，以应对电网事故等紧急情况，各设备协调配合时序如图 2-18 所示。

图中上半部分绿色曲线为实时电压，显示有功出力较为平稳。下半部分为各无功设备出力曲线，其中黄色曲线为 SVG 无功出力。8：56：30 之前，SVG 无功一直为 8Mvar 左右，在 8：56：30 电容器投入，SVG 无功出力下降为 2Mvar，增加了 SVG 动态无功储备。

2.3.2　无功补偿容量配置

以张北千万千瓦风电基地内某 500kV 风电汇集升压站无功补偿设备的类型和容量为例。

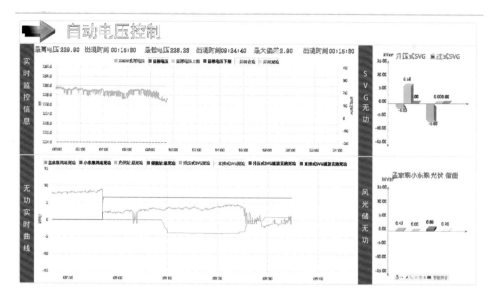

图 2-18　风光储动态无功置换控制曲线图

2.3.2.1　感性无功补偿容量

由于风速的波动性，汇集至升压站的各风电场很多时间都将处于低出力甚至零出力状态，导致风电汇集升压站的 500kV 线路轻载运行，如不对剩余的充电功率进行电抗补偿，将会引起电网运行电压偏高。多余充电功率将流向低压网络，流向发电机，造成系统调压困难。按照分层分区平衡的原则，应在 500kV 风电汇集升压站安装感性无功补偿装置，平衡 500kV 线路上的充电功率，以确保 500kV 电网层的无功功率少流甚至不流向低电压网。

该风电汇集升压站一期通过一回 500kV 线路与张北开关站连接，线路长度 35km，线路上的充电功率约为 39Mvar；远期风电汇集升压站通过两回 500kV 线路与张北特高压站连接，线路上的总充电功率约为 80Mvar。考虑无功分层分区平衡的原则，建议本期 500kV 风电汇集升压站的主变压器 66kV 侧安装不少于 39Mvar 的感性无功补偿设备，远期应具备的感性无功补偿设备容量不宜低于 80Mvar。

2.3.2.2　容性无功补偿容量

对于普通的 500kV 变电站，其 500kV 出线的送电容量通常不会超过线路的自然功率，线路上的充电功率可平衡其无功损耗。因此，变电站的容性无功补偿装置主要用于补偿主变压器的无功损耗，通常为主变压器容量的 0%～30%。

对于 500kV 风电汇集升压站，由于存在所汇集的所有风电场同时处于大出力的可能性，升压站 500kV 出线的送电容量将大于甚至远大于自然功率，导致不仅 500kV 主变压器存在无功损耗，500kV 出线上也存在大量无功损耗。如不对线路上的无功损耗进行补偿，导致电网运行电压偏低。按照分层分区平衡的原则，应在 500kV 风电汇集升压站安装容性无功补偿装置，平衡升压站主变压器和 500kV 出线上的无功损耗，避免从低电压网络吸收无功功率。

一期风电基地的风电总装机容量为 1348MW，而风电汇集升压站仅一台主变，变电容量为 1200MVA。若要避免汇集站主变压器过载，则该风电基地的风电总出力不宜超过 1250MW，此时风电汇集升压站内主变压器的无功损耗总量约为 215Mvar，500kV 汇集站—张北线路上的无功损耗约为 21Mvar。远期风电基地的风电总装机容量将达到 3830MW，而风电汇集升压站届时为三台主变压器运行，每台主变压器的变电容量为 1200MVA。为避免汇集站主变过载，风电基地的风电总出力不宜超过 3740MW。此时风电汇集升压站内三台主变压器的无功损耗总量约为 628Mvar，500kV 康保—张北双回线路上的无功损耗约为 167Mvar。

根据无功功率应分层分区平衡的原则，该风电汇集站配置的容性无功容量应能够补偿在所有风电场都满发时汇集站内主变压器的所有无功损耗，以及 500kV 出线上的所有无功损耗。因此风电汇集站在本期应安装约 236Mvar 容性容量的无功补偿设备，而在远期的容性无功补偿总量需求约为 795Mvar。

2.3.3 低电压穿越能力验证试验

2012 年 12 月中旬，由国家电网西北分部牵头组织，中国电力科学研究院、国网甘肃省电力公司、各酒泉地区风电场、主机厂家和无功补偿装置厂家等数十家单位参与的酒泉风电低电压穿越能力验证试验完成。

此次试验共进行 4 项试验；测试点分布在 16 个不同的风电场、8 个变电站，覆盖 11 种不同配置（不考虑叶片和主控）的风电机组，4 种不同型号的 SVC/SVG，以及包括 750kV 敦煌变电站在内的 6 个变电站，共计 36 个测点（不含 PMU），新能源并网系统如图 2-19 所示，试验地点与 SVC/SVG 型号如表 2-2 所示。

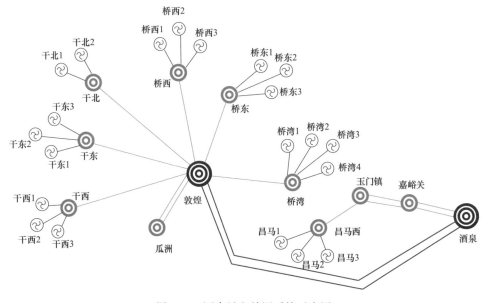

图 2-19　酒泉风电并网系统示意图

表 2-2　　　　　　　　　　　　试验地点与 SVC/SVG 型号

试验地点	SVC/SVG 型号
桥东变电站	思源清能 SVGQNSVG-1210
干北变电站	荣信 SVGRSVG
桥西变电站	荣信 TCR 型 SVC
桥湾变电站	三得普华 MCR 型 SVC

2.3.3.1　330kV 敦桥湾线路桥湾侧单瞬故障

2012 年 12 月 15 日 03 点 15 分 330kV 敦煌—桥湾线路桥湾侧发生单相（A 相）短路瞬时接地故障，故障发生时风电出力为 289MW，单台平均出力为 $40\% \sim 90\% P_n$，SVC 全投。故障后电压变化情况为 750kV 敦煌站 A 相电压跌落最低，跌落至 80%，330kV 桥湾站 A 相电压跌落最低，跌落至 4.4%，35kV 桥湾站低压侧跌落最低，跌落至 50%，690V 风机机端电压桥湾风机跌落较低，也均在 20% 以上。此次故障过程中所有的机组均未脱网，故障后功率未见明显变化。

2.3.3.2　330kV 敦桥湾线路敦煌侧单永故障

2012 年 12 月 15 日 4 点 38 分 330kV 敦煌—桥湾线路敦煌侧发生单相（C 相）永久接地故障，故障发生时风电出力为 406MW，单台平均出力为 $33\% \sim 90\% P_n$，SVC 全投。故障后电压变化情况为：750kV 敦煌变电压 C 相跌落最低，跌落至 30%，330kV 电压桥湾站 C 相跌落最低，跌落至 10%，35kV 电压干东站 B 相跌落最低，跌落至 41.8%，690V 风机机端电压第一次故障跌落至 25%，第二次故障跌落至 21%。此次故障过程中脱网功率 113MW（风场报 53.5MW）。

2.3.3.3　80 万方式 330kV 敦桥湾线路敦煌侧单永故障

2012 年 12 月 16 日 3 点 16 分 330kV 敦煌—桥湾线路敦煌侧发生单相（C 相）永久接地故障，故障发生时风电出力为 737MW，单台平均出力为 $50\% \sim 100\% P_n$，SVC 投入约三分之一。故障后电压变化情况为：750kV 敦煌变电站 C 相跌落最低，跌落至 30%，330kV 电压桥湾站 C 相跌落最低，跌落至 10.5%，35kV 电压干东站 B 相跌落最低，跌落至 39.6%，690V 风机机端电压第一次故障跌落至 20%，第二次故障跌落至 16.2%。此次故障过程中脱网功率 103.4MW。

2.3.3.4　桥湾三场 35kV 汇集系统 33D5 馈线相间故障

2012 年 12 月 15 日 12 点 07 分桥湾站桥湾三场内 35kV 汇集系统 33D5 馈线 B、C 相相间发生短路故障，故障发生时风电出力为

374MW，单台平均出力为（30％～90％）P_n，SVC 全投。故障后电压变化情况为：桥湾站 330kV 电压跌落约至 78.62％，3 号主变压器低压侧电压跌落在 50％左右，1、2、4 主变压器低压侧电压跌落均在 80％以上，风机机端电压跌落约至 70％以上，其他站电压跌落程度较浅，都维持在 90％以上。此次故障过程中所有的机组均未脱网，桥湾站以外的风电场机组未进入低穿模式，故障后功率未见明显变化。

2.4 技术展望

2.4.1 海上风力发电技术

据中国气象局测绘计算，我国近海水深 5～25m 范围内 50m 高度风电可装机容量约 2 亿 kW；5～50m 水深 70m 高度风电可装机容量约为 5 亿 kW，海上风电的发展潜力非常巨大。与陆上风电相比，海上风电发展更多面临产业自身技术层面的问题，包括机组技术、施工技术、输电技术、运维技术等方面都无法满足海上风电发展的需要。未来海上风电需要突破超大型风机叶片、传动链及与之配套的轴承、基础、塔架等关键部件的设计、制造及试验技术，海上风电场施工建设和运维关键技术，大型海上风电集电系统及并网关键技术，海上风电机组及风电场全景监视及综合控制系统，培育科学完整的海上风电产业及服务体系。

2.4.2 可再生能源发电频率支撑、阻尼控制技术

由于可再生能源发电普遍采用变流器及其控制技术，使得可再生能源发电对并网系统表现为无惯量且其无一次调频能力，且大量电力电子装备的使用使得并网系统各类振荡问题突出。大规模可再生能源发电接入电网使得原有电力传统可利用的有效动能下降、单位调节功率减小，恶化并网系统的惯量特性与调频能力。因此，当大规模可再生能源发电接入电网时，需要采取必要的措施，增加大规模可再生能源发电接入电网的频率支撑能力，以增强接入系统的频率稳定性。可

再生能源发电单元主要可以通过两种控制技术实现对系统的频率支撑与阻尼增强，一是采用虚拟同步发电机控制技术，是指通过模拟同步发电机组的机电暂态特性，使采用变流器的电源具有同步发电机组的惯量、阻尼、一次调频、无功调压等并网运行外特性的技术；二是基于空间矢量变化的控制方法，通过附加频率控制模块、电压控制模块和阻尼控制模块使其具有惯量、阻尼、一次调频、无功调压等并网运行外特性的技术。

2.4.3　可再生能源发电故障穿越技术

鉴于 2011 年以来我国发生多次因风电机组不具备故障穿越能力的大规模风电机组脱网事故，风电机组低电压穿越能力已成为基本要求，光伏发电的低电压穿越能力也已成为基本要求。但电力系统运行条件复杂，故障类型多变，可再生能源发电除了面临低电压问题，还会出现更严峻的故障情形，如零电压问题、高电压问题等，这就要求可再生能源并网运行时具备更强的生存能力，如零电压穿越、高电压穿越等。零电压穿越是指当并网点电压完全跌落至 0 时，风电机组保持不脱网、连续运行的能力。高电压穿越是指当电网故障或扰动引起电压升高时，在一定的电压升高范围和时间间隔内，可再生发电单元保证不脱网连续运行的能力。

2.4.4　可再生能源发电调度运行控制技术

可再生能源发电调度运行控制实现多种可再生能源联合优化调度、智能控制等，支撑可再生能源安全消纳。未来需要重点突破考虑功率预测不确定性的随机优化调度方法，大规模多种可再生能源联合发电和调度运行技术。重点研究可再生能源发电电网适应性主动控制技术、与储能协调控制技术。未来在高比例可再生能源电力系统中，降低可再生能源功率不确定性、极端天气、连锁故障等因素导致的安全运行风险，实现新能源的最大化利用，减少弃风、弃光。

参 考 文 献

［1］ 朱永强，迟永宁，李琰. 风电场无功补偿与电压控制［M］. 北京：电子工业出版社. 2012.

［2］ 迟永宁. 大型风电场接入电网的稳定性问题研究［D］. 中国电力科学研究院，2006.

［3］ 田新首. 大规模双馈风电场与电网交互作用机理及其控制策略研究［D］. 华北电力大学，2016.

［4］ Weisheng Wang, Yongning Chi, Zhen Wang, et al. On the Road to Wind Power：China's Experience at Managing Disturbances with High Penetrations of Wind Generation［J］. IEEE Power and Energy Magazine，2016，14（6）：24-34.

［5］ 张丽英，叶廷路，辛耀中，等. 大规模风电接入电网的相关问题及措施［J］. 中国电机工程学报. 2010（25）：1-9.

［6］ WECC Wind Generator Development［R］. WECC Final Project Report，2010.

［7］ Salma EI Aimani，"Practical Identification of a DFIG based Wind Generator Model for Grid Assessment," International Conference on Multimedia Computing and Systems，2009. ICMCS'09. 2-4 Apr. 2009，pp. 278-285.

［8］ 魏林君，李琰，刘超，等. 永磁直驱机组低电压穿越研究［J］. 电气时代，2013（2）：40-45.

［9］ 贺益康，周鹏. 变速恒频双馈异步风力发电系统低电压穿越技术综述［J］. 电工技术学报. 2009，24（9）：140-146.

PART 3

虚拟同步机应用

3.1 概述

传统电力系统中同步发电机主要占支配地位，在补偿随机能量波动、维持系统能量平衡和系统稳定等方面具有关键性作用，但因全球范围内能源危机和环境问题的日益严重，新能源的迅猛发展使人们在能源利用方面更加清洁化、低碳化。因分布式电源渗透率的不断升高导致传统同步发电机的装机比例逐渐降低，与此同时，分布式电源的大量接入会严重影响到电力系统的稳定性，而虚拟同步机技术因具有提高电网稳定性的优势而成为国内外的研究焦点。

3.1.1 虚拟同步机技术相关概念

3.1.1.1 虚拟同步机技术

虚拟同步机（virtual sychronous machine，VSM）技术通常是指电力电子变流器的控制环节采用同步电机的机电暂态方程，使采用该技术的装置并网运行，具有同步机组并网运行的转动惯量、阻尼特性、有功调频、无功调压特性等运行外特性的技术。虚拟同步机和同步机一样，可作为虚拟同步发电机或者虚拟同步电动机运行。

如图 3-1 所示，虚拟同步机主要包括电力电子变流器、储能单元和控制系统 PWM 三大部分。电力电子变流器以同步电机的数学模型作为控制内核，使其并网运行时可像传统同步发电机一样向电网提供惯性和阻尼，也能够根据电网电压和频率的波动自动调节有功功率和无

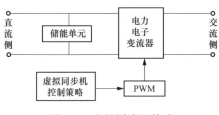

图 3-1　虚拟同步机构成

功功率，从而参与电网电压和频率的调节，并且电力电子变流器既可作为逆变器运行，也可作为整流器运行。在直流母线侧配置储能单元可为系统提供必要的惯量，同时针对负荷的短暂波动，储能单元通过有功功率的存储或释放，有效提高系统的频率稳定性与电能质量。

3.1.1.2　虚拟同步机技术分类

根据应用场合的不同，虚拟同步机主要分为电源侧虚拟同步机和负荷侧虚拟同步机两大类，其中电源侧虚拟同步机主要包括风机虚拟同步机、光伏虚拟同步机、储能虚拟同步机，如图 3-2 所示。电源侧虚拟同步机的核心控制器件主要为逆变器，而负荷侧虚拟同步机的核心控制器件主要为整流器。

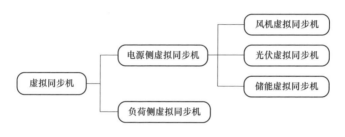

图 3-2　虚拟同步机技术分类

对于电源侧虚拟同步机，风力发电、光伏发电等分布式发电主要是单元式虚拟同步机，而储能虚拟同步机通常在电站并网点接入电网，为电站式虚拟同步机。无论是分布式发电并网还是电站式并网，电源侧虚拟同步机主要作用于逆变器，使其具备同步发电机一样的外特性，分布电源或储能系统担当发电系统中原动机的角色，而逆变器通过采用虚拟同步发电机控制策略相当于同步发电机，从而使具有和同步机一样外特性的发电系统并网运行，如图 3-3 所示。

负荷侧虚拟同步机主要指采用虚拟同步机技术的各类用电设备，例如含整流器的电动汽车充电桩、变频设备、电子产品等，如图 3-4 所示。整流器是其控制的主要核心器件，通过虚拟同步电动机策略的作用，使其能够根据电网频率、电压的变化实时控制负荷功率，与电网进行友好互动，从而实现"网—荷"动态平衡。

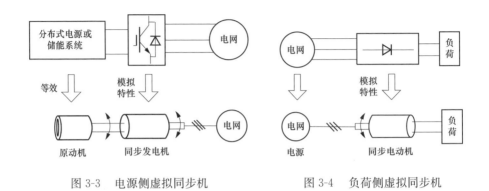

图 3-3　电源侧虚拟同步机　　　　图 3-4　负荷侧虚拟同步机

3.1.2　技术背景与需求

3.1.2.1　研究背景

在传统的发电方式中，煤、石油、天然气等化石能源被广泛利用，通过驱动旋转的同步发电机发出电能送入电网系统供用户使用。但化石能源的燃烧不仅会导致能源危机，还会产生大量的二氧化碳、二氧化硫等气体，从而造成严重的环境污染问题。为了解决能源危机和环境问题，世界各国政府都已认识到，改变能源消费结构并发展可再生能源，走可持续发展之路才是解决问题的关键。

因各国政府对可再生能源发展的大力扶持，以风电、太阳能等清洁能源为主的分布式发电迅猛发展，2000～2016 年全球的风电、太阳能发电增长率均在 25％以上，我国年均增速也分别达到 49％和 68％，预计在今后几十年内将达到更高水平，电力系统正在从集中式发电向分布式发电转变。

因为与电网电压、频率存在差异，分布式电源在并入大的电网系统或者微电网中时需要通过电力电子变换器接入。为了降低分布式电源接入电网带来的危害，学者们提出了恒功率控制（P-Q）与恒压恒频

控制（U-f）两种控制手段，以此减少分布式能源的不确定性，如图 3-5
所示。其中图 3-5（a）为恒功率控制，输出的有功功率 P 和无功功率
Q 与功率给定值 P_{ref} 和 Q_{ref} 进行比较，并对误差进行 PI 控制，PI 调节器
的输出作为电流内环的参考值 i_{dref} 和 i_{qref}，然后与 i_d、i_q 做差进行 PI 闭
环控制，生成调制信号送给 SPWM 模块；图 3-5（b）为恒压恒频控
制，由预定的频率 f 乘以 2π 经积分后得到参考相位 θ，和三相输出电
动势 e_{abc} 进行 park 变换得到 e_d、e_q，再进行电压外环、电流内环的双闭
环控制及 SPWM 调制环节，生成开关管的驱动信号。

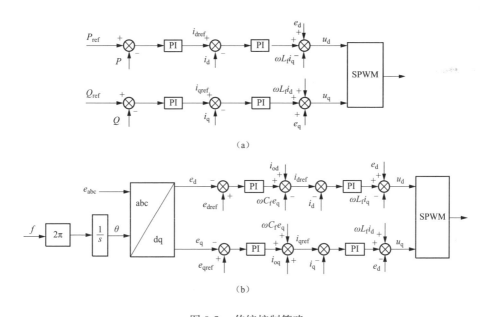

图 3-5　传统控制策略

（a）恒功率控制（P-Q）；（b）恒压恒频控制（U-f）

　　恒功率控制是一种电流型跟踪控制策略，不参与电网电压和频率
的调节，只是使分布式电源尽可能的向电网输送功率，并不考虑对电
网造成的影响，通常适应于并网模式，并且并网模式向自治模式的转
换较为困难；恒压恒频控制通常采用 PI 控制方法跟踪电压、频率的设
定值来输出恒定的电压与频率，多用于孤岛运行的主控单元，为从控

单元提供频率和电压的支持，需要具有较大的容量，常用于自治模式。

　　早期的变流器主要采用传统控制策略，那时新能源的装机容量较低，同步发电机可以为电网稳定性提供支撑，传统的控制方式不会对系统的稳定性带来较大的危害。但是随着新能源渗透率的不断升高，越来越多的分布式电源接入电网，此时传统发电机所占比例的不断下降导致很难继续维持电力系统的稳定运行。基于上述问题，国内外的学者对传统控制策略进行改进，在此基础上提出了电网"友好型"控制技术，下垂控制就是其中一种，根据采样反馈回来的电网电压的频率和幅值做出相应的动作和指令，控制算法如图 3-6 所示，其中 D_p 和 D_q 分别为有功-频率下垂系数和无功-电压下垂系数。

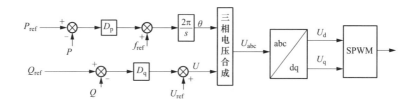

图 3-6　下垂控制

　　下垂控制主要由两部分组成，上半部分为有功功率经下垂控制生成频率，再乘以 2π 经积分后得到相角 θ，下半部分经无功下垂控制得到电压幅值 U，由 θ 和 U 生成三相机端模拟电压 U_{abc}，坐标变换后得到的 U_d 和 U_q 送入 SPWM 调制进而得到触发开关管的脉冲信号。相较于传统控制策略，下垂控制模拟了同步发电机调速器的一次调频特性以及励磁调节器的调差特性，当并联运行的分布式电源采用此控制策略时，可以通过改变不同的下垂系数合理分配各自承担负荷的大小，并且这种分配方式不需要彼此间的相互通信，可根据各自的下垂特性自动分配。

　　对于离网自治运行模式，逆变器采用下垂控制策略会在运行控制与功率分配方面起到很好的效果，但是当系统并网运行时，可能会产生一定的短时电流冲击从而危害电网的稳定运行。更重要的是,虽然下垂控制策略在一定程度上可以模拟同步发电机的一次调频、调压特性,但这种方法本质上存在缺陷,因为下垂控制缺少同步发电机固有的两大重要特性——惯性和阻尼,而同步发电机的这两大内在特性在维持电网安全稳定运行中起着至关重要的作用。由于大量的新能源并网运行,而以电力电子变换器为接口的分布式发电系统缺乏传统电机具备的惯性和阻尼,导致电力系统更容易受到功率波动和系统故障的影响,因此从源头解决该问题显得极为重要。

为了提高电网系统在分布式电源高渗透率情况下的稳定性,虚拟同步机技术应运而生,采用虚拟同步机技术的电源与负荷,都能自主地参与电网的运行和管理,并在电网电压和频率、有功功率和无功功率异常情况下做出相应的响应,以应对电网的运行暂态和动态稳定问题,具备与同步机组相同的运行机制,源、网、荷都具有唯一的频率,在电源、电网或负荷出现扰动时,依靠三者之间的同步机制实现耦合,以抵御外部扰动对同步系统的干扰。

3.1.2.2　虚拟同步机技术需求

以虚拟同步发电机为例,根据应用需求,建议其具有以下功能:

(1)自主有功调频控制。当系统频率波动超出一次调频死区范围($50\pm0.03\text{Hz}$)且虚拟同步发电机的有功出力大于$20\%P_\text{N}$时,虚拟同步发电机应调节有功输出自主参与电网有功一次调频。一次调频响应满足下列规定:

1)一次调频响应时间应小于3s,达到75%目标负荷的时间应不大于15s,应在30s内根据响应目标完全响应。

2)系统频率下降期间,虚拟同步发电机应增加有功输出,且始终不低于一次调频前的有功出力。有功出力可增加量的最大值至少为$10\%P_\text{N}$。

3）系统频率上升期间，虚拟同步发电机应减少有功输出，且始终不高于一次调频前的有功出力。有功出力可减少量的最大值至少为$10\%P_N$。

（2）自主无功调压控制。虚拟同步发电机应具备自主无功调压控制功能，具有在 10s 内响应无功控制指令的能力。可调节的无功量应不低于 $30\%P_N$。

（3）虚拟惯性控制。当系统发生扰动时，虚拟同步发电机输入功率和输出功率不平衡，虚拟同步发电机通过惯量储能单元存储或释放能量等方式实现模拟传统同步发电机的机电摇摆过程，减缓频率变化速度。

（4）阻尼控制。当系统发生扰动时，虚拟同步发电机通过惯量储能单元存储或释放能量等方式实现阻尼控制。

（5）虚拟同步发电机还可依据应用需求具备其他功能，虚拟同步电动机的功能可参照虚拟同步发电机的功能类推。

3.1.3 技术现状

3.1.3.1 国外发展现状

因同步机的转动惯量、阻尼特性、无功调压和有功调频特性对改善电力系统的稳定性起着至关重要的作用，如果使分布式电源表现出传统同步机的特性，则分布式系统的稳定性必然大大提升。在 1997 年，IEEE Task Force 工作组 A-A. Edris 等学者首次提出了静止同步机（static synchronous generator，SSG）的概念。值得一提的是，于 2007 年，德国劳斯克塔尔工业大学的 Beck 教授率先提出虚拟同步机概念，通过模拟同步发电机数学模型，虚拟了同步发电机的转动惯量与阻尼特性。而在 2008 年，代尔夫特科技大学等 10 个机构联合启动了欧洲联合项目"VSYNC"，并且在该项目中 K. VISSCHER 教授提出了虚拟同步发电机（virtual synchronous generator，VSG）概念。自此，国内外学界形成了虚拟同步机技术的研究热潮。

（1）劳斯克塔尔工业大学的"VISMA"方案。VISMA方案是利用传统同步机的数学模型计算出逆变器电流的参考值，进而控制输出电流。在这种控制方案下，分布式发电系统可以模仿传统同步机为电力系统提供虚拟惯性与阻尼特性，其具体控制如图3-7所示。

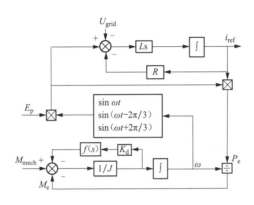

图 3-7　VISMA 控制策略图

由图3-7可以看出，该方案重构三相同步电机的转子动态方程和励磁调速器的控制方程，并得出感应电动势，而且根据输出电压和感应电动势计算出需要的输出电流指令，并对其进行电流滞环控制，从而实现传统同步机特性的模拟。该方案可用于并/离网模式，但由于电流源采用滞环控制方式，开关频率不固定，所以无论是并网性能还是离网性能，均弱于电压源控制方式。

（2）VSYNC项目中的"VSG"方案。VSG研究方案提出模拟发电机的一阶下垂特性曲线与动态运动方程，并且在微网能源侧添加短时储能环节，根据频率偏差和频率变化率生成一次调频和虚拟惯量算法指令，从而使微网系统形成一个VSG，多个VSG并联运行就可模拟较大的转动惯量，从而有效地增加了系统的惯性。VSG方案的拓扑结构和控制方法如图3-8所示，其中储能单元用理想直流电源代替，主电路为采用LC滤波的三相桥式逆变电路，将产生的功率送入电网。

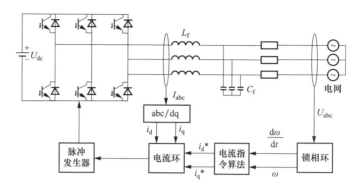

图 3-8   VSG 方案的拓扑结构和控制方法

VSYNC 项目中的"VSG"方案模拟了同步发电机的转子惯性和一次调频控制，旨在改善系统的频率稳定性，但是该方案并没有兼顾到系统孤岛运行时的控制性能。

（3）美国"GEC"方案。2011 年，美国 Hussam Alatrash 等学者提出了应用于光伏逆变器的发电机模拟控制（generator emulation control，GEC）方案。该方案区别于 VSYNC 研究项目组利用乘法鉴相器的输出作为功率指令，而是直接将锁相环 PLL 的输出作为相位信号 θ，并根据电压幅值 U 要求构造感应电动势 E，同时辅助虚拟阻抗 Z 控制，得到系统需要的电流指令 I^* 进行闭环控制，其控制策略如图 3-9 所示。图中，C_{dc}、L 和 C 表示直流侧电容、滤波电感和滤波电容；U_{dc} 和 U_{dc}^* 为直流侧电压实际值与参考值。

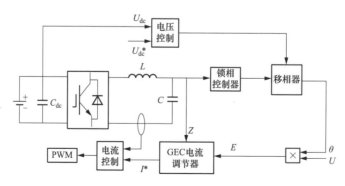

图 3-9   GEC 控制策略图

　　GEC 技术将同步发电机具备的定子电磁特性、转子惯量特性、励磁/调速特性以及接受电网调节特性在从高到低不同领域下，对系统频率稳定性进行了划分，使其在不同的频段上表现出不同的控制目标和控制需求，其示意图如图 3-10 所示。在超同步频段（＞50Hz），影响多机并联系统谐振的因素主要为虚拟同步机的电磁特性；在同步附近频段（50Hz±1.5Hz），影响多机并联，系统有功调差分配和频率动态响应的主要因素是虚拟同步机的转动惯量特性；在次同步频段（47.5～48.5Hz），影响多机并联系统的一次调频特性的主要因素是虚拟同步机的调速特性；而在低频段（＜47.5Hz），影响多机并联系统的二次调频特性，通常微电网能量管理采用恒功率控制。

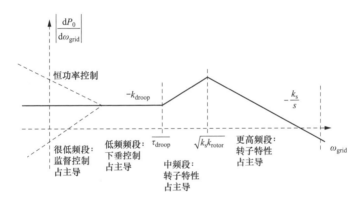

图 3-10　同步发电机功率调节的频域特性

　　GEC 控制方案较为简单，较为全面地实现了光伏逆变器的虚拟同步机特性，并且仿真和实验结果表明该方案在微电网的并/离网切换过程中具有良好的适应性，然而该技术主要针对具有两级变换的单相光伏逆变器，将其控制算法扩展到大型微电网广泛应用的三相光伏逆变系统具有一定的难度。

　　上述所提到的虚拟同步机技术因从外特性上来看等效于受控电流源，所以称为电流源型虚拟同步机技术。该类控制方法虽然能够模拟传统同步机的外特性，但是需要依靠电网的电压和频率，并不能支撑电网，因此在弱电网环境下难以胜任电压、频率的支撑作用，也无法实现微网的孤岛运行。为了克服电流源型虚拟同步机技术的上述缺点，有学者提出了"电压源型虚拟同步机技术"，此控制方法在并网运行和离网运行模式下系统都相当于电压源，有利于运行模式的无缝切换。其中比较有代表性为 M. Reza Iravani 提出的"虚拟惯性频率控制"方案和钟庆昌提出的"Synchronverter"方案。

（4）虚拟惯性频率控制方案。传统的下垂控制虽然模拟了同步机的一次调频与励磁调节特性，但并未模拟出发电机具备的转动惯量特性，因此系统频率稳定性较差。针对上述问题，M. Reza Iravani 提出了"虚拟惯性频率控制"方案，其控制原理如图 3-11 所示。

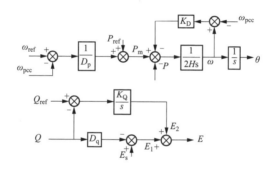

图 3-11　虚拟惯性频率控制控制图

同步发电机的转子运动方程为

$$2H\frac{\mathrm{d}\omega}{\mathrm{d}t} = P_{\mathrm{m}} - P_{\mathrm{out}} - K_{\mathrm{D}}(\omega - \omega_{\mathrm{pcc}}) \qquad (3\text{-}1)$$

式中　H——惯性常数；

　　　K_{D}——阻尼系数；

　ω、ω_{pcc}——实际角频率和公共耦合点角频率。

　　一次调频控制方程为

$$P_{\mathrm{m}} - P_{\mathrm{ref}} = \frac{1}{D_{\mathrm{p}}}(\omega_{\mathrm{ref}} - \omega_{\mathrm{pcc}}) \qquad (3\text{-}2)$$

式中　D_{P}——有功-频率下垂系数。

一次调压控制方程为

$$E_1 = E_s - D_q Q \tag{3-3}$$

式中　D_q——无功-电压下垂系数。

无功积分控制方程为

$$E_2 = \frac{K_Q(Q_{ref} - Q)}{s} \tag{3-4}$$

式中　K_Q——积分系数。

根据上述的控制策略可知，频率控制模拟了传统同步机的转动惯量、阻尼特性和一次调频特性，在孤岛运行模式下电压幅值由无功-电压下垂控制得出，在并网模式下无功功率的积分控制将实现并网运行时的无功功率的无差控制。该技术方案在频率控制上模拟了同步发电机的转子惯性和一次调频特性，使系统频率稳定性有所提高，而且还具备无功调压特性。除此之外，该系统在孤岛运行和并网模式下均工作于电压源模式，易于实现无缝切换，提高了电网运行的稳定性。

（5）"Synchronverter"方案。虚拟惯性频率控制方案只是模拟了传统同步机的转动惯量、阻尼和调压调频特性，并未考虑同步发电机的电磁暂态过程，而钟庆昌根据同步发电机的电磁惯性提出了"Synchronverter"方案。Synchronverter 算法利用了电机电磁暂态过程对同步发电机进行建模，其模型为

$$\begin{cases} e = M_f i_f \dot{\theta}\, \sin\theta \\ Q = -\theta M_f i_f \langle i, \cos\theta \rangle \\ T_e = M_f i_f \langle i, \sin\theta \rangle \end{cases} \tag{3-5}$$

上述模型加上一次调频、调压控制器，构成了 Synchronverter 控制方案，如图 3-12 所示。

Synchronverter 方案可以较为全面地模拟同步发电机系统的电磁特性、转子惯性、一次调频及调压特性，又因无功功率和有功功率的控制上采用了积分环节，因此可以实现有功、无功的无差控制，并且该

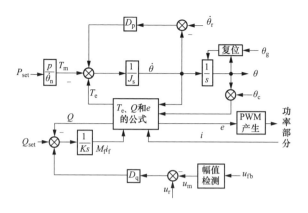

图 3-12　Synchronverter 控制方案

控制方案也可以实现并网运行和孤岛运行的无缝切换，然而由于系统非线性及 *LC* 滤波器的参数变化会在一定程度上影响系统的输出控制性能，另外因为全面模拟同步发电机组的特性，所以可能会引入同步发电机固有的缺点，如功率响应差、次同步振荡等。

　　以上内容主要描述了虚拟同步机技术在国外的发展现状，虚拟同步技术因控制目标的不同被分为电流源型虚拟同步机和电压源型虚拟同步机两种类型，并针对各自的控制策略的优缺点进行了相应的论述。虚拟同步机技术的发展沿革如图 3-13 所示。

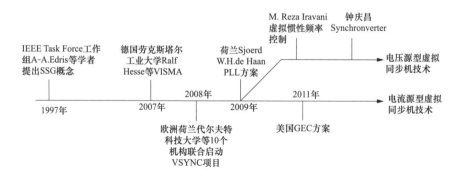

图 3-13　虚拟同步机技术发展沿革

　　从技术发展历程上看，虚拟同步机概念最早由国外专家提出，但是截至目前，国外仍处于理论研究与实验室样机（百千瓦级）的研制阶段，未见工程应用的相关报道。具体来说，德国劳克斯塔尔工业大学的实验室样机存在快速响应能力有待提高的问题，加拿大多伦多大学的实验室样机存在应用领域窄、不适用大功率系统的缺点，英国利物浦大学的实验室样机在多机并联时容易失稳。

3.1.3.2　国内发展现状

若接入电网的电源和负荷都采用虚拟同步机技术，则可以自主地参与电网的运行和管理，并且在电网电压、频率异常的情况下可做成相应的响应，提高电网的动态响应和稳定性，使源、网、荷都具备有唯一的频率。当出现扰动时，依靠三者之间的同步机制来抵抗外部扰动。随着虚拟同步机技术优势的不断显现，国内的企业、高校也对虚拟同步机技术进行了大量的工程应用与理论研究。

（1）工程应用。

1）2013 年，国家电网公司中国电力科学研究院开发完成 Synchronverter 内核 50kW 虚拟同步发电机。

2）2014 年，国家电网公司南京南瑞集团公司、许继集团公司开发完成 500kW 光伏虚拟同步发电机，并实现工程应用。

3）2015 年 9 月底，全球首套分布式光伏虚拟同步发电机在天津中新生态城智能电网营业厅微网成功挂网，这是世界上首次将虚拟同步发电机技术应用于实际工程的案例。该工程通过应用虚拟同步机技术，使分布式光伏发电系统具有类似于同步机组的惯性、阻尼特性、有功调频、无功调压等运行外特性，能够实现惯量功率、自主有功控制、自主调压控制三大功能，可显著改善分布式电源并网、离网过程的平滑性和运行稳定性，促进清洁能源友好接入与消纳。

4）2016 年，国家电网公司在张北风光储输基地开展示范工程建设，对风机、光伏发电的逆变器和控制系统进行改造，调节能力达到 547.5MW，计划于 2017 年年底建成，建成后将是世界上规模最大的虚拟同步发电机示范工程。其中，风机 173 台改造容量共 435.5MW，占基地风电装机容量的 97.5％；光伏改造容量共计 12MW——共 24 台 500kW 光伏逆变器，占基地光伏装机容量 12％；新建集中式储能虚拟同步机 10MW，按照 10％惯性容量配比建设，经虚拟同步机技术改造后，新能源电站将具备类似火电厂的一次调频特性。一期示范工程涉及风机机组虚拟同步发电机 118MW，光伏虚拟同步发电机 12MW，集中式储能虚拟同步发电机 10MW。同期，在天津、浙江、重庆、山西建设分布式应用试点。

5）国网浙江省电力公司绍兴供电公司拟将 4 套光储一体虚拟同步发电机（单机 30kVA，共 120kVA）接入 100kVA 系统开展工程实证，工程亮点为采用"即插即用"设计。

负荷虚拟同步机技术的采用可实现区域电网"源-网-荷"按照同一频率运行，实现供需平衡，负荷参与电网调整，支撑电网故障恢复，缓解电压暂降、闪变给敏感负荷带来的冲击，解决以往直接拉限电、区域紧急切负荷带来的损失，显著降低电网扰动对社会生活、工业生产造成的不良影响。2017 年，国家电网公司将在泰州、苏州建设负荷虚拟同步机试点工程。

国网天津市电力公司拟在中新生态城智能营业厅内微电网基础上实施改造，在微电网内电源、负荷中引入虚拟同步机技术，其中光伏发电 2 台（共 30kW）、风机 6 台（共 6kW）、储能 1 台（100kW），最大亮点是首次引入 10kW 基于虚拟同步机技术的电动汽车充电桩示范。

此外，重庆、山西、安徽、山东等省市电力公司也正在开展虚拟同步机在微电网和配电网中应用示范。目前的虚拟同步机技术示范主要由国家电网公司实施，通过工程示范和展示不仅能够快速发展虚拟同步机技术，还能够带动企业和用户逐步认识并接纳这种新型并网方式。

（2）理论研究。对于虚拟同步机技术，国内的众多高校对于虚拟同步机技术的仿真建模、惯性阻尼特性、有功调频、无功调压、稳定性分析等方面开展了大量的研究性工作，证实了虚拟同步机技术在分布式能源并网中具有重要作用。国内合肥工业大学、浙江大学、南京航空航天大学、西安交通大学、北京交通大学、华北电力大学、西安理工大学、清华大学等众多团队对虚拟同步机的研究取得了良好的科研成果。

由上述虚拟同步机技术的理论与实践成果来看，我国经过多年的学习、积累和沉淀，以及对工程、高校大量资金的投入，对虚拟同步机技术的理解与应用不论是理论研究还是工程实践都已经取得了较为优异的成绩。

3.2 技术原理与典型应用

虚拟同步机技术主要分为电源侧虚拟同步机技术和负荷侧虚拟同步机技术，而虚拟同步机的表现形式主要为虚拟同步发电机和虚拟同步电动机。由所提出"源-网-荷"的友好互动可知，其互动分为两个方面：一个是"源-网"互动，对应于电源侧虚拟同步机技术；另一个是"网-荷"互动，对应于负荷侧虚拟同步机技术。下面将对虚拟同步发电机和虚拟同步电动机的技术原理和典型应用进行详细介绍。

3.2.1 技术原理

3.2.1.1 虚拟同步发电机技术

同步发电机的实用数学模型主要有二阶、三阶、五阶模型，这三种模型均有研究成果，虽然像三阶、五阶这类高阶数学模型的建模比较精确，但是却引入了复杂的暂态过程，因此目前的研究主要以同步发电机的经典二阶模型为主。虚拟同步发电机技术主要针对电力电子变流器中的逆变器部分进行控制，核心器件为逆变器，其主电路图如图 3-14 所示，为三相桥式逆变电路，采用 LC 滤波器进行滤波。

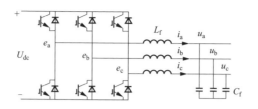

图 3-14　虚拟同步发电机技术控制主电路——逆变器

虚拟同步发电机的控制算法主要有两种表现形式：一种为主要模拟同步发电机的外特性，也就是以模拟惯性、阻尼特性为主，并不详细考虑同步机的电磁暂态过程；另一种是钟庆昌提出的 Synchronverter 方案，该方案充分考虑了同步发电机的机电与电磁暂态特征，增强了虚拟定子与转子的耦合度。

方案一：不考虑电磁暂态过程

实现虚拟同步发电机技术的核心部分主要是 VSG 的数学建模和控制算法，以同步发电机的经典二阶模型为 VSG 建模，主要包括机械部分和电磁部分。机械部分主要继承同步发电机的转动惯量 J 和阻尼特性 D，利用转子运动方程来实现；电磁部分建模主要利用定子电压方程，反应定子电路的电压、电流关系。其转子运动方程和定子电气方程为

$$J\frac{\mathrm{d}\omega}{\mathrm{d}t}=\frac{P_{\mathrm{m}}-P_{\mathrm{e}}}{\omega}-D(\omega-\omega_{\mathrm{g}})$$

$$\frac{\mathrm{d}\theta}{\mathrm{d}t}=\omega \tag{3-6}$$

$$\dot{E}=\dot{U}+\dot{I}(r_{\mathrm{a}}+jx_{\mathrm{a}}) \tag{3-7}$$

式中　ω、ω_{g}——实际角频率和电网角频率；

P_{m}、P_{e}——机械功率和电磁功率；

θ——相位角；

D——阻尼系数；

J——转动惯量；

r_a、x_a——电枢电阻和同步电抗；

$\dot{U}$、$\dot{I}$——同步发电机端电压和定子电流。

借鉴同步发电机调速器的基本原理，为使微源逆变器模拟同步电机具备的有功调频、无功调压特性，通常将有功-频率和无功-电压下垂特性加入到 VSG 控制策略中。其下垂方程式为

$$\omega = \omega_{ref} - D_p(P - P_{ref}) \tag{3-8}$$

$$U = U_N + D_q(Q_{ref} - Q) \tag{3-9}$$

式中　ω_{ref}——额定角频率；

　　P、Q——逆变器输出有功和无功功率；

P_{ref}、Q_{ref}——有功功率和无功功率的参考值；

　　D_p、D_q——有功-频率下垂系数和无功-电压下垂系数；

　　U_N——额定电压参考值。

由式（3-6）～式（3-9）综合建模，得到不考虑电磁暂态过程的 VSG 控制策略，如图 3-15 所示。

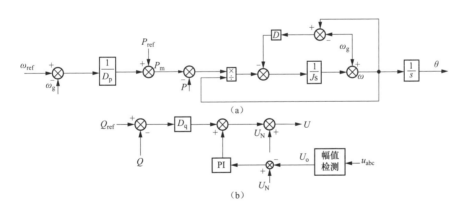

图 3-15　不考虑电磁暂态过程的 VSG 控制策略

（a）虚拟惯量控制；（b）虚拟励磁控制

图 3-15 中，P 与式（3-5）具有相同含义，即 $P = P_e$；u_{abc} 表示三相电网电压 u_a、u_b 和 u_c；θ 为相角；U 为电压幅值。图 3-15（a）为虚拟惯量控制，利用式（3-5）和（3-7），使微网逆变单元具备惯量、阻尼

和一次调频特性。图 3-15（b）为虚拟励磁控制，是一个闭环的电压控制系统，通过测量逆变器输出电压幅值，根据端电压的变化控制励磁电压，以维持系统电压的稳定，在不同的工作模式下具有不同的控制目标：并网模式下，微网逆变系统向电网输送指定的无功功率；离网模式下，无功负荷所需的无功功率将全部由微网逆变单元承担，取决于无功-电压下垂特性。

方案二：考虑电磁暂态过程——Synchronverter 方案

钟庆昌提出的 Synchronverter 方案充分考虑了同步发电机的电磁暂态过程，如图 3-16 所示，其能详细地反映出同步发电机特性，其机械转矩方程为

$$\ddot{\theta} = \frac{1}{J}(T_{\mathrm{m}} - T_{\mathrm{e}} - D_{\mathrm{p}}\dot{\theta}) \tag{3-10}$$

Synchronverter 控制方案如图 3-16 所示。

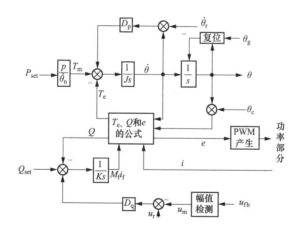

图 3-16　考虑电磁暂态过程的 VSG 控制方案——Synchronverter

图 3-16 中，P_{set}、Q_{set} 分别为有功功率和无功功率的设定值；T_{m}、T_{e} 分别为机械转矩和电磁转矩；D_{p} 为有功-频率下垂系数，也是阻尼系数；D_{q} 为无功-电压下垂系数；θ、$\dot{\theta}$、$\dot{\theta}_{\mathrm{r}}$ 分别表示虚拟角度、虚拟角速度和角速度参考值；M_{f} 为互感系数，i_{f} 为励磁电流；u_{fb}、u_{r} 和 u_{m} 分

别表示为电网电压、电网电压幅值、额定电压参考值；T_e、Q 和 e 的具体公式如式（3-5）所示。

根据图 3-16，将有功功率设定值 P_{set} 除以额定机械速度 $P/\dot{\theta}_n$ 就可得到机械转矩 T_m，当有功需求增加或减少时，虚拟角速度 $\dot{\theta}$ 和角速度参考值 $\dot{\theta}_r$ 的差值送入到阻尼系数也就是频率下垂系数 D_p，可实现新的能量平衡，这就是整个有功功率的反馈控制回路。其实图 3-15（a）所示的有功功率的控制机制主要包括频率（速度）内环和有功功率（转矩）外环，其中频率下垂系数定义为转矩增量 ΔT 与速度增量 $\Delta\dot{\theta}$ 之比，即 $D_p = \Delta T/\dot{\theta}$，转动惯量 $J = D_p\tau_f$（其中 τ_f 为时间常数）。逆变器对无功功率 Q 的调节也用上述类似的方式实现，同时定义电压下垂系数 D_q 为无功功率变化值 ΔQ 与电压变化值 Δu 的比值，即 $D_q = \Delta Q/\Delta u$。

应用于电源侧逆变器的虚拟同步发电机技术的具体技术原理，主要分为不考虑电磁暂态过程、只模拟同步发电机外特性的 VSG 控制算法和考虑电磁暂态过程的 Synchronverter 这两种方案。在应用过程中，应根据实际情况来选取相应的控制方案：若主要以模拟同步发电机惯量和阻尼特性为主，不关心同步机的电磁暂态过程，则采用方案一；若需要更好的模拟同步发电机的机电与电磁暂态特性，赋予各变量更为明确的定义，则采用方案二。

3.2.1.2　虚拟同步电动机技术

近几年来的研究大多关注于新能源并网，出现了重电源、轻负荷和电源侧装机过剩等问题，并且因负荷增长趋缓，加剧了消纳和接入电网适应性难题，并且很多情况仅靠电源调整和线路上装设潮流控制器已无法维持电网稳定运行，但是要想实现源-网-荷的友好互动，负荷侧特别是可控负荷的灵活接入对其具有重要作用，因此负荷侧虚拟同步机技术成为当前新的关注点。负荷侧虚拟同步机技术主要指虚拟同步电动机技术，而虚拟同步电动机技术的控制核心器件主要为整流器，其主电路如图 3-17 所示，采用的是三相电压型 PWM 整流器。

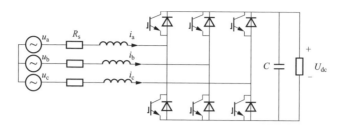

图 3-17 虚拟同步电动机技术控制整流器主电路

与虚拟同步发电机技术类似，虚拟同步电动机技术也具有两种表现形式，分别为不考虑电磁暂态过程的方案一和考虑电磁暂态过程的方案二，下面将两种方案分别进行详细剖析。

方案一：不考虑电磁暂态过程

与虚拟同步发电机控制方法一样，虚拟同步电动机技术的数学模型也用用机械方程和电气方程来描述，但是如果要将上述方程用于整流侧，则需要改变定子电流的符号，并且机械方程的电磁转矩和机械转矩的大小也发生变化，负荷虚拟同步电动机的机械方程和电气方程为

$$J \frac{\mathrm{d}\omega}{\mathrm{d}t} = \frac{P_\mathrm{e} - P_\mathrm{m}}{\omega} - D(\omega - \omega_\mathrm{g})$$

$$\frac{\mathrm{d}\theta}{\mathrm{d}t} = \omega \tag{3-11}$$

$$\dot{E} = \dot{U} - \dot{I}(r_\mathrm{a} + \mathrm{j}x_\mathrm{a}) \tag{3-12}$$

但与虚拟同步发电机控制不同的是，虚拟同步电动机因控制对象的不同具有两种控制方式，分别为直接功率控制和直流侧电压控制。

（1）直接功率控制。直接功率控制的具体原理图如图 3-18 所示。

图 3-18 中的 P 与式（3-12）具有相同含义，即 $P = P_\mathrm{e}$，负荷虚拟同步电动机的机械转矩 T_m 由有功功率参考值 P_ref 与有功功率 P 的差值经 PI 控制器产生，再引进同步电动机的机械方程 ［式（3-12）］得出并网电压的参考相位 θ，其中可设置 D_p 使有功控制具备一次调频特性和阻尼作用；而无功控制部分同虚拟同步发电机控制一致，使系统具备一次调压特性。

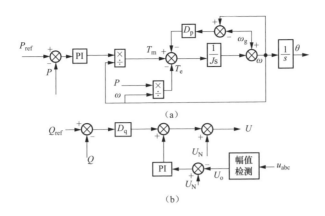

图 3-18　直接功率控制具体原理

（a）有功功率；（b）无功功率

（2）直流侧电压控制。直流侧电压控制只需将图 3-18 中的功率外环控制器改为电压调节器即可，其他并无任何变化，如图 3-19 所示。

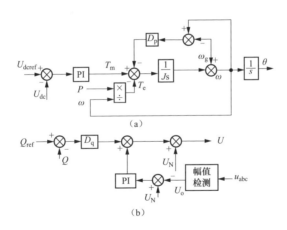

图 3-19　直流侧控制原理

（a）有功功率；（b）无功功率

由图 3-19 可知，负荷虚拟同步电动机的机械转矩 T_m 由直流侧电压参考值 U_{dcref} 和实际值 U_{dc} 的差值经 PI 控制器产生，直流电压控制与有功频率调节构成直流电压环，再与无功电压控制相结合构成功率外环，接下来可与后级电压外环电流内环双闭环控制相结合构成逆变器的控制策略，有利于提高系统的稳定性，与此同时还能改善电网电压、电流波形质量。

虚拟同步电动机的两种控制方式，各有各的特色：直接功率控制可以从电网吸收设定的有功功率，而且还能实现无功功率的交换；直流侧电压控制能够使直流侧电压维持稳定。可根据具体适用场合，选择相应的控制方法。

方案二：考虑电磁暂态过程

钟庆昌提出的考虑电磁暂态过程的负荷侧虚拟同步电动机控制策略，如图 3-20 所示。

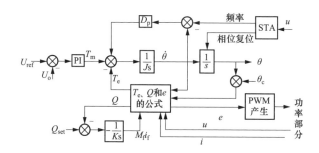

图 3-20　考虑电磁暂态过程的虚拟同步电动机控制策略

由于定子电流的反向，同步电动机的机械转矩方程相应地改变为

$$\ddot{\theta} = \frac{1}{J}(T_{\mathrm{e}} - T_{\mathrm{m}} - D_{\mathrm{p}}\dot{\theta}) \qquad (3-13)$$

该方案只是提出虚拟的机械转矩 T_{m} 由直流母线电压控制器来产生，而且直流母线电压越低，产生的机械转矩 T_{m} 越大，无功功率的调节除了电流反向带来的变号外没有其他变化，并未涉及方案一中的直接功率控制问题，而且还说明了该控制器并未包含电压下垂控制器，如果有需要时也可加上。其中，STA 表示正弦跟踪算法，也可用锁相环代替。

综上可知，与常规 PWM 整流器控制策略相比，负荷虚拟同步电动机控制策略引入传统同步机具有的惯性和阻尼，当负荷需求发生变化时，负荷虚拟同步机可根据其变化进行功率调整，同时还能抑制频率和电压的突变。负荷侧虚拟同步电动机技术的采用改变了以往负荷侧被动受电的模式，使其能够根据电网频率和电压的变化实时控制负荷功率，从而实现网-荷动态供需平衡。

3.2.2 虚拟同步机技术的典型应用

虚拟同步机技术的发展加强了电网与新能源、可控负荷的联系，有助于提高新能源和可控负荷的生存能力，实现源—网—荷的协调运行和友好互动，共同维持电力系统的稳定运行。随着虚拟同步机技术的日益成熟，在风力发电、光伏发电、储能系统和可控负荷等领域也得到了具体应用。

3.2.2.1 风机虚拟同步发电机技术

对于大型风力发电场来说，最常用的风力发电机为双馈感应发电机（doubly-fed induction generator，DFIG）和直驱永磁风力发电机（permanent magnet synchronous generator，PMSG），并且它们的变流装置已经把风机转速和电网频率实现了解耦控制，使风电机组能够不响应电网频率的变化。传统控制方式主要是风电机组通过实现最大功率点跟踪（maximum power point tracking，MPPT）控制来向大电网尽可能的输送功率，当电网电压、频率发生变化时，风电机组并不做出相应的响应，更不具备惯性和阻尼特性。当风力发电机组代替传统发电机并网运行时，如果采用传统的控制方式就会降低电网的惯性和阻尼，系统受扰时易振荡失稳，从而影响电力系统电压和频率的稳定性。针对上述问题，有学者提出将虚拟同步机技术应用到风力发电机组的控制上，在充分考虑机组安全运行能力的基础上，通过转子动能的释放或存储，使机组具备同步机一样的外特性，从而具有转动惯量、阻尼特性和有功调频、无功调压的能力。

风机系统通过一个背靠背电力电子变换器接入电网，风机侧变换器一般用来控制最大功率输出稳定直流母线电压，而网侧变流器主要用来控制无功功率的输出。因为背靠背电力电子变换器由一个整流器和一个逆变器组成，所以可以将虚拟同步机技术应用到电力电子变换器的控制策略中去，以永磁风力发电机为例，风力发电系统及具体控制策略如图 3-21 所示。

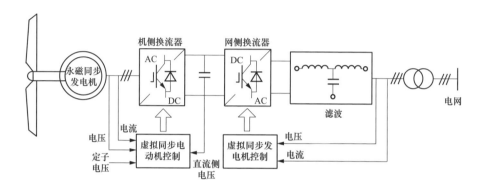

图 3-21　风机系统及其控制策略

由图 3-21 可知，永磁同步发电机发出的交流电经机侧换流器整流成直流电，然后通过网侧换流器逆变成交流电，经滤波后送入电网。风机侧的整流器由风力发电机为其提供功率，并将该功率输入到直流母线处，主要用来控制直流母线电压并减少损耗，可采用虚拟同步电动机技术。区别于对系统参数变化比较敏感的矢量控制方法，虚拟同步电动机控制策略并不依赖于风机的参数，因此可以提高系统性能。因电网侧的主要控制器件为逆变器，所以可以采用虚拟同步发电机控制策略，将发出的有功功率和无功功率馈送入电网。

对于虚拟同步机技术的研究，目前主要有三种控制方案，分别为虚拟惯量控制、预留容量控制和综合控制。对于虚拟惯量控制，其主要存在的问题是储能释放完后，风轮重新回到当前平衡状态，如果此时需要再次储能或者释放能量，其支撑能量将会消失，如单纯依靠虚拟惯量控制方案调节电网频率，若电网频率不能及时恢复，有可能引起频率二次振荡；预留容量控制方案是在电网波动时主动释放预留的风机容量进行有功功率调节，在预留容量释放完后可以长时间工作在当前状态，相对于虚拟惯量控制方案更加有利于电网稳定；综合控制方案集合上述两种方案的优点，对电网频率的支撑能力较强，支撑时间较长，从电网安全的可靠性方面来看优势较大。

3.2.2.2　光伏虚拟同步发电机技术

对于光伏发电系统的 VSG 技术，国内外学者已经提出了多种虚拟同步发电机控制方案，主要目标都是使光伏逆变系统具备转动惯量、阻尼特性和一次调节特性，主要区别在于模拟同步发电机的机电与电磁暂态过程的程度不同。

光伏虚拟同步机的拓扑结构有很多种，在这里以配备储能系统的两级式光伏逆变系统为例，对光伏虚拟同步发电机技术进行具体介绍，其主电路与控制原理图如图 3-22 所示。

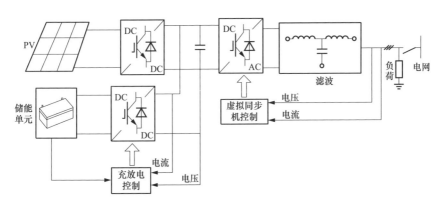

图 3-22　光伏虚拟同步机技术的主电路与控制原理图

图 3-22 中，光伏阵列产生的直流电通过 DC-DC 电路（一般采用 BOOST 电路）后再经逆变器逆变成交流电经滤波后供给负荷或者送入电网，而储能单元采用充放电控制策略控制与之相连的 DC-DC 电路（一般采用 BUCK-BOOST 电路）。光伏电源以 MPPT 控制方式运行，始终向电网输出最大功率，而储能单元进行充放电解决因负荷或外界

环境变化导致光伏出力不稳定而引起的直流母线电压波动问题；将光伏逆变器引入 VSG 控制策略，使整个光伏逆变系统具备同步发电机一样的外特性，当其并网运行时，可以向大电网提供惯量与阻尼特性。

　　并网逆变器的控制方法较容易实现，光伏虚拟同步发电机控制的难点在于光伏输入 MPPT、储能和并网逆变器的协调策略，体现在以下方面：①光伏阵列受外界光照强度和温度变化的影响，出力具有间歇性和随机性，并有最大功率追踪的需要；②并网逆变器算法要求根据电网频率和电压随时调整出力；③储能充放电管理。协调控制策略需要兼顾 3 个作用于直流侧的变动要素，这是光伏虚拟同步发电机设计的难点。实际设计中可以储能状态为依据进行统筹，在保证储能寿命的前提下，吸收光伏阵列输入功率波动，并响应电网需求提供惯性（或一次调频）功率。

3.2.2.3　储能虚拟同步发电机技术

　　储能虚拟同步机技术与去掉光伏输入模块的光伏虚拟同步机类似，主要用于应对负荷的短暂波动，通常采用电站式技术路线，并且储能单元的容量由模拟惯性大小以及参与系统调压、调频的需求决定。电站式技术方案是指集中在电站并网点接入，使电站整体具备常规火电厂特性，具备调频调压能力。储能式虚拟同步发电机的主电路与控制方案如图 3-23 所示。

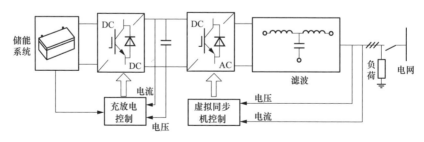

图 3-23　储能虚拟同步发电机的主电路与控制方案

　　储能系统通过 DC-DC 电路和逆变器将发出的功率送入电网或者供给负荷需求，其中 DC-DC 电路通过负荷或电网需求进行充放电控制，而逆变器采用 VSG 技术，当其并网运行时向电网提供惯性与阻尼。该系统同时具备并网运行和孤岛运行两种运行模式，而并网运行模式又分为并网充电状态、并网放电状态、待机状态、故障状态和紧急停机状态五种工作模式；离网运行模式有独立逆变状态、待机状态、故障状态和紧急停机状态四种工作状态。两种运行模式及其对应的工作状态如图 3-24 所示。

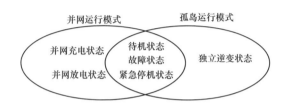

图 3-24　储能系统运行模式和工作状态示意图

　　图 3-24 中，并网充电状态是指交流侧与电网交流母线连接，直流侧与电池组相连，且根据电池的荷电状态，通过外接交流母线吸收有功对储能系统进行充电，主要分为恒流充电和恒压充电两个阶段；并网放电状态是指装置的直流侧与储能单元相连，交流侧与电网交流母线连接，根据电网需要，按照主控给定的功率和功率因数，将储能系统的能量逆变送往外接交流母线的过程。独立逆变状态是指在计划孤岛条件下，与电网断开，交流侧独立与负载相连，为负载提供交流电能；待机状态是指装置准备进入工作状态或某一工作状态完成之后的热备用状态；故障状态是一种特殊的待机状态的形式，特点在于装置根据检测到电压、电流、温度、开入、开出等状态信号异常而自动封锁脉冲停机，从而保证设备及人身安全；紧急停机状态是指在紧急状态下，人为干预控制变流器停机，此时装置将立即封锁脉冲，同时断开直流侧和交流侧的接触器，但此情况并非设备一定有故障。

3.2.2.4　负荷虚拟同步电动机技术

　　因自主电力系统概念的提出，新能源发电系统和可控负荷可通过虚拟同步机技术接入电网，与常规能源发电系统共同运行以此提高电力系统的稳定性，如图 3-25 所示。在新能源和可控负荷大量接入的条件下，其并网设备将逐步转变"只管发电，不管电网"的思路，并依托灵活可控的电力电子技术，成为共同维护电网安全稳定的参与者。不仅要使分布式能源实现与电网的友好互动，也希望采用整流装置的可控负荷可以像同部分发电机一样参与电网频率、电压的调节，并可以在电网电压、频率和有功功率、无功功率出现异常波动时做出相应响应，而负荷虚拟同步电动机技术的提出实现了上述目标。

图 3-25　自主电力系统示意图

　　负荷虚拟同步机技术，能够根据电网频率和电压的变化实时控制负荷功率，实现源-荷动态供需平衡，并且在电网故障时，利用自身惯量和阻尼特性阻止系统参量的快速变化，有助于电网的下一次调整和恢复，并且大大提升负荷故障穿越能力和生存能力，由切负荷这种单一的操作模式变为网-荷互动方式，实现真正的一体化互动，同时与电源侧虚拟同步机技术相结合，构成全自主电力系统，实现源-网-荷之间的灵活互动和自主交互。

虚拟同步电动机技术主要用于具有整流装置的可控负荷，如含整流器的电动汽车充电桩、变频设备、电子产品等，使其能够根据电网电压和频率的变化实时调整负荷功率，并且满足电网调频和调压需求。

相对于电源虚拟同步发电机技术来说，负荷虚拟同步电动机技术的研究尚浅，并且因负荷归属于用户，在工程上的推进与光伏、风机等应用还有所不同，可能会存在产权归属、营销策略等问题，需要建设完善的体系去规范它的发展。

虚拟同步机技术的广泛渗透，可实现新能源和可控负荷接入电网的接口统一和机制统一，不仅能够使新能源系统与传统发电系统一样参与电网调节，而且大多数负荷也可自主地参与电网调节，由原来的发电端单向模式运行变成了负荷与发电端共同参与的双向模式运行，共同维持发电、供电、用电的功率动态平衡，实现统一于同步机同步机制的自主电力系统。

3.3　示范工程

我国新能源发展走在世界前列，并持续保持高速发展。截至 2016 年底，风电累计装机量达到 1.69 亿 kW，光伏累计装机量达到 7742 万 kW，均居世界首位。以风光为主的可再生能源已成为我国第 3 大主力电源，风能和太阳能还有很大的资源潜力尚待开发，清洁能源大量接入电网势必将成为未来电网的重要发展趋势之一。

清洁能源接入电网包括集中式风光场站接入和大规模分布式接入两种形式，集中式多位于我国西部地区，电网互联和送出难，本地负荷难以消纳，弃风弃光严重；分布式具有单台装机容量小、数量庞大的特征，由此形成的高密度高渗透率接入也给电网的安全稳定带来潜在的威胁。在构建全球能源生态、推动全球能源互联网的进程中，特别是火电仍为调频主力机组的条件下，如何应对快速增长的清洁能源，以最小的代价实现就地同步并加强电网与清洁能源的联系是当前研究的重点。虚拟同步机技术作为一条有效可行的解决思路，目前仅在国家电网公司开展了示范工程。

3.3.1 张北风光储输虚拟同步机示范工程

3.3.1.1 工程简介

2016 年 3 月，国家电网公司在张北风光储输基地开展虚拟同步机示范工程建设，开启世界上在集中式风光电站应用的首个虚拟同步发电机工程。

图 3-26 张北风光储输示范基地

张北风光储输基地具备新能源发展的代表性，基地设备种类多，装机容量大，汇集风光储多种能源形态，可提供不同技术路线比较，以提高电网对新能源的接纳能力。基地已建风电 446.5MW、光伏发电 100MW、储能系统 20MW（见表 3-1），配套建设 220kV 智能变电站。规划待建风电 50MW、储能系统 50MW。

表 3-1 张北风光储输基地已有基础

场站	主要设备	容量
风电场	59 台 2MW 许继双馈、43 台 2.5MW 金风直驱、2 台 3MW 金风直驱、38 台 3MW 东汽双馈、32 台 3MW 联合动力双馈、1 台 5MW 湘电直驱	446.5MW

场站	主要设备	容量
光伏电站	100 台 500kW 许继逆变器、24 台 500kW 南瑞逆变器、56 台 500kW 特变电工逆变器、16 台 630kW 阳光逆变器	100MW
储能电站	14MW 磷酸铁锂电池、2MW 全钒液流电池、2MW 胶体铅酸电池、1MW 钛酸锂电池、1MW 超级电容	20MW

示范工程分两期进行，一期改造风机 118MW，以 2.0MW 双馈风机为主、改造光伏 12MW，以 500kW 为主、新建 2 台 5MW 集中式储能，预计于 2017 年底建成投产。二期改造风机 317.5MW，预计 2018 年底建成投产。该工程总投资 0.8 亿元。

工程采用分散式与集中式两类虚拟同步机技术方案。其中，分散式包括风电机组虚拟同步发电机与光伏单元虚拟同步发电机，单机分散接入电网，每个发电单元具备同步发电机特性；大容量集中式虚拟同步机在电站并网点接入，使电站整体具备常规火电厂特性。

3.3.1.2　风电机组虚拟同步发电机方案

风电机组虚拟同步发电机采用旋转质体动能的释放/吸收的方法，在电网频率短时波动中，可提供电网频率稳定的支持。但是利用风机叶轮转动惯量只可短时（10～15s）增发功率，使风机具备短时的惯量响应能力。

改造的成本是新建虚拟同步机成本的一半，因此，对所有具备条件的风机进行改造。涉及容量共 435.5MW，占现有风电总容量 446.5MW 的 97.5%，除不具备改造条件的湘电 5MW 风机、金风 2 台 3MW 风机外。

3.3.1.3　光伏虚拟同步发电机方案

光伏虚拟同步发电机由虚拟同步逆变器及电池储能单元组成（见图 3-28），安装在光伏阵列的直流汇集出口处。与常规光伏相比，需要将传统逆变器升级为虚拟同步逆变器，并增加电池储能单元作为惯量储能单元。

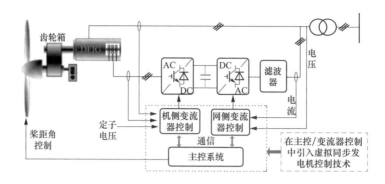

图 3-27　双馈风机虚拟同步机系统构成示意图

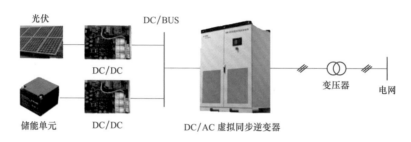

图 3-28　光伏虚拟同步机系统构成示意图

改造成本是新建虚拟同步机成本的 2 倍以上，因此，仅对少部分光伏逆变器进行改造，其余采用集中式虚拟同步机进行补充。涉及 24 台 500kW 光伏逆变器，总容量 12MW，占现有光伏总容量 100MW 的 12％。

3.3.1.4　集中式储能虚拟同步发电机方案

集中式储能虚拟同步发电机由虚拟同步逆变器及电池储能单元组成（见图 3-29），安装在新能源电站的并网点。电池储能单元容量根据其参与系统一次、二次调频的需求决定。工程按照 10％惯性容量配比原则，配置 10MW（2×5MW）集中式虚拟同步机。

3.3.2　分布式应用场景示范工程

3.3.2.1　中新生态城智能营业厅内微电网虚拟同步机工程

2016 年 9 月 22 日，由中国电力科学院配电所研发的光伏虚拟同步

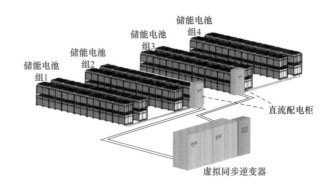

图 3-29   集中式储能虚拟同步机系统构成示意图

发电机在中新天津生态城智能营业厅微电网成功挂网，这是世界上首次将虚拟同步发电机技术应用于分布式能源实际工程的成功案例。

中新生态城智能营业厅内微电网屋顶光伏 30kW、垂直风机 6 台，各 1kW，储能 50kWh，还有 10kW 电动汽车充电桩新型负荷，均采用虚拟同步机接入系统，实现源-网-荷友好协调控制。中新生态城营业厅虚拟同步机微电网示范应用是首次对分布式虚拟同步机系列技术进行全面验证和展示的试点工程，依赖微网主站系统从电源侧和负荷侧全景展示了虚拟同步机技术体系，为分布式电源、储能设备、多样性负荷等可调资源与电网交互特性分析提供了有效手段，是实现配电网源-网-荷集成优化的有力技术保证，可开展主站系统与分布式电源、可控负荷的信息集成和交互，实现可调控资源的特性分析、主动配电网的运行感知及源网荷整体协调控制等功能，可整合大规模分布式电源和负荷响应资源，分析其调控潜力或档位，提出能效建议。同时，它还为智能用电小区、智能楼宇和智慧园区示范建设，挖掘可控海量用户侧资源，开展分布式电源、电动汽车、储能以及示范区用户负荷供需友好互动的研究，提出政策建议和激励机制，引导各种资源和用户主动响应和参与供需友好互动提供了标杆。

3.3.2.2   重庆巫溪光伏扶贫虚拟同步机工程

重庆巫溪光伏扶贫项目——35kW 基于虚拟同步发电机技术的村集

中式光伏系统位于重庆市巫溪县尖山镇，光伏虚拟同步发电机安装在原尖山变电站内。

项目旨在对常规光伏逆变器与光伏虚拟同步发电机在可靠性、稳定性、经济性、能源效益等方面进行对比，以期为虚拟同步机技术在偏远山区或者电网薄弱地区大规模应用提供科学依据。

此外，浙江、山西、安徽、山东等省市电力公司也在积极开展虚拟同步机在分布式场景应用示范。

3.4　技术展望

基于虚拟同步机技术的自主电力系统理论框架已经建立，虽然虚拟同步机技术不论在理论还是在工程应用上都实现了快速发展，但是自主电力系统在技术层面和实践应用方面需要进一步的完善。

3.4.1　技术层面

（1）因电力电子装置的响应速度要大大优于传统同步电机，但又受变流器过载能力的限制，电压控制能力不如同步发电机组，并且当电网发生故障时，虚拟同步机受电力电子器件过电流特性的限制并不能像传统同步机一样支持较大的短路电流，因此对电网的运行和保护提出了挑战。如何充分利用电力电子设备快速性的优势来提高电力系统的可控性、提高保护的反应速度并且降低对过载、过电流能力的要求需要进一步探究。

（2）电源侧和负荷侧的虚拟同步机技术在拓扑结构和控制算法方面需要进一步优化。例如，虽然具有机电与电磁暂态特性的虚拟同步机技术继承了传统同步机的阻尼特性和转动惯量，但却引入了传统同步机振荡特性这一弊端，对于二阶系统，参数选取不当容易造成功角振荡，并且该振荡跟随运行状态的改变。

（3）储能和预留容量产生的经济性问题。储能系统采用虚拟同步机技术因只考虑惯性功率使得其发挥作用有限，如果在控制中加入一次调频和二次调频又会增加经济投入；风机虚拟同步机为了满足一次调频功率的支持时间提出预留备用容量方案，但是预留部分功率会损失发电量从而降低系统的发电效率。

3.4.2　实践应用层面

（1）配套测试规范量化指标不清晰，虽然微网应用可有效体现虚拟同步机的有益作用，但更多的应用场合为集群接入电网或电站应用，这两种应用均难以测试，对电网的有益作用暂时无法量化。

（2）虚拟同步机技术该理论体系的提出，在理论方面可以看出，该控制方式不但能够使新能源和大量可控负荷友好接入电网，而且大大提高了电网应对故障的能力，为电网的自动分解与重组提供了可能，既可以按大网运行也可以按小网运行，从而为减小甚至避免大面积停电事故提供了技术保障，但是于实际运行情况中这些所提的理论成果都需要进一步研究。

（3）为了使虚拟同步机技术能够得到更多的实践应用来为社会服务，需要设备制造商的鼎力支持，基于虚拟同步机技术的发电设备和用电设备的大规模生产需要尽快提上议事日程。

（4）水电储能是值得研究的一个问题。四川是一个巨大的、天然的储能系统，这一省就可为全国非水电清洁能源提供总容量20％的储能支撑，为了优化资源配置并提高对新能源的消纳能力，可采取的措施是改善水电的价格体系以充分发挥水电的天然储能作用，实现水电向储能的提升。

（5）自主电力系统的提出对电网的运行管理来说是一次大大的改革，关于适当调整电网的运行管理规章制度、界定负荷对电网稳定性的贡献、合理调配全系统的资源以实现全系统的优化运行和合理确定电价等电网运行管理层面的问题需要深入的探索与研究。

参 考 文 献

［1］ 曾正，赵荣祥，唐盛清，等．可再生能源分散接入用先进并网逆变器研究综述［J］．中国电机工程学报，2013，33（24）：1-12.

［2］ Solangi K H，Islam M R，Saidur R，et al．A review on global solar energy policy［J］．Renewable and Sustainable Energy Reviews，2011，15（4）：2149-2163.

［3］ 吕志鹏，盛万兴，刘海涛，等．虚拟同步机技术在电力系统中的应用与挑战［J］．中国电机工程学报，2017，（02）：349-360.

［4］ 钟庆昌，王晓琳，曹鑫，等．译．新能源接入智能电网的逆变控制关键技术［M］．北京：机械工业出版社，2016.

［5］ Zhong Q C，Hornik T．Control of Power inverters in renewable energy and smart grid integration［M］．New York：Wiley-IEEE Press，2013.

［6］ van Wesenbeeck M P N，de Haan S W H，Varela P，et al．Grid tied converter with virtual kinetic storage［C］//2009 IEEE Power Tech．Bucharest，2009：1-7.

［7］ 苏剑．分布式电源与微电网并网技术［M］．北京：中国电力出版社，2015.

［8］ Zhong Qing-chang，Weiss G．Synchronverters：inverters that mimic synchronous generators［J］．IEEE Transactions on Industrial Electronics，2011，58（4）：1259-1267.

［9］ Torres M，Lopes L AC．Frequency Control Improvement in an Autonomous Power System：an Application of Virtual Synchronous Machines［C］．Proceedings of the 8th International Conference on Power Electronics-ECCE Asia，Jeju，Korea，2011：2188-2195.

［10］ Sakimoto K，Miura Y，Ise T．Stabilization of a power system with a distributed Generator by a virtual synchronous generator function［C］．Proceedings of the 8th International Conference on Power Electronics-ECCE Asia，Jeju，Korea，2011：1498-1505.

［11］ 丁明，杨向真，苏建徽．基于虚拟同步发电机思想的微电网逆变电源控制策略［J］．电力系统自化，2009，33（8）：89-93.

［12］ 杜威，姜齐荣，陈蛟瑞．微电网电源的虚拟惯性频率控制策略［J］．电力系统自动化，2011，35（23）：26-31，36.

［13］ Johan Morrerij，Sjoerd WH，de Haan，JA Ferreira．Contribution of DG units to primary frequency control [J]. European transactions on electrical power, 2006. 16（5）：507-521.

[14] Hussam Alatrash, Adje Mensah, Evlyn Mark. Generator emulation controls for Photovoltaic inverters [J]. Smart Grid, IEEE Transactions on 2012，3（2）：996-1011.

[15] DANG NGOC HUY（邓玉辉）. 主动配电网中分布式电源的虚拟同步发电机控制技术研究 [D]. 华北电力大学，2015.

[16] Fang Gao, Iravani M R. A Control Strategy for a Distributed Generation Unit in Grid-Connected and Autonomous Modes of Operation. Power Delivery, IEEE Transactions on, Vol.：23, April 2008；Page（s）：850-859.

[17] Bevrani H, Ise T, Miura Y. Virtual synchronous generators：a survey and new perspectives [J]. International Journal of Electrical Power & Energy Systems, 2014, 54：244-254.

[18] 吕志鹏. 虚拟同步机技术构建"源-网-荷"友好互动新模式 [J]. 供用电，2017，（02）：32-34＋27.

[19] 张兴，朱德斌，徐海珍. 分布式发电中的虚拟同步发电机技术 [J]. 电源学报，2012（3）：1-6，12.

[20] 曾正，邵伟华，冉立，等. 虚拟同步发电机的模型及储能单元优化配置 [J]. 电力系统自动化，2015，39（13）：22-31.

[21] 曾正，赵荣祥，汤胜清，等. 可再生能源分散接入用先进并网逆变器研究综述 [J]. 中国电机工程学报，2013，33（24）：1-12.

[22] 程冲，杨欢，曾正，等. 虚拟同步发电机的转子惯量自适应控制方法 [J]. 电力系统自动化，2015，39（19）：82-89.

[23] 王思耕. 基于虚拟同步发电机的光伏并网发电控制研究 [D]. 北京：北京交通大学，2011.

[24] 侍乔明，王刚，付立军，等. 基于虚拟同步发电机原理的模拟同步发电机设计方法 [J]. 电网技术，2015，39（3）：783-790.

[25] 孟建辉，王毅，石新春，等. 基于虚拟同步发电机的分布式逆变电源控制策略及参数分析 [J]. 电工技术学报，2014，29（12）：1-10.

[26] 吕志鹏，蒋雯倩，单杨，吴鸣，宋振浩，郑楠. 基于负荷虚拟同步机的三相电压型PWM整流器 [J]. 供用电，2017，（04）：47-51.

［27］ 钟庆昌. 虚拟同步机与自主电力系统［J］. 中国电机工程学报，2017，（02）：336-349.

［28］ 陈宇航，王刚，侍乔明，等. 一种新型风电场虚拟惯量协同控制策略［J］. 电力系统自动化，2015，39（5）：27-33.

［29］ Morren J，De Haan S W H，Kling W L，et al. Wind turbines emulating inertia and supporting primary frequency control［J］. IEEE Transactions on Power Systems，2006，21（1）：433-434.

［30］ 赵晶晶，吕雪，符杨，等. 基于双馈感应风力发电机虚拟惯量和桨距角联合控制的风光柴微电网动态频率控制［J］. 中国电机工程学报，2015，35（15）：3815-3822.

［31］ 曹军，王虹富，邱家驹. 变速恒频双馈风电机组频率控制策略［J］. 电力系统自动化，2009，33（13）：78-82.

［32］ 付媛，王毅，张祥宇，等. 变速风电机组的惯性与一次调频特性分析及综合控制［J］. 中国电机工程学报，2014，34（27）：4706-4716.

［33］ 李和明，张祥宇，王毅，等. 基于功率跟踪优化的双馈风力发电机组虚拟惯性控制技术［J］. 中国电机工程学报，2012，32（7）：32-39.

［34］ 侍乔明，王刚，马伟明，等. 直驱永磁风电机组虚拟惯量控制的实验方法研究［J］. 中国电机工程学报，2015，35（8）：2033-2042.

［35］ 赵晶晶，吕雪，符杨，等. 基于可变系数的双馈风机虚拟惯量与超速控制协调的风光柴微电网频率调节技术［J］. 电工技术学报，2015，30（5）：59-68.

［36］ Zhong Qing-chang. Power electronics-enabled autonomous power systems：next generation smart grids［M］. New York：Wiley-IEEE Press，2016.

［37］ 吕志鹏，梁英，曾正，等. 应用虚拟同步电机技术的电动汽车快充控制方法［J/OL］. 中国电机工程学报，2014，（25）：4287-4294.

［38］ 刘东奇，钟庆昌，王耀南，等. 基于同步逆变器的电动汽车 V2G 智能充放电控制技术［J］. 中国电机工程学报，2017，（02）：544-557.

PART 4
新型储能技术

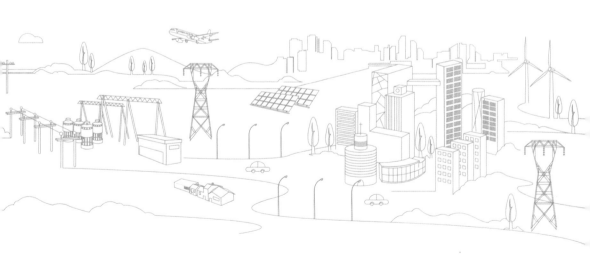

4.1 概述

现有能量存储方式主要可分为机械储能、化学储能、电磁储能和相变储能、热储能等，根据其技术特征的差异，分别适用于不同的应用场合。表 4-1 列出了几种适用于电力系统的储能技术在电力系统中的应用方向及其技术需求。抽水储能、压缩空气储能和电化学电池储能适合用于系统调峰、大型应急电源、可再生能源接入等大规模、大容量的应用场合；而超导、飞轮及超级电容器储能适用于需要提供短时较大脉冲功率的场合，如应对电压暂降和瞬时停电、提高用户电能质量，抑制电力系统低频振荡、提高系统稳定性等。

表 4-1 各种储能技术的应用能力

储能类型		典型额定功率	额定能量	优点	缺点	应用场合
机械储能	抽水储能	100~2000MW	4~数十小时	适于大规模，技术成熟	需要地理资源	调峰、调频、系统备用
	压缩空气	10~300MW	1~数十小时	适于大规模	需要地理资源	调峰、调频、系统备用
	飞轮储能	5kW~10MW	1s~30min	比功率高	成本高	UPS、电能质量调节
电磁储能	超导储能	10kW~50MW	2s~5min	响应快，比功率高	成本高、运行维护复杂	提高电能质量和电网稳定性
	超级电容	10kW~1MW	1~30s	响应快，比功率高	成本高、储能量低	电动汽车、电能质量调节
电化学储能	铅酸电池	kW~50MW	分钟~小时	技术成熟，成本低	寿命短，能量密度低	备用电源
	液流电池	5kW~100MW	1~数小时	寿命长，适于组合	储能密度低，成本高	备用电源、辅助可再生能源、调峰填谷
	钠硫电池	100kW~100MW	数小时	比能量高	高温条件、安全性有待改进，成本高	辅助可再生能源
	锂离子电池	kW~MW	min~数小时	比能量高，比功率高	寿命、安全性有待提高，成本高	辅助可再生能源、电动汽车

　　目前大规模储能技术中只有抽水蓄能技术相对成熟，但是由于地理资源限制，其广泛应用受到制约，而其他储能方式还处于实验示范阶段甚至初期研究阶段，相关产业处于培育期，储能装置的可靠性、使用寿命、制造成本以及应用能力等方面有待突破。分布式储能应用则主要面向用户的多种用能需求，储能形态不仅限于电力储能，储热、储气等形式也是分布式储能的重要体现。

　　规模化储能技术的不同应用模式下的功能与目的、所需储能系统持续时长以及主要技术状况如表 4-2 所示。由表 4-2 可知，提高大容量新能源发电接入能力的应用，主要通过抑制爬坡、跟踪日前调度计划出力以及功率控制等措施实现；提高输配电供电可靠性，可通过解决输电线路容量阻塞、变压器峰值负荷与功率流控制、以及动态稳定性等实现；辅助服务主要用于调频、调峰、旋转备用与黑启动等。从持续时长来看，所需主要为能量型储能系统，持续时长为 30～420min；功率型储能系统的持续时长在 40min 以内。

表 4-2　　　　　　　　　　　规模化储能应用基本情况表

应用模式	示范功能与目的	储能系统持续时长/min	主要技术状况
提高大容量风电场或光伏电站接入能力	平滑风电场或光伏出力，抑制爬坡	15～40	1）动态电源能量存储与功率管理；2）尽量减少电池使用以延长其寿命的控制算法等
	提升风电场或光伏电站跟踪日前调度计划能力	30～120	
	调峰	30～240	
	有功控制与无功补偿，减少系统旋转备用	0.5～15	
	测试储能系统的运行性能特征	60～420	
提高输配电供电可靠性	输电线路容量阻塞，推迟线路走廊建设	30～240	1）调度设备进行调峰与需求响应的算法；2）可对变压器负荷与理想最大限值进行比较，实现对最大限值调整的室内 SCADA 系统等
	减小变电站内变压器峰值负荷与功率流的可变性	30～60	
辅助服务	调频	15	1）动态电源控制实现频率响应与电压支持；2）针对有偿频率调整服务的控制软件等
	调峰	80～6300	
	快速旋转备用和电能质量	1～420	
	黑启动电源	120	

应用模式	示范功能与目的	储能系统持续时长/min	主要技术状况
提高供电可靠性	峰谷调节，尝试峰谷套利	120～240	1）调度设备进行调峰与需求响应的算法；2）可对变压器负荷与理想最大限值进行比较，实现对最大限值调整的室内 SCADA 系统等
	负荷用电管理	30～120	
	主要节点电能质量与动态稳定性	0.5～30	
提升分布式发电或微电网的运行能力	提升高渗透分布式发电的运行稳定性	15～40	1）储能无缝集成到电网的通信与控制；2）热系统的电子控制；3）分布式发电与储能系统的分布式管理
	提升微电网中功率控制和能量管理能力	5～40	
	提升分布式发电设备的有序并网	15～40	

4.2 储能技术

4.2.1 电化学储能

电化学储能安装灵活、响应速度快，在为电网提供功率服务和能量服务中都可起到重要作用。其在抑制新能源发电快速波动、电网调频、微电网能量管理和稳定性支撑、分布式电源接入等方面具有显著的技术优势。当前，电化学储能在电力系统中的应用处于快速增长中。

4.2.1.1 锂离子电池

（1）技术概况

锂离子电池具有能量密度高、工作电压高、自放电低、循环性能好、无记忆效应、环保等优点，是目前最具前景的高效二次电池和发展最快的化学储能。近年来，锂离子电池技术快速进步，在电子设备、航空航天、电动汽车、智能电网建设等领域广泛应用，具有良好的发展潜力。

锂离子电池是指以锂离子嵌入化合物为正极材料的电池总称，由正极、负极、隔膜和电解液组成。其正、负极材料均能够嵌脱锂离子，锂离子电池的充放电过程，就是锂离子的嵌入和脱嵌过程，充放电过程中锂离子在正负极间来回穿梭，往复循环，实现电池的充放电过程。其原理如图 4-1 所示，充电时锂原子变成锂离子通过电解质向碳极迁移，在碳极与外部电子结合后作为锂原子储存，放电时整个过程可逆。

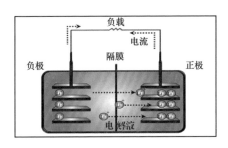

图 4-1　锂离子电池内部结构及原理示意图

一般认为，锂离子的正极材料是锂离子电池的核心技术。在电池充放电过程中，正极材料不仅作为锂源，提供在电池内部正负两极嵌锂材料间往复嵌脱所需要的锂，还要负担电池负极材料表面形成固液界面膜所消耗的锂。理想的正极材料需具备电位高、比容量大、密度大（包含压实密度和振实密度）、安全性好、倍率性能佳及长寿命等特点。目前采用的正极材料主要有钴酸锂（$LiCoO_2$）、锰酸锂（$LiMn_2O_4$）或磷酸铁锂（$LiFePO_4$）等二元或三元材料。在商业化锂离子电池正极材料中，钴酸锂一直处于主体地位，但存在容量衰减较大、抗过充性差、热稳定性差等问题。锰酸锂耐过充性能好、热稳定性高、资源丰富、环境友好等优点，被认为最有前途的正极材料。磷酸铁锂具有循环稳定性好、安全性高和绿色友好等优点，一直是动力锂离子电池领域的研究热点。

理想的负极材料应该能够容纳大量的锂离子，具有较高的离子电导率和电子电导率以及良好的稳定性。现有的负极材料难以同时满足上述要求，存在首次充放电效率低、大电流充放电性能差等缺点。目前研究的负极材料主要可分为三种，嵌入型负极材料、合金化型负极材料和转化型负极材料。典型的嵌入型负极材料如硬炭、软炭和石墨，其中石墨类材料导电性好，结晶度高，有稳定的充放电平台，是目前商业化程度最高的锂离子电池负极材料。合金化储锂材料是指能和锂发生合金化反应的金属及其合金、中间相化合物及复合物，通常来说其理论容量及电荷密度远高于嵌入型负极材料，且在大电流充放电情况下不会产生锂枝晶导致电池短路，对高功率器件有重要意义。目前报道的转化型负极材料有十多种，主要指过度金属元素如钴、镍、锰、铁等的氧化物、硫化物、氮化物、磷化物及氟化物。由于发现几种金属氧化物具有很高的可逆放电容量（3 倍于石墨），此类材料逐渐引起关注。

电解质是电池的重要组成部分，在正负两极之间起运输电子、传导电流的作用。目前锂离子带电池中包含的电解液多为有机体系，普遍存在易燃的问题，在过充、过放、短路及热冲击等状态下，电池温度迅速升高，会导致起火甚至爆炸的发生。安全性问题也是目前高容量动力锂离子电池商业化进程中最突出的障碍。选择合适的电解液体系也是获得高能量、长寿命和安全可靠锂离子电池的关键之一。根据电解质的不同，锂离子电池分为液态锂离子电池（LIB）和聚合物锂离子电池（PLB）两类。液态锂离子电池使用液体电解质，聚合物锂离子电池则以固体聚合物电解质来代替，这种聚合物可以是"干态"的，也可以是"胶态"的，目前大部分采用聚合物凝胶电解质。

（2）工程应用

与其他传统蓄电池相比，锂离子电池具有比能量高、额定电压高、大电流放电能力强、高功率承受力、自放电率低等优点。随着新能源汽车、可再生能源及分布式电站技术的发展，锂离子电池在新能源汽车、可再生能源接入及小型分布式电站方面的应用受到越来越多的关注。许多国家已经将锂离子电池用于储能系统，其研究也从电池本体及小容量电池储能系统逐步发展到应用于大规模电池储能电站的建设应用。

目前全球电力储能应用中，锂离子电池是应用占比最多、增速最快的化学储能类型。2008 年 11 月，美国 A123 公司率先开发出 2MW 的锂离子储能电池，应用于 AES 公司的 H-APU（Hybrid ancillary power unit）系统，实现电能质量的调节和备用电源的作用，电池效率达到 90%。锂离子电池开发商 Altair Nanotechnologies 公司已建立 1MW/250kWh 的拖车式锂离子电池储能系统服务于 AES 公司与 PJM 公司。另外美国 A123 公司为 AES 公司在智利的变电站开发了 12MW 的锂离子电池用于频率调节和旋转备用。

锂离子电池在国内储能领域也获得了最广泛的应用，具体项目最多并且单个工程规模最大（除抽水蓄能之外）。其中最具影响力和示范意义的张北国家风光储输示范工程（一期）14MW 磷酸铁锂电池储能系统，已全部投产。中国南方电网有限公司建成 5MW/20MWh 锂离子电池储能示范电站，电池采用车用锂离子电池技术，以 10kV 电缆接入深圳 110kV 碧岭站，其主要功能定位为移峰填谷。

由国家电网公司中国电力科学研究院主持、发展改革委投建的张北"国家风电监测研发中心"，用 1MW 锂离子电池试验储能对风电场发电及其电网接入的作用。另外，国家电网公司建立了锂离子电池的研究与测试平台，能够对不同生产厂家、不同类型的锂离子电池进行了全面的特性实验研究，开展了 20kW 以下级别的锂离子电池成组的研发，为锂离子电池大规模成组奠定了基础；并系统分析不同梯级应用场合对电池性能的要求、影响因素及相关表征量，建立了锂离子电池梯级利用的检测和评价体系。

但锂离子电池耐过充/放电性能差；采用有机电解液，存在较大的安全隐患，安全性有待提高；组合及保护电路复杂，成本相对于铅酸电池等传统蓄电池偏高，目前锂离子电池折合成使用成本为 0.7～1（元/kWh·次）。技术和经济性能尚不能满足应用预期，制约了锂离子电池在大型动力和储能电池领域的大规模推广应用。

就电网应用而言，国内外现有的锂离子电池储能示范工程中，除了安全隐患问题，锂离子电池存在的主要问题是仍然是锂离子电池的寿命和成本问题。主要原因是在于目前用于储能示范工程的锂离子电池仍是针对电动汽车应用的动力电池技术需求而开发的，以动力电池本体为基础开发的面向储能领域的应用包括储能电池成组技术以及监控技术等，并未涉及电池本体的针对性研发，因此导致电池本体性能与储能应用在寿命、成本及安全性方面的需求差距较为显著。为了实现锂离子电池在电力储能领域的大规模应用，必须舍弃以往专注于提高能量密度和功率密度的研发思路，转而专门开发以长寿命、低成本、高安全为突出特征的储能电池。

（3）创新点

制约锂离子电池性能提高的最主要因素是缺乏系统化的锂离子电化学理论、新的锂离子电池体系以及高性能储锂材料，锂离子电池的核心和关键是新型储锂材料和电解质材料的开发与应用。亟须在材料创新的基础上研究循环寿命更长、安全性更高和成本更低的锂离子电池。

目前针对长寿命电池的研究，以零应变材料为代表的长寿命电池材料是目前的研究热点，而基于此类材料的电池凭借其优异的长寿命特性成为现阶段电池储能领域最具应用潜力的锂离子电池。钛酸锂材料是目前零应变材料中最为典型的代表，基于钛酸锂负极材料的锂离子电池目前寿命能够达到 10000 次以上，成本是磷酸铁锂电池的 3～5 倍。钛酸锂电池的主要缺点是成本较高，与储能应用要求的技术经济性指标差距较大；而目前磷酸铁锂电池性能与储能应用指标差距最大的是则是循环寿命。安全性方面，以离子液体和全固态电解质为代表的高安全性电池体系中，全固态聚合物电解质的导电依靠聚合物的链段运动和锂离子迁移，被认为是解决锂离子电池安全性问题的最好途径之一。

锂离子电池的主要发展趋势包括新一代电极材料（如与碳涂层技术相结合材料、纳米粒子尺度的材料、有机电极材料）的锂电池、锂空气电池。另外，也有研究提出使用钠替代锂的钠系电池体系，以摆脱锂资源束缚，研发室温下的、具有成本效益、可持续发展、环境友好的钠离子电池。

4.2.1.2　铅炭电池

（1）技术概况

铅炭电池是一种电容型铅酸电池。铅炭电池具有安全性高、运行条件和技术特征适用性广，成本低、具有良好的经济性等优点，近年来受到越来越多的关注。

铅酸电池自发明以来铅酸电池已有 150 多年的应用历史，经过长期的发展，具有安全可靠、价格低廉、技术成熟、工作温度宽、适应性强并可制成密封免维护结构等优点，是目前二次电池的主流产品之一。广泛应用于通信、交通运输、电力等行业，其中备用电源、汽车起动电池、电动自行车用动力电池 3 类约占消费总量的 90%。普通铅酸蓄电池是由浸在电解液中的正极板（二氧化铅）和负极板（海绵状纯铅）组成，电解液是硫酸的水溶液。图 4-2 为阀控密闭型铅酸电池原理图。

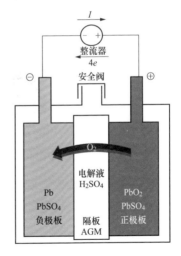

由于传统铅酸蓄电池的循环寿命短、充放电功率小、能量密度低，在频繁启动和高电流密度充放电循环应用中，如新能源爬坡控制、混合动力汽车等领域，传统固定式铅酸电池的应用推广受到限制，总体成本优势难以体现。

图 4-2　阀控铅酸电池原理图

铅炭电池是在传统铅酸电池的铅负极中以不同方式加入具有双层电容特性的碳材料而形成的新型储能装置。

加入活性炭材料的方式有两种，一种是负极材料分别由铅和活性炭单独制作，然后通过并联形成负极，成为内并模式，另一种是把活性炭混合到负极材料铅中制作成负极，成为内混模式。前者由 CSIRO（澳大利亚联邦科学及工业研究组织）最早研发成功，称为超级电池，可以看作是由非对称性超级电容器和铅酸电池两部分组成。后者将具有双层电容特性的碳材料与海绵铅负极进行混合制作成既有电容特性又有电池特性的铅炭复合电极，铅炭复合电极再与正极匹配组成铅炭电池，又称为高级铅酸电池，最早在 2004 年由美国的 Axion 公司研究开发。

铅炭电池结构如图 4-3 所示，正极是二氧化铅（PbO_2），负极是铅-炭（PbC）复合电极。铅炭电池的开路电压为 2.1V，基本的电池反应为

$$正极：\quad PbO_2 + 3H^+ + HSO_4^- + 2e^- \underset{充电}{\overset{放电}{\rightleftharpoons}} PbSO_4 + 2H_2O \tag{4-1}$$

$$负极：\quad Pb + HSO_4^- \underset{充电}{\overset{放电}{\rightleftharpoons}} PbSO_4 + 2e^- + H^+ \tag{4-2}$$

$$总反应：\quad PbO_2 + Pb + 2H_2SO_4 \underset{充电}{\overset{放电}{\rightleftharpoons}} 2PbSO_4 + 2H_2O \tag{4-3}$$

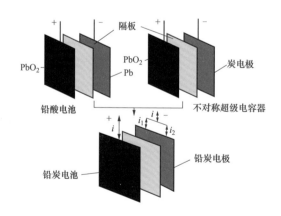

图 4-3　铅炭超级电池原理图

由于活性炭的加入，一方面减缓了负极硫酸盐化现象，延长了电池寿命，另一方面发挥超级电容器的优势，具备了大电容充放电的特

性。但是使铅炭电池性能提升的关键炭材料的作用机制目前仍不明确，缺乏对于铅炭电池储能机理的清晰认识，而且碳材料的加入易产生若干负面效应，如使负极易析氢、电池易失水等问题，这些都有待于研究解决。只有完全掌握炭在负极的电化学行为以及对电池性能的贡献，才能有针对性的设计和开发出更高性能的铅炭电池。

（2）工程应用

相比传统铅酸电池，铅炭电池在充放电倍率和循环寿命等性能方面有较大提升，能快速充放电，浅充放循环寿命长，是普通铅酸电池3～5倍。同时保留铅酸电池的安全可靠、再生利用率高、原材料资源丰富、成本低（150～200美元/kWh）的优点。目前铅炭电池的成本价格为1300元/kW，比功率为500～600W/kg，比能量为30～55Wh/kg。

铅炭充放电倍率和电池循环性能的提升使其可用于电动汽车及新能源储能。在国际先进铅酸电池联合会（ALABC）支持下，铅炭电池取得了较大进展。2006年，ALABC发起铅炭电池示范项目，2009年，美国政府提供2000万美元资助多个机构研发铅炭电池。目前，铅炭电池已由电动汽车用的数十安时容量的单体电池发展到新能源储能用的1000Ah单体电池，并经过系统集成技术形成兆瓦级储能系统，应用于工程项目示范。美国、澳大利亚和亚洲地区等一批电网和微电网固定储能装置上已经采用铅炭电池，用于可再生能源频率平滑、提高电网稳定性和可再生能源发电利用率。2011年在美国能源局资助下，宾夕法尼亚州里昂电站储能示范项目中采用了东宾公司的3MW/3MWh电网级铅炭超级电池储能系统，用于对美国PJM电网提供3MW的连续频率调节服务。此外，这套系统还能为特定的高峰负荷提供1～4h的1MW电力需求侧能源管理服务。日本也进行了一些铅炭电池用于固定储能方面的实验和商用计划，聚焦于小规模微网/电网分散式储能，包括清水公司开发的微网储能系统和北九州前田区的智能电网示范系统。澳大利亚 King 岛安装了 3MW/6MWh 的铅炭电池储能系统用来优化岛上的混合发电系统性能，使风力发电系统稳定供电，减少了对柴油机发电的依赖。我国 2011 年 5 月投运东福山岛风光储微网系统也采用了铅炭电池储能系统。随后，2MW/4MWh 国网鹿西岛微网项目，以及江苏中能 1.5MW/12MWh 铅炭电池储能电站、10.08MW/80.64MWh 苏州工业园区大工业电网级铅炭电池储能电站等项目陆续建成投入应用，提高了可再生能源利用率，起着削峰填谷节能应用、平滑风光功率输出、暂态有功出力紧急响应和暂态电压紧急支撑功能。

在混合动力汽车方面，采用 Furukawa/CSIRO 电池的 Honda Insight 混合动力车，在没有任何维护情况下完成 14 万多英里（22.4 万 km）的驾程，电池性能良好，循环性能是普通铅酸电池的 3～4 倍。

（3）创新点

尽管铅炭超级电池在循环寿命、比功率和比能量等各项关键性能指标上均优于传统铅酸电池，并在新能源示范工程项目中得到了验证，但铅炭电池在研发上仍存在一些技术和工艺问题亟待解决。铅炭电池在储能调频和负荷跟踪测试模式下的性能和内在机理和长寿命铅炭复合电极制造技术，以及仍需进一步深入研究；适合铅炭电池用的炭材料制造技术只有美国 EnerG2 等少数公司所掌握，炭材料价格昂贵；铅碳电池的理论比能量为 166Wh/kg（包含硫酸重量，假设单体电池电压为 2V），而目前铅炭电池装置仅为 30～55Wh/kg，只有理论比能量值的 20%～33%，铅碳电池的巨大潜能仍未发挥出来。

4.2.1.3 液流电池

（1）技术概况

氧化还原液流电池（Flow Redox Batterg），简称液流电池，由美国航空航天局（NASA）资助设计，1974 年由 Thaler L. H. 公开发表。液流电池的活性物质以液态形式存在，既是电极活性材料又是电解质溶液，分装在两个储液罐中，各由一个泵使溶液流经液流电池电堆，在离子交换膜两侧的电极上分别发生还原和氧化反应，原理图如图 4-4 所示。

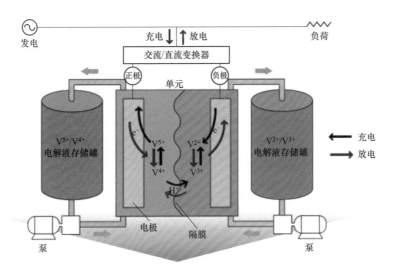

图 4-4　液流电池工作原理图

根据活性物质的不同，液流电池可分为全钒、锌/溴、多硫化钠/溴、铁/铬等多种技术体系。从目前技术成熟度和工程应用效果看，全钒体系发展比较成熟，具备兆瓦级系统生产能力，已建成多个兆瓦级工程示范项目。

全钒液流电池的功率和容量独立设计，全钒液流电池的功率由电堆的规格和数量决定，容量由电解液的浓度和体积决定。因此，功率的扩容可通过增大电堆功率和增加电堆数量实现，容量的提高可以通过增加电解液体积实现。在电池反应过程中，电极材料本身不参与反应，钒离子仅发生价态变化，而无相变，因此快速、深度充放电而不会影响电池的使用寿命，且各单节电池均一性良好。工作在常温、常压条件下，全钒液流电池无潜在的爆炸或着火危险。另外，钒离子的电化学可逆性高，电化学极化也小，非常适合大电流快速充放电；电解质溶液可循环使用和再生利用，环境友好，节约资源。电池部件多为廉价的碳材料、工程塑料，使用寿命长，材料来源丰富，加工技术成熟，易于回收。

综上，全钒液流电池作为储能系统具有容量大、循环寿命长，安全性高、无污染、操作成本低等优点。全钒液流电池在输出功率为数百千瓦至数百兆瓦，储能容量为数百千瓦时至数百兆瓦数时以上级的规模化固定储能场合，液流电池储能具有明显的优势，是大规模高效储能技术的首选技术之一。与传统的蓄水储能、机械储能相比，这种新型的大功率电化学储能方式不用受地理位置的限制，正成为全世界发达国家研究和利用的热点。

目前，全钒液流电池系统能量效率65%～70%，运行环境温度0～40℃，能量密度15～25Wh/L。面临能量密度低、体积较大、能量效率低、运行环境温度窗口窄等不足，而且相对于其他类型的储能系统增加的管道、泵、阀、换热器等辅助部件，使得全钒液流电池更为复杂，从而导致系统可靠性降低。在离子交膜技术、高浓度和高稳定性的电解液制备技术方面需要重点突破，以提高能量效率和能量密度，进一步降低成本。

（2）工程应用

全钒液流电池适用于调峰电源系统、大规模光伏电源系统、风能发电系统的储能等。目前，全钒液流电池的主要应用对储能系统占地要求不高的大型可再生能源发电系统中，用于跟踪计划发电、平滑输出等提升可再生能源发电接入电网能力。

日本住友电工公司早在上世纪90年代开始全钒液流电池技术研发，具有领先的系统集成和工程应用技术，2005年，在Subaru风电场安装4MW/6MWh储能系统，奥地利Gildemeister公司从2002年开始研发全钒液流储能电池，产品主要与太阳能光伏电池配套，用于偏远地区供电、电动车充电站等领域。

我国全钒液流储能技术和产业发展处于世界领先水平。2010 年以来，北京普能公司 500kW/1MWh 和 2MW/8MWh 全钒液流电池系统分别应用在张北国家风电检测中心和国家风光储输示范项目一期工程。2013 年，融科储能公司与大连化物所联合研制的 5MW/10MWh 全钒液流电池储能系统成功应用在龙源电力股份有限公司卧牛石风电场。2014 年，融科储能公司与德国博世集团（BOSCH）合作，在德国北部风场建造了 250kW/1MWh 全钒液流电池储能系统。融科储能公司还与美国 UniEnergy Technologies 公司合作，建造了美国首座兆瓦级全钒液流储能电池电站。目前，大连融科储能公司累计实现全钒液流电池装机容量超过 12MW，占世界总装机量的 40%。

在全钒液流电池示范工程的应用中，国内外普遍面临能量效率低、成本高等问题，除此之外国内还需要解决系统可靠性和关键材料国产化等问题。

4.2.2　机械储能

4.2.2.1　压缩空气

（1）技术概况

压缩空气储能具有储能容量较大、储能周期长、和单位投资相对较小等优点，建造成本和响应速度与抽水蓄能电站相当，是一种具有推广应用前景的大规模储能技术。

压缩空气储能技术的发展可分为三个阶段。第一阶段始于 20 世纪 70 年代，以燃气发电为基础，即燃气补热式的传统压缩空气储能。传统压缩空气储能在发电环节采用燃气补热的方式提高发电效率，而储气室多利用可溶性盐层形成的地下洞穴，其工作原理如图 4-5 所示。之前已有德国 Huntorf 电站和美国 McIntosh 电站的两个大型电站采用这种方法实现了商业化运行，但储能效率较低，只有 50% 左右。目前国外建成的压缩空气储能电站基本上属于此种类型。

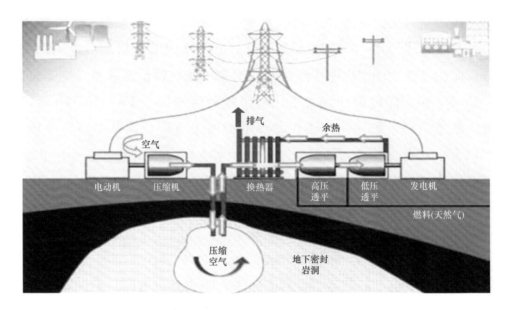

图 4-5　传统压缩空气储能原理示意图

第二阶段始于 20 世纪 90 年代，是以避免无谓热量散失，提高发电效率为基础展开的非燃气补热的先进绝热压缩空气储能系统。与燃气补热的传统压缩空气储能系统相比，原理上的主要区别在于，通过增加回热利用环节，实现对压缩热的回收利用，将压缩过程中产生的热量储存于介质中，在发电过程中为气体补热升温所用，摒弃了燃气补热环节，减少额外热量需求，从而提高整体运行效率，使得系统运行过程中无燃烧、零碳排。但是改良技术的大型化设计却遇到困难，成本也大幅度上升，因此这种技术并没有成功的商业化运行示范。

近年来在国内备受关注的先进绝热压缩空气储能（.AACAES）是非燃气补热压缩空气储能系统的典型代表。AACAES 系统设计为多级压缩/膨胀运行方式，并在各级之间加装级间换热装置，通过在各级压缩/膨胀机以及级间换热装置中进行快速热交换，控制气体温度变化范围，从而提高系统整体运行效率。

第三阶段始于 21 世纪，等温压缩空气储能技术等新一代压缩空气储能技术被提出。等温压缩空气储能系统在压缩空气环节中增加控温环节，并以水作为介质进行势能传递，通过水封作用减少了损耗。通过液体活塞、液压活塞配合液压马达等技术来替代传统的燃气轮机和空压机技术发电，同时利用水比热容大的特点为系统运行提供近似恒定的温度环境，抑制气体温度变化，理论上可以大幅度提升效率。

SustainX、General Compression、LightSail Energy 等公司提出的几种控温方案由于技术以及设备原因，虽然并非实现了绝对意义上的等温过程，但相比于绝热压缩空气储能效率要高。偏向于小型化的设计，不适应大规模电力储能的发展方向，而大型等温压缩空气储能系统，由于其水头不稳定问题没有得到解决，需要变速水泵和变速水轮机配合，发电效率受到影响。可以预测，未来压缩空气储能的发展在现有各种压缩空气储能技术以及其附属技术基础上，朝着效率更高、稳定性更高、成本更低的等温压缩空气储能方向继续发展，不断实现技术革新，将压缩空气储能技术推向新纪元。

从功能原理方面，压缩空气储能系统包含压缩、储气、回热、膨胀发电等四个子过程，其相应的关键技术为高效压缩技术、大容量储气技术、高温蓄热技术和高效膨胀技术。

作为储能过程的核心部件，压缩机具有流量大、效率高、压比高、背压变化大等特点，与燃机中的压缩机和一般的工业压缩机具有很大的不同。目前在大型压缩空气储能电站设计中多采用低压端轴流压缩机和高压端离心压缩机组成的多级压缩、级间冷却的工作方式。对于先进绝热的压缩空气储能系统，则要采用大压比、高温升的轴流或者离心压缩机，以满足较高的压缩排气温度。由于采用空气作为储能介质，储气系统具有容量大、压力高等特点。压缩空气储能电站的容量和储能室的容积、压力紧密相关，如何获得可靠、低造价的储气室成为电站建设的关键。大型电站一般采用地下盐穴或人工开凿的地下岩洞作为储气室；中小型的储能电站可以考虑采用压力容器作为储气室，虽然布置灵活，但系统造价却较高。对于非补燃类压缩空气储能，回热技术对系统的储能效率影响极大。回热温度越高，系统的储能效率也越高。高温的回热系统可选用导热油、熔融盐等蓄热工质，采用光热发电技术中常用的双罐布置方案。膨胀发电机是释能过程中热功转换的核心部件，其效率的高低直接决定整个电站的储能效率。膨胀机的结构形式与燃气轮机的膨胀机类似，目前多采用多级膨胀加中间再热的结构形式。由于膨胀机的膨胀比高于常规的燃气轮机，对膨胀机的设计和制造也具有较高的要求。

除上述几类压缩空气储能技术外，为摆脱对化石燃料和地下洞穴等资源条件的依赖，国内外学者还开展了多种先进压缩空气储能系统的研究，包括地面压缩空气储能系统、蓄热式压缩空气储能、液化压缩空气储能、超临界空气储能、太阳能补热型压缩空气储能等多种新型压缩空气储能技术，不过目前基本还处于关键技术研究突破、实验室样机或小容量示范阶段。

液化压缩空气储能技术，是将电能转化为液态空气的内能以实现能量存储的技术。液化存储的储能密度高，综合成本有下降的空间。但由于液化压缩空气储能在空气压缩/膨胀过程的基础上增加液化冷却和气化加热过程，相比较等温压缩空气储能的等温压缩/膨胀过程，增加了额外损耗。因此与相似压缩空气储能技术相比，液化压缩空气储能效率较低，并没有明显优势。

采用外部热源加热压缩空气以实现更高能量输出，是一种行之有效的手段。太阳能补热型压缩空气储能系统是一种将太阳能与压缩空气储能系统结合，利用太阳聚光形成高热替代燃料燃烧对压缩气体进行补热，从而提高运行效率的储能系统。与燃气补热相比，太阳能补热型压缩空气储能大幅度减少了储能发电系统的碳排放，但依然属于外源补热型储能系统，就发电效率而言与燃气补热型压缩空气储能系统没有本质区别。

（2）工程应用

目前世界范围内投运的压缩空气储能电站 5 处，装机容量 435MW，在建压缩空气储能电站 5 处，装机容量 825MW。世界上第一座压缩空气储能电站是 1978 年投入商业运行的德国 Huntorf 电站，功率为 290MW，目前仍在运行中，系统效率为 46%。系统将压缩空气存储在地下 600m 的废弃矿洞中，矿洞总容积达 $3.1 \times 105m^3$，压缩空气的压力最高可达 10MPa。机组可连续充气 8h，连续发电 2h。

第二座是于 1991 年投入商业运行的美国 Alabama 州的 Mclntosh 压缩空气储能电站，功率为 110MW。其地下储气洞穴在地下 450m，总容积为 $5.6 \times 105m^3$，压缩空气储气压力为 7.5MPa。该储能电站发电功率为 110MW，可以实现连续 41h 空气压缩和 26h 发电，机组从启动到满负荷约需 9min。该机组增加了回热器用以吸收余热，以提高系统效率，系统效率为 54%。该电站由 Alabama 州电力公司的能源控制中心进行远距离自动控制。

英国 Highview 公司通过和 Leeds 大学合作，成功研发了液化空气储能系统，并于 2010 年在伦敦附近建立液化空气储能系统，该系统通过与生物质电站连接，实现并网发电运行。

另外，日本、意大利、以色列等国也分别有压缩空气储能电站正在建设。而俄罗斯、法国、南非、卢森堡、韩国、英国也都有实验室研究。中国压缩空气储能技术研究起步较晚，目前尚无商业运行的压缩空气储能电站。中国科学院工程热物理研究所在国际上首次提出并自主研发出超临界压缩空气储能系统，2013 年建成 1.5MW 超临界压缩空气储能示范系统。清华大学开展了压缩热回馈的非补燃压缩空气储能研究，于 2014 年建成世界第一台 500kW 非补燃压缩空气动态模拟系统，成功实现了并网发电。

4.2.2.2　飞轮

（1）技术概况

　　飞轮储能是将能量以飞轮的转动动能的形式来存储。飞轮储能具有储能密度较高（30Wh/kg 和 1kW/kg）、充放电次数与充放电深度无关、能量转换效率高（可达 90％）、可靠性高、易维护、使用环境条件要求低、无污染等优点。充电时，飞轮由电机带动飞速旋转；放电时，相同的电机作为发电机由旋转的飞轮产生电能。储存在飞轮中的能量与飞轮（以飞轮转轴作为其转动惯量的参考轴）的质量和旋转速度的平方成正比。图 4-6 为一个典型的飞轮储能装置，包括高速旋转的飞轮；封闭的壳体提供了一个高真空环境（～大气压力）以减少阻力损失，并保护转子系统；轴承系统为转子提供低损耗支撑；以及电源转换和控制系统。

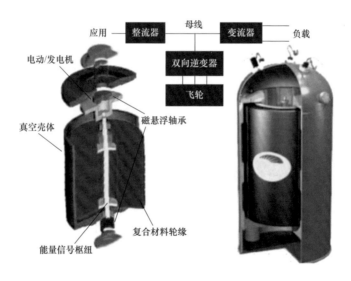

图 4-6　飞轮储能系统工作原理

　　储存在飞轮中的能量与飞轮（以飞轮转轴作为其转动惯量的参考轴）的质量和旋转速度的平方成正比。可见，虽然可以通过提高飞轮总质量来达到更大的储能量，更为有效的方法是提高飞轮的转速。目前飞轮储能技术主要有两大分支，第一个分支是以接触式机械轴承为代表的大容量飞轮储能技术，其主要特点是储存动能、释放功率大，一般用于短时大功率放电和电力调峰场合。第二个分支是以磁悬浮轴承为代表的中小容量飞轮储能技术，其主要特点是结构紧凑、效率更高，一般用作飞轮电池、不间断电源等。

为提高飞轮的转速和降低飞轮旋转时的损耗，飞轮储能的关键技术包括高强度复合材料技术、高速低损耗轴承技术、高速高效发电/电动机技术、飞轮储能并网功率调节技术、真空技术等。

（2）工程应用

进入20世纪90年代以后，飞轮储能受到了广泛的重视，并得到了快速发展，已经出现了很多高性能的产品，应用于交通和电力系统稳定控制、电力质量改善和电力调峰等领域，且逐步引入风力发电。美国的Viata Tech Engineering公司也将飞轮引入到风力发电系统，实现全频调峰，飞轮机组的发电功率为300kW。近年，国外已尝试将飞轮储能引入风力发电。其中，德国Piller公司的飞轮储能具备在15s内提供1.65MW电力的能力；美国Beacon power公司的20MW飞轮储能系统已在纽约州Stephen Town建成，主要用来配合当地风场进行发电，可以对当地电网系统进行调频，改善电能质量。在高温超导飞轮储能系统的研制方面，美国的波音、德国的ATZ等公司处在世界前列，日本的ISTEC和韩国的KEPRI也进行了卓有成效的研究。

我国在飞轮的研究上起步较早，对轴承和转子等关键技术的研究取得了一些成果。自20世纪80年代开始关注飞轮储能技术，自90年代开始了关键技术基础研究。中国科学院的理论研究与样机试制，目前已经设计并实现了基于钢转子和机械轴承的飞轮储能装置并应用于微型电网稳定控制和电能质量改善，其功率为10kW，可利用储能量为100Wh，转子运行于4000～8000r/min转速区间，整个储能装置功率密度达到125W/kg，能量密度达到了4.5kJ/kg。目前基于永磁卸载的1kWh飞轮储能阵列正在研制中。清华大学1995年开始研究，1997年300Wh飞轮储能样机首次实现充放电，支承在永磁-微型螺旋槽轴承上的复合材料飞轮转速高达 43800r/min。华北电力大学同期也建立了试验装置，研制的刚质飞轮极限转速 10000r/min，也采用了低损耗的永磁-流体动压混合支承。北京航空航天大学、中国科学院长春光学精密机械与物理研究所近年来开展飞轮储能电源的航天应用研究。北航的飞轮实验装置可用电能为 13Wh，转换效率达到 83%，实验输出功率 100W，最大输出功率可达 200W 左右。2001 年核工业理化工程研究院研究设计了一种汽车用飞轮储能装置，用于燃料电池电动汽车的辅助电源。北京飞轮储能（柔性）研究所设计了 XD-001 型飞轮储能装置模拟机，飞轮材料为玻璃纤维复合材料，实验转速为 30000r/min，储能量为 570Wh，发电电压达到 140V。2008 年，中国电科院电力电子所在北京 306 医院安装了一台容量为 250kW、磁悬浮轴承、能运行 15s 的飞轮储能装置，可与备用的柴油发电机相互配合，这是飞轮储能首次在中国配电系统中安装使用，但与国外技术水平仍有差距。2014 年 6 月，由中国电科院与华中科技大学共同完成的基于复合材料的 1.3kWh/15000 转飞轮储能样机的研制和相关试验，通过了国家电网公司科技部在京组织召开的"飞轮储能关键技术研究及实验验证"科技项目验收会，为飞轮储能技术在电网中的应用和推广奠定了基础。总体上我国飞轮的理论与应用研究与国际先进水平差距较大，尤其是电力储能用飞轮，目前大部分停留在小容量的原理验证阶段，还没有成熟的装置和产品。

4.2.3 电气储能（超级电容）

（1）技术概况

超级电容是目前具有应用可行性的一种电磁储能技术。超级电容器，也称电化学电容器，具有功率密度高、充电速度快、循环寿命长、工作温度范围宽、安全、可靠、环境友好等优点。超级电容是基于多孔炭电极/电解液界面的双电层电容，或者基于金属氧化物或导电聚合物的表面快速、可逆的法拉第反应产生的准电容来实现能量的储存。其结构和电池的结构类似，主要包括双电极、电解质、集流体、隔离物 4 个部件，工作原理如图 4-7 所示。

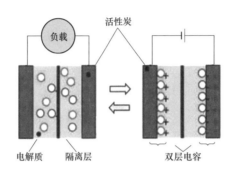

图 4-7　超级电容器技术原理图

超级电容器按正、负电极的储能机制主要划分为三类：正、负电极都以双电层为主要储能机制的双电层电容器，正、负电极都以准电容为主要机制的电化学准电容器，以及两电极分别以双电层和准电容为主要机制的混合型电化学电容器。基于多孔炭材料的双电层电容器是当前商品化超级电容器的主流，双电层电容器的工作电压可达 2.5V 以上，兼有高的能量密度和功率密度（Maxwell 生产的 3000F/2.7V 双电层电容器的能量密度和功率密度分别达到 5Wh/kg 和 10kW/kg 和 6.4kW/L），循环寿命长（>105 次），已广泛应用于混合电动汽车、不间断电源、通信、航空航天等领域。

超级电容器在应用中还有面临很多问题。其一，能量密度有待提高，目前超级电容器在电能存储反面与电池还是有一定差距，提高能量密度是目前超级电容器领域的研究重点和难点。制造工艺和技术的改进是提高超级电容器存储能力的一个行之有效的方法，长远来看，找到新的电极活性材料才是根本所在，同时也是难点所在。其二，电参数模型的建立，在某些领域，超级电容模型可以等效为理想模型，但在军事应用中，尤其是卫星和航天器的电源应用中，一些非理想参数可能带来的安全隐患不可忽视。超级电容由于携带极高能量，具备瞬间吞吐巨大能量的能力，因此，研究负载性质、负载波动或外部环境以及偶然因素引起的扰动对系统稳定性可能造成的影响，对可靠性设计具有重要意义。其三，一致性检测问题，超级电容的额定电压很低（不超过 3V），在应用中需要大量的串联，由于应用中需要大电流充放电，而过充对电容的寿命有严重的影响，串联中的各个单体电容器上的电压是否一致是至关重要的。

提高超级电容的容量和循环特性、降低成本一直是业界关注的问题。就提高性能而言，超级电容的电极、电解质的改进是重点。目前主要研究途径一是组合利用现有的电极材料，如结合双层电容和法拉第准电容的储能机理，从而提高电容；二是开发新型电极材料。电解质的研究重点在于开发电位窗宽、耐高低温额、离子导电性好的材料。从降低成本的途径分析，一是寻求低价材料，如利用天然矿产资源等；二是寻求低价材料和高价材料的结合，从而实现性能互补、总体价格走低的目的；再有就是改进生产工艺，实现低成本化。

目前，超级电容器的主要关键技术包括高性能电极材料技术、超级电容封装和模块化技术，以及超级电容与新能源的耦合技术等。为实现 10MW 级超级电容器储能系统的研制，需重点突破如下技术瓶颈：新型电极材料、电解质材料、隔膜材料及超级电容器新体系设计技术；能量密度大于 30Wh/kg，功率密度大于 5000W/kg 的超级电容器单体技术；超级电容器模块化技术；10MW 级超级电容器储能装置系统集成的关键技术。

为实现超级电容器技术的革新，可积极探索基于多孔石墨烯材料的高功率、高能量超级电容器，需重点突破的技术为：石墨烯材料的纳米结构及孔径分析与优化技术；高比表面积多孔石墨烯材料的可控活化与造孔关键技术；高电导率石墨烯材料加工与改性关键技术；高性能石墨烯材料表面功能团控制与优化关键技术；高密度石墨烯材料层间微尺度支撑与掺杂关键技术；高性能石墨烯材料表面修饰与赋能关键技术；高性能石墨烯材料的批量化制备及质量控制关键技术；基于多孔石墨烯材料的高强度电极设计与加工关键技术；基于石墨烯材料与电极的高密度高可靠性器件组装、测试与老化关键技术。

（2）工程应用

超级电容可弥补传统电容器与电池之间的空白，兼有电池高比能量和传统电容器高比功率的优点。可应用于备用电源、辅助峰值功率、存储再生能量、替代电源等不同场景，在电力、工业控制、交通运输、智能仪表、消费型电子产品、国防、通信、新能源汽车等领域都有应用价值和市场潜力。

超级电容可以用做后备电源，作为 UPS 后备电源，超级电容的输出电流可以几乎没有延迟的上升到数百安培甚至上千安培，在很短的时间内就可以实现能量存储，10 年以上不需维护，使 UPS 实现真正免维护。用于 UPS 直流屏，直流电源屏为变配电设备提供直流电源，主要用在高压开关的分合闸等方面，其性能直接影响整个供电系统的安全运行。超级电容与化学电池组成复合电源，类似于 UPS，在系统突然断电后，负责在极短时间内为系统提供能量。在这种应用中，需要后备电源有快速的启动时间。由于超级电容是物理反应的方式储存电能，充放电速度快，相对电池有着更为快速的响应时间，承担冲击负荷，从而延长化学电池的使用寿命，降低故障，减少成本。

超级电容充放电在 1s 左右，基本上是 0.1～10s，这个时间正好是汽车、吊车刹车或启动的时间，其他设备比如风力发电中，风轮机变桨的时候要提供能量也是在这个时间段。在风力发电风轮机变桨时、机车、电动机、汽车、吊车启动时需要的能量远大于其正常工作时需要的能量，超级电容可以辅助电池、发动机等动力系统提供峰值功率，从而减轻电池或发动机的负担。没有超级电容时，在负载启动、维持运行和终止的过程中，能量全部由电池或发动机供给。如果加入了超级电容，负载启动时需要的峰值功率可以由超级电容承担。

在机车、电动机、汽车、吊车刹车时，超级电容可以重新捕获能量。这样，加入了超级电容做辅助电源，可以提高能量利用效率，延长电池或发动机寿命。同时相对于没有超级电容的动力系统，电池或发动机不需要提供峰值功率，因而尺寸可以更小。

在新能源发电中，超级电容对于平滑、缓冲不稳定电力需求、改善电能质量具有重要意义。另外在微电网中，超级电容储能系统配合锂离子电池或铅酸电池接入电网 380V 侧，其快速响应和功率特性用于微电网的平滑切换和削峰填谷等。超级电容的应用体现在三个方面，其一，提供短时供电，有助于并离网切换时的平稳过渡；其二，用作能量缓冲装置，可在负荷低谷时储存多余的电能，在负荷高峰时回馈给微电网以平衡功率供需变化；其三，改善电能质量，对于瞬时停电、电压骤升、骤降等暂态问题，超级电容可提供快速功率缓冲，吸收或补充电能，提供有功功率支撑进行有功或无功补偿，以稳定、平滑电网电压波动。

超级电容器优越的性能和广阔的应用前景吸引了全世界的关注，一些国家还建立了专门的国家管理机构，如美国的 USABC、日本的 SUN、俄罗斯的 REVA，并部署超级电容研究计划项目。2005 年美国加利福尼亚建造了一台 450kW 超级电容器储能装置，用以减小 950kW 风力发电机组向电网输送功率的波动。在新加坡，ABB 公司在一家半导体工厂安装了 4MW 的超级电容器储能装置，可以实现 160ms 的低电压跨越。2011 年，西门子公司成功开发出储能容量达到 21MJ/5.7Wh、最大功率 1MW 的超级电容器储能系统，并成功安装在德国科隆市 750V 直流地铁配电网中，储能效率达到 95％。

与国外相比，我国超级电容器的研究起步较晚，从总体上讲，我国超级电容器的研发水平与国外还有一定的差距。目前国内尚没有直接应用超级电容的商业化储能项目。

基础研究领域涉及的方面很广，其中包括活性炭材料的合成新方法新工艺、活性炭材料的处理方法、活性炭材料的孔径及孔径分布对超级电容器性能的影响；超级电容器失效机理以及与活性炭材料的物性参数、电解液种类以及黏结剂种类的关系；廉价金属氧化物的合成、贵金属氧化物二氧化钌与碳材料的复合等。浙江大学、华北电力大学等有关课题组将超级电容器储能系统应用到分布式系统的配电网中，通过逆变器控制单元，可以调节储能系统向用户及网络输送的无功以及有功的大小，从而达到提高电能质量的目的。2005 年验收通过的863 项目"可再生能源发电用超级电容器储能系统关键技术研究"中，完成了用于光伏发电系统的 300Wh/1kW 超级电容器储能系统的研究开发。中国电科院使用超级电容器和锂电池进行复合储能，超级电容的功能为提供短时（10～20s）的高功率补偿。

2017 年 5 月初，国家能源局、发展改革委下发《关于新能源微电网示范项目名单的通知》，部分示范项目的建设内容明确提及超级电容的应用要求。如浙江舟山摘箬山岛新能源微电网的超级电容配置要求为 200kW×10s，这为超级电容在独立型微电网领域的探索提供了独特的意义。同时，在更宽泛的微电网市场空间范围内，超级电容的应用也在平稳发展。

4.2.4　热储能

（1）技术概况

储热技术利用储热材料自身的特性，将热量或冷量储存起来。解决了用户在供热时间和供热量的不同需求问题。储热技术包括两个方面的要素，其一是热能的转化，它既包括热能与其他形式的能之间的转化，也包括热能在不同物质载体之间的传递；其二是热能的储存，即热能在物质载体上的存在状态，理论上表现为其热力学特征。

储热技术的性能受到储热介质密度等状态量的影响，还受到介质本身在热量交换和转化等过程性能的影响，包括介质的换热性能及流动性能（储热介质本身也可能是换热工质）等。

储热技术大体可分为三种方式，显热储能、潜热储能和化学储热三类。显热储能通过提高介质的温度实现热存储。潜热储能，即相变储能，利用材料相变时吸收或放出的热量进行能量传递和存储。与显热储能相比，相变储能具有较稳定的温度以及较大的能量密度。化学储热利用可逆化学反应储存热能的品位，可实现宽温域梯级储热，能量密度可达显热和潜热储能的 10 倍以上。化学储热技术要求储热介质具备可逆的化学反应，储热材料选择难度大。目前储热技术仍以显热和潜热储能为主。

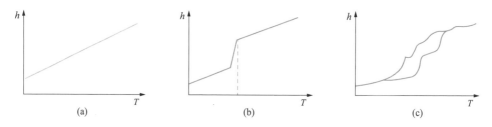

图 4-8　显热储热潜热储热及热化学反应储热三种储热形式对比（h 代表热焓值）

（a）显热储热；（b）潜热储能（相变储能）；（c）热化学储热

1）显热储热。显热存储是指储热材料随着温度的升高或降低而吸热或放热的现象。显热存储介质普遍存在、化学性质稳定，但温度波动大。根据存储介质的形态可分为液体显热存储介质和固体显热存储介质。

液体显热存储介质有乙醇、丙醇、丁醇异、丁醇辛烷和水。当储热温度较高时高压容器的费用很好，水则不适合作为存储介质。固体显热存储介质主要有岩石、土壤、金属类以及无机氧化物类。固体显热存储介质不和其他物质发生反应、不易腐蚀、便宜易得。固体显热存储主要有岩石床储热器和地下土壤储热器。

我国在显热储热技术领域，技术成熟度高，在工业节能技术领域、供暖行业都已有较多应用案例。但在高端的技术领域，尤其是太阳能光热技术领域，熔融盐技术与国外先进技术相比，尚存在较大差距。

2）潜热储热。相变储能主要依靠相变材料本身发生相变来储存和释放能量，相变过程是等温或近似等温的过程，但吸收或释放的潜热热量远远大于显热变化过程所吸收的热量。相变材料是相变储能关键技术。相变储能技术的研究主要包括相变材料热物性的测定，相变材料的选择及不同相变材料的配置，经过多次循环后相变材料性能的稳定性以及相变材料的实际应用等。

相变材料是指在一定的温度范围内，利用材料本身相态或结构变化，自动吸收或释放潜热，达到调节环境温度的一种材料。根据相变温度可分为低温、中温和高温材料。根据相变过程的不同，可以分为固-固相变、固-液相变、固-气相变、气-液相变，目前以固-液相变为主。

按照化学成分可分为有机物类和无机物类。无机物类储热密度大、腐蚀性小、成本低，是目前固—液存储的主要研究方向，广泛应用于废热、余热回收和太阳能相变储能。无机物类分为水、盐类和熔盐类。有机相变材料在固态时易成型、腐蚀性小、化学性质稳定、便宜易得、不易出现过冷和分层。有机相变材料主要分为石蜡、酯酸类、多元醇类。

由于相变材料在循环相变过程中热物理性质会发生退化，在相变过程中产生的应力使得基体材料容易破坏，目前绝大多数无机相变材料都存在耐久性问题。相比而言，有机相变材料具有较好的储能可逆性和稳定性，是相变储能复合材料的重要发展方向。相变材料一般成本较高，需要进一步寻找高性能低成本的储能材料。同时，在相变物质的封装技术方面，也要开发低成本的封装方法。为使储能装备更加小巧轻便，要求储能物质具有更高的储能性能，目前大多数材料的储能密度小于120J/g。

3）化学储热。化学储能是指存储介质在发生可逆反应时储热和放热的过程，是化学能和热能相互转化的储能方式。化学储能密度高易于长途运输，但其价格高系统复杂需要专业人员操作。化学能存储要求反应可逆性好反应快，反应物和生成物易存储无毒无腐蚀性。目前还没有完全符合这些条件的物质，化学能存储还处于研究阶段。

值得指出的是，储热技术并不单指储存和利用高于环境温度的热能，还包括储存和利用低于环境温度的热能，即日常所说的储冷。相较于储热，在相同温度变化下，储冷可更有效地存储高品位能量。蓄冷技术采用的介质包括水、冰、优态盐等。冰蓄冷利用水-冰相变来存储释放冷量，能量密度达335kJ/kg，为水蓄冷的7～8倍。当前，深冷储电技术逐渐得到关注，其利用常压低温液态空气进行储能。2011年，世界首套深冷液态空气储能400kW/3h示范工程投运，验证了深冷储电技术的可行性。考虑余热吸收后效率达50％。不同于深冷储电，热泵储电具有较高的理论效率，其通过近似绝热的过程压缩和膨胀气体，同时产生高温热能和低温冷能，以此达到高效储存电能的目的，反向时用压缩的高温气体驱动电机发电，热泵储电技术结构复杂对热功转换设备要求高，仅处于小规模示范阶段。

欧美日本开展相变储能技术研究的基础较好，技术相对成熟，研究机构较多，掌握有相变储能的核心关键技术；特别在中高温相变储能领域，国外的研发较早，具有完整的技术储备与产品制造能力，在中高温相变储能方面有一些成功的示范项目，相变储能系统集成技术成熟，值得国内借鉴。我国在大容量中高温相变储能系统的研究起步较晚，基础相对薄弱，相应技术尚处于研发与试验阶段。

（2）工程应用

储热可以帮助光热发电实现可持续稳定发电，并降低光热发电的度电成本，使光热发电有望成为与传统火电相抗衡的基荷能源。储热技术的应用伴随着光热发电产业的发展而发展，已经在太阳能利用、电力调峰、建筑节能、现代温室、余热回收等领域得到应用。

当前应用较多、较成熟的储热技术当推熔盐储热。同时，多种不同类型的储热技术正处于研发和小型化示范阶段，其目标均是为了降低成本，提高光热发电的运行性能。如包括蒸汽储热、混凝土储热、温跃层或其他化学物质储热等多种技术路线。

2011 年投入运营的西班牙太阳能热发电站是世界上第一座全天可持续发电的太阳能热发电站，如图 4-9 所示。该电站装机容量 19.9MW，年发电量高达约 110GWh，采用了熔盐储热系统，温度可超过 500℃，在没有日照情况下，通过加热水蒸气，驱动涡轮机持续发电 15h。与没有储热能力的发电站相比，能多产生 60%的电能，足够支撑 3 万西班牙家庭消费。

图 4-9　Gemasolar 电站实景图

美国新月沙丘电站于 2016 年 2 月 22 日在内华达州正式并网发电，并实现 110MW 的满功率输出。该电站采用塔式熔盐技术，并搭配 10 小时的储热系统，首次在 100MW 级规模上成功验证塔式熔盐技术的可行性。熔融盐显热储热技术已经成为太阳能光热发电中储热技术的趋势。

英国 GEC 电力工程公司研制的中小型电热储能热水锅炉采用耐火砖作为储热元件，把夜间的电能通过电热丝将储热元件加热至 750℃，并将热能储存起来，然后次日用空气作为加热介质，加热热交换管里的水供生活用。德国 RUBITHERM 公司已开发出相变储能模块商业化产品，并应用于柏林热带温室植物园保持室温恒定。该植物园运用两个铺设相变储能材料的热量存储塔，使植物园内达到恒温 25℃。单个存储塔包含 100 个相变储能模块，每个存储周期的存储热能为 110kWh。

我国在低温小容量相变储能方面有比较多的应用，中高温大容量相变储能系统目前还处于试验阶段。广东工业大学研制了 7.6kW 电热相变储能体换热器，通过电热管将谷期 8h 的电力转换成 52kWh 的热能，使金属相变材料熔化并将能量储存起来；释热时常温空气进入换热管后被加热，并供给工业干燥或民用采暖用。

2012 年中国科学院过程工程研究所和英国伯明翰大学合作研究了一系列高性能复合结构储热材料的配方与制备和成型方法，并建立了基于相变储热的节能示范微能源系统（图 4-10），用于余热回收；其采用复合相变材料进行低温和高温储热，其热量用于预热空气，提高压缩空气的发电效率。

图 4-10　基于相变储热的节能示范微能源系统

冰蓄冷技术已十分成熟，多用于空调系统、冷藏运输等。在用户侧，利用低谷电力蓄冷降低生产和生活中冷量供应成本已成为需求响应的一项重要体现。建设大型的制冷站及冷媒传输网向一定区域提供冷源是该项技术的发展趋势。区域供冷技术的推广对电网峰谷负荷调节有着重要的意义。

4.3　工程应用

4.3.1　全球储能应用

据美国能源部全球储能数据库（Global Energy Storage Database，DOE）2016 年 8 月 16 日的更新数据显示，全球累计运行的储能项目装机规模 167.24GW（共 1227 个在运项目），其中抽水蓄能 161.23GW（316 个在运项目）、储热 3.05GW（190 个在运项目）、其他机械储能 1.57GW（49 个在运项目）、电化学储能 1.38GW（665 个在运项目）、储氢 0.01GW（7 个在运项目），具体见图 4-11。

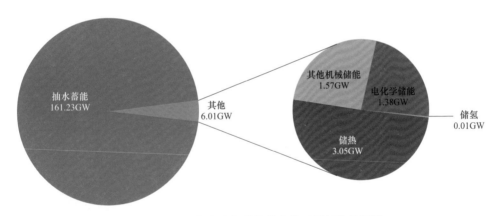

图 4-11　2016 年全球各储能技术类型最新装机情况

全球各类型储能技术装机分布情况具体见表 4-3。按照储能技术类型分布来看，抽水蓄能装机占比最大，主要分布在中国、日本和美国。储热装机排名第二，其中西班牙储热装机量最大，占全球储热装机总量的 37％。其次，是美国和智利。其他机械储能，以德国为主，英国和美国次之，三国占全球该技术类型总量的 94％。电化学储能主要分布在美国、日本、韩国和德国，其中美国占全球该技术类型总装机的 39％。日本在钠硫电池、液流电池和改性铅酸电池储能技术方面处于国际领先水平，尤其在钠硫电池领域具有绝对的专利技术优势。储氢技术发展相对较晚，尚不成熟，目前欧洲较为领先。

表 4-3　　　　　　　　全球各类型储能技术主要装机国家

技术类型	国家	装机（MW）	合计（MW）	在全球该技术类型装机中的占比
抽水蓄能	中国	31999	80732	50％
	日本	26172		
	美国	22561		
储热	西班牙	1132	2577	84％
	美国	664		
	智利	481		
	南非	300		
其他机械储能	德国	908	1497	94％
	英国	400		
	美国	171		
电化学储能	美国	534	988	72％
	日本	255		
	韩国	107		
	德国	102		
储氢	德国	6.7	8.05	81％
	意大利	1.2		
	法国	0.15		

从图 4-12 各类型储能装机发展趋势可见，电化学储能发展最为迅

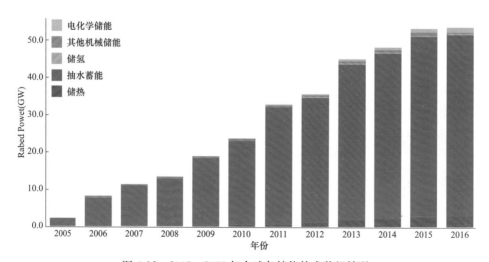

图 4-12　2005～2016 年全球各储能技术装机情况

速，其他机械储能增速相对平稳。此外，储氢、储热等新技术也开始进入市场。

目前电化学储能技术是各国储能产业研发和创新的重点领域。从项目数来看，尽管电化学储能装机量不大，但是运行项目却最多，高达 665 个，占比达 53%，如图 4-13（a）所示。电化学储能中锂离子电池项目占比最高，达 48%，钠硫电池次之，如图 4-13（b）所示。锂离子电池不论装机还是项目数均快速增长，据 IHS 预计，到 2025 年全球蓄能装置中锂离子电池占比将会超过 80%。钠硫电池技术是目前唯一同时具备大容量和高能量密度的储能电池，但由于钠硫电池仍面临成本高和安全隐患的难题，所以推广速度明显变缓。

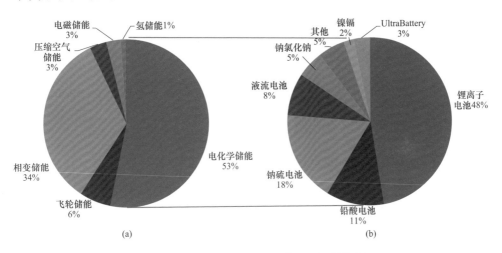

图 4-13　2016 年全球各储能类型项目数情况

（a）各储能类型示范工程项目数占比；（b）各类电化学储能项目数占比

从应用领域来看，储能应用于可再生能源并网的项目数占比为 39%，分布式能源与辅助服务的项目数占比分别为 18% 和 12%，如图 4-14（a）所示。储能技术在各应用领域的项目数逐年增长趋势如图 4-14（b）所示。自 2010 年后，储能在用户侧分布式能源领域的应用呈现快速增长的趋势。2016 年储能项目在各应用领域新增装机中，用户侧领域占比最大，为 43%，居于首位。

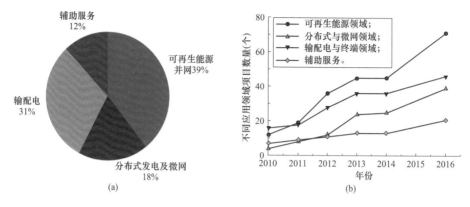

图 4-14　全球已有示范工程的功能应用

（a）储能在各应用领域中的项目数占比；（b）储能在各应用领域中的项目数增长趋势

由国外储能技术应用现状及近期动向分析可知，锂离子电池为当前最受关注的储能技术；大规模储能在可再生能源发电领域的应用，在项目数与装机容量上均处于快速增长的态势；储能技术在分布式发电与微电网领域的应用项目也有较快增长，逐渐受到关注。

4.3.2　我国储能工程应用

目前大规模储能技术中只有抽水蓄能技术相对成熟，但是由于地理资源限制，其广泛应用受到制约。而其他储能方式还处于示范阶段，在大规模可再生能源并网中的应用处于示范阶段，相关产业处于培育期，储能装置的可靠性、使用寿命、制造成本以及应用能力等方面有待突破。

截至 2016 年底，我国投运储能项目累计装机规模 24.3GM，同比增长 4.7%。目前抽水蓄能在规模上占绝对优势，但电化学储能的应用规模逐年快速增长。据中关村储能产业技术联盟项目库的不完全统计，截至 2016 年底，我国投运储能项目（不含抽水蓄能和储热项目）累计装机量为 243.0MW，其中 2012～2016 年的年复合增长率达到 45%，2016 年，全国新增投运电化学储能项目的装机规模为 101.4 兆瓦，同比增长 72%。从技术分布来看，去年我国新增投运的电化学储能项目几乎全部使用锂离子电池和铅蓄电池，两类技术的新增装机占比分别为 62％和 37％。2016 年中国首个配套有熔融盐储热的光热电站在青海投运，中国大规模储热市场正式启动。

我国储能累计装机规模和应用分类如图 4-15 所示。

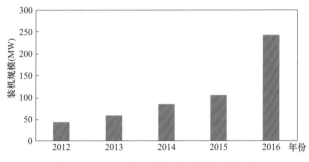

图 4-15 中国电化学储能累计装机规模

我国目前储能在电网的应用主要体现在可再生能源并网、分布式发电及微电网、电力输配和调频辅助服务几个场景。可再生能源并网仍然是去年国内新增投运电化学储能项目应用规模最大的领域，占比55％；分布式发电及微电网应用稳步推广；用户侧储能应用限于市场环境和成本局限，目前尚处于商业模式探索阶段。

可再生能源并网典型示范的工程如张北风光储数工程、辽宁卧牛石风电场储能电站示范工程、辽宁北镇储能型风电场、甘肃酒泉电网友好型新能源发电示范工程、青海光储示范工程等，如表 4-4 所示。

表 4-4 大规模可再生能源并网典型示范工程

应用场景	典型示范工程	电池类型/规模	主要功能	投运时间
大规模可再生能源并网	张北风光储输工程（一期）	锂离子电池，14MW/63MWh；钛酸锂电池，2MW/1MWh；液流电池，2MW/8MWh；铅酸电池，2MW/12MWh	平滑功率波动；跟踪计划出力；暂态有功出力紧急响应、暂态电压紧急支撑	2011.12
	辽宁卧牛石风电场储能电站示范工程	液流电池，5MW/10MWh		2013.3
	辽宁北镇储能型风电场	磷酸铁锂电池 5MW/10MWh；液流电池，2MW/2MWh		2014.12
	甘肃酒泉电网友好型新能源发电示范	锂离子电池，1MW/1MWh		2015.2
	青海光储示范	电池储能，5MW	提高可再生能源利用率	在建

微电网和分布式发电是新能源综合利用的主要方式之一，同时也是储能在电网应用的重要场景之一。我国的微电网示范应用主要在山东、浙江、福建、南海的岛屿和青海、内蒙古、新疆、宁夏、西藏等具有较好可再生资源，远离大电网的偏远地区及供配电网络末端展开，在商业、住宅、科技园区也有尝试，如吐鲁番新能源城市区域，北京延庆新能源基地、天津中新生态城、河北电力科技园、学校企业宿舍园区等，同时也开展了一些专用功能性应用如光储路灯项目，功能和模式不断扩展。2016 年以来，光储模式是储能在微电网应用的重要模式。

输配电网络方面，2016 年 10 月，大连液流电池储能调峰项目正式启动，电池规模达 200MW/800MWh，是目前我国唯一的化学储能调峰电站。2017 年 4 月投运的山西同达电厂储能 AGC 调频项目配置储能 9MW/4.478MWh，以提高电网电能质量、电网安全及提高电网频率，改善电网对可再生能源的接纳能力为目标，是目前国内规模最大电力储能调频项目。

4.4　技术展望

4.4.1　电化学储能

电化学储能重点在可再生能源并网、分布式及微电网、电动汽车的化学储能应用等方面开展研发与攻关。突破高安全性、低成本、长寿命的固态锂电池技术，以及能量密度达到 300Wh/kg 的锂硫电池技术、低温化钠硫储能电池技术；研究比能量＞55Wh/kg，循环寿命＞5000 次（80％DOD）的铅炭储能电池技术；研究总体能量效率≥70％的锌镍单液流电池技术；研究储能电池的先进能量管理技术、电池封装技术、电池中稀有材料及非环保材料的替代技术。研究适用于 100kW 级高性能动力电池的储能技术，建设 100MW 级全钒液流电池、钠硫电池、锂离子电池的储能系统，完善电池储能系统动态监控技术。突破液态金属电池关键技术，开展兆瓦级液态金属电池储能系统的示范应用。布局以钠离子电池、氟离子电池、氯离子电池、镁基电池等为代表的新概念电池技术，创新电池材料、突破电池集成与管理技术。

重点布局高性能的铅炭电池技术、低成本、长寿命、高安全的锂电池技术、大容量的钠硫电池技术、大容量的超级电容器储能技术、以及大规模全钒液流电池储能技术。与此同时，积极探索新概念电化学储能技术，如液态金属电池、镁基电池等。技术发展路线如图 4-16 所示。总体上看，2020 年前突破化学储电的各种新材料制备、储能系统集成、能量管理等核心关键技术。示范验证 100MW 级全钒液流电池储能系统、大容量的铅炭电池等趋于成熟的技术；2030 年前全面掌根据握战略方向重点布局的先进化学储能技术，实现不同规模的示范验证，同时形成相对完整的化学储能技术标准体系，建立比较完善的化学储能技术产业链，实现绝大部分化学储能技术在其适用的领域全面推广；2050 年展望，积极探索新材料、新方法，实现新概念电化学储能技术（液体电池、镁基电池等）的重大突破，力争完全掌握材料、装置及系统等各环节的核心技术。全面建成化学储能技术体系，整体达到国际领先水平。

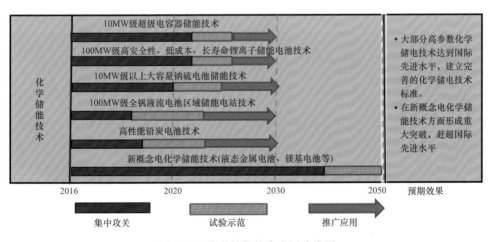

图 4-16　化学储能技术发展路线图

4.4.2 物理储能

物理储能重点在电网调峰提效、区域供能的物理储能应用等方面开展研发与攻关。重点布局 10MW/100MWh 和 100MW/800MWh 超临界压缩空气储能技术、10MW/1000MJ 高性能的飞轮储能阵列技。同时，积极布局新型混合储能系统的探索。

新型压缩空气储能技术方面，突破 10MW/100MWh 和 100MW/800MWh 的超临界压缩空气储能系统中宽负荷压缩机和多级高负荷透平膨胀机、紧凑式蓄热（冷）换热器等核心部件的流动、结构与强度设计技术；研究这些核心部件的模块化制造技术、标准化与系列化技术。突破大规模先进恒压压缩空气储能系统、太阳能热源压缩空气储能系统、利用 LNG 冷能压缩空气储能系统等新型系统的优化集成技术与动态能量管理技术；突破压缩空气储能系统集成及其与电力系统的耦合控制技术；建设工程示范，研究示范系统调试与性能综合测试评价技术；研发储能系统产业化技术并推广应用。

飞轮储能的主要发展趋势包括先进复合材料以提高能量密度技术、高速高效电机以提高功率密度和效率技术、磁悬浮等高承载力、微损耗轴承技术，以及飞轮阵列技术。为研制成功 10MW/1000MJ 高性能的飞轮储能单机及阵列装备制造技术，突破大型飞轮电机轴系、重型磁悬浮轴承、大容量微损耗运行控制器以及大功率高效电机制造技术；突破飞轮储能单机集成设计、阵列系统设计集成技术；研究飞轮单机总装、飞轮储能阵列安装调试技术；研究飞轮储能系统应用运行技术、检测技术、安全防护技术；研究飞轮储能核心部件专用生产设备、总装设备、调试设备技术和批量生产技术。研究大容量飞轮储能系统在不同电力系统中的耦合规律、控制策略；探索飞轮储能在电能质量调控、独立能源系统调节以及新能源发电功率调控等领域中的经济应用模式；建设大型飞轮储能系统在新能源的应用示范。

技术发展路线如图 4-17 所示。总体上看，2020 年前重点攻克储能技术的核心技术，突破技术瓶颈，为示范推广扫清障碍，如压缩空气储能核心部件设计制造技术、飞轮储能工业示范单机与阵列机组的核心技术、高温超导储能磁体设计与控制技术。同时积极着手示范验证 10MW/100MWh 级超临界压缩空气储能系统；2030 年前完成 100MW/800MWh 超临界压缩空气储能电站、10MW/1000MJ 高性能的飞轮储能系统、5MJ/2.5MW 以上高温超导磁储能系统的工业示范，完全掌握各物理储能技术，同时形成相对完整的物理储能技术标准体系，并积极开展商业推广；2050 年展望，积极探索新材料、新方法，实现基于超导磁的多功能全新混合储能技术的重大突破，力争完全掌握材料、装置及系统等各环节的核心技术。全面建成物理储能技术体系。

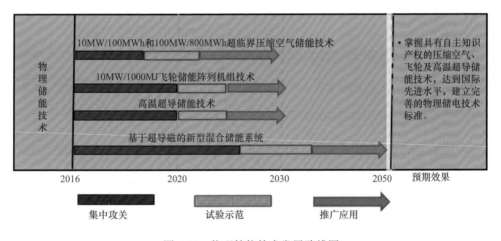

图 4-17　物理储能技术发展路线图

4.4.3　储热/储冷

重点布局高温（≥500℃）储热技术、10～100MWh 级面向分布式供能的储热系统技术。积极探索新型的大容量热化学储热技术。重点在太阳能光热的高效利用、分布式能源系统大容量储热（冷）等方面开展研发与攻关。研究高温（≥500℃）储热技术，开发高热导、高热容的耐高温混凝土、陶瓷、熔盐、复合储热材料的制备工艺与方法；研究高温储热材料的抗热冲击性能及机械性能间关系，探究高温热循环动态条件下材料性能演变规律；研究 10MWh 级以上高温储热单元优化设计技术。开展 10～100MWh 级示范工程，示范验证 10～100MWh 级面向分布式供能的储热（冷）系统和 10MW 级以上太阳能光热电站用高温储热系统；开发储热（冷）装置的模块化设计技术，研究大容量系统优化集成技术、基于储热（冷）的动态热管理技术。研究热化学储热等前瞻性储热技术，探索高储热密度、低成本、循环特性良好的新型材料配对机制；突破热化学储热装置循环特性、传热特性的强化技术；创新热化学储热系统的能量管理技术。

技术发展路线如图 4-18 所示。总体上看，2020 年前突破高温储热材料的制备工艺、高温储热单元的优化设计技术、储热系统的动态热管理技术。示范验证 10～100MWh 级面向分布式供能的储热（冷）系统；2030 年前全面掌根据握战略方向重点布局的先进储热技术，实现不同规模的示范验证，同时形成相对完整的储热技术标准体系，建立比较完善的储热技术产业链，实现绝大部分储热技术在其适用的领域全面推广；2050 年展望，积极探索新材料、新方法，实现新型大容量热化学除热技术的重大突破，力争完全掌握材料、装置及系统等各环节的核心技术。全面建成储热技术体系，整体达到国际领先水平。

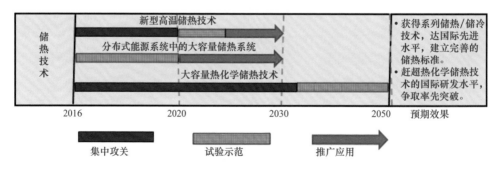

图 4-18　储热技术发展路线图

　　另外，在大容量超级电容储能技术方面，开发新型电极材料、电解质材料及超级电容器新体系。开展高性能石墨烯及其复合材料的宏量制备，探索材料结构与性能的作用关系；开发基于钠离子的新型超级电容器体系。研究高能量混合型超级电容器正负电极制备工艺、正负极容量匹配技术；研发能量密度 30Wh/kg、功率密度 5000W/kg 的长循环寿命超级电容器单体技术。研究超级电容器模块化技术，突破大容量超级电容器串并联成组技术。研究 10MW 级超级电容器储能装置系统集成关键技术，突破大容量超级电容器应用于制动能量回收、电力系统稳定控制和电能质量改善等的设计与集成技术。

参 考 文 献

[1] 闫金定，锂离子电池发展现状及其前景分析. 航空学报，2014，35（10）.

[2] 陶占良，陈军. 铅炭电池储能技术. 储能科学与技术，2015，4（6）.

[3] 廖强强，邱琳，楼晓东，等. 铅炭电池的性能及其在电力储能中的应用. 电力建设，2014，35（11）.

[4] 陈飞，张慧，马换玉，等. 超级电池的研究现状. 电池，2013，43（3）.

[5] 陈梅. 超级电池-超级电容器一体型铅酸电池. 电源技术，2010，34（5）.

[6] 王晓丽，张宇，张华民. 全钒液流电池储能技术开发与应用进展. 电化学，2015，21（5）.

[7] 梅生伟，薛小代，陈来军. 压缩空气储能技术及其应用探讨. 南方电网技术，2016，10（3）.

[8] 荆平，徐桂芝，赵博等. 面向全球能源互联网的大容量储能技术. 智能电网，2015，3（6）.

[9] 陈海生. 国际电力储能技术分析能. 工程热物理纵横，2012.

[10] 余丽丽，朱俊杰、赵景泰. 超级电容器的现状及发展趋势. 自然杂志，2015，37（3）.

[11] 封丽红. 2016年全球储能技术发展现状与展望. 能源情报研究，2016.

[12] 胡娟，杨水丽，侯朝勇，许守平，惠东. 规模化储能技术典型示范应用的现状分析与启示. 电网技术，2015，39（4）.

电网新技术读本

电力新设备

DIANLI XINSHEBEI

国家电网公司人力资源部　组编

中国电力出版社
CHINA ELECTRIC POWER PRESS

内 容 提 要

本套书选取目前国家电网公司最新的 18 项技术发展成果，共四个分册，分别为智能用电与大数据、清洁能源与储能、电力新设备、新型输电与电网运行。每个分册由 3～6 项科技创新实践成果组成。

本书为专业类科普读物，不仅可供公司系统生产、技术、管理人员使用，还可作为公司新员工和高校师生培训读本，亦可供能源领域相关人员学习、参考。

图书在版编目（CIP）数据

电网新技术读本 / 国家电网公司人力资源部组编 . —北京：中国电力出版社，2018.4
ISBN 978-7-5198-1433-5

Ⅰ. ①电…　Ⅱ. ①国…　Ⅲ. ①电网－电力工程－研究　Ⅳ. ① TM727

中国版本图书馆 CIP 数据核字（2017）第 293724 号

出版发行：中国电力出版社
地　　址：北京市东城区北京站西街 19 号（邮政编码 100005）
网　　址：http://www.cepp.sgcc.com.cn
责任编辑：袁　娟　郭丽然　高　芬
责任校对：朱丽芳
装帧设计：王英磊　赵姗姗
责任印制：邹树群

印　　刷：北京九天众诚印刷有限公司
版　　次：2018 年 4 月第一版
印　　次：2018 年 4 月北京第一次印刷
开　　本：710 毫米 ×980 毫米　16 开本
印　　张：48.75
字　　数：812 千字
印　　数：0001—3000 册
定　　价：168.00 元

编 委 会

主　任　舒印彪
副主任　寇　伟
委　员　辛保安　黄德安　罗乾宜　王　敏　杨晋柏
　　　　刘广迎　韩　君　刘泽洪　张智刚

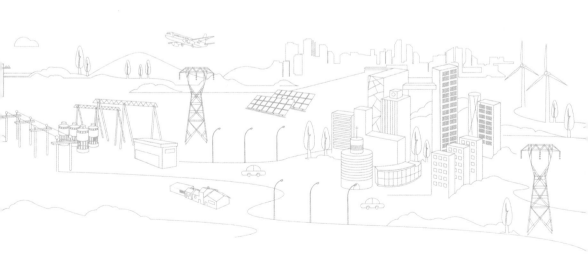

编 写 组

组　长　吕春泉
副组长　赵　焱
成　员　（按姓氏笔画排序）

于玉剑	王少华	王海田	王高勇	王　赞
邓　桃	田传波	田新首	刘广峰	刘文卓
刘　远	刘建坤	刘剑欣	刘剑锋	刘　博
刘　超	刘　辉	孙丽敬	庄韶宇	汤广福
汤海雁	汤　涌	纪　峰	许唐云	闫　涛
佘家驹	吴亚楠	吴国旸	吴　鸣	宋新立
宋　鹏	张　升	张宁宇	张成松	张明霞
张　朋	张　翀	张　静	李文鹏	李　庆
李　特	李索宇	李维康	李　智	李　琰
李　琳	李　群	李　鹏	杨　兵	苏　运
迟忠君	陈龙龙	陈继忠	陈　建	陈　豪
陈　静	周万迪	周建辉	周　新	周象贤
庞　辉	郑　柳	金　锐	姚国风	柳劲松
胡　晨	贺之渊	赵　贺	赵　磊	凌在汛
徐　珂	郭乃网	高　冲	崔　一	崔　磊
常乾坤	曹俊平	温家良	蒋愉宽	韩正一
解　兵	蔡万里	潘　艳	魏晓光	瞿海妮

前　言

习近平总书记在党的十九大报告中指出，"创新是引领发展的第一动力，是建设现代化经济体系的战略支撑"。科技兴则民族兴，科技强则国家强。国家电网公司作为关系国民经济命脉、国家能源安全的国有骨干企业，是国家技术创新的国家队、主力军，取得了一大批拥有自主知识产权、占据世界电网技术制高点的重大成果，实现了"中国创造"和"中国引领"：攻克了特高压、智能电网、新能源、大电网安全等领域核心技术；建成了国家风光储输、舟山和厦门柔性直流输电、南京统一潮流控制器、新一代智能变电站等重大科技示范工程；组建了功能齐全、世界领先的特高压和大电网综合实验研究体系和海外研发中心；构建了全球规模最大的电力通信网和集团级信息系统，以及世界领先的电网调控中心、运营监测（控）中心、客户服务中心，建立了较为完整的特高压、智能电网标准体系。截至 2016 年底，国家电网公司累计获得国家科学技术奖 60 项，其中特等奖 1 项、一等奖 7 项、二等奖 52 项，中国专利奖 72 项，中国电力科学技术奖 632 项。累计拥有专利 62036 项，连续六年居央企首位。

为进一步传播国家电网公司创新成果，让公司系统广大干部和技术人员了解公司科技创新成果和最新研发动态，增强创新使命感和责任感，激发创新活力和创造潜能，国家电网公司人力资源部组织编写

了本套书，希望通过本套书的出版，促使广大干部员工以时不我待的精神和只争朝夕的劲头，不忘初心，持续创新，推动公司和电网又好又快发展。全套书共四个分册，分别为智能用电与大数据、清洁能源与储能、电力新设备、新型输电与电网运行，每个分册由 3～6 项科技创新实践成果组成。智能用电与大数据分册包括智能用电与实践、电力大数据技术及其应用、电动汽车充电设施与车联网；清洁能源与储能分册包括风光储联合发电技术、可再生能源并网与控制、虚拟同步机应用、新型储能技术；电力新设备分册包括直流断路器研制与应用、新型大容量同步调相机应用、特高压直流换流阀、大功率电力电子器件、交流 500kV 交联聚乙烯绝缘海底电缆、±500kV 直流电缆技术与应用；新型输电与电网运行分册包括电网大面积污闪事故防治、柔性直流及直流电网、电力系统多时间尺度全过程动态仿真技术、统一潮流控制器技术及应用、交直流混合配电网技术。作为一套培训教材和科技普及读物，本书采取了文字与视频结合的方式，通过手机扫描二维码，展示科研成果、专家讲课和试验设备。

智能用电与大数据分册由信产集团、上海电科院、南瑞集团组织编写；清洁能源与储能分册由冀北电科院、中国电科院组织编写；电力新设备分册由联研院、江苏电科院、湖北电科院、浙江电科院组织

编写；新型输电与电网运行分册由中国电科院、联研院、江苏电科院、国网北京电力组织编写。

由于编写时间紧促，本书难免存在疏漏之处，恳请各位专家和读者提出宝贵意见，使之不断完善。

编 者

2017 年 12 月

目 录

前言

1 直流断路器研制与应用
PART

1.1 概述 ………………………… 2

　1.1.1 直流断路器定义 …… 2

　1.1.2 应用需求 …………… 3

　1.1.3 技术现状 …………… 4

　1.1.4 发展趋势 …………… 8

1.2 高压直流断路器原理与主要

设备 ………………………… 8

　1.2.1 高压直流断路器拓扑与

　　　工作原理 …………… 8

　1.2.2 高压直流断路器主要

　　　设备 ……………… 14

1.3 高压直流断路器控制保护

系统 ……………………… 32

　1.3.1 控制保护功能及

　　　策略 ……………… 32

　1.3.2 控制保护架构及主要

　　　设备 ……………… 36

　1.3.3 控制保护设备

　　　测试 ……………… 37

1.4 高压直流断路器试验技术 ················· 38

　1.4.1 试验技术现状 ····················· 38

　1.4.2 等效试验方法 ····················· 45

　1.4.3 型式试验项目 ····················· 49

参考文献 ····························· 54

2 新型大容量同步调相机应用

PART

2.1 概述 ···························· 58

　2.1.1 基本概念 ······················· 58

　2.1.2 工作原理 ······················· 58

　2.1.3 应用背景 ······················· 59

2.2 技术特点 ························· 61

　2.2.1 与传统调相机比较 ················· 61

　2.2.2 与其他无功补偿装置比较 ············· 64

2.3 结构特点 ························· 67

　2.3.1 主机 ························· 67

　2.3.2 励磁系统 ······················· 69

　2.3.3 启动方式 ······················· 71

2.4 工程应用 ························· 73

　2.4.1 首批调相机工程 ··················· 73

　2.4.2 送端电网调相机制造及应用 ············· 74

　2.4.3 受端电网调相机制造及应用 ············· 76

2.5 技术展望 ························· 79

　2.5.1 推广前景 ······················· 79

　2.5.2 技术更新 ······················· 80

2.5.3　其他 ·· 83

参考文献 ··· 84

3 特高压直流换流阀
PART

3.1　概述 ·· 88

　　3.1.1　直流输电的诞生与交直流之争 ····················· 88

　　3.1.2　汞弧换流阀时代 ······································ 89

　　3.1.3　晶闸管换流阀时代 ··································· 94

3.2　特高压直流换流阀工作原理 ·························· 96

　　3.2.1　整流器运行原理 ······································ 96

　　3.2.2　逆变器运行原理 ······································ 103

　　3.2.3　多桥换流器 ·· 109

3.3　特高压直流换流阀的电气结构和电气特性 ······ 111

　　3.3.1　特高压直流换流阀电气结构 ····················· 111

　　3.3.2　特高压直流换流阀的电气特性 ··················· 113

　　3.3.3　特高压直流换流阀控保系统 ····················· 122

　　3.3.4　特高压直流换流阀冷却系统 ····················· 125

3.4　特高压直流换流阀机械结构 ························· 127

　　3.4.1　换流阀模块 ·· 127

　　3.4.2　换流阀塔 ··· 128

参考文献 ··· 130

4 大功率电力电子器件
PART

4.1　概述 ·· 132

　　4.1.1　电力电子器件发展历程 ····························· 132

4.1.2 电力电子器件分类 ·· 132

4.2 电力电子器件原理与结构 ································ 133

4.2.1 功率二极管 ·· 133

4.2.2 晶闸管 ·· 136

4.2.3 IGBT ··· 138

4.2.4 SiC 电力电子器件 ·· 140

4.3 技术创新与工程应用 ······································ 145

4.3.1 晶闸管 ·· 145

4.3.2 IGBT ··· 148

4.3.3 SiC 电力电子器件 ·· 153

4.4 技术展望 ··· 155

5 交流500kV交联聚乙烯绝缘海底电缆

PART

5.1 技术概况 ··· 158

5.1.1 海底电缆的作用 ·· 158

5.1.2 海底电缆的技术特点 ·· 159

5.1.3 海底电缆的发展历程 ·· 159

5.1.4 交联聚乙烯海缆技术特点 ···································· 161

5.1.5 交流、直流海缆技术差异 ···································· 161

5.1.6 交流 500kV 交联聚乙烯绝缘海缆研制历程 ·············· 162

5.2 主要创新点 ··· 163

5.2.1 交流 500kV 交联聚乙烯绝缘海缆技术概况 ············· 163

5.2.2 软接头技术 ·· 167

5.2.3 本体技术 ·· 170

5.2.4 海缆试验技术 ·· 173

5.3 工程应用 ··· 177

5.3.1 舟山 500kV 海缆工程建设背景 ……………… 177

5.3.2 舟山 500kV 海缆工程特点 ……………… 177

5.3.3 舟山 500kV 海缆工程路径 ……………… 178

5.3.4 舟山 500kV 海缆选型情况 ……………… 179

5.3.5 舟山 500kV 海缆工程建设进展情况 ……………… 180

5.4 技术展望 ……………… 181

参考文献 ……………… 182

6 ±500kV直流电缆技术与应用

PART

6.1 概述 ……………… 184

6.1.1 电缆及电缆附件概念 ……………… 184

6.1.2 直流电缆发展历史 ……………… 185

6.1.3 电缆附件 ……………… 186

6.1.4 直流电缆附件发展 ……………… 188

6.1.5 直流电缆技术特点 ……………… 190

6.1.6 高压直流电缆技术现状 ……………… 192

6.2 ±500kV 直流电缆主要创新点 ……………… 199

6.2.1 直流电缆关键技术 ……………… 199

6.2.2 500kV 交联聚乙烯直流电缆技术难点 ……………… 201

6.2.3 技术创新 ……………… 205

6.3 工程应用 ……………… 217

6.3.1 交联聚乙烯高压直流电缆工程概况 ……………… 217

6.3.2 典型直流输电工程概况 ……………… 219

6.4 技术展望 ……………… 221

参考文献 ……………… 223

PART 1

直流断路器研制与应用

1.1 概述

1.1.1 直流断路器定义

自 1954 年世界第一条直流工程——瑞典哥特兰岛直流输电工程投运以来，高压直流输电技术发展至今日趋成熟，高压直流输电系统的工程项目也逐步增长，目前世界各国共建成投运上百个直流系统，尤其以中国的特高压直流输电工程发展为里程碑，标志着世界进入了直流快速发展的时代。随着世界经济的快速发展，电网的建设也面临着越来越多的挑战，尤其是在大规模分布式可再生能源接入、海洋群岛供电、海上风电场群集中送出、新型城市电网构建等方面，迫切需要一种新型的输电网络来解决各自所面临的问题。在此情况下，基于高压直流输电技术的传输网络，尤其是基于电压源换流器的柔性直流输电网络，为解决这些问题提供了一种灵活、经济、高效的技术方案。

实现直流输电网络故障的快速清除与隔离，保障其安全、可靠和经济运行，是构建柔性直流电网所需要解决的核心问题，直流输电技术网络化对高压直流断路器提出了迫切需求。直流电流因缺乏自然过零点，相较于交流分断，直流断路器需要人工创造"电流零点"，同时还需要吸收故障系统感性元件储存能量和抑制系统过电压。此外，柔性直流电网故障快速扩散特性对要求直流断路器分断速度达到毫秒级，较交流断路器提高了 1 个数量级。而实际工程应用中对高压直流断路器运行损耗和可靠性也提出了苛刻的要求。以上因素使得高压直流分断技术一直是国内外学术界和工程界公认的技术难题。

高压直流断路器是实现直流负荷和短路电流关合和开断的新型高端电力装备，能够实现多端柔性直流输电及直流电网直流故障的快速隔离和清除，保障柔性直流输电系统的可靠性、经济性和灵活性，是构建柔性直流输电网络及发展全球能源互联网的关键设备。

直流断路器主要包含有机械式、固态式和混合式三种技术路线。其中，传统机械式断路器存在分断速度慢，分断电流小等缺点，主要用于常规直流输电系统中负荷电流转移。固态式直流断路器则存在通态损耗缺点，主要用于中低压配电系统。混合式断路器兼具了分断速度快和通态损耗低优点，成为了国际上高压直流主流技术路线。

1.1.2　应用需求

在我国已建成了 $\pm 200kV/1000MW$ 舟山 5 端直流工程（如图 1-1 所示），其直流侧故障依靠交流侧断路器分断来清除，存在"局部故障，全网停运"现象，且无法实现换流站的单站投退以及直流系统的快速重启动。同时，正在规划建设 $\pm 500kV/3000MW$ 张北直流电网（如图 1-2 所示），将汇集和输送大规模风电、光伏、储能、抽蓄等多种形态能源，示范利用柔性直流输电技术实现新能源的友好接入和大规模送出，满足北京清洁用电需求，为冬奥会提供安全绿色高效电力保障，同时推动直流电网技术发展。

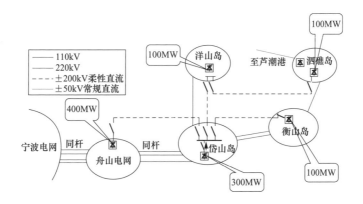

图 1-1　舟山 5 端直流工程

直流输电网络系统阻抗低，相比于交流系统来说，故障发生时扩展速度更快。基于电流源换流器的常规高压直流系统出现故障而需要切除故障时，通常采用闭锁换流器使整个系统退出正常运行模式甚至

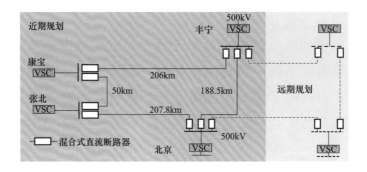

图 1-2　张北直流电网

停运来清除故障，待故障切除后整个系统再重新启动。而对于基于电压源换流器的柔性直流输电系统来说，一旦直流侧发生故障，毫秒级内短路电流就能达到数十千安，对系统中由电力电子器件构成的换流器等设备冲击巨大。而由于换流器中反并联二极管的存在，通常无法采用闭锁换流器的方法来限制短路电流，必须采用断开交流侧断路器的方法来隔离故障电流，这种无法选择性地切除故障线路或换流站的方式将严重影响整个系统的连续、可靠运行，这也会对相联的交流系统带来较大的故障过电压、过电流冲击。

　　高压直流断路器为实现直流网络有选择性地开断故障线路，并最大程度维持健全系统的正常运行提供了有效技术手段，因此推动该技术发展与设备研制是满足直流电网和全球能源互联网建设的迫切需求。

1.1.3　技术现状

　　20 世纪 70 年代后期到 80 年代中期，欧洲的 BBC 公司和美国的西屋电气公司分别制造了用于太平洋联络线的直流断路器，于 1984 年 2 月完成了现场测试。20 世纪 80 年代以来，日本在研制直流断路器方面比较活跃。东芝、日立、三菱等公司都有相关的产品问世。其中，日立公司在 1985 年研制了 250kV/8kA 的直流断路器并进行了实验室测试。20 世纪 90 年代末，东芝公司制造的 ±500kV/3500A 金属回路转换开关应用于日本的本洲至四国直流输电工程。此种类型的断路器采用传统的交流断路器作为机械开关，带来了分断速度较慢的缺陷，直流侧长达数十毫秒的分断时间对柔性直流网络而言是不能接受的。

为提高分断速度，克服这一缺点，发展了采用纯电力电子器件的固态式直流断路器。1987 年美国 Texas 大学研制出一台采用 GTO 作为主开关的 200V/15A 直流固态断路器，随着可关断器件技术性能的不断提高，固态断路器目前正向高电压等级迈进。2009 年美国 Carolina 大学为高压直流输电系统设计的 320kV/3kA 的限流型直流固态断路器，由于单个电力电子器件耐受电压较低，应用于高压场合，需要采用大量的器件串联，这使得断路器损耗大大增加，降低系统运行的经济性，目前主要在中低压领域中应用。

针对机械式直流断路器开断时间长和固态式直流断路器通态损耗大、应用电压低的缺点，20 世纪 80 年代以来，出现了由半导体器件和机械开关共同构成的混合式断路器，其基本拓扑结构（基于 IGBT）如图 1-3 所示。该方法兼备机械断路器良好的静态特性以及固态断路器无弧快速分断的动态特性，具有运行损耗低、分断时间短等优点，适合于柔性直流输电技术的输电网络应用。依据采用的半导体器件的不同，混合式断路器又分为全控型和半控型两大类。

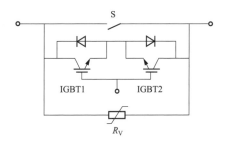

图 1-3　混合式断路器拓扑结构

国外在此领域已经取得了重大突破和一系列研究成果。2012 年 11 月 ABB 公司对外宣布完成了额定电压 80kV、额定电流 2kA、分断时间 5ms、分断电流 8.5kA 的基于全控器件的混合式直流断路器模块，拓扑结构如图 1-4 所示。2014 年 3 月 ALSTOM 公司完成了研制的额定电压 120kV、额定电流 1.5kA、分断时间 5.5ms、分断电流 5.2kA 的基于半控器件的混合式直流断路器样机（拓扑结构如图 1-5 所示），并通过试验验证。西门子公司以及国外诸如德国亚琛工业大学等高校，也提出了一些混合式断路器拓扑，但仍处于关键技术研究阶段。

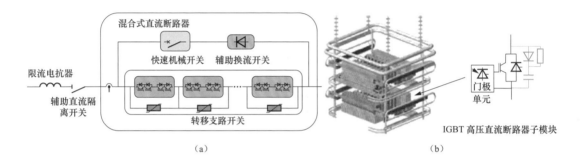

图 1-4　ABB 高压直流断路器

（a）断路器拓扑结构；（b）断路器试验样机结构

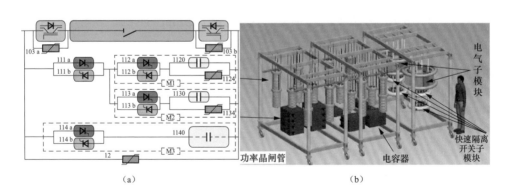

图 1-5　ALSTOM 高压直流断路器

（a）断路器拓扑结构；（b）断路器试验样机结构

在国内，国家电网公司、西安交通大学、华中科技大学、中国科学院等科研院所和高校也在高压直流断路器上开展广泛研究。

国家电网公司全球能源互联网研究院（简称联研院）作为我国最

早开展高压直流断路器技术研究的单位，提出了采用模块级联技术的混合式全控型直流断路器拓扑，并于 2014 年研制出国内首个、国际上电压等级最高、分断能力最强的 200kV/15kA/3ms 直流断路器样机，如图 1-6 所示。2016 年，成功应用于我国舟山 5 端柔性直流工程如图 1-7 所示，解决了舟山工程中直流故障快速清除等问题，为更高电压等级的断路器研制奠定了基础。2017 年，基于模块级联技术研制出 500kV/3.3kA/26kA/2.53ms 的混合式直流断路器样机。

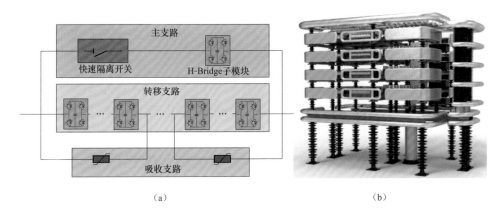

（a）　　　　　　　　　　　　　　　　（b）

图 1-6　联研院高压直流断路器

（a）断路器拓扑结构；（b）断路器结构

图 1-7　舟山工程正、负极线直流断路器

中国其他产业集团和一些高等院校的混合式全控型直流断路器也取得了最新的研究成果。南瑞集团于 2016 年底研制出 500kV/25kA/3ms 的

混合式全控型直流断路器样机。南方电网、华中科技大学等在具备短路电流开断能力的新型机械式直流断路器技术研究方面开展了大量工作。

1.1.4 发展趋势

高压大容量柔性直流输电网络的建设需求有力地促进了高压直流断路器的发展，兼顾低通态损耗和高速分断特性的混合式直流断路器是高压直流断路器领域的主流技术路线。200kV 混合式直流断路器成功示范应用验证了混合式技术路线原理的可行性与正确性，为其推广应用奠定了坚实基础，未来更高电压等级、更大短路电流的直流输电网络对高压直流断路器也将提出新的需求。

未来将依托直流断路器在舟山工程示范应用，逐步扩展应用至区域直流网络，最后推广至直流电网。在此过程中直流断路器技术将随之逐步成熟，最终形成系列标准化产品。兼顾直流断路器在特高压直流输电工程中应用，直流断路器的电压等级将由数十千伏向数千千伏发展；运行电流将由 1kA 向 2～3kA 乃至 5kA 发展；故障切断电流将由 5～10kA 向 15～30kA 发展；开断时间由数十毫秒向 2～3ms 至百微秒级发展。设备功能上，直流断路器将向断流限流一体化、动作智能化、断路器状态自诊断等方向发展。

此外，直流断路器若无法可靠动作，将会显著增大故障电流对设备和系统的冲击，直流断路器的可靠性要求比交流系统高，因此，需要不断提升直流断路器应用可靠性，同时提高直流断路器的经济性，使其具备工程化推广应用的意义。

1.2 高压直流断路器原理与主要设备

1.2.1 高压直流断路器拓扑与工作原理

1. 基本原理

实现高压直流电流分断与交流电流分断最大的区别在于直流电不

存在电流过零点，这项差异给直流断路器的研制带来了巨大技术难度，要安全可靠实现直流电流分断要求直流断路器必须具备三项基本要求：

（1）在主支路上创造电流过零点。

（2）消耗储存在系统中的能量。

（3）耐受电流分断后产生的过电压，并抑制该过电压不得超过直流系统的绝缘水平。

在满足上述要求前提下，高压直流断路器研究已取得了一定的成果，基本原理如其图 1-8 所示，主要分为三种类型：①机械式高压直流断路器；②固态高压直流断路器；③混合式高压直流断路器。

图 1-8　高压直流断路器基本原理图

2. 拓扑类型

机械式高压直流断路器。此种类型主要由机械开关构成，属于最早类型高压直流断路器。机械式高压直流断路器（mechanical circuit breaker，MCB）采用基于六氟化硫（SF_6）或真空（vacuum）传统交流断路器分断装置作为主电流导通支路，分为无源型振荡和有源型振荡两种。

（1）无源型振荡直流断路器是机械式直流断路器最常用的一种，其电路拓扑如图 1-9 所示。其中 CB 是常规交流断路器，转换电路由 LC 振荡电路组成，耗能器通常由氧化锌避雷器组成。无源型振荡直流断路器利用电弧的负阻特性和不稳定性，在电容、电感串联的转换电路中产生自激振荡，从而在开断弧间隙的直流电流上叠加增幅的振荡电流，利用电流过零时开断电路。

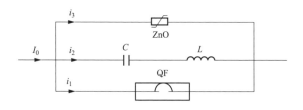

图 1-9　无源型振荡直流断路器拓扑结构

此拓扑断路器具有通态阻抗低（$\mu\Omega$ 级别）、损耗小、耐压能力强等优点，但是创造零点时间长，且转移电流幅值有限，难以实现短路电流的开断。在实际工程中，主要用于分断高压直流系统中的正常运行电流，又称为高压直流转换开关，目前能分断的电流为 9kA。此外，每次分断电流过程中都有电弧的产生，降低了断路器的使用寿命，并且需要开展断路器维护，高昂的费用变相增加了机械式断路器成本。

（2）有源型振荡直流断路器指通过对电容充电储存能量后，注入反向电流与系统故障电流叠加实现电流转移的方式，该方式能够可靠地实现快速机械开关的熄弧，拓扑结构如图 1-10 所示。断路器分断时，快速机械开关 Q 分闸拉弧，同时触发开关 SC，电容经电感向开关 Q 反向注入电流，强迫开关 Q 上电流向电容器 C 所在直流转移，电流注入换流技术需机械开关具备瞬时捕捉电流过零点开断直流电流的能力，造成开关设计难度增加。

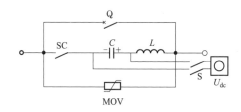

图 1-10　有源型振荡机械式直流断路器拓扑结构

（3）固态高压直流断路器。固态高压直流断路器（solid-state circuit breaker，SCB）由纯电力电子开关器件构成，依据所采用的开关器件类型可以将 SCB 分为两种：半控型和全控型固态直流断路器。

基于晶闸管的固态断路器需要通过转移回路产生人工高额零点而开断，因此开断延迟较大，不能准确控制开断时刻。人工过零需要研究相应的配套技术并增加电流转移回路。近些年来门极可关断器件（如 GTO 和 IGBT 等）的出现给固态断路器的发展带来了新的转机，可以准确控制开断时刻并能解决故障电流的限流开断问题。一种基于全控型器件的 SCB 的拓扑结构见图 1-11，由可关断器件 IGBT 关断直流电流，耗能器用以吸收和耗散关断大电流之后系统中的能量。

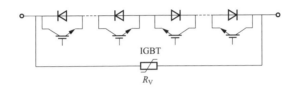

图 1-11　固态断路器的拓扑结构

基于如 IGBT 等可关断器件的固态断路器与机械式断路器相比，有分断速度快、限流能力强、无弧分断、工作稳定、维护较少等优点。但固态断路器也存在一定的缺陷，如损耗大，发热严重，需要冷却装置，电力电子器件耐受过载能力低，不能持续耐受故障大电流等。目前主要应用于一些中低压场合进行电流限制和试验样机。

（4）混合式高压直流断路器。混合式直流断路器（hybrid circuit breaker）由快速机械式开关（简称快速开关）和固态电力电子电路构成，与固态断路器一样，依据主要采用的固态电力电子器件可以将其分为两类，分别是基于半控器件和全控器件的混合式拓扑。其中半控型拓扑多采用晶闸管等半控器件为半导体组件基本单元，按照电源提供形式分为半控有源型直流断路器和半控无源型直流断路器；全控型直流断路器采用可关断器件作为基本单元（IGBT、GTO、IGCT 等）。

针对这两种断路器半导体结构形式，国内外研究机构及高校开展了大量直流断路器的研究工作，样机研制井喷式呈现。下面选取其中 3 类有代表性的拓扑结构进行详细阐述。

1）半控有源注入型混合式拓扑。基于半控型器件的拓扑结构如图 1-12 所示，主支路由快速开关和反并联晶闸管组成，其中电容器需要进行预充电。

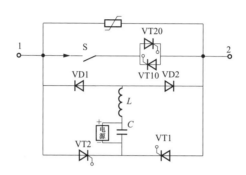

图 1-12　半控型混合式断路器拓扑

其运行原理为：系统正常运行时，快速开关 S 闭合，反并联晶闸管 VT20 和 VT10 保持触发；断路器右侧发生故障时，停发 VT20 和 VT10 的触发脉冲，触发晶闸管阀 VT2，向快速开关支路注入反向电流直至其电流过零，快速开关分断；电容继续经二极管阀 VD1 放电，此阶段中，开关断口电压近似为零，不会发生击穿，实现无弧分断；电容放电结束后，短路电流经电感 L 对电容 C 反向充电，直至达到避雷器保护水平，电流全部转入避雷器中，被消耗吸收，完成分断。

2）IGBT 和晶闸管混合式断路器拓扑。IGBT 和晶闸管混合式断路器拓扑如图 1-13 所示，该拓扑主电流支路由少量的 IGBT 和快速开关构成，两串反并联晶闸管阀构成双向第一转移电流支路，电容、电感和晶闸管支路构成第二转移电流支路，避雷器构成能量吸收支路。

其工作原理为：系统正常运行时，电流经快速开关 S 和 IGBT 流通；断路器右侧发生短路故障时，阀 VT1 施加触发信号并关断 IGBT，主支路电流对电容 C_1 充电，直至阀 VT1 开通，电流转移至第一转移

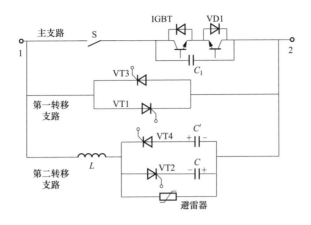

图 1-13   IGBT 和晶闸管型混合式断路器拓扑

电流支路中，通流 2ms，这段时间快速开关将分断至足够开距；触发阀 VT2，使阀 VT1 中电流转移至第二转移电流支路中，VT1 电流过零后并施加足够的反压时间保证其可靠关断后，电容串入短路系统中，系统对电容充电直至避雷器动作，完成分断。

　　3）全控器件级联结构混合式拓扑。全控器件级联的拓扑结构如图 1-14 所示。由主支路、转移支路和耗能支路并联组成。主支路由多断口串联的超高速机械开关和少量全桥模块串联构成，用于导通直流系统负荷电流，通态损耗很低；转移支路由上百级全桥模块串联构成，

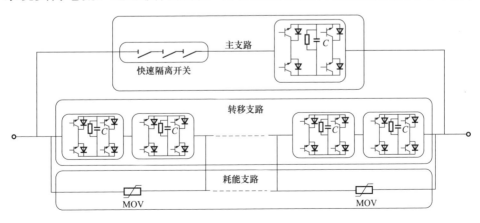

图 1-14   全控器件级联混合式断路器拓扑

用于导通直流系统短路故障电流；耗能支路由多柱避雷器组并联构成，用于吸收直流系统短路电流并抑制分断过电压。

其基本工作原理为：当发生短路故障时，触发导通转移支路中全桥 IGBT，闭锁关断主支路中全桥 IGBT，则主支路中的电流通过全桥模块的续流二极管对电容充电，当电容电压高于转移支路级联全桥模块的导通压降时，故障电流开始向转移支路转移闭锁关断主支路中全桥 IGBT。转移完成后，主支路电流为零，而转移支路维持导通状态，表现为"零电压"状态，从而使得超高速机械开关可以在低电压和零电流条件下在 2ms 的时间内实现无弧分断。

机械开关断开之后，闭锁转移支路中全桥 IGBT，则电流通过转移支路各级全桥模块的续流二极管给电容器充电，当电容电压上升至避雷器保护动作电压时，避雷器动作，吸收短路故障能量的同时，也实现了断路器了过电压保护，至此整个故障电流分断过程结束。

基于半控器件的混合式断路器拓扑主要采用耐压高、通流强、成本低的晶闸管，与基于全控器件的混合式断路器拓扑相比，具备更强的故障电流分断能力和较好的经济性；但是由于半控器件无法完成自关断，必须依靠高压电容器提供"额外能量"来帮助其关断。

基于全控器件的混合式断路器拓扑具有运行损耗低、分断时间短等特点，且拓扑形式简单，应用灵活，兼具限流作用，能够实现模块化，结构相对紧凑，可以通过模块化单元的多级串联扩展至更高电压等级应用。

1.2.2 高压直流断路器主要设备

不管是全控混合式直流断路器还是半控混合式直流断路器，直流断路器都包括半导体组件、超高速机械开关、高电位供能系统，以及直流断路器装置整体。

（1）半导体组件：主要实现负荷电流、故障电流的导通和关断，不管是全控器件还是半控器件，在运行过程中都只有导通和关断两种工作模式；通过主通流支路半导体组件和转移支路半导体组件的开通关断时序配合实现电流转移。

（2）超高速机械开关：一般在接近零电压和零电流工况下实现毫秒级的动作，同时建立起满足直流断路器分断过电压耐受要求的断口绝缘。

（3）高电位供能系统：主要通过外部供能系统对直流断路器的半导体组件高电位板卡进行供电，同时需要实现站用电系统与直流极线之间的高压隔离。

（4）装置整体：是实现直流断路器电气元器件、关键零部件及电气结构的集成整体，是直流断路器功能实现的结构载体。

1. 半导体组件

半导体组件是以电气设计为基础，围绕器件选型〔不管是全控器件 IGBT、IGCT 还是半控器件（晶闸管）〕为实现器件的开通关断功能，进行电气参数设计、控制板卡、供能、结构和通流散热等的系统集成。

（1）半导体组件的设计。半导体组件的设计是以直流断路器的正常运行、故障电流分断、负荷电流分断等运行工况为基础，通过分析半导体器件所承受的各种电气应力（包括电流应力、电压应力、热应力和电磁应力等），确定半导体组件的器件选型和关键电气参数。

半导体组件在运行过程中，分为两个工作状态：导通状态和关断状态。导通状态主要考虑半导体组件的均流特性，关断状态主要考虑半导体组件的均压特性。均流包括静态均流和动态均流：静态均流的主要因素为器件的饱和导通压降不同；动态均流的主要因素是开关导通与关断时间不一致。关于均压特性，半导体组件的均压特性分为静态均压和动态均压，其阻断状态下的均压称为静态均压，开通、关断过程时的均压称为动态均压。

对于均流特性设计，则可以通过器件筛选、结构设计优化、器件的控制板卡一致性优化及散热设计等方法实现半导体组件的均流。均压特性的优化设计与半导体组件的拓扑形式有很大关联，不同的拓扑有不同的均压设计方法。

（2）半导体组件的关键零部件设计。围绕半导体组件的功能实现，需要配合设计相应的关键零部件，包括半导体器件、电容器、器件控制板卡、供能部件、散热结构等。对于半控器件的半导体组件，其核心器件主要为晶闸管，目前 3～6in（1in＝0.0254m）均可选型，由于晶闸管的应用技术成熟，因此晶闸管半导体组件设计相对简单，可参照直流换流阀的设计方法进行晶闸管型半导体组件的电气设计，包括均压、均流特性设计。

对于全控型半导体组件，其核心器件主要是 IGBT，IGBT 有压接型和焊接型两种典型的技术路线。由于压接型 IGBT 击穿后可保持可靠短路，而焊接型 IGBT 击穿后一般是开路，因此压接型 IGBT 更适用于断路器的应用。目前直流断路器一般采用压接型 IGBT。压接型 IGBT 有两种技术路线，包括以 ABB 公司为代表的压接型 IGBT（如图 1-15 所示）和以东芝公司为代表的压接型 IGBT（如图 1-16 所示）。

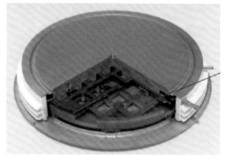

图 1-15　ABB 压接型 IGBT　　　　　图 1-16　东芝圆饼式压接型 IGBT

半导体组件还有其他的关键零部件，包括控制电路和供能电源。对于全控型半导体组件，其控制板卡分为两部分：其中一个是 IGBT 的驱动，主要功能是实现 IGBT 的开通关断及保护，同时检测 IGBT 状态；另一个控制板卡是中控板卡，主要是实现半导体组件与阀基电子设备之间的通信和对半导体组件的同步控制。供能电源的功能是实现对 IGBT 控制板卡的外部供电，确保控制板卡的有效工作。

（3）半导体组件的结构。半导体组件的结构设计以电气设计为基础，同时考虑了诸多相关的复杂因素，如爬电距离、空气净距、内部干扰、杂散电感、水冷要求、重量分布、安装简便性、维护和试验简易性等。同时，为了实现高可靠性和长期安全运行，仔细考虑了结构材料选型和零部件设计，减小了直流断路器发生火灾的风险。同时从便于工程应用和可扩展性考虑，半导体组件设计一般采用模块化及标准化结构设计。

对于主支路半导体组件，由于需要长期导通负荷电流，因此需要设计相应的冷却结构。从传热角度看，虽然强迫风冷及水冷两种冷却方式都可以满足设计要求，但冷却方式的选取还需同时考虑其他因素。强迫风冷结构存在的散热效率低、散热结构体积大、可靠性低等问题，不利于提升半导体组件的工程应用可靠性。而采用水冷冷却，则具有散热效率高、结构紧凑和可靠性高等优势，一般是半导体组件冷却结构的首选。图 1-17 给出了一种比较典型的主支路半导体组件结构。

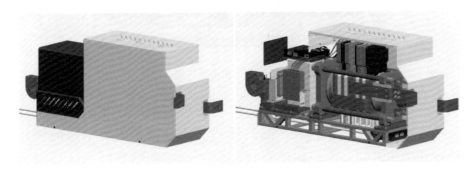

图 1-17　主支路半导体组件结构

对于转移支路半导体组件，由于耐压高，因此需要数十乃至上百半导体器件进行级联连接，结构设计更为复杂。同时由于转移支路半导体组件只是承受毫秒级的暂态电流，因此不需要设计相应的冷却结构，一般采用空气冷却。为了实现转移支路阀模块的紧凑化、模块化设计，转移支路的半导体器件一般采用大组件压装结构，图 1-18 给出一种大组件的 IGBT 压装结构，图 1-19 给出了一种转移支路半导体组件整体结构。

图 1-18　IGBT 大组件压装结构

图 1-19　转移支路半导体组件

2. 超高速机械开关

超高速机械开关作为直流断路器的快速分断和隔离电压的核心零部件，其动作时间、断口绝缘直接决定了直流断路器的总体分断时间和隔离电压等级。由于直流断路器一般在 3ms 内完成分断，因此超高速机械开关需要在 2ms 内完成分断，并建立起满足直流断路器分断过电压要求的断口绝缘。

超高速机械开关分合闸过程中为零电压、零电流，分闸时电压、电流应力波形如图 1-20 所示。t_1 时刻：超高速机械开关正常闭合；t_2 时刻：故障发生；t_3 时刻：超高速机械开关开始分闸；t_4 时刻：超高速机械开关完成开断，开始承受最大分断过电压 1.6（标幺值）；t_5 时刻：超高速机械开关承受的过电压开始降低；t_6 时刻：超高速机械开关承受系统稳态电压 1.0（标幺值）。

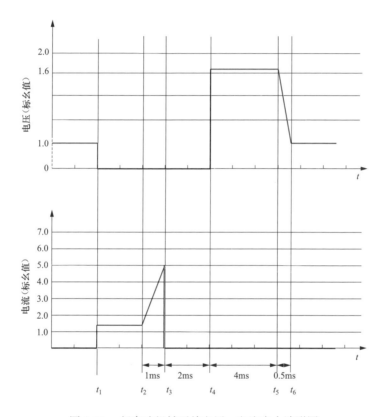

图 1-20　超高速机械开关电压、电流应力波形图

（1）超高速机械开关工作原理。

1）超高速机械开关工作原理。超高速机械开关需要在小于 2ms 的时间内分断并达到额定开距，这对开关操动机构提出了更快的驱动速度和更高的驱动可靠性要求。传统用于交流输电系统中的机械式高压

断路器的弹簧机构或液压机构，分断时间达到数十毫秒，无法满足应用要求，因此具有结构简单、初始速度快等优点的电磁斥力机构取代传统操作机构成为研制超高速机械开关的关键技术实现方案。

电磁斥力操动机构的结构和工作原理如图1-21所示，该机构有两个固定线圈，作为分闸线圈和合闸线圈，金属盘和绝缘拉杆固定并可以上下运动，绝缘拉杆与开关的动触头相连接。进行开关分闸操作时，导通开关S、储能电容C通过分闸线圈放电，分闸线圈中流过持续时间为几个毫秒的脉冲电流，该电流在金属盘中感应出与线圈电流方向相反的涡流，从而产生斥力，驱动金属盘带动拉杆以及动触头运动，实现分闸操作；合闸过程与分闸过程类似。由于电磁斥力操动机构中合分闸线圈的电感很小，加上其结构简单、零部件较少，因此其反应速度很快。但是随着金属盘和线圈距离的增加，电磁力会迅速衰减，所以电磁斥力操动机构适用于行程较短的场合。

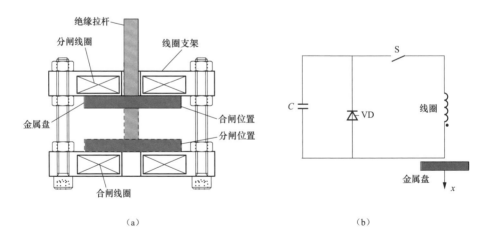

（a）　　　　　　　　　　　　（b）

图 1-21　电磁斥力操动机构

（a）结构图；（b）工作原理图

2）超高速机械开关参数要求。

a）超高速机械开关的基本使用环境如下：

外界环境：干净户内环境，微正压；

长期使用温度范围：5～50℃；

最高使用工作温度：60℃；

储存运输温度：－20～60℃；

最大湿度：60％RH；

污秽等级：0级。

b）超高速机械开关的电气参数：

额定电流：系统长期运行最大直流电流；

额定电压：系统长期运行最高直流电压；

过电压（标幺值）：1.5～1.8；

爬电比距：不小于14mm/kV。

超高速机械开关的设计参数见表1-1。

表 1-1　　　　　　　　　　　　超高速机械开关设计参数

序号	项目	参数
1	放电峰值电流	8～16kA
2	电磁驱动力	70～100kN
3	峰值加速度	1200～2000g
4	最大分断时间	＜2ms
5	分断速度	15～20m/s
6	最大分断质量	5～12kg（取决于额定电流）
7	动作寿命	≥3000 次

（2）超高速机械开关关键零部件。基于图1-21所示的电磁斥力机构设计方法，将电磁斥力机构与真空灭弧室或者SF₆灭弧装置相连，就形成了超高速机械开关的主体结构，同时配合其他附属零部件及支撑结构，就形成了超高速机械开关。图1-22给出了典型真空超高速机械开关的结构，在结构上分为灭弧室、电磁斥力机构、压力保持机构和缓冲装置几部分。灭弧室主要是实现绝缘隔离，一般分为SF₆绝缘和真空绝缘两种，目前在毫秒级分断的机械开关，SF₆灭弧室和真空灭弧室均有应用。电磁斥力机构实现机械开关的快速分合闸，压力保持

机构实现动触头合闸和分闸的可靠状态保持,缓冲装置实现机械开关快速分断时的动作缓冲。

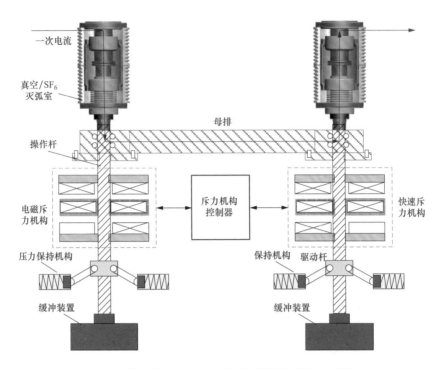

图 1-22 典型真空超高速机械开关结构示意图(双断口)

电磁斥力机构是超高速机械开关最核心的部分,主要由分合闸线圈、斥力盘、操作杆、放电回路等组成。分合闸线圈的形状是常见的圆形或者矩形设计,一般采用扁铜线绕制多匝而成,匝数与所需要的电磁斥力大小有关。斥力盘形状可采用圆盘结构,也可采用矩形盘结构,材料一般选用铜或铝合金。放电回路的储能电容一般采用高压脉冲电容器,同时要求具有可靠防爆功能。电磁斥力机构在整体集成时,一般将分合闸线圈、斥力盘封装在一个固定盒状结构内,然后再与操作杆配合组装成整体。放电回路的储能电容器一般布置在独立的空间结构内,与电磁斥力机构机械部分分体布置。

电磁斥力机构运用于超高速机械开关还需要和保持机构配合,即:

当开关位于分闸位置时，需要为开关提供分闸保持力；位于合闸位置时，需要提供反方向的合闸保持力。目前保持机构常采用弹簧保持和永磁保持。弹簧保持常用碟形弹簧或螺旋弹簧。碟形弹簧是一种用金属板料或带材锻压而成的截锥形薄板弹簧，如图 1-23 所示。它在轴向上呈锥形并承受载荷，主要特点是能以小变形承受大载荷，并且其载荷形变曲线具有非线性特性。若单片碟形弹簧的负荷量和形变量不能满足使用要求，可以组合后使用。螺旋弹簧是用弹簧钢丝绕制成的螺旋状弹簧，单个螺旋弹簧的力学特性呈线性，即

$$F = kx$$

式中 k——螺旋弹簧的劲度系数，为常数；

   x——弹簧的形变量。

可以将两个螺旋弹簧组合形成如图 1-24 所示的双稳保持结构。

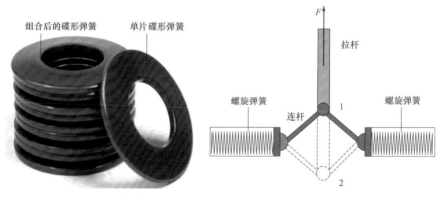

图 1-23   碟形弹簧图   图 1-24   螺旋弹簧双稳保持机构

另外还有永磁保持机构，结构如图 2-17 所示，永磁保持机构采用永磁体产生磁场，当开关位于合闸位置时，动铁芯与静铁芯的上部接触，该磁场在永磁体、导磁环、动铁芯和静铁芯中形成回路，静铁芯的上部对静铁芯产生很大的吸力，作为合闸保持力；当开关位于分闸位置时，动铁芯与静铁芯的下部接触，它们之间产生很大的吸力，作为分闸保持力；当动铁芯不与静铁芯接触时，它们之间的作用力很小。

图 1-25 所示为永磁保持机构中的动铁芯从位置 1（合闸位置）运动到
位置 2（分闸位置）时，其轴向上力的曲线。永磁保持机构的优点是结
构简单、稳定性好，然而由于永磁保持机构含有质量较大的铁芯，会
显著增加操动机构运动部件的质量，影响合分闸速度。

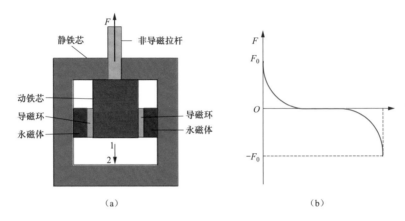

图 1-25　永磁保持机构及其力学特性
（a）永磁保持机构；（b）保持力曲线

　　超高速机械开关的缓冲机构主要是实现电磁斥力机构高速分断后
的可靠缓冲，常见的缓冲机构有液压缓冲机构、聚氨酯缓冲机构和电
磁缓冲机构。液压缓冲结构如图 1-26 所示，由液压柱塞和液压缸组成，
内部填充液压油，电磁斥力机构高速运动的操作杆与液压柱塞接触后，
压缩液压油实现缓冲。聚氨酯缓冲结构如图 1-27 所示，是一种用具有
强力弹性的树脂材料制成的缓冲结构，电磁斥力机构高速运动的操作
杆与聚氨酯缓冲的承力机构接触后，弹性变形实现缓冲。

　　电磁缓冲的基本原理是当进行分闸操作时，首先分闸线圈所处回
路中的电容对其放电，分闸线圈与金属盘之间产生斥力，金属盘带动
操动机构的动触头等其余运动部件向合闸线圈运动，当它们的行程达
到开关要求的开距时，合闸线圈所处回路中的电容对其放电，此时合
闸线圈与金属盘中也会产生斥力，使运动部件减速，从而降低操动机
构运动部件到达分闸位置时的动能，避免反弹。进行合闸操作时同理。

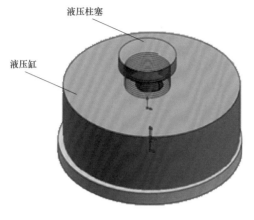

液压柱塞

液压缸

图 1-26　液压缓冲机构

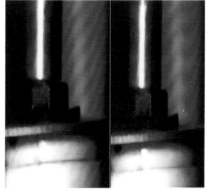

图 1-27　聚氨酯缓冲机构

　　上述三种缓冲机构在超高速机械开关中均有应用。

　　（3）超高速机械开关结构。超高速机械开关的结构设计是实现灭弧室、电磁斥力机构、保持机构、缓冲机构等关键零部件及附属结构件的集成。图 1-28 给出了一种真空超高速机械开关的典型设计，图 1-29 给出了一种 SF_6 超高速机械开关的典型设计。

图 1-28　真空超高速机械开关

图 1-29　SF_6 超高速机械开关

　　快速机械开关耐压越高，则要求其位于分闸的位置时动、静触头之间的开距越大，过大的开距会增加机械开关的分闸时间，从而也增加了混合式高压直流断路器开断电流的时间。因此快速机械开关可以适当采用多个断口串联的形式，降低单个断口的耐压，从而减小单个断口的行程。以真空超高速机械开关为例，对于 40.5kV 的真空灭弧室，200kV 电压等级的超高速机械开关，则需要 5～6 个真空灭弧室串联才能满足该电压等级绝缘耐受要求。图 1-30 给出了一种 SF$_6$ 超高速机械开关 4 断口串联结构示意图。

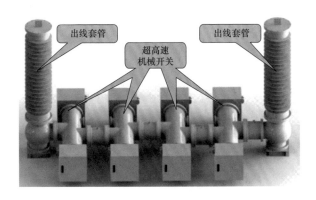

图 1-30　4 断口串联 SF$_6$ 超高速机械开关

3. 供能系统设计

（1）供能系统设计要求。高压直流断路器长期运行时悬浮于高压直流线路中，其组成包含了大量半导体电力电子器件和快速机械开关。为了维持半导体电力电子器件驱动控制板卡和快速机械开关电磁斥力机构及控制板卡正常工作，需要向其提供相应能量，因此需要能量获取系统。

上述拓扑高压直流断路器无法从本体取得持续能量，并且由于输电线路为直流线路，无交变电场，同时在高压直流断路器分闸状态下，线路断开，但其仍需功率维持其可靠工作，也无法从输电线路中直接取得能量，因此，需要外部供能系统向直流断路器提供能量。由高压直流断路器拓扑及工作条件可以得到，此供能系统应具有以下基本要求：①质量轻，体积小；②供能不间断；③高效率及高可靠性；④高电压隔离与多输出的能力；⑤满足直流断路器负载功率波动需求；⑥满足直流断路器绝缘要求。

为了满足高压直流断路器能量需求，结合技术成熟度和工程应用情况，同时考虑到主通流支路长期稳定工作的可靠性，选择工频电磁供能系统为主、激光供能系统为辅的混合式供能系统。

（2）供能系统设计原理。

1）工频电磁供能系统。工频电磁供能系统通过工频高压隔离变压器将能量传输至直流线路高电位，通过分布式磁环和绝缘电缆，将能量传输至不同电位点电力电子器件处，再经过整流稳压电源将能量送至后级功率器件。工频电磁供能系统拓扑结构如图 1-31 所示。

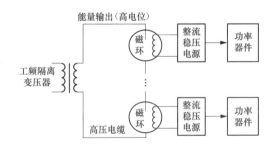

图 1-31   工频电磁供能系统结构框图

隔离变压器的作用为电压变换、功率传递、电气隔离，将能量传输至高电位。隔离变压器主要利用电磁感应的原理，通常其具有两组线圈，在一次侧通过加入交流电产生磁场，其二次绕组在这个磁场的作用下，能够产生电磁感应电动势，如果此时二次绕组带负载，则会产生感应电流。通过一次绕组和二次绕组的匝数可实现对电压的改变。隔离变压器的主要作用是将电网设备与用电设备相隔离，保障用电设备和电源没有直接的电的联系，将地电位电能传输至高电位功率器件。

高压电缆和磁环的作用为功率传递和电气隔离，将隔离变压器输送至高电位处不同电位点功率器件。工频输入形成单匝电流母线，电流母线依次穿过所有磁环变压器，经过整流稳压电源，供给后级负载。

2）激光供能。激光供能系统由激光光源、供能光纤及光电池三大部分组成。由位于地电位侧的激光光源产生激光，通过光纤把激光能量传送到高压侧，再由高压侧上的光电池将光能转换为电能，提供给负载。该方案采用光纤隔离低电位侧与高电位侧，其典型结构框图如图1-32所示。激光光源主要由半导体激光二极管、驱动激光二极管工作的电源电路以及相应的保护电路组成。

图1-32　激光供能系统结构框图

激光供能系统结构简单，绝缘性能好。它通过不导电的光纤隔离了高低电位侧，能够安全地将地面上低电位的能量上送到高电位的功率模块上，提高了安全性和经济性。传输信号的媒质采用光纤，它具有抗电磁干扰、高速、高带宽的特点，能够在抗强电磁干扰的条件下传输高速信号。光纤具有很好的线性度，能使输入输出信号之间达到保真传输，方便与数字化电力系统设备集成。因此激光供能系统不易受到外界其他因素的干扰，供电性能稳定。

（3）供能方式有很多种，随着新兴技术的发展，途径和方案越来越多，结合高压直流断路器工作环境、功率需求、负载特性、技术成熟度、经济性、长期工稳定性和可靠性，选择隔离变压器与多级磁环及高压电缆配合的工频电磁供能方案与激光供能方案组成混合式供能系统。工频电磁供能系统底部主体隔离变压器将能量输送至高电位平台，再通过分布式磁环和高压电缆将能量送至每一级全桥子模块，此为主要供能方案。激光能量通过供能光缆传输至高电位平台，通过光电池单元将光能转换为电能，供给主支路电力电子器件，保证主通流支路的可靠性，此为后备供能方案。

4. 装置整体结构

直流断路器的结构设计是以一次电气设计为基础，按照电气功能单元区分采用各个单元相对独立的模块化设计，在总体结构布局和电气连接设计上，又以 50kV 为一个完整电气单元，通过级联叠加，可以实现 50~500kV 电压范围的电压升级扩展。直流断路器样机结构设计主要基于以下原则：

（1）结构安全可靠，满足直流断路器长期运行的各种工况要求。

（2）便于安装和维护，有利于直流断路器前期施工和后期运行维护。

直流断路器的整体布局充分考虑电气设计的要求，同时仔细考虑了诸多相关的复杂因素，如爬电距离、空气净距、内部干扰、杂散电感、水冷要求、质量分布、安装简便性、维护和试验简易性等。同时，为了实现高可靠性和长期安全运行，应仔细考虑结构材料选型和零部件设计，减小直流断路器发生火灾的风险。

直流断路器采用模块化及标准化结构设计，主结构使用强度高、质量轻、导电及导热性能好的铝合金材料，还使用易于加工、防火阻燃性能好的高强度环氧玻璃布层压板（epoxy glass cloth laminate sheet，EPGC）、聚偏氟乙烯（poly vinyli dene fluoride，PVDF）等材料，同时最大限度减少电气和水路连接接头，实现结构简单、组装方便、可靠性高、便于维护及现场安装等优化设计目标。

（1）高压直流断路器绝缘配合设计。直流断路器有空气绝缘（自恢复型绝缘）和固体绝缘（非自恢复型绝缘）两种绝缘型式。这些绝缘型式在直流应用中应考虑直流、交流和冲击（包括正负极性）电压作用下的绝缘特性。在进行直流断路器绝缘配合设计时，如果绝缘参数选取过小，则在运行过程中，空气绝缘会在过电压下击穿，固体绝缘材料则会在污秽、老化因素影响下发生性能衰变，表面产生蚀损，严重时会在材料表面产生导电通道。如果绝缘参数选取过大，设备的结构尺寸和成本也会随之增加，造成绝缘的浪费。因此，要选取合理的绝缘参数对直流断路器设计是非常关键的。

绝缘设计的基本目标是：

1）确定系统中不同设备实际可能承受的最大稳态、瞬态和暂时过电压水平。

2）选择设备的绝缘强度和特性，以保证直流断路器在上述过电压下能够安全、经济和可靠地运行。

对于空气绝缘，主要考虑空气净距，必须确定其最小空气净距，一般基于要求的操作冲击耐受电压、雷电冲击耐受电压和陡波冲击耐受电压来确定。对于固体绝缘，主要考虑爬电距离，必须确定最小爬电距离，一般以持续运行电压（直流和交流）为基础。

（2）高压直流断路器均压设计。直流断路器结构复杂，且电气器件、金属结构件、接线端子等存在相对尖锐的金属尖角，这些尖角在一定电位下，会因为电位梯度超过限值而发生电晕放电，因此需要进行直流断路器的均压结构设计，以实现电场的均匀化处理，满足直流断路器的长期高电压运行要求。一般可借助有限元电场分析软件（如ANSOFT MAXWELL的三维静电场模块）对直流断路器的均压屏蔽系统进行电场初步分析。从分析准确性角度考虑，一般采用1：1比例建模。

（3）高压直流断路器抗震设计。高压直流断路器是一个结构尺寸庞大的设备，其内部包含了大量结构特性不同的零部件，包括主支路子模块、转移支路阀模块、高速机械开关组件、避雷器单元、载流回路部件和冷却系统部件，以及附属的支撑结构件。这些结构件之间的连接有刚性连接，也有柔性连接，且结构件也有多种材质，包括铜材料、钢材料、复合绝缘材料等，这些不同材质组成的结构件在地震作用下会显示出不同的地震响应特性，并承受不同的地震应力作用。

根据 DL/T 5222《导体和电器选择设计技术规定》，在地震应力作用下，电力设备的静态安全裕度系数不小于 2.5，动态安全裕度系数不小于 1.67。基于此要求，对高压直流断路器的抗震性能进行分析，通过有限元软件 Ansys 进行断路器阀塔样机自身的固有频率及自振振型进行分析，之后对按照国家标准要求的地震谱进行响应分析。通过时程分析计算出高压直流断路器在地震响应当中每个时刻的应力和变形情况，较为准确地描述结构在地震波下的运动行为。

（4）高压直流断路器整体结构设计。直流断路器样机采用空气绝缘、主支路核心器件水冷却、支撑式结构。直流断路器采用压接式 IG-BT 为核心的半导体控制器件进行主体电气结构设计，基于该型号的 IGBT 的耐压设计要求，设计满足电气应力需求的 IGBT 基本串联数。直流断路器样机的转移支路由若干个阀模块串联而成，每个阀模块包含若干个阀段，每个阀段含一定的半导体器件级联；主支路半导体组从设计冗余角度考虑，一般采用串并联混合的结构；超高速机械开关回路由若干个一定电压等级的超高速机械开关组件组成；避雷器单元采用若干级子避雷器单元组件串联连接而成，与转移支路和主支路并联连接。

直流断路器同时还包括均压屏蔽罩、支柱绝缘子、导电母排、水冷系统、光缆/纤等。均压屏蔽罩用于直流断路器在高电压的优化场强和抑制电晕，支柱绝缘子实现断路器的主体结构支撑，导电母排用于实现断路器的电气连接和载流，冷却系统用于实现主支路子模块的 IG-BT 实时冷却，光缆/纤用于实现与控制保护系统的物理通信、控制连接。

图 1-33 所示为典型的 200kV 直流断路器的阀塔结构。

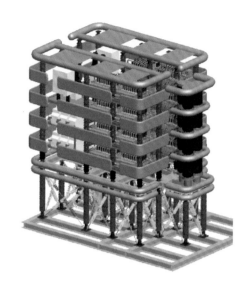

图 1-33　典型的 200kV 直流断路器阀塔结构

1.3 高压直流断路器控制保护系统

高压直流断路器需要有专门的控制保护系统完成对超高速机械开关、半导体组件等高压直流断路器一次设备及供能、水冷等辅助设备的有效控制和保护。高压直流断路器安装于直流电网的直流线路上，当发生直流线路故障时，故障电流上升速度极快，需在极短的时间内，由直流断路器控制保护系统控制超高速机械开关、子模块等断路器一次设备按照时序完成一系列动作，并实时对这些设备完成状态监视与故障判断。高压直流断路器的控制保护系统与其他控制保护系统相比，时效性要求更高。

1.3.1　控制保护功能及策略

1. 总体功能

高压直流断路器控制保护设备外部接口框图如图 1-34 所示。断路器控制保护设备需要接收柔性直流控制保护系统的断路器分合信号并将自身的分合位置信号上传；根据控制时序发控制指令至主支路和转移支路子模块；根据控制策略控制超高速机械开关的分合并接收开关的分合状态，实时检测断路器设备故障状态并上传；完成对辅助系统的控制和监测。

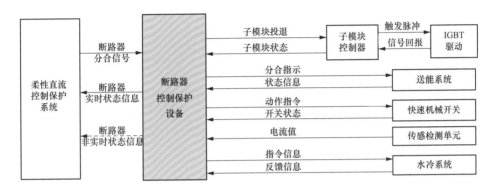

图 1-34　断路器控制保护系统对外接口框图

通过以上分析，直流断路器控制系统需要具备以下功能：

（1）控制功能。能正确执行分、合等指令。

（2）通信功能。与内部一次设备和辅助设备及外部设备进行通信。

（3）自检功能。断路器控制保护设备应能判断自身设备故障，并报出故障等级和执行保护动作。

（4）人机交互功能。包括录波、事件的记录查询、人机界面操作等人机交互和监控功能。

高压直流断路器控制策略主要包括断路器分、合电流全过程的控制时序设计，防止系统暂态过电流引起断路器误动的预转移控制策略，以及正常运行工况下断路器所有开关组件在线巡检策略。

2. 分断控制时序

高压直流断路器的分断控制时序如图 1-35 所示。图中各个时刻的意义分别为：

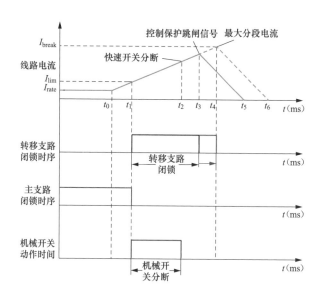

图 1-35　直流断路器控制时序

t_0：正常运行时刻，设定为断路器动作的参考零时刻；

t_1：线路电流达到起始保护阈值时刻；

t_2：快速机械开关断口到位时刻；

t_3：断路器控制设备收到柔性直流输电控制保护系统分断指令时刻；

t_4：断路器保护设备达到最大允许分断电流，执行分断时刻；

t_5、t_6：断路器完成分断时刻。

如图 1-35 所示，正常情况下电流流经主支路，断路器转移支路的 IGBT 处于导通态，当 t_1 时刻断路器保护设备检测到线路电流达到了保护阈值 I_{lim}，并且闭合主支路的 IGBT 闭锁，完成第一次换流过程，线路电流从主支路转移至转移支路。由于主支路处于无电压、无电流状态，快速机械开关可无弧分断，在 t_2 时刻，快速机械开关完成了分断操作，此时断路器等待直流系统控制保护系统的分闸命令；t_3 时刻断路器控制设备收到站控级控制保护系统的分断命令，立即关闭转移支路的 IGBT，使得电流向避雷器开始转移，完成第二次的换流过程，避雷器动作后，线路电流被抑制并下降；t_5 时刻，避雷器动作结束。若 t_4 时刻，线路电流达到了断路器的最大分断电流而并没有收到直流系统控制保护系统的分断命令，断路器闭锁转移支路的 IGBT，迫使电流向避雷器转移并下降，t_6 时刻避雷器动作结束，整个分断过程结束。

3. 电流预转移控制

针对混合式直流断路器拓扑，当线路电流达到断路器的保护阈值时，断路器启动电流预转移控制逻辑。它的基本原理是闭锁主支路的 IGBT，分断快速机械开关，将短路电流预转移至转移支路，若此时短路电流未达到断路器的跳闸阈值，或者断路器等待若干时间（毫秒级）未等到控制保护系统的跳闸信号，则断路器重新导通主支路的 IGBT，并闭合快速机械开关，然后闭锁转移支路的 IGBT，重新将电流转移至主支路。

如图 1-36 所示，t_2 时刻，电流达到了预转移设计阈值 I_{lim}，此时启动电流预转移功能，经历了 t_3 时刻，电流未达到避雷器的保护阈值 I_{break}，断路器不闭锁转移支路，若等待一段时间（如 100ms）后，电流仍未达到保护阈值，则断路器闭锁转移支路，使得电流重新转移至主支路，以上过程可对直流系统无任何扰动。

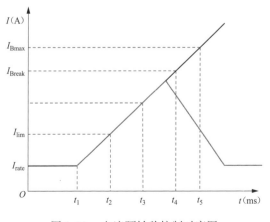

图 1-36　电流预转移控制时序图

4. 在线巡检

由于高压直流断路器在运行过程中长期处于通流状态，无任何动作。为及时发现设备故障，需对高电位设备进行在线巡检。在不影响设备通流的情况下，可定期控制部分或全部半导体组件或超高速机械开关进行分合动作，以检测设备是否完好。

1.3.2　控制保护架构及主要设备

断路器的控制保护系统的总体架构如图 1-37 所示，共分为 3 层，分别为应用层、继电保护设备层、高压设备层。

应用层设备完成对控制保护设备及一次设备的操作和监测，包括工作站、TFR 录波、服务器、打印机等设备。

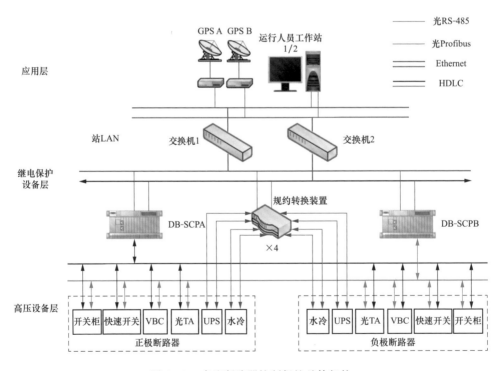

图 1-37　直流断路器控制保护总体架构

继电保护设备层包含的设备有断路器控制保护单元、阀基控制设备、事件管理设备，完成对断路器的故障电流检测、断路器各种运行模式的操作、控制方式的投切、断路器的一次设备的实时监测及保护和子模块的准确控制等功能。

高压设备层包括断路器子模块中央控制器，传感检测装置的一次侧设备、快速开关控制单元，均处于断路器阀塔的高电位。

高压直流断路器采用高速电流测量装置对断路器整体和各个支路的电流进行检测，减小电流测量延时可以满足高压直流断路器的快速动作要求。

1.3.3　控制保护设备测试

高压直流断路器控制保护系统的功能测试可通过低压动态模拟系统来完成，或借助 RTDS、RTLAB 等实时数字仿真平台，搭建数字仿真模型等来进行。

按照相似原理将直流系统各项参数按一定比例缩小，用低压物理器件搭建动模模拟系统，与高压直流断路器控制保护系统相连接，可用于实现断路器控制保护系统的功能测试。图 1-38 所示为动态模拟试验中断路器的电压、电流波形。利用实时数字仿真平台，可实现更复

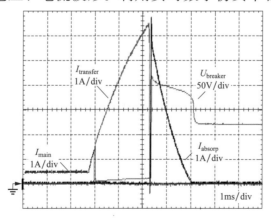

图 1-38　动态模拟试验中断路器的电压、电流波形

杂直流系统的模拟，参数的调整也更便捷。

1.4 高压直流断路器试验技术

500kV 高压直流断路器作为电力电子技术领域新型的高端电力装备，其工作原理和运行条件均有别于传统的交流断路器以及中低压应用领域的直流断路器，迄今为止其电气试验尚没有可以参照的国际或国家标准。为验证直流断路器设计的合理性和正确性，需要结合直流断路器运行原理和实际系统运行工况，开展直流断路器等效试验方法研究，准确复现直流断路器在不同暂稳态工况下耐受应力，实现对直流断路器电、热与机械等性能全面考核。

1.4.1 试验技术现状

1. 直流转化开关试验技术

在高压直流输电系统中，直流转换开关系统由 4 种不同类型的直流转换开关构成，有金属回线转换开关（metallic return transfer breaker，MRTB）、大地回线转换开关（ground return transfer switch，GRTS）、中性母线开关（neutral bus switch，NBS）和中性母线接地开关（neutral bus ground switch，NBGS），主要用于进行直流输电系统各种运行方式与接地系统的转换等。

直流转换开关一般可分为有源型和无源型两类。无源型直流转换开关一般由开断装置 B、转换电容器 C 等组成，有时还有电抗器 L。有源型直流换开关设备还包括单极关合开关 S1 和充电装置，如图 1-39 所示。

目前，直流输电系统中主要使用无源自激振荡型的直流转换开关，其原理如图 1-40 所示。图中，QF 为高压交流 SF$_6$ 断路器；L 为电抗器，C 为电容器，二者组成振荡回路；MOV 为氧化锌避雷器，用以限制开关两端的电压。

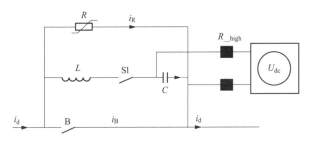

图 1-39　带充电装置的（有源型）直流转换开关

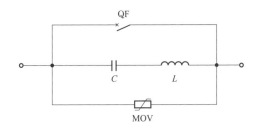

图 1-40　无源自激振荡型直流转换开关

GB/T 25309《高压直流转换开关》提出了±800kV 电压等级直流输电系统用直流转换开关的技术条件和试验要求，规定直流转换开关的各分设备应通过表 1-2 规定的各项试验。

表 1-2　　　　　　　　　直流转换开关分设备试验内容

序号	设备	试验类别	试验项目
1	开断装置	型式试验	雷电冲击电压试验
2			操作冲击电压试验
3			辅助和控制回路试验
4			短时耐受电流和峰值耐受电流试验
5			温升试验
6			主回路电阻测量
7			环境温度下的机械操作试验
8			密封性试验
9			电磁兼容性试验
10		例行试验	辅助和控制回路的耐压试验
11			主回路电阻测量
12			机械操作试验
13			密封性试验
14			设计和外观检查

序号	设备	试验类别	试验项目
15	单极合闸开关	型式试验	雷电冲击电压试验
16			操作冲击电压试验
17			辅助和控制回路试验
18			短时耐受电流和峰值耐受电流试验
19			环境温度下的机械操作试验
20			电磁兼容性试验
21		例行试验	辅助和控制回路的耐压试验
22			主回路电阻测量
23			机械操作试验
24			密封性试验
25			设计和外观检查
26	转换电容器	型式试验	动作负载试验
27			热稳定试验
28			短路放电试验
29			端子与外壳之间的雷电冲击电压试验
30		例行试验	电容测量
31			端子间电压试验
32			端子与外壳间交流电压试验
33			短路试验
34			内部放电器件试验
35			密封性试验
36	避雷器	型式试验	残压试验
37			能量释放试验
38		例行试验	能量耐受试验
39			避雷器伏安特性试验
40			电阻片单元试验（均流试验、并联柱同步试验、组匹配试验）
41			避雷器单元的试验（参考电压试验、内部局部放电试验、并联避雷器单元之间的均流试验）
42	电抗器	型式试验	雷电冲击电压试验
43		例行试验	绕组电阻测量
44			电感值测量

序号	设备	试验类别	试验项目
45	充电装置	型式试验	端子对地雷电冲击电压试验
46			端子对地极性反转直流耐压试验（干试）和局部放电测量
47			端子间直流耐压试验（干试）和局部放电测量，60min
48		例行试验	功能试验
49			端子间操作冲击试验
50			端子对地直流耐压试验，干试
51			端子间直流耐压试验，干试
52			端子间交流耐压试验（干试）和局部放电测量
53			端子对地交流耐压试验（干试）和局部放电测量

直流转换开关的试验包括型式试验和例行试验，具体试验项目见表 1-3。

表 1-3   直流转换开的试验内容

序号	试验类型	试验项目
1	型式试验	雷电冲击电压试验
2		直流电压耐受试验，湿态
3		主回路电阻的测量
4		温升试验
5		短时耐受电流和峰值耐受电流试验
6		防护等级验证
7		密封试验
8		电磁兼容性试验
9		周围空气温度下的机械操作试验
10		端子静负载试验
11		直流转换开关的电流转换试验
12		抗振试验
13	例行试验	通过对直流转换开关各分设备的例行试验进行验证
14	特殊试验	直流转换开关的连续转换试验
15	现场试验	包括直流转换开关分设备以及直流转换开关整体的检查和试验

直流转换开关的电转换试验目的是检查直流转换开关是否具备转换规定的直流转换电流的能力。通过该实验可检验直流转换开关能够成功转换额定转换电流范围内的直流电流，并且还可检验开断装置能够耐受断口间出现的恢复电压上升率。试验回路应能等效该类型直流

转换开关的实际运行条件。转换试验至少应包括以下 4 次连续转换：①转换额定直流转换电流 50％水平 1 次；②转换额定直流转换电流水平 3 次。若其中 1 次未成功转换，则应重复上述试验；若连续 4 次转换成功，则视为通过该项型式试验。否则，视为未通过试验。

在进行电流转换试验中可以考虑进行连续转换试验。连续转换试验仅对 MRTB 和 ERTB 进行，该试验是为了验证直流转换开关的连续转换能力。按照电流转换试验的试验要求，先进行一次分合操作，在距第一次分闸操作 60s 内再进行一次分闸操作。在连续转换电流试验中，直流转换开关应能成功转换该开关的额定转换电流范围内的直流电流。

试验主回路的任务是为直流断路器（试品）提供一种可与实际直流回路等效的直流电源，这种等效的直流电源应具有以下功能：①为试品提供可调节的断口电流，满足断口额定电流要求且有裕量；②能提供断口熄弧后的恢复电压，满足断口恢复电压要求；③从功率角度考虑该模拟直流电源应为一种适当的脉冲功率电源，即应有储能环节，避免直接从电网吸取高能量。

基于上述考虑，试验回路方案包括模拟直流源、保护用断路器、试品和一次测量设备。试验回路原理如图 1-41 所示。

试验开始阶段，BT1、BT2 和 BP 均处于分闸状态，由 C_G 为储能电容器组充电，达到预置的目标电压后 C_G 退出，停止充电。接着，将 BT1 和 BT2 同步合闸，此时 C_G-L_S-BT1-BT2 构成谐振回路（BP 仍处于分闸状态），L_S 中电流按正弦规律上升，当谐振电流到达峰值时，将 BT1、BT2 同步分闸，此时 BT1、BT2 断口燃弧，激发 L_0、C_0 辅助自激振荡回路开始振荡，在 BT1、BT2 端口处直流电流与振荡电流叠加。随触头距离拉大，弧压进一步升高，振荡也进一步加强，当振荡电流峰值达到与直流电流幅值相等时，直流电流均被振荡电流抵消，断口电流出现过零，断口弧电流熄灭，从而开断直流电流。此后，L_S 中的

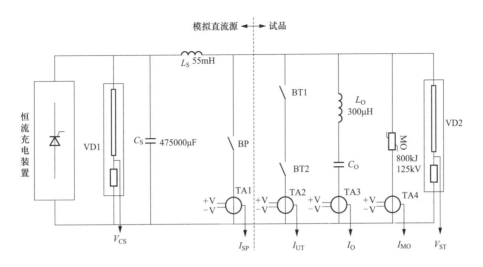

图 1-41　直流转换开关试验回路原理图

能量开始通过 L_O 向 C_O 中转移，C_O 两端电压持续升高，此电压为断口提供了恢复电压。当 C_O 上电压达到 MO 动作电压时，L_S 中的电流转而流向 MO，即 L_S 中的能量被 MO 吸收。L_S 中的能量下降到一定水平后，C_O 两端电压低于 MO 动作电压，于是 C_S-L_S-L_O-C_O 构成自由衰减谐振，直至 C_O 中能量消耗殆尽。BP 仅当试品断路器出现不能分断直流电流时合闸，使 L_S 中的能量旁路，以免试品断路器断口过分烧蚀（BP 仅在试验回路中配备）。

2. ABB 公司直流断路器试验技术

ABB 公司研制的混合式直流断路器如图 1-42 所示，主要由主断路

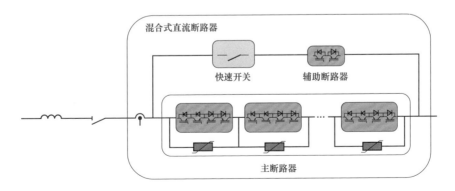

图 1-42　ABB 混合式直流断路器

器、辅助断路器和快速开关构成，其中：主断路器由若干个 IGBT 开断模块串联组成，每个开断模块包含若干个带避雷器的压装式 IGBT 反向串联组件；辅助断路器由两只压装式 IGBT 反相串联组成，与快速开关串联构成辅助支路。

ABB 公司混合式直流断路器试验包含组件试验和整体试验。组件试验主要用于检验断路器中半导体器件的控制电路功能和器件的电流关断能力；整体试验用于检验断路路整体开断短路电流性能。

组件试验电路如图 1-43 所示，被试品由简化的主断路器开断模块与 IGBT 模块反向串联构成。简化的开断模块由 3 个串联的 IGBT 子模块并联避雷器构成，用于检验 IGBT 的电流开断能力，与简化开断模块反向串联的 IGBT 模块用于检验其反并联二极管的工作特性。通过电容器组 C_1 放电的方式来模拟单极对地故障，故障由双向晶闸管阀 VT3 触发，电抗器 L_1 用于限制故障电流。

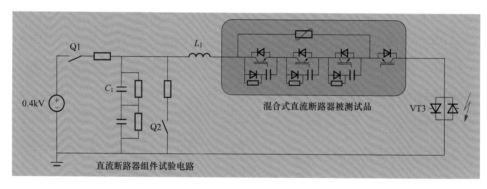

图 1-43 ABB 公司高压直流断路器组件试验电路

断路器整体试验包含快速开关、负荷转移开关和主断路器在内，针对断路器整体分断性能进行测试，试验电路如图 1-44 所示。该试验装置采用 ±150kV 的直流电源供电，被试品由两个开断组件串联后与避雷器并联构成以模拟单个开断模块，电容器组 C_1 提供试验电压，电抗器 L_1 用于将故障电流上升率限制在期望的水平，火花间隙 Q5 用于触发短路故障。

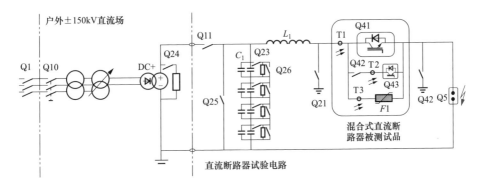

图 1-44　　ABB 公司高压直流断路器整体分断试验电路

3. ALSTOM 直流断路器试验技术

ALSTOM 公司针对其所提出的基于晶闸管的混合式直流断路器开展了试验技术研究，所开展的试验项目如表 1-4 所示。

表 1-4　　　　　　　　　　ALSTOM 型式试验项目

试验类型	试验项目
运行试验	通态电流试验
	温升试验
	过电流试验
	短时电流耐受试验
	分断试验
绝缘试验	断态耐受电压试验
	对地直流耐压试验
	雷电冲击试验

分断试验主要是为了检验断路器分断电流以及耐受暂态过电压能力，ALSTOM 采用的试验电路如图 1-45 所示。

其采用双注入高压复合电路来实现，高频试验回路用于提供断路器额定运行电流，低频试验回路用于提供断路器分断短路电流。试验回路均通过高压电源充值设定电源，并通过火花间隙触发开通。

1.4.2　等效试验方法

高压直流断路器试验方法，需要以直流断路器工作原理和实际系

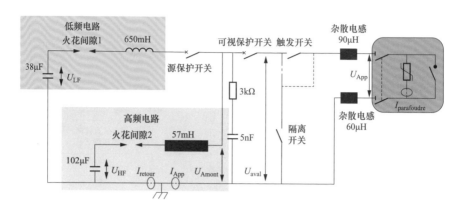

图 1-45　ALSTOM 高压直流断路器分断试验电路

统运行工况为基础，并结合同类的或其他类型的开关设备试验经验，综合分析提出。所设计的高压直流断路器试验，既要能全面考核直流断路器在实际系统中各种暂稳态运行工况下的耐受电热应力，还需要保证各项试验的等效性，实现与实际工作状况等效，必须做到：①试品所承受的电、热和机械应力水平相当或者严重于所模拟实际工况中；②试验过程中试品是否发生了与所模拟的实际工况相同的变化。

直流断路器分断试验为其运行试验最为核心的试验，也是决定断路器分断性能的关键测试，它综合反映直流断路器控制系统、分断电流及耐受暂态过电压的能力。柔性直流输电系统中阻抗较低，短路电流上升速率高，直流断路器分断短路电流幅值大，耐受暂态电压高，系统储存能量大，完成分断难度高。若故障电流幅值超出直流断路器最大分断电流、暂态分断电压超出限值时，直流断路器将无法完成开断。

基于同类设备和断路器技术现状分析，目前国际上常用的试验方法主要有完全等效试验、分步试验和合成试验 3 种：

（1）完全等效试验，即按照断路器额定电压和分断电流进行整体试验。这种方法最接近于实际分断情况，但它需要提供断路器全部的分断容量，适用于容量较小的断路器。对于高电压、大电流的断路器，对试验容量和试验面积提出了较高要求，经济性较差。

（2）分步试验，是指以低电压、大电流和高电压、小电流的方式进行试验，进而来推断断路器在全电压、大电流下的分断能力。这是一种受试验设备限制、不得已采用的间接试验方法，等效性相对较差。

（3）合成试验，是以低电压、大电流和高电压、小电流两个电源先后施加于断路器上来模拟其分断过程中的大电流和分断完成后的高电压的试验。这种试验方法降低了试验容量，但用于交流断路器分断试验的等效性也得到了公认。

直流断路器分断原理与交流断路器存在着本质差异，所采用等效试验方法应充分考虑直流断路器分断特点，在常用试验方法基础进行优化改进。若采用完全等效试验，复现直流断路器在实际系统分断耐受的高电压、大电流，所需求试验容量巨大，极不经济，且设备容量和占地面积大，在现有实验室条件下难以实现。

为了降低试验容量，需要采用替代实际系统的试验电路复现直流断路器实际运行工况。而试验电路是否能够产生与实际工况相同效果，即试验是否具备等效性，决定了试验电路是否有意义。采用电容储能的大电流源试验电路能够提供断路器转移支路全桥模块分断过程中的大电流和高电压，试验容量低，控制简单，易于实现，需要针对试验电路参数开展合理设计。在单一大电流源基础上，引入高电压源合成的方法，有助于提高直流断路器分断等效性。

试验中需要复现的试验电流应具备较高的电流上升率和幅值，可以通过在高压回路中创造高频的试验电流来进行等效，试验电流的持续时间越长，对试验电路的设计以及容量要求越高，体积和成本也将越大。由于直流断路器分断时间短，所创造的试验电流的上升阶段曲线只要能够覆盖正常分断时的故障电流所持续曲线（由时间和幅值构成），即可以满足要求，而不需要长时间超过实际分断电流的波形，增加试验成本。

基于电容与电抗谐振放电原理构成的单一大电流源分断试验电路如图 1-46 所示，S1 为机械隔离开关，C 为试验电容，L 为试验电抗，VT 为触发试验用晶闸管。

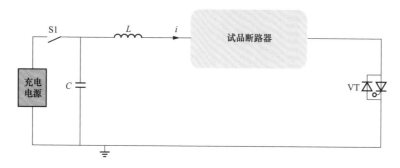

图 1-46　直流断路器大电流源分断试验电路

试验电流的 $\mathrm{d}i/\mathrm{d}t$ 由下式决定

$$\frac{\mathrm{d}i}{\mathrm{d}t} = \frac{I_{\max}}{t_{\mathrm{b}}} \tag{1-1}$$

式中　$I_{\max}$——直流断路器最大分断电流；

　　　t_{b}——直流断路器允许的最大分断时间。

断路器耐受的暂态 $\mathrm{d}u/\mathrm{d}t$ 由下式决定

$$\frac{\mathrm{d}u}{\mathrm{d}t} = \frac{I_{\max}}{C_{\mathrm{eq}}} \times k_3 \tag{1-2}$$

式中　$I_{\max}$——直流断路器最大分断电流；

　　　C_{eq}——直流断路器等效电容值；

　　　k_3——直流断路器试验电流设计裕度系数，取 1.05。

断路器耐受分断过电压幅值由断路器两端避雷器过电压保护水平决定，而在分断完成后则需要耐受所在系统额定电压，实际试验中在分断完成后需要复现的电压可由下式计算

$$U_{\mathrm{b}} = U_{\mathrm{n}} \times k_{\mathrm{r}} \tag{1-3}$$

式中　U_{n}——直流断路器应用系统电压；

　　　k_{r}——直流断路器试验中经济性系数。

1.4.3　型式试验项目

1. 绝缘试验

直流断路器整体绝缘设计是否满足系统运行要求以及能否耐受分断产生的过电压，直接决定了直流断路器的安全应用和使用寿命。绝缘试验主要检测断路器在分断状态下主支路快速开关和转移支路全桥模块耐受直流电压和操作冲击电压的能力、断路器阀塔下端支架绝缘子的耐受电压能力，同时也能够检测全桥模块间的电压分布是否均匀。

试验应证明：

直流断路器对地有足够的距离防止闪络；

直流断路器结构，包括冷却系统管路、供能系统、光导以及触发和监控电路的其他绝缘部件，没有击穿放电。在交流情况下，局部放电的起始和熄灭电压应大于阀结构在稳态运行中出现的最高电压。

在绝缘方面，断路器需要开展断路器阀塔对地直流耐压、操作冲击、雷电冲击以及断路器阀塔间对地直流电压试验，具体试验项目见表 1-5。

表 1-5　　　　　　　　　　高压直流断路器绝缘试验项目

试验类型	试验对象	试验项目
绝缘试验	断路器整体	对地直流耐压试验
		操作/雷电冲击试验
		断态耐受电压试验

（1）断路器阀塔对地直流耐压试验。直流断路器阀塔对地直流耐压试验主要是为了检验断路器阀塔对地耐受电压能力以及局部放电是否满足设计要求。断路器阀塔设计应保证断路器在耐受系统暂、稳态电压时不发生闪络，断路器结构间不发生放电击穿现象。

该试验方法较为成熟，可以采用常用的直流耐压试验方法。在本项目试验中，断路器阀塔直流试验电压 U_{tds} 计算为

$$U_{tds} = \pm U_n \times k_s \times k_4 \times k_t$$

式中　U_n——断路器稳态运行电压（系统处于输电状态时）最大值；

　　　k_s——直流系统稳定运行电压波形系数；

　　　k_4——试验安全系数；

　　　k_t——大气修正系数。

试验过程中，断路器阀塔平均每分钟 300pC 以上的脉冲不超过 15 次；而且，500pC 以上的冲击每分钟不超过 7 次；1000pC 以上的冲击每分钟不超过 3 次；2000pC 以上的冲击每分钟不超过 1 次。达到上述要求，则可以判定通过阀塔对地直流耐压试验。

（2）断路器阀塔对地操作电压试验。直流断路器阀塔对地操作电压试验主要是为检验直流断路器耐受正、反向操作冲击电压的能力以及断路器全桥模块间的动态电压分布是否均匀。

随着高压线路的出现，直流输电系统中产生过电压现象往往幅值高、上升快，为保障直流断路器运行的可靠性，断路器需要经受住电力系统产生的操作过电压。直流输电系统中的冲击随线路的具体参数和实际长度的不同而有异，目前国际上趋向于用一种几百微秒波前和几千微秒波长的长脉冲来代表它，IEC 60060《高电压试验技术》中规定的操作冲击电压波形如图 1-47 所示。

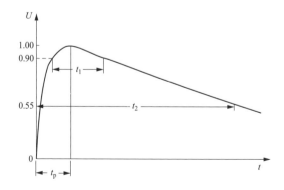

图 1-47　操作冲击全波标准波形

t_p—峰值时间；t_2—半峰值时间；t_1—90%峰值时间

1）标准波形。规定标准操作冲击波形波前时间 t_p 为 $250\mu s$，半峰值时间 t_2 为 $2500\mu s$，称为 250/2500 冲击波。

2）允许偏差。直流断路器阀塔操作冲击试验操作冲击峰值 U_{tsv1} 计算为

$$U_{tsv1} = U_{MOV-P} \times k_5$$

式中　U_{sv1}——直流断路器阀塔操作冲击试验电压峰值；

　　U_{MOV-P}——直流断路器避雷器的操作冲击保护水平；

　　k_5——试验安全系数。

若断路器处于投入运行状态，系统线路中产生操作过电压时，断路器阀塔应能够耐受，不发生闪络；若断路器处于备用状态，系统线路中产生操作过电压时，断路器阀塔除了保证不发生闪络外，还应满足各全桥模块的电压不超过其能够耐受的最大值，否则将会损坏全桥模块，严重时可能导致逐级损坏，威胁整个断路器的安全。

断路器操作冲击试验电压幅值较高，为提高效率和降低电源容量，试验可以选用级联的冲击发生器。试验电压波头时间相对较长，除了选择合适的波头和波尾电阻外，还需要配置调波电感，以便得到理想的操作冲击波形。

（3）断路器阀端间直流电压试验。直流断路器阀端间直流电压试验主要是为了检验直流断路器内部绝缘是否能够耐受所设计的电压，以及包括冷却系统管路、光导以及触发和监控电路等在内的断路器结构没有击穿放电。该试验的试验方法较为成熟，可以采用传统的直流耐压装置来开展试验。

由于断路器端间的电压受断路器两端并联连接避雷器限制，断路器阀端间直流电压峰值计算为

$$U_{tt1} = U_{MOV} \times k_6$$

式中　U_{tt1}——直流断路器端间对地 30min 耐受直流电压；

　　U_{MOV}——直流断路器两端并联连接的避雷器动作电压水平；

k_6——试验安全系数。

$$U_{tt2} = U_{SIPL} \times k_7$$

式中 U_{tt2}——直流断路器端间对地 10s 耐受直流电压；

U_{SIPL}——直流断路器避雷器的操作冲击保护水平；

k_7——试验安全系数。

2. 运行试验

为检验新型的高压直流断路器性能，需要对其开展必要的型式试验进行测试。基于对直流断路器试验技术研究，结合高压直流断路器工作原理，提出了直流断路器运行试验项目，具体见表 1-6。

表 1-6 高压直流断路器运行试验项目

试验类型	试验对象	试验项目
运行试验	断路器主电流支路	温升试验
		过电流试验
		短时电流耐受试验
	断路器整体	分断电流试验

（1）温升试验。直流断路器温升试验主要是为了检验直流断路器用快速开关、主支路 IGBT 额定通流能力以及热稳定性。

直流断路器在额定通流下，主支路全桥模块将会因长期通态损耗而发热，为保证在额定电流下长时通流能力，需要对直流断路器主支路全桥模块配置相应的冷却系统。冷却系统所提供的冷却能力应与主支路全桥模块在额定电流下的损耗功率匹配，保证在长时通过额定电流的情况下，全桥模块中 IGBT 的温升控制在要求范围内。

该试验可以在低压的直流电路中来开展，低压交流电源经整流后对大电容充电，形成一个稳定的直流电源，然后经阻值合适的电阻放电，产生试验需要的额定电流。通过长时间的通流，对快速开关和 IG-BT 的温度进行测量，在额定电流下，各组件的温升应不超过规定的范围。在该试验中，应注意温升测量点的选取，尽量贴近发热最高的位置。

依据 IEC 62271-1《高压开关设备和控制器　第 1 部分：通用规范》要求，在额定通流 1h 内，断路器的温升不应该超过 1℃。

（2）过电流试验。直流断路器过电流试验主要是为了检验断路器主支路在达到热稳定运行状态后，耐受系统过电流的能力。

直流断路器应用所在系统稳态运行中，当发生扰动时可能最大达到额定电压 20％的电压波形，从而造成直流断路器导通电流增大。为保证系统运行的可靠性，要求直流断路器能够在系统调节时间范围内耐受系统过电流，不发生过热损坏。

为加强对断路器性能的考核，试验中过电流幅值一般不低于额定电流的 125％，过电流时间可以依据系统需求调节。该试验与温升试验方法类似，可以在低压大电流的直流回路中实现，通过改变电路的负载，从而来调节试验电流，达到测试目的。

（3）短时电流耐受试验。直流断路器短时耐受试验主要是为了检验断路器主支路在完成一次分断电流后还能耐受毫秒级大电流能力，验证断路器主支路电力电子模块的设计的冗余度。

断路器主支路由快速开关和全桥模块单元组成，稳态运行时，其长期处于通流状态。机械开关具备强的通流能力和高的可靠性，而 IGBT 的通流能力则受到其运行结温的限制，为提高其可靠性，需要具备一定冗余度。

试验中可通过幅值超过 IGBT 额定通流能力的正弦半波，半波宽度与峰值应成反比例关系。

（4）分断电流试验。试验前，应保持直流断路器处于闭合状态，完成对单一电流源电容充电并实现隔离后，触发试验回路中的高压隔离开关，完成分断试验。为保护设备安全，试验电路需要配备必要的保护装置。依据应用系统设计需求，能按要求完成规定的短路电流的分断，并耐受分断暂态过电压，即可判定断路器该项试验合格。

参 考 文 献

[1] BONICELLI T, LORENZI A De, HRABAL D, et al. The European development of a full scale switching unit for the ITER switching and discharging networks, Fusion Engineering and Design. 2005：75-79，193-200.

[2] BARTOSIK M, LASOTA R, WOJCIK F. New type of DC vacuum circuit breaker for locomotives, 9th International Conference on Switching Arc Phenomenon, Lodz, Poland, 2001：49-53.

[3] CHRISTIAN MF. HVDC circuit breakers：a review identifying future research needs. IEEE Transactions on Power Delivery, 2011, 26（2）：998-1007.

[4] STEURER M, FROHLICH K, HOLAUS W, et al. A novel hybrid current-limiting circuit breaker for medium voltage：principle and test results. IEEE Transactions on Power Delivery, 2003, 18（2）：460-467.

[5] HAFNER J, JACOBSON B. Proactive hybrid HVDC breakers-a key innovation for reliable HVDC grids. The electric power system of the future-Integrating supergrids and microgrids International Symposium, Bologna, Italy, 2011.

[6] STEURER M, FROHLICH K, HOLAUS W, et al. A novel hybrid current-limiting circuit breaker for medium voltage：principle and test results. IEEE Transactions on Power Delivery, 2003, 18（2）：460-467.

[7] HOLAUS W, FROHLICH K. Ultra-fast switches-a New Element for Medium Voltage Fault Current Limiting Switchgear. Power Engineering Society Winter Meeting, 2002, 1：299-304.

[8] Y F Wu, M Z Rong, Y Wu, F Yang, M Li, Development of a new topology of dc hybrid circuit breaker, International Conference on Electric Power Equipment, Japan, Oct. 2013.

[9] 王晨，庄劲武，江壮贤，等. 新型混合型限流断路器在直流电力系统中的限流特性研究 电力自动化设备 [J]. 电力设备自动化，2011，31（5）：90-93.

[10] 江壮贤，庄劲武，王晨，等. 新型强迫换流型限流断路器真空介质强度的恢复特性.

中国电机工程学报，2012，32（13）：152-158.

［11］　王子建，何俊佳，尹小根，等. 基于电磁斥力机构的 10kV 快速真空开关. 电工技术学报，2009，24（11）：68-75.

［12］　Wu Y，He HL，Hu Z Y，et al. Analysis of a new high-speed DC switch repulsion mechanism ［J］. IEICE Transactions on Electronics. 2011，94（9）：1409-1415.

［13］　史宗谦，贾申利，朱天胜，等. 真空直流断路器高速操动机构的研究. 高压电器，2010，46（3）：18-22.

PART 2

新型大容量同步调相机应用

2.1 概述

2.1.1 基本概念

同步调相机又称同步补偿机，实际上是一种特殊运行状态的同步电机，运行时有功接近于零，能提供或吸收无功功率以平衡电网无功。同步调相机既可运行在电动机状态，又可运行在发电机状态。一般电网中建设的同步调相机运行在电动机状态，不用原动机来拖动，在轴上又不带任何机械负载，相当于电网中接入一个空转的同步电动机，专门调整电网的无功功率。处于电动机状态的同步调相机从电网输入电能，产生转矩，带动转子旋转，因此运行时的机械损耗由电网承担。另外，同步发电机根据同步电机可逆原理转为同步调相机状态运行，如水轮发电机在枯水期改为调相机运行、抽水蓄能机组的调相发电工况，这种带有原动机的同步调相机运行的机械损耗由原动机承担。

2.1.2 工作原理

同步调相机是一种特殊运行状态下的同步电机，同步电机最常见的运行方式为同步发电机，电网中运行的大型发电机都是同步发电机，所以同步调相机原理与普通同步发电机的原理类似，只是运行状态不同。

同步发电机启动时，一般由原动机拖动至同步转速，转子绕组通入励磁电流 I_f 后，产生励磁磁通势 F_f 建立励磁磁场，该磁场随转子同步转速旋转，在定子绕组中感应出电动势 E_0，由于此时定子绕组没有电流，$U=E_0$。当同步发电机接入负载后，定子绕组就有定子电流 I，该电流产生的电枢磁通势 F_a 是旋转的磁通势，转速与励磁磁通势基波分量 F_{f1} 相同，均为同步转速 n，因此电枢磁通势 F_a 和励磁磁通势基波分量 F_{f1} 相对静止。由于 F_a 的存在，使得空载时励磁磁通势发生变化，从而使绕组中感应电动势发生变化，这种现象称为电枢反应。电枢反应的性质与负载的性质和大小以及电机的参数有关，主要取决于 F_a 和 F_{f1} 的空间相对位置。

当定子电流 I 与定子电压 U 方向一致时，同步电机运行在同步发电机状态，只发出有功；定子电流 I 与定子电压 U 方向完全相反，即相差 180°时，同步电机运行在同步电动机状态，只吸收有功；当定子电流 I 与定子电压 U 方向相差 90°时，此时同步电机有功为 0，运行在调相机工况，同步调相机运行相量图如图 2-1 所示。当定子电流滞后定子电压 90°时，电枢反应起去磁作用，为保持机端电压不变，需增大励磁电流，此时调相机运行在过励磁状态，向电网发出感性无功功率，抬高电网运行电压；当定子电流超前定子电压 90°时，电枢反应起助磁作用，调相机运行在欠励磁状态，从电网吸收感性无功功率，降低电网运行电压，达到改善电网功率因素和调节电网电压的目的。

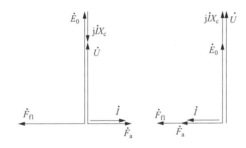

图 2-1　同步调相机运行相量图

2.1.3　应用背景

在我国早期电网建设中，由于电网负载主要是感应电动机和变压器，这些设备从电网吸收感性无功功率使得电网功率因数降低、线路损耗和压降增大，需要在合适的地点装上同步调相机就地供应感性无功功率，减少输电线路上的无功电流，提高线路末端的电压水平。因此，早期出现的同步调相机大都容量较小，日常运行中以发出感性无功功率、提高长距离输电线路末端电压为主。

20世纪80年代以来，我国电网发展加快，电网负荷增长迅速，电力系统对于电网中无功补偿的容量要求逐步增加，电网对无功补偿呈分散化趋势，需要更多位置进行无功就地平衡，且对无功动态补偿的要求较低。此时，高压电容器、电抗器等无功补偿装置开始大规模使用，而同步调相机因为占地面积大、自身损耗大、运行维护工作量大等问题，逐渐被电容器等无功补偿装置替代。随着早期投入运行的调相机设备老化，同步调相机逐渐退出了电网运行。

近年来，特高压直流输电技术因经济、灵活、可控等优点在我国西电东送、全国联网中发挥着重要作用。随着特高压直流输电工程大规模投入，电网结构发生重大改变，电网对无功动态补偿能力有了更高的需求。

对于送端电网，特高压直流送端电网往往伴随着大型能源基地开发，特别是风电、光伏的大规模集中开发，由于风电、光伏等电源的无功调节能力较弱，送端电网新能源发电能力严重依赖于送端火电的开机方式，直接影响了直流输电能力的提升。此外，直流换相失败时将引起送端电网系统暂态电压升高，严重情况下导致风机大面积脱网，影响电网安全运行。针对直流送端电网不同发电机、调相机以及清洁能源送电的各种组合方式进行分析，结果表明：同步调相机可以替代发电机作为送端无功支撑，降低了直流输送能力对火电开机方式的依赖，既可以提高直流输送功率，又能大幅度提高清洁能源输送比例。

根据特高压直流输电工程设计，直流输电只输送有功功率，无法提供无功支撑，且因为换流阀和降压变压器消耗系统无功，而如果受端电网以常规发电机组替代直流馈入的有功功率，这些常规机组不但提供相同有功功率，而且提供无功功率，在系统动态过程中或者遇到无功冲击时，发电机组还提供动态无功支撑，因此，直流馈入后的受端电网不但降低了系统动态无功储备，还导致系统抗无功冲击能力减弱。当直流换相失败时，逆变侧从系统吸收大量无功，带来巨大无功冲击，甚至导致区域性电压凹陷，引发电压稳定破坏。此外，由于直流馈入受端电网在交流系统电压降低时，直流换流站却因为交流母线电压降低而从系统吸收无功，与电网无功需求调节方向相反，因此，直流馈入恶化了系统电压调节特性。

根据国家大气污染防治行动计划，北京、天津等地区火电机组将逐步关停，部分负荷由燃气机组供应，同时，随着负荷的进一步增长，外受电比例将不断增加。对于这些高比例受电区域，电压支撑不足矛盾突出，一旦发生燃气管线故障，燃气机组被迫停运，极易引发电压稳定问题，严重威胁到供电安全。

由此可见，随着特高压直流的快速发展、清洁能源的大规模开发、大比例受电地区的集中出现，电网特性发生较大变化，部分地区动态无功储备下降、电压支撑不足的问题愈发突出，电压稳定问题成为大电网安全稳定的主要问题之一。为保证电力系统安全稳定运行，系统必须配备足够的动态无功备用容量。

同步调相机作为成熟的无功补偿装置，在电网中已有一定的运行经验。通过仿真分析得到，加装新型大容量调相机，能有效提高送端电网直流输电能力，提升新能源消纳比例；对于特高压直流大功率馈入地区以及直流多馈入受电地区，在受端电网安装调相机可有效提高系统电压稳定性和抗无功冲击能力，确保电网安全稳定运行。

2.2　技术特点

2.2.1　与传统调相机比较

1. 容量大型化

1913 年，美国南加利福尼亚爱迪生公司电网率先使用同步调相机，开启了同步调相机的发展历史。早期调相机容量较小，都采用空冷冷却方式。此后，为了提高容量，减少损耗，逐步使用氢冷调相机。1928 年在美国特纳（Turner）变电站投入第一台 20Mvar 氢冷调相机。随着容量需求继续增大，为解决冷却问题，国外逐步采用全水内冷调相机。我国调相机起步较国外晚，20 世纪 50 年代末开始制造少量空冷调相机，20 世纪 70 年代末开始，氢冷、双水内冷、空冷调相机逐步得到广泛应用。例如，1982 年在长沙变电站 60Mvar 氢冷调相机投入运行；20 世纪 80 年代末期，在天津北郊 500kV 变电站安装从苏联进口的 160Mvar 氢冷调相机；1988 年，上海发电机厂研制的 125Mvar 双水内冷调相机在上海黄渡变电站成功站运。由此可见，冷却方式是制约同步调相机容量的重要因素之一。

此外，电网对同步调相机的需求也在不断增大，早期电网出现的同步调相机主要目的是为了就地供应感性无功功率，提高线路末端的电压水平，日常运行中以发出感性无功功率为主。对调相机容量的需求要求不高。目前运行的早期调相机，如上海西郊变电站、浦东变电站、卫东变电站 6 台调相机中最大容量仅为 60Mvar，最小容量为 13Mvar。目前，随着特高压直流输电工程大规模投入，电力系统对无功储备容量的需求不断增加，目前国家电网公司在建的调相机容量达到 300Mvar，每个点均配置两台大容量同步调相机。而且，由于空冷冷却方式在结构简单、运行可靠、维护简单等方面的优势，我国在建的同步调相机部分采用空冷方式，这也将是投运的最大的空冷同步调相机。由此可见，传统同步调相机容量大都比较小，极少数大容量的调相机也面临冷却方式单一、运行维护复杂、故障率高等缺点，而新型大容量调相机不仅容量做到 300Mvar，而且通过优化设计，冷却方式更多样化，既有结构简单的空冷方式，也有有一定运行经验的双水内冷方式。

2. 励磁方式更优化

由于早期电网对同步调相机的无功动态调节特性要求较低，而且大部分时间只是发出感性无功，因此传统同步调相机励磁方式一般采用交流励磁机方式。随着电力电子技术的发展，自并励励磁方式由于没有旋转部件、结构简单、稳定性好，而且响应速度快成为发电机主要励磁方式。目前，新投运的新型大容量同步调相机，目的是为了增强部分地区无功储备，提高系统电压稳定性和抗无功冲击能力，对同步调相机的无功响应速度有了较高的要求，因此采用自并励励磁方式下的新型大容量同步调相机相对于传统调相机的无功响应更快。

3. 启动方式

调相机没有启动力矩，不能自启动。传统的小型同步调相机，主要启动方式为直接启动方式、电抗器降压异步启动方式、电机拖动启动方式。其中：直接启动方式将同步调相机直接接入电网，同步调相机开始异步运行，并由电网拖入同步，该方式启动电流大，对调相机和电网冲击大。电抗器降压异步启动方式跟第一种方式一样，只是把接入电压降低，同样遇到启动电流大、对调相机和电网冲击较大的问题，而且启动的调相机受限于降压电抗器的容量。电机拖动启动方式额外添加一个异步电动机和耦合器，启动之初由异步电动机拖动同步调相机达到一定转速后并入电网，电机拖动控制系统简单，但增加了电机和耦合器的维护，同时由于增加了旋转设备，增大了维护量及正常运行时的附加损耗，而且，该方式受启动电机和耦合器最大功率限制，同样存在启动容量较小的问题。

对于大容量调相机，主要启动方式为静止变频器（SFC）启动方式。该启动方式通过 SFC 把频率可调的交流电流加到调相机定子上，逐渐增加频率，使调相机转子随着频率变化转动起来，从而实现启动。该方式的优点是：①没有复杂的机械结构和旋转部件，结构简单，维护方便；②SFC 启动采用晶闸管作为功率元件，功率元件少，容量大，可以启动较大同步电机；③可以根据需求设计交叉启动回路，任意一台 SFC 检修或故障，不影响调相机启动；④SFC 频率控制精度较高，并网冲击小。

  SFC 启动的接线原理如图 2-2 所示。考虑到调相机同期的要求，SFC 采用"高-低-高"的拓扑形式，即接入电压经输入变降压，然后经 SFC 本体变流，再经输出变升压至 20kV，接入调相机定子。另外，从节省成本的角度，也可采用降压方式，即没有图中的输出变，此时 SFC 需将调相机拖动至 52.5Hz，然后脱扣，调相机在降速的过程中由同期装置同期。

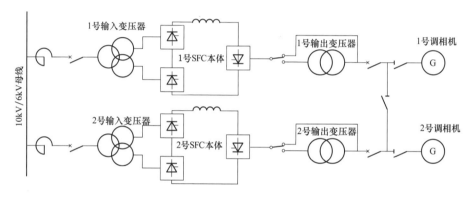

图 2-2　SFC 启动接线原理图

2.2.2　与其他无功补偿装置比较

  电力系统的稳定运行不但要求有功实时平衡，无功也要求平衡，而电力负载及负载特性是时刻变化的，电网中运行的同步发电机组需要时刻根据负载变化调整发出的有功和无功。电力系统中应用最广泛的无功补偿装置实际就是同步发电机。同时，同步发电机无功调节能力由于受厂用电压、静态稳定等原因有所限制，无法满足日益增长的无功调节需求。为平稳电网运行电压，在无功矛盾突出地区的变电站加装电容器、电抗器无功补偿装置，通过投切电容器、电抗器进行无功调整。但电容器、电抗器的投切往往是人为控制的，无法根据系统电压的实际情况动态调整，大都只适用电网稳态运行工况，如在负载高峰期间投入电容器，在负载低谷时投入电抗器等。但是当系统运行受到较大扰动而导致换流站等枢纽站母线电压大幅波动时，电容器、电抗器等传统静态无功补偿装置受其工作原理限制不能提供满足需要的动态无功补偿，在特殊方式下会发生电压失稳问题，危及系统稳定。

1. SVC、STATCOM 的技术特点

随着电力电子技术的发展，逐渐出现新的动态无功补偿装置——静止无功补偿器（SVC）和静止同步补偿器（STATCOM）。其中 SVC 主要技术特点是：

（1）无功调节速率比调相机快，在电压小幅波动过程中，可以快速调节输出无功功率，维持系统电压水平。

（2）能够抑制负荷侧电压波动和闪变，主要应用于具有冲击负荷特性的大型工矿企业及风电、光伏等新能源汇集站。

（3）一般直接接入变电站变压器 35kV 低压侧。

SVC 主要不足是其动态无功支撑能力有限，无功输出与母线电压平方成正比，受系统侧电压影响较大，在严重短路故障过程中无功支撑能力较弱，而且其使用寿命较短，一般设计寿命仅为 10 年，还存在占地面积较大的问题。

对于 STATCOM，其主要技术特点是：

（1）无功调节速度比 SVC 和调相机都快，对系统暂态电压变化调节能力较强，能更好地抑制电压波动和闪变。

（2）动态无功支撑能力比 SVC 好，在系统电压短时降低时仍可产生额定无功电流，无功出力基本与系统电压成正比。

（3）一般直接接入变电站变压器 35kV 低压侧，占地面积小，约为同容量 SVC 的 1/3。但 STATCOM 也存在以下不足：①动态无功输出受不对称短路影响。当系统发生不对称故障时，产生的负序电流会流经装置中的直流电容器，影响装置安全运行。②使用寿命短，STATCOM 使用寿命约 10 年。③技术成熟度相对较低，目前处于试点应用阶段。

2. 同步调相机技术特点

相对于这两种新型的动态无功补偿装置，新型大容量同步调相机有以下技术特点：

（1）具备过载能力且无功输出受系统电压影响小，在强励作用下可短时间内发出超过额定容量的无功，并且对于持续时间较长的故障可提供较强的无功支撑。

（2）具备进相能力，不但可输出无功，还能吸收无功，增大了系统无功调节范围，调相机进相能力约为额定容量的50％。

（3）运行稳定性好，调相机在制造上不存在技术难度，国内有同容量同步发电机生产经验，设备技术成熟，运行稳定性好。

（4）使用寿命长，占地面积小。调相机使用寿命约30年，占地面积约为同容量SVC的1/3。同样，同步调相机也存在不足之处：①故障时调相机将向系统输出短路电流，增加短路电流，不适用于短路电流问题突出电网；②旋转设备运维相对复杂，且功率损耗较SVC和STATCOM大1.5和1.9倍左右。③调相机调节速度要慢于SVC、STATCOM，从开始到发出最大无功需2s。

3. 各种补偿器比较

根据以上SVC、STATCOM、大容量同步调相机的技术特点分析，针对不同电网应用需求分别分析这三种动态无功补偿装置的优缺点。

（1）当系统出现短路时，短路越靠近调相机，其输出的无功越大，而且不会因为对称或不对称短路而工作不正常（如SVG）。调相机在系统摇摆过程中能够迅速为换流站母线提供电压支撑，有利于直流功率随电压恢复，减小送端机组加速功率，提高系统暂态稳定性。另一方面，调相机也可在系统摇摆过程中迅速为振荡中心近区提供电压支撑，有利于提高系统暂态稳定水平。而对于静止补偿器来说，短路造成的低电压会使静态无功补偿器工作到它的调节范围以外，它对外的表现就如同一个电容器，能提供给系统的电压是按其电压平方减小的。

（2）在系统电压较大幅度降低时（如在系统出现摆动时线路中点电压），调相机可利用它的短时强励能力（10s 内，2.0 倍过载）提供大量动态无功支撑，有助于系统电压恢复，提高系统电压稳定性。而静态无功补偿器无此能力，且可能会按电压平方减小输出无功。

（3）调相机应用在直流输电逆变器一侧，可以提高受端系统短路容量，故障时可以为逆变器提供大量无功。

（4）调相机具备较强的双向调节能力，动态无功输出最高可达额定容量的 2 倍，无功输出受系统电压影响小，在系统动态过程中，无功调节鲁棒性好。而 SVC 需要配合投切电容、电抗，受系统电压影响大。调相机基于传统的同步电机技术，设备和控制技术成熟，抗干扰能力强，运行经验丰富。而 SVC 控制系统复杂，且易产生谐波，有可能激发直流换相失败及火电机组次同步谐振等问题。

2.3　结构特点

2.3.1　主机

1. 主机型式

为了减小机组体积，节省机房占地，新型大容量调相机采用 2 极隐极式同步电机结构。其运行转速为 3000r/min，并利用隔音罩以降低主机运行噪声。

另外，由于机组不需原动机，只有调相机转子轴而无轴系。从而使得机组运行时的轴振较常规火电机组低，且不会引发电力系统的低频振荡。

2. 冷却结构设计特点

新型大容量调相机在并网运行时，由于其定、转子绕组的损耗、铁芯损耗以及机械损耗等的影响，会使机体结构显著发热。因此，有必要通过冷却系统来保证调相机的稳定运行。另外，在进行冷却方式选择时，还需综合考虑特高压直流工程换流站地理及环境因素的影响，以及换流站内运行维护条件。由于全氢冷及水氢冷型调相机需单独建设制氢站，且系统防爆要求高，整体较为复杂，对换流站运维人员技术水平要求较为苛刻，维护成本高，因此，通过调研研究，确定了第一批新型大容量调相机采用的冷却系统类型主要采用以下两种型式：

（1）双水内冷型。双水内冷型（水水空冷却方式）调相机的定子绕组与转子绕组均采用空心导线设计并内部通水直接冷却，而定子铁芯及端部构件则为空气冷却。该方式的主要优点是定、转子绕组温升低，机内无氢气，无需油封及防爆结构，故无氢、油系统，冷却器也不设在机身上，所以主机重量轻，便于运输，价格较低。

（2）全空冷型。全空冷型调相机的定子铁芯、定子绕组、转子绕组等发热部件的冷却，皆由主机内部空气进行通风冷却；而循环风则通过外部水冷系统将热量带走。由于空气冷却系统具有简单、维护量小且可靠性高的特点，因此该系统在小型汽轮发电机中得到广泛应用。

对于两种冷却系统类型，其系统设备配置差异较大，两种类型冷却系统典型配置见表 2-1。

表 2-1　　　　　　　　空冷及双水内冷机型冷却系统典型配置

冷却系统配置型式	空冷系统	双水内冷系统
内部冷却系统配置	空气过滤器、空气冷却器、系统监测仪表、冷却风机	水过滤器、水冷却器、系统监测仪表、加药装置、交流水泵、温度调节阀、离子交换器、反渗透装置、电除盐装置
外部冷却系统配置	水过滤器、水冷却器、系统监测仪表、加药装置、交流水泵、温度调节阀、离子交换器、反渗透装置、电除盐装置、闭式冷却塔	水过滤器、水冷却器、系统监测仪表、加药装置、交流水泵、温度调节阀、离子交换器、反渗透装置、电附盐装置、闭式冷却塔

3. 电磁方案设计优化

为提高新型大容量调相机的动态响应能力，并保障机组稳态可靠运行，相比原型发电机做了大量的电磁方案设计优化工作。主要优化内容如下：

（1）直轴超瞬变电抗。在直流换流站交流电力系统突发故障（电压突然跌落）瞬间，调相机可通过自身的电磁特性瞬时向电网馈入大量的无功电流，进而实现对系统电压的短时支撑效果。为实现该目标，需尽量减小直轴超瞬变电抗的设计值，从而增加故障时的输出电流（次暂态电流）。然而，该参数的减小也会使得故障时调相机端部绕组电动力加大，对端部固定可靠性的要求提高。

影响直轴超瞬变电抗的几何尺寸主要有铁芯长度、定子绕组匝数、定子槽数、定子槽宽、定子槽内铜线高、定子槽口到铜线高等。新型大容量调相机相比原型汽轮发电机，其定子槽数、定子绕组串联匝数、气隙长度、铁芯长度、定子槽宽及槽高等，都有显著差异。

（2）直轴短路时间常数。在直流换流站交流电力系统突发故障（电压突然跌落）后，当调相机自身超瞬态响应过程结束时，系统电压进入恢复过程。

转子绕组匝数、气隙长度等发生变化时，会显著影响直轴短路时间常数。此外，与直轴超瞬变电抗类似，发电机本体长度、定子槽数、定子槽宽、定子槽内铜线高、定子槽口到铜线高也都会影响直轴短路时间常数。为减小该时间常数，新型大容量调相机一般采用增大转子绕组磁阻，减小回路电感，同时增加转子回路电阻，并加强转子绕组散热能力设计。

2.3.2　励磁系统

1. 励磁系统构成

调相机励磁系统采用自并励静止励磁方式，系统设备主要包括自动电压调节器（AVR）、晶闸管整流装置、灭磁及过电压保护装置、启动励磁系统、励磁变压器及启动励磁变压器。

励磁系统的主接线如图 2-3 所示，励磁系统除常规自并励励磁系统外还有一套启动励磁系统。

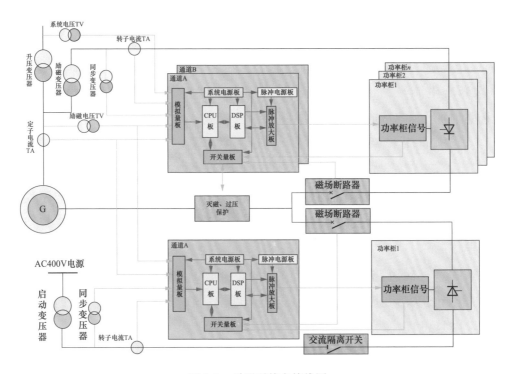

图 2-3　励磁系统主接线图

励磁电源经励磁变压器连接到晶闸管整流装置，整流为直流后经灭磁开关，接入同步调相机集电环，进入励磁绕组。励磁调节器根据输入信号和给定的调节规律控制晶闸管整流装置的输出，控制同步调相机的输出电压和无功功率。启动励磁系统在启动阶段工作，配合SFC完成对机组升速拖动，在高于额定转速后切换至自并励励磁回路。

2. 励磁系统特点

调相机励磁系统具有以下特点：

（1）励磁型式为机端自并励，包括自并主励磁系统以及启动励磁系统，启动励磁容量较小。

（2）启动过程需配合 SFC 系统及同期装置完成机组启动并网，并网运行时实现调相机电压及无功的稳、动态控制。

（3）灭磁采用线性电阻＋跨接器的方式。

2.3.3　启动方式

调相机采用静止变频器（Static Frequency Converter，SFC）启动。SFC 是一种由晶闸管构成的交-直-交电流源型变流器，具有结构简洁、功率密度大、可靠性高等优点，常用于大型同步电机的变频拖动，如燃气机组、抽蓄机组、大型调相机组的启动。

1. SFC 系统构成

静止变频器系统包括进线断路器、启动变压器、12 脉整流桥、6 脉逆变桥、平波电抗器、切换开关、隔离开关、控制保护系统等。SFC 系统构成图如图 2-4 所示。

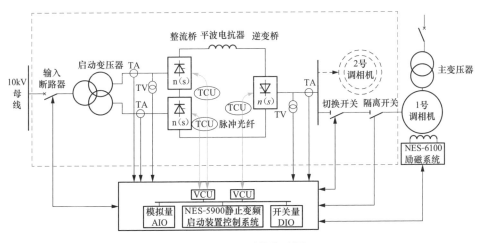

图 2-4　SFC 系统构成图

2. SFC 系统特点

SFC 系统具有以下特点：

（1）运行时需对启动励磁系统进行协调控制。

（2）相比燃气轮机，调相机变频启动至同步速并网；相比抽蓄机组，调相机变频启动系统无中间升压变压器。

（3）当调相机转速升至3150r/min，电压达到2kV时，变频启动系统退出运行。

（4）两套变频启动系统互为备用，可分别完成两台机组的启动。

3. SFC主启动流程

SFC主启动流程如图2-5所示。

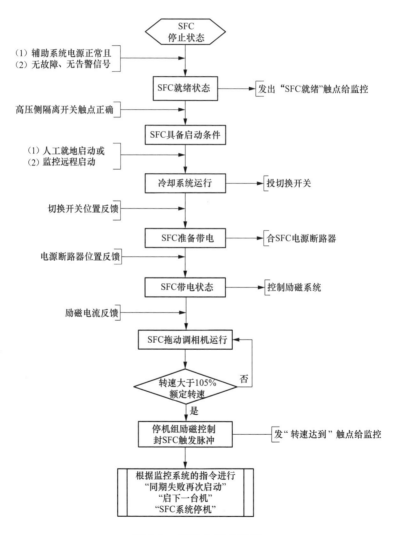

图2-5　SFC主启动流程

SFC 处于停机状态下，检测辅助系统电源正常，且无故障、告警信号时进入"SFC 就绪状态"，发出"SFC 就绪"信号给监控。

监控给需要启动机组的高压隔离开关下发合闸指令，高压隔离开关闭合时 SFC 具备了启动条件。SFC 在收到人工就地启动或者监控远程启动命令时，根据高压隔离开关的位置信号判断待启动的机组。

SFC 开启散热风机，闭合待启动机组的切换开关。切换开关闭合成功后，SFC 下发输入断路器闭合指令。输入断路器位置触点反馈正确的情况下，SFC 控制励磁系统工作并触发 SFC 脉冲，拖动调相机加速。当转速拖至额定转速的 1.05 倍时，停励磁并封 SFC 触发脉冲，发"转速达到"指令给监控，断开高压隔离开关，由同期装置进行同期控制。SFC 根据监控的指令进行下一步操作。此时根据现场启动情况，可能有 3 种指令，分别为"同期失败，再次启动本台机组""启动下一台机组"或"SFC 系统停机"。

2.4　工程应用

2.4.1　首批调相机工程

20 世纪 90 年代初，由于静止无功补偿装置的大规模生产及装备，调相机被慢慢取代，目前国内仍然在投的调相机已不多见。

随着"西电东送"和全国联网的全面实施，特高压交、直流输电已经成为大区域互联和远距离大容量输电的主要形式。2015 年国家电网公司已经提出建设"五交八直"的交直流混合输电网络。

特高压电网承载能力强，能够实现电力大容量、远距离输送和消纳，能够保证系统安全运行，具有抵御各种严重事故的能力，是解决能源和电力发展深层次矛盾的治本之策，是满足各类大型能源基地和新能源大规模发展的迫切需求。坚强智能的特高压交直流混合电网，不仅是电能输送的载体，而且是现代能源综合运输体系的重要组成部分，而作为其中的重要组成部分，特高压直流工程的重要性则显而易见。

对于高压直流输电系统而言，它对于受端交流系统表现为不利的"无功负荷特性"，它在为受端交流系统提供电力的同时，需要消耗的无功功率为直流传输功率的 40%～60%，这给交流系统的电压支撑能力带来了压力。特别是大扰动时交直流系统的相互作用会造成系统动态状态的突变，引起如暂态过电压、谐波不稳定、电压不稳定等问题，当 HVDC 系统逆变侧所接的交流系统较弱时，这些问题更加突出。为保证换流站的安全可靠运行，需要更为可靠的系统动态无功支撑能力，因此灵活可控、响应快速的动态无功调节手段对特高压直流输电意义重大。

现阶段交直流输电系统中的无功补偿装置主要有 SVC、SVG 这类的静止无功补偿器，但它们的动态无功支撑能力有限，无法满足现阶段大电网、远距离的电能输送格局下特高压交直流混联系统的可靠运行。调相机作为旋转无功发生装置，其双向的动态无功调节能力对提高受端交流电网短路比、增强电网强度和灵活性有独特的优势。配合大容量调相机，在直流系统因故障出现闭锁的情况下，调相机可进入进相运行状态，吸收因直流甩负荷出现的大量过剩无功，从而抑制系统电压升高，改善电压水平。在直流系统正常运行需要电压支撑时可在迟相运行状态为交流电网提供动态无功支持。在交流电网近端出现故障电压下降时可进行强励磁支撑电压和系统稳定，为故障切除赢得宝贵时间。因此，调相机作为可靠的双向（进相、迟相）动态无功发生装置，因其自身独有的大容量动态无功输出特点及过载能力，又重新受到了电力行业的重点关注。

2.4.2　送端电网调相机制造及应用

特高压直流输电工程加装 300Mvar 级大型调相机是直流特高压输

电工程的重要配套项目。

1. 调相机工程应用概况

第一批调相机工程包括 10 座换流站 21 台调相机的建设投运。其中送端包括甘肃酒泉站、内蒙古扎鲁特站、内蒙古锡盟站、四川雅中站。

（1）甘肃酒泉站。酒泉 ±800kV 换流站地处甘肃省瓜州县河东乡，是酒泉—湖南 ±800kV 特高压直流输电工程的起点。调相站与换流站桥湾站址贴建。本期建设两台 300Mvar 调相机，于 2016 年 8 月开工建设，并与换流站同步建设，2018 年初与换流站同步投产。

（2）内蒙古扎鲁特站。扎鲁特 ±800kV 换流站站址位于内蒙古通辽市扎鲁特旗，是扎鲁特—河南 ±800kV 特高压直流输电工程的起点。进站道路位于换流站的西侧，调相机在站区北侧布置。调相机站装设 2 台 300Mvar 调相机，接入 500kV 母线。

（3）内蒙古锡盟站。锡盟 ±800kV 换流站站址位于内蒙古自治区锡林郭勒盟锡林浩特市朝克乌拉苏木境内，是锡盟—泰州 ±800kV 高压直流输电工程的起点。其扩建的 2×300Mvar 调相机区域位于换流站的西北侧，紧邻换流站建设。

（4）四川雅中站。雅中 ±800kV 换流站站址位于四川省位于盐源县城西北面，距离县城的直线距离约 11.5km 处，是雅中—江西 ±800kV 特高压直流输电工程的起点。调相机站与换流站合建，共用进站道路，调相机紧邻布置在雅中 ±800kV 换流站站区西北侧，调相机站装设 2 台 300Mvar 调相机，每台调相机通过 1 台 350MVA 变压器接入 500kV 交流系统。

后续计划完成 10 座换流站以及北京电网共 26 台调相机的建设投运，其中送端换流站为哈密、柴达木换流站。

2. 调相机工程应用特点

（1）全面创新的开拓工程。我国 20 世纪 60～90 年代投运过一批小容量的调相机组，但目前绝大多数都已退出了运行，我国并没有生产运行 300Mvar 级大容量调相机组的成熟经验。与传统火力发电机组相比，调相机组在其结构形式、运行方式、控制保护等方面又有其特殊的要求，而国家电网公司配套特高压直流工程调相机组因其独特的使用条件在性能指标、技术参数、结构形式、协调控制等方面与传统调相机相比更具特殊性。

（2）装备制造的重大挑战。直流特高压输电工程中的大型调相机组，在电磁及机械性能指标、冷却结构形式、辅机系统要求等方面与传统汽轮发电机存在着主要差异，国内企业在此基础上直接开发相关设备，技术难度很大，是对制造企业的一次严峻考验。

（3）绿色电力的安全保障。特高压直流输电具有远距离、大容量、低损耗、节约土地资源等特点，有利于促进大煤电、大水电、大核电的集约化开发，提高能源资源的开发和利用效率，减轻负荷密集地区的环保压力。大型调相机的投运，可以充分发挥在交直流混联电网中的动态无功支撑作用，进一步提升电网的安全稳定性，改善电网功率因数，维持电网电压水平，保障绿色特高压电网的高效安全运行。

2.4.3　受端电网调相机制造及应用

1. 调相机工程应用概况

首批受端换流站有 6 个，包括湖南湘潭站、江苏泰州站、安徽皖南站、江西南昌站、江苏南京站、山东临沂站。其中，前 5 个站均装设 2 台 300Mvar 级大容量调相机，临沂站装设 3 台。

（1）湖南湘潭站。湘潭 ±800kV 换流站站址位于湘潭县西南 19km 处，是酒泉—湖南 ±800kV 高压直流输电工程的终点。调相机站与换流站合建，共用进站道路，调相机站布置在湘潭 ±800kV 换流站站区东侧南面，并利用换流站原 STATCOM 设备间场地。调相机站本期装设 2 台 300Mvar 调相机，每台调相机通过 1 台 350MVA 变压器接入 500kV 交流系统。

（2）江苏泰州站。泰州±800kV 换流站站址位于江苏省泰州市以北的兴化市大邹镇南舍村，是锡盟—泰州±800kV 特高压直流输电工程的终点。调相机站与换流站合建，共用进站道路，调相机紧邻布置在泰州±800kV 换流站站区西南侧，位于换流站 500kV 配电装置南侧东侧南面。调相机站装设 2 台 300Mvar 调相机，每台调相机通过 1 台 350MVA 变压器接入 500kV 交流系统。

（3）安徽皖南站。皖南±1100kV 换流站址位于安徽省宣城市古泉镇西南 8km 处，是准东—皖南±1100kV 特高压直流输电工程的终点。皖南换流站加装调相机工程紧邻换流站站区东南侧布置，位于换流站 500kV 交流滤波器组南侧。调相机站本期装设 2 台 300Mvar 调相机，每台调相机通过 1 台 350MVA 变压器接入 500kV 交流系统。

（4）江西南昌站。南昌±800kV 换流站站址位于江西省抚州市东乡县杨桥殿镇礼坊村，是雅中—江西±800kV 特高压直流输电工程的终点。调相机厂房位于换流站内，共用进站道路，装设 2 台 300Mvar 调相机。

（5）江苏南京站。南京±800kV 换流站站址位于江苏省淮安市盱眙县南面约 27km，王店乡南面约 3km 处，1000kV 南京站徐郢站址西面，是晋北—南京±800kV 特高压直流输电工程的终点。该工程与南京±800kV 换流站配套，同步建设 2 台 300MVar 调相机组。调相机站址位于江苏南京直流站围墙西南角外侧，紧邻江苏南京直流站。

（6）山东临沂站。临沂±800kV 换流站位于山东省临沂市沂南县境内的前埠后，是上海庙—山东±800kV 特高压直流输电工程的终点。考虑到与换流站合建，工程布置在换流站西北角，建设 3×300Mvar 同步调相机组，再经变压器升压到 500kV 后通过 GIL 分别接到换流站组串和滤波器大组母线上。

后续调相机工程受端换流站有 8 个，包括上海奉贤站、江苏政平站、西藏拉萨站、江苏苏州站、浙江绍兴站、浙江金华站、湖北武汉站、河南邵陵变电站，其中，政平换流站安装 4 台 300Mvar 调相机，其余均装设 2 台 300Mvar 级大容量调相机，北京电网装设 4 台。

2. 调相机工程制造概况

第一批受端换流站的调相机在上海电机厂生产制造。上海电机厂将 350MW 双水内冷发电机改型设计为新一代双水内冷调相机。尺寸方面将槽数减少，定、转子槽宽增大，气隙适当减小，铁芯长度增加，综合优化提升暂态无功响应速度及输出能力。结构方面采用定子水电球形接头、铁芯外压装、上下哈弗机座等用于更大容量级别的结构及工艺技术以提升可靠性。

调相机制造过程：定子线圈制造流程包括拼编换、垫包、直线胶化、弯角成型、端部胶化、接头焊接、包绝缘、电气试验、包防护层，见图 2-6；转子线圈制造流程包括检查尺寸、通孔、绕线、线圈去毛刺、线圈冲 R 角、线圈褪火、水压试验、包绝缘，见图 2-7；转轴加工过程包括转子粗精车、转子铣槽、镗床扩槽；铁芯压装包括：铁芯叠装、冷压、热压、环笼焊接、烘焙、铁芯试验，见图 2-8；机座加工；定子装配包括：安装锥环、定子嵌线、装并联环、烘焙、装槽楔、水流量试验，其中定子嵌线见图 2-9；转子装配包括：转子嵌线、装槽楔、装护环、超速试验，转子转轴见图 2-10，转子嵌线见图 2-11；总装及发运包括定子装汇水管、交直流耐压试验、气密性检查、定转子总装。

图 2-6　定子线圈　　　　　　　　图 2-7　转子线圈

图 2-8   铁芯压装

图 2-9   定子嵌线

图 2-10   转子转轴

图 2-11   转子嵌线

2.5 技术展望

2.5.1 推广前景

根据分析，为保证特高压直流输电工程的无功储备和动态补偿的需要，同步调相机配置原则如下：

（1）单一特高压直流馈入的受电系统，在直流近区电网受电比例超过 30% 时，会出现局部电压稳定问题，需配置至少 2 台 30 万 kvar 调相机。

（2）直流多馈入的受电系统，存在区域性电压凹陷，需在直流换流站配置 2 台 30 万 kvar 调相机，同时在电压凹陷严重的交流变电站配置至少 2 台 30 万 kvar 调相机。

（3）特高压直流弱送端系统，兼顾考虑换相失败引起的暂态电压升高和短路容量支撑问题，需在换流站配置 2 台 30 万 kvar 调相机。

（4）为解决北京电网可能的开机方式不足导致的电压稳定问题，保障首都地区安全可靠供电，需要配置 4 台 30 万 kvar 调相机。

（5）为保障藏中电网的安全稳定运行，在 220kV 主网配置 2 台 10 万 kvar 调相机。

根据上述配置原则，针对已投运的特高压直流工程换流站或受端近区电网开展加装调相机工程可行性研究，在金华、奉贤、苏州、政平、武南、天山换流站以及中州换流站近区各安装 2 台 30 万 kvar 同步调相机，总容量 420 万 kvar。在建的特高压直流，根据工程进展情况开展补充设计，并在绍兴、湘潭、南京、酒泉 4 个换流站安装 8 台 30 万 kvar 同步调相机，总容量 240 万 kvar；高受电比例区域北京电网，计划安装 4 台 30 万 kvar 同步调相机，藏中、柴达木分别安装 2 台 10 万 kvar 和 2 台 15 万 kvar 同步调相机，总容量为 170 万 kvar。对目前正在开展可研和初设的特高压直流，同步开展调相机的专题研究工作，根据规划计划在南昌、武汉、锡盟、泰州、皖南、雅中这 6 个换流站各配置 2 台 30 万 kvar 同步调相机，计划在临沂换流站配置 3 台 30 万 kvar 同步调相机。

2.5.2 技术更新

（1）调相机软件启动方式。SFC 启动方式是一种成熟的启动方式，在燃机启动时得到广泛应用，也是目前在建同步调相机的启动方式。但 SFC 启动方式在运行过程中不可避免地会产生谐波，从谐波源类型看主要有两种，一种是电压源型谐波，主要是网侧换相时所造成的电压缺口造成的，考虑到接入点其他用电负荷的阻抗要比系统阻抗大很多，所以对用电负荷的影响基本可以忽略不计；另外一种是电流源型谐波，主要是因为通过的网桥侧三相电流不是正弦波的原因造成，这部分谐波是 SFC 系统的主要谐波源，特征谐波为 $12k\pm1$（$k=1,2,3,\cdots$）次，在不考虑触发角和换相重叠角的情况下，这些谐波幅值为其谐波次数的导数。

针对 SFC 产生谐波的缺点，根据大型同步电机的固有运行特点推出一种新的高性能同步机启动装置——GTSS 软启动装置，该启动装置原理如图 2-12 所示。电网电压经厂用变压器隔离移相后为功率单元供电，功率单元为单相交-直-交电压型逆变器，单元串联星形连接后形成三相变频电源给高压电机供电。GTSS 装置与主机共用励磁，同上位机进行通信连接，同励磁柜进行硬线连接。启动过程中 GTSS 控制励磁装置，启动完毕后将控制权无缝转移到远程控制系统，实现工频调相励磁控制。启动时，QF1 合闸，GTSS 软起动器带上高压电，执行完自检过程后 KM1 合闸，GTSS 控制电机以恒转矩方式启动，此时励磁系统的启动、停止以及励磁电流大小由 GTSS 软启动器控制，到达盘车转速后，当 GTSS 软启动器输出电压达到 GTSS 软启动器额定输出

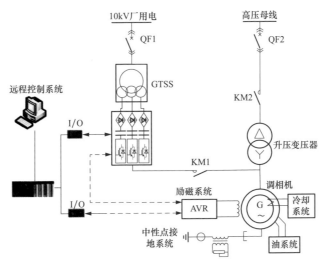

图 2-12　GTSS 软启动装置系统原理图

电压后切换为弱磁方式运行，在弱磁运行阶段，GTSS 软启动器输出电压的幅值基本保持不变，电机的运转频率逐渐增大至目标频率 52Hz 左右，然后 GTSS 软启动器停止输出且断开 KM1，调相机为自由运转状态，由同期并网装置合上 QF2，完成并网。

该启动装置满足 IEEE 519—1992 和 GB/T 14549《电能质量　公用电网谐波》对电压和电流的谐波失真要求，无需任何功率因数补偿和谐波抑制装置，输出采用多电平 PWM 技术，无须加输出滤波器。GTSS 软启动装置采用先进的矢量算法驱动，整个启动过程平滑，启动时，电机谐波损耗小，转矩脉动小，无明显噪声，对电机无附加电应力损害。

（2）新型励磁控制技术。常规的自并励励磁调节器以控制机端电压为目标，国家电网公司科技专项《发电机组控制系统优化协调控制技术》研究成果提出一种优化的发电机励磁控制方式，即发电机组高压侧电压附加励磁控制技术。该励磁控制技术是以主变压器高压侧电压为控制目标的自并励励磁控制方式，其结构如图 2-13 所示。根据研究，该励磁控制方式可有效提高对系统电压响应的灵敏度，加快无功调节速度和调节幅度。

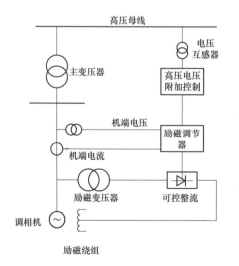

图 2-13　含高压侧电压附加控制的自并励励磁系统结构图

由于同步调相机励磁控制原理与同步发电机相同，而且调相机主要特点就是动态快速调整无功，通过采用这种新型的励磁方式，能有效提高同步调相机无功动态调节性能。

2.5.3　其他

同步调相机在特高压直流输电工程中有广泛的应用前景，另一方面，电网中仍存在大量运行时间较长、容量较小的同步发电机组，这些发电机由于发电煤耗较高，不符合国家节能减排的要求。随着特高压工程不断投运，远方的清洁能源不断输入，这些机组利用小时逐年降低，除少量有供热需求的机组运行经济性尚可外，其他小机组平时处于停机状态，造成大量固定资产闲置。鉴于同步调相机的大量需求，可考虑将这些限制的同步发电机改造成同步调相机，充分利用社会资源。

改造闲置发电机首先应考虑这些发电机的运行年限及绝缘寿命，对改造可行性及技术经济性进行分析论证。尽管某些同步发电机能够通过控制系统优化改造直接在调相状态运行，但如果长期作为调相机运行，考虑运行效率和维护方便，应去除原动机部分，所以改造内容为：去除或加保护罩处理退役汽轮发电机轴伸，实现本体改造；由于去除原动机，调相机无法自己启动，需新增变频器用于调相机启动；由于发电机与调相机的运行控制策略不同，需新配控制系统；对于励磁系统，改造前后励磁容量基本不变，励磁装置可略加改造直接应用；对原有配电系统需进行适宜性改造；原有升压变压器可直接使用，润滑油站及冷却水系统设备可直接应用。总体看，闲置发电机改造为调相机技术上是可行的。

参 考 文 献

[1] 刘振亚. 特高压电网. 北京：中国经济出版社，2005.

[2] 世界卫生组织. WHO "国际电磁场计划" 的评估结论与建议. 杨新村，李毅，译. 北京：中国电力出版社，2008.

[3] 赵畹君. 高压直流输电工程技术. 北京：中国电力出版社，2004.

[4] 周德贵，巩北宁. 同步发电机运行技术与实践. 北京：中国电力出版社，2004.

[5] 国际大电网会议第 36.01 工作组. 输电系统产生的电场和磁场现象简述 实用计算导则. 邵方殷，等，译. 北京：水利电力出版社，1984.

[6] MARKEN P E, SKLIUTAS J P, SUNG P Y, et al. New synchronous condensers for Jeju Island//2012 IEEE Power and Energy Society General Meeting, PES 2012.

[7] 王雅婷，张一驰，周勤勇，等. 新一代大容量调相机在电网中的应用研究. 电网技术，2009，40 (1)：22-28.

[8] 李志强，蒋维勇，王彦滨，等. 大容量新型调相机关键技术参数及其优化设计. 大电机技术，2017 (4)：15-22.

[9] IEEE Std 115—2009. IEEE Guide for Test Procedures for Synchronous Machines Part Ⅰ: Acceptance and Performance. Testing Part Ⅱ: Test Procedures and Parameter Determination for Dynamic Analysis [S] 2009.

[10] 郭小江，卜广全，马世英，等. 西南水电送华东多送出多馈入直流系统稳定控制策略. 电网技术，2009，33 (2)：56-61.

[11] 郭小江，马世英，卜广全，等. 上海多馈入直流系统的无功控制策略. 电网技术，2009，33 (7)：30-35.

[12] 刘振亚，张启平，王雅婷，等. 提高西北新甘青 750kV 送段电网安全稳定水平的无功补偿措施研究. 中国电机工程学报，2015，35 (5)：1015-1022.

[13] 郭一兵，凌在汛，崔一铂，等. 特高压交直流系统动态无功支撑用大型调相机运行需求分析. 湖北电力，2016，5：1-4，34.

[14] Cui Yibo, Tao Qian, Ling Zaixun, et. al. Analysis on Design Points of Large Synchronous Condenser for UHVDC Project. IEEE International Conference on System Reliability and Science, 2016.

[15] IKIM C K，JANG G，YANG B M. Dynamic performance of HVDC system according to exciter characteristics of synchronous compensator in a weak AC system. Electric Power Systems Research，63（3），203-211.

[16] 成诚，张明，凌在汛等. 直流特高压工程大型调相机组冷却系统选型分析. 湖北电力，2016（05）：9-12.

[17] 黄志林，黄晓明，陈炜，等. 芦嵊直流无功优化方案仿真研究. 高压电器，2014，50（6）：65-69.

[18] 潘仁秋，何其伟，陈俊. 大型调相机的保护配置及其实现. 江苏电机工程，2011，30（6）：45-47.

[19] SKLIUTAS J P，AQUILA R D'，FOGARTY J M，et. al. Planning the Future Grid with Synchronous Condensers. Grid of the Future Symposium，2013.

[20] MARKEN P E，LAFOREST D，AQUILA R D'，et. al. Dynamic performance of the next generation synchronous condenser at VELCO. Power Systems Conference and Exposition，2009.

[21] 周胜军，姚大伟. 鞍山红一变 SVC 国产化示范工程介绍. 电网技术，2008，32（22）：45-49.

[22] 罗霄. 特高压输电线路和变电站电磁场仿真计算研究. 重庆：重庆大学，2010.

[23] HJ 24—2014 环境影响评价技术导则输变电工程. 北京：中国环境科学出版社，2014.

[24] 蔡晖，张文嘉，祁万春，等. 调相机接入江苏电网后的适应性研究. 电力电容器与无功补偿，2017，38（2）：23-27.

[25] 马晓成，姚远. TCR 型 SVC 装置在电力系统中的应用. 电力电容器与无功补偿，2014，35（5）：5-8.

[26] 赵晋泉，居俐洁，罗卫华，等. 计及分区动态无功储备的无功电压控制模型与方法. 电力自动化设备，2015，35（5）：100-105.

[27] 邬雄，龚宇清，李妮. 确定工频磁场公众曝露限值的分析. 高电压技术，2009，35（9）：2091-2095.

[28] 罗霄. 特高压输电线路和变电站电磁场仿真计算研究. 重庆：重庆大学，2010.

PART 3

特高压直流换流阀

3.1 概述

3.1.1 直流输电的诞生与交直流之争

电的商业化应用始于 19 世纪 70 年代后期，当时电弧灯已经用于灯塔和街道的照明，世界上第一个完整的电力系统是托马斯·爱迪生在纽约城历史上有名的皮埃尔大街站（Pearl Street station）建成的直流电力系统（由发电机、电缆、熔丝、电能表和负荷组成）于 1882 年 9 月投入运行。由一台蒸汽机拖动直流发电机给半径为 1.5km 面积内的 59 个用户，负荷全部由白炽灯组成，通过 110V 地下电缆供电。在此后几年内，类似的电力系统已经在世界上大多数城市投入运行，随着 1884 年福兰克·斯普莱克（Frank Sprague）对发电机的开发，电动机负荷也加入到这样的系统中，这是电力系统发展成为世界最大工业之一的开端。

尽管初期直流系统得到广泛应用，但后来它几乎完全被交流系统替代。到 1886 年，直流系统的局限性明显露出来，因为它只能在很短的距离内从发电机向外送电。早期直流输电系统原理如图 3-1 所示。为了将输电损耗（$P=RI^2$）和电压降落（$\Delta U=RI$）限制到可以接受的水平（例如低压直流输电采用 110V，到最末端的时的电压可能只有 80V），长距离输电系统必须采用高电压。在当时的技术条件下，这样高的电压是发电机和用户都不能接受的，因此必须采用适当的方法进行电压变换。

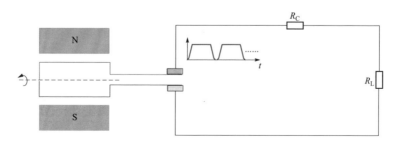

图 3-1　早期直流输电系统原理图

L. 高拉德（L. Gaulard）和法国巴黎的 J. D. 吉布（J. D. Gibbs）开发了变压器和交流输电技术，由此产生了交流电力系统。乔治·西屋（George Westinghouse）获得了这些新设备在美国的应用权利。1886 年，西屋的助手威廉·斯坦利（William Stanley）开发和实验了商业实用的变压器和在马萨诸塞州大白灵顿的由 150 个电灯组成的交流配电系统。1889 年，北美洲第一个交流输电线在俄勒冈州威拉姆特州瀑布和波特兰之间建立并投入运行，这是一条单相线路，输电电压 4000V，输送距离 21km。

随着具有传奇色彩的科学家尼古拉·特斯拉（Nikola Tesla）的多相系统的开发，交流系统变得越来越具有吸引力。1888 年，特斯拉持有了关于交流发电机、发电机、变压器和输电系统的若干专利，这些专利奠定了当今交流电力系统的基础。在 19 世纪 90 年代，曾有过关于电力系统采用直流还是交流作为标准的相当大的争论。

在世纪之交，交流系统对直流系统取得了胜利，其主要原因是：①交流系统的电压水平更容易转换，因此提供了使用不同电压的发电、输电和用电的灵活性；②交流发电机比直流发电机更简单；③交流电动机比直流电动机更简单、更便宜。

1893 年，南加州一条 12km 长的 2300V 电力线路投入使用。它是北美洲第一条三相电力线路。大约在同一时期，尼亚加瀑布也选择了交流送电，因为采用直流不可能将电力送电送往 30km 以外的布法罗。这一结果结束了交直之争，同时也宣告了直流输电漫漫长夜的来临。

3.1.2　汞弧换流阀时代

1. 汞弧换流阀

在电力系统中的发电机普遍采用交流发电机的情况下，直接输送交流电似乎已经成为电能传输的唯一选择，因此，从 20 世纪初一直到 20 世纪 50 年代，在长达 50 年的时间内，全世界的电力系统呈现出交流电一统天下的局面。在这段时间内，直流输电也未被遗忘，人们对交流电整流技术已经有了一定的理论研究，单相整流电路如图 3-2 所示。图 3-2 表明，只要存在一种具有足够耐压和通流能力的单相导电器件，就可以将发电机或交流电网中的交流电转换为直流电。

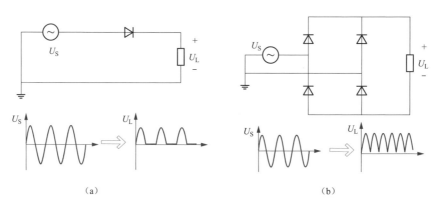

图 3-2　单相整流电路

（a）半波整流；（b）全波整流

后来，科学家发现具有特殊构造的真空管、引燃管、汞弧管等具有单向导电作用，于是用其作为整流器件。1901 年发明的汞弧整流管只能用于整流，如图 3-3 所示。1928 年具有栅极控制能力的汞弧阀研制成功。栅极控制汞弧管是一个密封的下边底部盛着水银的铁罐，底部是阴极，上边顶部装有阳极，在阳极和阴极之间（接近水银）有栅极，也叫引弧极，阳极和栅极都经玻璃绝缘子引出。它的原理是在阳极加有正电压时，由栅极触发，触发后，栅极至阴极形成一小电弧，小电弧在阴极面形成弧斑，弧斑具有极强的发射电子的能力，促使阳极至阴极导通，电弧电流过零时熄灭，不过它的栅极触发功率有上百瓦，电压为 200～300V（现今，应用于直流输电的大功率晶闸管门极触发功率只需 1W，电压不超过 3V）。

20 世纪 30 年代，世界经济逐步从全球性经济危机中复苏，掀起新一轮工业发展的高潮，电化学工业（有色金属冶炼、化工原料制备）、电气牵引（电气机车、地铁机车、城市无轨电车）、直流传动（轧钢、造纸）等领域均需要将交流电转变为直流电，使用汞弧整流管制作的整流器在上述工业领域得到广泛应用。

图 3-3　汞弧整流管

当具有栅极控制能力的汞弧管被研发出来之后，栅极控制汞弧管不但可用于整流，同时也解决了逆变问题。可以将多个汞弧管串联或并联使其具备更高的耐压能力，开断更大的电流，在电网中这种汞弧管的串并联组合可以像一个阀门一样实现电流的通断，因此被称为汞弧阀。利用汞弧管可以构造三相整流器将三相交流电转变为直流电，再通过三相逆变器将直流电转变为交流电供给受端交流电网。三相桥式可控整流电路与逆变电路如图 3-4 所示。在三相换流器中，汞弧阀的主要作用是把交流线电压瞬时值最大的两相交替地投到直流线路，电流会在不同相的汞弧阀之间切换，因此在换流器中汞弧阀也称为汞弧换流阀。汞弧换流阀的出现使得在发电端和用电端都是交流电的背景条件下用直流形式传输电能已无技术瓶颈。

2. 交流输电

交流电的缺点如下：

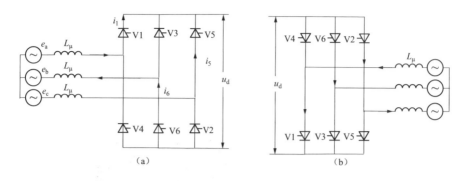

图 3-4　三相桥式可控整流电路与逆变电路

（1）系统同步难。设想有甲、乙两台交流发电机给同一条电路供电，假如甲的是正的最大值时，乙恰好是负的最大值，它们发的电在电路里恰好互相抵消，电路无法工作。所以要电路正常工作，给同一条电路供电的所有发电机都必须同步运行，即同时达到正的最大值，同时达到负的最大值。发展到一定规模的交流电力系统是把许多电站连成一个电力网，要使电力网内许多发电机同步运行，技术上是很困难的。

1）交流远距离输电时，由于线路阻抗的影响，交流输电系统两端电压会产生显著的相位差，并网的各系统交流电的频率虽然规定统一为 50Hz（或 60Hz），但实际上负荷的接入和退出不可避免地使电网频率产生波动。这两种因素常引起交流系统不能同步运行，需要用复杂庞大的补偿系统和综合性能足够强大的技术加以调整，否则就可能在设备中形成强大的循环电流损坏设备，或造成不同步运行的停电事故。显然，频率分别为 50Hz 和 60Hz 的两个电力系统也是无法互联的。

2）两个交流系统若用交流线路互联，则当一侧线路发生短路时，另一侧要向短路点输送短路电流，这样就增大了原交流系统的短路容量，使两系统原有开关切断短路电流的能力受到威胁，需要更换开断能力更大的开关。

（2）分布电容对输电的影响。

1）对于架空线路，由于其具有分布参数，因此电压在输电线路中分布不均匀，当线路距离达到一定长度后，若线路轻载或空载，则线路末端会产生电压提升，需要额外的并联电抗器来补偿。

2）而对于电缆线路，电容的影响更加明显。电缆在金属芯线的外面包着一层绝缘皮，水和大地都是导体，被绝缘皮隔开的金属芯线和水（或大地）构成了电容器，在交流输电的情况下，这个电容对输电线路的末端（受电端）起旁路电容的作用，并且随着电缆增长而增大，而电容的容抗值随电容值的增大而减小，旁路电容会增大一定程度之后相当于容抗把负载短路，交流几乎送不出去。

3. 直流输电

与交流输电相比，直流输电具有以下优点：

（1）直流输电时，两端的交流系统经过换流器隔离，可以用各自的频率和相位运行，不存在同步运行的稳定问题，其输送容量和距离不受同步运行稳定性的限制，可用于不同电力系统之间的非同步互联和远距离大容量输电。采用直流互联，传输功率能通过改变换流器触发角方便迅速地进行调节，直流输电线路基本上不向短路点输送短路电流，故两端交流系统的短路电流与没有互联时一样，因此不必更换两侧原有开关及载流设备，提高了电网运行的经济性。

（2）电容对稳定的直流不起作用，直流架空线不存在由于电容引起线路电压分布不均问题，直流电缆也不存在电容电流，因此，采用电缆传输直流电输送容量大、造价低、寿命长、损耗小，且输送距离不受限制，具有无可比拟的优势。

（3）直流输电架空线路只需正负两极导线，杆塔结构简单，线路造价低，占用的线路走廊较窄。

（4）直流输电发生故障的损失比交流输电小。在直流输电线路中，各极是独立调节和工作的，彼此没有影响。因此，当一极发生故障时，只需停运故障极，另一极仍可输送不少于一半功率的电能；但在交流输电线路中，任一相发生永久性故障，必须全线停电。

在二战之前，电力系统伴随着世界工业的飞速发展而逐步成形，但是总体上呈现小电源、低电压、小电网的特点，交流电本身固有的系统同步、分布电容影响等问题并不明显；二战后，战后重建的巨大需求催生了大机组、超高电压、大规模互联电网的发展，交流电本身固有缺陷的影响日益显著，大规模停电事故时有发生。在这种背景下，直流输电从被遗忘的角落里重新回归了历史舞台。

从 1954 年世界上第一个工业性直流输电工程（哥特兰岛直流工程）在瑞典投入运行以后，到 1977 年最后一个采用汞弧阀换流的直流输电工程（纳尔逊河 1 期工程）建成，世界上共有 12 项汞弧阀换流的直流工程投入运行，其中最大的输送容量为 1440MW（美国太平洋联络线 1 期工程），最高输电电压为±450kV（纳尔逊河 1 期工程），最长输电距离为 1362km（太平洋联络线）。但是，汞弧换流阀制造技术复杂、价格昂贵、器件体积大、发热量大、通流能力小、逆弧故障率高，不便于普及应用，注定了汞弧换流阀在直流输电历史上昙花一现的命运。

3.1.3 晶闸管换流阀时代

1947 年，美国贝尔实验室发明的晶体管引发了电子技术的一场革命。1957 年美国通用电气公司在贝尔实验室晶体管构想的基础上研制出第一个晶闸管（thyristor），从此，固体半导体器件向两个方向发展：一个是信息电子方向，将晶体管越做越小，越做越快，其代表是大规模集成电路中的翘楚——CPU 芯片；另一个方向是电力电子方向，将晶体管越做越大，越做越快，其代表是应用在高压直流输电中的超大功率晶闸管（见图 3-5）和新型全控器件 IGBT。

晶闸管与汞弧管的功能相似，与汞弧管相比，晶闸管具有体积小、寿命长、可靠性高等特点，由晶闸管制成的换流阀没有逆弧故障，而且制造、试验、运行、维护和检修都比汞弧阀简单而方便。1972 年，世界上第一项全部采用晶闸管换流阀的伊尔河直流背靠背工程在加拿大投入运行。从此以后世界上新建的直流输电工程均采用晶闸管换流阀。与此同时，原来采用汞弧阀换流的直流工程也逐步被晶闸管换流阀所替代。在此期间，微机控制和保护、光电控制、水冷技术、氧化锌避雷器等新技术在直流输电工程中也得到了广泛的应用（见图 3-6）。

图 3-5　大功率晶闸管　　　图 3-6　±500kV 直流工程换流阀

从 1954 年到 1998 年，世界上已投入运行的直流输电工程有 57 项，其中架空线路 15 项，电缆线路 10 项，架空线和电缆混合线路 9 项，背靠背直流工程 23 项。考虑到正在建设的直流工程，已运行和正在建设的直流工程共 66 项，其中架空线路 20 项（占 30.3%），电缆线路 10 项（占 15.2%），架空线和电缆混合线路 11 项（占 16.6%），背靠背直流工程 25 项（占 37.9%）。这些工程的总输送容量为 63674MW，其中架空线路单项工程的最大容量为 6000MW，最高电压为 ±750kV，最长输电距离为 2414km。单项直流电缆工程的最大容量为 2800MW，最高电压为 ±500kV，最长输电距离为 670km。单项背靠背工程最大容量为 1065MW。在这个时期，直流输电在远距离大容量送电、电网互联和电缆送电（特别是海底电缆送电）等方面均发挥了重大的作用。

我国高压直流输电工程起步虽然比较晚，但是发展却非常迅速，随着我国工业化和城市化进入新的发展阶段，对电力的需求迅猛增长，以往的直流输电技术已经不能满足我国电力发展需求。而且，我国的能源和负荷在地理分布上严重不均衡，迫切需要大规模、远距离、高效率的电力输送，在这种背景条件下，特高压直流输电应运而生。

我国已经成为世界上拥有直流输电工程最多、输电线路最长、输电容量最大的国家，截至 2017 年已经投运和在建的直流输电工程多达 34个，其中±800kV 特高压直流输电工程 13 个，输电容量在 4000～10000MW之间，输电距离在 1000～2500km 之间，正在建设的昌吉—古泉±1100kV特高压直流输电工程输电容量为 12000MW、输电距离为 3304.7km。

3.2 特高压直流换流阀工作原理

6 脉动三相桥式可控整流逆变电路是目前特高压直流输电中普遍采用的换流电路，原因如下：

（1）特高压直流输电工程要求功率可以双向传输，三相桥式换流电路具备对称性，只须将直流极线的极性反转就可以实现功率的逆向传输。这是其他类型的换流电路都不具备的特点。

（2）正常运行时，换流阀承受的断态电压等于换流器输出直流电压，小于其他换流电路。

（3）换流变压器一、二次绕组容量相同，小于其他方式的换流变压器绕组容量。

（4）换流变压器结构简单，不需要两个二次绕组或有中心抽头的副绕组，有利于换流变压器的绝缘。

（5）直流电压纹波峰值小，交直流谐波含量小。

正是由于三相桥式换流电路的多种突出优点，所以三相桥式电路最终被确定为高压直流输电换流器采用的电路拓扑。

3.2.1 整流器运行原理

1. 整流器基本工作原理

通常，特高压换流站阀厅内换流阀的空间结构如图 3-7 所示，图中每个换流阀按照导通的先后次序以 V1～V6 编号。

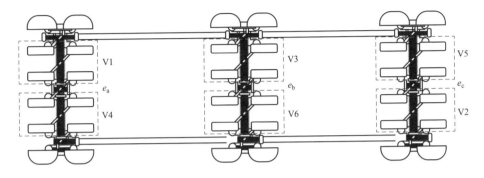

图 3-7　阀厅内换流阀空间结构

　　图 3-7 可以用图 3-8 所示的电气简图来表示，其中 C 称为三相桥式电路的阴极，A 称为三相桥式电路的阳极。三相桥式电路通过把交流线电压瞬时值最大的两相交替地投到直流线路来实现整流的，如图 3-8 所示，此时 V5 阀和 V6 阀导通，整流器输出的直流电压 u_d 等于 c 相和 b 相之间的线电压 u_bc，如图 3-9 所示。

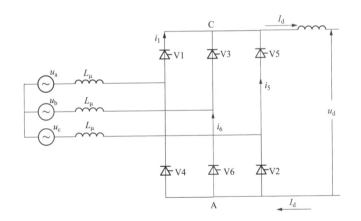

图 3-8　三相桥式整流电路（V5 阀和 V6 阀导通）

　　当交流 a 相电压幅值高于 c 相电压幅值后，经过一个延时角 α（$\alpha <$ 90°）后，V1 阀被触发，由于换流变压器漏电感 L_μ 的存在，通过 V5 阀的电流不能瞬间降为 0，V1 阀和 V5 阀将同时导通，交流 a 相和 c 相

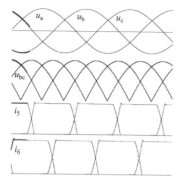

图 3-9　电压电流波形图

（V5 阀和 V6 阀导通）

之间处于短路状态，由于 a 相电压高于 c 相电压，通过 V1 阀的电流逐渐增大，通过 V5 阀的电流逐渐减小，最终通过 V1 阀的电流将等于直流电流 I_d，通过 V5 阀的电流将减小为 0，这个过程被称为换相过程，换相过程持续的角度被称为换相角 μ（如图 3-11 所示），换相过程中换流器输出的直流电压值 $u_d = (u_a + u_c)/2 - u_b$。

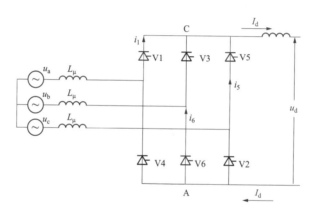

图 3-10　三相桥式整流电路（V1 阀和 V5 阀换相）

V1 阀和 V5 阀的换相过程结束之后只有 V1 阀和 V6 阀导通，此时整流器输出的直流电压 u_d 等于 a 相和 b 相之间的线电压 u_{ba}。

其他阀之间的换相过程与上述 V1 阀和 V5 阀的换相过程相同。在整流器中，换流阀交替导通，把三相交流电压中线电压瞬时值最大的两相交替地投到直流线路来实现整流。一个工频周期

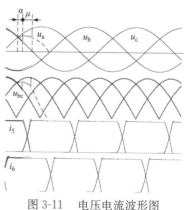

图 3-11　电压电流波形图

（V1 阀和 V5 阀换相）

内，三相交流相电压、线电压、直流电压及直流电流的波形如图 3-14
所示。可知，整流器输出的直流电压在一个工频周期内有 6 个纹波，
因此，三相桥式整流电路也被称为 6 脉动整流器。

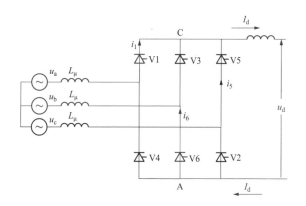

图 3-12　三相桥式整流电路（V1 阀和 V6 阀导通）

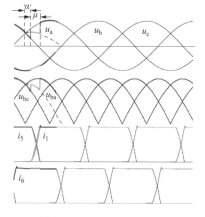

图 3-13　电压电流波形图

（V1 阀和 V6 阀导通）

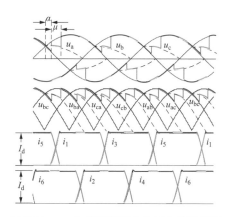

图 3-14　一个工频周期内电压电流波形图

2. 整流器中换流阀电气应力

换流阀承受的电气应力分为电流应力和电压应力。由图 3-14 可知，
在一个工频周期内，每个换流阀导通的时长占工频周期的 1/3，导通时
的电流幅值等于整流器输出的直流电流值，电流对换流阀的主要影响
是会使晶闸管等主通流器件在导通时产生损耗。电压应力则决定了换

流阀在工作时器件承受的电压。换流阀电压与对应的交流线电压和直流电压的波形对比如图 3-15 所示，可知，在换流阀处于阻断状态下时，承受的电压为交流线电压。

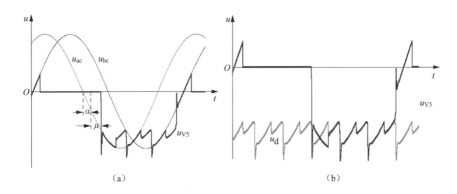

图 3-15　阀电压与交流线电压和直流电压对比

（a）与交流线电压对比；（b）与直流线电压对比

当两个换流阀之间发生换相时，交流两相短路，会使处于阻断状态的换流阀的电压产生跃变，这是阀电压波形存在换相齿的原因。除了换相齿，阀电压波形还存在 4 个尖峰值（也被称为换相过冲），原因是晶闸管并不是理想的开关器件，在电流过零后不会立即关断，由于存储电荷的影响，还会反向导通一段时间，之后，晶闸管才真正地从导通状态恢复至阻断状态，这个过程晶闸管的电阻将发生由极小到极大的剧烈变化。图 3-16 中，V5 阀向 V1 阀换相完成之后 V5 阀关断过程的等效电路如图 3-16（a）所示，此过程 V5 阀关断的电压电流波形如图 3-16（b）所示。

由等效电路图可以得出对应的电路方程为

$$U_{V5} = -U_{ca} + 2L_{lk}\frac{\mathrm{d}i_{5t}}{\mathrm{d}t}$$

可知，换流阀的电流过零后的一段时间内，反向电流的幅值会按照恒定的变化率（$\mathrm{d}i_5/\mathrm{d}t$）增大，$U_{V5}=0$，交流电压将全部由换流变压

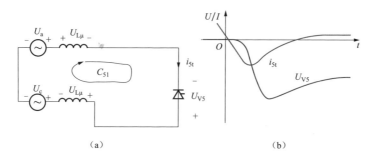

图 3-16 V5 阀关断过程等效电路及电压电流波形

(a) 等效电路图；(b) 阀关断电压电流波形

器的漏电感承担；之后，由于存储电荷减少，晶闸管阻抗逐渐恢复，开始承担电压；当反向电流达到峰值之后，电流幅值开始减小，$di_5/dt < 0$，换流变压器漏电感感应的电压将与电源电压相叠加而使阀承受电压幅值高于电源电压，这就是 V5 阀关断时产生换相过冲的原因。

V5 阀完全关断后还出现了三个换相过冲电压，根据电路的对称性，可以用 V5 阀关断过程对其他阀的影响来分析这三个换相过冲产生的原因，此时 V2～V4 阀处于阻断状态，承受的电压如下

$$U_{V2} = -U_{bc} - L_{lk}\frac{di_{5t}}{dt}$$

$$U_{V3} = U_{V4} = -U_{ba} + L_{lk}\frac{di_{5t}}{dt}$$

可知，当 $di_5/dt < 0$ 时，对于与 V5 阀处于不同相的 V3、V4 阀来说，换流变压器漏电感感应的电压与电源电压相叠加而使阀承受电压幅值高于电源电压，而对于与 V5 阀处于同相的 V2 阀来说，换流变压器漏电感感应的电压与电源电压相削弱而使阀承受电压幅值小于电源电压。

过高的换相过冲电压将增大换流阀器件的电压应力，因此，换流阀中晶闸管两端都并联有 RC 阻尼电路，用来限制换相过冲电压的幅值。

3. 整流器输出直流电压的控制

在一个工频周期内，整流器输出的直流电压波形如图 3-17 所示。

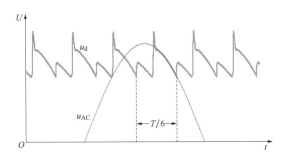

图 3-17　整流器输出直流电压波形

换流器输出直流电压值的定义是一个工频周期内电压平均值，可以用 1/6 周期内整流器电压瞬时值定积分的平均值来求取整流器输出直流电压，即

$$U_{d\_R} = \frac{6}{T}\int_0^{\frac{T}{6}} u_d(t)\mathrm{d}t$$

$$= \frac{3\sqrt{2}}{\pi}E\cos\alpha - 6fL_\mu I_d$$

式中：E 为交流线电压有效值；f 为交流频率；α 为整流器触发延时角；L_μ 为换流变压器漏电感；I_d 为整流器输出直流电流。通常，$6fL_\mu I_d$ 值很小（约为直流电压 U_{d_R} 的 1/10），对直流电压值影响有限，因此整流器输出直流电压主要由 E 和 α 决定，E 的调节需要靠调节换流变压器的分接头实现，调节范围有限，反应时滞较大；而 α 的调节相对简单，且反应迅速，可以在短时间内大幅度调节整流器输出的直流电压。

触发角为不同值时，整流器输出直流电压波形如图 3-18 所示，可知直流电压随触发角的增大而减小，而换流阀的最大电压应力却随着触发角的增大而增大，这也是为什么现代特高压直流输电工程都不允许长期大角度（$\alpha > 45°$）运行的直接原因。

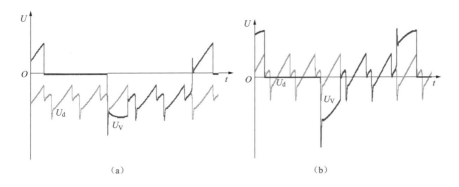

图 3-18　触发角为不同值时整流器输出直流电压波形

(a) $\alpha=45°$；(b) $\alpha=90°$

3.2.2　逆变器运行原理

1. 逆变器基本工作原理

在点对点直流输电系统中，直流电流只能单方向流动，整流器阴极电位高于阳极电位，那么，逆变器阳极电位必须高于阴极电位才能实现电流的流动和电能的传输。三相桥式逆变电路如图 3-19 所示，可知，与三相桥式整流电路相似，三相桥式逆变电路的基本工作原理仍

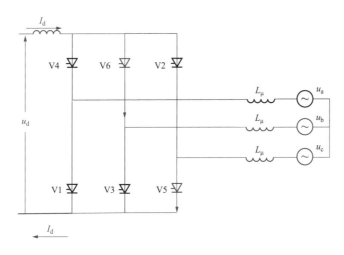

图 3-19　三相桥式逆变电路（V5 阀和 V6 阀导通）

旧是把交流线电压瞬时值最大的两相交替地投到直流线路来实现逆变，但是，由于逆变器阳极电位必须高于阴极电位，所以，同样是 V5 阀和 V6 阀导通时，逆变器输出的直流电压 u_d 却等于 b 相和 c 相之间的线电压 u_{cb}，如图 3-20 所示。可知，同样序号的阀导通时，整流器输出的直流电压波形与逆变器输出的直流电压波形呈镜像对称。

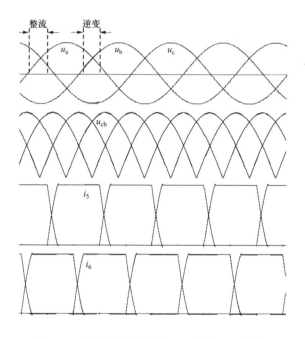

图 3-20　电压电流波形图（V5 阀和 V6 阀导通）

当交流 a 相电压幅值高于 c 相电压幅值后，经过一个延时角 α（$\alpha >$ 90°），V1 阀被触发，V1 阀和 V5 阀之间的换相过程与整流器换相过程相似（如图 3-21 所示），换相过程中换流器输出的直流电压值 $u_d = u_b -$ $(u_a + u_c)/2$。逆变器的运行原理中引入了触发越前角 β 和熄弧角 λ 的概念，如图 3-22 所示，$\beta = 180 - \alpha$，$\lambda = \beta - \mu$。

V1 阀和 V5 阀的换相过程结束之后只有 V1 阀和 V6 阀导通，此时整流器输出的直流电压 u_d 等于 b 相和 a 相之间的线电压 u_{ab}，如图 3-23 和图 3-24 所示。

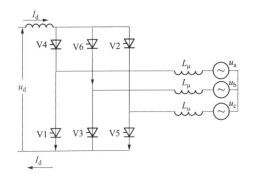

图 3-21   三相桥式逆变电路（V1 阀和 V5 阀换相）

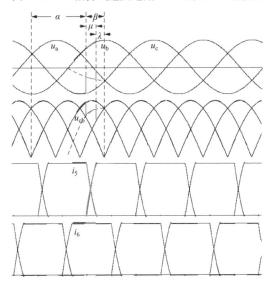

图 3-22   电压电流波形图（V1 阀和 V5 阀换相）

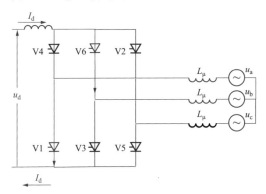

图 3-23   三相桥式整流电路（V1 阀和 V6 阀导通）

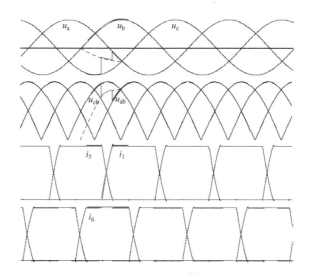

图 3-24   电压电流波形图（V1 阀和 V6 阀导通）

其他阀之间的换相过程与上述 V1 阀和 V5 阀的换相过程相同。一个工频周期内，三相交流相电压、线电压、直流电压及直流电流的波形如图 3-25 所示，三相桥式逆变电路也被称为 6 脉动逆变器。

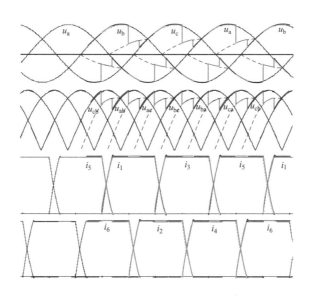

图 3-25   一个工频周期内电压电流波形图

需要说明的是，三相桥式逆变电路需要交流系统提供换相电流；同时，直流系统运行时，整流器输出直流电压高于逆变器输出直流电压，逆变器可以看做是把交流负载交替投入直流线路。

2. 逆变器中换流阀电气应力

由图 3-25 可知，与 6 脉动整流器相同，在一个工频周期内，逆变器每个换流阀导通的时长占工频周期的 1/3，导通时的电流幅值等于换流器输出的直流电流值，电流对换流阀的主要影响是会使晶闸管等主通流器件在导通时产生损耗，因此，整流器和逆变器中主通流器件的通态损耗相差不大。逆变器换流阀电压与对应的交流线电压和直流电压的波形对比如图 3-26 所示，可知，在换流阀处于阻断状态下时承受的电压同样为交流线电压。

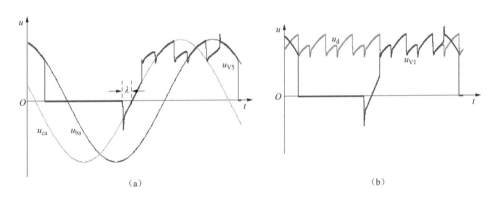

图 3-26　阀电压与交流线电压和直流电压对比

（a）与交流线电压对比；（b）与直流电压对比

与整流器换流阀类似，逆变器换流阀在阻断状态下会由于其他阀换相而产生 3 个换相齿；逆变器换相过冲电压产生的原因与整流器相同，但是整流器换流阀关断时，施加在换流阀两端的交流电压瞬时值为 $-\sqrt{2}U\sin(\alpha+\mu)$，而逆变器换流阀关断时，施加在换流阀两端的交流电压电压瞬时值为 $-\sqrt{2}U\sin\lambda$，由于晶闸管存储电荷与换流阀关断时的电压瞬时值密切相关，因此逆变器换流阀换相过冲电压值远小于整流器换相过冲电压值。通常，直流输电工程要求功率反送，功率反送时，原先的整流器和逆变器将对调，因此，逆变器换流阀的电压应力可以按照整流运行方式来考虑。

对比图 3-15 和图 3-26 可知，在两种运行方式下，换流阀电压应力最大的区别是：整流器换流阀在阻断状态下绝大多数时间（约 2/3 工频周期）承受反向电压，晶闸管有足够长的时间恢复阻断；逆变器换流阀只在熄弧度角内承受反向电压，随后换流阀端电压将变为正向，晶闸管只有很短的时间恢复阻断，若在换相完成后退出导通的换流阀不能在熄弧角内恢复阻断，那么在随后的正向电压作用下该换流阀将重新导通，这就是逆变器易发生换相失败的原因。

3. 逆变器输出直流电压的控制

在一个工频周期内，逆变器输出的直流电压波形如图 3-27 所示。同样，可以用 1/6 周期内逆变器瞬时值定积分的平均值来求取器输出直流电压。

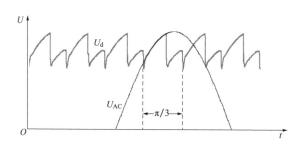

图 3-27　逆变器输出直流电压波形

$$U_{d\_I} = \frac{6}{T}\int_0^{\frac{T}{6}} u_d(t)\,dt$$

$$= \frac{3\sqrt{2}}{\pi}U\cos\lambda - 6fL_\mu I_d$$

$$= \frac{3\sqrt{2}}{\pi}U\cos\beta + 6fL_\mu I_d$$

逆变器输出直流电压主要由交流线电压有效值 U 和熄弧角 λ 决定，需要说明的是，直流输电的控制系统给换流器发送的控制指令只能是触发角 α，因此，无法通过直接给逆变器发送熄弧角 λ 指令来调节逆变器输出直流电压值，当需要调节逆变器输出直流电压时，根据直流电压目标值由上式来计算出触发越前角 β，然后由 $\alpha = 180° - \beta$ 来计算触发角 α。

熄弧角为不同值时，逆变器输出直流电压波形如图 3-28 所示，可知直流电压随熄弧角的增大而减小，换流阀的最大电压应力随着熄弧角的增大而增大，现代特高压直流输电工程也不允许逆变器长期大角度（$\lambda > 45°$）运行。

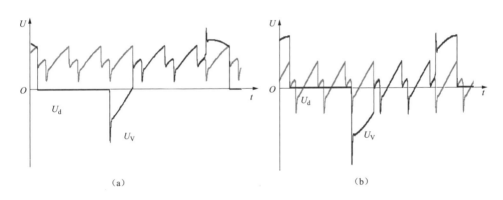

图 3-28　触发角为不同值时逆变器输出直流电压波形

(a) $\alpha = 45°$；(b) $\alpha = 90°$

3.2.3　多桥换流器

特高压直流输电工程的电压等级高于 800kV，若采用 6 脉动换流器，则单个换流阀的晶闸管串联级数将接近 200，换流阀的体积和重量将非常大，同时，也无法制造出对应容量的换流变压器。因此，特高压直流输电工程多采用多桥换流器。

特高压直流输电工程采用的多桥换流器分为 12 脉动换流器和双 12

脉动换流器。12 脉动换流器由 2 个 6 脉动换流器串联组成，给 6 脉动换流器供电的换流变压器阀侧绕组分别为 Yy 和 Yd 接线方式，因此，2 个 6 脉动换流器的三相交流电源相位相差 30°。12 脉动整流器中的换流阀按照图 3-29 所示顺序触发，得到 12 脉动的直流电压如图 3-30 所示。将图 3-29 中 12 脉动整流器直流极线极性对调，就可以获得 12 脉动逆变器。双 12 脉动换流器由 2 个完全相同的单 12 脉动换流器串联而成。

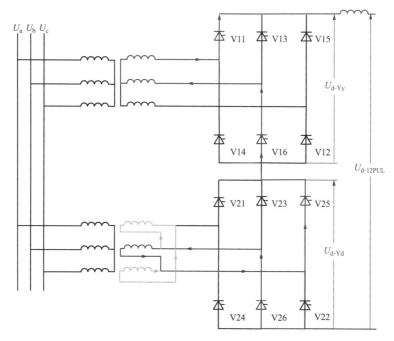

图 3-29　12 脉动整流器

12 脉动换流器输出直流电压含有 12，24，36，…，12k，…（k 为正整数）等次谐波，比 6 脉动换流器输出直流电压所包含的 6，12，18，…，6k，…次谐波少了 6，18，…，6(2k−1)，…各次谐波；12 脉动换流器交流侧电流包含 12k±1 次谐波，比 6 脉动换流器交流侧电流包含的 6k±1 次谐波少了 6(2k−1) ±1 次谐波。因此，12 脉动换流器对于交直流滤波器的设计更为有利。

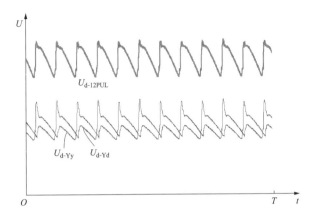

图 3-30　　12 脉动换流器输出直流电压

在多桥换流器中，换流阀的运行原理与在单桥换流器中完全相同。

3.3 特高压直流换流阀的电气结构和电气特性

3.3.1 特高压直流换流阀电气结构

通过换流器工作原理介绍，可以了解换流阀在直流输电系统中是如何发挥作用的；反过来，直流输电系统的运行工况决定了换流阀的设计输入条件，从而决定了换流阀的组成器件。

换流阀在直流输电系统中相当于一个超级固态开关（电阀门），通过截断或导通电能来实现电能形式的转换，这样，换流阀在工作时可分为阻断和导通两个状态。但既然是开关，就不可能瞬间完成阻断与导通两种状态的转换，因此，换流阀在工作时还有触发开通和阻断恢复两个过渡过程。

阻断状态下，交流侧施加在换流阀上的电压主要由晶闸管承担，而单个晶闸管耐压能力远小于换流变压器输出的线电压，必须由多个晶闸管串联组成换流阀；导通状态下，通态电流会使晶闸管等通流器件产生巨量损耗，这就要给晶闸管等器件配置强大高效的冷却系统，通过冷却介质的循环流动将器件产生的损耗带走；换流阀由阻断状态向导通状态过度的触发开通瞬间，换流阀阻抗的剧烈变化将使晶闸管的电流密度急剧增大，为了防止开通电流冲坏闸门，需要给晶闸管串联饱和电抗器抑制开通电流上升率；为了抑制整流侧换流阀关断过程中产生的换相过冲电压，需要在晶闸管两端并联阻尼回路；为了防止交直流侧产生的暂态冲击电压对换流阀产生危害，需要在整个换流阀两端并联避雷器作为换流阀的过电压主保护设备；为了防止处于高电位的器件局部电场强度过大而产生放电，还需给换流阀配置均压罩；换流阀的机械框架、悬吊机构对电气器件起到固定支撑的作用，使之形成一个物理整体。

上述器件组成了换流阀的"肌肉""血液"和"骨骼"，而换流阀的控制保护系统就是换流阀的"大脑"和"神经系统"，用来把直流系统的控制指令发送给每个晶闸管，监视每个晶闸管的工作状态，当晶闸管出现危险状况时触发保护晶闸管。

晶闸管级是直流换流阀电气结构的基本单元，包括晶闸管、阻尼吸收回路、门极单元等。其中阻尼吸收电路用以抑制阀开通和关断过程中出现的过冲电压，以及实现换流阀链式结构的电压均压分布。门极单元是一次电路和阀基电子设备相关信息转换中枢，用以实现对晶闸管级的触发和监控保护等。典型的晶闸管级原理结构图如图 3-31 所示。

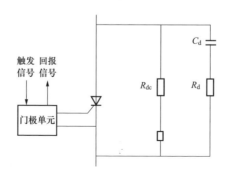

图 3-31 晶闸管级原理结构图

多个晶闸管级串联，晶闸管之间压装有散热器，加上阀电抗器形成晶闸管组件，其中阀电抗器主要用以抑制阀开通过程中出现过大的 $\mathrm{d}i/\mathrm{d}t$ 值，以及抑制冲击电压下晶闸管的电压应力等。最后由晶闸管组件组成晶闸管阀。直流换流阀由若干阀组件串联而成，其组成示意图如图 3-32 所示。

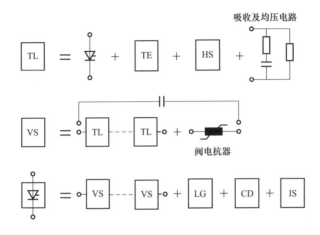

图 3-32　晶闸管阀的组成

TL—晶闸管级；TE—门极电子；HS—散热器；VS—晶闸管组件；IS—绝缘
结构；LG—光导；CD—冷却系统

换流阀组成换流器，对应不同电压等级的应用场合可采用 6 脉动换流器和 12 脉动换流器，对应的阀塔结构可为二重阀结构或四重阀结构。特高压直流换流阀拓扑如图 3-33 所示。

3.3.2　特高压直流换流阀的电气特性

换流阀在换流器中的开关功能是通过换流阀内部各个组成部分的互相配合来实现的，为了深入了解换流阀各组成部分的相互配合，有必要进一步了解各个器件的电气特性。

1. 晶闸管

晶闸管是直流输电换流阀的核心开关器件，它是具有 PNPN 四层

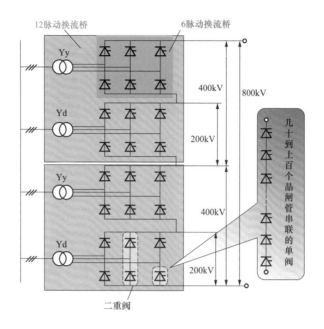

图 3-33　特高压直流换流阀拓扑图

结构（如图 3-34 所示）的大功率半导体开关器件，PNPN 四层结构的物理模型是晶闸管工作原理的基础，也是晶闸管可以作为高压直流输电换流阀开关器件的根本原因。由于具有 PNPN 四层结构，晶闸管可以交替地处在阻断、触发开通、导通、阻断恢复这四种状态，从而使换流阀具备转换电能形式的功能；每一种状态下，晶闸管在电路中呈现不同的电气特性。

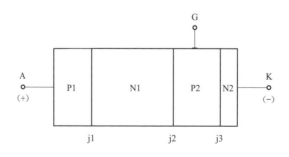

图 3-34　晶闸管 PNPN 结构

（1）阻断状态。晶闸管阻断状态可以分为正向阻断和反向阻断，当晶闸管处于阻断状态时，即使给晶闸管施加很高的电压，也只很小的漏电流通过晶闸管，在电路中，晶闸管呈现为一个阻值非常大的电阻，该电阻为晶闸管断态电阻 R_{off}，R_{off} 可以分为正向断态电阻 $R_{off\text{-}D}$ 和反向断态电阻 $R_{off\text{-}R}$，$R_{off\text{-}D}$ 和 $R_{off\text{-}R}$ 可以按照下式计算

$$R_{off\text{-}D} = \frac{U_{DRM}}{I_{DRM}}$$

$$R_{off\text{-}R} = \frac{U_{RRM}}{I_{RRM}}$$

式中：U_{DRM} 为晶闸管额定断态重复峰值电压；I_{DRM} 为在晶闸管两端施加峰值为 U_{DRM} 的正向电压时晶闸管断态电流峰值；U_{RRM} 为晶闸管反向重复峰值电压；I_{RRM} 为在晶闸管两端施加峰值为 U_{RRM} 的反向电压时晶闸管断态电流峰值。

阻断状态下，晶闸管能够耐受的电压有一个上限，若施加在晶闸管两端的电压超过了上限，晶闸管将被击穿。特高压直流工程中使用的硅基晶闸管的耐压能力在 $7.2\sim8.5$kV 之间，而在运行中出现在换流阀两端的冲击电压的峰值在 $450\sim500$kV 之间，必须将多个晶闸管串联才能满足换流阀耐压的要求。

（2）晶闸管门极触发导通状态。晶闸管门极触发原理图如图 3-35 所示，当阀端电压为正向电压时，晶闸管正向偏置，门极触发保护电路向晶闸管门极发出触发脉冲信号，建立起晶闸管内部载流子运动再生反馈机制。

当给晶闸管加上门极触发信号之后，晶闸管的结片只能在靠近门极的阴极内边缘的局部区域导通，然后经过几微秒至几十微秒的时间扩展到全面积导通，如图 3-36 所示。

如果在晶闸管开通瞬间通过器件的电流增长到很大的值，那么电流集中从门极附近很小的一部分区域通过，这部分区域会严重过热，甚至会烧毁器件，因此晶闸管开通瞬间的 di/dt 值必须限定在一定范围

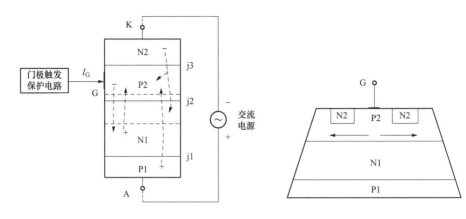

图 3-35　换流阀串联晶闸管门极触发原理图　　　图 3-36　晶闸管管芯结构示意图

内。换流阀两端存在杂散电容，如果折算到每一晶闸管级，相当于每一晶闸管级两端并联有一个电容，晶闸管触发导通的瞬间，该电容通过晶闸管放电，产生很高的电流跃变，如果不采取措施，过高的 $\mathrm{d}i/\mathrm{d}t$ 很可能导致晶闸管的损坏，因此换流阀每一个阀组件的阳极都串联有一台饱和电抗器，可以限制晶闸管触发导通瞬间杂散电容对晶闸管放电电流的 $\mathrm{d}i/\mathrm{d}t$ 值。

（3）晶闸管导通状态。晶闸管触发导通之后，由于 j1、j2、j3 结都处在正向偏置状态，正向偏置 PN 结电流示意如图 3-37 所示。

晶闸管通态特性曲线如图 3-38 所示，连接曲线上的两点，其延长线与电压轴交点电压值就是该晶闸管的门槛电压 U_{TO}，曲线上两点通常取额定平均通态电流的 1.5 倍和 4.5 倍的点，这条直线斜率的倒数就是晶闸管通态斜率电阻 r_{t}。晶闸管通态压降 U_{T} 和通态电流 I_{T} 满足下面的关系

$$U_{\mathrm{T}} = U_{\mathrm{TO}} + r_{\mathrm{t}} I_{\mathrm{T}}$$

晶闸管通态压降 U_{T} 决定了晶闸管导通时的损耗，该损耗占换流阀损耗的绝大部分，因此为了提高换流阀运行的经济性，需尽可能降低晶闸管的通态压降值。

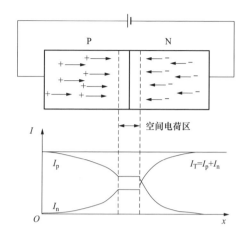

图 3-37　正向偏置 PN 结的电流示意图

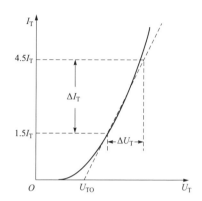

图 3-38　晶闸管导通状态特性

（4）晶闸管阻断恢复。晶闸管不是理想开关器件，在电流过零后不会立即关断，由于存储电荷的影响，还会反向导通一段时间，之后晶闸管才真正地从导通状态恢复至阻断状态。晶闸管阻断恢复过程电流电压波形如图 3-39 所示，$t_1 \sim t_4$ 这段时间称为存储时间，用 t_s 表示；$t_1 \sim t_6$ 这段时间被称为反向恢复时间，用 t_{rr} 表示。

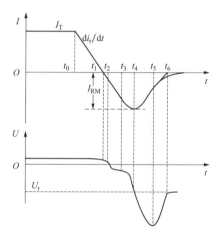

图 3-39　晶闸管阻断恢复
过程电流电压波形

阻断恢复过程中，晶闸管承受的最大反向过冲电压很可能超过晶闸管反向电压峰值 U_{RRM}，导致晶闸管损坏，所以，换流阀中每一晶闸管级都并联有 RC 阻尼回路，用来限制晶闸管关断过程中阀反向电流衰减速率，从而抑制晶闸管最大反向电压。同时，阀组件中的饱和电抗器可以起到抑制晶闸管电流过零时的 di/dt，从而起到减少积蓄载流子（积蓄载流子也称为存储电荷或反向恢复电荷）的作用。

2. 饱和电抗器

晶闸管触发导通的瞬间，晶闸管的结片只能在靠近门极的阴极内边缘局部区域导通，然后经过几微秒至几十微秒的时间扩展到全面积导通。如果在扩散时间内，通过器件的电流增长到很大的值，那么电流集中从门极附近很小的一部分区域通过，使这部分区域严重过热，甚至会烧毁器件。换流阀两端不可避免地存在杂散电容（纳法级），阀阻断期间，电源给杂散电容充电，阀触发导通的瞬间，杂散电容通过导通的晶闸管放电，如图 3-40（a）所示。放电回路中存在杂散电感（微亨级），而放电回路电阻很小，那么阀触发导通之后，杂散电容和杂散电感会发生轻阻尼高频振荡，如图 3-40（c）中的曲线 1 所示，通过晶闸管的电流上升率 di/dt（高达千安/微秒）将远远超过晶闸管允许值（一般为数百安/微秒），在很短的时间内（几微秒）振荡电流达到峰值（数百安），这么短的时间内，晶闸管结片导通的区域非常小，该区域会因过热而损坏。

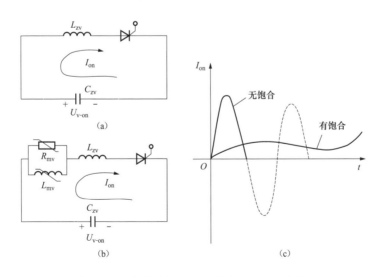

图 3-40　阀触发导通时杂散电容放电示意图

(a) 无饱和电抗器；(b) 有饱和电抗器；(c) 放电波形

　　若在换流阀中串联饱和电抗器，如图 3-40（b）所示，则阀触发导通时通过晶闸管的电流如图 3-40（c）中的曲线 2 所示，电流的上升率和幅值都将被限制在安全范围内。因此现代高压直流输电换流阀中都串联有饱和电抗器。通常每一个阀组件的阳极串联一台饱和电抗器。

　　饱和电抗器主要用来限制阀触发导通时阀间杂散电容对晶闸管放电电流的峰值和上升率，起到保护晶闸管的作用；同时，饱和电抗器还可以抑制阀电流过零时的 $\mathrm{d}i/\mathrm{d}t$，减小晶闸管存储电荷，从而起到抑制反向过冲的作用。此外，当阀两端出现冲击电压时，饱和电抗器可以起辅助均压作用，限制晶闸管的冲击电压峰值和冲击电压上升速率 $\mathrm{d}u/\mathrm{d}t$。可见，饱和电抗器是换流阀的重要组成部分。

　　饱和电抗器由线圈和铁芯组成，图 3-41 所示是饱和电抗器电磁量示意图。

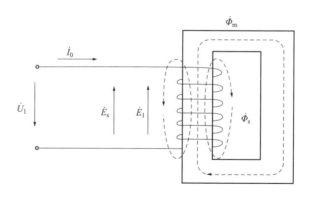

图 3-41　饱和电抗器各电磁量

　　饱和电抗器各电磁量之间的相量关系如图 3-42 所示，得出的等效电路如图 3-43 所示。

　　饱和电抗器设计时，需根据晶闸管的开通电流耐受能力和系统条件确定电抗器电感 L_m 和铁损电阻 R_m。通过选择合适的铁磁材料和合理地布置电抗器的绕组和铁芯，可以在晶闸管安全开通的前提下降低铁芯损耗，使饱和电抗器铁芯的运行温度在一个合理的范围内。

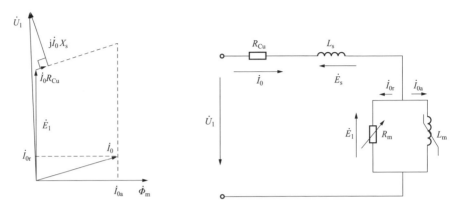

图 3-42　饱和电抗器各电磁量相量关系　　　　图 3-43　饱和电抗器等效电路

3. 阀避雷器

换流阀两端都并联有阀避雷器过电压主保护设备，当换流阀两端出现冲击过电压时，阀避雷器动作，将过电压限制在串联晶闸管能够耐受的安全范围内。阀避雷器可以减少单阀晶闸管串联数，提高换流阀的经济性。

目前，阀避雷器采用金属氧化物避雷器。采用氧化锌（ZnO）并掺以微量的氧化铋、氧化钴、氧化锰等添加剂制成的阀片，具有极其优异的非线性特性，如图 3-44 所示。在正常工作电压的作用下，其阻值很大（电阻率高达 $10^{10} \sim 10^{11} \Omega \cdot cm$），通过的漏电流很小（$<1mA$），而在过电压的作用下，阻值会急剧变小。

阀避雷器的工作原理如图 3-45 所示。在正常运行时，串联晶闸管处于阻断状态下，阀避雷器不动作，二者并联之后的总支路呈现高阻抗，会承担绝大部分的电源电压；当阀两端出现冲击过电压后，阀避雷器电阻急剧变小，串联晶闸管和阀避雷器并联支路呈低阻抗，冲击过电压的一部分会由回路中的其他部分分担。

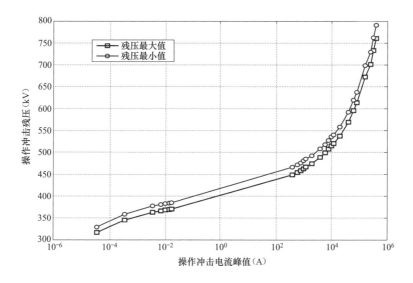

图 3-44　阀避雷器 U/I 曲线

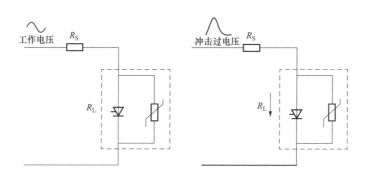

图 3-45　阀避雷器工作原理

4. 阻尼回路

换流阀中每一晶闸管级都并联有 RC 阻尼回路，用来限制晶闸管关断过程中阀反向电流衰减速率，减小换相电感感应电压，从而抑制晶闸管最大反向电压。晶闸管级阻尼回路可以采用多种布置方式，不过，不论晶闸管级阻尼回路采用何种布置方式，都可以将晶闸管级阻尼回路等效为一个阻尼电阻与一个阻尼电容的串联，如图 3-46 所示。

在一个工频周期内，晶闸管级电压波形与阻尼电阻损耗波形对比如图 3-47 所示，由图可知，每当晶闸管两端电压出现跃变时，阻尼电阻上都会产生损耗，在电路中表现为阻尼回路充放电。根据电路知识可知，阻尼电阻上产生的损耗与阻尼电容值成正比，因此，阻尼电容的选取依据是在保证换相过冲电压在安全值的前提下尽可能减小阻尼电容值以减小阻尼电阻上产生的损耗。在换流阀中，阻尼电阻损耗仅次于晶闸管，因此阻尼电阻也必须采取强制冷却方式。

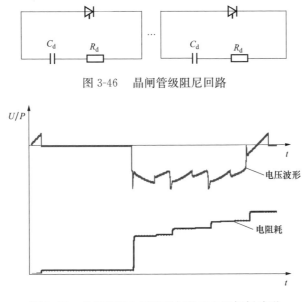

图 3-46　晶闸管级阻尼回路

图 3-47　晶闸管级电压波形与阻尼电阻损耗波形

3.3.3　特高压直流换流阀控保系统

换流阀的控制保护系统分为阀基电子设备（VBE）和晶闸管触发与检测单元，阀基电子设备相当于换流阀的"大脑"，用来把直流系统的控制指令发送给每个晶闸管，晶闸管触发与检测单元相当于换流阀的"神经末梢"，用来监视每个晶闸管的工作状态，当晶闸管出现危险状况时触发保护晶闸管。

1. 阀基电子设备（VBE）

VBE 与外部信号连接原理如图 3-48 所示，VBE 与外围设备主要采用光电隔离通信以降低电磁干扰。

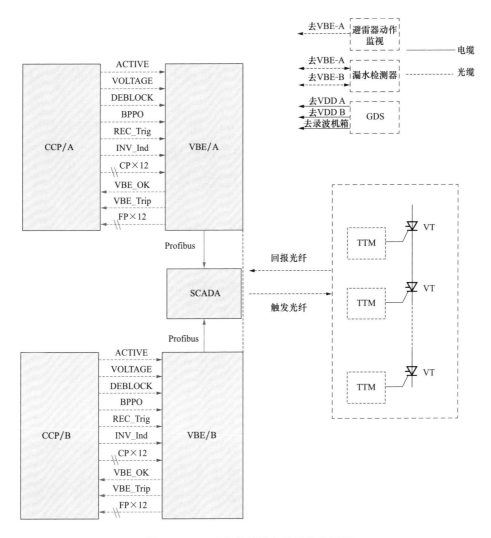

图 3-48　VBE 与外部设备信号连接原理

VBE 功能主要包括：

（1）采用双重化冗余设计，具有很高的可靠性；通过极控系统主/从选择信号确定 VBE 的主、从系统。

（2）根据需要可设定工作模式，如正常运行、单级测试和低压加压试验。

（3）检测到换流阀故障时，根据故障严重程度，发出报警或者请求跳闸信号，并通过 Profibus 总线向 SCADA 系统上报全面而准确的故障信息。

（4）具有完善的自检功能，当 VBE 发生故障时，根据故障类别向极控系统发送"VBE not ok"信号或者通过 Profibus 总线向 SCADA 系统报警。

（5）具备自动录波与手动录波功能，用于进行晶闸管触发监测单元回报信号以及 VBE 与控制保护系统接口信号的测试。

（6）实时计算避雷器动作次数，并通过 Profibus 总线上传至 SCA-DA 系统。

（7）实时监测阀塔漏水情况，并通过 Profibus 总线向 SCADA 系统上传阀塔漏水报警。

（8）接收到直流控制保护系统发送的 CP 信号并发给换流阀后，向极控系统反馈 FP 信号，作为极控系统判断阀误触发和丢脉冲的检测信号。

（9）向直流控制保护系统发送的跳闸请求信号采用调制信号，并用光纤作为传输介质，具有极高的运行可靠性。

2. 晶闸管触发与监测单元（TTM）

晶闸管触发与监测单元从晶闸管级取得工作所需要的能量，主要实现晶闸管正常触发、晶闸管监测、过电压保护触发、电流断续保护、恢复期保护等功能。晶闸管触发监测单元原理如图 3-49 所示。

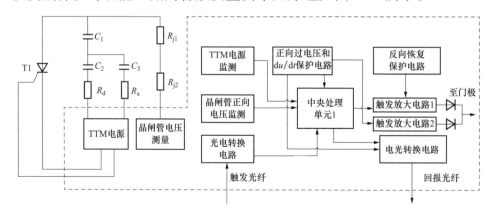

图 3-49　晶闸管触发监测单元原理框图

（1）TTM 正常触发和监测。正常运行时，VBE 将极控系统触发命令编码后发送给换流阀各块 TTM。TTM 收到触发脉冲后，且当晶闸管已经承受合适的正向电压，TTM 向晶闸管门极发出触发脉冲使其导通；晶闸管级正向电压达到一定值且 TTM 工作电源正常，向 VBE 发送回报脉冲，代表晶闸管级正常。

（2）TTM 过电压保护。换流阀每个晶闸管级 TTM 具有正向过电压保护，防止过高电压损坏晶闸管，允许晶闸管级在保护触发连续动作的条件下运行。保护动作后并产生回报信号发送给 VBE。正向过电压保护水平高于各种运行工况下出现的正常晶闸管级电压，如交流系统故障后甩负荷工频过电压下，过电压保护水平高于逆变侧暂态换相过冲电压。

（3）TTM 电流断续保护。当换流阀的电流较小时，换流阀可能在其应该导通的区间内出现断流现象。此时，TTM 将再次发出触发脉冲，使晶闸管处于导通状态，从而避免晶闸管在应导通的时间内截止和因截止而直接承受正向电压造成损坏。

（4）TTM 恢复期保护。在晶闸管关断恢复期内，若晶闸管承受过高的正向电压，可能被损坏。TTM 具有恢复期保护功能，在晶闸管恢复期内若正向电压高于保护水平，TTM 将保护触发晶闸管，使之再次导通，从而避免晶闸管被破坏性击穿。

（5）TTM 在交流系统故障时运行状况。交流系统各种故障引起交流系统电压降低时，TTM 能够维持换流阀的触发，换流阀仍可以正常运行。

3.3.4　特高压直流换流阀冷却系统

冷却系统相当于换流阀"血液系统"，一定流速的冷却介质经过主循环泵的压力提升，流经电动三通阀，进入室外换热设备，通过室外换热设备（空气冷却器）将换流阀产生的热量排放到空气中，冷却后的介质再进入晶闸管换流阀冷却发热元件，带出热量回流到主循环泵进口，形成密闭式循环换流阀冷却系统，如图 3-50 所示。外冷温控系统通过变频器控制冷却风扇的转速从而控制冷却风量等方式，实现精密控制换流阀冷却系统的循环冷却水温度的要求。在换流阀冷却水系统室内管路和室外管路之间设置电动三通阀，当换流阀体低负荷运行或零负荷时，由电动三通阀实现冷却水温度的调节。换流阀内冷却水系统设定的电加热器对冷却水温度进行强制补偿，防止进入换流阀的温度过低而导致的凝露现象。

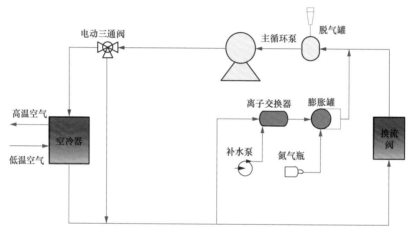

图 3-50　换流阀冷却系统工作原理图

为适应换流阀在高电压条件下的使用要求，减少在高电压环境下产生漏电流，冷却介质必须具备极低的电导率，因此在主循环冷却回路上并联了去离子水处理回路。预设定流量的一部分冷却介质流经离子交换器，不断净化管路中可能析出的离子，然后通过膨胀罐，与主循环回路冷却介质在主循环泵进口汇流。与离子交换器连接的补液装置和与膨胀罐连接的氮气恒压系统可保持系统管路中充满冷却介质，避免空气进入冷却系统。

换流阀冷却系统工艺流程如图 3-51 所示。系统中各机电单元及传感器由阀冷控制保护系统自动监控运行，并通过友好的人机界面操作面板实现人机的即时交流，完成流量、压力、温度、电导率和水位等的在线监视及报警和跳闸功能。

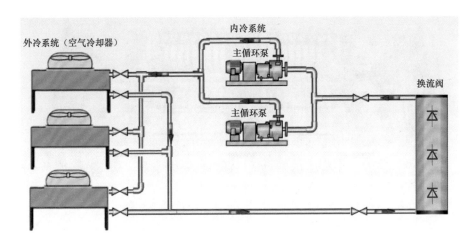

图 3-51 换流阀冷却系统工艺流程图

换流阀冷却系统的运行参数和报警信息条即时传输至直流控制保护系统，并可通过直流控制保护系统远程操控换流阀冷却系统，实现换流阀冷却系统与直流控制保护系统的无缝接合。

3.4 特高压直流换流阀机械结构

3.4.1 换流阀模块

单个换流阀模块的结构图如图 3-52 所示。阀模块是一个独立的功能单元，电气上可以作为一个完整单阀来使用，将多个阀模块串联组装就可以满足不同电压等级直流输电系统的要求。阀塔同一列中上下相邻的阀模块通过复合绝缘子隔离，不同列中相邻的阀模块通过母线相互连接。

阀模块由两个阀组件组成，每个阀组件由若干晶闸管级与饱和电抗器串联而成。每个晶闸管级包括晶闸管、阻尼电容、阻尼电阻、直流均压电阻、取能电阻和 TTM。阀模块框架是阀模块零部件支撑的主体，阀模块的各种器件固定在其上。

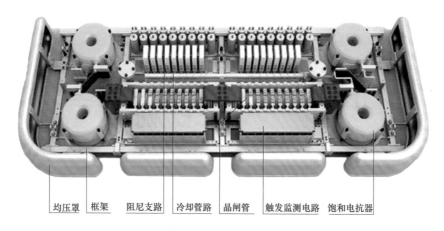

均压罩　框架　　阻尼支路　冷却管路　晶闸管　　触发监测电路　饱和电抗器

图 3-52　换流阀模块结构图

阀模块内的元件布局需综合考虑爬电距离、空气净距、内部干扰、杂散电感、分布电容、水冷、重力分布、安装、检修及试验操作等多种因素，还需兼顾阀模块美学设计。

3.4.2　换流阀塔

阀塔主要包括阀模块、屏蔽罩、悬吊结构件、导电母排、阀配水管路、光缆/光纤、阀避雷器等。导电母排、阀配水管路和光缆/纤分别实现与电气回路、换流阀冷却系统和换流阀控制保护系统的连接。

换流阀整体结构设计主要基于以下原则：

（1）结构安全可靠，满足换流阀长期运行的各种工况要求。

（2）便于安装和维护，有利于换流阀前期施工和后期运行维护。

阀塔的整体布局不仅考虑美观和电气设计的需要，而且还需仔细考虑诸多相关的复杂因素，如爬电距离、空气净距、内部干扰、杂散电感、分布电容、水压要求、重量分布、安装简便性、维护和试验简易性等。同时，为了实现高可靠性和长期安全运行，还需进行结构材料选型和零部件设计，减小换流阀发生火灾的风险。

换流阀阀塔结构图如图 3-53 所示。

特高压直流输电工程中一个阀厅内 12 脉动换流器结构如图 3-54 所示。

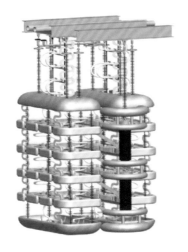

图 3-53　换流阀阀塔结构

图 3-54　12 脉动换流器结构

参 考 文 献

［1］　浙江大学发电教研室直流输电科研组. 直流输电. 北京：电力工业出版社，1982.

［2］　赵畹君. 高压直流输电工程技术. 2版. 北京：中国电力出版社，2010.

PART 4

大功率
电力电子器件

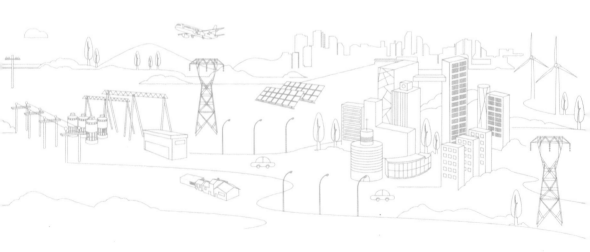

4.1 概述

4.1.1 电力电子器件发展历程

电力电子器件（Power Electronic Device）又称为功率半导体器件，主要用于电力设备的电能变换和控制电路。理想的电力电子器件应具有动、静态特性：①在导通状态下，具有低的导通压降和高的电流密度；②在阻断状态下，可承受高电压；③在开、关状态转换时可耐受高的 di/dt 和 du/dt，并具有低的开关损耗；④运行时具有全控性、可靠性、易驱动性以及良好的温度特性。

电力电子器件作为电力电子技术的基础，直接决定了装置拓扑、效率、经济性等关键指标。随着科学技术的不断发展和革新，通过最初基于二极管的整流器——拉开电力电子装置的序幕；到基于晶闸管的电流源变换器——促进直流输电技术的快速发展；再到基于绝缘栅双极型晶体管（IGBT）的电压源换流器——支撑柔性直流输电、灵活交流输电等智能电网关键技术的发展，电力电子技术不断发展，依次经历了不可控器件（如二极管）、半控器件（如晶闸管）、全控器件（如门极可关断晶闸管 GTO）、复合型电力电子器件（IGBT）、新型材料电力电子器件（碳化硅 SiC 基电力电子器件）。

4.1.2 电力电子器件分类

电力电子器件涵盖范围广，具有多种分类方式。按照电压等级可以分为高压器件（1700V 以上）、中压器件（600～1700V）、低压器件（600V 以下）。除此之外，电力电子器件还可以按照控制方式、是否有线性区、载流子类型等方式划分类别，见图 4-1。

电力电子器件按照控制方式将其划分为三种类型：第一类是不可

控型器件，即具备单向导通能力，没有开关能力，如二极管；第二类为半控型器件，可以控制其导通，但无法实现控制关断，如晶闸管；第三类是全控型器件，既可以控制器件的导通，也可以控制器件的关断，包括功率三极管（BJT）、可关断晶闸管（GTO）、功率场效应晶体管（MOSFET）、集成门极换流晶闸管（IGCT）以及 IGBT 等全控器件。

按控制方式分	按是否具有线性区分	按多子还是少子导电分
不控器件：	开关器件：	少子：
• 半导体功率二极管 Diode	• 半导体功率二极管 Diode	• 半导体功率二极管 Diode
半控器件：	• 晶闸管 Thyristor	• 晶闸管 Thyristor
• 晶闸管 Thyristor	• 可关断晶闸管 GTO	• 可关断晶闸管 GTO
全控器件：	• 绝缘栅门极双极型晶体管 IGBT	• 集成门极换流晶闸管 IGCT
• 功率三极管 BJT	线性器件：	• 功率三极管 BJT
• 可关断晶闸管 GTO	• 功率三极管 BJT	• 绝缘栅门极双极型晶体管 IGBT
• 功率场效应晶体管 MOSFET	• 功率场效应晶体管 MOSFET	多子：
• 绝缘栅门极双极型晶体管 IGBT	• 高电子迁移率晶体管 HEMT	• 功率场效应晶体管 MOSFET
• 集成门极换流晶闸管 IGCT		• 肖特基二极管

图 4-1　电力电子器件的分类

4.2　电力电子器件原理与结构

4.2.1　功率二极管

功率二极管的芯片特性。功率二极管一般采用 PiN 结构（i 为 intrinsic 缩写，指本征半导体层，实际为低掺杂 N 型半导体），PiN 结构可以实现反向高阻断电压和低导通电阻，见图 4-2。

功率二极管的封装形式。功率二极管，具有高压大电流的特点，普通的 DO 封装、SOD 封装以及 SOT 封装已经不能满足器件的散热需求。因此，功率二极管常用的封装结构有 TO 封装、模块封装以及圆盘形封装。

图 4-3 为典型的 TO 封装结构的二极管，左侧所示为 TO 封装二极管的内部结构图，右侧为 TO 封装二极管的实物图（型号：Infineon IDW20C65D2）。TO 封装的功率二极管通常额定电压等级不超过

1200V，额定电流等级不超过 100A，具有体积小、易于并联、无铅电镀以及环保等特点。

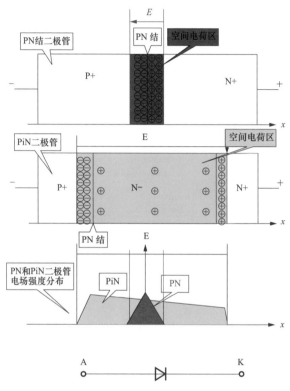

图 4-2　PiN 二极管的高阻断电压机理

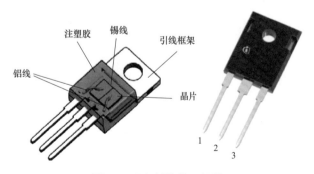

图 4-3　TO 封装的二极管

图 4-4 为模块式封装的二极管，模块式封装的二极管有两种封装技术。图 4-4（a）所示为采用焊接技术，这是工业标准封装模块，典型

应用于电机驱动整流器、UPS 整流器等应用场合。图 4-4（b）采用压接技术，为工业标准封装尺寸，但是具有失效短路、高可靠性等特点。这种压接技术的二极管模块，相对于焊接技术的模块而言，具有易于安装、失效短路、过负载能力下无需熔断器设计等特点，具有更大的功率承受能力。

（a）　　　　　　　　　　　（b）

图 4-4　模块式封装二极管

（a）焊接技术；（b）压接技术

图 4-5 为大功率的圆形封装结构的二极管器件，从外形上又可以分为三大类：螺旋式二极管、焊接二极管以及圆盘形压接二极管。

（a）

（b）　　　　　　　　　　　（c）

图 4-5　大功率二极管器件

（a）螺旋式二极管；（b）焊接二极管；（c）压接二极管

螺旋式二极管采用气密密封的封装形式，具有高压大电流、可靠性高、耐用性好等特点。最高电压等级可以达到 3.6kV，浪涌电流超过 10kA。焊接式二极管没有封装，通常阻断电压不超过 1000V，但是其浪涌电流非常高，最高可以达到 95kA。圆盘形压接二极管，采用气密密封以及压接技术，常用于快速整流二极管、整流二极管以及 IGCT/IGBT 的续流二极管，具有高压大电流、防爆灯特点，且器件在软关断条件下具有很高的关断 di/dt。

4.2.2　晶闸管

晶闸管的芯片特性。晶闸管又称可控硅（SCR），是门极可控导通的四层交替 NP 型半导体构成功率半导体器件，主要特点是引入了 PNP 和 NPN 交叠串联形成的电流正反馈，大幅降低了器件的导通压降，增大了通流能力。

晶闸管是四层半导体器件，晶闸管阳极和阴极分别连在四层的最外层的 P 和 N 层，而门极则连在内部 P

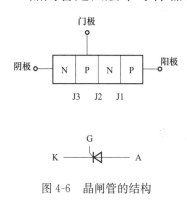

图 4-6　晶闸管的结构

层，具有两种正向稳定状态（导通/关断），但无法稳定工作在放大状态。四层半导体结构形成了 3 个 PN 结分别是 J1，J2 和 J3。晶闸管的符号中，A 代表阳极，K 代表阴极，G 代表门极。晶闸管利用门极和阴极（J3 PN 结）之间的电压控制晶闸管，见图 4-6。

晶闸管有三种基本工作状态，反向截止，正向截止和正向导通。当阳极阴极之间施加负电压时，晶闸管工作在反向状态，如同两个二极管串联后施加反向电压一样，晶闸管的 J1 和 J3 两个 PN 结反偏使晶闸管工作在截止状态。即使门极和阴极之间施加正向触发电压，晶闸管仍然处于截止状态。在门极没有触发的情况下，施加正向阳极电压，晶闸管仍将处于截止状态，此时 J2PN 结反偏，正向截止状态即晶闸管的关断状态。在施加正向阳极电压时，处于关断状态的晶闸管可以由以下四种方式转化为导通状态：

（1）门极触发；

（2） $\mathrm{d}v/\mathrm{d}t$ 触发；

（3） 正向过电压；

（4） 对 J3 结光照。

晶闸管的封装形式。根据器件的外形结构，晶闸管也可以分为模块式和圆盘式。模块式也分为两种技术，分别是焊接技术和压接技术，见图 4-8。

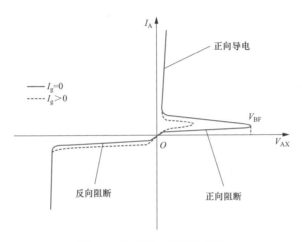

图 4-7　晶闸管 I-V 特性曲线

图 4-8　晶闸管器件

采用焊接技术的晶闸管，为工业标准封装结构，具有经济性好、功率范围大、应用范围广、坚实耐用的焊接技术，同时拥有快速全面的技术支持。压接技术是相对于焊接技术而言，没有键合线，同时采用压接技术的模块尺寸仍然是工业标准模块尺寸。但是采用压接技术的晶闸管具有短路失效、高可靠性和耐用性，同时易于安装、过负荷能力强等特点。

对于圆盘形封装的晶闸管，也可以分为两类：螺旋式封装晶闸管和压接封装形式的晶闸管。螺旋式封装结构与二极管相类似，具有高压大电流、高可靠性耐用性等特点。但由于封装结构自身特点，最高电压等级目前在 2kV 以内，电流等级不超过 8kA。对于压接封装晶闸管，见图 4-9（b）所示，具有高压大电流的特点，最高阻断电压可以达到 8kV，浪涌电流可以达到 93kA，同时具有防爆、高 $\mathrm{d}i/\mathrm{d}t$ 承受能力。压接封装晶闸管主要应用于 HVDC 输电以及 SVC 等中高压大功率应用场合。

（a）   （b）

图 4-9　圆盘形晶闸管器件

（a）螺旋式封装晶闸管；（b）压接晶闸管

IGCT 为 GTO 的派生器件，其全称为集成门极换流晶闸管（integrated gate commutated thyristors），其封装形式与 GTO 相类似，采用圆形压接封装结构，IGCT 的功率等级已经超过 4.5kV/3kA。

4.2.3　IGBT

IGBT 的芯片特性。IGBT 器件的结构与功率 MOSFET 的结构十分相似，主要差异是 IGBT 用 P＋基片取代了 MOSFET 的 N＋缓冲层，即 MOS 与 PNP 三极管结构相结合，同时引入了背面载流子注入，形成了高效电导调制的效果，因此，结合了 MOS 和电导调制的优点。具体结构见图 4-10，共有三个极：栅极 G、发射极 E 和集电极 C。

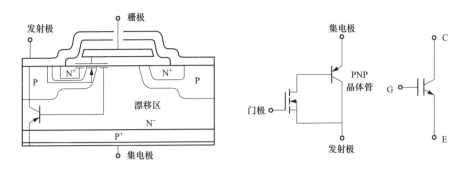

图 4-10   IGBT 器件结构、等效电路及电路符号

IGBT 的封装形式。IGBT 器件根据其封装结构的不同，可以分为 TO 封装、焊接封装形式以及压接封装形式。

TO 封装主要用于低压小电流领域，但是具有非常高的功率密度。图 4-11（a）为典型 TO 封装的 IGBT 器件，具有功率密度大、散热特性好以及回路杂散电感小等特点。

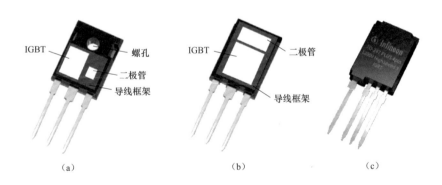

图 4-11   TO 封装 IGBT 器件

（a）TO-247 封装 IGBT 器件；（b）TO-247PLUS 封装；（c）4 引脚 TO-247 封装

图 4-11（b）所示为优化后的 TO-247 封装，这种封装结构的芯片面积更大，提高了器件的功率密度。同时，提出如图 4-11（c）所示的 4 引脚封装结构，进一步减小了驱动回路的杂散电感，从而提高了器件的可靠性。

焊接 IGBT 模块目前是最为常用的 IGBT 模块，高压 IGBT 模块的电压/电流等级分别达到了 1700V/3600A、3300V/1500A、4500V/1200A、6500V/750A。对于这种焊接封装形式，不同的公司有不同的命名方式。

对于 IGBT 器件，除了焊接封装形式，也有压接封装形式。压接型 IGBT 器件具有双面散热、失效短路以及防爆等特点，最高电压电流等级已经达到了 4.5kV/3kA，甚至更高，尤其适用于高压大功率应用场合。目前，ABB 公司的 StakPak IGBT 模块已经广泛应用于柔性直流输电领域，包括换流阀和断路器。此外，Westcode 和 Toshiba 等公司的压接型 IGBT 器件也已经在机车牵引、变频器等领域得到了广泛的应用。压接封装形式可以分为两类，一种是硬压接方式，以 Toshiba、Fuji 以及 Westcode 公司的器件为代表。一种是弹性压接方式，以 ABB 的 StakPak IGBT 模块为代表。

不同于传统普通晶闸管和可关断晶闸管（GTO），IGBT 是电压全控型器件。由于所需要的驱动电路与控制电路简单，驱动功耗低，还具有低功耗、高频率、高电压、大电流等优点，IGBT 被认为是电力电子器件技术第三次革命的代表性产品，是电能智能化管理和节能减排的核心器件，并在今天的高压、特高压交直流输电系统和柔性输电系统中起到关键作用。

4.2.4　SiC 电力电子器件

SiC 的材料特性。SiC 新材料一种新型的宽禁带半导体材料，具有宽带隙（3～3.26eV），高临界击穿电场（2～4MV/cm），高热导率（4.9W/cmK）等优点，成为近年来替换 Si 材料、制造高温大功率电力电子器件的首选材料。目前，受产业应用广泛关注的 SiC 电力电子器件包括二极管、MOSFET、IGBT 和晶闸管。

表 4-1　　　　　　　　几种常见半导体材料的电学特性参数对比

材料	禁带宽度 E_g(eV)	电子迁移率 μ_n(cm²/Vs)	本征载流子浓度 n_i(cm⁻³)	临界击穿电场 E(MV/cm)	饱和漂移速度 v_{sat}(cm/s)	热电导率 λ(W/cm·K)	介电常数 ε_r
Si	1.12	1350	1.5×10^{10}	0.25	1×10^7	1.5	11.8
GaAs	1.42	8500	1.8×10^6	0.4	1.2×10^7	0.55	13.1
2HGaN	3.39	∥ a，1000 2000(2DEG)	1.9×10^{-10}	3.3 ∥ a，4.0	2.5×10^7	1.3	9.9
3CSiC	2.2	900	6.9	1.2	2×10^7	4.9	9.6
4HSiC	3.26	∥ a，720 ∥ c，650	8.2×10^{-9}	3.0	2×10^7	4.9	9.7
6HSiC	3.0	∥ a，370 ∥ c，50	2.3×10^{-6}	2.4	2×10^7	4.9	9.7

SiC 功率器件的优势主要来自于其材料优势。如表 4-1 所示，与第一代半导体 Si 和第二代半导体 GaAs 相比，SiC 和 GaN 的材料性质在禁带宽度、临界击穿电场、热导率和介电常数等方面都有显著的优势，具体表现在以下几个方面：

（1）宽禁带：较大的禁带宽度使得半导体在接受相同的辐照时，产生较少的电子空穴对，也就是半导体的抗辐照能力较强；此外，较宽的带隙使得 SiC 即使在 500℃的高温环境下，其本征载流子浓度仍然只有 $10^7\,\text{cm}^{-3}$，而此时 Si 的本征载流子浓度接近 $10^{17}\,\text{cm}^{-3}$，这意味着 SiC 器件的在高温环境下的稳定性要远高于 Si。

（2）稳定的物理与化学性质：常温常压下 SiC 不跟酸碱发生反应，即使在高温环境中，SiC 也很难跟酸发生反应，只跟熔融的碱发生反应，这使得 SiC 基器件可用于会受到酸碱腐蚀的严苛环境中。Si 材料在熔点约为 1400℃左右，SiC 在常压下不熔化，而是在接近 2800℃的高温下升华，使得 SiC 器件适用于高温环境中。

（3）高热导率：SiC 的热导率约为 Si 的三倍多，在室温下甚至超过了金属铜（3.83W/cm·K），优异的散热性能使得大功率 SiC 器件及模块在工作时不需要复杂的水冷系统，大大减小了工作单元的体积和生产成本。

（4）高临界击穿电场：SiC 的临界击穿电场约为 Si 的 10 倍左右，使得 SiC 器件的耐压能力约为 Si 的 10 倍左右，或者说在满足同样的耐压需求的情况下，SiC 器件的通态电阻是 Si 基器件的数百分之一。

SiC 的 Baliga 品质因数（$\varepsilon_S \mu_n E c^3$）大约是 Si 的 374 倍左右，也就是说，在满足同样的耐压条件下，SiC 器件的通态电阻只有 Si 基器件的 1/400，这意味着通态功耗的大大降低。

SiC 功率二极管的芯片特性。SiC 功率二极管有 3 种类型：肖特基二极管（Schottky barrier diode，SBD），结势垒肖特基二极管（junction barrier schottky，JBS）和 PiN 二极管。SBD 二极管有效肖特基接触面积大、开启电压小、通态压降小、反向恢复特性好，缺点是存在肖特基势垒随电场强度降低的镜像效应，漏电流大、耐压小、无抗浪涌电流能力。适合于制作 1200V 以下的低压器件，如开关电源，功率因数修正电路 PFC 以及混合动力汽车 DC/DC 变换器等。

SiC 结势垒肖特基二极管结合了肖特基二极管所拥有的出色的开关特性和 PiN 结二极管所拥有的低漏电流的特点，在外延层中加入 PN 结，使正向导通特性具有肖特基二极管的特性，有较低导通电压，同时使阻断特性有 PiN 二极管的特性，具有较高的阻断电压，漏电流较小。缺点是其半导体加工工艺较复杂，抗浪涌电流能力不如 PiN 二极管。适用于 1200～6500V 中高压器件。

SiC 功率 MOSFET 芯片特性。SiC 功率 MOSFET 具有理想的栅极绝缘特性、高速的开关性能、低导通电阻和高稳定性，在硅基器件中，功率 MOSFET 获得巨大成功。和 Si MOSFET 和 IGBT 相比，SiC MOSFET 有较低的导通电阻，更高的电压阻断能力、低开关损耗以及更高的工作温度。这些优点使得 SiC MOSFET 成为最受瞩目同时也是发展比较成熟的 SiC 功率开关器件。CREE 目前商业化的 SiC MOSFET 器件电压等级为 900～1700V，其中 1700V 的 MOSFET 有两种规格，室温下的电流分别为 72A 和 5A，导通电阻分别为 45 mΩ 和 1Ω。

前者导通损耗较小，后者米勒电容小，适用于开关式电源和辅助电源。

　　SiC 功率二极管的封装形式。对于 SiC 二极管，其封装主要为 TO 封装，TO 封装分为两种形式，一种是表贴式，另一种是通孔式；根据封装芯片数量的不同，引脚的数量也不一样，封装结构也存在一定的差别，见图 4-12。其中，对于图 4-12（a）所示表贴式封装结构，引脚 2 悬空，引脚 1、3 为阴极，引脚 4 为阳极；对于图 4-12（b）所示封装结构，引脚 1、2 为阴极，引脚 3 为阳极；对于图 4-12（c）所示的封装结构，引脚 2 为阴极，引脚 1、3 为阳极，此时为两个芯片并联。

　　对于 SiC MOSFET，其封装结构主要是 TO 封装。Rohm 公司的封装主要分为表贴式和三引脚通孔式，见图 4-13。其中，表贴式中的引脚 1 为栅极、引脚 2 为漏极、引脚 3 为源极；通孔式封装结构的引脚 1 为栅极、引脚 2 为漏极、引脚 3 为源极。

图 4-12　SiC 二极管　　　　　　　图 4-13　Rohm 公司的
（a）表贴式；（b）单个芯片；（c）2 个芯片　　　　　　SiC MOSFET

　　SiC 功率 MOSFET 的封装形式。CREE 的 SiC MOSFET 器件的封装形式为 TO 封装，但都是通孔式器件。考虑到驱动回路以及主回路寄生电感的问题，提出了多个引脚的封装结构。既包括驱动源极端子，也包括多个功率源极端子，封装结构的具体形式见图 4-14。其中，3 引脚的 MOSFET 器件，引脚 1 为栅极、引脚 2 为漏极、引脚 3 为源极。

图 4-14　CREE 公司的 SiC MOSFET

对于功率模块，主要是封装了 SiC MOSFET 以及 SiC 二极管，从而可以实现高开关速度，无拖尾电流以及无反向恢复电荷，从而大大降低了开关损耗。其封装形式仍然采用键合线焊接形式，实现多芯片的封装，见图 4-15。

图 4-15　SiC 功率模块封装形式

SiC 功率 IGBT 芯片特性。在 SiC MOSFET 器件中，其通态电阻随着阻断电压的上升而迅速增加。在高压领域，SiC IGBT 器件对于 MOSFET 将具有明显的优势。由于受到工艺技术的制约，SiC IGBT 的起步较晚，高压 SiC IGBT 面临两个挑战：第一个挑战与 SiC MOS-FET 器件相同，沟道缺陷导致的可靠性以及低电子迁移率问题；第二个挑战是 N 型 IGBT 需要 P 型衬底，而 P 型衬底的电阻率比 N 型衬底的电阻率高 50 倍。

经过多年的研发，逐步克服了 P 型衬底的电阻问题。2014 年 CREE 报道了阻断电压为 22kV 有效面积为 1 cm² 的 4H-SiC n-IGBTs，通过提升载流子的寿命，增大电导调制效应，降低了比导通电阻，电流为 40A·cm⁻²时，比导通电阻达到 64 mΩ·cm²。2015 年 CREE 制备出了阻断电压 27kV 电流为 20 A 的 4H-SiC n-IGBT。新型高温高压 SiC IGBT 器件将对大功率应用，特别是电力系统的应用产生重大的影响。在 15kV 以上的应用领域，SiC IGBT 综合了功耗低和开关速度快的特点，相对于 SiC 的 MOSFET 以及硅基的 IGBT、晶闸管等器件具有显著的技术优势，特别适用于高压电力系统应用领域。

4.3　技术创新与工程应用

4.3.1　晶闸管

晶闸管器件凭借其电压高、容量大、损耗低等优点，自进入电力系统就备受欢迎，当前仍是电力系统应用广泛的器件。晶闸管串联技术作为其基础技术，实现了高压直流输电、灵活交流输电等高压大容量场合应用。

高压直流输电工程。从 1954 年的哥特兰直流输电工程投入运行开始，直流输电一直采用汞弧阀为核心部件，1954～1976 年世界上总共建成 11 个汞弧阀直流工程。直到 1972 年建成的加拿大伊尔河直流输电工程首次采用晶闸管阀，直流输电技术的优势则被最大程度地发挥出来，从此直流输电进入快速发展阶段，特别是 80 年代以后大功率晶闸管器件技术、电力电子应用技术及微机控制技术的发展，进一步促进了直流输电技术的应用，晶闸管换流阀拓扑见图 4-16。

相比于交流输电，高压直流输电更可以有效节省输电走廊，降低系统损耗，提高送电经济性及稳定性，为解决我国能源分布不平衡、优化资源配置提供了有效途径。1987 年建成的浙江穿山半岛至舟山岛的 100kV 直流海底电缆送电实验工程，额定输电容量 50MW，输送距离 54km，该工程是我国建设的第一条直流输电工程，为后续直流工程的建设提供宝贵经验。1990 年湖北葛洲坝至上海的葛南±500kV 直流输电线路投运，额定输电容量 1.2GW，送电距离 1045km，是我国第一条长距离大容量高压直流输电线路，又是区域电网直流互联工程，标志着中国电力从此进入交直流混合输电的时代。直流换流阀实物见图 4-17。

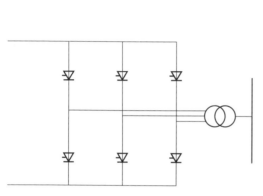

图 4-16　晶闸管换流阀拓扑

图 4-17　直流换流阀实物图

国家电网公司通过与中国南车的协同合作，攻克大功率晶闸管、饱和电抗器等核心零部件设计技术、换流阀成套电气结构设计、合成实验等关键技术，研制出我国第一台自主知识产权的±800kV 直流换流阀样机，从此拉开我国直流输电高速发展的序幕。2010 年建设完成的向家坝至上海±800kV/6400MW 特高压直流示范工程建设，是世界上第一条基于 6 英寸晶闸管阀的特高压直流工程，标志着我国已完全掌握从晶闸管等核心零部件到换流阀成套设计的自主知识产权，目前已投运 800kV 直流输电工程输送容量已超过 36GW，线路总长度和输送容量均为世界第一，多条±1100kV 的直流输电工程正在规划建设中。我国直流输电技术已处于世界领先地位，未来将会大规模建设容量更大、性能更优的工程，缓解我国能源与负荷分布严重不平衡以及未来电力负荷急剧增加带来的压力。

　　SVC、TCSC、CSR 等 FACTS 装置应用。灵活交流输电（FACTS）的概念是由美国电力科学研究院提出，通过改变高压输电网的参数（相角、电压、线路阻抗）及网络结构对输电线路的潮流进行直接控制，使交流输电系统的功率有高度的可控性，降低系统损坏，提高系统的稳定性和可靠性。FACTS 技术经过数十年的不断发展完成，由最初的几种发展到现在的数十种。目前基于晶闸管的 FACTS 装置主要有静止无功补偿器（SVC）、可控串联补偿器（TCSC）、可控高压并联电抗器（CSR）等，可控高压并联电抗器实物图见图 4-18。

图 4-18　可控高压并联电抗器实物图

　　1978 年，美国通用电气公司制造出世界上第一条 SVC 用于输电系统补偿。1992 年美国 AEP 公司在 Arizon 的一条 300km、230kV、300MW 的输电线上装设三相 TCSC，将输电能力提高到 400MW。

　　1990 年以后，我国先后在湖北凤凰山变电站、广东江门变电站、河南小刘变电站、湖南云冈变电站、东北沙窝变电站等地将 SVC 应用于 500kV 线路中，在用 SVC 动态控制电网无功功率方面积累了大量的经验，目前 10kV、35kV SVC 已广泛应用于炼钢厂等工业场合。2011年成功研制出世界首套 1000kV 串补成套装置，应用于晋东南—南阳—

荆门特高压交流扩建工程，提高输送能力 100 万 kW。2012 年在投运的敦煌 750kV 可控高抗，是世界上首次应用于 750kV 风电送出，降低母线电压波动范围 40%，降低无功损耗波动范围 78%。

4.3.2　IGBT

相比于晶闸管，IGBT 能够通过栅极主动关断电流，具有开关频率高、驱动简单等优点，能够实现换流器四象限功率快速控制。以 IGBT 为核心器件的柔性直流输电、STATCOM、UPQC 正快速发展，将逐步替代晶闸管电力电子装置。柔性直流输电是智能电网技术发展的主要方向之一，未来柔性直流输电技术将向着多端化、网络化及更高电压更大容量方向发展，输送电压和功率将达到 500kV/3000MW，迫切需要研制更高电压更大大容量的柔性直流换流阀和高压直流断路器，其中柔性直流换流阀要求通流能力达到 3000A，高压直流断路器要求分断电流达到 18000A 甚至更高。

装备技术发展的关键之一是电力电子器件，且不同装备对电力电子器件的需求呈差异化趋势发展，如柔性直流换流阀需要低通态压降的 IGBT 器件，以大幅降低换流阀的损耗；高压直流断路器需要高关断能力的 IGBT 器件，以提高断路器的电流分断水平。虽然我国柔性直流输电装备技术已达到世界领先水平，但核心电力电子器件 IGBT 依旧被 ABB、东芝、英飞凌等国际跨国公司垄断。为打破国外技术和市场垄断，促进电力系统用 IGBT 器件的国产化及产业化，持续提升我国柔性直流装备技术发展水平和引领能力，仍需针对我国柔性直流输电装备的技术发展需求，采用定制化的创新路线，研制超大功率 IGBT 器件。

IGBT 器件电压等级最高为 6.5kV，在电力系统高压场合应用往往需要器件或者模块的串联应用。装置拓扑从最初的器件直接串联的两电平或三电平结构，发展到模块化多电平（modular multilevel converter，MMC）或者全桥级联结构，到最近国外公司提出的串联与级联结合的拓扑结构，基于 IGBT 的电力电子正朝着更高电压、更大容量、更强故障穿越能力方向发展。

柔性直流输电工程。与传统直流输电技术相比，以基于 IGBT 器件的电压源换流器为核心部件、脉宽调制控制为理论基础的柔性直流输电技术具有不存在换相失败风险、可实现有功无功快速解耦控制、输出电压电流谐波含量低等诸多优点，适合弱系统或孤岛供电、可再生能源等分布式发电并网、异步交流电网互联以及城市电网供电等领域。

1997 年，ABB 公司投运了首个使用电压源换流技术的直流输电工程——赫尔斯杨实验性工程，其主要系统参数为 3MW/±10kV。由于 IGBT 器件串联技术仍只有 ABB 公司具备实际工程应用能力，直至 2009 年投运的 9 条柔性直流工程都是由 ABB 公司承担，采用两电平或者三电平技术路线，最高电压等级为 ±150kV。由于采用器件串联的技术路线电压等级难以进一步提升，因此适用于输送功率具有小型性、随机性及对占地要求高的场合，比如风电、光伏等清洁能源并网，海上岛屿或石油钻井平台孤立负荷送电等。IGBT 串联型阀组装置拓扑见图 4-19。

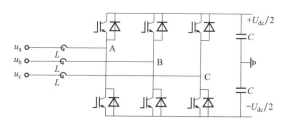

图 4-19　IGBT 串联型阀组装置拓扑

2001 年德国慕尼黑联邦国防军大学学者 Rainer Marquardt 提出了新型 MMC 拓扑，该拓扑以半桥子模块为基本功率单元，并通过子模块级联提升装置电压，该方案避开了两电平换流器所固有的器件串联均压、一致触发等问题。2010 年西门子公司在美国投运的 Trans Bay Cable 工程采用了 MMC 技术，电压等级为 ±200kV，额定输送容量 400MW。2013 年 ABB 公司在德国投运的 DolWin 工程则采用 MMC 与

IGBT 器件串联结合的新型技术，通过提升子模块电压等级减少子模块串联数量，电压等级为±320kV，额定输送容量 800MW，模块化多电平换流器拓扑见图 4-20，柔性直流换流阀实物图见图 4-21。

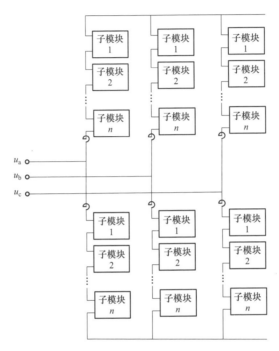

图 4-20　模块化多电平换流器拓扑

图 4-21　柔性直流换流阀实物图

国内关于柔性直流输电技术的研究起步较晚，国家电网公司于2006 年启动柔性直流输电相关技术研究，于 2011 年正式投入运行亚洲首条柔性直流输电示范工程——上海南汇柔性直流输电示范工程，该工程采用 MMC 技术路线，额定输送容量 20MW，电压等级为 ±30kV，从此我国逐步走向柔性直流输电领域前列。2014 年 7 月投运的舟山±200kV 五端柔性直流输电工程包含五座换流站（舟定站 400MW、舟岱站 300MW、舟嵊站 100MW、舟洋站 100MW、舟泗站 100MW），采用四回直流海缆（总长 141×2km），是世界上端数最多的柔性直流输电工程。2016 年 3 月投运的厦门柔性直流输电科技示范工程是当时电压等级最高、传输容量最大的柔性直流工程，电压等级为 ±320kV，额定输送容量 1000MW，换流站直流侧主接线采用双极系统带金属回流线接线方案。正在规划建设的张北直流电网工程系统参数将达到3000MW/ ±500kV，预计 2019 年将完成 5 端换流站建设，见图 4-22。

图 4-22　IGBT 器件与智能电网的关系

直流断路器种类较多，包括机械式、混合式、固态式等，当前在高压领域具有应用前景的应属结合常规机械开关和电力电子器件的混合式断路器。2015 年 12 月由我国自主研制的 200kV 直流断路器在舟山成功投运，能够在 3ms 内分段高达 15kV 的直流系统故障电流，是当时国际所有工程中使用的电压等级最高、分断能力最强的直流断路器。2015 年 12 月由南瑞继保研制的世界首台 500kV 直流断路器通过KEMA 见证试验，进一步提升的我国在该领域的研发水平。直流断路器实物图见图 4-23。

STACOM、UPFC 等 FACTS 装置应用。与基于晶闸管的 FACTS 装置相比，STACOM、UPFC 具有响应速度快、谐波含量少、控制范围更广等优点，是未来 FACTS 装置发展的方向。STATCOM 无功电流可以快速地跟随负荷无功电流的变化而变化，自动补偿电网系统所需无功功率，对电网无功功率实现动态无功补偿。UPFC 具备控制多种电力系统参数的能力，可以灵活地调节线路有功和无功功率、阻尼系统振荡、增强电力系统的稳定性和提高输电线路的传输极限，成为交流输电系统中最理想的控制设备。

STATCOM 概念于 1980 年代提出，1986 年由美国 EPRI 和西屋公司研制的 ±1Mvar STATCOM 投入运行，这是世界上首台采用大功率 GTO 作为逆变器元件的静止补偿器。1991 年由日本关西电力公司与三菱电机公司研制的 180 Mvar STATCOM 在犬山变电站投运，维持了 154kV 系统长距离送电线路中间电压的恒定，实现了提高系统稳定性的目的，STATCOM 实物图见图 4-24。

图 4-23 直流断路器实物图   图 4-24 STATCOM 实物图

通过近些年电力电子应用及其试验技术的进步，我国在 FACTS 领域取得明显进步。1994 年清华大学与河南省电力局合作研制了我国首台±20Mvar STATCOM，于 1999 年在河南朝阳变电站并网成功。
2011 年自主研发成功百 MW 级移动式 STATCOM 装置，稳态精度达
±2.5%，阶跃响应时间小于20ms，成功应用于上海电网。当前世界上
电压等级最高、容量最大的 500kV UPFC 正在建设中，该工程将使苏
州电网消纳清洁能源的能力提升约 1.20GW。

4.3.3　SiC 电力电子器件

SiC 材料的宽禁带和高温稳定性使得其在功率半导体器件方面具有
无可比拟的优势，不仅可以在混合动力汽车、电机驱动、开关电源和
光伏逆变器等民用电力电子行业广泛应用，而且会显著提升舰艇、飞
机和电磁炮等军用武器系统的性能，且将对未来电力系统的变革产生
深远影响。美国国防部、美国国防先进研究计划局、美国陆军研究实
验室、美国海军研究实验室、美国能源部和美国自然科学基金先后持
续支持 SiC 功率器件的研究二十多年，加速和改进了 SiC 宽禁带材料和
功率器件的特性，将在未来五年大幅降低成本，实现大规模产业化，
并广泛应用于可再生能源发电、节能环保和智能电网等领域。当前 SiC
器件已在电力电子变压器、固态断路器等场合开展示范应用。

电力电子变压器是一种以电力电子技术为核心的变电装置，它通
过电力电子变流器和高频变压器实现电力系统中的电压变换和能量传
递及控制，以取代电力系统中的传统的工频变压器。早期的电子变压
器的理论和研究由于受到当时大功率电力电子器件和高压大功率变换
技术发展水平的限制，未能进入实用化。随着 10kV 以上高压 SiC 电力
电子器件的出现，电力电子变压器的研究方面取得了突破。美国的未
来可再生能源利用和分配管理中心电力电子变压器采用 15kV SiC
MOSFET 和 JBS，不再使用器件或拓扑串联，开关频率由原来的 1
kHz 提升至 20 kHz，大幅度降低了开关损耗，而且大大提高了可靠性。

直流固态断路器以分断速度快、无弧无触点、工作频率高等优点

受到了广泛关注，但也存在通态损耗高、单管器件易过压过流的问题。SiC 器件为解决基于硅功率器件的直流固态断路器存在的反应速度慢、通态损耗高、系统设计复杂等问题提供行之有效的途径。2014 年，Yukihiko Sato 等人提出了一种可应用于 400 V 直流系统的 SiC 静态感应晶体管（SIT）低压固态断路器及其控制方法，实验表明该断路器具有快速、较高的断流能力，且减少了断流过程中瞬态过压和振荡的问题。2015 年，湖南大学提出了一种基于常通型 SiC JFET 的自供电、超快速反应的 400V 直流固态断路器，当电路处于正常导通状态时，充分发挥常通型 SiC JFET 导通损耗低的优势，大幅降低直流断路器的通态损耗。

SiC 电力电子器件技术难题。单极性器件方面，SiC MOSFET 本可以相对于 Si 技术具有极大的性能提升，因为其具有较高的临界击穿电场和热导率。遗憾的是 SiO_2/SiC 界面相对于 SiO_2/Si 界面要复杂得多，前者的这一瑕疵极大地限制了器件的性能提升与稳定性，是阻碍 SiC MOSFET 器件发展的重要原因。SiC/SiO_2 的界面态大小比 Si/SiO_2 界面态大 1~2 个数量级，SiC/SiO_2 中存在的界面态会俘获沟道中的载流子同时会对载流子形成库伦散射，因此大幅度降低载流子的浓度并且降低载流子的速率。通过热氧生长的 SiO_2 栅介质层界面态密度主要包括 3 个方面，Si 原子未配对的悬挂键、C 团簇以及近界面陷阱。在 SiC 的热氧化过程中，C 原子不能及时的逸出已生长的氧化层，堆积在界面的地方，形成 C 团簇。近界面陷阱位于 SiO_2 中临近界面的位置。SiO_2/SiC 界面态的存在不仅降低了载流子的迁移率并且影响了阈值电压的稳定性。

双极性器件方面，空穴和载流子同时参与导电，在漂移区内形成电导调制效应，降低比导通电阻。双极性器件的电导调制效应是正向导通的主要控制机制，载流子的寿命决定了电导调制效应的优异。双极性器件正向导通压降和载流子寿命由负相关关系，载流子寿命越大，电导调制效应越好，正向压降越小，最终接近 PN 结的内建电压，也就是 PN 结的费米能级差。尽管有些文献已报道了 SiC 中较高的载流子寿命，但是大部分的文章显示 SiC 的载流子寿命还是在 1μs 左右，因此能够找到影响载流子寿命的主要因素是主要任务。

4.4 技术展望

未来电网将形成一次能源以新能源为主、终端能源以电力为主的格局，电网结构将转变为先进传感测量技术、通讯技术、计算机技术、自动控制技术及电力电子技术高度集成的新型智能电网，电气设备电力电子化将是未来电网的发展趋势。以灵活交流输电的技术、高压直流输电技术、柔性直流输电技术、定制电力技术和能量转换技术为代表的先进电力电子技术越来越广泛地应用到我国电网中，它是建设统一智能电网的重要基础和手段。

电力电子技术作为其关键技术，在未来电网中将扮演越来越重要的角色。一代电力电子器件决定一代电力电子技术，未来器件技术的升级发展必将带来电网结构的进步，随着灵活交流输电、直流输电、柔性变电站等技术的成熟及推广，电力系统电力电子设备的容量不断升高，未来更高电压、更大容量、更智能化、更集成化的电力电子器件仍是未来电力系统应用的发展方向，新材料、新结构、新功能的电力电子器件将不断涌现出来。

（1）更高电压。为了提高电网的传输效率，系统电网往往达到数百千伏甚至更高，来柔性直流输电工程电压等级将达到 ±800kV 以上，而目前工程中使用的最高电压的 IGBT 器件最高电压为 4500V，因此需要上千个器件及模块串联使用，以满足系统高电压的需求。由于硅材料的限制，当前 IGBT 器件最高电压只能达到 6500V，已接近理论极限。而 SiC 的临界击穿电场约为硅的 10 倍左右，使得 SiC 器件的耐压能力约为硅器件的 10 倍左右，SiC 器件将成为电力系统电力电子器件的发展方向，并对当前电网结构及性能带来革命性影响。

（2）更大容量。随着电网传输能力的逐步提升，未来柔性直流输电工程传输容量将达到 20GW 以上，当前最大容量的 3000A IGBT 器件不能够满足未来电网的需求，因此必须采用器件并联满足其容量要求，大幅增加了系统的复杂程度，影响器件运行可靠性，因此更大容量仍然是电力系统器件需求的重要方向。增加器件的容量方式包括提升芯片电流密度以及增加芯片并联数量。基于当前平面栅结构的 IGBT 器件已达到其技术极限，电流能力提升空间有效，因此采用沟槽栅或者其他新结构是当前提升芯片电流密度有效的技术手段。而增加芯片并联数量重点需要解决大规模芯片并联带来的电流不平衡、温度不平衡等问题，采用压接型封装技术将有利于提升器件容量、散热能力及可靠性，是适用于电力系统大容量需求的封装形态。

（3）定制化。随着越来越多电力电子装备的应用，不同装备对于电力电子器件的需求体现出差异化特征。例如：对于柔性直流换流阀，由于其开关频率较低，只有 200Hz 左右，通态损耗在总损耗 7 成左右，采用通态压降更低的 IGBT 器件能够有效提升系统效率；对于直流断路器，当系统发生故障时，需要承受并分断 6 倍以上的故障电流，采用关断能力更强的 IGBT 器件能够有效提升系统可靠性。为提升装备性能及可靠性，分别采用定制化的器件满足其差异化特征，应定制设计器件的通态压降、开关特性、短路能力、过电流承受能力等特性。

（4）集成化、智能化。未来器件将不是孤立的半导体器件，而是逐步把功率器件、门极驱动电路、可编程处理器和其他相关元件集成到一个模块中，具有自动故障保护、状态监测等智能化功能，该模块具有预定的功能和标准软硬件接口，减小电力电子装置的成本、损耗、重量和体积，减少现场安装和维护的工程投入。

PART 5

交流500kV交联聚乙烯绝缘海底电缆

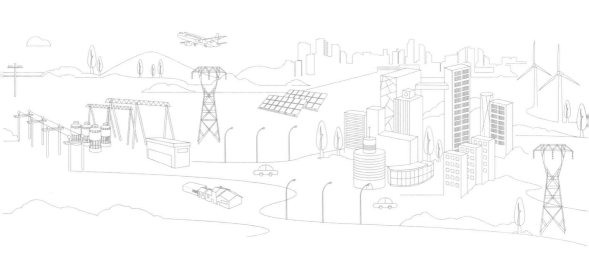

随着国家海洋战略发展与能源互联网的兴起，海底电缆技术成为发展跨海属电、促进海洋经济的重要一环。海底电缆技术被世界各国公认为是一项困难复杂的大型技术工程，无论是电缆的设计、制造、施工其技术要求均远远地高于其他电缆产品。交联聚乙烯绝缘（XLPE）海缆是今后超高压海缆的技术趋势，舟山 500 kV Ⅱ回联网工程将是世界上第一条投入运行的交流 500kV XLPE 海缆。XLPE 海缆的软接头技术、本体大长度制造技术、试验体系是支撑交流 500kV XLPE 海缆研制的关键，软接头技术决定了海缆是否能达到所需长度，本体大长度制造技术决定了海缆的长期运行性能，试验体系是海缆质量控制、工程应用的基础。

5.1 技术概况

5.1.1 海底电缆的作用

海底电缆作为跨海输电的重要设备，在不同的发展阶段有不同的应用。早期海底电力电缆用于向孤立的近海设备供电，如灯塔、医疗船等，随后向近岸的海岛供电成为海底电力电缆的主要应用。现今，海底电力电缆已应用在近海风电场、海上石油平台供电、跨越江河海峡的输电工程，见图 5-1。使用海缆输电往往比用小而孤立的发电站作地区性电源更为经济。

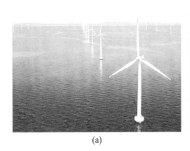

（a）　　　　　　　　　（b）

图 5-1　海缆用于海上风电场、石油平台输电

（a）风电场；（b）石油平台

随着新能源开发热潮袭来，沿海风电的开发利用将会越来越受到重视。中国是世界上海上风力发电最具潜力的国家之一，随着国家海洋工程发展战略和清洁能源发展战略的实施，海底电缆将在沿海新能源开发、多岛互联供电等场景中得到大量应用。

此外，随着新能源装机容量的大幅提升，为有效保证大规模清洁能源的输送和消纳、在更大范围区域实现资源优化配置，全球能源互联网的建设势在必行。海底电缆是实现电网国际化、区域电网互联以及海上可再生能源并网的物理基础和关键装备，将在全球能源互联网的建设中扮演关键角色。

5.1.2　海底电缆的技术特点

海底电缆是电缆中综合电气和机械性能要求最高的产品，也是制造最困难、技术要求最高的输电设备，其主要技术特点为：

（1）长度长。海缆多应用于海岛电力供应及海洋风电场的电力输送，其长度比陆地电缆线路更长，可达几十千米。

（2）运行环境特殊。海缆敷设于海底将承受海水的长期腐蚀作用，此外地震、滑坡、洋流变化、海洋生物、船只抛锚等因素均会对海缆安全运行产生威胁。

（3）接地方式特殊。海缆无法在线路中段进行类似于陆地电缆的换位布置及接地，通常只能在海缆系统两端将护套和铠装互联接地。

（4）损耗较大。高压交流海缆多采用单芯导体结构，环流损耗较大，导致载流量下降，海缆登陆区段载流量下降情况尤为突出。

5.1.3　海底电缆的发展历程

随着海底电缆技术的发展，海缆电压等级逐步升高，直流海缆电压等级从 ±100kV 升高至 ±200kV，目前已有 ±320kV 海缆投运；交流海缆电压等级从 138kV 升高至 220kV，目前已有 500kV 充油海缆在运。

随着技术进步，海缆的绝缘结构也发生着演化，先后出现自容式充油电缆（oil filled，OF）、黏性浸渍纸绝缘电缆（mass impregnated，MI）、交联聚乙烯电缆（crosslinked polyethylene，XLPE）3 种绝缘结构海缆。目前世界上的主要海缆工程所用海缆型式、电压等级见表 5-1。

表 5-1　　　　　　　　　　　国内外重要海底电缆输电工程汇总

年份	工程	电压等级	绝缘类型
1954	瑞典哥特兰岛	DC±100kV	MI
1960	挪威奥斯陆湾	AC 300kV	OF
1967	新西兰库克海峡	AC 138kV	XLPE
1976	加拿大温哥华	DC±300kV	OF
1997	瑞典哥特兰岛	DC±80kV	XLPE
2002	美国纽约-康涅狄格	DC±150kV	XLPE
2006	爱沙尼亚-芬兰	DC±150kV	XLPE
2009	中国海南	AC 500kV	OF
2009	德国北海	DC±150kV	XLPE
2010	爱尔兰库克湾	AC 220kV	XLPE
2013	中国南澳	DC±160kV	XLPE
2014	中国舟山	DC±200kV	XLPE
2015	中国厦门	DC±320kV	XLPE
2018	中国舟山—宁波（建设中）	AC 500kV	XLPE

注　XLPE—交联聚乙烯；OF—自容式充油；MI—黏性浸渍纸。

最早的高压海底电缆以自容式充油电缆和黏性浸渍纸绝缘电缆为主。自容式充油电缆内设置有油道，内充有带油压的低黏度绝缘油，通过油罐和油泵提供必要的或吸收过多的油量，始终保持合适必要的压力消除绝缘中形成的气隙，以提高电缆的工作场强。黏性浸渍纸绝缘电缆采用专门的纸带绕包在电缆的导体屏蔽层外，并使用绝缘油浸渍纸带以消除纸带绝缘之间的气隙，因此又被称为油纸绝缘电缆。

自 20 世纪 90 年代起，随着高压挤塑电缆绝缘材料的质量改善以及相应电缆附件的可靠性提高，交联聚乙烯海底电缆开始广泛应用。

5.1.4　交联聚乙烯海缆技术特点

与黏性浸渍纸绝缘海缆和自容式充油海缆相比，XLPE 绝缘海缆具有以下突出优点：

（1）绝缘性能好。XLPE 材料绝缘性能优异，耐电强度高于浸渍纸绝缘；

（2）耐热性能好。充油电缆的工作温度通常为 70℃，而 XLPE 电缆可以达到 90℃，其载流能力更强；

（3）机械性能好。XLPE 电缆尺寸小，易于弯曲，更便于生产、运输和安装接续；

（4）辅助设备少。XLPE 属于固体绝缘，无需复杂的充油系统，安装和维护方便。

5.1.5　交流、直流海缆技术差异

目前新建的大容量、长距离海底电缆输电工程有不少采用高压直流输电方式。与交流海缆相比，直流海缆输电在跨海域互联工程中具有明显的优势和固有的缺陷。

直流海缆的优势主要表现为：

（1）减少海缆工程施工量 1/3，减少海缆路由占用海床空间 1/2；

（2）线路电流和功率调节比较灵活，可实现不同频率或相同频率交流系统间的非同步联网；

（3）直流海缆不存在环流损耗、涡流损耗和磁滞损耗，载流量更大；

（4）直流海缆不存在线路电容问题，传输距离更长，且无需安装并联电抗器进行无功补偿。

但直流海缆输电方式也存在固有的缺陷：

（1）直流输电的换流设备投资及换流损耗较高；

（2）在谐波控制方面不如交流输电方式；

（3）直流系统单极运行时会对海底设备产生电腐蚀。

5.1.6 交流500kV交联聚乙烯绝缘海缆研制历程

5.1.6.1 研制背景与意义

交流500kV交联聚乙烯绝缘海缆由于受到制造长度、质量风险、软接头技术、水密性能要求高等要求，国内的相关产品生产、试验和应用尚处于空白，国际上也无正式产品。如果采用国外厂家产品，其建设施工费用高昂、对沿海重要军事港口也带来很大潜在风险。因此研究交流500kV交联聚乙烯绝缘海缆及软接头国产化技术对加速我国传统电器工业和电缆行业向高新海洋装备制造业转型升级、保障国家国防军事安全具有重要意义。

5.1.6.2 研制历程

为保证交流500kV交联聚乙烯绝缘海缆的顺利研发，在国家电网公司部署领导下，国网浙江省电力公司牵头，国网浙江电科院组织中国电力科学研究院、国网电科院、南京南瑞集团、国网舟山公司等单位开展交流500kV交联聚乙烯绝缘海缆11项专题技术研究，组织宁波东方电缆、中天科技海缆、江苏亨通海缆及青岛汉缆4家厂家开展产品试制。

国网浙江省电力公司牵头编制了《交流500kV交联聚乙烯绝缘海缆技术规范》，对海缆型式试验进行了明确规定，为交流500kV交联聚乙烯绝缘海缆的研发确定了型式试验依据，并于2016年2月19日组织了专家评审会议。

2016年3月17日，国网浙江电科院在杭州组织召开了交流500kV交联聚乙烯绝缘海缆工厂接头和修复接头专项研讨会议，对工厂接头和修复接头研制方案、指标要求、试验方案以及进度安排等内容进行研讨。

2016年4月15日，南京南瑞集团在南京组织召开交流500kV交联

聚乙烯绝缘海缆节能降损导体方案审查会，对海缆节能降损导体技术
方案、导体试制方案和导体测试方案进行了讨论。

2016 年 6 月 28 日，宁波东方电缆、中天科技海缆、江苏亨通海缆
三家海缆制造商的试制海缆的型式试验在舟山公司海洋输电技术研究
中心正式开始，至 2016 年 9 月 4 日，宁波东方和江苏中天试制海缆系
统"热循环电压试验结束后的室温和高温局部放电试验"结束，标志
着第一批次海缆型式试验（电气部分）全部结束。2017 年 2 月，包括
青岛汉缆在内所有四家海缆制造商的试制海缆型式试验全部完成，标
志着交流 500kV 交联聚乙烯绝缘海缆的研制正式完成。

2017 年 5 月，国网浙江省电力公司完成国家电网公司企业标准 Q/
GDW《额定电压 500kV（U_m＝550kV）交联聚乙烯绝缘交流海底电缆
及附件　第 1 部分：试验方法和要求》、《额定电压 500kV（U_m＝
550kV）交联聚乙烯绝缘交流海底电缆及附件　第 2 部分：海底电缆本
体》、《额定电压 500kV（U_m＝550kV）交联聚乙烯绝缘交流海底电缆
及附件　第 3 部分：海底电缆附件》的送审工作，标志着 500kV 交联
聚乙烯绝缘海缆标准体系的构建取得初步成果。

从 2017 年 4 月～2018 年 7 月，对交流 500kV 交联聚乙烯绝缘海缆
开展预鉴定试验，考核其长期运行性能。

5.2　主要创新点

5.2.1　交流 500kV 交联聚乙烯绝缘海缆技术概况

5.2.1.1　基本结构

交流 500kV 交联聚乙烯绝缘海缆本体基本结构见图 5-2。铅套和铠
装是海缆的重要结构元件，也是其区别于陆缆的主要特征之一。海缆
通常采用铅合金作为金属护套材料，具备径向阻水的能力，并能够抵
抗海洋环境中的化学腐蚀。

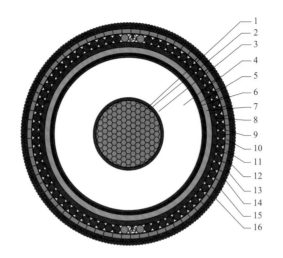

图 5-2　交流 500kV 交联聚乙烯绝缘海缆结构示意图

1—阻水铜导体；2—半导电包带；3—挤包内屏；4—XLPE 绝缘；5—挤包外屏；6—绕包阻水缓冲层；

7—铅套；8—内护套；9—喷印标志；10—光单元＋PE 棒＋铜丝；11—绕包内衬层；12—铠装铜丝；

13—PP 绳；14—沥青；15—PP 绳＋标志带；16—软接头标志

　　铠装推荐采用铜丝材料，当海缆要求很强拉力及机械保护情况下需采用镀锌钢丝铠装时，应充分考虑钢丝铠装层的交流损耗以及电缆载流量的要求。铜丝铠装分为扁铜丝和圆铜丝两种，单芯海缆推荐采用扁铜丝铠装，与圆铜丝铠装相比可以在电缆外径较小的情况下有相同的铠装截面，节省了材料和敷设的空间，但成本高于圆铜丝。

　　铠装层外加装外被层，由沥青和聚丙烯绳组成，具有防海水腐蚀、防施工磨损的作用；光纤单元可采用单模光纤或多模光纤，且为中心束管式结构，光纤单元护套内的所有间隙应充满复合物，或采用其他有效阻水措施。

　　海缆必须有一定的连续长度，而实际制造的单根海缆难以满足工程的运行长度要求，需要通过接头予以续接。海底电缆软接头外径与海缆本体十分相近，不影响海缆敷设，因此通常选择软接头作为海缆接续手段。

　　交流 500kV 交联聚乙烯绝缘海缆软接头结构见图 5-3。软接头的各部分结构尺寸与电缆本体相同或略大，但不超过电缆本体直径的 5%，铅套外径不超过电缆本体的直径的 10%，软接头不仅与电缆本体一样需要承受在生产、倒缆以及施工敷设过程中产生的各种机械应力，而且与电缆本体一样满足海缆各种电气性能要求。

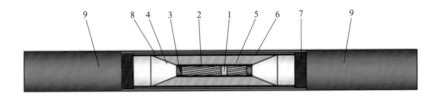

图 5-3　海缆软接头结构示意图

1—导体焊接段；2—导体屏蔽恢复层；3—导体屏蔽预留层；4—新旧绝缘界面；5—绝缘恢复层；

6—绝缘屏蔽恢复层；7—绝缘屏蔽预留层；8—铅套、护套恢复层；9—电缆本体

5.2.1.2　技术体系

交流 500kV 交联聚乙烯绝缘海缆在研制过程中，形成包含本体技术、接头技术、海缆试验技术 3 方面的海缆技术体系，见图 5-4。本体技术主要包括海缆导体、绝缘、铠装的设计与制造，及本体阻水技术；接头技术主要包括软接头、刚性接头的设计与制造；海缆试验技术主要包括型式试验、预鉴定试验体系的构建。

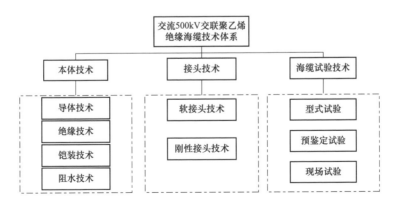

图 5-4　交流 500kV 交联聚乙烯绝缘海缆技术体系

5.2.1.3 创新亮点

海缆研发是不断创新、不断突破的过程，其中在海缆软接头技术、本体技术等方面完成了海缆软接头注塑绝缘层的硫化工艺控制等开创性工作，形成多项创新亮点，占据世界海缆技术的最前沿，见图 5-5。

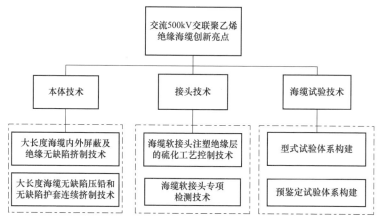

图 5-5　交流 500kV 交联聚乙烯绝缘海缆创新亮点

（1）500kV 海缆软接头技术。作为海缆的核心关键技术，交流 500kV 交联聚乙烯绝缘海缆软接头从无到有的突破大大拓展了交流 500kV 海缆的应用长度，为 500kV 电压等级的远距离海底输电奠定坚实基础。

海缆软接头内部结构复杂，电场分布集中，成功与否的关键在于软接头内部绝缘的质量，包括绝缘气孔缺陷的控制、内部偏心的控制等。通过海缆软接头注塑绝缘层的硫化工艺控制技术解决了海缆软接头内部绝缘的气孔问题，实现软接头高质量制造，通过 X 光等软接头专项检测技术实现了软接头内部质量的成功检测，保证每一个软接头的绝缘质量。

（2）大长度交流 500kV 交联聚乙烯绝缘海缆本体制造技术。一次制造的海缆长度越长，海缆内部的工艺一致性越好，同时整根海缆所需要的接头数量减少，海缆的整体可靠性越高。

限制海缆本体制造长度的原因主要是海缆内外屏蔽及绝缘挤出、铅套及护套压制过程中的工艺控制，一次制造长度越长，绝缘中产生焦料的可能性越大，绝缘缺陷产生概率增加，同时铅套及其护套的表面状态、压紧度等参数容易产生偏差，影响绝缘及阻水性能。上述交流 500kV 交联聚乙烯绝缘海缆大长度内外屏蔽及绝缘无缺陷挤出技术、无缺陷压铅和无缺陷护套连续挤制技术的创新为大长度 500kV 海缆本体制造铺好了关键路径。

（3）交流 500kV 交联聚乙烯绝缘海缆试验体系构建。作为世界首条 500kV 交联聚乙烯海缆，其制造、检验试验无任何标准可以遵循。通过对海缆应用技术条件、海缆制造原材料要求等方面的摸索，建立了完整的交流 500kV 交联聚乙烯绝缘海缆型式试验、预鉴定试验体系，对海缆本体、接头、终端的试验项目、试验条件、试验方法、判断标准进行了完善规定，解决了交流 500kV 交联聚乙烯绝缘海缆型式试验等质量性能验证试验无依据的问题。

5.2.2　软接头技术

5.2.2.1　海缆软接头基本工艺

软接头技术是海缆的核心关键技术，要求软接头的外径与海缆本体相差不大，同时也要保证同本体相同的电气绝缘性能和机械强度，其技术难度较大，对生产和安装环境要求苛刻。

交流 500kV 交联聚乙烯绝缘海缆软接头制作的主要步骤见图 5-6，部分制作工艺过程可参照图 5-7。

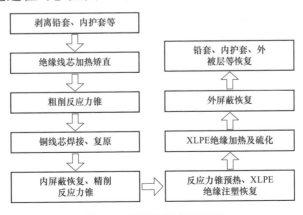

图 5-6　软接头制作流程图

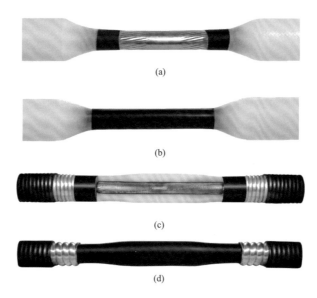

图 5-7　软接头制作工艺图

（a）导体焊接；（b）内屏蔽恢复；（c）主绝缘恢复；（d）外屏蔽恢复

其中，导体焊接和绝缘注塑、硫化是软接头制作过程中的关键点和难点。导体焊接通常采用银焊法得到持久可靠的电气连接，在控制导体焊接外径的同时，即要达到导体电阻的要求，又要满足导体焊接后的抗拉强度，同时要避免未焊接上、微孔、裂缝等焊接缺陷。绝缘注塑则采用专用的挤出机将塑化好的绝缘向绝缘模具腔体内注塑，待绝缘挤出检查合格后再进行加热硫化，注塑过程中要避免绝缘线芯偏心以及绝缘表面的杂质、缝隙等；硫化过程则要避免绝缘内的气泡或气孔，防止加热温度过高或过低等，硫化工艺的控制是整个软接头工艺控制的难点。

5.2.2.2　海缆软接头注塑绝缘层的硫化工艺控制技术

超高压电缆软接头因其绝缘厚度较厚，硫化工艺控制如氮气压力、交联时间和交联温度的确定非常关键。交联温度过高或加热时间较长，绝缘材料易老化，绝缘材料发黄；如果交联温度低或加热时间短，易出现绝缘热延伸不满足要求或出现新旧绝缘分层现象。

采用快装式高压氮气高温硫化筒开展交联聚乙烯绝缘层的硫化。高压氮气压力 1.6MPa，温度 200℃，从而保证注塑恢复的交联聚乙烯电缆料在高温、高压力环境中，其组织内部不再存有≥0.015mm 的结构性气孔，保证了软接头具有优秀的电性能，尤其是重要电气性能指标——局部放电可以得到有效控制，实现试样在测量电压下无可检出的放电（系统灵敏度 5pC 或更优）。同时，采取氮气定时换气的方式防止接头内绝缘出现老化，见图 5-8。

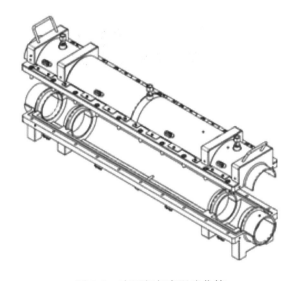

图 5-8　高压氮气高温硫化筒

5.2.2.3　海缆软接头专项检测技术

软接头制作工艺要求严格，需要随时对制作中的接头内部状况进行监测，以确认接头处是否有偏心、杂质、气孔等缺陷。

500kV 超高压电缆对绝缘的偏心、微孔杂质和突起要求远高于220kV 海缆，用普通分辨率低的 X 光机已不能满足检测要求，因此采用特制 X 光测偏摄像仪，对每一根中间接头工序过程进行必要的测控摄像，能够无损伤的对软接头进行摄片检查，可以有效地看到接头部分杂质、气孔、突起及绝缘的偏心情况，测量精度达 0.02mm，保证接头部分绝缘工艺达到要求。

接头制作完成后,通过局放、耐压试验、裕度试验检验接头的绝缘运行性能。X 光测偏摄像仪见图 5-9。

图 5-9　X 光测偏摄像仪

5.2.3　本体技术

5.2.3.1　大长度海缆内外屏蔽及绝缘无缺陷挤制技术

超高压海底电缆长度一般在数十公里,但高压交联电缆生产长度受限于绝缘高压交联的连续生产时间,影响了海缆的适用性。一次生产过长时间后,挤塑机中未完全熔融的交联聚乙烯塑料颗粒在长时间高温高压环境下下会逐渐焦烧,形成老胶,进入绝缘中会影响交联电缆的产品质量。一般情况下,开机 5～7 天就会有老胶产生,这些老胶被过滤网阻挡在机筒内,造成机筒压力上升,出料量下降,生产速度降低。若继续生产,老胶持续在过滤网上累计,机筒内压力增长直至超过过滤网能够承受的强度,此时过滤网会出现破裂而老胶大量进入电缆绝缘内部,进而严重影响产品质量。

为避免上述问题,目前国内普遍采用控制交联工序生产时间的办法,一般都控制在一周以内,每 7 天就要停机对机筒螺杆及机头进行清洗,严重约制了高压交联电缆的无接头生产长度。为解决这一问题,研发人员分析研究了老胶产生的原因,从以下几方面提出了降低老胶产生、延长开机时间的措施：

（1）在降低加热温度的情况下加大出胶量，把交联机组主机的螺杆直径从传统的 150mm 增加到 200mm。交联聚乙烯的熔融主要取决于二个因素，一是机筒的加温；二是交联聚乙烯在机筒内被螺杆剪切、压缩、混炼所产生的压力。如果增加交联聚乙烯的在机筒内的压力，适当降低机筒外的加热温度，同样能够达到熔融效果，而机筒内温度的降低使老胶的产生速度大大下降，延长了交联机组的连续开机时间（从一周延长到三周）。

（2）减少交联聚乙烯材料在加料过程中的粉末的产生。由于塑料颗粒在加入到机筒过程中会产生相互摩擦，从而产生粉末，粉末在进入机筒后会比颗粒先进行交联，容易产生老胶。为此改进了加料系统，缩短了材料在加料环节行经的时间，减少粉末的产生，降低老胶的产生概率，延长交联机组的开机时间。大长度绝缘连续挤出图见图 5-10。

图 5-10　大长度绝缘连续挤出

通过对交联机组等关键装备的升级和完善、引入国际先进的微缺陷在线检测技术，严格控制长时间挤出时老胶的出现，辅以 UPS 不间断电源等一系列设备保障措施，保证交联工序长期稳定运行，使大长度交联芯线的挤制成为现实。

5.2.3.2　大长度海缆无缺陷压铅和无缺陷护套连续挤制技术

海缆中铅套、护套的无缺陷连续挤制长度也是影响海缆生产长度的重要因素，也是大长度海缆本体制造的又一难点，既要保证表面无缺陷，又要控制金属套松紧适度；既要保证良好的阻水效果，又要保证在运行温度下不因绝缘膨胀而引起金属套胀裂。由于海缆的这一特殊性，对压铅工序生产提出了更高的要求，如何实现大长度海缆无缺陷压铅和无缺陷护套连续挤制，成为仅次于交联生产的又一关键技术。

为了适应大长度高等级海缆的开发生产需要，确保压铅工序的连续无缺陷生产，首先对压铅机进行了改造，开发了适应大长度大直径海缆压铅需要的新型压铅机头，并改装了机头的冷却系统，使线芯在慢速通过机头时能够确保不被高温所烫伤，达到了大直径海缆的无缺陷挤制。

其次为了及时控制压铅过程中铅护套的均匀性，与瑞士仲巴赫公司共同合作开发了国内首台铅护套在线测偏仪，对生产过程中的铅护套进行在线检测，使操作人员随时了解铅护套生产过程中的质量情况，并及时进行调整和完善，确保了大长度和无缺陷压铅。压铅在线监测和挤塑一体化示意图见图 5-11 和图 5-12。

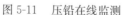

图 5-11　压铅在线监测　　　　　　图 5-12　压铅挤塑一体化

另外对护套生产线进行了改装，把压铅工序和塑料护套工序进行整合，使压铅生产完成后的电缆不经周转，直接进入护套生产线进行塑料护套生产，实现了两道工序的流水化生产，保证了铅套质量，又提高了生产效率。

5.2.4　海缆试验技术

5.2.4.1　型式试验

（1）型式试验项目。依据海缆使用的现场条件、海缆系统技术要求，确定交流 500kV 交联聚乙烯绝缘海缆型式试验项目见表 5-2。

表 5-2　　　　　　　　交流 500kV 交联聚乙烯绝缘海缆型式试验项目

序号	试验项目	试验类型	序号	试验项目	试验类型
1	绝缘厚度检查	T	4.6	目测检验电缆和附件	T
2	纵向、径向透水试验	T	4.7	半导电屏蔽和半导电护套电阻率（若有）测量	T
3	机械性能试验	T	5	电缆组件和成品电缆段的非电气型式试验	T
3.1	卷绕试验	T	5.1	电缆结构检验	T
3.2	张力弯曲试验	T	5.2	老化前后绝缘机械性能试验	T
4	电气型式试验	T	5.3	老化前后半导电护套机械性能试验	T
4.1	局部放电试验	T	5.4	成品电缆段相容性老化试验	T
4.2	tgδ 测量	T	5.5	半导电护套高温压力试验	T
4.3	热循环电压试验	T	5.6	XLPE 绝缘热延伸试验	T
4.4	操作冲击电压	T	5.7	XLPE 绝缘微孔杂质及半导电屏蔽层与绝缘层界面微孔和突起试验	T
4.5	雷电冲击电压试验及随后的工频电压试验	T	—	—	—

注　T 为型式试验；5.7 项试验项目应包含电缆绝缘以及工厂接头绝缘。

其中纵向、径向透水试验包括导体透水试验、金属套下透水试验、工厂接头、修理接头和铅套或铠装互联段电缆径向透水试验。

（2）电气型式试验回路。典型电气型式试验回路布置见图 5-13。海缆穿过大电流升流设备，经瓷套终端、复合外套终端相连构成回路，可施加热循环电压试验所需大电流，同时经终端可外接操作冲击、雷电冲击电压及工频电压。

（3）主要项目试验方法。

1）机械预处理。采用适用的设备，包含工厂接头的电缆试样在转轮上连续地卷绕和退出卷绕三次，而不改变弯曲方向。计算得到电缆段受到的试验张力不小于 56.8kN，见图 5-14。

图 5-13　典型型式试验回路布置图　　图 5-14　张力弯曲现场图

2）局部放电试验。试验电压逐步升至 508kV，保持 10s 后缓慢的降至 435kV，并在此电压下按进行局部放电试验。室温局部放电试验在环境温度下进行，高温局部放电试验在导体温度为 95～100℃下进行。435kV 下应无可检测出超过背景的放电。

3）热循环电压试验。按 GB/T 22078.1～3—2008 规定，对试验回路施加加热电流，加热至少 8h，自然冷却至少 16h，为一个周期，每一个加热周期的最后至少保持电缆导体温度在 95～100℃温度范围内 2h，共进行 20 个周期。在整个循环试验期间，试验回路连续施加 580kV 交流电压。热循环电压试验后，海缆产品应不出现超过背景的局部放电。

4）操作冲击电压试验。试验回路电缆导体加热至 95～100℃，按 GB/T 3048.13—2007 规定施加正、负极性 1175kV 操作冲击电压各 10 次，应不出现击穿或闪络。典型操作冲击电压波形见图 5-15、图 5-16。

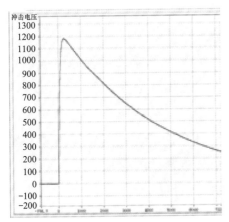

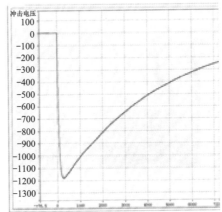

图 5-15　操作冲击电压正极性第 1 次　　　图 5-16　操作冲击电压负极性第 1 次

　　5）雷电冲击电压试验和随后的工频电压试验。将组合试样中的电缆导体加热至 95～100℃，按 GB/T 3048.13—2007 规定进行雷电冲击电压试验，施加正、负极性 1550kV 雷电冲击电压各 10 次，应不出现击穿或闪络。雷电冲击电压试验后，在室温下进行工频电压试验，施加 580kV 工频电压 15min，应不出现击穿或闪络。典型雷电冲击电压波形见图 5-17、图 5-18。

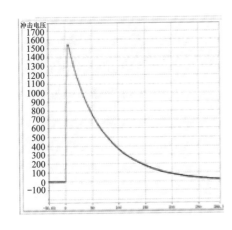

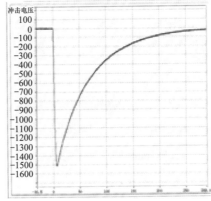

图 5-17　雷电冲击电压正极性第 1 次　　　图 5-18　雷电冲击电压负极性第 1 次

图 5-19 交流 500kV 交联聚乙烯
绝缘海缆预鉴定试验典型
试验回路布置

5.2.4.2 预鉴定试验

（1）预鉴定试验项目

交流 500kV 交联聚乙烯绝缘海缆预鉴定试验项目：①热循环电压试验；②雷电冲击电压试验；③上述试验完成后电缆系统的检验。交流 500kV 交联聚乙烯绝缘海缆预鉴定典型试验回路布置见图 5-19。

（2）主要项目试验方法。

1）热循环电压试验。采用导体电流加热组装试样，直到导体温度达到 90～95℃。试验过程中因环境温度变化要调节导体电流。

应选择加热布置，使远离附件的电缆导体达到上述规定温度，记录电缆表面温度作为试验数据。

至少应加热 8h，每个加热周期内应在上述温度范围内应至少保持 2h。随后至少应自然冷却 16h。

在整个试验期间 8760h 内，应对组装试样施加电压 493kV（$1.7U_0$）和热循环，加热和冷却循环至少应进行 180 次。

试验期间应不发生试样击穿。

2）雷电冲击电压试验。试验在整个试验回路上进行，在导体温度达到 90～95℃温度下进行雷电冲击电压试验。导体温度应保持在上述温度范围至少 2h。按 GB/T 3048.13—2007 给出的步骤施加雷电冲击电压。

电缆回路应耐受 1550kV 试验电压值施加的 10 次正极性和 10 次负极性电压冲击而不发生击穿。

3）电缆系统检查。预鉴定试验结果合格的标准是试验对象经过所有试验不击穿，解剖电缆、拆卸附件电缆，用正常或矫正视力进行检查，应无影响电缆系统正常运行的劣化迹象（如电气劣化，泄漏、腐蚀或有害的收缩)。

各项试验持续时间见表 5-3。

表 5-3　　　　　　　　　　　　　预鉴定试验各项目持续时间

试验项目	热循环电压试验	雷电冲击电压试验	电缆系统检查
试验时间（月）	14	1	1

5.3　工程应用

5.3.1　舟山 500kV 海缆工程建设背景

舟山 500kV 海缆工程是浙江舟山与大陆 500kV 联网输变电工程"第二通道"的一部分,是世界上第一条交流 500kV 交联聚乙烯绝缘海缆工程。浙江舟山群岛新区建设是国家海洋战略实施的具有重要战略意义的区域开发项目。浙江舟山 500kV 联网输变电工程概算动态投资 46.2 亿,是目前在建 500kV 电压等级中投资规模最大、技术难度最高、将创造历史和多项目世界第一的输变电工程。

5.3.2　舟山 500kV 海缆工程特点

(1) 世界首次采用交流 500kV 交联聚乙烯绝缘海缆。本工程为世界首次采用交流 500kV 单芯交联聚乙烯复合光纤电缆,因此海缆工程的建设、运维没有任何先例可循,在工程建设之前尚无通过型式试验的交流 500kV 交联聚乙烯绝缘海缆产品,因此采用依托工程提前开展研发、试验和生产的方式。

(2) 海缆的设计、制造、试验等环节均需进行高难度科技攻关。由于 500kV 交联聚乙烯绝缘海缆为世界首次采用,海缆的设计、制造、试验等环节均有许多需要进行科技攻关问题,如海缆的载流量、接头技术、绝缘配合等,同时本工程与舟山岛上架空线路工程形成 500kV 等级的交联聚乙烯海缆和架空线混合线路,为设计、运维增加了难度。

表 5-4   海缆研发科技攻关项目

序号	专题名称
1	海缆电磁暂态研究计算及输送容量分布特性研究
2	500kV 海底电缆载流量评估及登录段载流量瓶颈消除技术研究
3	长距离 500kV 海底电缆节能降损及接头可靠性技术研究
4	长距离 500kV 海底电缆过电压与绝缘配置
5	交流 500kV 交联聚乙烯绝缘海底电缆预鉴定试验
6	特殊海床环境下海缆保护方案及其施工技术研究
7	500kV 海底电缆投运前物理状态参量测试及启动调试技术研究
8	500kV 海底电缆交流耐压及同步局放检测试验技术研究
9	大截面 500kV 海底电缆退扭技术研究及工程应用
10	500kV 海底电缆施工海上平台研究及应用
11	500kV 海底电缆大容量串联谐振试验系统

（3）海缆路由自然环境复杂。该工程海缆线路长达 17.7km，海底局部有大梯度环境，为海缆工程敷设、运行维护带来了极大挑战。

5.3.3　舟山 500kV 海缆工程路径

舟山 500kV 海缆工程路径位于浙江省宁波市、舟山市，起于 500kV 镇海终端站，止于 500kV 大鹏岛终端站。

镇海区隶属宁波，北濒杭州湾灰鳖洋，是宁波至舟山的桥头堡。金塘镇隶属于舟山市定海区，位于舟山群岛西部，包括金塘岛、册子岛和大鹏山岛等岛礁。金塘岛为镇政府所在岛，是舟山群岛中的第四大岛，金塘岛西面为大鹏山岛，隔港相望，相距约 300～1000m。

海缆从 500kV 镇海终端站起，平行镇金水管路由（拟建）在其南侧 250m，在镇海新泓口东顺堤南部入海，然后转向东北、继而向东，至大鹏山西岸中偏北部小湾登陆，进入 500kV 舟山终端站。

海缆路由区海底地形见图 5-20、图 5-21，总体上为西南部高，东北部低。路由海域处于现代长江水下三角洲的南缘，穿越三个主要的海底地貌单元，分别是杭州湾口浅滩、堆积冲刷平原、潮流冲刷槽。西南部为杭州湾口浅滩，海底向东北微倾，一般水深在 5m 以内。东北部处于杭州湾口堆积平原，水深 5～13m。大鹏山西侧发育潮流冲刷槽，最深处可达 50m，给海缆的敷设和后续运行带来较大挑战。

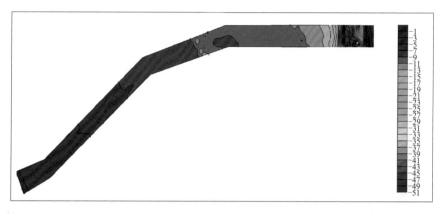

图 5-20　路由区水深图

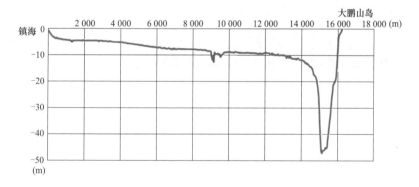

图 5-21　1 号路由海底地形剖面示意图

5.3.4　舟山 500kV 海缆选型情况

海底电缆采用交流 500kV 单芯交联聚乙烯复合光纤海底电缆，导体截面为 1800mm²，材料为铜。外层保护采用铅合金护套及铜铠装。

电缆接头部分考虑软接头，部分使用刚性接头，3 相海缆中有 2 相采用软接头，1 相采用刚性接头。电缆终端采用复合式或瓷套式终端，具体见图 5-22～图 5-24。

图 5-22　海缆软接头

图 5-23　500kV 海缆刚性接头

图 5-24　500kV 海缆终端

5.3.5　舟山 500kV 海缆工程建设进展情况

2016 年 5 月 31 日，浙江省发展改革委对本项目予以核准。2016 年 9 月 26 日国家电网公司批复了工程初步设计。

2016 年 4 月交流 500kV 交联聚乙烯绝缘海缆产品于开始开展型式试验，至 2017 年 2 月海缆型式试验全部完成。

2017 年 2 月完成海缆通道线路工程规划许可证办理，按照工程建设计划，2018 年 3 月开始海缆敷设，2018 年 10 月完成海缆安装和现场试验工作，2018 年 11 月完成验收工作具备投产条件，12 月舟山 500kV 海缆工程正式投产。

5.4 技术展望

交流 500kV 交联聚乙烯绝缘海缆可应用于今后我国国内的沿海省份近海海岛进行海上输电、通信等，可大规模大容量输送电能、减少建设火电厂的成本及污染，也可为海上风电场的清洁能源的外送提供电力通道。

（1）满足海上能源互联需求。光纤复合海底电缆主要用于大陆与海岛、海岛与海岛、大陆与海上油气平台、海上油气平台之间同步传输电能和光通信信号。我国海域辽阔，拥有 300 万 km² 的海域和 18000km 的海岸线，沿海分布有 6000 多个岛屿，具备丰富的石油、天然气、风能等能源资源。"十三五"期间，我国将迎来海上风电建设高潮，为节约海上路由资源，由多家发电企业联合开发的超大型海上风电场将采用超高压海缆将海上风电场的电力输送上岸，500kV 超高压海缆应用前景广阔。

（2）为海洋产业开发提供能源支撑。舟山群岛等众多沿海岛屿开发需要使用大长度海底光电缆解决供电与通信，实现与大陆主电网互联以及岛屿间连网，提高能源的稳定性和利用率。并为沿海海岛多产业开发及社会发展提供能源支撑。

（3）填补国际海缆产业空白需要。世界上海缆使用已逾百年，技术主要集中于充油绝缘电缆、油浸纸绝缘电缆和交联聚乙烯绝缘电缆，500kV 及以上超高压海底电缆仍处于空白。我国近期的大型海岛联网工程，因缺少 500kV 超高压交联聚乙烯海缆，而不得不选用昂贵的进口充油电缆。500kV 海底光电复合缆产品研制成功，将填补国际高电压海缆产业空白。

参 考 文 献

［1］ 邱巍，鲍洁秋，于力，等. 海底电缆及其技术难点. 沈阳工程学院学报，2012，8（1）：41-44.

［2］ 何旭涛，马兴端，闫循平. 降低高压海底电缆登陆段电能损耗的措施研究. 浙江电力，2011，30（10）：29-31.

［3］ 周远翔，赵健康，刘睿，等. 高压/超高压电力电缆关键技术分析及展望. 高电压技术，2014，40（9）：2593-2612.

［4］ 王裕霜. 国内外海底电缆输电工程综述. 南方电网技术，2012，6（2）：26-30.

［5］ 王贤灿，官文彤. 220kV交流大截面海底电缆的设计选型. 电线电缆，2013，56（6）：24-27.

［6］ 龚永超，何旭涛，孙建生，等. 高压海底电力电缆铠装的设计与选型. 电线电缆，2011，54（5）：19-22.

［7］ 严有祥，方晓临，张伟刚，等. 厦门±320kV柔性直流电缆输电工程电缆选型和敷设. 高电压技术，2015，41（4）：1147-1153.

PART 6

±500kV直流电缆技术与应用

6.1 概述

6.1.1 电缆及电缆附件概念

世界上早期的供电以直流为基础，早在 20 世纪初期直流电缆就已被采用，后来随着交流输电技术的飞速发展，交流电缆得到了更加广泛的应用。直流电缆在发展中吸取了交流电缆的成熟经验，所以在结构上与交流电缆有很多相似之处。低压电缆，其结构较为简单，在导体的外层直接包裹上绝缘层，但对于高压电缆来说，其电场强度很高，输电容量大，必须对其进行专门的结构设计。图 6-1 所示是高压直流海缆的典型结构示意图，从图中能看出由内向外依次由导体、导体屏蔽、绝缘、绝缘屏蔽、纤维阻水绕包带、铅护套、PE 护套、包带衬层、钢丝铠装、内衬垫层、横向增强铠装及沥青＋PP 外护套，根据需要还会在 PE 护套或中增加监测光纤。在高压直流结构中，直流绝缘部分最为关键，直流电缆的发展也主要取决于绝缘技术。

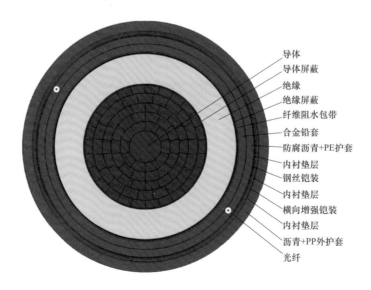

导体
导体屏蔽
绝缘
绝缘屏蔽
纤维阻水包带
合金铅套
防腐沥青+PE护套
内衬垫层
钢丝铠装
内衬垫层
横向增强铠装
内衬垫层
沥青+PP外护套
光纤

图 6-1　高压直流海缆结构示意图

6.1.2　直流电缆发展历史

伴随直流绝缘材料技术的发展，直流电缆绝缘的发展大致经历充油绝缘（OF）、油纸绝缘（MI）和交联聚乙烯（XLPE）挤塑绝缘三个阶段。

油纸和充油绝缘直流电缆发明超过 100 年，而交联聚乙烯挤塑绝缘直流电缆发明至今刚刚 30 年的历史，早期充油电缆采用中空导体作为油流道，充油不断浸渍导体外纸绝缘层，在电缆运行过程中需要不断充油。由于该种电缆容易造成环境污染，维护难度大，已很少采用。

目前直流工程主要采用油纸电缆和交联聚乙烯挤塑电缆。油纸电缆包括传统油纸电缆和改进型油纸电缆（PPLP），传统的油纸电缆导体工作温度较低（55℃），电缆敷设落差大，易发生电缆内部油由于重力沿着电缆向低处流，造成电缆因缺油而损坏。改进型油纸电缆改进的方向主要是油和纸两个方面，油纸电缆中油的黏度大幅度提高，在较高温度下不会发生滴流；绝缘纸由最初的木质纸张或牛皮纸改为聚丙烯薄膜复合纸张，有效地提高了绝缘水平和耐受温度，可使电缆导体工作温度达到 65℃甚至更高。目前油纸电缆应用于大容量的海底直流电缆，最高运行电压等级可以达到 600kV，在这一电压等级，还没有其他类型电缆能够替代。

交联聚乙烯直流电缆因绝缘材料配方不同可分为纳米型和共混型，在交联聚乙烯高压直流电缆研制出来之前，投入运行的直流工程以传统或改进型油纸绝缘电缆为主。由于交联聚乙烯直流电缆采用三层共挤生产方式，相对于油纸电缆具有造价低、输送容量高、维护简单等优点，交联聚乙烯电缆成功研制后，在相同电压等级下，交联聚乙烯直流电缆成为柔性直流输电技术首选。表 6-1 列出了主要类型电缆特点。

表 6-1 主要类型电缆特点

电缆类型	导体温度（℃）	最大容量	电压	优缺点
MI	55	1.6GW 双极	±500kV 直流运行经验	生产成本高、施工复杂、运行温度低，工作电压高、技术成熟
PPL	65	2.2GW 双极 3.0GW 双极	±600kV 工程在建 ±700kV 型式试验	除耐温略高外，其他指标类似 MI 电缆
共混型XLPE	70	2.6GW 双极	±320kV 运行经验、±600kV 通过型式试验	空间电荷聚集少、材料纯度要求高
纳米型XLPE	90	2.4GW 双极	±400kV 在建、±500kV 型式试验	空间电荷聚集少、均匀掺杂困难

6.1.3 电缆附件

电缆挤出设备如开机时间过长，会引起绝缘材料焦烧杂质混入电缆绝缘层，因此每次挤出的电缆长度是有限的。而在一些直流输电工程中，输电长度通常在几十到几百千米，在这样的长度范围，电缆之间必须有中间接头连接，在电缆的端头还要有终端。电缆的中间接头用于电缆间的连接，而终端则用于电缆与设备间的电气、机械连接。电缆的中间接头和电缆的终端也是直流电缆实现输电不可或缺的组成部分。通常把中间接头和终端统称为电缆附件，电缆附件和电缆本体共同组成完整的电缆系统。

随着电缆技术的不断发展，电缆附件的制造水平和耐压等级不断提升。

传统的油纸绝缘直流电缆普遍采用绕包型附件，此种型式电缆附件是在现场根据电缆的电压等级和截面积，选定橡塑绝缘带材和绕包规格而绕制成型，因而其不受工厂制作规格的限制。其主要缺点是现场绕制的时间比较长，且对施工人员的技术要求很高，如应力锥的绕制就特别的繁杂。另外，绕包型附件绕包绝缘间容易存在气隙，因此局部放电量大而使用寿命短，抗紫外线和污秽能力差。随着 XLPE 直流电缆的普及和发展，绕包型附件逐渐退出了历史的舞台。

对于高压直流电缆，预制式附件是目前高压直流交联聚乙烯电缆系统中最为常用的一种附件。这种附件通常是通过金具将两段电缆导体连接起来，将混炼好的硅橡胶或乙丙橡胶注射成型，再在模具中经高温、高压二次硫化成型，并在外面安装绝缘件等其他零件。绝缘件是在工厂预制成型，并经过例行试验验证其各项性能符合要求后，方可出厂。这种附件结构最大程度地提高了成品的一致性，降低对现场环境及施工人员技术的依赖，是目前采用较多的高压直流电缆附件方案。

按照结构的不同，预制式电缆附件又分为组合预制式和整体预制式两种。图 6-2 所示为这两种接头内部结构的一般形式：组合预制式接头中，部位 1、2、4 为乙丙橡胶材料，部位 3 通常为环氧树脂材料，弹簧用于增加界面压强；整体预制式接头的部位 1、3、4、6 为单一橡胶件，利用橡胶自身弹性保持界面压强。两种形式接头的电气原理基本相同：核心部分由连接金具、应力锥、增强绝缘、高压屏蔽管、增强绝缘屏蔽组成。ABB 公司开发出的整体预制式接头在增强绝缘与电缆绝缘层 4 之间加入非线性材料以抑制空间电荷的累积。

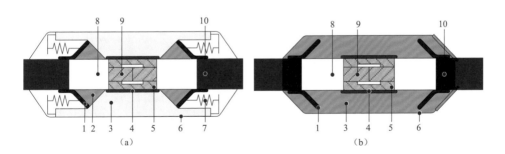

图 6-2　预制式中间接头结构示意图

（a）组合预制式接头；（b）整体预制式接头

1—应力锥半导电部分；2—应力锥绝缘部分；3—增强绝缘；4—高压屏蔽管；5—连接金具；6—增强绝缘屏蔽；7—弹簧装置；8—电缆绝缘层；9—电缆导体；10—电缆绝缘层屏蔽

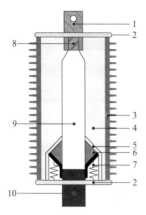

图 6-3　终端结构示意图

1—金具；2—均压环；3—
绝缘子；4—绝缘油；5—套
筒；6—应力锥；7—弹簧装
置；8—电缆导体；9—电缆绝
缘层；10—电缆绝缘层屏蔽

预制式接头的绝缘件现场安装方便，节约安装时间。其主要缺点是密封效果较差，工程上普遍采用界面涂硅脂的方式解决。另外，SIR 的抗撕裂强度较差，一旦接头由于外力作用而发生裂纹，在电缆给予接头张力的作用下，将会导致接头严重开裂而引起故障。

图 6-3 所示为连接换流站内直流母线的常用高压直流挤包绝缘电缆户内终端形式。该终端的电气原理为：金具连接电缆导体和直流母线；终端外部绝缘介质是空气，绝缘子采用陶瓷或复合材料，通过增加爬电距离来提高电气强度；终端内部充绝缘油；应力锥释放电缆绝缘层屏蔽端面上的电应力。

6.1.4　直流电缆附件发展

电缆附件的发展大致经历了绕包附件到热缩、冷缩再到预制式的发展历程。传统的油纸绝缘直流电缆普遍采用绕包型附件。早在 20 世纪 60 年代国外就已经开始绕包型附件的研究，我国也在 20 世纪 70 年代初开始进行研究。此种型式电缆附件是在现场根据电缆的电压等级和截面积，选定橡塑绝缘带材和绕包规格而绕制成型，因而其不受工厂制作规格的限制。其主要缺点是现场绕制的时间比较长，且对施工人员的技术要求很高，像应力锥的绕制就特别的繁杂。另外，绕包型附件绕包绝缘间容易存在气隙，局部放电量大而使用寿命短，抗紫外线和污秽能力差，因而，绕包型附件将逐渐退出历史的舞台。热缩型附件是将所需要的管材，逐次套装在经过处理后的电缆接头或终端处，逐次加热收缩成为电缆附件。热缩型附件具有良好的收缩性能，在径向收缩的允许范围内一种规格的附件可与多种截面积的电缆配合，另具有条件约束少、体积小、质量轻、安装简便等优点。然而，热缩型附件一般使用寿命只有 4～5 年。究其原因，主要是 XLPE 的热膨胀系数大，电缆直径会随着温度的变化而热胀冷缩，而热缩材料要在 130℃左右才会收缩。经过长时间运行后，XLPE 与热缩材料间将形成间隙，进而引发沿面放电，最终导致附件发生故障。冷缩型附件是将合成橡胶（SIR 或 EPDM）制成的成件硫化后扩径，内部衬以尼龙条制成的螺旋衬管，现场安装时将预扩张管件套在经过处理的电缆接头或终端上，再抽出尼龙螺旋衬管，外部合成橡胶制成的套管自行收缩在电缆接头或终端处，从而形成电缆接头或终端头。冷缩型附件具有操作简便快捷、技术可靠、密封性能好、抗大气污秽、耐酸耐碱等优点，特别适用于有易燃、易爆气体或蒸汽的场合，且使用寿命很长。其主要缺点是价格非常昂贵，在一般场合使用将不能体现其优势所在。

预制式附件目前在高压电缆上应用最为广泛，预制式附件通常是将混炼好的液体材料（SIR 或 EPDM）在模具中经高温、高压硫化成型。一般都是在工厂将应力锥和增强绝缘一次注橡成型，具有统一的形状和尺寸，因此现场安装方便，对安装人员的技术要求低，摒除了以往绕包型等附件影响质量的一系列因素。另外，橡胶材料具有较强的弹性记忆能力，其制作的附件可以紧贴在电缆本体上，与电缆同"呼吸"。其主要缺点是密封效果较差，工程上普遍采用界面涂硅脂的方式解决。另外，硅橡胶的抗撕裂强度较差，一旦附件由于外力作用而发生裂纹，在电缆给予附件张力的作用下，将会导致附件严重开裂而引起故障。

国外 20 世纪末开展了预制式交联聚乙烯直流电缆及附件产品方面的研制工作。近十余年来，相关产品电压等级不断提升，投入示范工程的最高电压等级达到±320kV，±500kV 电压等级的产品于 2015 年通过了预鉴定试验。目前，国外具有 XLPE 高压直流附件生产能力的厂家主要有 5 家，分别是瑞士 ABB、法国 Nexans、意大利 Prysmian、日本 Viscas 和 J-Power。其中 ABB 研制的±525kV 直流电缆及附件分别于 2014、2015 年通过了型式试验与预鉴定试验，ABB 生产的±320kV XLPE 高压直流电缆系统（包括陆缆和海缆）使用最广。法国 Nexans 公司具有生产最高电压为±500kV 的高压直流电缆附件的能力，但未见其产品投入工程使用的报道。意大利 Prysmian 具有生产最高电压±320kV XLPE 高压直流电缆附件的能力，2010 年美国的 Trans-bay 直流输电工程就使用了 Prysmian 的±200kV XLPE 高压直流电缆及附件，2016 年 Prysmain 研制出±600kV XLPE 直流电缆附件，并通过型式试验。由于附件的重要性，其被企业视为核心技术，上述企业均对其直流电缆附件技术进行严格保密。日本 J-Power 能够生产±250kV 的 XLPE 高压直流电缆及附件，已用于 2011 年日本北海道-本州直流输电工程。日本 Viscas 是 2001 年由古河电工公司和滕仓电线公司联合组建的合资公司，其生产的 XLPE 高压直流电缆及附件电压等级是最早达到±500kV 的，但未实际投运。

与国外厂家电缆和附件均由同一家企业完成不同，国内目前高压直流电缆和附件研制通常是分离的，由不同的企业完成。国内直流电缆附件厂家主要有长沙长缆、上海三原、珠海长园等厂家，长沙长缆、珠海长园、上海三原等 3 家企业±320kV 直流电缆附件通过型式试验，其中长沙长缆研制的 320kV 直流电缆附件于 2014 年通过了型式试验，并应用于厦门柔性直流输电示范工程，相关企业±500kV 直流附件也正在研制中。

6.1.5　直流电缆技术特点

直流电缆特性与交流电缆有本质区别：交流电缆存在除芯线电阻损耗外，还有绝缘介质损耗及铅包、铠装的磁感应损耗，而直流电缆只有芯线电阻损耗且绝缘老化速度缓慢，运行费用低。在输送功率相同和可靠性指标可比条件下，直流电缆输电线路的投资比交流电缆线路要低（特别是线路长度 20～40 km 时）。而在输电技术上，直流输电可提高电力系统的运行可靠性和调度灵活性。但是，XLPE 高压直流电力电缆的应用远远滞后于交流电缆，这与直流电缆的运行特性（尤其是绝缘电阻率的温度特性、绝缘中空间电荷效应等问题）有很大关系。

相比交流电缆，直流电缆运行有以下显著特点：

（1）空间电荷效应。交流电场中电缆绝缘的电场分布取决于绝缘材料的电容率，绝缘材料中正负电荷的迁移无法跟上工频电场的快速变化，因此基本没有空间电荷的影响。而在直流电场中，电场按电阻率大小分布，由于聚合物绝缘中存在大量的局域态（陷阱），将捕获电荷形成空间电荷并影响电场分布，导致局部电场增加，加速绝缘材料电老化，缩短绝缘材料的使用寿命。

（2）温度梯度效应。交流电场中电缆绝缘的电场分布取决于绝缘材料的电容率，其随温度、电场以及频率变化很小。在直流电场中，电场按电阻率大小分布，而绝缘电阻率具有负温度特性，随温度升高指数衰减，有时能达几个数量级的差异。当直流电缆负荷（即稳态）运行时，导芯发热将导致绝缘内外形成温度梯度，绝缘各层温度的变化直接影响绝缘中的电场分布，从而使直流电缆从空载、负载到满载运行过程中绝缘内出现最大场强从内侧到外侧的反转变化，导致绝缘层外侧的电场强度可能大大超过设计允许的正常工作场强。另外，直流电缆运行中的温度梯度效应将协同空间电荷效应，导致电缆绝缘低温侧场强增至初始值的 7～9 倍。尤其在系统电压撤去或发生极性反转情况下，此空间电荷的存在极易导致电缆绝缘的瞬时击穿。

（3）复合介质的界面效应。电缆及附件中半导电层和主绝缘的界面特性（如半导电层的热稳定性、肖特基场强效应和界面相容性等）直接影响直流电压下空间电荷的注入和积累。另外，电缆主绝缘与附件增强绝缘交界面上热阻、电导的不连续性，也将积累空间电荷。尤其在温度梯度作用下，电缆与附件绝缘交界面上电荷量倍增，影响附件内电场分布，增加界面径向场强。同时由于电缆发热对绝缘力学性能的影响或长期运行中附件绝缘应力松弛现象而导致电缆与附件界面压力的降低，协同空间电荷效应，极易诱发沿交界面放电，降低附件长期运行可靠性。

6.1.6　高压直流电缆技术现状

经过 30 年的发展，交联聚乙烯直流电缆已经由最初±80kV 发展至±500kV 电压等级。直流电缆输电电压水平的每一次提高，都会带来输电容量的巨大提升。而每次直流电缆电压水平的提升，都意味着电缆导体、绝缘、电缆结构设计预制及电缆附件设计与制造大量新技术支撑和应用。对交联聚乙烯挤塑直流电缆，其意味着电缆与附件关键材料、电缆与附件设计与制造及相应安装技术的突破。±500kV 直流电缆关键材料包括绝缘、半导电屏蔽材料、结构设计包括了电缆本体设计和电缆附件（中间接头和终端）的结构设计等一系列关键环节和技术。

6.1.6.1　高压直流电缆材料研究现状

目前商用交联聚乙烯绝（XLPE）缘材料的研究主要有两种技术路线：一种是纯净化技术路线，该技术路线在满足电缆绝缘性能需求在（LDPE）纯净基料中尽可能少加入交联剂和及其他助剂。采用该技术路线的主要是北欧化工有限公司（简称北欧化工），美国陶氏化学公司（简称陶氏化学）新型直流绝缘材料也采用了该路线。另一技术路线则是纳米改性技术路线，该技术路线在 LDPE 基料中掺入纳米改性颗粒来提升 XLPE 的性能。采用该技术路线的主要有陶氏化学、日本 J-Power、NUC，我国目前研制的±320kV 直流绝缘材料也采用了该技术路线。2015 年，由国家电网公司牵头研制出±320kV XLPE 直流电缆绝缘料正在开展型式试验，目前国内也正在开展±500kV XLPE 直流绝缘材料研制，该研究也得到了 2016 国家重点研发计划资助。目前国内在攻克高压 XLPE 直流电缆绝缘材料方面主要存在以下技术瓶颈：

（1）市场上缺乏高端低密度聚乙烯（LDPE）基体树脂，多数 LDPE 分子量分布较宽。

（2）绝缘料黏度较大，设备挤出压力大，对设备要求过高，影响生产效率。

（3）树脂流动性不稳定，在电缆生产过程中容易导致电缆绝缘厚度的不均匀。

（4）杂质含量高，杂质的存在容易造成绝缘层电场局部集中，从而引发电树枝击穿，降低电缆的使用寿命。目前国内已经开始引入超净绝缘料生产线、杂质过滤和检测技术，并对冷却水和生产环境进行净化。

（5）材料绝缘性能差，使用寿命短，希望从分子链结构角度进行调整，确保降低交联剂的含量，从而抑制空间电荷的产生，同时获得高交联度的 XLPE 绝缘料。

（6）绝缘料温度敏感性高，绝缘料电阻率受温度影响较大，一般运行温度每升高 20℃ 电阻率会下降一个数量级。

在高压直流 XLPE 直流绝缘材料的商用研制领域，北欧化工和陶氏化学是世界领先者。国际上有商业应用经验的交联聚乙烯直流电缆绝缘料和屏蔽料主要被北欧化工、陶氏化学所垄断，目前北欧化工生产的交联聚乙烯绝缘和屏蔽材料可以生产最高电压等级为 ±525kV 的直流电缆。北欧化工采用分子共聚、极性基团接枝共混技术等，率先研制出不同电压等级的 XLPE 直流绝缘材料，并与 ABB 合作用于 ±320kV 以下直流电缆工程，最高运行温度为 70℃。2014 年北欧化工又率先推出 500kV XLPE 直流绝缘材料，成功用于 ±525kV XLPE 直流电缆。陶氏化学也开发出了 ±320kV 纳米 XLPE 直流绝缘材料，但未工程应用，2016 年陶氏化学继北欧化工后又研制出了可用于 ±500kV 直流电缆的新型 XLPE 直流绝缘材料并进行商用推广，该材料最高耐受温度可达 90℃。日本一些公司（如 Viscas、NUC）也宣称开发出了±500kV 交联聚乙烯直流电缆绝缘和屏蔽材料，目前尚无工程应用记录。表 6-2 所示为目前市场主要直流电缆用绝缘料和屏蔽料的相关型号。

表 6-2　　　　　　　　直流电缆用绝缘料和屏蔽料的相关型号

直流电缆料	公司	产品型号	电压等级	应用
绝缘料	北欧化工	Borlink LS4258DC	±525kV	通过型式和预鉴定试验
	北欧化工	Borlink LE4253DC	±320kV	已工程应用
	陶氏化学	HFDK 0440DC	±320/500kV	商用推广阶段
屏蔽料	北欧化工	Borlink LE0550DC	±525kV	通过型式和预鉴定试验
	陶氏化学	HFDA4401DC	±320/500kV	商用推广阶段

在电缆附件绝缘材料方面，通常采用 SIR（硅橡胶）和 EPR（三元乙丙橡胶）作为直流 XLPE 电缆附件的绝缘材料。硅橡胶制造的电缆附件产品具有以下特性：耐漏电起痕能力强，适用温度宽，憎水性及抗污秽能力强；但硅橡胶耐撕裂性能较差。硅橡胶附件安装后与电缆本体合为一体，对电缆主绝缘施加恒定的压力，与电缆同"呼吸"，能有效降低电缆附件沿面放电。目前，硅橡胶材料已经广泛用于预制型及冷收缩型交流电缆附件中，并已成功用于直流电缆附件制造。三元乙丙橡胶和硅橡胶均具有优异的电气性能和耐电晕性能，但是三元乙丙橡胶不耐有机溶剂，硅橡胶抗撕裂性能很难达到要求，应用在高压电缆附件中时需进行改性。

目前世界范围内，具有高压直流电缆附件用硅橡胶生产能力的厂家主要有 5 家，分别是美国道康宁公司（Dow Corning）、美国迈图高新材料集团（Momentive）（原美国通用电气高新材料集团）、德国瓦克国际集团（Wacker）、香港新能源化工集团东爵有机硅集团有限公司（东爵）和中国化工集团中蓝晨光化工设计研究院有限公司（中蓝晨光）。其中美国道康宁公司是世界上最领先的有机硅材料制造商，现为全球硅橡胶技术和创新领域的全球领导者。美国迈图高新材料集团是全球第二大的有机硅产品生产商。目前，这些公司积极开拓中国市场，均已在中国建立了销售网络，有些还建立了相应的生产基地。

6.1.6.2　高压直流电缆研究现状

虽然交联聚乙烯直流电缆工程投运至今刚 20 年历史，但人们对交联聚乙烯直流电缆的研制要远早于此，在 20 世纪 80 年代日本 J-Powers 便开展了 ±250kV 纳米 XLPE 直流电缆的研制，但此后并未投入实际工程，直到 1999 年 ABB 将其研制的 ±80kV XLPE 电缆应用于柔性直流输电工程，开启了 XLPE 直流电缆的发展新阶段。2002 年 ±150kV XLPE 电缆研制成功，2009 年，ABB 研制出来 ±320kVXLPE 直流电缆，2014 年 ABB 研制出 ±525kV XLPE 直流电缆并通过型式试验，2015 年 Prysmain 也研制出 ±525kVXLPE 直流电缆，2016 年 Prysmain 研制出 ±600kV XLPE 和 ±525kVP-Laser 挤塑电缆以及 ±700kVPPLP 改良油纸电缆并均通过型式试验，2017 年初 NKT（ABB 电缆业务并入）宣称其已经研制出 ±640kV/3100MW 直流电缆并通过了试验验证，是目前挤出直流电缆的最高水平。目前 Prysmain 和 NKT 均计划在其 600kV 电压等级挤出型直流电缆基础上开发 ±800kV 挤出型直流电缆。现在世界范围新投运的柔性直流输电线路中绝大部分采用交联聚乙烯直流电缆，而主要的电缆厂家都基本具备了 ±500kV 直流电缆的制造的能力，油纸电缆由于其工艺比较成熟，在交联聚乙烯直流电缆电压等级不能实现的领域仍被采用。目前改进型油纸电缆在不同企业有不同的代号，主要有 PPL、PPLP、MIND。表 6-3 中详细列出了目前国外主要电缆生产厂家电缆的技术参数。

表 6-3　　　　　　　　各电缆厂家电缆技术参数（最高指标）

公司	路线	电压等级	双极容量
NKT	MI	±500kV	1000MW
	XLPE	±640kV	3100MW

公司	路线	电压等级	双极容量
Prysmain	PPL	±700kV	3000MW
	XLPE	±600kV	3000MW
	挤出 P-Laser	±525kV	2600MW
Nexans	MIND	±525kV	800MW 单极
	XLPE	±450kV	670MW 单极
J-Power	XLPE	±400kV	1000MW 单极
		±500kV	—
LS	MI	±285kV	380MW
	PPLP	±500kV	1500MW
	XLPE	±320kV	开发中
中天	XLPE	±500kV	通过 2600M 型试验
		±320kV	1000MW

　　国内主要高压直流电缆生产厂家主要有中天科技、宁波东方、亨通高压、青岛汉缆四家，全部采用交联聚乙烯电缆的技术路线。中天科技、宁波东方、青岛汉缆等 3 家企业有±200kV 交联聚乙烯海缆工程经历，其中中天科技有±320kV 交联聚乙烯陆缆工程业绩，表 6-4 详细列出了国内主要海缆厂家直流电缆生产技术能力。

表 6-4　　　　　　　　国内主要海缆厂家直流电缆生产技术能力

名称	导体	绝缘材料	工厂软接头	工程经验
中天科技	铜	XLPE	±200kV 工程经验	±320kV 陆缆、±200kV 海缆工程经验
宁波东方	铜	XLPE	±200kV 工程经验、±320kV 型式试验	±200kV 海缆工程经验
青岛汉缆	铜	XLPE	±200kV 工程经验	±200kV 海缆工程经验
亨通高压	铜	XLPE	±210kV 型式试验	±210kV 海缆型式试验

　　依托柔性直流输电工程，国内直流电缆相关的产、学、研、用单位通过共同攻关，使得我国直流电缆研制实现了从±160kV 到±200kV 再到±320kV 的三级跳，2013 年我国自行研制出±160kV XLPE 直流电缆，2014 年制出±200kV XLPE 直流电缆，2015 年制出±320kV

XLPE 直流电缆，目前由全球能源互联网研究院牵头的国家重点研发计划"±500kV 直流电缆关键技术"已于 2016 年获批立项，国网公司重大科技专项也先后立项重点支持了 ±320kV 交联聚乙烯直流电缆和 ±500kV 交联聚乙烯直流海缆的研制。

总体而言，国外公司开始制造电缆起步较早，经验积累较为丰富，直流电缆的设计基础也比较好，目前直流电缆的设计研制主要还是国外 ABB、Prysmain、Nexans、Vicas 这些公司主导。由于国外的公司电缆设计体系已经比较完善，设计出的直流电缆通常比较紧凑。国内设计上仿照国外，但对于电缆中绝缘中电场、电导、热特性等关注研究不深入，通常为保障电缆安全就需要比国外采用更大的裕量。以 ±320kV 交联聚乙烯直流电缆为例，国外采用交联聚乙烯绝缘设计厚度约为 18mm，而国内电缆制造厂设计的厚度均约为 26mm，两者相差近 8mm。从实际状况来看，国内 320kV 交联聚乙烯直流电缆技术尚未完全解决，因此研制 500kV 直流海缆将会面临许多困难和挑战。国内目前在直流电缆研究、制造方面虽然与国外有一定差距，但国内一些研究机构目前已经开展了 ±320kV 直流电缆的研制，并已经在材料、制造方面取得了许多经验。国内宁波东方、中天电缆、青岛汉缆等制造企业已经具备了生产 ±500kV 交流电缆的经验，中天科技等还具备了 ±320kV 直流电缆的生产经验。从电缆制造的软件、硬件条件来说国内研制 ±500kV 交联聚乙烯直流电缆具有良好的基础。

6.1.6.3　高压直流附件技术现状

交联聚乙烯直流电缆附件的发展情况相比较于直流电缆要滞后得多，主要是因为难以分析和研究电缆主绝缘与附件增强绝缘交界面上的界面空间电荷的积累情况，以及研究开发合适的附件增强绝缘材料。国外 ABB、Prysmian、Nexans 等电缆厂家开发的 ±320kV 直流电缆附件均已通过了型式试验，其中 ABB 与 Prysmian 有 ±320kV 直流电缆附件应用工程业绩，Nexans 有 ±150kV 直流电缆附件应用工程业绩。

ABB 于 2014 年宣布研制出±525kV 交联聚乙烯直流电缆附件，并于 2015 年通过预鉴定试验，附件如图 6-4 所示。ABB 在该附件增强绝缘和电缆外屏间引入了一种新的非线性材料，该非线性材料是一层非线性电场控制层，此非线性材料的电导率在不同温度不同电场下分别与电缆主绝缘和附件增强绝缘的电导率具有"呼吸"效应，即满足不同温度不同电场下非线性材料与电缆主绝缘、非线性材料与附件增强绝缘的电导率比值与介电常数比值接近 1，从而抑制界面空间电荷。ABB ±525kV 直流电缆中间接头非线性电场控制层结构示意如图 6-5 所示。继 ABB 公司研制出±525kV 交联聚乙烯直流附件后，世界另一电缆巨头 Prysmain 公司也于 2016 年研制出了±600kV 直流附件并通过了型式试验。

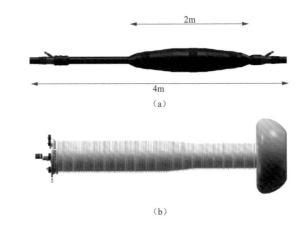

图 6-4　ABB 研制出的±525kV 直流电缆附件

（a）±525kV 直流电缆预制式中间接头；（b）±525kV 直流电缆终端（SF$_6$ 绝缘）

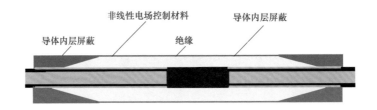

图 6-5　ABB±525kV 直流电缆中间接头非线性电场控制层结构示意图

6.2　±500kV 直流电缆主要创新点

6.2.1　直流电缆关键技术

直流场下绝缘材料的电导率随着温度和外场强的变化而变化，而电导率的变化又引起电场变化，电导率、温度、电场三者之间相互耦合作用，使得控制绝缘材料的电导率调控十分复杂困难。在直流电场下绝缘材料还存在着空间电荷积聚问题，空间电荷积聚引起材料老化、电场畸变，电场畸变又与材料的电导率相关联，必须考虑绝缘材料中空间电荷抑制问题。制约高压直流电缆技术发展的源头是空间电荷和电导非线性变化带来的问题，空间电荷积累导致电缆的电树枝和击穿，而电导率随温度、电场变化而发生非线性变化又导致绝缘中电场的分配变化，导致电场的翻转和不确定。同时由于多层介质界面两侧材料电导变化不一致，引起界面电荷积聚，容易诱发界面沿面放电和闪络等问题。高压直流电缆中，绝缘材料的空间电荷和电导率随温度、电场非线性变化问题直流电缆中最为关键的技术问题，也是制约目前高压直流电缆研制的瓶颈。

空间电荷效应影响主要体现在两个方面：一是电场畸变效应，可能使绝缘层内部局部场强增加数倍；二是非电场畸变效应，即空间电荷注入介质或以其他方式存在介质中，当快速退陷阱时，空间电荷快速脱离原先的局域态；在快速复合过程中，大量能量释放，可能导致介质材料发生击穿或者使介质材料产生电树枝等缺陷。按空间电荷的分布特征，绝缘材料中的空间电荷可分为异极性电荷和同极性电荷。异极性电荷会使电极附近的电场升高，材料内部的电场降低；而同极性电荷会使电极附近的电场降低，材料内部的电场升高。电缆带负荷时，绝缘层的两侧由于发热不同处于一个内高外低的温度梯度场内，在这样的情况下，电荷的迁移量和注入量都升高，且在电缆绝缘层表面会有大量空间电荷积聚，聚合物绝缘电阻的负温度特性使得绝缘电导从高温侧到低温侧逐渐降低，低温侧积聚大量的异极性电荷，且温度梯度越大，异极性电荷量越大，使低温侧场强明显增强。

普遍认为空间电荷是影响高压直流电缆寿命的主要因素之一，尤其是温度和温度梯度的存在会影响电荷的注入、输运和迁移，引起绝缘电阻的变化进而引起场强的变化，加剧了位于绝缘层外表面的电荷积聚和场强畸变，降低了电缆的使用寿命。空间电荷在绝缘材料中存在，会导致电场畸变，加速老化。特别是在电缆运行过程中突然断电或是极性反转，由于同极性空间电荷的存在，甚至会造成电缆击穿破坏。老化会导致电缆绝缘结构发生变化（如化学键断裂），介质中微孔增多或长出树枝状结构等这些缺陷的存在，在电场作用下引起空间电荷积聚，空间电荷的积聚又造成电场畸变，加剧老化的进程。因此，认为减少和消除绝缘材料中的空间电荷是研制高压直流电缆的关键。

交联聚乙烯的电导率非线性的影响主要表现在其影响绝缘中电场分布和异种界面介质界面电荷堆积。交联聚乙烯绝缘材料电导率与电场、温度之间存在着相互耦合关系，据研究，温度从室温升高到70℃、电场从10kV/mm增大到60kV/mm这种变化可以达到2～3个数量级甚至更高，图6-6所示为电导率随温度、场强非线性变化情况。电缆启

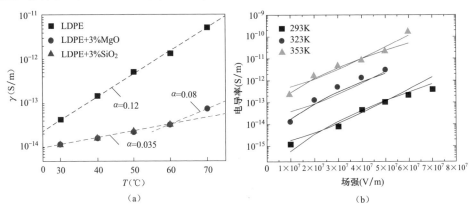

图 6-6　绝缘材料的电导率-温度特性和电导率-场强特性

（a）电导率-温度特性；（b）电导率-场强特性

动时，绝缘内表面电场强度最高，但随着导体温度升高，绝缘中电场会逐渐发生反转，电场最大值反而在绝缘外表面。同时交联聚乙烯绝缘电导率受温度、场强的影响并非单向的，当电导率发生变化后又会反作用影响绝缘中电场分布，这种耦合影响十分复杂，对电缆的设计造成很大困难。同时在电缆和附件绝缘界面上由于两侧材料电导率随着温度、场强变化不同步，导致电导率不匹配，容易在界面上堆积电荷。

6.2.2　500kV 交联聚乙烯直流电缆技术难点

6.2.2.1　空间电荷问题

空间电荷极大制约了高压直流电缆技术的发展和运行安全，因此空间电荷性能研究被视为高压直流用绝缘材料设计和评估的关键基础。聚合物绝缘层极易积累空间电荷，空间电荷会导致局部电场的畸变。当空间电荷积累到一定程度时，还会加速绝缘材料的电老化，缩短绝缘材料的使用寿命。当异极性空间电荷积累很多时，还可能引发绝缘击穿。

从理论上分析，单层绝缘介质的空间电荷来源主要有三个因素：

（1）电场作用下材料内部的杂质离子热解离形成的空间电荷。在外界电场的作用下，杂质分子由于热作用而解离为正离子和电子或负离子，它们中的大多数会在很短的时间内重新复合。没有重新结合的电子会由于其很高的迁移率而迁移到阳极，或在迁移的过程中被陷阱捕获；迁移率比较低的正离子或少数负离子会在绝缘层中形成稳定的空间电荷分布。交联副产物在空间电荷积聚中起重要作用，绝缘中交联副产物和极性杂质倾向形成异极性空间电荷，即正极性副产物及杂质倾向于在阴极附近聚集，而负极性副产物和杂质则倾向于在阳极附近积聚。

（2）高场下通过电极注入而形成的空间电荷。常温时，通常在电场强度超过 10kV/mm 的情况下会在导体/绝缘表面产生电荷注入；随着温度的升高，在比较低的电场强度下就会发生电荷注入，而且注入电荷量增大。电极注入主要发生在绝缘与屏蔽界面处，电极注入通常形成同极性空间电荷。

（3）偶极子极化引起的极化电荷。这种极化起源于电介质内永久偶极子在部分范围内的不均匀排列。永久偶极子的偶极矩一般比较大，其趋于分散在试样的表面并形成束缚电荷，束缚电荷在电极表面上感应出等量的电荷，并改变试样与电极界面的局部电场，因此它们的作用等同于空间电荷。图 6-7 所示为空间电荷形成过程示意图。

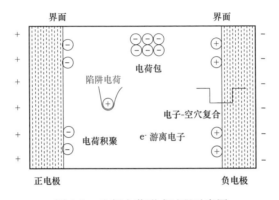

图 6-7　空间电荷形成过程示意图

6.2.2.2　电导率非线性特性调控

在交流电场下，绝缘介质中的电场是容性分布的，主要取决于介电常数 ε，而 ε 随温度、电场以及频率变化很小，所以改变温度、电场以及频率，绝缘介质中的电场分布几乎不变。而在直流电场下，绝缘介质中的电场分布却是阻性分布的，主要取决于电导率 γ，γ 随温度、电场的变化非常明显，有时能达几个数量级的差异，此时绝缘介质中的电场分布将显著改变。交联聚乙烯直流电缆中导体的持续载流发热将在电缆绝缘层中形成一个温度梯度，靠近导体屏蔽层处温度高，靠近绝缘屏蔽层处温度低，从而影响绝缘层中的 γ 分布，有可能会出现绝缘层外径处的电场强度很高，而绝缘层内径处电场强度下降，发生电场反转现象。由于温度的改变导致电导率 γ 的改变，进而改变绝缘层的电场分布，使绝缘层外径处的电场强度大大超过设计允许的正常工作场强，这显然是所不希望的。所以，在直流电缆的研究中，就必须考虑绝缘材料的电导率 γ 随温度和电场的变化规律。直流场下绝缘材料的电导率随着温度和外场强的变化而变化，而电导率的变化又引起电场变化，电导率、温度、电场三者之间相互非线性耦合作用，使控制绝缘材料的电导率调控十分复杂困难。在直流场作用下，XLPE 绝缘材料，电导率随着温度、场强变化发生变化，式（6-1）是电导率随温度和场强变化的经典模型。

$$\sigma(E, T) = A \cdot e^{\left(-\frac{\varphi q}{k_B T}\right)} \cdot e^{\left(\frac{C}{T}\sqrt{E}\right)} \tag{6-1}$$

式中　γ——材料的电导率，S/m；

　A、C——常数；

　　φ——绝缘材料热激活能，eV；

　　T——温度，℃；

　　E——电场强度，V/m；

　　k_B——波尔兹曼常数，1.38×10^{-23}。

近年来，随着直流电压等级和输送容量的快速提升，如何从材料研制角度，通过材料改性控制交联聚乙烯材料在直流电场和温度下的电导非线性变化是发展交联聚乙烯高压直流电缆材料必须解决的难题。电介质并非理想的绝缘体，电介质内部的电流是因为介质中存在自由迁移的载流子而产生电导率非线性变化的根源是载流子。根据载流子种类，电导可分为电子电导、离子电导和胶粒电导。对于聚合物绝缘材料，导电的载流子主要来源于杂质的电离。电介质的宏观电导率与载流子浓度、载流子迁移率和载流子电荷量之间的关系为

$$\sigma = \sum \mu_i n_i q$$

式中　μ_i——载流子活动性；

　　n_i——载流子密度；

　　q——载流子携带电荷。

由电导率表达式可以看出，影响电导率的主要因素是载流子的活动性和载流子的密度，抑制电导率非线性可以从这两个方面入手：一方面尽可能降低材料中载流子的密度；另一方面在材料中引入陷阱来尽可能抑制载流子的活动性。欧洲、日本等绝缘材料开发公司已有一些通过材料配方和工艺解决绝缘材料空间电荷效应、直流电导非线性效应的经验，但国内目前在高压直流电缆绝缘材料的开发领域还处于刚起步阶段，对绝缘材料的设计原则、基料要求、基料改性和屏蔽料配方开发方面经验还很缺乏，绝缘材料、屏蔽材料开发、制备关键技术尚未完全掌握。解决这一短板，必须从材料开发的方法出发，解决一系列科学问题和实际工艺难题。

6.2.2.3　多层介质界面匹配

高压直流电缆中不可避免地存在不同介质界面，尤其在 500kV 直流电缆本体和附件（中间接头和终端）间，不仅存在着交联聚乙烯和橡胶（硅橡胶或乙丙橡胶）双层绝缘介质界面，还可能存在着硅脂与硅橡胶及硅脂与交联聚乙烯界面。另外，在附件应力锥和主绝缘件也存在着不可避免的界面。界面存在使得材料的性能连续性被破坏，理想的介质界面特性使界面两侧绝缘材料电导率与介电常数比值具有连续特性。当介质界面不具备理想界面特性时，界面上就会积聚空间电荷；界面特性越差，界面积累的空间电荷就越大。界面两侧材料的性能差异明显，尤其在直流场下，两侧材料电导率不同，载流子在其中的流动能力不同，必然引起载流子在界面处的堆积或聚集，使得界面处电场发生畸变，甚至引起绝缘击穿或界面闪络。直流电压下，绝缘材料的介电常数随电场和温度的变化而改变不大，而其电导率却随电场和温度的变化改变很大，有时达几个数量级的变化。因此，直流电缆主绝缘与附件增强绝缘间的参数配合主要是电导率参数的配合。直流电缆及附件绝缘介质运行在电场和热场等多场作用下，并伴随运行工况的变化而变化，应系统地研究及掌握绝缘介质在上述因素下空间电荷的作用及演变机制。

6.2.3 技术创新

6.2.3.1 绝缘材料技术创新

如何抑制交联聚乙烯材料空间电荷效应，避免其引起的电场局部畸变和加速破坏作用，如何通过材料改性控制交联聚乙烯材料在直流电场和温度下的电导非线性变化是发展交联聚乙烯高压直流电缆材料必须解决的难题。

（1）制备高压直流电缆绝缘料的途径。在材料的配方上目前主要通过接枝、共聚、共混、掺杂等方法抑制空间电荷。通过对聚烯烃单体进行接枝或共聚改性，在结构上赋予其特殊官能团或添加支链提高支化度，是目前国际上制备高压直流电缆绝缘料的主要途径。

1）添加极性基团和接枝、共混等方法。共混技术主要是指将聚合物加热熔化后进行共混，是一种物理共混。目前北欧化工销售的直流电缆绝缘料采用此方法。但是，由于化学添加剂在较高温度下会发生电离导致空间电荷剧增，使用温度低于传统 XLPE 电缆，只能用于70℃以下。共混绝缘料必须选用超纯净的基料，否则不能达到性能要求。然而目前国内高压交联聚乙烯绝缘料的生产长期以来一直是我国绝缘材料制造企业的一个瓶颈，滞后于高压电力电缆生产，主要原因是国内缺乏高净化和稳定的交联聚乙烯绝缘基料，目前世界上只有少数几家企业能够提供这种基料，国内的产品主要在电性能、杂质水平、杂质种类方面有较大的差距。研究表明，通过在聚乙烯中添加乙烯-丙烯酸共聚物有助于抑制空间电荷的产生和积聚；利用极性共聚单体改性聚乙烯能有效降低空间电荷的积聚，延长电缆寿命；不饱和脂肪酸与聚乙烯有良好的相容性，将其接枝到聚乙烯主链，也可以达到抑制空间电荷的效果。

2）纳米复合材料，纳米复合材料是由两种或两种以上的固相至少在一维以纳米级大小（1～100nm）复合而成的复合材料。自 20 世纪 80 年代中期 Roy R 提出了纳米复合材料的概念，已有很多研究表明：添加少量的纳米粒子便可获得良好的机械性能和介电性能。纳米复合材料首先是确定纳米填料的配方，然后将无机纳米掺杂技术采用表面处理技术对纳米粒子进行表面改性，减少纳米粒子团聚，以提高纳米粒子与聚乙烯基料的相容性；结合碾磨、超声波分散技术，通过多次密炼、逐级分散，以提高纳米材料的分散均匀性。将聚合物、抗氧剂、交联剂采用在材料熔融温度以上混合的工艺方式，经多次密炼、造粒，确保材料的分散均匀性；最终的制备工艺中所有物料全部通过高精密过滤，确保所生产的材料达到高洁净度的要求。通过添加纳米粉体（包括纳米 MgO、SiO_2、$BaTiO_3$、TiO_2 等）调整基体中的陷阱深浅和数量，从而改善聚乙烯的空间电荷分布特性。聚合物的微观形态也对空间电荷产生影响，通常晶区和非晶区界面的支链、端基和杂质是空间电荷陷阱的主要来源，可通过添加剂来改变材料的结晶度和球晶大小，抑制空间电荷的产生。

（2）纳米微粒表面改性方法由于纳米粒子的表面能高，容易团聚，在聚合物基体中难于分散，因此，直接进行简单的复合所获得的材料综合性能并不理想，而且某些性能反而显著下降，所以，纳米颗粒是否在复合材料中均匀分散便成为关键难题。而纳米材料的表面改性技术的出现，在一定程度上不仅可以改善粒子的分散性，还可以降低微粒的表面能态，消除微粒的表面电荷，提高纳米微粒与有机相的亲和力，以更好地发挥其优势。纳米微粒表面改性方法按其改性原理可分为表面物理改性和表面化学改性两大类。

1）常用的表面物理改性方法。

a）机械化学改性：利用粉碎、摩擦等方法增强粒子表面活性的改性方法。这种活性使分子晶格发生位移，内能增大，在外力的作用下，活性的粉末表面与其他物质发生反应、附着，达到表面改性的目的。

b）高能量表面改性：利用高能电晕放电、紫外线、等离子射线等对粒子表面进行改性。

2）常用的化学改性方法。

a）表面包覆改性：在粒子表面均匀地包覆一层其他物质的膜，使其表面性质发生变化。或者利用化学反应在粒子表面接枝带有不同功能基团的聚合物，使之具有新的功能。

b）表面改性剂法：利用表面活性剂覆盖于粒子表面，赋予微粒表面新的性质。常用的表面改性剂有硅烷偶联剂、钛酸酯类偶联剂、硬脂酸、有机硅等。纳米掺杂后，复合材料的各种性能变化与颗粒在聚合物中的分散性及表面处理等因素有关，这是制造聚乙烯纳米填料复合材料的关键。国内外文献中讲述的纳米粒子的表面处理和分散技术，仅适用于实验室小试样，这也是制约国内纳米技术尚无法用于大生产的 XLPE 电缆料的主要原因。

（3）在材料的批量化工艺上，高压 XLPE 绝缘料对杂质要求特别高。如何从调控核心配方技术以及优化加工工艺等方面，抑制交联副产物，减少原料和生产过程中的杂质含量，提高 XLPE 绝缘料的纯净度是难点。针对直流电缆绝缘料开发中面临的难题，在自主±500kV 直流电缆绝缘材料开发过程中，需要分别针对有机共混技术和无机纳米掺杂技术开展绝缘料配方研究，一方面探讨多种高分子共混和添加剂的引入，另一方面采用纳米表面改性技术、成功分散纳米粒子，实现消除直流场协同温度梯度场中电缆绝缘中的空间电荷效应。对纳米分散采用密式熔融共混技术，通过剪切直接共混，实现纳米颗粒在聚烯烃中的均匀分散，有效地避免污染，保证料的纯净度。采用化学表面修饰改性剂为纳米粒子进行改性，有效降低纳米表面能，减小纳米颗粒团聚，同时所优选的修饰改性剂与聚乙烯相容性好，可以增强界面结合力，防止纳米颗粒与基体的接触界面发生缺陷。在±500kV 直流电缆绝缘料批量化制备上，通过采用先进连续混炼造粒生产线，优化挤出工艺控制基料凝胶含量，配合合适的过滤净化装置，以增加绝缘料纯净度和表面光洁度。交联剂在较低温度下和聚乙烯树脂混合，在低转速下完成交联剂的吸收渗透，可在保证交联剂完全吸收的同时减少粉末对电缆生产中加料的影响。在环境净化方面，应对加工过程中的冷却循环水的净化与过滤，对压缩空气的净化处理和整个实验室的净化进行探索分析，明确净化等级，实验员在无尘环境下操作，将XLPE中杂质的含量降至最低，图6-8所示为某改性交联聚乙烯与普通交联聚乙烯在空间电荷上的表现。

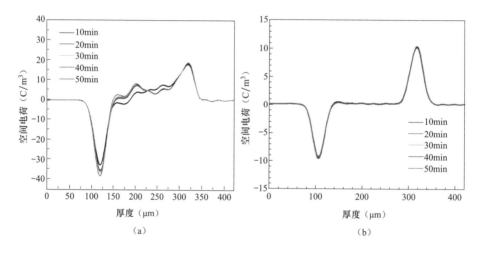

图6-8　室温50kV/mm下空间电荷分布

（a）普通交联聚乙烯；（b）改性交联聚乙烯

6.2.3.2　半导电屏蔽材料技术创新

半导电屏蔽材料与绝缘三层共挤，包覆在绝缘表面与电缆绝缘材料相匹配，对减少空间电荷注入和均匀绝缘中的电场至关重要，是影响整体绝缘系统性能的关键之一。常规的屏蔽料以树脂为基体材料，添加导电炭黑和交联剂、抗氧剂等制成。不同的半导电屏蔽材料，由于其功函数不同，会影响电荷从电极向绝缘材料的注入，从而影响绝缘材料中的空间电荷效应以及电导率。

在半导电材料和非线性材料研究方面，国内一些科研单位开展了碳黑、ZnO、SiC等填充的聚合物复合材料性能方面的研究工作。针对基体树脂与炭黑共混体系的综合性能，以及炭黑分散性对空间电荷注入的影响等方面进行了研究，但是，由于生产高压和超高压XLPE电缆用半导电屏蔽料对厂房、挤出设备、原料等要求非常苛刻，目前国内大多数电缆屏蔽料生产厂家只能生产110kV及以下的XLPE电缆用屏蔽料。在高压直流电缆半导电屏蔽料方面，目前，只有北欧化工有限公司（简称北欧化工）、美国陶氏化学公司（简称陶氏化学）可以供应，特别是北欧化工，是目前XLPE直流电缆用半导电屏蔽料的最主要供应商。

开发±500kV直流电缆半导电屏蔽材料起点高，跨度大，难度也很高，其中存在着以下两大技术难点必须克服：

（1）配方设计。目前国外对半导电屏蔽材料配方保密很严格，相关可借鉴参考的文献很少。国内可以在320kV直流电缆研制的基础上，针对基体树脂与炭黑共混体系的综合性能，以及炭黑分散性对空间电荷注入的影响等方面进行研究。在500kV直流电缆屏蔽料研制时充分评估国内外各类别半导电填料的优缺点以及与所开发绝缘材料配方的性能匹配度，优选出半导电炭黑作为500kV直流绝缘屏蔽料的填充材料。

（2）研制出的半导电屏蔽材料配方在工艺上如何实现填料均匀分散，如何开发出性能均一稳定的屏蔽料，实现表面超光滑。实现填料均匀分散、性能均一稳定和超净、超光滑是半导电屏蔽材料的难点，也是控制电荷注入的关键。为解决炭黑分散问题，可以采用柔性混炼技术，实现对屏蔽料的柔性剪切、填料均匀分散、混炼充分，确保产品大批量生产的稳定性。在研制500kV半导电屏蔽材料时，需要选取合适的表面改性技术对炭黑表面进行化学修饰/改性，改善填料与基体的界面相容性，实现填料在树脂中分散均匀，降低纳米导电材料的渗流阈值。为解决±500kV半导电屏蔽材料超净、超光滑问题，还需要选择优质 EVA 树脂，树脂的洁净度、凝胶含量等均会影响其与炭黑的相容性。选取优质乙炔纳米导电炭黑，采用表面改性技术对其表面进行化学改性，提高炭黑与树脂基体的相容性，可以保证成缆后材料表面的光滑性及电气性能。

6.2.3.3 电缆设计与制造技术创新

$\pm 500kV$ 高压直流电缆电压等级高，输送容量大，对电缆设计以及挤出工艺要求都极为苛刻。如何进行大截面阻水导体设计，确保导体满足设计水深阻水的同时满足 3GW 容量要求是难点之一。$\pm 500kV$ 柔性直流海缆新型绝缘材料国内无成功的应用业绩，在 $\pm 500kV$ 直流电压作用下，绝缘层中的杂质或绝缘偏心都会造成绝缘电场集中，从而造成绝缘击穿的风险，因此，如何基于新型绝缘材料开展电缆绝缘结构设计和大厚度绝缘挤出及消除交联副产物是难点之二。生产高电压、大容量、大长度直流海缆产品，工厂软接头技术必不可少，工厂接头涉及导体焊接、绝缘、屏蔽及电缆各层的恢复，如何能保证新旧界面电气、热、机械性能的匹配，有效控制工厂接头层间界面处的缺陷，是 $\pm 500kV$ 直流电缆的难点之三，为解决目前 $\pm 500kV$ 高压直流电缆研制中面临的以上问题，项目从以下几个方面开展深入研究：

（1）电缆结构设计。直流电缆的结构设计借鉴了交流电缆结构，但由于直流电缆绝缘中存在着空间电荷聚集效应，因此在直流电缆的绝缘结构设计上并不能直接借鉴交流电缆绝缘设计。直流电场情况下，交联聚乙烯的电导率随着电场强度增大和温度升高变大，通常可以变化 2~3 个数量级。在电导率变化如此巨大的情况下，绝缘中由于存在温度梯度，绝缘电导率沿着径向分布存在梯度，导致电场分布存在梯度。同时，由于钢电缆运行时绝缘中无温度梯度，此时绝缘中电场最大值位于内表面。当导体温度升高后，绝缘中电场最大值变成位于外表面附近，绝缘中电场强度从运行到稳定实际上会发生电场反转。在电缆运行条件下由于电场方向始终不变，又会导致电荷始终沿着某一方向定向迁移，在迁移过程中由于材料自身的缺陷或外界因素影响又会导致电荷的迁移受限，导致电荷聚集，电荷聚集后引起绝缘中电场的畸变。目前的绝缘中电场设计，通常以绝缘内表面最大电场值和外表面最大电场值均和绝缘低于绝缘材料击穿值为准则，若为保障电缆可靠性设计很大的裕量，就会导致材料的浪费。因此，在±500kV 直流电缆绝缘设计时，根据电缆电气、阻水、阻燃、机械物理性能要求对电缆结构整体设计。在绝缘结构设计时对电缆绝缘在不同温度、电场情况下的电导率、空间电荷畸变及击穿性能进行了深入细致研究，掌握绝缘材料的性能，在设计时充分考虑电缆实际运行面临的各种工况条件，保证电缆绝缘结构的精细设计。在完成±500kV 交联聚乙烯直流电缆结构设计后，充分利用有限元方法仿真分析直流电缆在绝缘内电场、热场分布等多场耦合情况下绝缘特性，进行绝缘厚度设计与校核，确保电缆绝缘中电场符合设计要求。

（2）电缆导体及绝缘挤出工艺。由于不同直流输电系统中存在过电压，特别是内部过电压，无论就其产生机理及出现频率来说，还是从幅值、波形来看，都与通常的交流系统有着很大的差别。直流避雷器的工作条件、原理、结构、保护特性等也和交流避雷器不一样，电气设备在直流系统中的电气绝缘特性也和交流系统不一样。因此，在电缆研制时需要首先开展直流电缆系统应用特性研究，获得电缆的运行边界条件和电气应力参数，为电缆的设计奠定坚实基础。

电缆导体是电缆的重要组成部分，导体的电阻率直接影响电能传输效率，导体的压紧率直接影响海缆阻水性能，导体的截面积直接影响电缆的载流量。对±500kV、3000MW 容量的海底电缆，其电压决定了绝缘厚度很厚，大容量决定了导体的截面积必须要大，而海缆的属性又要求必须有很好的阻水性能。对于大截面电缆的导体，其绞合、压紧本身就是一项复杂的工艺，再加上要充分考虑导体的表面光洁度、阻水材料的填充等因素，因此对导体研究必须从截面设计、制造工艺方面同时着手进行仔细研究。对于大厚度的电缆绝缘和屏蔽三层共挤挤出工艺及电缆的脱气后处理工艺，在±500kV 直流电缆研制过程中，通过电缆的生产过程控制进行解决，确保挤出电缆的进料口有足够的洁净度。三层共挤完成后，进行绝缘与屏蔽结合界面的在线、离线检查，对电缆挤出过程电缆偏心度进行实时在线监测，并自动进行反馈调整。针对电缆挤出后交联副产物的去除，需要深入研究电缆的脱气温度、脱气时间、绝缘层厚度、取样位置、绝缘线芯在转盘上的层数及烘房内空气循环等因素对脱气效果的影响，可利用软件建立直流电缆绝缘线芯脱气因素与脱气效果之间的数据库和计算模型，确保电缆交联副产物的有效去除。

（3）工厂接头设计。考虑焦烧、杂质过滤等因素，电缆挤出生产线存在着开机时间的制约。由于每次生产电缆长度有限，因此有些电缆在生产过程中需要制作工厂接头将两段连接起来，工厂接头外径与电缆外径大致相当，图 6-9 所示是±500kV 直流电缆工厂接头示意。工厂接头与电缆的结构是一致的，而工厂接头的绝缘层、导体屏蔽层、绝缘屏蔽层与电缆本体之间是熔融的、无活动界面的分子渗透性质的结合，实现了恢复电缆本体结构的工艺技术。从技术上来说，挤出式附件是目前为止最为理想的一种结构。但工厂接头增强绝缘采用与电缆本体相同的 XLPE 材料，制作过程涉及导体的连接和绝缘、屏蔽的恢复，会在绝缘和屏蔽中形成新旧界面，而直流场下界面往往是薄弱环节，界面的处理也最为困难。日本 J-power 公司开发±250kV 直流电缆工厂接头时，曾对工厂软接头开展了试验，在 9 次发生击穿的试验中，4 次发生在软接头均位于界面区域，其中 2 次因为界面结合不良、2 次因为存在微孔。在开发±500kV 直流工厂接头过程中，可以首先采用多物理场仿真软件仿真热-电-机耦合不同条件下的电场分布，对接头结构进行了优化设计，接头处的电缆导体、导体屏蔽层、主绝缘、绝缘屏蔽层则需要充分考察电缆的原始结构，实现电应力分布的一致性。

在工艺中可以通过优化大截面导体高温放热焊接、模铸等工艺和厚绝缘注塑成型工艺，摸索导体屏蔽、绝缘、绝缘屏蔽三层界面修复方法，保证界面光滑度、保证圆整度和同心度，降低绝缘回缩，消除软接头绝缘中和层间界面处的局部缺陷。

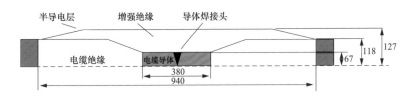

图 6-9　某 500kV 交联聚乙烯直流电缆工厂接头示意

6.2.3.4　电缆附件技术创新

电缆附件是电缆系统中的绝缘薄弱环节和易发生故障的典型部位。国家电网公司对实际运行电缆的故障原因统计数据表明，若不计外力破坏，70％的电缆系统故障是电缆附件绝缘破坏造成的。因此，深入研究直流电缆附件的关键技术对提升高压直流电缆系统的性能及高压直流输电工程的稳定性来说至关重要。±500kV 高压直流电缆附件研制是我国首次全面系统的开展面向高电压、大容量柔性直流输电系统用的直流电缆附件研制，面临许多技术瓶颈和挑战，必须从设计理论、制造工艺和安装技术等方面全方位开展系统研究。

1. 关键技术问题

（1）内爬距与界面压强。

1）内爬距是指高压屏蔽层端部到应力锥根部的距离。理论上说，内爬距越长，越不容易发生界面击穿，但是内爬距的增加势必增大附件的尺寸，所以内爬距需要合理确定。内爬距的确定取决于绝缘交界面的击穿场强。

2）两绝缘材料的界面电气性能除与材料表面光滑度、干燥状态、材料自身性能有关外，更重要的是两材料间的贴合状态。研究表明，

213

当界面压强不大时，沿面放电可用碰撞电离理论解释。随着界面压强的增加，电气强度明显增强；当界面压强增大到一定程度，沿面放电取决于强电场下的隧道效应，电气强度受界面压强影响不大；在界面上涂抹硅脂后，硅脂分子具有壁垒作用，可有效提高低压强下的界面电气强度。

整体预制式附件没有外力装置，界面压强完全是靠过盈配合下的橡胶绝缘件收缩力提供。然而，过盈量并不是越大越好。首先，界面压强到达一定程度之后，继续增加并不能够显著提高界面电气强度；其次，长期处于较大拉伸状态下，橡胶容易出现老化、开裂的现象，降低附件的寿命；最后，过大的过盈量将使附件在安装后发生较大的结构变化，如绝缘厚度下降、应力锥变形等，反而降低附件整体的电气强度。综合考虑，预制式附件的界面压强应控制在 $0.2 \sim 0.4$MPa，此时绝缘交界面的击穿场强达 6kV/mm。有文献指出，复合介质交界面的切向电场强度应控制在 1kV/mm 以下。考虑过电压的影响，建议界面允许切向电场强度设计为 0.6kV/mm，并根据电缆系统电压等级来计算内爬距。在附件结构设计中，要充分考虑过盈量带来的影响。相比之下，组合预制式附件的应力锥与电缆本体绝缘的过盈配合较小，界面压强主要由弹簧装置提供。因此，在增大其界面压强的情况下，组合预制式附件的应力锥变形程度以及老化的风险相对较小。

（3）应力锥设计。应力锥的设计优化条件为预制应力锥与 XLPE 电缆绝缘交界面的切向电场强度相等。如果应力锥曲面上电场强度模值不超过应力锥根部的电场强度模值，则说明设计是合理的。

电缆绝缘与附件绝缘双层介质在直流电压下，附件绝缘中的电场强度为

$$E(r) = \frac{\varepsilon_1 U}{\left(\varepsilon_2 \ln \dfrac{r_2}{r_i} + \varepsilon_1 \ln \dfrac{r_i}{r_1}\right) r} + \frac{1}{r} \int_{r_1}^{r} \frac{\varrho(\tau)}{\varepsilon_2} \tau \mathrm{d}\tau$$

式中　ε_1、ε_2——电缆和附件绝缘材料的介电常数；

U——电缆系统的电压等级；

r_1、r_i、r_2——电缆主绝缘内半径、外半径和附件绝缘外半径；

$\rho(\tau)$——附件绝缘中半径为 τ 处的空间电荷密度。

因此，应力锥轴向长度 L_K 可通过下式计算得到

$$L_K = \frac{U}{E_t} \frac{\varepsilon_1 \ln \dfrac{r_2}{r_1}}{\varepsilon_2 \ln \dfrac{r_2}{r_i} + \varepsilon_1 \ln \dfrac{r_i}{r_1}} + \frac{1}{E_t}\int_{r_1}^{r_2}\left(\frac{1}{\tau}\int_{r_1}^{\tau} \frac{\rho(r)}{\varepsilon_2}r\mathrm{d}r\right)\mathrm{d}\tau$$

式中　E_t——应力锥与电缆主绝缘交界面上的切向电场强度。

在 500kV 直流附件应力锥设计时，基于经典公式同时充分考虑实际工艺可能的影响。预制接头的高压屏蔽层会使界面上电场强度在应力锥区域以外（高压屏蔽层端部位置处的界面上）还会升高。所以，对预制接头应采用有限元仿真计算的方法试算高压屏蔽层的形状和尺寸以及应力锥曲线的形状，使得应力锥部位界面上切向电场强度均匀，且高压屏蔽层端部附近界面上的切向电场强度值不超过允许的切向电场强度值。

（4）界面电荷。根据 Maxwell-Wagner 界面极化理论，由于界面两侧绝缘材料电导率与介电常数比值的不连续性，会在界面上积聚空间电荷。理想的界面参数条件为

$$\frac{\varepsilon_{\mathrm{XLPE}}}{\sigma_{\mathrm{XLPE}}} = \frac{\varepsilon_{\mathrm{ACCY}}}{\sigma_{\mathrm{ACCY}}}$$

式中　$\varepsilon_{\mathrm{XLPE}}$、$\varepsilon_{\mathrm{ACCY}}$——电缆主绝缘与附件绝缘的介电常数；

σ_{XLPE}、σ_{ACCY}——电缆主绝缘与附件绝缘的电导率。

当等号左右两边不相等时，界面上就会积聚空间电荷；两边值相差越大，界面积累的空间电荷就越大。直流电压下，绝缘材料的介电常数随电场和温度的变化而改变不大，而其电导率却随电场和温度的变化改变很大，有时达几个数量级的变化。所以，直流电缆主绝缘与

附件绝缘间的参数配合主要是电导率参数的配合。

三元乙丙橡胶（EPDM）及硅橡胶（SIR）是高压交流电缆附件常用的两种绝缘材料，目前广泛使用的液体注射 SIR，其配方全部由材料厂家掌握，电缆附件厂无能力进行材料改性。而采用 EPDM 的附件厂一般都具有材料开发的能力，因此在开发直流 XLPE 电缆附件主绝缘材料配方上具有一定的优势。在直流电压作用下，通过实验对 EPDM/XLPE、SIR/XLPE 的双层介质中空间电荷的测试后发现，EPDM/XLPE 构成的双层介质中界面电荷积聚比较少。实测结果显示，XLPE 材料的相对介电常数约为 2.25，EPDM 材料的相对介电常数约为 2.75，EPDM 与 XLPE 介电常数的比值为 1.22，这样可以对界面空间电荷得到很好的抑制。

2. 难点和关键点

附件研制不仅要解决附件结构设计问题，还要解决直流场下多层介质界面电荷积聚问题，其研制难度丝毫不亚于电缆本体。电缆附件面临的技术难题如下：

（1）通常认为电缆本体与附件绝缘电导率比值 $\gamma_{XLPE}/\gamma_{SR}$ 为 1 最为理想，但实际中无法达到。

（2）直流电缆附件不同部位（含界面）的材料不同，在直流电场和暂态电场下的耐受的电场阈值不同，需要建立适用于多物理场耦合的仿真模型，全面综合地反映附件中电场、磁场、热场和力场特性。

（3）附件承受电场、温度梯度场、应力场等复合作用，界面效应显著，如何考虑多物理场协同作用影响，应通过附件应力锥、高压屏蔽管等关键结构设计进行优化，控制附件体内、界面电场。

（4）附件扩张过程从内到外的非线性特性以及径向和切向应力，导致界面压力计算与仿真困难，如何合理控制界面压力，确保界面压力稳定、持久性是电缆附件可靠运行的关键。

（5）高压直流电缆附件安装工艺复杂，对附件安装工艺要求极为严苛，附件安装过程中，导体连接处理、电缆的校直、绝缘表面切削打磨、绝缘表面涂敷、附件扩展均靠手工实现，工艺稳定性方面不易控制，必须制定详细的质量控制流程才可能确保安装质量。

6.3 工程应用

6.3.1 交联聚乙烯高压直流电缆工程概况

交联聚乙烯（XLPE）柔性直流电缆最早由 ABB 公司研制出来，1999 年首次在瑞典哥特兰岛项目中实现了 ±80kV 的工程应用。随着技术的发展，XLPE 直流电缆工程无论在电压等级还是容量上都大幅提升。2002 年澳大利亚 MurrayLink 工程 XLPE 直流电缆电压等级提升到 ±150kV，2009 年美国 Trans Bay 工程中将 XLPE 直流电缆电压等级提升到 ±200kV，2012 年日本北海道-本州岛联网工程中将 XLPE 直流电缆电压等级提升到 ±250kV，2015 年厦门工程中 XLPE 直流电缆电压等级提升到了 ±320kV、容量也提升到了 1000MW。目前 ±400kV XLPE 直流电缆工程也已经在建，预计将于 2019 投运。德国南北输电走廊新规划了大量 ±525kV 地下 XLPE 直流电缆工程，即将进入实施阶段。值得一提的是，国内通过一系列示范工程，带动了我国直流电缆技术，实现了从 ±160kV 到 ±200kV 再到 ±320kV 的三级跳。国内目前已经投运 4 条柔性直流输电工程：2012 年建成 ±30kV 上海南汇柔性直流输电工程；2013 年建成 ±160kV 南澳三端柔性直流输电工程，电缆由中天科技等公司制造；2014 年建成 ±200kV 舟山五端柔直输电工程，电缆由中天科技、宁波东方、青岛汉缆等公司制造；2015 年建成 ±320kV 柔性直流输电工程，电缆由中天科技制造。

表 6-5 中列出了目前世界范围内已经投运或即将投运的主要 XLPE 直流电缆输电工程，从中能清楚地看到 XLPE 直流电缆工程的发展历程。

表 6-5　　　　　　　　　　　　　国内外主要 XLPE 直流电缆工程

序号	工程名称	电压	容量	电缆长度	投运	备注
1	Gotland	±80kV	50MW	2×70km	1999	首个 XLPE 直流工程
2	Direct Link	±84kV	3×60MW	6×65km	2000	NewSouthWales-Queensland
3	Murray Link	±150kV	220MW	2×180km	2002	Victoria-South Australia
4	Cross Sound	±150kV	330MW	2×42km	2002	美国康涅狄格至长岛供电
5	TrollA	±80kV	2×40MW	4×68km	2004	挪威海上平台供电
6	Estlink	±150kV	350MW	海 2×75km 陆 2×29km	2006	Estonia-Finland
7	NordE. ON1	±150kV	400MW	406km	2009	风电并网
8	Trans Bay	±200kV	400MW	海 2×85km	2009	
9	Valhall	±150kV	78MW	294km	2010	钻井平台供电
10	BorWin1	±150kV	400MW	海 2×125km 陆 2×75km	2011	风电并网
11	上海南汇	±30kV	20MW	电缆20km	2011	示范工程
12	East-West	±200kV	500MW	海 186km 陆 75km	2012	Ireland-Wales
13	Hokkaido-Honshu	±250	600MW	45.3km	2012	电网互联
14	南澳	±160kV	200MW	81km	2013	国产电缆
15	舟山	±200kV	400MW	海 183km	2014	国产电缆
16	DolWin1	±320kV	800MW	165km	2015	首个±320kV XLPE 电缆工程
17	厦门工程	±320kV	1000MW	陆 21km	2015	国产电缆
18	BorWin2	±300	800MW	海 250km 陆 150km	2015	风电并网
19	HelWin1	±250	576MW	海 170km 陆 91km	2015	风电并网
20	SylWin1	±320	864MW	海 318km 陆 91km	2015	风电并网
21	INELFE	±320	2000MW	陆 4×64km	2015	法国-西班牙联网
22	DolWin2	±320kV	900MW	135km	2016	电网互联
23	NordBalt	±300kV	700MW	陆 50km 海 400km	2016	瑞典-立陶宛电网互联

序号	工程名称	电压	容量	电缆长度	投运	备注
24	DolWin3	±320	900MW	海 160km	2016	风电并网
25	SouthwestLink	±300	1440MW	陆 190km	2017	瑞典
26	COBRA Cable	±320	600MW	海 299km 陆 26km	2019	丹麦-荷兰
27	PiemonteSavoia	±320	1200MW	陆 190km	2019	意大利-法国
28	BorWin3	±320	900MW	海 130km 陆 30km	2019	风电并网
29	NEMOLINK	±400	1000MW	海 130km 陆 11.5km	2019	电网互联（单极）
30	Viking Link	±400	1400MW	海 600km 陆 50km	2022	英国-丹麦联网

6.3.2 典型直流输电工程概况

目前世界上已投运或即将投运的工程中，一些工程分别从电压等级、输送容量、海缆施工深度等方面代表了目前电缆输电的工程技术最高水平，主要如下：

（1）世界上直流输电电压等级最高的线路为连接英格兰和苏格兰之间的直流输电工程，该工程直流输电电压等级达到 600kV，工程正在实施中。

1）电缆绝缘：PPLP。

2）输电电压：±600kV。

3）电缆长度：420km。

4）输送功率：2200MW。

5）连接网络：Scotland-England。

6）电缆供应商：Prysmian。

7）投运时间：2016 年。

（2）世界上直流电缆输电工程最长的为挪威和荷兰之间连接输电

工程，该工程单回全长 580km。

    1）电缆绝缘：MI 海缆。

    2）输电电压：±450kV。

    3）输电长度：1×580km。

    4）输送功率：700MW。

    5）连接网络：Norway-Netherlands。

    6）电缆供应商：ABB 公司。

    7）投运时间：2007 年 5 月。

（3）目前世界上已投运最深海域的电缆为连接意大利撒丁岛和本岛之间的双极直流输电工程，海缆施工深度达到 1650m。

    1）电缆绝缘：MI。

    2）输电电压：±500kV。

    3）电缆长度：2×420km。

    4）海底深度：1650m。

    5）输送功率：1000MW。

    6）连接网络：Sardinia island-mainland，Italy。

    7）电缆供应商：ABB 公司。

    8）投运时间：2010 年。

（4）目前采用交联聚乙烯（XLPE）绝缘电缆已投运的最高电压等级为±320kV，已投运的工程传输容量最大的为中国厦门柔性直流输电工程，厦门柔性直流工程±320kV 电缆输送容量达到双极 1000MW。

    1）电缆绝缘：共混 XLPE。

    2）输电电压：±320kV。

    3）电缆长度：2×21km。

    4）输送功率：1000MW。

    5）连接网络：厦门本岛。

    6）电缆供应商：中天科技。

7）投运时间：2015 年。

（5）交联聚乙烯单项工程输电容量最大的线路为法国和西班牙间的电网连接电缆线路，该线路规划电压等级为 320kV，采用了双极四回直流电缆输电，单项工程最大容量达到 2000MW，该项工程目前处于实施中。

1）电缆绝缘：共混 XLPE。

2）输电电压：±320kV。

3）电缆长度：4×64km 陆缆。

4）输送功率：2×1000MW。

5）连接网络：France-Spain。

6）电缆供应商：Prysman。

7）投运时间：Under Construction。

（6）目前采用纳米交联聚乙烯（XLPE）直流电缆输电工程的电压等级最高为 400kV，已经规划中输电线路为英国和比利时之间电网联网工程，该项工程电缆由日本电缆公司供应，预计 2019 年投运。

1）电缆绝缘：纳米 XLPE。

2）输电电压：±400kV。

3）电缆长度：2×140km。

4）输送功率：1000MW。

5）连接网络：英国-比利时。

6）电缆供应商：J power Systems。

7）投运时间：2019。

6.4　技术展望

随着远距离、大容量高压直流输电的增加，对直流电缆的需求和要求都越来越高，未来的高压直流电缆不仅电压等级高，还要输送容量大。为满足电缆的这一需求，未来必须在电缆材料方面开展更加深入细致的研究，从材料这一制约高压直流电缆技术发展的最大瓶颈出发，从而彻底打破直流电缆发展的技术束缚。

目前±500kV交联聚乙烯直流电缆绝缘材料的杂质控制水平已经达到了50μm以下，近乎苛刻，未来交联聚乙烯绝缘的洁净度提升会更加困难。若在杂质控制或在材料设计上没有突破性进展，则很难满足更高等级电压电缆的需求。交联聚乙烯直流电缆通常工作在70℃以下，部分材料虽然宣称能够达到90℃，但考虑到聚乙烯的物理特性，也很难实现长期稳定在90℃下工作，未来对耐热更高的材料的开发也将是绝缘材料的一个重要发展方向，目前有可能实现替代交联聚乙烯的绝缘材料是聚丙烯材料。聚丙烯由于相对聚乙烯具有更高的熔点，在挤出电缆时无需进行交联，可以重复回收利用，环保效果好，有望成为新一代的电缆绝缘材料。但聚丙烯韧性很差，加工难度大，必须对其进行充分研究改性，目前对聚丙烯材料的研究还主要处于实验室阶段。

在直流电缆方面，目前对于直流电场下电荷、电导、电场以及界面等理论研究还不够深入，对直流下材料的电气特性的理解还不够透彻，未来需要在直流场下绝缘特性的基础研究方面投入更多的精力，真正从电子、分子尺度上掌握理解直流场下材料的电气特性和规律，为直流电缆和附件的设计提供扎实的理论支撑。高压直流电缆工厂接头和与附件都存在加工工艺上稳定性差的问题，未来需要在电缆的工厂接头、附件等存在多层介质界面的部件中对材料的性能有更加全面的了解，在批量化加工工艺上更加精细化，保证产品的可靠性。

参 考 文 献

[1] 韩民晓，文俊，徐永海. 高压直流输电原理与运行. 北京：机械工业出版社，2013.

[2] 何金良，党斌，周垚，等. 挤压型高压直流电缆研究进展及关键技术述评. 高电压技术，2015，41（5）：1417-1429.

[3] 杨勇. 高压直流输电技术发展与应用前景. 电力自动化设备，2001，21（9）：58-60.

[4] 周远翔，赵健康，刘睿，等. 高压/超高压电力电缆关键技术分析及展望. 高电压技术 2014，40（9）：2593-2612.

[5] FABIANI D, MONTANARI G C, LAURENT C, et al. Polymeric HVDC Cable Design and Space Charge Accumulation. Part1：Insulation/Semicon Interface. IEEE Electrical Insulation Magazine, 2007 23（6）：11-19.

[6] 陈铮铮，赵健康，欧阳本红，等. 直流电缆料工作温度和击穿特性的纳米改性研究. 高电压技术，2015，41（4）：1214-1227.

[7] MAZZANTI G, MARZINOTTO M. Extruded cable for high voltage direct current transmission：advances in research and development. Hoboken New Jersey：John Wiley & Sons Inc，2013：49-95.

[8] 吴锴，陈曦，王霞等纳米粒子改性聚乙烯直流电缆绝缘材料研究高电压技术，2013，39（1）：8-14.

[9] 王亚，吕泽鹏，吴锴，等. 高压直流 XLPE 电缆研究现状. 绝缘材料，2014，47（1），22-25.

[10] 陈曦，王霞，吴锴，等. 聚乙烯绝缘中温度梯度效应对直流电场的畸变特性. 西安交通大学学报，2010，44（4）：62-65.

[11] LI Wenpeng, CAO Junzheng, ZHANG Chong et al. Modelling of XLPE Conductivity and Joule Heat Effect in HVDC Cable. International High Voltage Direct Current Conference，Shanghai，2016.

[12] 高宇，杜伯学. 采用表面电位衰减法表征高压交联聚乙烯电缆绝缘中空间电荷的输运特性. 高电压技术，2012，38（3）：2097-2103.

[13] 顾金，王俏华，尹毅. 高压直流 XLPE 电力电缆预制式接头的设计. 高电压技术，

2009，35（12）：3159-3163.

[14] 王雅群. 高压直流塑料电缆中空间电荷抑制方法研究. 上海：上海交通大学，2009.

[15] 曹晓珑，钟力生. 电气绝缘技术基础. 北京：机械工业出版社，2009：145-150.

[16] MAZZANTI G，MARZINOTTO M. Extruded cable for high voltage direct current transmission：advances in research and development. Hoboken New Jersey：John Wiley & Sons Inc，2013.

[17] TERASHIMA K，SUZUKI H，HARA M，WATANABE K. Research and Development of ＋250kV DC XLPE Cables. IEEE Transactions on Power Delivery，1998，13（1）：7-15.

[18] 应启良. 高压及超高压 XLPE 电缆附件的技术进展. 电线电缆，2000（1）：3-11.

[19] 吴叶平，顾金，吴建东. 挤包绝缘高压直流电缆及附件绝缘性能的研究. 电线电缆，2011（6）：24-27.

[20] 古亮. 交联聚乙烯-硅橡胶界面电荷破坏现象研究. 天津：天津大学. 2010.

[21] 张乒. 直流电缆绝缘设计. 高电压技术，2004，30（8）：20-24.

[22] B M Weedy，D Chu. HVDC extruded cables Parameters for determination of stresses. IEEE Trans. 1984，3：662-667.

[23] 柳松，彭佳康，王霞. 高压电缆附件界面压力的影响因素分析. 绝缘材料，2013，46（6）：66-69.

[24] 陈庆国，秦艳军，尚南强，等. 温度对高压直流电缆中间接头内电场分布的影响分析. 高电压技术，2014，40（9）：2619-2626.

[25] Rongsheng Liu. Long-Distance DC Electrical Power Transmission. IEEE Electrical Insulation MagazineVol. 2013，29（5）：37-46.

[26] 李国倡，李盛涛，等. 陷阱密度对低密度聚乙烯空间电荷形成与积累特性的影响. 中国科学：技术科学，2013，43（4）：375-381.

[27] 屠德民，等. 高氏聚合物击穿理论的验证及其在电缆上的应用. 西安交通大学学报，1989，23（2）：17-20.

[28] WINTLE H J. Charge Motion and Trapping in Insulators Surface and Bulk Effects. IEEE Transactions on Dielectrics and Electrical Insulation，1999，6（1）：1-9.

[29] 曹晓珑，徐曼，刘春涛，等. 纳米添加剂对聚合物击穿性能的影响. 电工技术学报，2006，21（2）：8-12.

[30]　TEYSSEDRE G，LAURENT C. Charge Transport Modeling in Insulating Polymers：From Molecular to Macroscopic Scale. IEEE Transactions on Dielectrics and Electrical Insulation，2005，12（5）：857-870.

[31]　DISSADO L A，LAURENT C，MONTANARI G C. et al. Demonstrating a Threshold for Trapped Space Charge Accumulation in Solid Dielectrics under dc Field. IEEE Transactions on Dielectrics and Electrical Insulation，2005，3（12）：612-619.

[32]　周远翔，郭绍伟，等. 纳米氧化铝对硅橡胶空间电荷特性的影响. 高电压技术，2010，36（7）：1605-1611.

[33]　田付强，等. 聚合物/无机纳米复合电介质介电性能及其机理最新研究进展. 电工技术学报，2011，3：2-12.

电网新技术读本

新型输电
与电网运行

XINXING SHUDIAN
YU DIANWANG YUNXING

国家电网公司人力资源部　组编

中国电力出版社
CHINA ELECTRIC POWER PRESS

内 容 提 要

本套书选取目前国家电网公司最新的 18 项技术发展成果，共四个分册，分别为智能用电与大数据、清洁能源与储能、电力新设备、新型输电与电网运行。每个分册由 3~6 项科技创新实践成果组成。

本书为专业类科普读物，不仅可供公司系统生产、技术、管理人员使用，还可作为公司新员工和高校师生培训读本，亦可供能源领域相关人员学习、参考。

图书在版编目（CIP）数据

电网新技术读本 / 国家电网公司人力资源部组编 . —北京：中国电力出版社，2018.4
ISBN 978-7-5198-1433-5

Ⅰ . ①电… Ⅱ . ①国… Ⅲ . ①电网－电力工程－研究 Ⅳ . ① TM727

中国版本图书馆 CIP 数据核字（2017）第 293724 号

出版发行：中国电力出版社
地 址：北京市东城区北京站西街 19 号（邮政编码 100005）
网 址：http://www.cepp.sgcc.com.cn
责任编辑：袁 娟 郭丽然 高 芬
责任校对：闫秀英
装帧设计：王英磊 赵姗姗
责任印制：邹树群

印 刷：北京九天众诚印刷有限公司
版 次：2018 年 4 月第一版
印 次：2018 年 4 月北京第一次印刷
开 本：710 毫米 ×980 毫米 16 开本
印 张：48.75
字 数：812 千字
印 数：0001—3000 册
定 价：168.00 元

编 委 会

编 写 组

组　长　吕春泉
副组长　赵　焱
成　员　（按姓氏笔画排序）

于玉剑	王少华	王海田	王高勇	王　赞
邓　桃	田传波	田新首	刘广峰	刘文卓
刘　远	刘建坤	刘剑欣	刘剑锋	刘　博
刘　超	刘　辉	孙丽敬	庄韶宇	汤广福
汤海雁	汤　涌	纪　峰	许唐云	闫　涛
佘家驹	吴亚楠	吴国旸	吴　鸣	宋新立
宋　鹏	张　升	张宁宇	张成松	张明霞
张　朋	张　翀	张　静	李文鹏	李　庆
李　特	李索宇	李维康	李　智	李　琰
李　琳	李　群	李　鹏	杨兵建	苏运豪
迟忠君	陈龙龙	陈继忠	陈新前	陈象贤
陈　静	周万迪	周建辉	周国风	周象贤
庞　辉	郑　柳	金　锐	姚国风	柳劲松
胡　晨	贺之渊	赵　冲	赵　磊	凌在汛
徐　珂	郭乃网	高　冲	崔　一	崔　磊
常乾坤	曹俊平	温家良	蒋愉宽	韩正一
解　兵	蔡万里	潘　艳	魏晓光	瞿海妮

前　言

习近平总书记在党的十九大报告中指出,"创新是引领发展的第一动力,是建设现代化经济体系的战略支撑"。科技兴则民族兴,科技强则国家强。国家电网公司作为关系国民经济命脉、国家能源安全的国有骨干企业,是国家技术创新的国家队、主力军,取得了一大批拥有自主知识产权、占据世界电网技术制高点的重大成果,实现了"中国创造"和"中国引领":攻克了特高压、智能电网、新能源、大电网安全等领域核心技术;建成了国家风光储输、舟山和厦门柔性直流输电、南京统一潮流控制器、新一代智能变电站等重大科技示范工程;组建了功能齐全、世界领先的特高压和大电网综合实验研究体系和海外研发中心;构建了全球规模最大的电力通信网和集团级信息系统,以及世界领先的电网调控中心、运营监测(控)中心、客户服务中心,建立了较为完整的特高压、智能电网标准体系。截至 2016 年底,国家电网公司累计获得国家科学技术奖 60 项,其中特等奖 1 项、一等奖 7 项、二等奖 52 项,中国专利奖 72 项,中国电力科学技术奖 632 项。累计拥有专利 62036 项,连续六年居央企首位。

为进一步传播国家电网公司创新成果,让公司系统广大干部和技术人员了解公司科技创新成果和最新研发动态,增强创新使命感和责任感,激发创新活力和创造潜能,国家电网公司人力资源部组织编写了本套书，希望通过本套书的出版，促使广大干部员工以时不我待的精神和只争朝夕的劲头，不忘初心，持续创新，推动公司和电网又好又快发展。全套书共四个分册，分别为智能用电与大数据、清洁能源与储能、电力新设备、新型输电与电网运行，每个分册由 3～6 项科技创新实践成果组成。智能用电与大数据分册包括智能用电与实践、电力大数据技术及其应用、电动汽车充电设施与车联网；清洁能源与储能分册包括风光储联合发电技术、可再生能源并网与控制、虚拟同步机应用、新型储能技术；电力新设备分册包括直流断路器研制与应用、新型大容量同步调相机应用、特高压直流换流阀、大功率电力电子器件、交流 500kV 交联聚乙烯绝缘海底电缆、±500kV 直流电缆技术与应用；新型输电与电网运行分册包括电网大面积污闪事故防治、柔性直流及直流电网、电力系统多时间尺度全过程动态仿真技术、统一潮流控制器技术及应用、交直流混合配电网技术。作为一套培训教材和科技普及读物，本书采取了文字与视频结合的方式，通过手机扫描二维码，展示科研成果、专家讲课和试验设备。

智能用电与大数据分册由信产集团、上海电科院、南瑞集团组织编写；清洁能源与储能分册由冀北电科院、中国电科院组织编写；电力新设备分册由联研院、江苏电科院、湖北电科院、浙江电科院组织

编写；新型输电与电网运行分册由中国电科院、联研院、江苏电科院、国网北京电力组织编写。

由于编写时间紧促，本书难免存在疏漏之处，恳请各位专家和读者提出宝贵意见，使之不断完善。

编　者

2017 年 12 月

目 录

前言

1 电网大面积污闪事故防治

PART

1.1　概述 ······························· 2

1.2　创新点 ····························· 3

　　1.2.1　基于饱和污秽度的动态
　　　　　广域污区图绘制 ······ 3

　　1.2.2　污秽影响电网运行的
　　　　　主要制约参数 ········ 6

　　1.2.3　污秽绝缘子污闪
　　　　　特性 ··············· 16

1.3　工程应用 ···················· 32

1.4　应用前景 ···················· 42

2 柔性直流及直流电网

PART

2.1　概述 ···························· 46

　　2.1.1　发展概况 ··········· 46

　　2.1.2　系统构成 ··········· 48

　　2.1.3　技术优势 ··········· 51

　　2.1.4　发展前景 ··········· 53

2.2　柔性直流输电技术 ··········· 54

2.2.1　系统分析 ··· 54

2.2.2　核心设备 ··· 57

2.2.3　控制保护技术 ··· 60

2.2.4　等效试验技术 ··· 63

2.2.5　工程设计技术 ··· 64

2.3　直流电网技术 ··· 69

2.3.1　拓扑结构 ··· 69

2.3.2　核心设备 ··· 72

2.3.3　控制技术 ··· 79

2.3.4　保护技术 ··· 84

2.4　工程实践 ··· 88

2.4.1　柔性直流工程 ··· 88

2.4.2　多端及直流电网工程 ······························· 90

3　电力系统多时间尺度全过程动态仿真技术

3.1　概述 ··· 94

3.1.1　电力系统的多时间尺度特性与仿真软件 ·········· 94

3.1.2　技术需求 ··· 95

3.1.3　技术特点 ··· 97

3.1.4　应用范围 ··· 98

3.1.5　发展趋势 ··· 99

3.2　仿真算法 ··· 100

3.2.1　数值积分算法 ··· 100

3.2.2　方程组求解算法 ··· 102

3.2.3　复故障算法 ··· 105

3.2.4　考虑不对称故障的电磁-机电混合仿真接口算法 ······ 106

3.3 仿真模型 ·· 108

  3.3.1 电磁暂态模型 ·· 108

  3.3.2 机电暂态模型 ·· 111

  3.3.3 中长期动态模型 ······································ 117

  3.3.4 继电保护和安全自动装置模型 ···················· 123

3.4 软件研发技术 ·· 127

  3.4.1 计算流程 ·· 127

  3.4.2 面向对象的软件架构设计 ·························· 128

3.5 工程应用 ·· 131

  3.5.1 华东电网安全稳定性、换相失败范围和单相重合闸时间

       校核计算 ·· 131

  3.5.2 河南电网 71 事故反演 ······························ 132

  3.5.3 南方电网异步联网频率控制策略仿真 ·············· 132

  3.5.4 特高压联络线扩建工程中动态电压稳定性分析 ····· 135

  3.5.5 西北规划电网长时间尺度分析计算 ················ 137

参考文献 ·· 140

4 统一潮流控制器技术及应用

PART

4.1 概述 ·· 146

  4.1.1 柔性交流输电技术发展历程 ······················ 146

  4.1.2 UPFC 的结构与原理 ································ 152

4.2 关键设备 ·· 156

  4.2.1 换流器 ·· 156

  4.2.2 控制保护系统 ·· 159

  4.2.3 串联变压器 ·· 160

  4.2.4 晶闸管旁路开关 ······································ 163

4.3 工程应用 ·· 165

4.3.1 国外 UPFC 示范工程 ·································· 165

4.3.2 南京 220kV 西环网 UPFC 示范工程 ················ 169

4.3.3 苏州南部 500kV UPFC 示范工程 ················· 178

4.4 技术展望 ·· 182

参考文献 ··· 184

5 交直流混合配电网技术

5.1 概述 ·· 188

5.1.1 交流配电网技术 ·································· 188

5.1.2 直流配电网技术 ·································· 189

5.1.3 交直流混合配电网 ······························ 191

5.1.4 交直流混合配电网典型拓扑 ···················· 192

5.2 交直流混合配电网核心设备 ·························· 199

5.2.1 AC/DC 变流器 ····································· 199

5.2.2 DC/DC 变流器 ····································· 209

5.2.3 直流断路器 ······································· 216

5.3 交直流混合配电网关键技术 ·························· 219

5.3.1 交直流混合配电网运行控制关键技术 ············ 219

5.3.2 交直流混合配电网保护技术 ···················· 223

5.4 交直流混合配电网应用及展望 ······················ 227

参考文献 ··· 229

PART 1

电网大面积污闪事故防治

1.1 概述

污闪是指电气设备绝缘表面附着的污秽物在潮湿条件下,其可溶物质逐渐溶于水,在绝缘表面形成一层导电膜,使绝缘子的绝缘水平大大降低,在工作电压下即可能出现的强烈放电乃至沿面闪络现象。污闪是区域性的问题,显著特点是同时多点跳闸的概率高,这是由其自身的特殊性造成的。在几十、上百千米范围的区域内,大气污染条件相近、气候条件也几乎相同,一旦一处绝缘子发生污闪跳闸,则表明这个地区成百上千的绝缘子处于相同的闪络风险中;而由于气候条件的持续性,往往重合闸不能成功,从而造成区域性的大面积污闪停电事故。

我国快速发展中粗放型经济发展方式导致大气环境污染严重,影响范围大,冬季及春初污染高峰与持续浓雾的天气同期;由此造成的大面积污闪,事故点分布广、停电范围大、恢复供电难。20 世纪 80 年代至本世纪初,东、中部经济发达、人口稠密地区发生大面积污闪停电事故多达 29 次,占全国电网严重停电事故总次数的 43%。特别是1990 年初华北、1996 年底至 1997 年初长江中下游和 2001 年初从豫北到辽中的大面积污闪事故,每次均覆盖数十万平方千米、影响上亿人口,大范围停电严重影响了国民经济与人民生活的正常运行,社会影响巨大。因此,遏制大面积污闪,成为确保我国电网安全的重要而紧迫的任务。

长期以来我国坚持的防污闪措施主要有:依靠每年一次的停电人工清扫,以及增加绝缘子沿面距离、污秽地区有限使用防污闪性能好的复合绝缘子和室温硅橡胶涂料。这些措施可以应对少量输电线路及变电站的污闪,但是不能有效防止大面积污闪的发生:一是大范围人工清扫质量得不到保障,随电网规模的扩大和电压等级的提高,停电困难且人力不及，难以为继；二是绝缘子沿面距离的显著增加受制于铁塔尺寸限制，大规模改变铁塔设计不现实，且污闪中时有绝缘子损坏或断串发生；三是用于污秽地区的早期复合绝缘子脆断掉线、长期机械性能下降，早期防污闪涂料使用周期短，难以大范围应用推广。

为从根本上防治大面积污闪事故，需要彻底摆脱以人工清扫为主的运维模式，从整体上提高电网的外绝缘配置水平。为此，需要认识和把握大范围长时间大气污染物在户外高压电气设备绝缘表面沉积的规律；实现复杂自然环境中染污绝缘表面的人工模拟试验技术，据此确定可靠经济的外绝缘配置；研发污秽地区使用的长效防污闪新产品。为此，以中国电力科学研究院、清华大学、华北电科院为代表的 30 余家单位经过 14 年产学研用联合攻关，采用微观机理研究、数学建模、自然积污测量、实验室污闪试验、新产品研制与开发相结合的技术路线，构建了从动态广域污区图、外绝缘配置方案、新一代复合绝缘子到电瓷防污闪新技术的完整技术体系。在大气污染情况未得到明显改善、电网规模指数增长的情况下，成功消除了大面积污闪事故，线路污闪跳闸率从 2001 年的每百千米每年 0.12 次大幅下降到 2014 年的 0.001 次，避免了大范围停电对国民经济和社会生活造成的巨大影响，推动和引领了国际高压污秽外绝缘技术的发展。

1.2　创新点

1.2.1　基于饱和污秽度的动态广域污区图绘制

数十年来，绝缘子表面污秽度都是以年度检测值即年度等值附盐密度来描述的，电网污秽等级的划分也是以年度运行经验和标准绝缘子的年度等值盐密值为依据。绝缘子长期积污特性是指绝缘子经多年积污表面污秽度不再明显持续增长而言，长期现场污秽度是描述标准绝缘子多年积污后表面污秽度趋于稳定的情况。

绝缘子表面在长期积污过程中，经历积污（冬季）—清洗（雨季）—再积污（冬季）—再清洗（雨季）……这一循环往复，表面污秽度不断增长。一般经多年可达到动态平衡状态。国外发达国家都没有像我国这样，把电网外绝缘设计与清扫工作直接联系起来，通常人们只是把清扫作为防止输变电设备发生污闪的一种消缺手段。一个新工程的建设，普遍的做法是，开工前若干年进行长期的绝缘子自然积污试验，根据 3～5 年的积污数据进行外绝缘设计。

从统计角度看，绝缘子平均年度最大积污量和绝缘子年自清洗能力均可认为是常数。如平均年度最大污秽度（通常是指每年积污期结束时测得的年度值的多年平均值）用 S_1 表示，则雨季后绝缘子表面剩余污秽度为 CS_1（C 为反映自清洗能力的绝缘子表面年度污秽度残余率）。那么第 2 年绝缘子表面污秽度为 S_1+CS_1；第 n 年的累计污秽度可表示为：

$$S_n = S_1 + CS_1 + \cdots + C_{n-1}S_1 + \cdots = S_1[(1-C_n)/(1-C)] \quad (1\text{-}1)$$

式中 n——累计时间，年。

由于绝缘子表面污秽度残余率<1，上式收敛，故可求得长期污秽度的饱和值 S_b

$$S_b = S_1/(1-C) \quad (1\text{-}2)$$

式中 $(1-C)$——绝缘子的自清洗率。

对于标准盘形绝缘子，其污秽度的长期积污饱和值即为长期现场污秽度。该值可以用长期积污的等值盐密和灰密来描述。

由式（1-2）可以看出，绝缘子长期现场污秽度与平均年度现场污秽度成正比，而与其年度自清洗率成反比；长期现场污秽度与平均年度现场污秽度之比为自清洗率的倒数。通常公式中现场污秽度残余率 C 可以通过雨季后污秽度的实测值与平均年度现场污秽度的比值来确定，它既与雨季的降水有关，也与绝缘子几何形状有关。北京和陕西富县两地现场的实测结果，对于普通 XP 标准型绝缘子，C 值在 $43\%\sim75\%$

范围内。

实际上每年气候条件不尽相同，绝缘子表面长期现场污秽度与上述理论估算值会有所差异。要减少这种误差，一方面是要在多年自然积污的基础上把握不同绝缘子的年度污秽度及其自然清洗率；另一方面在气象条件出现异常变化时对上述两参数进行必要的修正。

为提高我国电网外绝缘的整体水平，国家电网公司提出了"绝缘到位，留有裕度"的基本原则。绝缘到位就是依靠设备本体绝缘水平抵御恶劣自然环境导致的污闪，不把绝缘设计建立在大规模清扫工作（一年一次）的基础上；留有裕度则是为了预防大气污染日益增长和可能出现的灾害性天气（包括灾害天气带来的湿沉降）。为了实现以上基本原则，国家电网公司设计并实现了基于"饱和污秽"概念的污区划分方法。采用饱和污秽度来描述现场污秽度时，绝缘子的现场污秽度测量周期为3～5年，测试结果反映的是绝缘子多年积污后的现场污秽度饱和值（包括饱和等值盐密和灰密），用其取代"年度最大等值盐密"。使用饱和盐密划分污秽等级，实际上就是要求在选择绝缘子时不考虑清扫这一因素。

以往污区的划分要考虑各地的污湿特征、运行经验和绝缘子等值盐密三个要素，当三者冲突时，以运行经验为准。但是单一等值盐密仅考虑了可溶盐，不能全面反映现场污秽度，现场污秽度应包括灰密指标。然而，现场污秽度的年度值仍是建立在"一年一清扫"的基础上。只有采用长期现场污秽度划分污区，才有可能逐步实现输变电设备的免清扫，提高电网运行的安全可靠性。由于我国电网目前没有或缺少免清扫运行经验，因此获得长期现场污秽度就成了唯一可用的描述指标。

我国是最早意识到非可溶物影响污闪电压的国家。在绝缘子污闪过程中，可溶盐直接参与导电，非可溶物可以聚集表面污层的含水量。污层含水量多，可溶盐的溶解度增加，更多的可溶盐参与导电。因此，等值盐密和灰密的增加都会造成绝缘子闪络电压的降低。

以此为基础，2011年版污区图也是国际上首个将灰密引入的污区图，即基于饱和污秽度——可溶物和非可溶物和双要素污区图。

1.2.2 污秽影响电网运行的主要制约参数

（1）污秽对污闪电压影响因素研究。

制约输变电设备外绝缘安全运行的参数，一部分可由短期或长期的污秽水平监测和调研获得，一部分需通过试验研究其对污闪电压的影响才能确定。而绝缘子的污闪电压受到污秽盐密、灰密、污秽均匀程度、污秽成分等多种因素的影响。

1）盐密对污闪电压的影响。

在影响绝缘子人工污秽闪络电压的诸多因素中，盐密作用最大，因此研究中常将 $NSDD$ 取为一固定值。

在对绝缘子表面附着盐密对绝缘子污闪电压影响的研究方面，国内外不同的研究机构均认为，在 $NSDD$ 不变的情况下，绝缘子污闪电压与试验盐密之间为指数函数关系：

$$U_{50\%} = a(SDD)^b \tag{1-3}$$

式中　$U_{50\%}$——绝缘子的50%闪络电压，kV；

　　　SDD——试验盐密，mg/cm^2；

　　　a——常数；

　　　b——污秽特征指数，表征污闪电压随盐密的增加而衰减的规律。

2）灰密对污闪电压的影响。

20世纪80年代中国电力科学研究院根据短串绝缘子的交、直流耐受电压试验，确定了 $NSDD$ 对绝缘子耐受电压的影响，指出耐受电压在 $NSDD$ 为 $1.0mg/cm^2$ 处开始饱和，在 $2.0mg/cm^2$ 处于最低点；$NSDD$ 继续增加，绝缘子耐受电压有升高的倾向。为此提出了一个统

一的 $NSDD$ 修正系数 K_2

$$K_2 = (NSDD)^{-0.12}$$

式中　$NSDD$——灰密，mg/cm^2。

后续试验表明，绝缘子表面盐密对 $NSDD$ 的修正也程度不同的存在影响。在盐密不大于 $0.1mg/cm^2$ 的条件下，可用图 1-1 中的曲线进行 $NSDD$ 修正，即 $NSDD$ 修正系数 K_2

$$K_2 = 1.0(NSDD)^{-0.099} \tag{1-4}$$

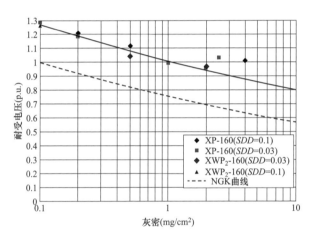

图 1-1　XP-160 型和 XWP$_2$-160 型绝缘子在不同 $NSDD$ 下的耐受电压

日本 NGK 公司先后提出了两条耐受电压 U_w 与 $NSDD$ 的修正曲线（见图 1-2），表示如下

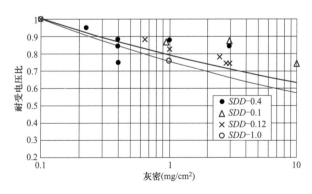

图 1-2　NGK 给出的绝缘子在不同 $NSDD$ 下的耐受电压

$$U_{\mathrm{W}} \propto (NSDD)^{-0.1} \tag{1-5}$$

$$U_{\mathrm{W}} \propto (NSDD)^{-0.12} \tag{1-6}$$

3）可溶盐种类对等值盐密的影响。

自然污秽物中普遍存在着可溶有机物，其中影响 $CaSO_4 \cdot 2H_2O$ 溶解度的有机物可分为四类：有机酸（如异构乳清酸、氰基醋酸等）；有机酸钾盐（如脂酸钾、反丁烯二酸钾、丙酸锌等）；有机碱·盐酸盐加成化合物（如吗啉盐酸盐、可待因盐酸盐、亮氨酰胺盐酸盐、奎宁溴化氢等）；尿素及其与硝酸盐加成化合物。

绝缘子表面自然污秽中 $CaSO_4 \cdot 2H_2O$ 的大量存在使其污闪电压显著提高。国内外都有试验表明，相同盐密下因盐的种类不同而使绝缘子污闪电压在很大范围内变化。KNO_3、$Zn(NO_3)_2$、$MgSO_4$、$CaSO_4$ 和 $CaCO_3$ 在不同盐密下对 $NaCl$ 的污闪电压之比如图 1-3 所示。很明显，除硝酸盐外，其他盐随着盐密的增加，污闪电压也增加，尤其是溶解度很小的 $CaSO_4$ 增加的更为显著。

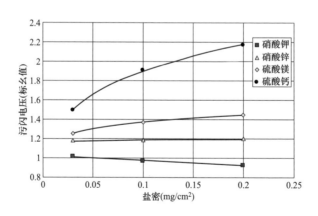

图 1-3　不同可溶盐对绝缘子污闪电压的影响

根据大量现场测量的结果，自然污秽中硫酸钙以 $CaSO_4 \cdot 2H_2O$ 的形式普遍并且大量的存在，试验表明，可以通过不同 Ca^{2+} 浓度的简化组合盐的试验来确定自然污秽物中多种可溶盐对绝缘子污闪电压的影响。在一给定电压下，在等值盐密 $0.02 \sim 0.2 mg/cm^2$ 范围内，单一

NaCl 所对应的试验盐密与不同 Ca^{2+} 浓度组合盐所对应的 $ESDD$ 的比值为有效盐密校正系数（K_1），可用下式表示

$$K_1 = 1 - 1.13D^{2.57} \tag{1-7}$$

式中　D——组合盐中 Ca^{2+} 离子在主要阳离子成分中的摩尔百分比浓度。

进行实际计算时，当等值盐密不超过 $0.1mg/cm^2$ 时，可不进行盐密校正。

4）上下表面污秽分布的影响。

不同绝缘子造型及其表面盐密，对绝缘子的污闪电压校正存在一定影响。在盐密不大于 $0.1mg/cm^2$ 的条件下，可用图 1-4 中的曲线进行上下表面污秽不均匀分布的修正，其修正系数 K_3

$$K_3 = 1 - N\ln(T/B) \tag{1-8}$$

式中　N——常数，对于普通型绝缘子，取 0.054；

　　　T——（现场绝缘子）上表面 $ESDD$ 测量值；

　　　B——（现场绝缘子）下表面 $ESDD$ 测量值。

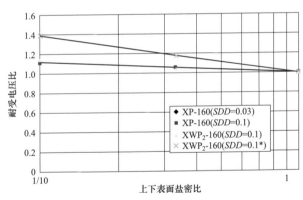

图 1-4　XP-160 型和 XWP$_2$-160 型绝缘子上下表面
污秽不均匀分布时的耐受电压

考虑现场取样时，污秽过少时可能影响测量精度，轻污秽时不计算上下表面不均匀分布的影响；污秽较重时（如 $ESDD$ 在 $0.1mg/cm^2$ 及以上时）进行污秽不均匀分布修正。

5）影响灰密与等值盐密比值的因素。

无论是同一串绝缘子各片间，还是同一地点或环境条件相似的地区，甚至不同地域之间，测得的绝缘子表面灰密对等值盐密之比都呈正态分布；通常测试数据足够多时，该比值分散性都不大。

影响绝缘子表面灰密与等值盐密比值的诸多因素有：

（a）不同种类的污染源使灰密对等值盐密的比值在 2～10 范围内变化；已有大量统计数据表明，除紧邻海岸、化工厂外的广大内陆地区，其年度灰密与等值盐密的比值可取其平均值 4.5。绝缘子连续积污时间及取样时间。

绝缘子表面污秽趋于饱和时，灰密与等值盐密的比值将增加，下限可取 5，上限可取 10。

（b）不同地区年降水量及其分布对灰密与等值盐密的比值有重要影响。这一方面表现在潮湿天气易导致灰密与等值盐密比值的增大；另一方面污秽取样时间不在积污期（如雨季后或污闪发生后）也会造成灰密对等值盐密比值的增加。受降水条件影响，绝缘子上表面灰密对等值盐密之比通常大于下表面。

（c）绝缘子的伞形对灰密与等值盐密的比值也有影响。自清洗性能好的绝缘子，其表面灰密对等值盐密之比偏高。

（d）绝缘子表面污秽趋于饱和时，与年度测量值比较，其灰密与等值盐密的比值将增加。这是长期积污与周期性降水综合作用的结果。

6）影响绝缘子上下表面污秽不均匀分布的因素。

影响绝缘子污秽不均匀分布的因素有：

（a）年降雨量及其分布是影响绝缘子下表面对上表面等值盐密比和灰密比的决定性因素。不同月份取样，因降雨不同，会导致数据分散性很大；因长年雨水的周期性作用，多年不清扫的线路也会造成绝缘子下表面对上表面等值盐密比的增加。

（b）绝缘子的伞形也影响绝缘子下表面对上表面等值盐密比和灰密比。但实质仍与降雨有关，自清洗性能好的绝缘子通常下表面对上表面的等值盐密比和灰密比比较小。

（c）积污期出现连续数十天的干旱日和灾害性浓雾带来的湿沉降都会明显改变绝缘子上下表面的污秽分布。对于长期积污导致的下表面污秽重于上表面的状况，连续干旱和湿沉降会使绝缘子表面污秽分布趋于均匀。

由于不同地区污闪多发期绝缘子表面污秽分布的差异非常大，不宜在全国范围内对下表面与上表面等值盐密比和灰密比做统一的规定。采用饱和等值盐密设计外绝缘时，原则上可以根据表面污秽非均匀分布特性选择绝缘子；若考虑大范围污闪多发生在连续数十日久旱缺雨之后，污秽非均匀分布特性可作为绝缘裕度留给运行，就是说外绝缘设计仍按污秽均匀分布进行。

（2）污秽影响输变电设备外绝缘的制约参数。

污秽对输变电设备外绝缘安全运行的制约参数可归结为三类，一是污秽本身的参数，如污秽度水平、污秽化学成分等；二是与绝缘子积污特性相关的参数，如绝缘子表面不均匀积污水平、不同类型绝缘子的积污差异、不同悬挂方式绝缘子的积污差异等；三是基于自然积污试验和人工污秽试验而进行的污秽外绝缘配置参数，与之相关的爬电比距等。

因此，根据电网污秽相关标准以及国内外研究成果，本文总结污秽影响输变电设备外绝缘的主要制约参数如表 1-1 所示。

表 1-1　　　　　　　　　主 要 制 约 参 数

序号	制约参数	
1	污区等级	与污秽本身相关的参数
2	附盐密度（盐密）	
3	不溶物密度（灰密）	
4	污秽化学成分	
5	绝缘子不均匀积污程度	与绝缘子积污特性相关的参数
6	绝缘子类型（伞形、材质）	
7	绝缘子悬挂方式	
8	爬电比距	污秽外绝缘配置参数

与之相关的主要术语和概念如下所示：

1）参照盘形绝缘子。用来测量及描述现场污秽严重程度，同时便于各地统一使用和相互进行比较的绝缘子。传统上采用线路普通（或称标准）盘形绝缘子，其盘径为255mm、结构高度为146～155mm、爬距为280～300mm，我国产品型号为 XP-70 和 XP-160。由于型号为 LXP-70 和 LXP-160 普通盘形玻璃绝缘子基本结构参数与之相近，因此也作为参照绝缘子。XWP$_2$-70 和 XWP$_2$-160 双伞型盘形悬式绝缘子也列作参照绝缘子，是考虑了附录 C 中以该伞型绝缘子完成了污秽等级的划分。

2）爬电距离（简称爬距）。沿绝缘子绝缘表面两端金具之间的最短距离或最短距离之和。两端金具之间的水泥和任何其他非绝缘材料的表面不计入爬电距离。

3）统一爬电比距。爬电距离与绝缘子两端最高运行电压（对于交流系统，为最高相电压）之比，mm/kV。

关于统一爬电比距和爬电比距的差异，IEC 815：1986 标准原版本中使用的爬电比距为绝缘子爬电距离与交流系统最高线电压之比；GB/T 16434—1996 中同时采用了 IEC 815 标准原版本的定义和惯用的是绝缘子爬电距离与交流系统额定线电压之比；新版 IEC/TS 60815—2008 中提出的统一爬电比距为绝缘子爬电距离与绝缘子两端最高运行电压之比，即与交流系统最高相电压之比。它们三者之间的相互关系如表 1-2 和图 1-5 所示。

表 1-2　　　　　　　　　　爬电比距与统一爬电比距的对应关系

最高线电压下的爬电比距 （mm/kV）	额定线电压下的爬电比距 （mm/kV）	统一爬电比距 （mm/kV）
12.7	14.0	22.0
14.5	16.0	25.2
16.0	17.6	27.7
16.2	17.8	28.0

续表

最高线电压下的爬电比距 （mm/kV）	额定线电压下的爬电比距 （mm/kV）	统一爬电比距 （mm/kV）
18.2	20.0	31.5
20.0	22.0	34.7
20.2	22.2	35.0
22.7	25.0	39.4
25.0	27.5	43.3
25.4	27.9	44.0
29.1	32.0	50.4
31.0	34.1	53.7
31.8	34.9	55.0
34.5	38.0	59.8
35.0	38.5	60.6

注　表中最高线电压为额定线电压的1.1倍。实际上，我国不同电压等级电网的最高线电压与额定线电压之比是不同的：110kV为1.2，220kV为1.15，330kV及以上为1.1。

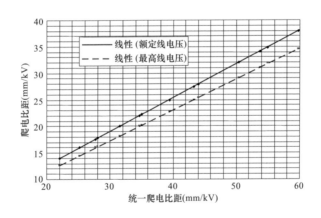

图1-5　爬电比距与统一爬电比距的对应关系

　　早先标准习惯使用的爬电比距1.6、2.0、2.5、3.2cm/kV，按Q/GDW 152—2006为25.2、31.5、39.4、50.4mm/kV。由于我国不同电压等级电网的最高工作电压与额定工作电压之比是不同的，因此表1-2所示统一爬电比距值只是对330kV及以上电压等级设备的准确描述。

　　4）附盐密度（简称盐密，SDD）。人工污秽试验时涂覆于试品绝缘子绝缘表面（不包括金属部件和装配材料）的氯化钠总量与绝缘表面面积之比，表示为 mg/cm²。

5）等值附盐密度（简称等值盐密，ESDD）。电导率等同于溶解后现场绝缘子绝缘表面自然污秽水溶物的氯化钠总量与绝缘表面面积之比，表示为 mg/cm²。

6）不溶物密度（简称灰密，NSDD）。从绝缘子试品绝缘表面获得的非水溶性物质总量与绝缘表面面积之比，表示为 mg/cm²。

7）现场污秽度（饱和污秽度）。在参照绝缘子表面经连续 3～5 年积污获得的等值盐密和灰密的最大值，污秽取样须在积污季节后期进行。

根据现有现场试验与测试结果，我国内陆地区绝缘子积污的饱和时间，北方约为 3～5 年，南方约为 3 年。因此在确保电网安全运行的前提下，经过 3 年或更多一点时间的工作就可获得大量数据，而实测饱和盐密值与理论估算值的误差可控制在 10% 以内。

目前，对于缺少饱和等值盐密数据的地区，普通型和双伞型盘形绝缘子可暂按平均年度盐密的 1.6～1.9 倍（南方按 1.5～1.7 倍）计算。由于 500kV 线路绝缘子积污通常多于 220kV 和 110kV 线路，因此要特别注意积累 500kV 线路的测试数据。

当饱和等值盐密用于指导现有电网污区分布图的修订时，监测点的布局要合理，数据要准确。

8）现场污秽度分级。从很轻污秽到很重污秽，按现场污秽度分为若干等级。

为与 IEC 60815：1CD 文件相衔接，Q/GDW 152—2006 首先确定了绝缘子自然污秽的现场污秽度这一概念，成为不同地区污秽等级划分的量化参数，也将污秽物分为 A 和 B 两类。

我国电网运行经验表明，B 类污秽仍可用等值盐密和灰密来描述。这是因为，记录到的电网污闪事故总是海风携带的盐雾、化学薄雾以及大气严重污染带来的酸雨和脏雾与已经沉积在绝缘子表面的固体污秽物共同作用的结果。因此，目前尚无采用现场等值盐度描述绝缘子现场污秽度的必要。但 Q/GDW 152—2006 未排除使用现场等值盐度（即人工污秽盐雾法试验时的盐度值）和绝缘子表面电导率的可能。

需要特别指出的是，与 IEC 60815：1CD 文件要求相同，人工污秽试验时绝缘子表面污秽度用盐密和灰密表示（固体层法），也就是盐密与等值盐密是不同的两个概念。等值盐密用于描述绝缘子自然污秽，而盐密仅在人工污秽试验时使用。

9）带电系数 K_1。同型号绝缘子，同期带电与不带电所测等值盐密（及灰密）之比。

$$K_1 = \frac{带电绝缘子的盐密 / 灰密值}{非带电绝缘子的盐密 / 灰密值} \tag{1-9}$$

现有测量数据表明，在相同条件下，各地同型式绝缘子的带电系数 K_1 差别较大，变化范围一般在 1.1～1.5。各地应根据实测结果而定。根据现有测量数据，在相同条件下，带电和非带电情况下同型式绝缘子的等值附盐密度值之比和灰密值之比有一定差别。为积累经验，Q/GDW 152—2006 实施初期，带电系数 K_1 的确定应取两者中的最大值。

10）形状积污系数 K_2

$$K_2 = \frac{参照绝缘子的盐密 / 灰密值}{运行绝缘子的盐密 / 灰密值} \tag{1-10}$$

为使技术管理政策的调整具有连续性，一方面，对于有条件挂点的区域，应根据非带电的参照盘形悬式绝缘子的现场污秽度作为划分污级的基础数据；另一方面，已经带电运行的非参照盘形悬式绝缘子，新污区分布图允许采用设立系数测量点的方式确定非参照盘形悬式绝缘子的带电系数 K_1 和形状系数 K_2。

11）污秽的化学成分。对化学成分分析，污秽物的化学成分对污秽等级的划分和用污耐受电压发选择绝缘子片数都有重要作用。为使高溶解度污秽物和低溶解度污秽物的比例分析更准确，可溶性盐的化学分析结果应包括尽可能多的正离子和负离子。

1.2.3　污秽绝缘子污闪特性

绝缘子污闪试验是外绝缘配置的基础，长期以来，我们习惯于用小尺寸绝缘子（或短串）的污秽试验结果推算 500kV、750kV 甚至特高压线路的绝缘子选择。但是，由于小尺寸绝缘子（或短串）污秽试验用的绝缘子型号与更高电压等级用的绝缘子不同，还因为污闪电压数据的分散性，小尺寸推及大尺寸带来很大的风险，常常导致输变电设备外绝缘设计可靠性的降低。因此，全工况试验要求绝缘子的型号及长度都要与实际工程所用的绝缘子尽可能一致。以及随着复合绝缘子、大吨位绝缘子的广泛使用，也给绝缘子污闪特性研究带来一些新的课题。

（1）复合绝缘子选择的优化。

复合绝缘子在长期运行中几乎不会彻底丧失憎水性，如果按照亲水性进行外绝缘设计则丧失了其耐污性能的优势，因此需要在试验室实现弱憎水性的模拟。为了能够更好地达到本次试验目的，不溶物采用高岭土和硅藻土按一定比例混合，在定量涂刷在复合绝缘子表面上，经过一定时间观察其憎水性。最终，通过试验选取合适的硅藻土和高岭土比例，且经过一定的迁移时间后，基本达到了复合绝缘子弱憎水性状态（HC5-HC6），经过喷水分级法测试，更接近 HC6，且重复性较好，如图 1-6 所示。

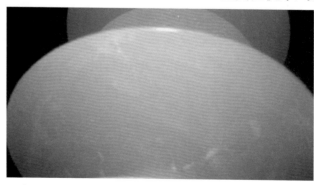

图 1-6　复合绝缘子弱憎水性状态

根据 2010 年初特高压 1000kV 示范工程沿线污秽测量时对复合绝缘子表面憎水性的测量结果，复合绝缘子表面憎水性最差的情况都比图 1-7 表面憎水性强 2～3 级，图 1-7 为南阳现场复合绝缘子喷水后的照片。

图 1-7　特高压 1000kV 示范工程南阳现场复合绝缘子喷水后照片

因此，复合绝缘子污闪试验就采用上述模拟的 HC6 憎水性表面，对 9m 复合绝缘子开展了交流电压下弱憎水性人工污秽试验。

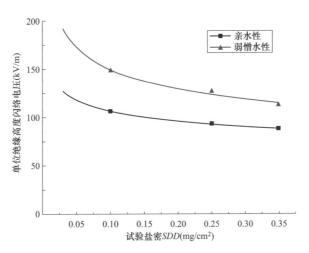

图 1-8　9m 复合绝缘子在弱憎水性条件下的人工污秽试验结果

试验结果表明，在同样污秽条件下，弱憎水性交流复合绝缘子比亲水性复合绝缘子的闪络电压高 27.6％～39.6％。试验结果也证明了以往的结论，即复合绝缘子表面，一旦有憎水性，哪怕很微弱，也能极大地提高污秽闪络电压的水平。

图 1-9 和图 1-10 分别给出了亲水性条件和弱憎水性条件下复合绝缘子人工污秽时的泄漏电流波形图，图中也可以看出，由于表面有了弱憎水性，图 1-11 小的泄漏电流出现的相对少得多，也从另一个角度证明了其试品表面有弱憎水性。

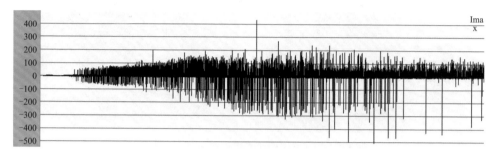

图 1-9 亲水性下的人工污秽试验泄漏电流特征量波形

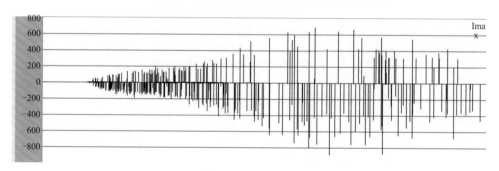

图 1-10 弱憎水性下的人工污秽试验泄漏电流特征量波形

目前，确定输电线路绝缘子的串长通常有两种方法，一种方法是根据污区级别，由爬电比距来决定绝缘子的串长。此方法首先根据输电线路穿越地区的污源状况、湿污条件，盐密测量值以及运行经验来确定不同地区的污区级别，再根据国家标准 GB/T 16434—1996《高压架空线路和发电厂、变电所环境污区分级及外绝缘选择标准》来决定该污区所对应的爬电比距，根据爬电比距和所选定的绝缘子的爬电距离就可计算出所需绝缘子的串长。此种方法简单宜行，直观明了，可操作性强，在工程设计中被广泛采用，而且经过很多工程实际的考验，不失为一种可被接受的工程设计方法。但是，此种方法是一种间接的设计方法，因为这种方法没有和绝缘子的污闪电压建立起直接的联系，而且不同绝缘子爬电距离的有效系数不能仅根据人工污闪电压的试验结果确定，还必须考虑绝缘子的自然积污能力，目前还无法准确获得。而实际上不同形状的绝缘子的爬电距离有效系数有很大的差别，在对实际线路的设计中不能忽略。

另一种方法是根据试验获得的实际绝缘子在不同污秽程度下的耐污闪电压，使选定的绝缘子串的耐污闪电压大于该线路的最大运行电压，并且应有一定的安全裕度，这种方法是和实际绝缘子的污耐受能力直接联系在一起的，因此这种方法是一种较为理想的绝缘子串长的确定方法。但是，由于这种方法还需进一步的验证试验，而且人工污秽试验结果和自然污秽绝缘子污闪电压的等价性问题，还需做大量的工作来验证，实际应用起来还需做大量的研究工作。我国的西北 750kV 线路、1000kV 特高压示范工程外绝缘设计主要采用了第二种方法，这也是我国外绝缘设计发展的方向。

绝缘子的耐受电压 U_n 由式（1-11）得出

$$U_n = U(1 - 3\sigma) \tag{1-11}$$

式中　U——升降法确定的闪络电压，kV；

　　　σ——标准偏差，通常按 7% 计。

通常影响人工污秽试验结果与自然污秽等效性的因素除盐密外，还有可溶盐的种类，不溶物的种类及附着密度以及污秽物在绝缘子表面的不均匀分布等。

首先，考虑到可溶盐中组合盐的影响，修正时组合盐中 Ca^{2+} 浓度采用 60% 进行盐密修正；其次，利用对绝缘子表面污秽的灰盐比，进行灰密的修正，灰盐比取 6。未考虑绝缘子表面不均匀分布。

修正后的耐受电压 U_n' 由式（1-12）决定

$$U_n' = K_1 U_n \tag{1-12}$$

式中 K_1——灰密修正系数。

如需要得到不同海拔高度下的绝缘子的串长的选择，则需要对耐受电压进行海拔修正。线路复合绝缘子绝缘长度 m 为

$$m = \frac{1100/\sqrt{3}}{U_n'} \qquad (1\text{-}13)$$

式中 1100——系统最高运行电压，kV。

根据上述原则，进行计算，和弱憎水性下污秽试验结果，如采用弱憎水性条件下的 50% 污秽闪络电压值，通过污耐受法，可以计算 e 级污区（盐密 $0.25 \sim 0.35 \text{mg/cm}^2$）所需复合绝缘子长度为 7.01m。

根据上述试验结果及分析可以得出，在 d 级污区，即使复合绝缘子表面憎水性完成丧失（不考虑复合绝缘子表面实际的憎水性与憎水性迁移，而把复合表面当成瓷、玻璃一样的亲水性表面来进行设计），9m 长的复合绝缘子也可以满足安全运行要求；在 e 级污区，按弱憎水性考虑，9m 长的复合绝缘子也完全可以满足线路安全运行的需要。

在图 1-11 中也列出了亲水性和弱憎水条件下的直流复合绝缘子试验结果。试验结果表明，在同样污秽条件下，弱憎水性复合绝缘子比亲水性复合绝缘子的闪络电压高 9.4% ～ 14.9%。

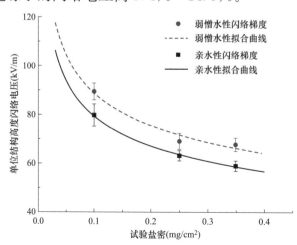

图 1-11　优化伞形复合绝缘子在不同憎水性条件下的人工污秽试验结果对比

直流线路绝缘子的选择根据直流污耐受法进行。这包括根据直流年度污秽度的预测和直流绝缘子人工污秽试验结果，获得长串绝缘子的 50% 直流污闪电压，经有效盐密的修正，灰密与等值盐密比值的修正，污秽不均匀分布修正（由于复合绝缘子上下表面积污数据不足，本报告不进行此项修正），给出长串绝缘子的直流污耐受电压（50% 直流污闪电压减去 3 倍的标准偏差）。在此基础上计算复合绝缘子的串长。在此基础上考虑弱憎水性和伞形优化研究两个方面对串长进行优化，提出了不同海拔不同污秽度下 ±800kV 直流线路复合绝缘子的配置方案。为了比较优化效果，与之前特高压直流试验示范工程向家坝—上海特高压直流工程进行了比较，如表 1-3 所示。

表 1-3　　　　　　±800kV 直流线路复合绝缘子的串长优化（平原地区）

钟罩盐密	按钟罩型瓷绝缘子打折（V 串，取瓷绝缘子的 3/4）	按亲水性考虑	按弱憎水性考虑	向上直流工程设计采用	优化后串长缩短
mg/cm²	m	m	m	m	m
0.05	7.75	7.77	7.39	10.6	3.21
0.08	9.65	9.08	8.63	10.6	1.97
0.15	11.85	11.36	10.80	11.5	0.7

从表 1-3 中可以看出，特高压直流示范工程现选用的绝缘配置仍有一定裕度，在现有 ±800kV 直流线路复合绝缘子串长基础上进行串长优化具有可行性。通过本次优化研究，可将串长缩短 0.7～3.2m。

（2）大吨位绝缘子污秽试验。

"十二五"期间，与特高压输电工程配套的线路绝缘子及站用绝缘子技术发展迅速。主要研究进展体现在：第一，420kN、550kN 等大吨位盘形悬式瓷和玻璃绝缘子完成了从自主研发到全部国产化的进程，大吨位绝缘子规模化生产格局已经形成；760kN 更大吨位绝缘子也已研制成功并开始在线路中试运行。第二，外伞形玻璃绝缘子在国际上首次研制成功。第三，交流 1000kV 和直流 ±800kV 的 420kN、550kN 棒形悬式复合绝缘子研制成功并大量应用于特高压工程，840kN 更大吨位的棒形悬式复合绝缘子也首次研制成功。550kN 复合绝缘子开始试用于耐张串。第四，1000kV 级瓷支柱绝缘子和复合支柱绝缘子研制成功并应用于我国特高压交直流工程。

2009 年向家坝—上海特高压直流工程建设以来，420kN、550kN 等大吨位绝缘子完成了从自主研发到全部国产化的进程，并在我国特高压输电线路中大规模使用，550kN 绝缘子累计已在国内挂网运行超过 300 万片。此外，760kN 大吨位盘形绝缘子也已经研制成功并在锦苏、哈郑特高压直流工程中少量试运行。840kN 更大吨位盘形绝缘子正在研制进程中。

大吨位盘形悬式瓷和玻璃绝缘子主要解决了高强度瓷配方，头部结构设计，水泥胶合剂配方，绝缘件与铁帽、钢脚的强度协调一致性等技术难题。在 GB/T 8411.3—2009《陶瓷和玻璃绝缘材料　第 3 部分：材料性能》中规定了电瓷材料的电气强度值为不低于 20kV/mm。特高压用绝缘子采用的高铝质瓷绝缘件具有良好的耐击穿性能，其电气强度值不低于 30kV/mm，高于国家标准要求 50％以上。为了提高绝缘子的内绝缘强度，大吨位绝缘子增加了头部瓷件厚度，即绝缘子头部厚度不低于 20mm。国内的大吨位盘形悬式瓷绝缘子均采用了圆锥头结构，在保证强度裕度的前提下，合理采用较大的头部曲率半径，使绝缘子头部的电场更加均匀。水泥胶合剂配方的压蒸膨胀率≤0.1％，提高了胶合剂的早期强度和胶合剂抗冻融能力。通过头部结构的优化设计，设计出绝缘件、铁帽、钢脚的最佳形状和受力面积大小，有效保证了大吨位绝缘子的高机械强度等级要求。目前，国内 550kN 盘形瓷和玻璃绝缘子的机械破坏负荷保证值分别约为 630kN 和 650kN。

国外大吨位绝缘子制造企业主要有日本 NGK 和法国 SEDIVER，且均在中国建有外资制造厂。从产品参数看，国内的大吨位绝缘子与国外产品几乎一致，但原材料的精细化处理、生产线的自动化水平、成品率等与国际一线企业还存在一定的差距。国内仅个别厂家的玻璃绝缘子的自爆率能低于万分之一，自爆率水平与国际领先产品还有一定的差距。我国的大吨位瓷绝缘子目前仍采用圆锥头结构，重量比NGK 的重，目前我们尚未掌握大吨位圆柱头瓷绝缘子的制造工艺，对于发展 840kN 高吨位瓷绝缘子不利。此外，760kN 产品的标准尚未统一。

随着电压等级的提高，特别是特高压工程中，高机械强度的大吨位绝缘子广泛使用，准确掌握大吨位绝缘子污闪特性是可靠经济的外绝缘配置的关键。中国电科院对 300kN、420kN 和 550kN 的各种伞形各种材质交直流绝缘子开展了全系列污闪特性研究，具体如图 1-13～图 1-27 所示。

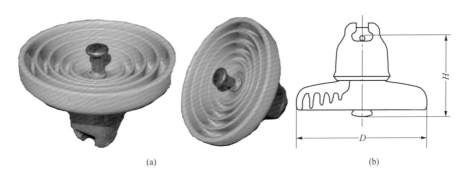

(a)　　　　　　　　　　(b)

图 1-12　300kN 普通型绝缘子 CA-590

（a）实物图；（b）剖面图

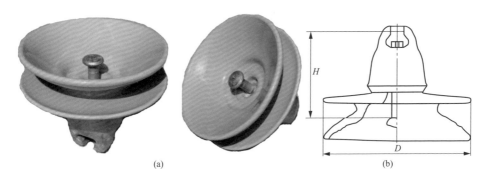

(a)　　　　　　　　　　(b)

图 1-13　300kN 双伞型绝缘子 XWP-300

（a）实物图；（b）剖面图

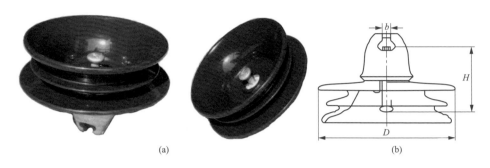

图 1-14　　300kN 三伞型绝缘子 CA-876

（a）实物图；（b）剖面图

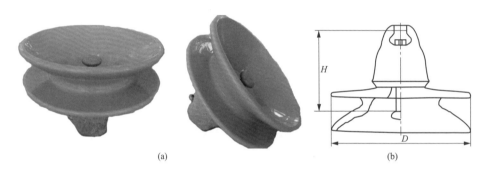

图 1-15　　420kN 双伞型绝缘子 XWP-420

（a）实物图；（b）剖面图

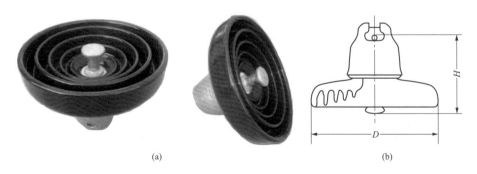

图 1-16　　420kN 普通型绝缘子 CA-596EZ

（a）实物图；（b）剖面图

(a)　　　　　　　　　　　　　　　　(b)

图 1-17　　420kN 三伞型绝缘子 CA-878EZ

（a）实物图；（b）剖面图

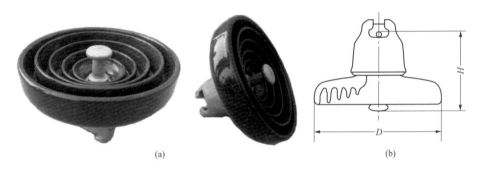

(a)　　　　　　　　　　　　　　　　(b)

图 1-18　　550kN 普通型绝缘子 CA-597EZ

（a）实物图；（b）剖面图

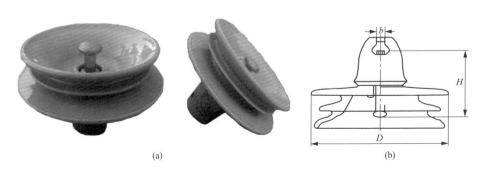

(a)　　　　　　　　　　　　　　　　(b)

图 1-19　　550kN 三伞型绝缘子 CA-879EZ

（a）实物图；（b）剖面图

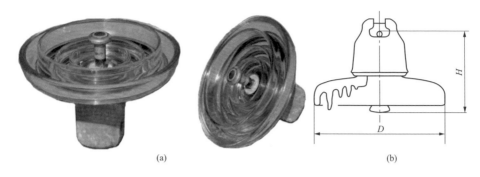

图 1-20　300kN 普通型绝缘子 FC300/195

（a）实物图；（b）剖面图

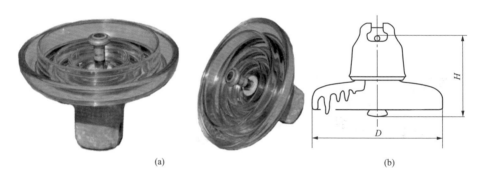

图 1-21　530kN 钟罩型绝缘子 FC530P

（a）实物图；（b）剖面图

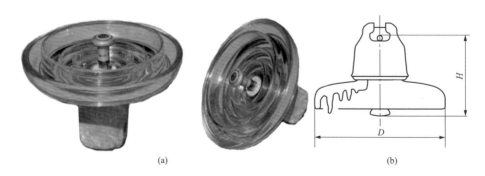

图 1-22　550kN 钟罩型绝缘子 LXY-550

（a）实物图；（b）剖面图

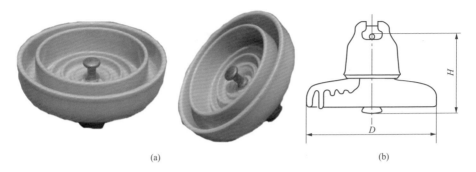

(a)　　　　　　　　　　　　　　　　(b)

图 1-23　300kN 钟罩型绝缘子 CA-756EZ

（a）实物图；（b）剖面图

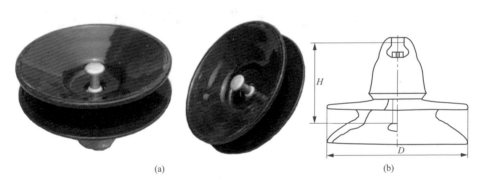

(a)　　　　　　　　　　　　　　　　(b)

图 1-24　300kN 双伞型绝缘子 XZWP-300

（a）实物图；（b）剖面图

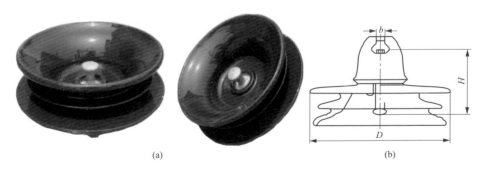

(a)　　　　　　　　　　　　　　　　(b)

图 1-25　300kN 三伞型绝缘子 CA-776EZ

（a）实物图；（b）剖面图

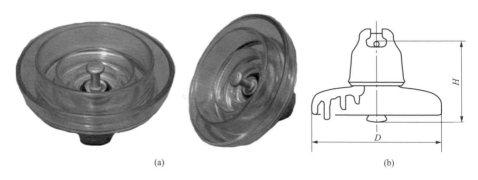

(a)　　　　　　　　　　　　　　　　　(b)

图 1-26　　300kN 钟罩型玻璃绝缘子 FC300P

（a）实物图；（b）剖面图

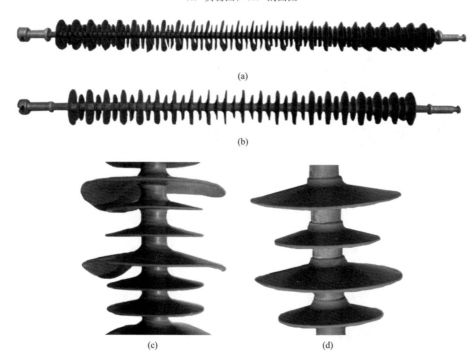

(a)

(b)

(c)　　　　　　　　　　(d)

图 1-27　　大吨位复合绝缘子（一大两小）试品外形图

（a）大复合绝缘子；（b）小复合绝缘子；（c）细节图（大）；（d）细节图（小）

通过试验获得交直流各种伞形大吨位绝缘子的污闪特性曲线，建立了特高压输电线路外绝缘特性经验数据库，为缺少运行经验的特高压工程提供宝贵的外绝缘设计依据，如图 1-28 所示。

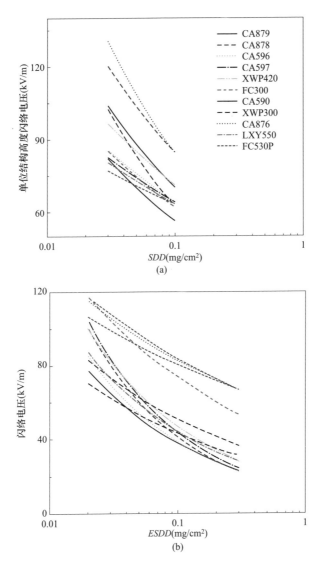

图 1-28　交直流各种伞形大吨位绝缘子污闪特性曲线

（a）交流；（b）直流

（3）雾霾对外绝缘配置的影响。

雾霾天气对电力系统的影响体现在两个方面：主要是雾提供了外绝缘表面受潮的严酷潮湿自然条件，导致输变电设备外绝缘水平急剧下降，当设备绝缘配置不足时会导致污闪发生；二是霾在持续高电导率雾中造成外绝缘表面污秽度短时增加，与高湿度环境叠加后，也可能使绝缘配置缺少裕度的设备发生污闪。在雾霾频发地区，大雾外绝缘配置留有适当裕度，就能有效避免污闪事故的发生。

在高耗能的大中城市、工业区及其周边地区，需考虑大雾、毛毛雨带来的湿沉降。如 2001 大面积污闪过程中，沈阳地区 2 月 22 日浓雾期间各项污染物浓度明显提高，其中大气总悬浮颗粒物（TSP）浓度比全月日均值提高了 74%；郑州市 1～2 月空气指数出现 5 次高峰，其中 3 次伴有浓雾，并导致污闪频起；天津市和石家庄市 2 月 18 日至 22 日因逆温层稳定，大气污染难以扩散，污染指数陡升，分别为日常值的 3 倍和 2.5 倍。大雾期间污染物浓度的增加会导致严重的湿沉降，这就是"灰雾"、"脏雾"、"导电雾"的由来。20 世纪 90 年代中后期，上海和北京两地中心区域和近郊重污染企业密集，大气污染严重，导致雾水电导率和其中主要离子浓度很高，如表 1-4 所示。从中可以看出，阴离子中除上海徐家汇测点外，均以 SO_4^{2-} 含量为最高，NO_3^- 次之；北京老君堂测点处于化工厂包围中，NH_4^+ 含量高达阳离子的 73%；上海徐家汇测点位于城区边缘，公路环绕，NO_3^- 含量占阴离子的 76%。京沪两地测到的最大雾水电导率分别为 $2555\mu S/cm$ 和 $1310\mu S/cm$，而且在持续 4～6h 的测量时间内保持稳定；值得注意的是在远离上海市区 20km 的莘庄也可测得电导率约为 $1000\mu S/cm$ 的大雾。

表 1-4　　　　京沪两地雾水平均电导率、pH 值和主要离子平均浓度

测试地		主要污源	pH 值	电导率，$\mu S/cm$	电压等级，kV							
					K^+	Na^+	Ca^{++}	Mg^{++}	NH_4^+	Cl^-	NO_3^-	$SO_4^=$
北京	老君堂	化工厂	5.4	2555	15.51	6.54	86.00	14.40	331.70	39.56	136.80	933.10
	草桥	市郊公路	—	407	0.87	0.66	3.52	0.56	7.83	1.36	4.28	29.29
	礼士路	城区	—	382	0.84	0.61	5.64	1.11	5.84	1.15	2.49	29.16
上海	徐家汇	城区边缘	7.2	1310	12.64	7.65	32.72	5.59	21.96	17.02	724.70	188.50
	吴泾	发电厂	6.5	798	6.00	2.21	25.62	2.43	30.66	14.75	68.85	228.40
	莘庄	郊区农村	6.6	943	6.58	4.41	52.60	2.45	44.50	5.31	56.30	354.80

试验表明，直接影响污秽绝缘子污闪特性的是绝缘子表面污层的电导率，而不是 pH 值。因此，雾霾严重，雾水电导率高，会造成绝缘表面污层电导率的进一步增加。当然，雾水电导率高，其离子浓度也高。但从污秽测量角度，雾水电导率的测定更为容易简便。因此，我们将雾水电导率作为定量描述雾霾严重程度的主要指标。

试验表明：随雾水电导率的增加，轻到中等污秽的绝缘子串的闪络电压有所下降。雾水电导率分别为 $1200\mu S/cm$ 和 $2000\mu S/cm$ 时，其污闪电压比自来水雾时下降约 5％～10％，比清洁雾（≤10μS）时下降 17％～20％；而雾水电导率相同，雾霾的组分与 pH 值对绝缘子污闪电压的影响很小。

全模拟雾（$1170\mu s/cm$）下绝缘子表面污秽度与污层组分对绝缘子污闪特性的影响见表 5。试验结果表明，在雾霾条件下绝缘子污闪电压随其表面污秽度的增加而降低。当污秽度相同时，绝缘子污闪电压的高低主要决定于其表面污层可溶盐的组成，纯 NaCl 时污闪电压最低，NaCl 与 $CaSO_4$ 配比为 3/7 时污闪电压比纯 NaCl 高 16％～17％，NaCl 与 $CaSO_4$ 配比为 1/5 时，污闪电压大约比纯 NaCl 时高 26％～31％。雾霾的组分对污闪电压的影响甚微。此时，雾霾对绝缘子污闪的贡献主要是提供了潮湿条件。因此，污闪试验中可以用相同电导率的盐雾模拟雾霾。

表 1-5　　同组分不同盐密的绝缘子在模拟雾霾条件下闪络电压的比较

盐密/灰密 mg/m²	试品序号									平均值
	1 号			2 号			3 号			
0.042/0.3	52.95	54.38	52.95	47.76	51.93	52.08	48.23	46.92	50.00	50.80
0.077/0.6	35.24	35.53	36.27	36.16	39.19	39.63	35.56	38.32	41.21	37.60
0.15/1.2	27.85	31.10	29.13	29.09	28.32	31.40	28.91	30.81		29.58

注　污层组分为 $NaCl/CaSO_4 \cdot 2H_2O = 3/7$。

总之，①通常雾天气过程常伴有霾影响，二者可以相互转化。空气湿度大且大气层较为稳定时，大气污染物（特别是 PM2.5）大量聚集，易演变成灾害性雾霾天气。城市、工业区及其邻近区域频繁出现的雾霾，导致了输变电设备外绝缘表面湿沉降的增加。表征雾霾脏污程度的参数是雾水电导率，而不是 pH 值。通常雾水电导率随所在区域污秽等级的提高而增大。②城市及工业区雾霾形成时，其雾水电导率可持续数小时稳定在（1000～2000）μS/m 范围内，平均最大值可达 2500μS/cm；城郊雾水电导率可达数百至 1000μS/cm；远离城市雾水电导率一般在 100μS/cm 以下。雾霾中的主要阴离子为 SO_4^{2-} 和 NO_3^-，主要阳离子为 NH_4^+ 和 Ca^{2+}（其中北方 NH_4^+ 含量更多些）。③现场监测与模拟试验都证实，在雾霾的持续作用下，绝缘子表面污秽度逐渐增大。如雾水电导率较高（2000μS/cm）时且持续（6～10）h 后，绝缘子表面等值盐密可增加（0.03～0.04）mg/cm^2。当污秽度一定，绝缘子串的污闪电压随着雾水电导率的增大而下降。如雾水电导率为［（1000～2000）μS/cm 左右］时，轻至中等污秽［等值盐密为（0.043～0.1）mg/cm^2］绝缘子的污闪电压较清洁雾（10μS/cm 左右）下降（17～20）％。污秽度越重，雾水电导率对其污闪电压的影响有减小趋势。④雾水电导率一定时，显著影响绝缘子污闪电压的是其表面污秽度及其可溶盐组分，而不是雾霾的组分，可以采用固体层法叠加盐雾法模拟雾霾对外绝缘的影响。⑤高电导率盐雾试验表明，浓雾霾中工作电压下线路发生的闪络是绝缘子串沿面放电，而不是空气间隙的击穿。⑥大气污染状况在短时间内难以得到有效改善。关注雾霾天气对输变电设备的影响，重点要关注各地现场污秽度和雾水电导率的变化趋势。

1.3 工程应用

（1）复合绝缘子的发展。纵观材料科学近两百年来的发展，有机材料在其中扮演了至关重要、不可或缺的角色，大力研制和发展新型有机材料在各行各业均是大势所趋，对于电力系统亦不例外。国外20 世纪 50 年代就有一些国家开始尝试研究使用有机材料的绝缘子，随后经过不断的改进，到 20 世纪八九十年代已经取得了较为普遍的认可。自从 1983 年电气化铁道第一次使用国产化硅橡胶绝缘子以来，30 余年中有机外绝缘取得了非常显著的发展，已经取得了不可或缺的堤地位。

纵观电力系统高压有机外绝缘 30 年来的发展，可以将其很自然的分为四个阶段。首先是以电网大面积污染为契机，迫使电力系统运行部门不得不寻找及研发一种能够替代传统瓷和玻璃绝缘子的新一代绝缘材料，有机外绝缘的优势初显出来。随后又分别适逢直流超高压线路的建设以及特高压输电工程的上马，有机外绝缘再次显现出其卓越的优点，使用量呈指数型增长。而现今有机外绝缘已经成为一种供电力系统选用的常规产品。

可以看到，经过 20 世纪 80 年代和 90 年代初的研发阶段和随后五六年的推广应用阶段，有机外绝缘优异的防污闪性能和其他优点逐步被电力系统运行部门所接受，在 20 世纪 90 年代后半期逐步开始全面工程化应用。虽然有机外绝缘有一些传统绝缘材料不可比拟的优点，但是相对于已经统治电力系统领域近百年的传统绝缘材料来说，它只是个新兴产物，其技术还未达到成熟的阶段，依旧需要不断地改进和革新，运行经验也需要多年的积累，于此同时经过一段运行时间后暴露出来的问题也亟需解决。因此为了保证电力系统运行的绝对安全，在有机外绝缘全面工程化应用的同时，需要对其关键技术进行全面而系统的研究，包括基础性的理论研究、关键性能的改进和先天不足的突破等内容，以期能够真正为高压电力系统提供一个安全可靠同时有低廉的保障方案。

相比于电瓷和钢化玻璃绝缘子，复合绝缘子是一种较为新型的绝缘子。复合绝缘子在电力系统中的出现和应用，是电力工业迅速发展的推动结果。图 1-29 是复合绝缘子的一个典型结构图。

1964 年，用于输电线路的复合绝缘子开始在德国出现，并很快被英国、法国、意大利和美国采用。这些复合绝缘子一般由聚合物伞套

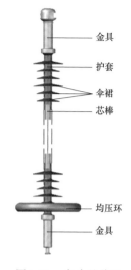

图 1-29　复合绝缘子
结构示意图

和玻璃纤维增强树脂俗称"玻璃钢"（fiber reinforced plastic，FRP）芯棒组合而成。这种伞套和芯棒由不同材料组合成的复合结构，分别利用了伞套材料的抗电气和环境侵蚀特性，以及芯棒材料的机械特性，性能更加优良，一般被称为第一代输电用复合绝缘子。表 1-6 中给出了世界各国出现的第一代商业级输电用复合绝缘子的基本情况。

经过几十年的发展，目前国际上复合绝缘子的伞套材料一般采用高温硫化（high temperature vulcanized，HTV）硅橡胶或三元乙丙橡胶制造。一般认为，虽然 HTV 硅橡胶比三元乙丙橡胶要贵一些，但 HTV 硅橡胶复合绝缘子的使用寿命会更长。事实上，HTV 硅橡胶比早期使用的环氧树脂、乙丙橡胶等材料具有更加优异的耐污特性。因此，从 20 世纪 70 年代 HTV 硅橡胶复合绝缘子在德国问世，复合绝缘子便进入了高速发展时期。表 1-6 给出了 1996 年国际上几个重要生产厂家的悬式复合绝缘子的伞套和芯棒材料。表 1-7 给出了目前国际上几个重要生产厂家的悬式复合绝缘子的伞套和芯棒材料。从表 1-6 和表 1-7 中可以看到，世界上主要的复合绝缘子伞套材料一般均采用 HTV 硅橡胶，16 年来并无明显变化。

表 1-6　　1996 年国际上几个重要公司悬式复合绝缘子的绝缘材料概况

材料	法国 Sediver	德国 CeramTec	美国 Reliable	美国 Ohio Brass	日本 NGK
伞套 材料	三元乙丙橡胶/ HTV 硅橡胶	HTV 硅橡胶	HTV 硅橡胶	三元乙丙橡胶	HTV 硅橡胶
芯棒 材料	环氧树脂＋ E 玻璃纤维	环氧树脂＋ ECR 玻璃纤维	环氧树脂＋ E 玻璃纤维	环氧树脂＋ E 玻璃纤维	环氧树脂＋ E 玻璃纤维

表 1-7　　　　2012 年国际上几个重要公司悬式复合绝缘子的绝缘材料概况

	法国 Sediver	美国 Lapp	美国 MacLean	美国 Ohio Brass	日本 NGK
伞套 材料	三元乙丙橡胶/ HTV 硅橡胶	HTV 硅橡胶	HTV 硅橡胶	三元乙丙橡胶	HTV 硅橡胶
芯棒 材料	环氧树脂＋ E/ECR 玻璃纤维	环氧树脂＋ ECR 玻璃纤维	环氧树脂＋ ECR 玻璃纤维	环氧树脂/乙烯基酯 树脂＋玻璃纤维	环氧树脂＋ 玻璃纤维

复合绝缘子之所以受到用户的青睐，得到了迅速发展，在于其自身的诸多优点。主要有三点：耐污性能好、不易破损、使用轻便。事实上，复合绝缘子具有强度高、重量轻、污闪电压高、生产和交货时间短等电瓷和玻璃绝缘子所不具备的很多优点。

20 世纪 70 年代末 80 年代初，铁道部科学院、清华大学、武汉水利电力学院等研究机构开始研制硅橡胶复合绝缘子。

我国的大气污染非常严重，污闪事故也很严重。输变电设备污闪事故的频发年有：1973～1974 年、1977～1979 年、1986～1987 年、1989～1990 年、1996～1997 年、2001～2002 年，每 3～9 年出现一次高峰。20 世纪 80 年代末以来，硅橡胶复合绝缘子在我国电网中得到迅速推广，就是因为其成功地避免了以往电瓷绝缘子一再发生的污闪事故，从而深受电力部门的欢迎。在吸收国外经验教训的基础上，我国从一开始就研制生产出以 HTV 硅橡胶作为伞套材料的复合绝缘子供电网使用，其芯棒采用玻璃钢制成。图 1-30 给出了我国挂网运行的复合绝缘子数量的发展情况。

截至 2006 年 10 月，国家电网公司系统和内蒙古电力集团公司所有挂网绝缘子中，复合绝缘子占 31.0%。很多省份复合绝缘子的使用量超过了总绝缘子使用量的 50%。在 ±500kV 直流输电线路中，复合绝缘子的使用比例达到了 57%。在我国交流 1000kV 和直流 ±800kV 特高压输电线路中，也大量使用了复合绝缘子，使用比例高达三分之二。

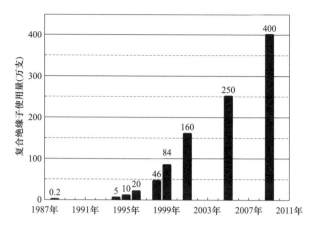

图 1-30   我国挂网运行的复合绝缘子数量发展情况

在我国,电力部门选用复合绝缘子的首要原因是其优异的防污闪性能。因此我国所有挂网的复合绝缘子都是 HTV 硅橡胶复合绝缘子,并且主要使用在各类污秽地区,尤其是在污闪事故频频发生的重污秽地区。其中,运行于中等及重污秽地区的复合绝缘子占 88%,而运行于清洁及轻污秽地区的复合绝缘子仅占 12%。1996 年底至 1997 年初,华东、华中、西北、山东、福建等地电网的瓷绝缘子相继发生大面积污闪事故,而运行于中等及重污秽地区的全部 20 多万支 HTV 硅橡胶复合绝缘子却无一发生闪络。1999 年 3 月,华北多条 500kV 输电线路在覆冰后发生污闪,而相同输电走廊内的复合绝缘子同样发生覆冰后却无一发生闪络。2001 年初,华北、辽宁、河南、河北南网等地再次发生大面积污闪事故,造成了巨大的经济损失,但是使用了复合绝缘子的线路以及涂敷了室温硫化(Room Temperature Vulcanized,RTV)硅橡胶涂料的电站同样无一发生闪络。运行经验表明,使用 HTV 硅橡胶复合绝缘子,可以有效抑制大面积污闪事故的发生,是解决我国污秽地区输电线路外绝缘污闪问题的有效方法。

早期复合绝缘子存在的问题可以分为几类:首先是出现故障,如复合绝缘子端部金具脱落、芯棒脆断、界面击穿等,事故发生后,绝缘子无法继续运行；第二类，随着复合绝缘子的长期运行，机械或电气强度性能下降，尽管没有立即发生事故，造成严重影响，但其存在的隐患也威胁电力系统安全；第三，有机外绝缘进一步推广所面临的方法不完善，对于复合绝缘子的某些性能如耐污闪性能、憎水性等无法精确评价。

复合绝缘子在运行过程中出现的问题主要表现在以下几个方面：机械性能下降甚至完全丧失、伞套材料劣化或老化、护套与芯棒间界面劣化、沿面闪络。据统计，世界范围内，复合绝缘子出现的问题或退出运行的主要原因与其所占的比例如：材料劣化或老化 64%、与材料老化无直接关系的电气事故 18%、与材料老化无直接关系的机械故障 17%、枪击造成的事故 1%。CIGRE 在 2000 年曾经调查了各国复合绝缘子使用过程中的各类损坏事故，其结果见表 1-8。可以看出，芯棒断裂所占比例最高，按照表 1-8 中万分之二的事故率，按照 700 万支总量估计，芯棒断裂事故将有 1400 起，数目相当惊人。

表 1-8　　　　　　　　　　世界复合绝缘子损坏事故统计

损坏类型	电气损坏		机械损坏			
	沿面闪络	界面击穿	金具损坏	金具滑脱	芯棒断裂	总计
$U<200kV$	25	51	2	4	23	105
$200\leqslant U<300kV$	8	10	0	2	8	28
$300\leqslant U<500kV$	0	6	0	0	101	107
$U\geqslant500kV$	0	2	0	0	1	3
小计	33	69	2	6	133	243
损坏率（%）	0.015		0.02			0.035

文献统计了我国国家电网公司 1985 年至 2005 年 6 月间 220～500kV 交直流复合绝缘子的使用情况和故障情况。这期间国网公司共使用 220～500kV 交直流复合绝缘子 1358 批次，其中使用过程中进行中间检测且有异常情况的复合绝缘子共有 55 批次，发生事故 227 次，

与质量有关的事故率约十万分之六。表 1-9 给出了这些统计情况。

表 1-9　　　　国家电网公司 1985～2005 年 6 月间 220～500kV 交直流复合

绝缘子的使用情况和抽检异常情况

电压等级（kV）	使用数量（支）	抽检异常批次（批）	事故次数（次）
220	406715	38	183
330	7058	2	6
500	81476	14	35
±500	8302	1	2

1985～2005 年间全国电网复合绝缘子事故统计结果见图 1-31。可以看出芯棒断裂故障的比例最高，约为 40％，芯棒断裂会造成掉线及倒塔事故，可能会引起严重的电力事故，危害极大。各种事故中界面击穿事故次之，占 37％左右。

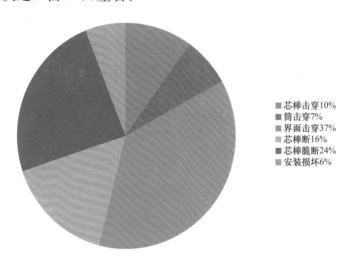

■芯棒击穿10%
■筒击穿7%
■界面击穿37%
■芯棒断16%
■芯棒脆断24%
■安装损坏6%

图 1-31　　1985～2005 年全国电网复合绝缘子损坏原因分类

复合绝缘子机械方面的故障和隐患，包括金具与芯棒连接区的滑移甚至拉脱、芯棒断裂（包括脆断）、机械性能严重下降等。复合绝缘子的端部密封或护套劣化后，外界水分侵入，在电场的作用下可能会形成局部的酸性环境。一般认为，芯棒在机械应力与酸的共同作用下发生的应力腐蚀断裂是复合绝缘子脆断的内在原因。运行中，大风、覆冰等外力也会导致绝缘子的端部金具连接区滑移和芯棒断裂。

　　早期研究和生产的楔接式复合绝缘子，尽管机械强度、分散性、蠕变速率等参数满足标准 IEC 61109 的要求，但性能仍然有待提高。图 1-32 为外楔式 220kV 复合绝缘子运行后的残余强度，可以看出 7 年间的残余强度总体呈下降趋势，7 年后的残余强度不足起始值的 1/4，约为额定值的 40%，长期蠕变斜率较大。且楔接式技术无法生产出满足超、特高压工程机械强度的大吨位复合绝缘子。

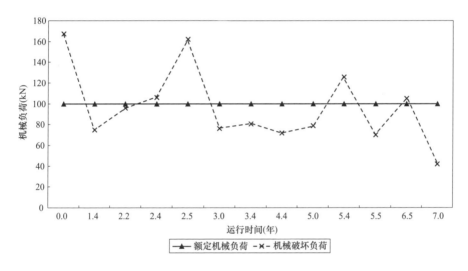

图 1-32　外楔式 220kV 复合绝缘子运行后的残余强度

　　复合绝缘子电气方面的故障，主要是由于材料劣化或老化，大多是早期材料配方不成熟造成的。在外界环境及电场应力的共同作用下，复合绝缘子典型的劣化或老化现象表现为：表面漏电起痕或电蚀损、憎水性下降或丧失、粉化、褪色、龟裂、开裂、击穿、变脆、变硬等。伞套与芯棒间界面的隐患主要表现为界面制造缺陷在电场作用下产生局部放电进而形成电树枝、水树枝甚至局部导电性通道，严重时可能导致界面击穿或护套炸裂。护套材料丧失保护性能而导致水分侵入，则会加速这个过程。

（2）突破长期高机械可靠性的有机外绝缘技术。突破国外技术垄断，研发出具有高可靠性的复合绝缘子端部金具压接工艺，研制出强度高、分散性小、长期蠕变性能优异的大吨位复合绝缘子，揭示了复合绝缘子脆断的微裂纹起始新机理，制定了严格的耐应力腐蚀试验方法。指导了新一代复合绝缘子机械性能的优化设计、制造和运行。

复合绝缘子压接技术综合考虑了各项压接参数的优化，成功解决了复合绝缘子生产温度与现场工作温度差异、芯棒与金属附件热膨胀系数差异等问题导致的压接区应力分布不均匀问题；利用声发射技术对端部金具压接过程进行监控，解决了压接过程中的过压与欠压监测问题。在较短的压接区域内实现了机械强度高、分散性小、长期机械蠕变性能优异的综合高水平机械性能。可以达到短时机械破坏强度大于 700MPa，同时其分散性为 2%～3%（IEC 标准规定为不大于 8%），长期蠕变斜率小于 4.5% M_{AV}/对数时间单位（IEC 标准规定为不大于 8%）。达到国际一流水平。为适应国内大工程的需要，利用优化的复合绝缘子压接技术，自主开发出规定机械负荷为 300kN～500kN 的大吨位复合绝缘子，其长期机械稳定性优于 IEC 标准规定，满足了国内工程需求，达到国际领先水平。

压接技术难点主要体现在三方面：①参数设计难。芯棒和金具材料参数波动大，生产与运行温度范围变化大，必须考虑材料力学参数、热膨胀系数、尺寸及粗糙度等造成内部应力变化。②精确压接难。针对设计的压接参数及缓冲区，既不能过压，又不能欠压。避免造成局部损伤、局部应力过高，影响强度分散性及长期蠕变。③同步监测难。需实现对压接过程的同步、无损监测，必须寻找合适的监测手段，并合理设计足够敏感的监测参数。

在国际上首先提出芯棒表面微裂纹对复合绝缘子脆断起始的影响，从而解释了复合绝缘子脆断的随机性原因；在国内脆断复合绝缘子上发现了硝酸痕迹，解释了复合绝缘子脆断的酸源问题，并利用应力腐蚀原理，在国内首先成功实现了复合绝缘子芯棒脆断的实验室模拟；提出了我国首个芯棒耐应力腐蚀试验方法，是国际上最严格的耐应力腐蚀试验方法之一，使得我国满足此试验要求的复合绝缘子再未出现脆断事故。达到国际一流水平。脆断研究的难点在于：①脆断机理需满足随机性原则。芯棒脆断具有很明显的随机性，脆断机理研究要满足随机性原则具有很高的难度。且机理研究不能解释芯棒脆断的随机性时，后续防护措施、评价指标的研究等工作将无确定方向。②耐应力腐蚀需与其他电气参数相配合。芯棒耐应力腐蚀性能需与其他电气参数相互配合，才能保证芯棒各项性能的平衡，需进行大量的研究和论证。且此项工作在国际标准中并未体现。③突破长期高电气可靠性的有机外绝缘技术。突破了具有长期高电气可靠性的新一代有机外绝缘技术。揭示了低分子硅氧烷链段扩散与吸附相结合的复合绝缘子憎水性迁移新机理，提出了不同憎水性表面状态的模拟新方法，提出了全面评价憎水性的新参数，提出了多因素综合老化试验方法，揭示了交直流电压及电压极性对硅橡胶耐电蚀性能的影响机理，建立了具有长期电气可靠性的新一代有机外绝缘技术体系，指导了新一代复合绝缘子电气性能的优化设计、制造和运行。

发现了交直流电压下硅橡胶材料耐电蚀性能的巨大差异，揭示了直流极性对耐电蚀性能的影响机理，在国际上首次给出了直流电压下复合绝缘材料耐电蚀的斜面法试验新方法及接受判据，指导了直流复合绝缘子的设计和制造。

首次提出硅橡胶材料憎水性迁移是低分子硅氧烷链段 LMW 扩散并吸附于污秽物质表面的新机理，揭示了复合绝缘子能够长期应用于污秽地区外绝缘的关键因素，提出全面评价复合绝缘子清洁表面憎水性、憎水性丧失与恢复、憎水性迁移的新参数及相应的试验方法和接受判据。提出了染污硅橡胶表面憎水性状态模拟的新方法并被国际大电网组织的技术导则所采用。达到国际领先水平。此部分研究的难点在于：①防污闪。要使用复合绝缘子防治污闪，然而没有合适的憎水性表面染污方法，憎水性表面状态模拟方法，无法准确评价复合绝缘子的防污闪性能。②憎水性。复合绝缘子运行过程中憎水性动态变化，没有方法可以准确评价不同绝缘子之间的憎水性优劣。且憎水性迁移机理很抽象，研究难度大。

提出更易检测出伞裙和芯棒界面缺陷的方法：建议用幅值法替代陡度法进行复合绝缘子的陡波试验，电压梯度$\geq 30\text{kV/cm}$；提出用水扩散试验检验伞裙与芯棒界面，并将 IEC 规定的 1mA 泄漏电流改为：带护套芯棒$\leq 75\mu A$，不带护套芯棒$\leq 50\mu A$，且差值$\leq 25\mu A$。难点在于界面缺陷不易检测。

全面研究了硅橡胶材料的自然老化及单因素老化特性，提出了模拟憎水性变化的复合绝缘子多因素综合老化试验新方法，提出了工厂化 RTV 涂层技术，显著增强了涂层附着力，延长了 RTV 涂层寿命。复合绝缘子老化研究的难点在于：①老化模式多。合绝缘子在运行过程中的老化不是单一模式的，运行条件、产品质量的不同均会导致不同的老化模式，要有相对针对性的老化模拟方法及防老化措施。②RTV 寿命偏短，涂层脱落占故障比率 47%。

1.4 应用前景

大面积污闪防治关键技术是一个完整的技术体系，在国家电网得到全面应用，实现了防污闪技术路线的更新和有机外绝缘的升级换代；在大气污染严重且近年雾霾多发的情况下，成功遏制了大面积污闪事故，输电线路污闪跳闸率在 2001 年为 0.12 次/（百千米·年），2007 年起快速大幅下降，2014 年为 0.001 次/（百千米·年）。推动和引领了国际高压污秽外绝缘技术的发展。大面积污闪事故的消除，避免了大范围停电对国民经济和社会生活的严重影响，经济和社会效益特别显著。

（1）大幅提高了电网安全运行的可靠性。依据项目成果，建立了覆盖国家电网的完整的防污闪技术体系，在输变电工程建设与运行中得到全面应用。项目成果应用以来，电网大面积污闪已被成功消除，线路污闪跳闸次数从 2001 年的 468 次下降到 2014 年的 7 次，输电线路污闪跳闸率从 2001 年的 0.12 次/（百千米·年）大幅下降到 2014 年的 0.001 次/（百千米·年），从根本上解决了困扰我国近 30 年的电网大面积污闪难题。

（2）显著提高了输电线路和变电站的运维水平，减少了高危作业，确保了人身安全。20 世纪末以来，我国电网规模成倍增长，尽管大气污染依然严重，重雾霾天气频发，项目的成功应用彻底改变了我国电网长期依靠大规模人工清扫的运维模式，极大地节约了人力物力，避免了以往大量的高空人工污秽清扫的高危作业，从根本上扭转了电网防污闪工作的被动局面。

（3）显著提高了行业国际话语权和产品国际竞争力。主导编制国标及行标 24 项，参编 IEC 标准 4 项。电网污区划分方法及等价自然污秽全工况试验技术中的有关内容被 IEC 和 CIGRE 相关标准及技术导则所采用，推动了行业技术进步，引领了高压污秽外绝缘技术的发展；新一代的复合绝缘子和防污闪涂料，以及陡冲击性能好的盘形绝缘子和外伞型结构的研究成果，在国内主要绝缘子厂获得转让推广。新一代复合绝缘子已占国家电网运行绝缘子总量的 40%，使国外复合绝缘子全面退出中国市场。新一代复合绝缘子和陡冲击性能好的盘形绝缘子出口到欧美等 58 个国家和地区。

（4）大幅减少了电气化铁路等相关行业电气设备的污闪事故率。新一代复合绝缘子在电气化铁路（含高铁）、电厂、油田的用户电网中也得到广泛应用，保障了电气化铁路和用户电网的安全运行。

该技术的实施有效遏制了因大面积污闪导致的严重停电事故，在确保企业生产、交通运输等社会经济活动的正常运行，和维护社会稳定、保障人民生活上发挥了特别重要的作用。

PART 2

柔性直流及直流电网

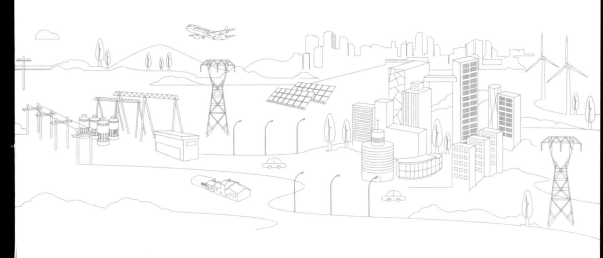

2.1 概述

2.1.1 发展概况

1. 柔性直流输电技术

柔性直流输电技术于 1990 年由加拿大 McGill 大学的 Boon-Teck Ooi 等人首先提出。在此基础上，ABB 公司提出了轻型高压直流输电（HVDC light）的概念，并于 1997 年 3 月在瑞典进行了首次工业性试验。国际权威学术组织——国际大电网会议（CIGRE）和美国电气与电子工程师学会（IEEE）将其定义为电压源换流器（voltage-sourced vonverters，VSC）型高压直流输电（VSC-HVDC），西门子公司称之为新型直流输电（HVDC plus），我国称之为柔性直流输电（HVDC flexible）。

换流器的拓扑结构有两大类：基于开关型的换流器拓扑（如两电平、三电平）及基于可控电源型换流器拓扑（模块化多电平）。由于模块化多电平换流器（modular multilevel converter，MMC）具有开关频率低、输出波形质量高等优势，自 2011 年以后世界上在建的柔性直流工程全部采用此技术路线。

自 1997 年第一个柔性直流输电工程投入工业试验运行以来，世界范围内的相关研究一直十分活跃。其发展过程可分为三代：第一代技术采用两电平或三电平换流器，换流阀由绝缘栅双极晶体管（insulated gate bipolar transistor，IGBT）器件直接串联构成，制造难度大，功率器件开关频率高，损耗大；第二代技术采用模块化多电平换流器，子模块为半桥结构，换流阀由子模块级联构成，不需要 IGBT 器件直接串联，制造难度较低，功率器件开关频率低，损耗低；第三代技术正在发展中，与前两代技术相比，其主要发展趋势就是解决大容量远距离输电所面临的直流侧故障清除问题。

2. 直流电网技术

从传统的直流输电技术和 VSC-HVDC 输电技术发展而来的直流电网（DC grid）被认为是直流输电系统的一次重要进步。直流电网采用直流线路实现直流系统间的联系，每个直流母线节点可以有多条直流传输线路，具有"直流网孔"。与传统的柔性直流输电系统相比，直流电网冗余度高，运行方式也更加灵活多样。直流电网是具有先进能源管理系统的智能、稳定的交直流混合广域传输网络，在网络中，不同客户端、现有输电网络、微电网和不同的电源都可以得到有效地管理、优化、监测、控制和对任何问题进行及时地响应。它能够整合多个电源，以最小的损耗和最大的效率在较大范围内对电能进行传输和分配。

国外对直流电网技术的研究日益深入，国际大电网会议成立了多个工作组，在直流电网可行性、应用规划、直流换流器模型与拓扑、系统潮流优化控制、控制保护以及可靠性等方面开展研究工作。此外，欧洲已于 2008 年提出超级智能电网（super grid）规划，旨在充分利用可再生能源的同时，实现国家间电力交易和可再生能源的充分利用，并于 2010 年 4 月成立了一个包含技术研发和示范工程的合作组织——TWENTIES，利用创新工具和综合能源解决方案，来实现大幅度低电压穿越的风力发电及其他可再生能源发电的电力传输。2011 年，美国基于其电网大量输电设备老化、输电瓶颈涌现、大停电事故频发的背景，提出了 2030 年电网预想（Grid 2030），即美国未来电网将建立由东岸到西岸、北到加拿大、南到墨西哥，主要采用超导技术、电力储能技术和更先进的直流输电技术的骨干网架。我国在直流电网关键技术方面的研究较晚，但在工程实践等方面已经取得一系列成果。作为直流电网工程的前身，我国已建成南澳三端 ±160kV 多端柔性直流输电工程和舟山 ±200kV 五端柔性直流输电工程，并投入运行，张北 ±500kV 柔性直流电网示范性工程也正在规划建设中。

2.1.2 系统构成

1. 柔性直流输电技术

与采用自然换相技术的传统直流型输电系统不同，柔性直流输电是一种基于可控关断器件的电压源换流器和先进调制技术为基础的新型直流输电技术。

图 2-1 所示为典型的柔性直流输电系统拓扑结构，两端的换流站全部采用电压源换流器，由电压源换流器、换流变压器、换流电抗和直流电容等部分组成。

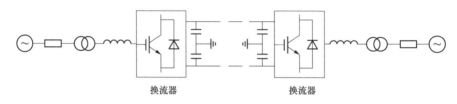

换流器   换流器

图 2-1 典型柔性直流输电系统拓扑结构

柔性直流输电系统各部分的基本作用如下：

电压源换流器：换流器通过其中的半导体开关器件，使电能在交流和直流功率之间进行交换。

换流变压器：变压器向换流器提供交流功率或从换流器接受交流功率，并且将交流电网侧的电压变换到一个合适的水平。

换流电抗：换流电抗是换流器与交流电力系统之间功率传送的桥梁，它决定换流设备功率的大小。

直流电容：直流电容是电压源换流器的基本储能元器件，为换流站提供电压支撑。

2. 直流电网技术

直流电网是在点对点直流输电和多端直流输电基础上发展起来的，由大量直流端以直流形式互联组成的能量传输系统。国际大电网会议工作组 B4.52 的技术报告对直流电网所做的定义为：直流电网是由多个网状和辐射状连接的由变换器组成的直流网络。因此，直流电网最显著的特点是含有网孔和具备冗余。

直流电网各个发展阶段的典型拓扑结构如图 2-2 所示。

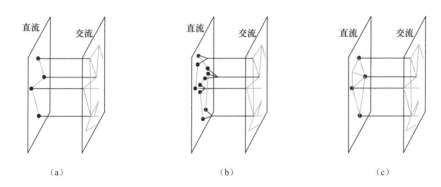

图 2-2　直流电网各个发展阶段典型拓扑结构图

(a) 传统多端直流输电；(b) 有独立直流线路的系统；(c) 直流电网

图 2-2 (a) 所示拓扑结构是一个简单的多端系统，可以描述为带若干分支的直流母线。作为最简单的多端直流输电系统，其本身没有网格结构和冗余，因此并不是一个真正意义上的"电网"。这种拓扑结构通常是作为交流的备用，或连接两个非同步的交流系统。

图 2-2 (b) 所示拓扑结构已经初步具备直流输电网络雏形，其中所有的母线均为交流母线，传统的输电线路由连接在 2 个换流站之间的直流线路所取代。在此拓扑中，所有的直流线路完全可控，可以采用 VSC 和 LCC 两种输电方式，不同直流线路可能工作在不同的电压等级下，便于将已有的直流线路接入直流电网。但是，该种拓扑结构需要更加复杂的潮流控制来维持交流电网在孤岛状态下的频率稳定。此外，按照惯例，正常的大电网支路的数量一般是节点数量的 1.5 倍，这就要求换流站数量为 2×1.5×直流节点数量，因此该拓扑需要大量的换流站。

图 2-2 (c) 所示拓扑结构是一个具有网孔的直流系统，与图 2-2

（b）相比，并不是每条直流线路的两端都有换流站，只是通过换流站将直流电网与交流电网相连，所需换流站数量与直流节点数相同。这一点很重要，因为换流站在直流电网中是最昂贵、最灵敏、损耗最多的部件，而该拓扑可以大大减少换流站的数量，经济意义重大。因图 2-2（c）所示拓扑具备冗余，是真正意义上的直流电网，多端直流只是直流电网的初级阶段。

直流电网主要是基于柔性直流技术发展而来的。柔性直流输电在潮流反转时，具有直流电压极性不变、直流电流方向反转的特点，电压源换流器对于直流侧相当于电流源，十分有利于构成直流电网。如图 2-3 所示为 CIGRE B4 工作组给出的一个典型直流电网拓扑结构，它由换流器、DC/DC 变换器、直流输电线路等关键设备组成。对于基于架空线的直流电网，还可在线路两端配置高压直流断路器。

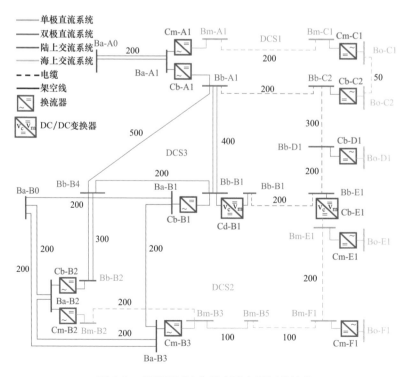

图 2-3　CIGRE-B4 典型直流电网拓扑结构

换流器是柔性直流输电系统中实现交直流转换的关键设备，其设计制造能力决定了柔性直流输电系统的输送容量。目前已投运的系统中，主接线形式主要有单极对称和双极结构。

DC/DC 变换器的主要作用是实现不同电压等级直流系统的能量交互，以及实现直流电网电压序列的有效管理，及直流网络拓扑的构建，属于直流电网的基础核心装备之一。

基于柔性直流输电直系统的直流电网输电线路和普通直流输电系统类似，同样都可以使用架空线、电缆线路或者两者的组合。长距离架空线输电方式将是柔性直流电网构建的必然选择。一方面，架空线输电方式可以避免因电缆电压等级受限而带来的输电容量低的问题；另一方面，还有效降低线路投资，节省造价。

高压直流断路器作为直流电网系统控制和保护的核心设备，对直流电网系统运行的灵活性、可靠性和经济性有很大的影响。直流电网中，数个换流站中必须有一个作为调压站来控制直流电压，类似于交流电网的平衡节点，其余换流站则实现功率分配。直流电压等于调压站直流电压减去相应直流线路上降落的电压，这种结构在稳态运行时可以方便地控制直流电压，使其维持在允许范围内，以保证换流阀的安全。在直流电网中，功率分配由电流调节来实现。

2.1.3　技术优势

1. 柔性直流输电技术

如果将传统输电方式比作一架需要超长的跑道才能起飞的大型客机，那么柔性直流输电技术就是在保证高输送容量的前提下还具备灵活快速"垂直起降"功能的客机。

与常规直流输电相比，柔性直流输电技术具有以下几方面技术优势：

（1）有功和无功快速独立控制。柔性直流输电系统具有 2 个控制自由度，可在其运行范围内对有功和无功进行完全独立的控制。

（2）潮流反转方便快捷。直流电流反向即可实现潮流反向，不需要改变电压极性。

（3）没有无功补偿问题。柔性直流输电系统无需交流侧提供无功功率，而本身具备静止同步补偿器（static synchronous compensator，STATCOM）的作用，可为交流系统提供动态无功补偿。

（4）没有换相失败问题。柔性直流输电系统采用可关断器件，不存在换相失败问题。

（5）可为无源系统供电。柔性直流输电系统能够自换相，无需外加换相电压。

（6）谐波水平低。MMC 换流器的电平数较高，不需要滤波器已满足谐波要求。

2. 直流电网技术

直流电网是以直流输电技术为基础，由大量直流线路互联组成的能量传输系统。

与交流电网相比，直流电网主要具有以下几方面的优势：

（1）电网运行模式多、调节速度快。作为直流电网的重要组成部分，电压源换流器可以四象限运行，运行模式多样：①正常运行时VSC 可以实现有功、无功独立控制，控制更加灵活方便；②提供动态无功支撑，起到静止无功补偿器的作用；③工作在无源逆变状态，向无源系统供电，实现黑启动。此外，由于换流器及其控制系统无机械旋转等环节，具有控制响应速度快、响应死区可灵活设置等特点。

（2）稳定问题相对简单。直流电网不用考虑电压的相位和频率，主要控制直流电压和有功的平衡，更加可靠、易于控制，更适用于新能源的接入。在直流电网中，直流电压稳定是换流站和整个系统能够稳定运行的基础。当直流电网有功功率不足时，直流电压呈现下降趋势。反之，当直流电网有功功率过剩时，直流电压呈现上升趋势。

（3）适用范围更广，可应用于多种场合。如应用于孤岛风电、光伏等新能源的接入，连接多个异步交流系统，更有利于实现长距离大容量的跨国跨区互联等。

2.1.4　发展前景

1. 柔性直流输电技术

柔性直流输电技术未来将向以下三个方向发展：

（1）高电压大容量。特高压大容量柔性直流输电系统具有灵活可控的技术特点，未来将成为解决大规模可再生能源并网问题的一个重要手段。同时，随着柔性直流输电工程数量越来越多，应用领域越来越广，其电压等级及容量的提升已成为必然趋势。

（2）架空线应用。已投运的柔性直流输电工程均由电缆来传输电能，主要原因是已投运工程在直流侧发生故障时不具有直流故障自清除能力，采用电缆能降低直流故障率。但昂贵的电缆会大大增加工程投资，在长距离输电中，采用电缆传输电能显得不切实际，未来柔性直流输电技术的发展将逐渐趋于架空线应用。

（3）成本逐渐降低。仅就换流设备而言，随着 IGBT 器件单管容量的逐步提升与成本的逐步降低，柔性直流换流器的单位造价已经逐渐逼近特高压直流输电，两者单位容量造价比较如图 2-4 所示。未来随着 IGBT 器件的国产化逐步成熟，柔性直流系统的造价将进一步降低。

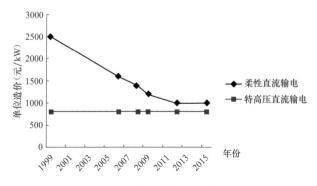

图 2-4　柔性直流、常规直流换流阀单位容量造价对比

2. 直流电网技术

随着可再生能源发电的发展及用户对电能要求的不断提高，电网结构同时面临着发电端与用电负荷的随机性波动。传统交流电网采用无功补偿稳定电压，依靠交流断路器实现潮流调整，已难以满足可再生能源发电和负荷随机波动性对电网快速反应的要求。而直流电网中，电压源换流器可以限制电压波动；基于电力电子技术的直流断路器可毫秒级分断电流，配合运行控制系统可以实现潮流的快速调整。因此，建立直流电网，将可再生能源与传统能源广域互联，可以充分实现多种能源形式、多时间尺度、大空间跨度、多用户类型之间的互补。这是未来电网的重要发展方向，是解决能源资源分布不均带来的电能大容量远距离传输问题、大规模陆上及海上新能源消纳及广域并网问题及区域交流电网互联带来的安全稳定运行问题最有效的技术手段之一。

随着新能源的规模化开发和洲际、跨国互联，直流电网可以实现区域间能源资源的优化配置、大规模新能源电力的可靠接入及现有电力系统运行稳定性的提升。我国西北地区蕴藏着大量的风电、光伏等可再生能源，为直流电网的应用提供了广阔的空间，风电、光伏、水电等多种可再生能源广域互补互联是直流电网的典型应用场景。多种可再生能源大规模互联促使直流电网向更大容量、更多端数、多电压等级互联方向发展，具有广阔的应用前景。

2.2 柔性直流输电技术

2.2.1 系统分析

柔性直流输电技术是以电压源换流器为核心的新一代直流输电技术，相比其他输电技术，具有电流自关断能力，可以独立控制有功功率和无功功率，不存在交流输电固有的频率稳定问题和传统直流输电的换相失败问题，在大规模清洁能源并网、海岛供电、交流电网同步/

异步互联、构建直流电网等方面具有广阔的应用前景，是解决现代电网诸多挑战的重要手段。

　　柔性直流输电系统的整流站从交流系统吸收有功功率，并通过直流网络传输到逆变站，由逆变站注入到交流系统。在这一过程中，整流站对交流系统可等效为负荷，而逆变站可等效为电源。从交流系统看去，柔性直流输电系统的交流侧基波等效原理如图 2-5 所示。

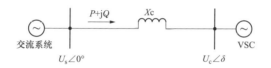

图 2-5　VSC-HVDC 交流侧基波等效原理图

　　设交流母线电压基波分量为 U_s，换流器输出电压基波分量为 U_c，且 U_c 滞后于 U_s 的角度为 δ，当不计连接变压器和相电抗器的电阻时，U_c 和 U_s 共同作用于连接变压器和相电抗器的等效电抗 X_c，并决定了电压源换流器与交流系统间交换的有功功率 P 和无功功率 Q 分别为

$$\begin{cases} P = \dfrac{U_s U_c}{X_c}\sin\delta \\[2mm] Q = \dfrac{U_s(U_s - U_c\cos\delta)}{X_c} \end{cases} \tag{2-1}$$

　　由式（2-1）可知，有功功率传输主要取决于 δ。当 $\delta > 0$ 时，电压源换流器吸收有功功率，运行于整流状态；当 $\delta = 0$ 时，不存在有功功率交换；当 $\delta < 0$ 时，电压源换流器发出有功功率，运行于逆变状态。因此，通过对 δ 的控制就可控制输送功率的大小和方向。无功功率传输主要取决于电压源换流器交流侧输出电压的幅值 $U_s - U_c\cos\delta$。当 $U_s - U_c\cos\delta > 0$ 时，电压源换流器吸收无功功率；当 $U_s - U_c\cos\delta = 0$ 时，不存在无功功率交换；当 $U_s - U_c\cos\delta < 0$ 时，电压源换流器发出无功功率。因此，只需要调节 U_c 的幅值就可以控制 VSC 发出或吸收的无功功率及其大小。相对于传统 HVDC 基于晶闸管的换流器（line commutated converter，LCC）只能控制导通，VSC 基于全控器件可同时实现导通和关断，具有 2 个控制自由度，反映在输出电压上，就表现为输出基波电压的幅值和相位角均可控。

图 2-6 所示为在 PQ 平面上的 VSC-HVDC 交流侧稳态运行基波等效相量图，取交流母线电压基波分量为基准量，即与 P 轴重合，由于换流器电压基波分量幅值和相角可控，故可落在四个象限，实现有功和无功的独立连续控制。

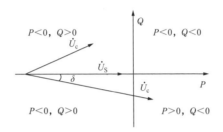

图 2-6　VSC-HVDC 交流侧稳态运行基波等效相量图

两端柔性直流输电系统拓扑结果如图 2-7 所示，该系统主要由变压器、MMC 换流器通过直流线路连接，两端换流站通过控制桥臂各子模块的投入/切出，从而改变交流侧电压的输出和功率的交换。

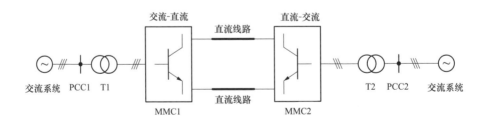

图 2-7　两端柔性直流输电系统拓扑结构

柔性直流输电系统采用直接电流控制结构如图 2-8 所示，两侧MMC 的控制系统结构对称，主要由内环电流控制器、外环功率控制器等环节组成。外环功率控制器主要有定直流电压控制、定有功功率控制、定无功功率控制、定交流电压控制和定频率控制等，其中，直流电压、有功功率、频率等为有功功率类物理量，而无功功率、交流电压为无功功率类物理量。柔性直流输电系统要求每端必须控制有功功率类物理量和无功功率类物理量各一种，同时有一端必须采用定直流电压控制，以实现有功功率的平衡。

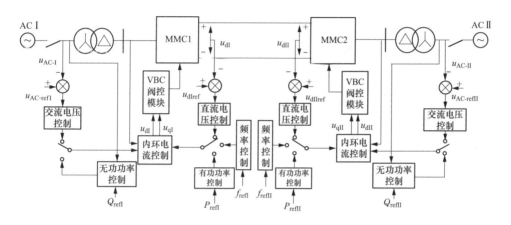

图 2-8　直接电流控制结构框图

柔性直流输电相对于传统直流输电，输电技术优势如下：

柔性直流输电技术的快速进步，将推动其在风电并网、电网互动等场合的广泛应用，未来将在高压大容量柔性直流输电、多端直流与直流电网、长距离架空线柔性直流输电等技术领域具有广阔的发展前景。

2.2.2　核心设备

柔性直流输电系统主要设备包括电压源换流器、连接变压器、桥臂电抗器、开关设备、直流电容（可能包含在换流器阀子模块中）、直流开关设备、测量系统、控制与保护装置等。根据不同的工程需要，可能还会包括输电线路、交/直流滤波器、平波电抗器、共模抑制电抗器等设备。

1. 电压源换流器

柔性直流输电系统中可采用多种电压源换流器拓扑，如两电平拓扑、三电平拓扑、模块化多电平拓扑。由于直流侧电压较高，实际工程中应用的电压源换流器的每个桥臂一般由若干个大功率的可控关断型电力电子器件直接串联而成（两电平和三电平拓扑），或者是由一定功能的模块串联而成（模块化多电平拓扑）。一定数量串联起来的电力电子器件（或模块）及其附属设备合在一起称为换流器的一个阀，一个或多个阀构成换流器的一个桥臂，其作用是在换流器中充当一个单向开关，根据控制系统传送过来的控制触发信号进行开通和关断，从而使换流器交流侧和直流侧的电流和功率能够进行相互交换。与常规直流不同的是，直流侧电流可以在这种换流器阀中进行两个方向的流通。

模块化多电平换流器阀塔如图 2-9 所示。

图 2-9　模块化多电平换流器阀塔

2. 桥臂电抗器

桥臂电抗器串联在换流阀每个桥臂的交流侧，也称为阀电抗器，是柔性直流换流站与交流系统之间传输功率的纽带，它决定了换流器的功率输送能力及对有功功率与无功功率的控制。同时，桥臂电抗器还具有以下功能：

（1）相电抗器能抑制换流器输出电流和电压中的开关频率谐波量，以获得期望的基波电流和基波电压。

（2）当系统发生扰动或短路时，可以抑制电流上升率和限制短路电流的峰值。

为减少传送到系统侧的谐波，桥臂电抗器采用杂散电容小的电抗器。

3. 平波电抗器

平波电抗器安装在直流场的正负极。当输电距离比较长时，直流线路上通常要串联一个平波电抗器用来削减直流线路上的谐波电流、消除直流线路上的谐振。当发生直流接地时，平波电抗器可以有效抑制电流的上升速率，为继电保护争取宝贵的时间。

4. 连接变压器

柔性直流输电系统的连接变压器是换流站与交流系统之间能量交换的纽带，是柔性直流输电系统能够正常工作的核心部件。在柔性直流输电系统中，连接变压器主要实现以下的功能：

（1）在交流系统和电压源换流站间提供换流电抗的作用。

（2）将交流系统的电压进行变换，使电压源换流站工作在最佳的电压范围之内，以减少输出电压和电流的谐波量，进而减小交流滤波装置的容量。

（3）实现换流器的多重化，增加换流器的脉动数，增加其容量。

（4）将不同电压等级的换流器进行连接。

（5）阻止零序电流在交流系统和换流站之间流动。

图 2-10 所示为用于柔性直流输电工程的连接变压器示意图。

5. 开关设备

为了实现故障的保护切除、运行方式的转换以及检修的隔离等目的，在换流站的站内需要装设许多开关设备，主要包括断路器、隔离开关和接地支路开关等。

隔离开关和接地支路开关主要用来作为系统检修时切断电气连接和进行可靠接地的开关设备。根据要求，接地支路开关要放在检修人员可以直接看到的范围内。

交流侧断路器及开关设备是从交流系统进入柔性直流输电系统的入口，其主要功能是连接或断开柔性直流输电系统与交流系统之间的联系。国内首个柔性直流输电工程——上海南汇工程的交流断路器、交流隔离开关带如图 2-11 所示。

图 2-10　连接变压器　　　　　　图 2-11　开关设备

（a）交流断路器；（b）交流隔离开关

在柔性直流输电系统中，换流器拓扑的不同对直流断路器的要求也不同，其中，两电平直流输电系统要求直流断路器能够切除故障点，而模块化与电平换流器可通过闭锁子模块切断放电通路，从而无需直流断路器。鉴于直流侧要求在几毫秒内切断故障电流，目前传统的直流断路器不适于柔性直流输电。

2.2.3　控制保护技术

柔性直流输电系统是高度可控的系统，其动态性能在很大程度上取决于控制、保护系统。控制系统对柔性直流输电系统供能的实现至关重要。保护系统的主要功能是保护输电系统中所有设备的安全运行，在故障或者异常工况下，迅速切除系统中故障或不正常的运行设备，防止对系统造成损害或者干扰系统其他部分的正常工作，保证直流系统的安全运行。

1. 控制技术

柔性直流输电控制系统通常采用多重化设计，正常运行时，一套控制系统处于工作状态，另一套系统处于热备用状态，两套系统同时对数据进行处理，但只有工作系统可对一次设备发出指令。为了提高运行的可靠性，限制任一控制环节故障造成的影响，可以将柔性直流输电控制系统大致可以分成 3 个层次，从高层次到低层次等级分别为系统级控制、换流器级控制、阀级控制。

（1）系统级控制。系统级控制为柔性直流输电系统的最高控制层次，主要功能可包含下面一项或者多项：与电力调度中心通信联系，接受调度中心的控制指令，并向通信中心传送有关的运行信息；根据调度中心的指令，改变运行模式及整定值等；当一个换流站有多个变流器并联运行时，应能根据调度中心给定的运行模式、输电功率指令等分配各变流器输电回路的输电功率，当某一回路变流器或者直流线路故障时，应重新分配其他回路的功率以降低对系统的影响；实现快速功率变化控制，快速功率变化包括功率的提升和功率的回降，主要用于对直流所连两端交流系统或并列输电交流线路的紧急功率支援；潮流反转的实现。

（2）换流器级控制。换流级控制是柔性直流输电系统控制的核心，有多种实现方式，如直接控制、矢量控制等。

1）直接控制方式接受系统级的控制器的指令，通过调节调制信号的调制度和相位来调节换流器端输出的电压幅值和相位，此种控制方式简单、直接，但响应速度比较慢，不容易实现过电流控制。

2）矢量控制通常采用双环控制，即外环功率控制和内环电流控制。外环控制器接受系统级控制器发出的指令参考值，根据控制目标产生合适的参考信号，并传递给内环电流控制器。内环电流控制器接受外环功率控制器的指令信号，经过一系列的运算得到换流器侧期望的输出交流电压参考值，并送到阀控层。矢量控制结构比较简单，其响应速度很快，很容易实现过电流等控制，适用于柔性直流输电系统场合。

换流器控制主要的功能包括有功功率控制、直流电压控制、交流电压控制、频率控制等。为了抑制交流系统故障时产生的过电流和过电压，控制器还应该包括交流电流控制、电流指令计算及限值控制等功能，这也是柔性直流输电系统采用双环矢量控制器时内在的功能。控制器设计中还应该包括过电流控制，负序电流控制，直流过电压控制和欠电压控制等环节，这对防止因系统故障而损坏设备有重要意义。

（3）阀级控制。阀级控制主要包括同步锁相技术、直流侧电容器电压平衡控制、减少谐波和减少损耗的控制方法、串并联 IGBT 器件的控制等，它接收换流器控制器的信号，完成最终的触发任务。

2. 保护系统

为减小故障影响范围，最大限度地保证柔性直流输电系统的持续可靠运行，可将柔性直流输电系统划分为变压器保护区、站内交流保护区、换流阀保护区、直流侧保护区 4 个保护区域，如图 2-12 所示。

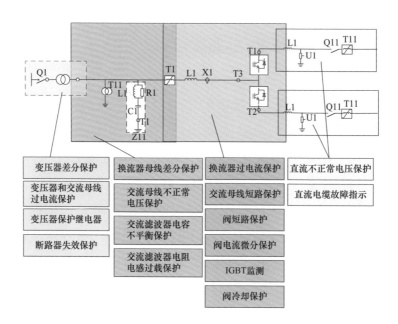

图 2-12　柔性直流输电系统保护分区

2.2.4　等效试验技术

电力电子装置容量的日益提高使得很难直接在电力系统中进行试验，等效试验成为必然的选择。由于其自身的高度复杂性，大功率电力电子组件等效试验方法的研究通常比传统电力设备更复杂，难度更大。为实现等效试验的意义，首先从机理上需保证试验方法及试验装置产生的电流、电压、机械和热应力等应与被试电力电子装置在实际运行中所遇到的各种工况具有等价效果；其次是利用必要的试验条件对试品耐受能力做出合理的评价。

1. MMC 换流阀等效试验

根据 MMC 换流阀在稳态、故障态下的应力分析，设计以下四种等效试验：

（1）稳态运行试验。主要目的是检验在最严重重复应力条件下单个阀体中各组件在导通、开通和关断状态下对电压、电流和热应力的适应性，并验证主电路工作配合的正确性。试验项目包括最大持续运行负荷试验、最大暂态过负荷运行试验和最小直流电压试验。

（2）绝缘试验。阀的绝缘试验分为阀支架绝缘试验和阀端间绝缘试验两大类。阀支架绝缘试验主要检验阀塔下端支架绝缘子的耐受电压能力。阀端间绝缘试验用于检验阀设计的各种过电压的相关特性。试验项目包括阀支架直流耐压试验、阀支架交流耐压试验、阀支架操作冲击试验、阀支架雷电冲击试验、阀端间交直流耐压试验。

（3）暂态运行试验。主要目的是检验换流阀对过电流运行工况下各种应力的耐受性及相关电子电路驱动保护设计的正确性。试验项目包括过电流关断试验、最大暂时过负载运行试验、短路电流试验。

（4）电磁干扰试验。主要目的是验证阀抵抗从阀内部产生的及外部强加的瞬时电压和电流引起的电磁干扰的能力。

2. 阀基控制系统功能试验

阀基电子控制设备（valve basic controller，VBC）用于实现柔性直流输电工程中阀的控制保护功能，主要包括供电电源、电流控制器、桥臂控制器等几个部分，采取双冗余配置。

为了保证阀基控制系统整体的可靠运行，主要执行上电试验和基本功能试验。阀基控制系统上电试验目的在于检验 VBC 供电系统正常运行。针对 MMC 型换流阀，基本功能试验则主要验证 VBC 的调制、电流平衡控制、电压平衡控制、阀保护、桥臂过电流保护、通信、自检及冗余切换等功能，主要试验项目见表 2-1。阀基控制器在整体试验之前，完成供电电源、电流平衡控制器、桥臂控制器的自检及调试工作，确保各机箱工作正常。

表 2-1 VBC 主要功能试验项目

序号	试验项目
1	内部自检功能试验
2	通信接口试验
3	子模块故障处理试验
4	全局动作故障处理试验
5	调制与电压平衡控制试验
6	电流平衡控制试验
7	冗余设备切换试验
8	慢速回报显示试验
9	启动控制试验
10	停运试验
11	72h 连续通电运行试验（综合试验）

2.2.5　工程设计技术

1. 柔性直流输电系统主电路结构设计

目前柔性直流输电系统的主电路结构有两类，一类是两电平结构，另一类是多电平结构。

两电平柔性直流输电系统拓扑结构如图 2-13 所示，送端站和受端站均采用了电压源换流器（VSC）结构。换流站由换流器、换流变压器（电抗器）、直流电容器和交流滤波器组成。换流器每个桥臂由多个两电平的绝缘栅双极晶体管（IGBT）串联组成。换流变压器（电抗器）是 VSC 与交流侧能量交换的纽带，同时也起到滤波的作用。直流电容器可以为受端站提供电压支撑、缓冲桥臂开断的冲击电流，减小直流侧谐波。交流滤波器能够滤除交流侧的谐波，两电平柔性直流输电技术采用脉宽调制（pulse width modulation，PWM）实现其核心控制。两电平换流器的拓扑结构简单，占地面积小，易于实现模块化构造，但存在高投切频率造成的损耗大、交流侧波形差及阀承受的电压高等缺点。

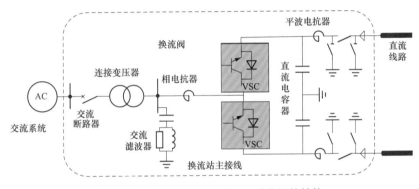

图 2-13　两电平 VSC-HVDC 系统拓扑结构

　　模块化多电平换流器（MMC）的拓扑结构如图 2-14 所示，其基本的电路单元也被称为子模块，各相桥臂均是通过一定量的具有相同结构的子模块和一个阀电抗器串联构成，仅仅通过变化所使用的子模块的数量，就可以灵活改变换流器的输出电压及功率等级。另外，该换流器具有正、负直流母线，适合于高压直流输电场合。

　　模块化多电平换流器通过触发各相桥臂中相应子模块上的开关器件、串联叠加各子模块的输出电压并调节桥臂电压间的比率，使得在交流侧得到所期望的多电平电压输出，同时在直流侧得到约等于 U_{dc} 的电压值，这就是基本的控制原则。与两电平 VSC-HVDC 的系统结构相比，MMC-HVDC 的系统结构不需要支撑电容。

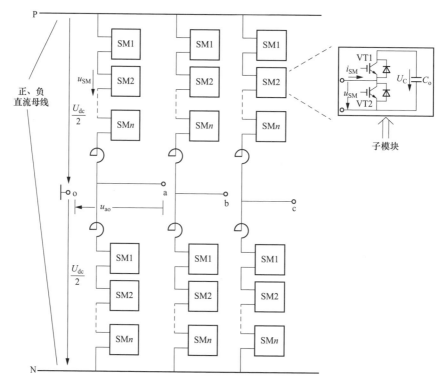

图 2-14　模块化多电平换流器拓扑结构

由于模块化多电平换流器自身所具有的模块化构造特点，可以简便地得到较高电平的多电平输出，波形品质较优。理想情况下，当输出电平无限增大时，即会达到标准的正弦波，因此模块化多电平换流器可以摒弃传统的 PWM 高频调制方式，转而采用具有低开关频率的最近电平逼近调制方式。图 2-15 所示为 MMC-HVDC 的系统结构拓扑。

2. 柔性直流换流站主接线设计

柔性直流换流站主接线是指柔性直流换流站内一次设备之间以及本换流站与电力系统的电气连接结构及电气连接方式，通常以单线图表示。

柔性直流换流站主接线的接线方式通常包括交流侧电气接线、换流器接线和直流侧电气接线三部分。

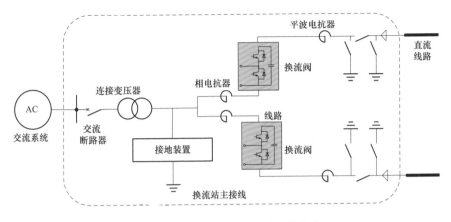

图 2-15　MMC-HVDC 系统拓扑结构

（1）交流侧电气接线。柔性直流换流站交流侧的接线方式，主要包括交流母线的接线方式和连接变压器、相电抗器的接线方式。交流母线的接线方式是根据电力系统的规划要求，综合考虑换流站的建设规模、交流侧电压等级和可靠性指标等因素来确定，与常规交流变电站和常规直流换流站的母线接线方式选择原则相同。连接变压器和相电抗器不同接线方式的主要区别在于抑制和隔离零序分量时所采取的不同措施。连接变压器和相电抗器的一个重要功能是提供一个等效的电抗，为交流系统和直流系统间功率的传输提供一个纽带，同时起到抑制换流站输出电压电流中的谐波分量、抑制短路电流上升速度的作用。在柔性直流输电系统中，连接变压器和相电抗器两者至少要有其一。尽管柔性直流输电系统可以不连接变压器，但是为了充分利用半导体器件的电压容量和电流容量，优化交直流侧电压等级的配合，实际工程中通常使用连接变压器。连接变压器通常会选择 YNy 或者 YNd 接法，可以换流器与交流系统之间零序分量的传递。

（2）换流器接线。换流器由六个桥臂组成。对于开关型拓扑的换流器，每个桥臂由若干直接串联的 IGBT 构成；对于可控电源型拓扑的换流器，每个桥臂由若干子模块与桥臂电抗串联构成。换流器接线主要是确定换流器与连接变压器的接线方式。柔性直流换流站的换流器接线形式如图 2-16 所示，主要有单极对称接线、单极不对称接线（金属回线或单极大地回线接线）、双极对称接线。目前普遍采用的接线方式是单极对称接线。在单极对称接线和单极不对称接线方式中，每个换流站只含有一个换流器，换流器的交流输出端通过启动电阻等设备直接与连接变压器的阀侧端子相连。在双极对称接线中，每个换流站含有两个换流器，每个换流器分别通过各自的启动电阻等设备与连接变压器的阀侧端子相连。双极对称接线比单极接线需要更多的连接变压器及辅助设备，从而使投资和运行费用增加。但是，两个换流器之一损坏时可转为单极不对称接线继续运行，直流功率仅损失一半。具体选择哪种接线方式，取决于两端交流系统的情况，例如系统有多少旋转备用容量、直流功率的丧失对频率的影响、频率减少多少允许切负荷等。

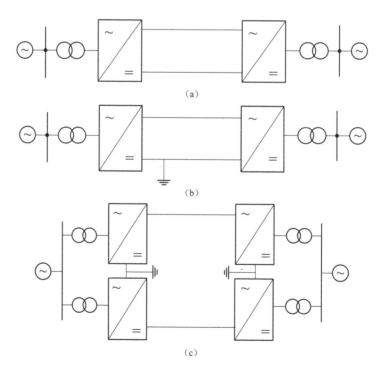

图 2-16　柔性直流换流器接线形式

(a) 单极对称接线；(b) 单极不对称接线（大地回线或金属回线接线）；(c) 双极对称接线

（3）直流侧电气接线。直流侧电气接线指直流一次设备的连接方式。柔性直流换流站直流母线装设平波电抗器、直流电压测量装置、直流电流测量装置、各种开关设备和各种直流避雷器等电气设备。柔性直流工程的平波电抗器串接在换流器直流高压出口和直流线路间的母线上，用来抑制换流器直流侧的纹波电压，削弱由直流线路侵入换流站的过电压波的陡度和幅值，限制故障电流上升率。直流电压和电流测量装置装设在直流母线和中性线及其他必要的位置，以满足计量、控制和保护系统的要求。柔性直流换流站直流侧还装设各种开关设备供多种运行方式切换操作和设备检修用。其中，对于双极对称接线和单极不对称接线的换流器，通常在一端换流站的接地极引线出口处，装设金属回路转换断路器（MRTB）和金属回路转换开关（MRTS），用于双极对称方式和单极不对称方式。中性线上还装有低压高速开关，用来清除站内接地故障。在换流站内中性点侧设置接地开关，与换流站的接地网相连，在双极对称运行方式下，当接地极及引线故障或检修时，将站内接地网作为柔性直流输电系统的临时接地极，以提高系统的可用率。直流侧各种避雷器的设置则是根据系统绝缘配合研究的结果确定。另外，如果具体工程的直流输电线路要求采用直流融冰方式，则直流侧电气接线应适应这一要求。

2.3　直流电网技术

2.3.1　拓扑结构

直流电网拓扑结构主要包括三个层次的内容，分别为直流电网网架结构和电压等级、直流站主接线配置和系统接地方式、换流站/变压站的拓扑结构。其中，直流电网网架结构和电压等级描述各直流站之间的相互连接关系和电压等级的选择；直流站主接线配置和系统接地方式包含两方面：①换流站的交直流场、汇流站、变压站的高低压侧的汇流接线型式，即确定直流站内电气主接线以及断路器配置；②确定换流站按真双极、对称单极等何种方式设计，同时涵盖了接地配置的内容；换流站/变压站的拓扑结构主要研究换流器和 DC/DC 变换器设备是采用何种拓扑结构。

1. 网架结构和电压等级

电网的网架结构是电力系统较为顶层的设计。与交流电网类似，直流电网由于应用场合和电压等级的不同，其拓扑结构也不同。基本的拓扑形式有网格型和多端辐射型两种，如图 2-17 所示。若一个直流电网系统只含有辐射型结构而不含网格结构，通常称为多端直流系统。网格型结构则增加了直流线路的冗余性。

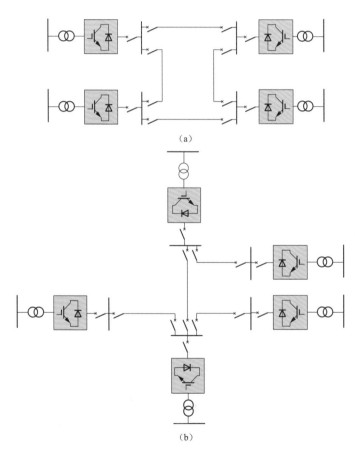

图 2-17　直流电网基本网架结构

（a）网格型；（b）多端辐射型

直流电压等级的选择通常需要考虑的因素：电能的输送距离、输送功率；相邻直流输电系统的直流电压等级；器件的允许电流；换流站和直流线路的建设及运行损耗费用；与邻近不同电压等级直流系统联网时所需的 DC/DC 变换器费用。

类似于交流输电工程，输送距离是首要考虑的因素。远距离输电的损耗对运行费用起决定性作用，一般情况下，输送距离越远，直流电压等级越高。基于中国已建、在建和已规划的直流工程可得出表 2-2 所示的直流电压与容量和距离的关系。

表 2-2　　　　　　　　　　直流电压推荐值与容量和距离的关系

电压等级（kV）	传输容量（MW）	传输距离（km）
±250	500	<500
±320	500~1000	<500
±400	1000~1500	500~1000
±500	1500~3000	1000~1500
±660	3000~4000	1500~2000
±800	4000~8000	2000~2500
±1100	12000	>2500

2. 直流站主接线配置和系统接地

（1）与双端柔性直流工程类似，直流站的主接线配置主要分为单极接线和双极接线两种。

1）单极接线方式根据换流器输出的直流极性分为对称单极和不对称单极两种。对称单极是指换流器的两个直流输出端子上的直流电压是对称的；不对称单极接线是指换流器的两个直流输出端子上的直流电压是不对称的，通常一端为零电位。不对称单极接线方式又分为大地回线和金属回线两种情况。

2）双极接线方式分为双极大地回线和双极金属回线两种接线方式。对称运行时，两极中的电压和电流都是相等的，大地回线或金属回线中没有电流。双极大地回线可实现换流器冗余,当其中一极故障时,另一极可以继续工作,但是,也具有一定的缺点:相同的输送容量下与单极接线相比系统成本稍高;系统短时可能流过直流接地电流,需要系统允许该工况;接地极需要特殊设计,对环境影响进行评估;直流线路故障时,交流系统会向故障点注入电流;变压器需要耐受直流偏置电压。

直流电网是一个较大的系统,未来很可能是多种接线方式的组合。

(2)系统接地的作用是保持对地电压在可知的范围内,并且保证故障状态时故障设备能够从系统隔离。系统的接地与接线是密切相关的。系统接地的选择需要在设备绝缘投资和保护系统投资之间平衡。中性点与地之间的连接方式有多种,主要采用直接连接、经过阻抗连接、不连接三种。对于端对端的直流系统,选择拓扑和接地较为简单;对于直流电网,则有多种换流器拓扑和接地方式可供选择,某点的接地方式对整个系统的运行和保护都有影响,也对设备的额定值及对人身安全也都有影响。高阻接地系统在故障时过电压水平较高,低阻接地系统中过电流水平较高。

直流电网中直流节点(换流站、汇流站、变压站)的母线接线方式可以借鉴交流电网,如单母线接线、单母带旁路母线、双母线接线、一台半断路器接线等。直流母线接线方式的选择应考虑供电的可靠性、灵活适应各种可能的运行方式、节约成本、保证运行人员能够安全操作。直流母线接线设计主要包括直流断路器、隔离开关和直流母线的配置。

2.3.2 核心设备

直流电网中的核心设备主要包括换流器、直流断路器、故障限流器、DC/DC 变换器、潮流控制器等。

1. 换流器

换流器是直流电网系统构成的核心设备,主要用于实现交直流电转换的功能。换流器运行控制的好坏，很大程度上决定着整个系统安全稳定运行的好坏。目前使用的换流器主要有电网换相换流器（LCC）和电压源换流器（VSC）。

（1）电网换相换流器（LCC）。LCC 是采用晶闸管作为开关器件的电流源型换流器，通过控制晶闸管的触发角来实现交流侧和直流侧的能量转换，目前工程上采用 6 脉动换流器和 12 脉动换流器。6 脉动换流器采用三相桥式换流回路，由 6 个换流阀组成，每个换流阀又由多个晶闸管器件串联组成，可以利用不同的晶闸管串联数得到不同的换流阀电压。而 12 脉动换流器由 2 个交流侧电压相位相差 30°的 6 脉动换流器在直流侧串联、交流侧并联组成。LCC 换流器阀厅如图 2-18 所示。

图 2-18　LCC 换流器阀厅

与交流输电系统相比，LCC-HVDC 无需考虑功角稳定问题，输电容量和传输距离大幅提升，且在一定输送距离下线路造价降低。因而 LCC-HVDC 适合更大输送容量、更远输送距离及更高效率的电能传输，是解决远距离大容量电能输送问题的有效手段。目前我国已经建成的为最高电压等级 ±800kV、输送容量 8000MW、经济输电距离达 2500km 的 LCC-HVDC 特高压柔性直流输电工程，正在规划建设的为电压等级 ±1100kV、输送容量 12000MW、经济输电距离达 5000km 的淮东—皖南 LCC-HVDC 特高压柔性直流输电工程，预计 2018 年投运，届时将成为世界上电压等级最高、传输容量最大，输电距离最远的直流输电工程。

由于 LCC 换流器采用的晶闸管是半控器件，其门极触发脉冲只能使器件导通，但关断必须借助电网电压实现。因此 LCC 换流器需要连接的交流系统具备较大的短路容量，否则容易发生换相失败，无法实现无源系统供电。同时，LCC 换流器运行时吸收较多的无功功率，并且产生大量的低次谐波，需要装设大量无功补偿和滤波设备，加大了换流站投资与占地面积。

（2）电压源换流器（VSC）。直流电网采用的 VSC 与端对端或多端柔性直流输电系统 VSC 相同，都是基于 IGBT 的换流装置。IGBT 是全控型器件，既可以控制导通，也可以控制关断。已有柔性直流输电工程采用的 VSC 主要有两电平换流器、三电平换流器和模块化多电平换流器（MMC），目前工程应用最多的是 MMC。与基于 LCC 的高压直流输电系统相比，基于 MMC 的高压直流输电系统具有功率调节灵活快速、不需无功补偿、输电距离远等特点，在直流网络构建方面具有显著的技术优势。

与端对端直流输电系统应用相比，直流电网中的 MMC 须具备较强的暂态电流耐受能力，在直流线路发生故障后能够耐受一定的暂态电流冲击而不闭锁，直至保护动作切除故障线路，在故障期间仍然维持功率传输。MMC 换流器阀厅如图 2-19 所示。

图 2-19　MMC 换流器阀厅

2. 直流断路器

直流断路器是构建直流电网的关键设备，对直流电网的安全可靠运行起着极其重要的作用。与交流系统相比，直流输电系统故障电流上升快，因此其故障切断速度要求比交流系统小一个数量级。此前几十年，直流电流开断主要采用开断装置自身创造过零点的方式，需要大量的辅助设备，技术和装置复杂，且开断能力有限、开断时间长，不能满足直流电网应用要求。近年来，高压直流断路器成为电力领域的研究热点，国内外均积极开展研究，并提出了多种电路拓扑。目前，主流的是混合式直流断路器拓扑，通常由主支路、转移支路和吸收支路3个并联支路构成，其拓扑及样机如图2-20所示。

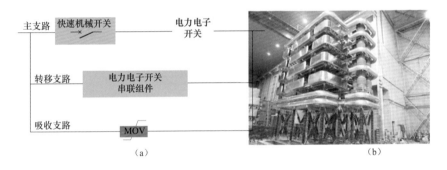

图2-20　混合式高压直流断路器拓扑及样机

（a）混合式直流断路器拓扑；（b）直流断路器样机

主支路由快速机械开关和少量的电力电子开关串联构成，转移支路则由大量的电力电子开关串联构成，吸收支路则由避雷器构成。正常运行时，电流由主支路流过；直流系统故障时，主支路电力电子开关关断，将直流线路电流转移至转移支路，机械开关分断后，关断转移支路中的电力电子开关，电流转移至能量吸收支路进行泄放，直流断路器完成分断。2012年和2014年，ABB和Alstom公司分别完成了80kV和120kV混合式直流断路器样机的研制。2014年底，国家电网公司成功研制出200kV高压直流断路器。随着直流电网容量和电压等级的不断攀升，直流断路器将向高电压、大电流和更快速分断方向发展。

3. 故障限流器

故障限流器一般是通过增加直流线路短时电感或电阻来实现故障电流的快速抑制。通过采用有效的故障电流限制技术，故障限流器一方面可以限制短路电流的上升速率和幅值，降低故障期间换流阀等设备的暂态过应力水平；另一方面，可以大幅度减少直流断路器的分断短路电流幅值，从而降低直流断路器的研发和制造难度。此外，故障电流的抑制为保护系统赢得了宝贵的整定时间，从而保证直流电网保护系统的选择性及可靠性。

典型的电力电子固态限流器如图 2-21 所示，由可关断晶闸管（gate-turn-off thyristor，GTO）以及相应的缓冲回路、限流电感和避雷器构成。正常运行时通过导通 GTO 将限流电感短接；发生短路故障后，控制系统迅速响应闭锁 GTO，使限流电感 L 串入短路回路，从而快速限制短路电流，方便应用于高电压大电流场合。高压直流故障限流器仍处于研究阶段，尚无工程应用。

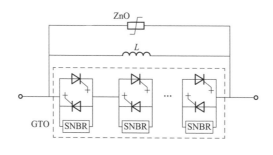

图 2-21　固态限流器

4. DC/DC 变换器

DC/DC 变换器主要用于直流电网不同电压等级或不同区域子系统之间的电网互联与能量交互。由于目前直流电网的电压尚没有统一标准，因此各种电压等级的直流线路很多，如果将这些不同电压等级的直流电路连接起来形成网络，并充分提高直流电网的运行灵活性，DC/

DC 变换器是必不可少的设备。未来要实现特高压、超高压、高压、中低压直流系统的互联，也需要相应的 DC/DC 直流变换装备。高压大容量 DC/DC 变换器的研究主要围绕其拓扑结构等方面，如基于谐振型、分压器型、带隔离变压器型、串联组合型、混合型等大量新型的拓扑结构。

适用于直流电网的隔离型高压大容量 DC/DC 变换器典型拓扑如图 2-22 所示，采用中频变压器连接两个 MMC 换流器。输入端 MMC 换流器将某一电压等级的直流电压变换为交流电压，经变压器升压后通过输出端 MMC 换流器整流成另一电压等级的直流电压，从而实现直流变压，同时通过控制两侧 MMC 交流电压的幅值与相位，实现能量的传递。

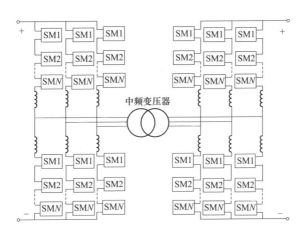

图 2-22　隔离型 DC/DC 变换器

为减小隔离型 DC/DC 变换器中变压器的损耗，基于子模块串联谐振型非隔离型 DC/DC 变换器如图 2-23 所示。通过主电路中电感、电容等电气参数配合，在实现直流变压和功率传递过程中，确保两侧 MMC 换流器零无功功率输出，以减小两侧 MMC 的器件损耗。基于该拓扑开发的样机如图 2-24 所示。

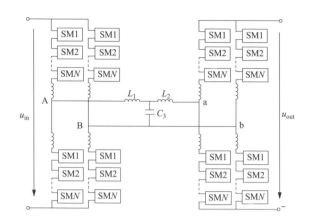

图 2-23　子模块串联谐振型 DC/DC 变换器

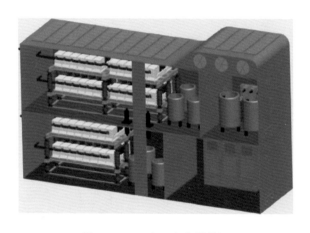

图 2-24　DC/DC 变换器样机

目前 DC/DC 变换器的容量为数兆瓦至数十兆瓦级，未来将进一步扩展到数百兆瓦。同时通过对谐振、斩波和软开关等关键技术的研究，高压大容量 DC/DC 变换器将向着模块化、小型化和低损耗发展。

5. 潮流控制器

直流电网潮流控制是直流电网规划和工程应用中必然面对且亟待解决的关键问题。如果直流电网线路上的潮流不可控，在一定工况下，可能使得同一节点上的其他线路过载而相继被切除，进而可导致整个直流电网停运，危及互联交流系统的稳定运行。而直流潮流控制器可以在系统稳态运行时对系统潮流分布进行调节，利用被控支路参数大小的方式对其电流进行控制，从而达到优化系统潮流分布的目的。

　　典型的直流潮流控制器分为可控电阻型直流潮流控制器和可控电压源型直流潮流控制器，分别如图 2-25 和图 2-26 所示。可控电阻型直流潮流控制器是通过调节被控支路的电阻大小而控制其电流的装置，对外电路来说，其可等效为一个可控电阻器；可控电压源型直流潮流控制器是通过调节被控支路的电压大小而控制其电流的装置，对外电路来说，其可等效为一个可控电压源。

图 2-25　可控电阻型潮流控制器　　　　图 2-26　可控电压源型潮流控制器

　　目前，用于直流电网的潮流控制器仅仅处于概念提出阶段，距离工程化样机研制和应用尚存在一定的距离。

2.3.3　控制技术

1. 分层控制体系

　　正如电网频率是交流系统中有功功率平衡的重要指标一样，直流网络中的功率平衡指标是直流电压。当直流网络功率过剩时，直流电压升高；反之，直流电压下降。在直流电网中，控制整个网络的直流电压保持稳定是系统正常运行的前提。随着直流电网控制对象的改变，其运行控制方法与传统交流系统存在本质的差别；同时，由于直流电网的响应时间常数较交流电网要小至少 2 个数量级，这对于直流电网的控制系统是极其严酷的挑战。在含有环状、网状结构的直流电网中，输电线路的数目可能大于换流站个数，会因控制自由度不够而不能有效调节线路上的潮流，需要引入额外的直流潮流控制装置实现对直流电网内每条线路潮流的有效控制。而对于较大规模的直流电网，功率波动或故障时的适应性控制无法瞬时完成,需要划分运行区域并按照一定的时序进行自动调整。

为了实现直流电网的安全、经济运行,可采用三层控制体系架构:

(1)一次控制进行直流电网中的多端协调控制,实现直流电压稳定。这是直流电网控制核心和基础,控制机理和策略等与交流电网一次控制差异显著。

(2)二次控制保障按照调度计划输送功率。

(3)三次控制为最优潮流控制,引入负荷等预测环节瞄准经济和环保调度。

一次控制主要由本地换流器和换流站承担;二次和三次控制主要由主站或集中调控中心完成,控制目标和策略与交流电网相应部分相似。

2. 多端协调控制

(1)主从控制。主从控制的基本原理是在直流电网中选定一个功率调节能量较强的换流站作为直流电压主控站,作为系统功率平衡节点来实现直流电压的控制,其余换流站为有功功率控制或频率控制,并选择其中一个换流站作为直流电压控制从站。当直流电压主控站功率调节能力达到限值或由于故障需退出运行时,主控站通过站间通信将停运信息发送至从站,直流电压控制从站立即从当前控制方式切换到直流电压控制方式,其他换流站维持原控制方式不变。以四端直流系统为例进行说明,其单点直流电压主从控制原理图如图 2-27 所示。主从控制结构简单,方便实现,但对系统级控制有较大依赖,且对站间通信速度和准确性要求较高。

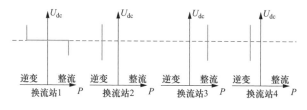

图 2-27 主从控制原理

（2）电压裕度控制。电压裕度控制是主从控制的一种扩展，可在不依赖站间通信的情况下实现主从电压控制站的快速切换。在站间通信不正常或故障情况下，电压裕度控制中的直流电压控制从站检测到系统直流电压值与额定值的差值超过一定阈值后，立即从当前控制方式切换到定直流电压控制方式，而原来的直流电压主控站切换为其他控制方式。以四端直流系统为例进行说明，电压裕度控制方式下四个换流站电压-功率输出特性如图 2-28 所示。该控制方法主要缺点：①在控制功能切换时会导致直流系统运行参数变化、电压振荡等问题；②控制器参数设计略显复杂。

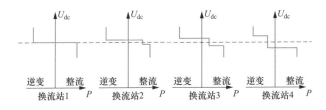

图 2-28 电压裕度控制的电压-功率输出特性

（3）直流电压下垂控制。直流电压下垂控制的控制思路来源于交流系统中的调频控制，直流电压在直流系统中的重要性等同于交流电压频率在交流系统中的重要性。在直流输电系统中，换流站可以根据其所测得的直流电压的数值时刻调整其直流功率的设定值，以满足直流输电网络对直流功率的需求。以四端直流系统为例，电压下垂控制方式下四个换流站电压-功率输出特性如图 2-29 所示。

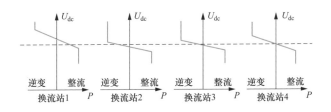

图 2-29 电压下垂控制的电压-功率输出特性

　　直流电压下垂控制实现了系统中多个换流站共同作用决定系统的运行状态。直流电压斜率控制将控制直流电压的任务分配到了多个换流站，根据各个换流站不同的容量特性设定各自的斜率不同的调差特性曲线，从而能够将整个网络的功率变化分摊到多个换流站中，其优点在于控制的灵活性强，增强了系统稳定运行的能力，但是由于其难以实现单个换流站对交流功率的自由控制，而且在具有较为复杂直流网络的系统中各个换流站的调差特性曲线的选取十分困难，因此，直流电压斜率控制器一般应用于直流网络结构较为简单、功率变化较大的柔性直流输电系统，例如海上风电接入直流输电系统。

　　（4）直流电压混合控制。直流电压混合控制结合直流电压裕度控制策略及直流电压斜率控制策略这两种控制策略的优点，以四端柔性直流输电系统为例，直流电压混合控制策略基本原理如图 2-30 所示。

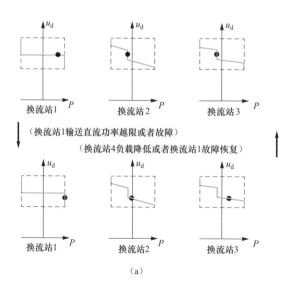

图 2-30　直流电压混合控制基本原理（一）

（a）工作模式 1

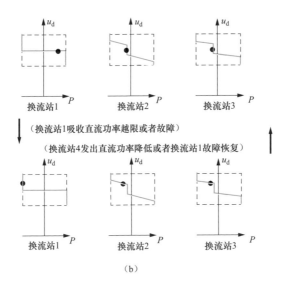

图 2-30　直流电压混合控制基本原理（二）

（b）工作模式 2

　　直流电压混合控制利用直流电压裕度控制策略的偏差特性，实现了换流站直流功率的跟踪；利用直流电压斜率控制策略的斜率特性，加快了其动态响应能力。

3. 二次控制

　　与交流电网二次功率控制相似，直流电网二次控制的目的是保证直流电网的直流线路输送功率执行调度计划，消除和减少由于一次控制尤其是斜率控制有差调节特性引起的直流电网潮流和直流母线电压偏差，实时保障系统执行调度指令。控制途径是面向区域直流电网，设置若干具有富余调节容量的换流器（也称为松弛节点或平衡节点），计算各换流器有功功率分配方案，周期性地更新一次控制器参考值。

　　直流电网二次控制特点如下：

　　（1）指令更新具有周期性，可放宽至数秒或数十秒数量级，实现与一次控制时间常数协调配合。

（2）无差调节，通过调节一次控制参考值，减小直流电压偏差，甚至趋于零。

（3）需优化多换流器协调运行方式，降低不同换流器间通信速度和带宽等通信性能要求。

（4）需设置中央控制器，实现网络集中优化。

4. 最优潮流

直流电网中换流器使用全控型电力电子器件，能够独立控制有功和无功功率，选取最优的换流站参考值，使其更易实现以最优潮流为依据的直流电网潮流控制。

直流电网最优潮流以交、直流电网最优潮流算法为基础，实现经济和环保调度，控制原理是根据电源和负荷（整流站和逆变站输入输出功率）预测结果（如日负荷曲线），优化潮流计算，提前向换流站下达特定时间段内运行计划。直流电网最优潮流不参与系统实时调节，优化目标包括市场、线损、安全、电流电压限制、环境约束条件等，响应时间在 20min～1h，由运行人员手动启动，实现长期系统运行优化。

2.3.4 保护技术

高压大容量直流电网的安全稳定运行需要可靠的直流电网保护系统支撑。与交流系统保护相似，直流电网的保护理念是通过直流断路器实现对故障元件的快速隔离，最大限度地保证系统的持续可靠运行。

1. 保护分区

在兼顾直流电网保护灵敏性、选择性、快速性、可靠性、可恢复性等要求的基础上，根据换流站拓扑结构特点、运行维护及确认故障范围的需要，可将直流电网划分为交流保护区、换流变压器保护区、交流连接线保护区、换流器保护区、直流极保护区、双极保护区、直流线路保护区 7 个保护区域，如图 2-31 所示。

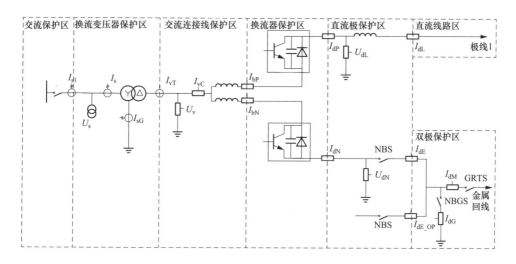

图 2-31　直流电网保护分区

图 2-31 中，保护区域的划分确保了对所有相关直流设备进行保护，相邻保护区域之间重叠，不存在死区。其中，交流保护区主要是对交流侧的设备进行保护；换流变压器保护区主要对换流变压器进行保护；交流连接线保护区主要对换流变压器与换流器之间的交流母线进行保护；换流器保护区主要对换流器、换流器与交流母线的部分连接线路以及桥臂电抗器进行保护；直流极保护区包括极高压母线区和中性母线区，主要是对极母线上的设备进行保护；双极保护区主要是对双极共用区域的保护；直流线路保护区主要对直流输电线路进行保护。

2. 保护架构

为了提高可靠性，保护装置一般冗余配置来提高可靠性。根据实际的运行经验，目前较为广泛采用保护是三取二配置和完全双重化保护配置两种，保护的配置如图 2-32 所示。

如图 2-32（a）所示，三重保护与三取二逻辑构成一个整体，三套保护中有两套保护动作才能出口，保证可靠性和安全性。当一套保护退出时，剩余保护变成二取一逻辑。如图 2-32（b）所示，在双重化的基础上，每一套保护采用"启动＋保护"的出口逻辑，两套保护同时运行，任意一套动作可出口，保证安全性。两种保护配置方式均具有较为广泛应用，三取二方式在直流保护系统中应用较多，完全双重化方式在交流保护系统中应用较多。

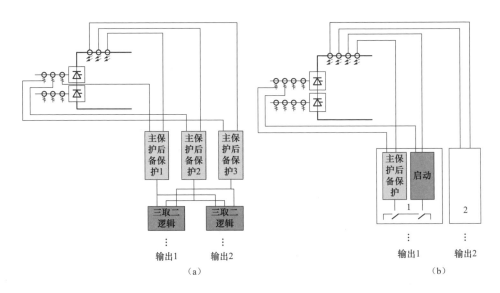

图 2-32　保护配置方式

（a）三取二配置；（b）完全双重化配置

根据直流工程应用特点，直流电网的极保护采用三取二配置方式，三套保护装置中均配置换流站内各分区保护，并通过三取二装置出口；进一步，考虑直流线路保护快速性需求，从减少动作环节出发，配置双重化的直流线路快速保护，形成直流极保护和线路保护有机结合的保护架构。

3. 直流线路保护配置

直流电网是一个"低惯量"系统，若发生直流故障将瞬间影响到整个直流电网。直流电网保护的基本需求是在直流故障发生时，能够在故障电流上升至功率半导体器件额定值前切断电流，并且只隔离故障区域而不影响正常区域的运行，其对于保护系统的响应时间要求很高。直流电网在长距离高压大容量应用场合中采用架空线作为传输线路，不仅可以通过提升电压等级提升系统容量，还可以有效降低线路投资，节省造价。相比采用地下电缆的工程、采用架空线的柔性直流输电系统，由于线路暴露在外，更容易发生短路、闪络等暂时性故障。

直流电网中，直流线路快速保护装置关系到直流电网系统和设备的安全、可靠运行。与以往直流输电工程相比，有以下突出的需求：线路快速故障识别、故障线路的快速隔离及故障线路的重启动配合。根据直流线路故障特性，采用单端行波保护、欠压微分保护作为直流线路的主保护，采用低电压保护、欠压过电流保护和直流线路纵差保护作为后备保护，具体保护配置如图 2-33 所示。

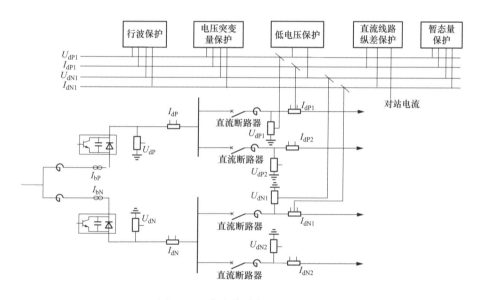

图 2-33 直流线路保护配置方式

直流线路保护动作后可能产生的动作后果及保护清除和隔离故障的措施如下：

（1）直流断路器跳闸。跳开直流线路出口的直流断路器，隔离故障的直流线路，防止健全部分向故障点注入电流。

（2）直流断路器重合。通过重合闸方式检测直流架空线路的故障类型，如为瞬时性故障，可通过重合闸操作使故障线路重新投入运行。

（3）直流断路器锁定。在判断为永久故障时，发送锁定信号来闭锁直流断路器，这是为了防止运行人员找到故障起因前开关误闭合。锁定命令和解除锁定命令也可以由运行人员手动发出。

（4）直流断路器启动失灵。在直流断路器跳闸时，同时发出启动直流断路器失灵信号，根据电气量特征选择是否跳上一级断路器。

2.4 工程实践

2.4.1 柔性直流工程

1. 南汇柔性直流输电工程

上海南汇风电场柔性直流输电工程由中国电力科学研究院承建，是亚洲首条柔性直流输电示范工程，连接上海南汇风电场与书柔变电站，工程容量为 20MW，直流电压等级为 ±30kV。工程于 2010 年底开始建设，2011 年 7 月正式投入运行。该工程的设计和系统参数见表 2-3 所示。

表 2-3　　　　　　　上海南汇风电场柔性直流输电工程相关数据

换流站		南风换流站（送端）	书柔换流站（受端）
额定系统电压（kV）		35	35
额定系统频率（Hz）		50	50
无功功率（Mvar）	有功 18MW 时	±2	±2
	有功 12MW 时	+9，Mvar—13	+9，Mvar—13
额定功率（MW）		18	
额定电压（kV）		±30	
最大电流（A）		300	
直流电缆长度（km）		8	
子模块数		48+8（其中 8 为冗余）	
电平数		49	

2. 厦门柔性直流输电工程

厦门 ±320kV 柔性直流输电示范工程是世界首个真双极柔性直流

输电工程，在浙江舟山±200kV柔性直流工程的应用基础上，将电压等级首次提升至±320kV。工程于2014年7月开工建设，2015年12月正式投入运行，输送容量100万kW，新建岛外浦园、鹭岛两座换流站，采用1800mm² 大截面绝缘直流电缆敷设，通过厦门翔安海底隧道与两座换流站连接。换流器采用双极接线，与交流输电线路、直流单极对称接线相比，运行方式更灵活、可靠性更高。工程有效消除了厦门岛作为无源电网的劣势，不仅可以补充厦门岛内电力缺额，还具备动态无功补偿功能，能快速调节岛内电网的无功功率，稳定电网电压。

3. 鲁西背靠背柔性直流输电工程

鲁西背靠背直流异步联网工程是世界上首次采用大容量柔性直流与常规直流组合模式的背靠背工程，连接云南电网与南方电网主网，柔性直流单元额定容量1000MW，直流电压±350kV。工程于2015年3月开始建设，2016年8月柔性直流单元建成投运。由于是首次采用高压大容量柔性直流技术，工程所需的柔性直流换流阀及阀控等主设备均属国内首次研制。工程投运后，云南侧有四回500kV交流线路接入至鲁西换流站，通过三回出线接入南方电网主网，将有效化解交直流功率转移引起的电网安全问题，简化复杂故障下电网安全稳定策略，避免大面积停电风险。

4. 美国 Trans Bay Cable 工程

美国 Trans Bay Cable 工程由西门子公司承建，是世界上第一个 MMC-HVDC 系统，如图2-41所示。该工程位于美国加州旧金山市，从湾区东侧匹兹堡换流站开始，经过一条位于旧金山湾区海底的88km的高压直流电缆，把电能传送到旧金山的波特雷罗换流站。工程于2010年11月投运，额定容量400MW，直流侧电压±200kV。工程为东湾和旧金山之间提供了一个电力传输和分配的手段，使得电力可以直接送到旧金山的中心，增强了城市供电系统的安全性，而且由于直流电缆埋于地下和海底，不会对环境造成污染。工程中使用了新型的模块化多电平换流器，避免了桥臂器件的直接串联，降低了换流器的技术难度，减少了输出电压所含的谐波。

5. 德国海上风电送出柔性直流输电工程

德国陆上风电逐渐饱和，海上风电被委以重任。2010 年，德国建成投运了世界上第一个已并网的使用 5MW 风电机组的海上风电场 Alpha Ventus。海上风电并网主要采用交流输电技术和柔性直流输电技术，当海上风电场的距离较远时，采用柔性直流输电是一种很好的方案。其中德国第一个柔性高压直流输电 BorWin1 工程是世界上最远的海上风电场并网工程，将 400MW 风电注入德国电网。柔性直流输电技术具有无功和电压控制能力，可以提供频率控制和低电压穿越以满足风电并网的要求。该技术减少了风电波动性对电网安全性影响以及并网线路建设运行对海洋环境的影响，在远距离海上风电并网方面更具有技术和经济可行性。

6. 美国 TresAmigas 超级变电站工程规划

由于直流输电的优势以及发展新能源并网的需求，近年来，超导直流输电技术的研究开发备受重视。美国于 2009 年 10 月启动了将三大电网（美国东部电网、西部电网、德克萨斯电网）实现完全互联和可再生能源发电并网的"TresAmigas 超级变电站"项目，该超级变电站采用高压直流输电技术（HVDC）实现电网互联，即任何两个电网互联均由 AC/DC 进行电能变换后通过高温超导直流输电电缆来实现双向流动，最终建设成为一个占地 22.5 平方英里、呈三角形互联的可再生能源市场枢纽。

2.4.2 多端及直流电网工程

1. 舟山五端柔性直流输电工程

舟山群岛位于我国东南沿海，深水岸线资源丰富，2011 年国务院批准设计舟山群岛新区，并定位为海洋经济主题，新区的经济发展对于舟山电网提出了更高和新的要求。此前舟山本岛通过 2 回 220kV、3 回 110kV 线路与浙江主网联系，电网可靠性较为薄弱。同时，舟山拥有丰富的风力等资源，但受网架规模限制，风电等分布式电源接入的适应性与容纳能力有限。

综合考虑舟山北部诸岛的地理位置、产业发展定位和电网存在的问题，为提高各岛供电能力和供电可靠性，解决电能质量偏低、风电等可再生能源并网等一系列问题，国家电网公司在舟山市下辖的舟山本岛、岱山岛、衢山岛、泗礁岛及洋山岛，建设五端柔性直流输电工程。该工程新建 5 座换流站，对应点为舟山本岛定海点、岱山岛、衢山岛、洋山岛、泗礁岛，新建线路 140.4km，其中海底电缆 129km，并建设相应的配套交流输变电工程。

工程是世界上第一个五端柔性直流输电工程，形成舟山北部主要岛屿间的直流输电网络，加强下辖诸岛的电气联系，增强网架结构，提高供电可靠性，提升舟山电网的科技含量。

2. 南澳柔性直流输电工程

南澳柔性直流输电工程是科技部 863 项目"大型风电场柔性直流输电接入技术研究与开发"的示范工程，工程的建成增强了南澳岛内风能的外送能力，为南澳发展海上风能提供有力支撑。

工程项目的具体建设方案为：在南澳岛上的 110kV 金牛站及 110kV 青澳站附近各选址新建一个柔性直流换流站，将岛上牛头岭、云澳及青澳等风电场产生的交流电能逆变为直流功率，金牛换流站及青澳换流站两站的直流功率在金牛换流站汇集后，通过岛上新建的直流架空线及电缆混合线路集中送出；直流线路出岛后，改为以直流海缆的形式过海，直流海缆过海后，通过澄海侧的直流陆地电缆接入澄海侧的塑流换流站，通过塑流换流站逆变为交流功率后，接入汕头电网，从而实现岛上大规模风电的送出。

3. 张北柔性直流电网工程

张北柔性直流电网工程地理位置如图 2-34 所示，其 1 期为 4 站 4

线直流环网工程，即张北换流站、康保换流站两站汇集当地风电和光伏发电，丰宁抽蓄接入丰宁换流站，北京换流站接入当地 500kV 交流电网，张北、康保、丰宁与北京换流站形成 4 端直流环网。远期将建设御道口、唐山两个±500kV 换流站，分别连接到丰宁换流站和北京换流站，建设±500kV 蒙西换流站连接到张北换流站，形成泛京津冀的日字型 6 端±500kV 直流电网，实现大范围清洁能源调峰调频。工程采用直流架空线技术。

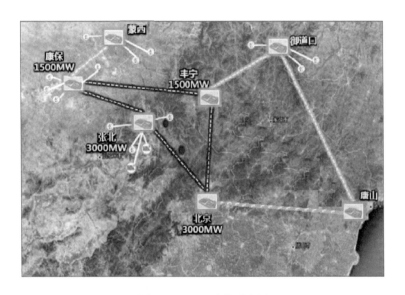

图 2-34　工程路线示意图

2020 年，张家口地区可再生能源装机总容量将达到 2000 万 kW，且主要位于坝上地区，存在大规模可再生能源安全并网、灵活汇集、送出困难等问题。国家电网公司将通过建设柔性直流电网工程，汇集风、光、储或抽蓄等电源，实现可再生能源的接入汇集，提升可再生能源的并网安全性与故障穿越能力。

PART **3**

电力系统多时间尺度全过程动态仿真技术

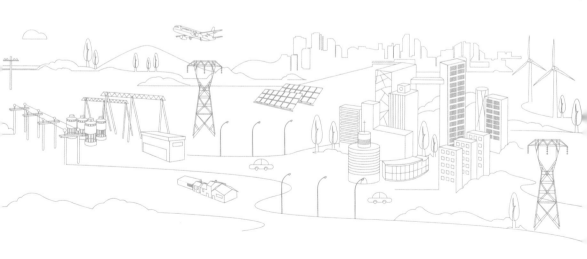

3.1 概述

3.1.1 电力系统的多时间尺度特性与仿真软件

电力系统是一个复杂的大规模非线性动态系统,含有大量不同时间常数的变量(如图 3-1 所示),具有多时间尺度特性。从电力系统受扰动后的动态响应过程来看,可分为电磁暂态(毫秒级)、机电暂态(秒级)及中长期动态(分钟级)过程,三者之间是相互联系和相互影响的,不是截然分开的,而是一个连续变化的过程。

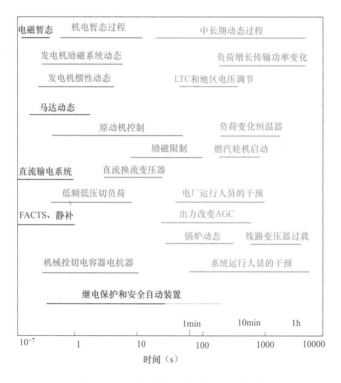

图 3-1 电力系统的多时间尺度特性

对于三种时间尺度,时域类电力系统仿真程序也有三种,即电磁暂态、机电暂态、中长期动态仿真程序,它们的特点和区别见表 3-1。

电磁暂态分析程序则基于三相瞬时值表示电气量，所有元件动态特性均采用微分方程描述，计算精确，但仿真规模受限；而基于基波、相量的机电暂态及中长期动态仿真程序，属于电力系统动态稳定性分析程序，仿真规模大，但其中电力电子设备等采用准稳态模型，对快速暂态特性和非线性元件引起的波形畸变均不能准确反映。因此，将三种时间尺度仿真结合，在一次仿真过程中实现对大规模电力系统采用稳定性仿真，而对局部网络采用电磁暂态仿真，可对大规模电力系统动态特性进行更加准确的计算分析。

表 3-1　　　　　　　　　　　　三种时间尺度仿真的比较

类型	基本特点	仿真目的	模型与算法	仿真时间	仿真程序
电磁暂态仿真	描述电力系统各元件电磁场变化及电压电流的瞬时变化，考虑元件非线性、电磁耦合、三相不对称等因素	研究故障或操作后暂态过电压和过电流的限制和保护措施，以此设计设备参数；详细研究电力电子设备及其控制保护策略	采用时域的三相瞬时值计算，由元件代数、微分方程建立其电磁暂态模型	数微秒毫秒、到数秒；仿真步长微秒级	EMTP/ATP、PSCAD/EMTDC、NETOMAC 等
机电暂态仿真	综合描述系统机械暂态和电磁暂态过程，涉及发电机组、调速系统和励磁系统	用于分析电力系统暂态稳定性，为发电机控制系统参数选择和防止系统失稳措施的制度提供依据	采用基波相量理论计算，元件采用稳态或准稳态模型，仿真	数毫秒到数秒，步长通常10ms 左右	PSD、PSASP、PSS/E、SIMPOW、NETOMAC 等
中长期动态仿真	描述大规模系统扰动及由此引发的有功和无功不平衡等持续时间长、动作较缓慢的现象	严重故障和联锁故障分析，提供电网规划和反事故依据；动态电压稳定性分析，提供防止电压崩溃的措施；制定源网协调、自动发电控制策略等	采用基波相量理论和变步长仿真算法，考虑发电厂励磁限制等慢速动态元件	几十秒到数分钟，步长为数十毫秒到若干秒	PSD-FDS、EUROSTAG、LTSP、EXTAB 等

3.1.2　技术需求

随着远距离大容量超/特高压交直流输电工程的逐步投产，具有随机波动性的风力/光伏发电的大规模开发，大型电源基地投运等电力系统的快速发展，我国电网已形成世界上电压等级最高、直流输电规模最大的复杂交直流混联电网。这些因素使得电力系统结构与特性发生重大变化，动态行为也日趋复杂。

20世纪90年代以来，世界范围内电网大面积停电事故频发，造成了巨大经济损失和社会影响。这些事故一般由电力系统多重连锁性反应故障引发，其发展过程通常历经数十分钟，其中既有毫秒级、秒级的快速暂态过程，又有发电机过励磁限值动作等分钟级慢速动态过程。例如，2003年8月14日，美国东部地区和加拿大安大略省发生了大停电事故，损失负荷达61800MW，受停电影响人数达5000万。随后英国、巴西、丹麦、意大利、印度等国也相继发生了较大范围的停电事故，给事发国家带来巨额的经济损失。更深入地理解电力系统动态过程机理、研究准确快速的稳定分析方法已成为当务之急。

对于区域互联电网来说，低频振荡频率较低，交流联络线上输送功率的振荡周期较大，为了在时域模拟出电网的阻尼特性，需要把稳定仿真时间由10s左右延长到数十秒以上。在我国，电网规划、调度部门进行稳定仿真的时间已经延伸到40s，甚至分钟级以上的中长期动态仿真过程。例如，以我国华北-华中互联电力系统为例，长治-荆门特高压交流联络线两侧系统的低频振荡频率约为0.15Hz，联络线上功率波动周期约为8s，为了观察电力系统动态行为，时域仿真至少需要仿真5个摇摆周期，即40s的仿真时间。

在风电、光伏发电作为新能源在世界范围内正快速发展的背景下，如何协调大容量新能源发电系统与大电网之间的相互影响变得越来越重要。由于风能和光伏发电具有明显的间歇性和分钟级慢速随机波动特性，因此在大规模集中接入电网后，电网调频/调峰等问题将变得十分突出。

现代大电网区域间功率输送或交换数量大幅增加，常迫使电网运行在趋于极限值的临界态，对受端电网来说存在电压失稳的风险。以我国西电东送到华东电网来看，多条大功率直流输电的落点比较集中，严重故障下系统电压失去稳定的风险较大。进行多时间尺度统一仿真，是对电网电压的动态稳定性进行分析并制订电压稳定措施的一种有效的手段。

电力生产、传输和消费是同时进行的。电能不能大量存储，必须保持电力生产、输送、消费流程的连续性，因此，不可能在实际电网进行大量试验研究，必须通过仿真手段来分析和掌握其运行特性。在电力系统的多种非实时和实时仿真手段中，数字仿真软件既能仿真大规模电网，又能在普通个人电脑上使用，灵活方便，是电力规划、电网运行和科研教学中必不可少的仿真手段。而实时仿真设备或装置，如全数字实时仿真、数模混合、物理仿真等，虽然仿真精度高、速度快，但使用过程复杂，且需要昂贵的硬件设备和专门的试验室，因此具有一定的局限性。

综上所述，为满足电力系统建设、运行、发展过程中所面临的安全稳定性问题进行研究和分析的强烈需求，迫切需要电力系统多时间尺度统一的全过程动态仿真技术开发相应的数字仿真软件，用于研究和分析大规模电力系统动态特性机理和严重故障特征，进而制订电网安全稳定措施。

3.1.3　技术特点

电力系统多时间尺度全过程动态仿真技术能够将电力系统电磁暂态、机电暂态、中长期动态过程有机地结合在一起进行仿真，能够描述系统受到扰动之后整个连续的动态过程。与时间尺度相互独立的仿真技术相比，其仿真难度更大、技术更复杂，主要的技术特点为：

（1）仿真时间跨度大，能够仿真从数秒到几十分钟甚至若干小时的动态过程。

（2）系统微分方程的刚性比大。仿真系统中的最大和最小时间常数差异较大，刚性比可达 10^5。例如：火电机组动力系统模型中汽包惯性时间常数为数百秒，电力电子设备模型的惯性时间常数为毫秒级，二者差异很大。

（3）需要采用具有自动变步长功能的数值积分算法。在系统快变阶段，为保证计算收敛性，需要采用小步长；在系统慢变阶段，需要加大步长，以减少仿真计算所需时间。

（4）需要求解的方程组阶数高。由于求解的数值稳定性和收敛性要求，与通常采用简单迭代求解的机电暂态仿真相比，方程组阶数至少高出 3 倍。

（5）模拟的设备和系统种类众多。不仅需要考虑电磁暂态计算模型、机电暂态仿真模型，而且需要考虑中长期动态元件模型，以及更多的继电保护和安全自动装置模型。

（6）仿真程序开发实现难度大。由于仿真算法复杂和模型数量繁多，程序编程开发难度较大，主要体现在程序架构设计、算法模块开发和模型添加等方面。

3.1.4 应用范围

（1）用于常规机电暂态仿真技术进行的时域仿真计算分析。

（2）研究大规模电力系统中直流输电系统与交流输电系统之间的交互影响。

（3）研究电力电子设备对系统的影响和作用及其控制策略。

（4）多重连锁事故或严重故障后的全过程动态仿真。可以进行各种连锁反应性故障的机理分析，如频率、电压异常引发的连锁故障、大规模潮流转移引发的连锁故障等，研究连锁故障的本质原因，以及防止连锁故障引起大面起停电等反事故措施。

（5）动态电压稳定性的时域计算分析。研究中长期过程中机组过励限制引发的电压稳定问题，研究电网电压稳定机理和制定防止电网电压崩溃的安全技术措施；研究自动电压控制（AVC）策略、变电站无功补偿和电压控制策略；研究多馈入直流对受端系统的电压稳定性影响。

（6）源网协调研究。研究发电厂动力系统和辅助设备、发电机涉网保护的动态特性对电网安全运行的影响，研究机组涉网保护与电网协调技术规范、配置方案、保护定值校验和优化，研究火电机组的过速保护控制策略；研究 AGC 控制策略、电力系统旋转备用的安排和分布等。

（7）发电机涉网保护的动态校核与优化。可用于更准确地分析机组涉网保护与电网之间的相互影响，并动态校核涉网保护对不同运行方式和故障形式的适应性，合理评估涉网保护定值和参数。为实现涉网保护的定值优化，火电机组超速保护控制策略的合理设置，以及不同涉网保护之间协调配合提供有力工具。

（8）电网安全稳定控制策略及第三道防线的研究。通过建立的继电保护和安全稳定控制系统模型可实现更为准确的多时间尺度全过程动态分析，并应用于校核电网安全控制策略、优化控制对象、进行电网第二、三道防线等相关仿真研究。

3.1.5　发展趋势

电力系统是由无数个设备组合而成的复杂大系统，具有高维数、非线性、随机性、多尺度、时变性等特点。现有的电力系统动态仿真模型以元件或设备模型为基础，通过搭积木方式连接成为一个完整的电力系统动态仿真模型。这些元件模型采用机理建模方法建立，通过静态或动态测试方法进行校核验证。未来在进一步改进和完善传统机理建模方法的同时，发展非机理建模方法（直接相似法、概率统计法、数据驱动等）同时兼顾非确定性等多种建模方法将是提高大规模复杂电力系统动态仿真精度的一种解决方案，尤其对于发电机机组动力系统等这种涉及众多物理设备的复杂模型。

计算机硬件制造水平发展很快，设施更新换代频繁。体现为单个CPU的计算能力提升很快，多核、众核及单核计算能力提高使得现有CPU的计算能力一般在 1.5 年翻倍，而图形处理器（graphic processing unit，GPU）的计算能力一般 1 年左右翻倍。通过研究基于CPU多核处理器和GPU的并行仿真技术，可以大幅提高现有电网仿真软件的离线、在线分析仿真能力，为电网规划发展和安全稳定运行提供强有力的技术支持和技术服务。

现有全过程动态仿真程序应用方法与常规暂态稳定类似，计算过程分为建立数据、填写故障、执行计算和分析结果等主要步骤。每个步骤需要有经验计算分析人员大量参与，耗费大量的人力和物力。例如，计算结果分析以人工查看输出的文本和曲线信息为主，这些信息主要是母线电压、频率和发电机功角等设备模型变量的计算值，缺乏自动分析技术。因此，采用智能化分析进行电力系统多时间尺度全过程动态仿真计算分析是一种必然的发展趋势。

3.2 仿真算法

仿真算法和模型是电力系统全过程动态仿真技术的两大核心技术。仿真程序的整体架构需要围绕仿真算法的需求而设计。

3.2.1 数值积分算法

3.2.1.1 积分算法基本要求

全过程动态仿真属于时域仿真，主要涉及有发电机及其控制系统、动态负荷（如感应电动机和同步电动机）、直流输电系统和由电力电子元件（如 FACTS）等众多动态元件和输电网络、静态负荷等组成的非线性动态系统。描述这一非线性动态系统的是一组高阶的微分方程组和非线性代数方程组。因此，从数学角度来看，时域仿真计算就是采用适当的数值积分方法求解微分代数方程组的初值问题。

全过程动态仿真中混合着快速和慢速动态过程，是典型的刚性（stiff）非线性动态系统。描述刚性非线性动态系统的常微分方程的特点是：方程右端函数对应的雅可比（Jacobi）矩阵具有广泛分布的特征值。具有这个特征的方程在许多实际应用领域存在，如用于电子电路、化学反应动力学、核反应堆系统等。刚性的实质是需要求解的解是缓慢变化的，但求解过程中受到迅速衰减的解带来的扰动，给慢变解的数值计算造成很大困难，从而出现收敛性和数值稳定性等问题。

数值积分算法是时域数值求解大规模微分方程组的常用方法，保证数值稳定性是数值积分计算的前提条件。数值稳定性反映了时域逐步积分过程中求解误差的传播特性，稳定的数值积分方法不会引起计算误差的逐步积累，误差是逐渐缩小的，否则，对于一个本来是稳定的系统，数值不稳定的算法容易引起数值大幅振荡或单调失稳，而得到系统不稳定的错误仿真结论。

数值积分算法种类较多，它们各有优缺点，很多算法在商业化的大型电力系统稳定计算程序中都有应用。在电力系统暂态稳定计算方面，美国的 PSS/E 程序采用二阶的龙格-库塔法，德国西门子公司的 NETOMAC、中国的 PSASP 和 PSD-BPA 程序采用的是梯形积分算法；在电力系统中长期动态稳定计算方面，法国的 EUROSTAG 采用的是隐式的 Admas 和 BDF 混合方法、PSS/E 程序的中长期动态仿真计算采用的是变步长的梯形积分算法；中国电力科学研究院 1999 年开发的机电暂态及中长期动态仿真程序（版本号为 1.2）采用的是 Gear 法。Gear 类数值积分算法是公认的解决刚性问题仿真的有效算法，在现有电力系统全过程动态仿真程序中得到应用较多，但在多年来的开发和应用中，发现其存在两个突出的缺点影响了其在电力系统工程计算中的大量应用，即：①快变阶段计算步长控制效果差，导致计算速度很慢，甚至计算失败；②含间断特性的控制系统环节计算处理过分复杂。下面介绍的组合积分算法能够较好地解决这一缺点。

3.2.1.2　组合数值积分算法的基本思路

机电暂态稳定计算中常用的梯形积分法（固定步长）和全过程动态仿真中的 Gear 法（变步长）都是 A 稳定的，且在每个时域积分步都可以自启动。对于一个单独的时域积分步，不管采用哪种具有 A 稳定的数值积分算法，计算结果都是相同的。因此，新数值积分算法的构造基本思路为：在仿真中根据电力系统受到扰动后动态过程的相同变量的变化速度而自动选择现有机电暂态稳定计算中固定步长的梯形积分法或者 Gear 法，使这两种算法能够扬长避短，得到有机结合。

（1）在机电暂态过程中采用简单迭代求解的梯形积分法（固定步长）。与现有的成熟机电暂态程序相同，动态元件的微分方程进行差分后的代数方程和电力网络的代数方程采用交替迭代求解（或分割求解）。这样不但避免 Gear 法计算过程中步长过小问题，而且由于控制系统的间断环节多发生在暂态稳定过程中，还可以避免间断环节处理带来的编程复杂性。

（2）在中长期动态过程中采用 Gear 法（变步长）。动态元件的微分方程进行差分后的代数方程和电力网络的代数方程采用联立求解方法。对于中长期动态过程仿真，由于 Gear 法可以选取较大的步长计算，计算速度将明显高于固定步长的梯形积分法。

（3）依据一套自动切换策略，固定步长的梯形积分法和变步长的 Gear 法在仿真中自动选用，从而在保证数值积分的稳定性和不损失计算准确度的前提下，采用合适的仿真步长，提高程序计算的速度。

因此，电力系统全过程动态仿真的组合数值积分方法主要由三部分组成，即固定步长的梯形积分法、变步长的 Gear 法和两种方法的自动切换策略。

3.2.2　方程组求解算法

当采用全过程动态仿真计算电力系统设备及其控制系统的动态过

程时，需要求解高阶刚性非线性动态系统。求解该系统的刚性数值积分算法一般为隐式积分算法，它们的一个共同点是都需要采用牛顿法（或伪牛顿法）求解由设备的微分-代数方程差分后的代数方程和输电网络的代数方程组成的大型非线性方程组。

3.2.2.1　求解难点

全过程动态仿真中稀疏线性方程组的求解难度主要表现在：

（1）求解规模大，且为不对称矩阵。方程组规模通常在数万阶以上，例如，对于我国目前华北-华中电力系统仿真计算来说，计算母线数目通常在 15000 以上，方程组阶数约为 130000 阶。

（2）求解次数多，对求解速度要求高。对于仿真电力系统 10min 的动态过程来说，求解次数常在 10000 次以上。

由组合积分算法可知，采用固定步长积分算法时，其计算与常规暂态稳定计算基本一致。而采用变步长 Gear 法时，联立求解方程组规模非常大，但是，全过程动态仿真大规模方程组求解方程组对应的矩阵结构有一些特点可以利用，从而可构造合适的线性方程组求解算法。此外，由于全过程动态仿真矩阵的条件数不大，因此可选取直接法进行求解，不必要进行迭代求解线性方程组。

3.2.2.2　求解特点

电力系统全过程动态仿真的方程由两大部分组成：①描述电力系统设备的微分-代数方程式差分后的代数方程式（设备模型也可能是代数方程式），例如，发电机和负荷等；②电力网络方程，是一个具有对角优势且具有对称矩阵结构的线性代数方程式。两部分方程之间通过电力网络的节点电压和节点注入电流联系在一起，设备模型相关的微分-代数方程的输入是网络方程的电压，输出提供给网络方程的电流。

电力系统全过程动态仿真中的稀疏矩阵结构图如图 3-2 所示，虽然属于一般结构矩阵，结构不对称，但也有自己的特点。总体上分为 A、B、C、D 四个大分块。A、B 块对应于设备模型方程，A 块是对角矩阵，B 块是因设备模型方程的输入（即网络方程的求解量：电压）而引入的元素；C、D 块对应于网络方程，C 为因计算网络方程的注入电流而引入的元素，D 由网络导纳阵组成。该类矩阵的特点如下：

（1）矩阵阶数高，但非常稀疏。矩阵总体上极其稀疏，平均每行的非零项不超过 10 个。

（2）矩阵整体上属于分块对角加边矩阵。在矩阵的 A、B、C、D 四个大分块中。设备模型的微分代数方程式差分后的方程组 A 分块是主要部分，其阶数是网络方程分块 D 的 3～5 倍，且 A 块内又包含了很多独立的小分块矩阵 A_i。

（3）分块 B 和 C 具有特定结构。与常规对角加边矩阵的边界块区别为：每个 C 块通常只有 2～4 行，每个 B 块只有 2～4 列，且任意两个 C 块之间的行和两个 B 块之间的列是独立的。

表 3-2 列出了一些典型全过程动态仿真算例中的稀疏矩阵参数。

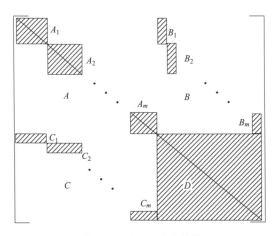

图 3-2　稀疏矩阵的结构

表 3-2　　　　　　　　　　典型仿真算例中稀疏矩阵的参数

阶数	非零项	A 阶数	D 阶数
18792	80929	13690	5102
66089	306754	47047	19042
81476	352394	61388	20088

3.2.2.3　分块求解算法

分块求解算法首先将稀疏矩阵分为 4 个分块矩阵，然后将其中规模最大的对角块进一步细分为多个更小的对角分块矩阵，并利用部分小分块具有相同结构的特点进行矩阵 LU 符号分解和数值分解，最后根据分块矩阵进行前代和回代求解计算。与现有其他求解器相比具有较为明显的整体求解速度优势，特别是在矩阵 LU 分解方面。

方程组求解分为如下 4 个步骤进行，这也是大型求解器的通用做法，而其中步骤 2 和 3 则是充分利用了全过程动态仿真中矩阵结构特点。

步骤 1：矩阵的节点排序。稀疏矩阵的 LU 分解会产生大量注入元，注入元的数量取决于消元的顺序。不同的消元顺序对应的 LU 矩阵规模会相差数倍，因此，通过矩阵排序来减少注入元，是提高矩阵 LU 分解速度的有效方法。

步骤 2：矩阵的 LU 符号分解。符号分解是对矩阵进行一次模拟的 LU 分解，不进行具体元素数值的分解计算。这样，在数值 LU 分解过程中根据这些记录，采用简单直接的寻址方式，使得数据查询量大大减少，计算速度明显提升。

步骤 3：矩阵的 LU 数值分解。全过程计算中分解次数很多，LU 分解速度是方程组求解的主要时间瓶颈。

步骤 4：方程的前代回代求解。属于常规的因子表求解方法，根据 LU 矩阵和右端已知向量，通过前代和回代过程计算求解量。

3.2.3　复故障算法

3.2.3.1　现有故障处理方法分析

电力系统全过程动态仿真中需要计算的线路故障形式很多，主要包括线路的三相短路、不对称短路、线路重合闸、切除线路及同杆并架的多回线路上的异名相故障等类型，而且一个时刻，这些故障可能同时存在，即所谓的复故障。在输电线路或变压器的复故障计算方法中，虽然暂态稳定程序中的复故障计算非常成熟，但是由于它们常常采用电流补偿法进行计算，需要增加新节点，且在故障节点注入电流，因此，这类方法比较适合微分代数方程组的交替求解计算，而不能适应联立求解的需要。

电力系统的短路电流计算中，为了满足用计算机进行故障分析的需要，对不同类型的故障要用统一的公式来描述。

3.2.3.2 基于故障支路导纳阵的复故障算法

由于全过程动态仿真的积分过程中主要关心电力网络的正序分量，因此，负序网络和零序网络的影响可用在正序网追加适当的综合等值阻抗（修改导纳阵）的方法来模拟。由此，可在上述规范化的故障分析算法基础上，基于故障支路导纳阵进行复故障计算。

该方法可以对一条支路发生任意重故障进行处理，而不需要增加支路或节点。克服了目前常用的电力系统暂态稳定程序在处理复故障时，由于各种继电保护和自动装置的动作发生的时间、地点的不确定性，以及新增加节点给程序编程所带来的困难，大大提高了软件的计算效率和使用的方便性。

3.2.4 考虑不对称故障的电磁-机电混合仿真接口算法

3.2.4.1 网络划分及接口母线的选取

多时间尺度全过程动态仿真中将系统划分为电磁暂态子系统、机电暂态系统以及接口母线 3 个部分，其中接口母线选择关键。现有电磁-机电混合仿真接口母线通常选为直流输电系统换流器的终端母线，如图 3-3 所示，其原因是：

（1）电磁暂态子系统和机电暂态系统之间的相互等值比较简单，并且不受网络复杂程度的限制。

（2）目前我国电网动态仿真的难点为直流输电系统的准确仿真。

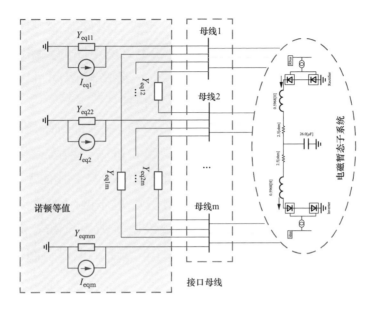

图 3-3　采用 AC-DC 系统换流器端母线作为接口母线的混合仿真方法

（3）在我国现有的和待建直流输电系统中，与直流相连的都是强联系交流系统，有效短路比大于 5，仿真接口产生的误差较小。

因此，以换流器终端母线为电磁-机电混合仿真接口的方法比较适合国内电力系统动态过程计算分析。

3.2.4.2　机电暂态系统侧等效

全过程动态仿真程序的复故障模拟算法，不受故障形式的限制，可以处理任意形式线路故障，但是，在电磁暂态与机电暂态进行混合仿真时，需要在接口母线处通过在每一个仿真时步上向机电暂态网络中注入正序、负序和零序电流，负序和零序网是有源的，因此，复故障模拟算法需要进行改进。故障模拟和混合仿真接口算法设计的原则是：

（1）保留全过程动态仿真程序的故障模拟算法的不受故障形式限制、可以处理任意随机故障以及适合大规模电力系统仿真的特点。

（2）尽量对全过程动态仿真程序原有的故障模拟算法部分的程序代码不进行改动或进行极少量的改动。

（3）对故障模拟进行处理的同时，完成对电网基波三序电路的戴维南的等效，即同时形成电磁暂态仿真中电网侧电路的数据准备工作。

（4）要求整个处理过程计算速度快——除故障瞬间可以做计算量较大的处理外，其他每一步计算必须高效快速。

零序和负序网络除参与混合仿真的接口母线（即母线集合 M）外，其他部分都是无源的，因此可通过将零序和负序导纳阵在扩展故障端口集合 S 的收缩后导纳阵来代替零序和负序网络的中其他无源部分。

通过混合仿真端口的戴维南等值计算、正序网附加导纳阵以及正序附加注入电流的计算可计算出端口戴维南等值阻抗和等值电压，传递给电磁暂态仿真程序，从而进行这一个时步上的电磁暂态仿真过程。

3.2.4.3　电磁暂态系统仿真结果获取

由于电磁暂态子程序仿真结果是系统中各元件的电压、电流的三相瞬时值，而外部交流系统是基于基波、正序、单相、相量的模型，因此，需要把电磁暂态子程序仿真得到的接口母线电压、电流瞬时值等转化为基波相量值。

常用基波相量的方法有离散傅里叶变换和最小二乘曲线拟合法。离散傅里叶变换求取电压、电流信号的基波正序分量需要获得整周波数据，而最小二乘曲线拟合方法只需要半个周波长度的数据量，并使用接口母线的瞬时频率作为电压、电流信号的频率进行曲线拟合。因此，在系统频率偏移的情况下，相对于离散傅里叶变换法，应用最小二乘曲线拟合法可以提高机电暂态-电磁暂态混合仿真的精度。

3.3　仿真模型

仿真程序的计算功能本质上由仿真模型来实现。全过程动态仿真程序模型按时间尺度来划分电磁暂态、机电暂态、中长期动态模型。

3.3.1　电磁暂态模型

电磁暂态仿真建模时常见的几类电力系统元件模型主要有：①无

源器件，如电阻器、电容器、电感器、线路、变压器、以及非线性的电阻和电感等；②有源器件，常规的电压源和电流源、三相同步发电机及其轴系部分、电机模型等；③开关器件，如理想开关、随机开关、断路器、电力电子开关（二极管、晶闸管、GTO）等；④高压直流输电 HVDC；⑤柔性交流输电模型等。对上述元件的电磁暂态建模主要是将其描述电路特性的微分或偏微分方程离散化，以及解决与其他元件和主程序之间的接口问题。对前三类模型已有大量的文献讲述，对于柔性交流输电模型目前还在研究与探索之中，因此，下面以常规直流输电模型为主进行介绍。

直流输电系统数学模型由一次系统模型和二次系统模型组成。一次系统模型是由换流变压器、换流器、平波电抗器、直流输电线路所组成的电路模型，需要考虑详细的电力电子元件的触发、导通和关断模拟，以及考虑分布参数的直流输电线路和交流侧滤波器；二次系统模型主要为直流控制系统模型，除了常规的系统级和极控制之外，还要考虑底层的换流阀控制。因篇幅所限，这里主要介绍对直流控制系统中的系统级和极控制建模。

国内现有直流输电系统根据控制系统结构可分为两类：一是基于 ABB 公司的限幅型控制系统，如天中、灵绍等直流输电工程；二是基于 SIEMENS 公司的选择型控制系统，如宾金、晋南等直流输电工程。二者虽然实现的技术路线不同，但是实现的基本控制功能是类似的，此处以限幅型高压直流输电控制系统的数学模型为例进行说明。

限幅型高压直流输电控制系统的数学模型组成如图 3-4 所示。该模型包含主控、低压限流控制、电流控制、电压控制、电压恢复控制、熄弧角控制、整流侧最小触发角控制、换相失败预测、重启动控制 9 个模块。

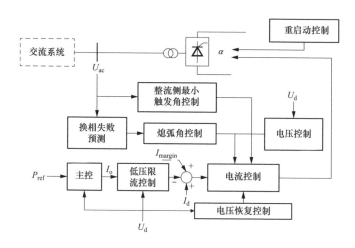

图 3-4　高压直流输电控制系统数学模型的组成

P_{ref}——直流输送功率的参考值，MW；I_o——直流电流的指令值（标幺值）；

I_{margin}——整流侧与逆变侧的直流电流裕度（标幺值）

可以看到，控制系统从一次系统获得的电气量为交流母线电压 U_{ac}、直流电压 U_d、直流电流 I_d。控制系统向一次系统返回的控制量为触发角 α。

整体上控制模型遵循的是限幅型控制的思想，即通过对电流控制输出触发角 α 的上下动态限幅，实现不同的控制功能。控制系统的主要控制流程为：主控环节，根据所设定的输送功率参考值 P_{ref} 依据当前的直流电压，计算电流指令 I_o（若选择为定电流模式，则直接给出电流参考值）；低压限流控制环节根据 I_o 与当前直流电压对 I_o 进行限幅，送入电流控制环节；在电流控制环节中，电流指令与实测值作偏差，考虑逆变侧一定的电流裕度，计算返回一次系统的触发角 α。

其他控制模块的作用通过对电流控制进行动态限幅实现，具体的配合关系为：在整流侧，α 角的下限值取电压控制、整流侧最小触发角控制、5°（最小常数触发角）的最大值。正常情况下，整流侧 α 角为电流控制的输出角，处于电流控制状态；暂态过程中，将可能取上述三个限幅值，意味着处于不同的控制状态。

在逆变侧，α 角的上限值取熄弧角控制与电压控制的最小值，这意味着逆变侧 α 角实际上为熄弧角控制、电压控制、电流控制三者取小。正常情况下，熄弧角控制的输出最小，即逆变侧处于熄弧角控制状态；暂态过程中，有可能出现电压控制与电流控制取得逆变侧控制权的情况。

3.3.2　机电暂态模型

电力系统机电暂态仿真的主要动态元件包括同步发电机及其励磁和调速控制系统、负荷、高压直流输电系统、新能源发电设备及其控制系统、动态无功补偿设备等，这些元件是相互独立的，通过电力网络将它们联系在一起。描述电力系统机电暂态仿真的数学模型构架如图 3-5 所示。

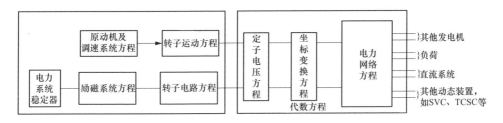

图 3-5　电力系统机电暂态仿真的数学模型构架

国内近年来开展了发电机励磁系统、电力系统稳定器（power system stablizier，PSS）、原动机及其调速系统等详细化建模及其模型参数实测工作，在电力系统励磁系统和 PSS 应用研究方面积累了丰富的经验。国内机电暂态仿真中采用的主要动态模型参数已由十多年前的典型模型和典型参数过渡到实测模型和参数。

机电暂态仿真计算中传统四大参数模型为同步发电机、发电机励磁系统、发电机调速系统和负荷模型。

3.3.2.1　发电机控制系统模型

（1）同步发电机励磁系统模型。同步发电机励磁系统的基本功能是调节发电机电压以维持系统电压在允许的水平。根据励磁机类型的不同，可分为直流励磁系统、交流励磁系统和静止励磁系统三种类型。

1）由于运行维护成本过大，新建的大型发电机组已不采用直流励磁系统。

2）交流励磁系统采用交流励磁机和静止或者旋转整流器向发电机提供励磁电流，分为采用不可控整流器的交流励磁系统和采用可控整流器的交流励磁系统的情况。典型的系统模型框图如图 3-6 所示，对于采用可控整流器的交流励磁系统，其励磁机常采用自励恒压控制，因而模型较为简单。

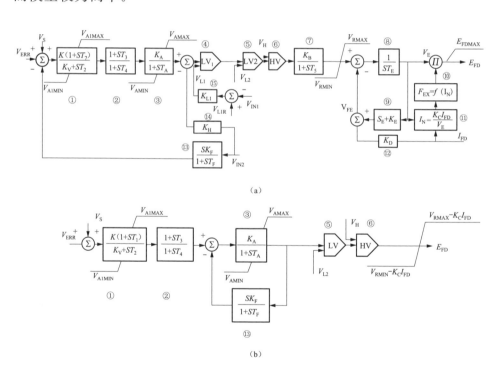

图 3-6　交流励磁系统模型框图

（a）不可控整流器的交流励磁系统；（b）可控整流器的交流励磁系统

其中，模型的输入量为机端电压与电压设定值之差 V_{ERR}，输出为励磁电压 E_{FD}。图 3-8 中：①为调节器的串联比例-积分-微分（PID）环节；②为超前滞后校正环节，用于改善控制的动态特性；③为放大环节；④为第一个低通环节，考虑励磁机励磁电流限制；⑤为第二个低通环节，考虑过励限制作用；⑥为高通环节，考虑低励限制作用；⑦为第 2 级放大环节；⑧和⑨为励磁机数学模型；⑩和⑪为不可控整流器的数学模型，模拟整流器负载状态下的换相压降；⑫为模拟交流励磁机电流对电枢反应的影响；⑬为并联校正环节，用于保证控制系统稳定性；⑭为励磁机电流的反馈增益；⑮为励磁机励磁电流限制增益。

3）静止励磁系统中发电机的励磁电源取自于发电机本身的输出电压或输出电压和电流，前者称为自并励系统，应用较多，后者称为自复励系统。自并励系统发电机电压经励磁变压器降压和晶闸管整流后给发电机提供励磁电流，其典型模型框图如图 3-7 所示。由于励磁电压来源于发电机本身，因而励磁系统输出的限幅值与发电机端电压相关。自并励系统模型与可控整流器的交流励磁系统模型基本相同，差别在于自并励系统模型的励磁电压输出环节限幅与机端电压有关。

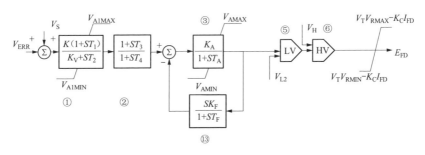

图 3-7　静止自并励励磁系统典型模型框图

3.3.2.2　汽轮机及其调速器模型

（1）汽轮机模型。大型汽轮机模型常采用计及高压蒸汽、中间再热蒸汽和低压容积效应的三阶模型，如图 3-8 所示。模型的输入来自电液伺服系统模型 P_{GV}，惯性环节①～③中，蒸汽容积时间常数为 T_{CH}、再热器时间常数为 T_{RH}、交叉管时间常数为 T_{CO}。与 IEEE 工作组推荐的模型相比，主要差别在于考虑了高压缸和低压缸蒸汽压力之差对输出功率的影响，即图中环节④。

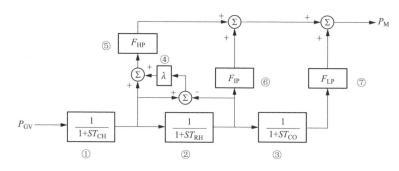

图 3-8　汽轮机模型

λ—高压缸功率自然过调系数；F_{HP}、F_{IP}、F_{LP}—高、中、低压缸功率比例

（2）汽轮机调速器模型。国内常用的汽轮机调速器模型通常有调速控制系统模型和电液伺服系统两部分组成。根据控制环节的不同组合，有若干种类的调速控制系统模型。其典型的一类模型如图 3-9 所示。模型输入量为发电机电磁功率和转速，或者为发电机调节级压力和转速，经过 PID 控制环节后，形成汽门开度指令 P_{CV} 给电液伺服系统模型（见图 3-10）。电液伺服系统模型模拟汽轮机功率调节阀门的执行机构，其输出为汽门开度 P_{GV} 与 IEEE 工作组推荐模型的主要差别是详

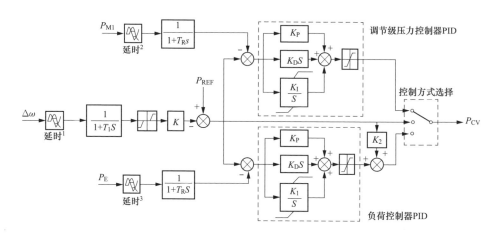

图 3-9　调速控制系统模型

细考虑了电液转换的 PID 控制模块，以及阀门开启和关闭环节可以采用不同的时间常数（图中的 T_O 和 T_C）。

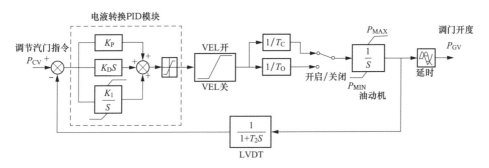

图 3-10　电液伺服系统模型

3.3.2.3　水轮机及其调速器模型

国内在进行实测建模之前，一直采用 IEEE 推荐的水轮机及其调速器模型，该模型的调速控制系统输入仅有转速，含有软反馈和硬反馈回路，与当今水轮机组的功频电液控制系统差别较大。近些年，随着国内建模工作的深入，基于实际机组调速控制系统得到越来越多的应用。模型的组成与汽轮机调速控制系统类似，分为调速控制系统（如图 3-11 所示）和电液伺服系统两部分，且电液伺服系统部分模型与汽轮机模型完全相同。

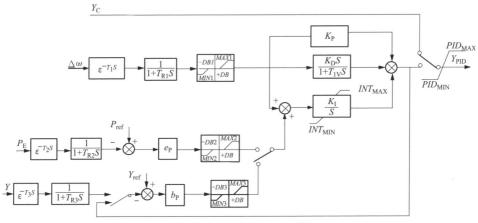

图 3-11　调速控制系统模型

水轮机模型一般采用经典的线性水轮机模型，如图 3-12 所示。

$$D_{GV} \longrightarrow \boxed{\dfrac{1-ST_W}{1+0.5ST_W}} \longrightarrow D_M$$

图 3-12   水轮机模型

3.3.2.4   考虑配电网络的负荷模型

由于电力负荷组成的复杂性和多变性，在计算中进行精确模拟其动态特性很困难。国内近些年进行了大量的理论研究和模型的提及分析研究工作，目前机电暂态仿真计算中常用的负荷模型有三种，静态负荷模型、感应电动机模型和考虑配电网络的感应电动机模型（synthesis load model with distribution network，SLM）。前两种模型为经典模型，以下重点介绍新提出的考虑配电网络的感应电动机模型。

现有静态负荷模型没有考虑配电系统阻抗的影响，无功功率可能有负的恒定电流和恒定功率成分，即被处理成无功电源，可能导致系统仿真稳定水平大幅度提高，影响极限运行方式仿真计算的可信度。现有感应电动机定子电抗中没有考虑配电网无功补偿和静态负荷的影响，这将导致配电系统等值阻抗的压降增加，恶化电动机的运行条件。

自 2000 年以来，国内在负荷模型研究方面进行了大量的科研工作，2004～2005 年在东北电网进行了大扰动试验，负荷模型研究工作取得了阶段性成果。之后，国家电网公司委托中国电力科学研究院与各区域电网公司合作开展 SLM 参数在各区域电网的深化研究及适应性分析，提出适用于华北电网、华中电网、西北电网和东北电网的 SLM 参数。

考虑配电网支路的综合负荷模型结构如图 3-13 所示，能够较好地弥补现有负荷模型的不足，其物理结构合理，可操作性强，可方便地模拟包括配电网、无功补偿系统和接入低压电网的发电机系统的供电系统。

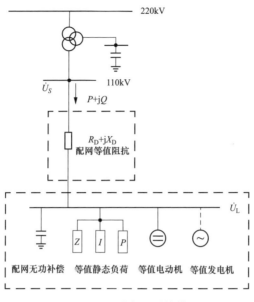

图 3-13　电液伺服系统模型

3.3.3　中长期动态模型

中长期动态仿真模型方面，国外对发电厂元件控制系统中主辅设备及其控制保护系统建模开展较早。但这些模型存在的问题主要为：源于早期机组控制设备，且多数与国内机组的实际控制系统差别较大。本部分主要介绍近些年的新进展。

3.3.3.1　火电厂动力系统模型

具有比较详细模型的火电机组仿真系统是为电厂运行人员培训使用，模型侧重于机组设备内部故障和操作模拟，且过于详细，不适于电力系统动态稳定性仿真。在机电暂态仿真中，由于仿真的动态过程时间短（1min 之内），可以假定锅炉主蒸汽压力保持不变而忽略锅炉及其控制系统模型。而在中长期动态仿真中，仿真时间可长达数十分钟以上，必须考虑模型。

为准确模拟火电厂动力系统对电网稳定性和频率的影响，在电力系统全过程动态仿真计算中需要考虑的火电厂动力系统主要由 3 个部分组成，即锅炉模型、汽轮机及其调节系统模型、锅炉和汽轮机协调控制系统模型。

火电厂动力系统的数学模型及其连接关系如图 3-14 所示。图中，负载定值为机组功率的设定值，参与自动发电控制（automatic generation control，AGC）调节时，为来自电网调度控制中心的功率指令；P_E 为电功率输入；ω 为机组转速；P_T 为主蒸汽压力；T_D 为 CCS（coordinated control system）输出的汽轮机阀位指令；B_D 为 CCS 输出的锅炉燃烧指令；C_V 为汽轮机的汽门开度；P_{MEC} 为机组机械功率输出。

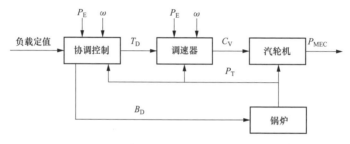

图 3-14　火电机组的动力系统模型

由图 3-14 可知，详细考虑火电机组动力系统模型时，CCS 模型很重要，它是火电机组实现一次调频和二次调频功能的关键控制环节。由于同时涉及快速的电网侧频率变化控制和慢速的电厂锅炉和汽轮机控制，从电力系统动态仿真来看，既有秒级的机电暂态过程，又有分钟级的中长期动态过程，是电力系统多时间尺度全过程动态仿真中必不可少的仿真环节。

在全过程动态仿真中，含锅炉的火电厂动力系统模型连接图如图 3-18 所示。图中包含火电厂动力系统的三个主要子模型——锅炉模型、CCS 模型、汽轮机调速系统模型，汽轮机模型在该图中没有给出。在应用时，汽轮机模型的输入是汽轮机调速系统的输出和锅炉模型的主蒸汽压力信号，输出是机械功率。CCS 模型中的调节级压力 p_1 来自汽轮机模型。

图 3-15 中，CCS 模拟的是 CBF 方式，即以锅炉跟随为基础的协调控制方式。一次调频的模拟由两部分组成：一是位于 CCS 的汽轮机控

制中；二是位于汽轮机调速系统中。应用中，通过一次调频回路死区大小的选择，可是 CCS 和汽轮机调速系统都具有一次调频功能，或者仅让其中一个能够进行一次调频。

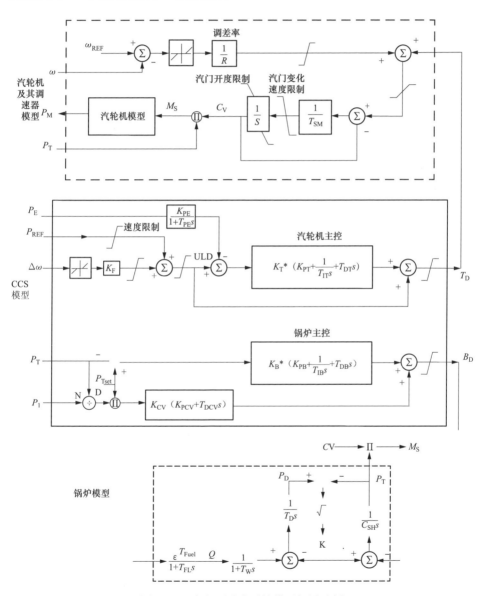

图 3-15　火电厂动力系统模型框图示例

（锅炉、汽轮机调速及 CBF 控制系统模型图）

该模型适于电力系统机电暂态及中长期动态仿真的机炉协调控制模型，能够兼顾分钟级慢速和秒级快速两种动态过程的仿真需求。通过模型参数值的选取，该模型可以灵活模拟以炉跟机为基础的协调控制、以机跟炉为基础的协调控制、直接能量平衡等火电厂机组常用的组态方式，够对电网频率的动态特性进行更长时间尺度仿真。

3.3.3.2　发电机励磁限制模型

发电机励磁限制器是发电机励磁控制系统的一种附加控制和保护模型，主要分为低励磁限制和过励磁限制器两种类型。励磁限制器在电网正常运行情况下不参与励磁控制，而在非正常运行工况下，其输出通过励磁调节器中的综合放大单元起作用。励磁限制器属于慢速动态控制设备，动作时间较长，通过限制励磁电流达到保护发电机设备安全的目的。发电机发生励磁限制后，其无功功率的动态特性与正常情况下差别很大。由于发电机是电力系统最重要的无功功率来源，因而，将对电力系统电压动态稳定性产生主要影响。

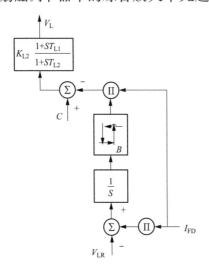

图 3-16　过励磁限制模型
(OEL-CEPRI)

I_{FD}—发电机磁场电流；V_{LR}—发电机磁场长期容许电流的平方值；B—发热量；C—过励磁恢复系数；K_{L2}—过励磁限制回路增益；T_{L1}—过励磁限制回路超前时间常数；T_{L2}—过励磁限制回路滞后时间常数；V_L—过励磁输出值

（1）过励磁限制模型。在电力系统电压长期过低，发电机励磁系统中的自动励磁调节器（automatic voltage regulator，AVR）作用于增励发生后，发电机励磁电流增大，虽然能够给电网提供更多的无功功率，有利于电网电压恢复，但可能出现过励磁现象，导致发电机转子的发热量增加。发生过励磁后，为保护转子，过励磁装置会限制励磁电流，严重情况下还将切除发电机组。下面以图 3-16 所示的模型为例叙述。

　　该模型根据过励磁限制的基本原理建立，考虑了过励磁的反时限特性，可根据发电机容许发热极限特性曲线设置模型参数，具有简单实用的优点。模型的输入电气量有两种：①发电机转子电流（只用于有刷励磁系统）；②交流励磁机励磁电流（无刷励磁系统必须用，有刷励磁系统也可以用）。模型输出 V_L 用于限制调节器输出电压，从而达到限制发电机转子电流的目的。在实际装置中，不能直接限制转子电流或电压，而在仿真程序中模拟时可以直接限制转子电流和电压。模型判断是否发生过励磁根据容许发热极限特性（过励限制特性）曲线确定。该特性由模型输入的过励磁时间和过励磁电流来描述。

　　（2）低励磁限制模型。发电机的低励磁现象一般由系统电压升高或励磁调节器故障引起。发生低励磁后，会吸收大量的无功，如果不进行限制，会导致发电机因超出其稳定运行极限或定子发热极限而引起切机操作。此外，由于发电机在欠励磁下运行，发电机内电动势降低，静态稳定也同时降低，可能产生振荡型的电力系统不稳定。

　　低励磁限制装置的作用就是当工作点运行到边界上时将工作点拉回到允许工作区内。它的原理通常为：根据发电机出口的电压和电流（或有功功率 P 和无功功率 Q）确定当前发电机的运行点。如果运行点超出发电机的低励磁动作限制范围，则发出限制励磁电流的信号给励磁控制系统，给发电机增加励磁。低励磁限制动作范围可以使用发电机 P-Q 平面上的一个圆周或直线表示，即由发电机的有功功率和无功功率决定的一条分界线。越过分界线，发出低励磁限制信号。

　　与下面以图 3-20 所示的低励磁限制模型为例叙述。该模型可以模拟直线型、圆周型和折线型等多种低励磁限制特性。如图 3-17 所示，模型的输入信号是发电

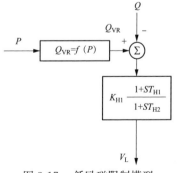

图 3-17　低励磁限制模型
（UEL-CEPRI）

机有功功率 P 和无功功率 Q，低励磁限制特性由函数 $f(P)$ 描述，限制模型的输出是 V_L。

3.3.3.3 自动发电控制模型

我国电力系统发展迅速，随着远距离大容量超/特高压交直流输电以及具有随机波动特性的风力发电大规模开发和大型电源基地等的建设，电网频率和大区电网间联络线功率的动态特性发生了很大变化，电网二次调频控制中出现了一些新问题。例如，如何采用有效的自动发电控制（automatic generation control，AGC）策略限制特高压交流联络线的功率波动及协调其与省级 AGC 的控制策略，避免由于功率波动带来电网稳定运行和电压控制困难等安全隐患，如何使传统的省级电网 AGC 的控制模式抵御大规模风电功率波动对互联电网造成的冲击等。这些问题给我国互联电网的有功调度和电压控制等带来了新的挑战。

采用数字仿真手段是研究、分析和解决这些与电网自动发电控制相关问题的有效途径。为解决大规模电力系统中 AGC 相关的动态过程计算分析难题，满足实际电网的需求，提出并实现了适于电力系统全过程动态仿真的 AGC 模型。该模型能模拟电网常用的基于 A1/A2、CPS1/CPS2 控制性能评价标准的 AGC 控制策略，以及联络线功率和频率偏差控制等多种控制方式。

由 AGC 过程可知，AGC 是一个含有连续动态和离散事件动态的混杂系统。根据 AGC 的控制特点，采用混杂系统方法，并结合编程开发和模型应用的需要，建立的 AGC 模型总体结构见图 3-18。

模型中除了区域控制偏差（area control error，ACE）计算模块为连续系统模型外，其余部分为离散事件系统模型。模型分为 3 部分：

（1）ACE 计算模块。属于连续动态子系统，用于调度中心采用电网频率偏差 Δf 和联络线功率偏差 ΔP_{TIE} 进行控制量 ACE 计算。

（2）控制策略模块。属于离散事件动态子系统，用于模拟基于 A1/A2、CPS 控制性能评价标准的控制策略。

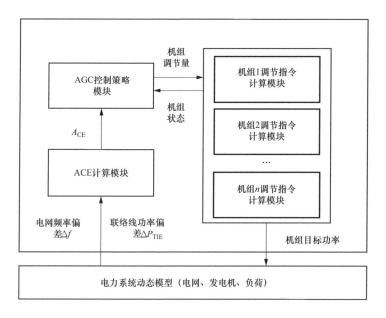

图 3-18　AGC 模型的总体结构

（3）机组功率指令计算模块，属于离散事件子系统，用于根据机组分配的 ACE 比例和积分分量，经过条件判断得到机组目标功率调节指令。

连续和离散动态子系统的接口和相互作用通过电网频率、联络线功率、机组目标功率调节指令等变量，从而实现电力系统频率和联络线功率的动态调节的模拟。

3.3.4　继电保护和安全自动装置模型

近些年国内外发生的大停电事故多数起源于严重故障或连锁反应故障的冲击，引起潮流、电压和频率等电气量和原动机系统变量的长期变化过程，最终导致系统失去稳定，经济损失惨重。连锁反应事故中，继电保护和安全自动装置的动作行为极为关键，是防止系统崩溃的重要防线。因此，为满足我国大电网安全运行仿真的需要，研究和开发适于电力系统全过程动态仿真的继电保护和安全自动装置模型，准确模拟这些装置的动作行为和控制特性，是研究和分析非线性超大规模电力系统动态特性机理、严重事故特征及其稳定措施的重要保证。

1. 继电保护建模

系统中各类元件的主保护主要依靠差动保护和高频保护，这类保护的原理成熟，可靠性高。况且，主保护的动作时间很短，对于机电暂态和中长期动态仿真来说，可以在不影响仿真精确度的前提下，进行适当简化。采用断路器按照预先设定的时间动作对主保护进行模拟的方式，对动态仿真程序来说其准确性已经足够。高压线路和主设备的后备保护，动作时间相对较长，对机电暂态和中长期动态仿真影响较大，这类保护的建模则是需要着重研究的内容。

由于电力系统中网架结构的差异、运行习惯的不同和系统需求的变化，实际系统中存在着大量的继电保护非标产品。为实现对实际保护系统的准确描述，探索一种能够适应不同要求、可以方便"搭建"保护功能的建模方法是十分必要的。全过程动态仿真程序采用了基于虚拟继电器的继电保护通用建模方法。虚拟继电器是对真实继电器的一种模拟，保护中的每一个逻辑判别环节都可看成是一个虚拟继电器。通过定义不同类型的虚拟继电器以及特定逻辑操作，并将可以实现对复杂逻辑的准确描述，同时也便于用户对所建模型进行修改和功能扩充。

基于提出的虚拟继电器法，目前已经建立的继电保护模型主要有两类：

（1）发电机涉网保护模型。主要有发电机复压过电流保护、发电机逆功率保护、发电机过电压保护、调相机低电压保护、发电机失步保护、发电机定子过负荷保护、发电机转速保护、发电机低励失磁保护等成套保护模型。

（2）输电线路和变压器继电保护模型。主要有三段式线路距离保护、三段式线路零序保护、零序反时限保护、重合闸、三段八时限变压器复压过电流保护、三段八时限变压零序方向过电流保护、非全相保护、过励磁保护、变压器阻抗保护、变压器过负荷保护。

每种保护作为一个基本单元，均包括了启动元件、判别元件、闭锁元件、出口元件等，并在全过程动态仿真程序中加以实现。所建立的保护模型主要关注于设备与系统间的相互影响，可以方便地对于重故障连锁故障进行准确模拟，对于电力系统的分析计算有直接的意义，适用于电力系统机电暂态、中长期动态稳定方面的分析。

2. 安全稳定控制系统建模

实际的安全稳定控制系统往往十分复杂，通常按分层分区的结构设计：由一个或多个主站系统构成一级控制层，多个子站系统构成二级控制层，若干个执行站系统构成三级控制层。实际应用中可以根据需要构建更多的控制层次，且不同地区的安全稳定控制系统在具体实施上可能会呈现出较大的差异。传统的机电暂态程序中，安全稳定控制装置动作特性的实现则主要依靠故障模型和切机、切负荷等控制措施模型，这些模型主要用于确定的系统运行方式和故障下的动态仿真，无法适应潮流转移导致的过负荷引起距离三段动作、反时限原理保护动作和涉网保护动作等导致系统元件的开断，特别是连锁故障引起的大面积停电等复杂故障情形。

为了解决传统的机电暂态程序无法对电网安全稳定控制系统进行有效仿真模拟的困难，全过程动态仿真中分为两个步骤实现安全自动装置模型：

（1）提出并建立了新的符合实际设备动作特性的电网安全自动装置模型，基本可以覆盖目前系统中所有安全自动装置，主要有多轮次低频减负荷/解列装置、多轮次低电压自动减负荷/解列装置、多轮次高频自动切机/解列装置、多轮次过电压自动切机/解列装置、多轮次过负荷减负荷/切机/解列装置、失步解列装置等。电网安全自动装置模型可以根据实际情况进行组合拼装，形成实际系统中所需的各种安全自动装置。

（2）提出一种基于策略树的安全稳定控制系统通用建模方法。采用分层次、面向对象的建模思路，实现对实际电网中的安全稳定控制系统特性的准确模拟，以及含安全稳定控制系统模型的动态仿真计算。在不影响仿真准确度的前提下，该模型对实际系统进行适当简化：安全稳定控制系统模型由一个主站模型和若干子站模型构成。其中，主站模型采集受控区域系统运行的信息，确定系统运行方式，然后根据系统运行方式、网络接线方式以及故障情况确定控制决策。子站模型则负责采集信息判别故障及实现就地、远方控制。为了满足控制精度和控制速度的要求，采用策略树方式对控制决策表建模。当发生某一故障时，系统通过整定判据确定是否采取相应的控制策略。控制策略可由用户根据实际情况进行整定。策略表以子站为对象进行建模，并根据不同的运行方式对每一种故障及其相应的逻辑判别和控制措施进行分层描述。策略表中每种运行方式都有一张对应的分表，每张分表中根据每一种故障均有相应的控制措施。策略表模型如图 3-19 所示。

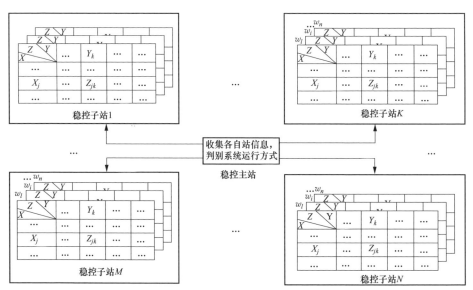

图 3-19　策略表模型

上述安全稳定控制系统模型的建立可以有效克服当前仿真软件不能真实反映实际系统中发生的连锁故障的缺点，为分析电力系统的长过程动态稳定性问题和研究防止大面积停电提供有力的支持，同时可进一步提高实时仿真计算的准确性和预警效果，并为安全控制装置的校验与评估提供帮助。

3.4　软件研发技术

3.4.1　计算流程

采用组合数值积分算法的电力系统全过程动态仿真程序的主要流程说明如下：

（1）在计算全过程动态仿真之前先要进行电力系统潮流计算，以便求出扰动前的稳态运行情况。程序读取潮流基础数据和动态模型参数，并进行参数值的合理性检查。

（2）电力网络节点编号优化。

（3）建立状态变量、中间变量和参数常量与各元件模型的对应关系，并对状态变量进行初始化计算，得到积分初值。

（4）形成导纳矩阵和雅可比矩阵，联立求解微分方程和代数方程，判别初始条件的合理性。

（5）开始仿真，设置仿真时间 $t = 0$。

（6）判断当前积分方法的类型，如果是固定步长方法，则设置迭代次数 k_1 为 0，开始使用固定步长的梯形积分方法进行计算；如果是变步长的 Gear 方法，则进行求解变量的预测计算，并设置迭代次数 k_2 为 0，开始使用变步长的 Gear 积分方法进行计算。

（7）积分过程的迭代计算，直到满足收敛条件。对于变步长算法，还需要进行截断误差和变阶变步长的处理。

（8）判断本步积分是否成功。如果积分成功，则进行下一步骤

（9）的计算，否则，退出仿真。

（9）判断有无故障或操作发生。如果有故障或操作发生，则计算故障 t^+ 时刻的积分初值。

（10）进行积分方法选择，根据积分方法切换策略选取积分方法。

（11）判断仿真结束时间是否到，如果仿真结束时间未到，则仿真时间 t 增加一个步长，重复上述步骤（6）～（10）。

3.4.2　面向对象的软件架构设计

程序的编程开发是实现电力系统全过程动态仿真技术的一个重要步骤。现代大型科学计算程序的开发已逐步不再使用传统的、面向过程的 FORTRAN 语言，而是采用编程更为灵活方便和功能更加强大的编程语言。例如，加拿大著名的电力系统电磁暂态分析软件 EMTP-RV 的开发采用了面向对象的语言、大型电子电路仿真软件 PSPICE 采用了 C 语言。

面向对象的 C＋＋语言除了具有面向对象技术的封装性、继承性和多态性特点外，它的计算效率与 C 语言相同，因而非常适合大型科学计算程序的开发。与传统的编程方法相比，面向对象技术能够更直观地对现实世界进行抽象，软件结构发生了质的变化，使软件的分析、设计和编程等几个阶段的衔接更加平滑和自然，开发和调试更加规范化，大大提高了软件的可继承性、可靠性、可维护性和可扩充性。

对于全过程动态仿真来说，元件种类多，而且每种元件一般又具有多种数学模型，每个模型含有大量的参数和求解变量。仿真程序中还需要用到各种与算法相关的数据结构，如，稀疏矩阵（导纳阵、雅可比矩阵）、故障计算与处理、计算控制和错误信息等。程序需对这些数量繁多的计算变量进行合理的定义和组织，使得对变量的存取和操作简单易行。

全过程动态仿真技术的特点需要程序对参数和变量众多的动态元

件类、网络类及计算相关的类进行统一有效的管理。面向对象的 C++ 语言程序由于具有代码执行效率高和适合科学计算等特点，因此下面选择该语言作为程序的开发语言。面向对象方法在程序结构的设计中的具体应用如下：

1. 对象的分类和定义

对全过程动态仿真程序来说，面向对象的设计思想体现在程序计算的三个主要步骤中使用的模型变量和算法方面：模型参数的输入、仿真算法和计算结果的输出。根据全过程动态仿真中模型和算法特点，结合面向对象方法，抽象出以下 6 个 C++ 编程类：

（1）设备模型类。用于定义设备模型的属性，其成员变量由设备所在的母线名称、母线基准电压、模型参数、计算变量等构成；其成员函数为对成员变量的各种计算或操作，如参数输入、积分计算、雅可比子阵计算等。由于设备模型类型多，所以其该类的数量最多，它又可分为同步发电机、发电机动力系统、静止无功补偿器等子类。

（2）电力网络类。由描述构成电力网络的母线和输电支路类组成。母线类是程序的主要类，大量的设备模型"并联"在母线上，各种变量需要通过母线编号来查找。

（3）事件类。用于定义电力系统的各种故障和操作，其成员变量有发生时间、事件类型、事件参数、事件涉及的设备等。

（4）稀疏矩阵类。用于定义仿真算法中用到的各种稀疏矩阵，如正、负、零三序导纳阵和伪牛顿法求解的雅可比矩阵等。

（5）数值积分方法类。主要由梯形积分方法和 Gear 法两种类构成，类成员变量为计算需要的参数，成员函数与算法的实现密切相关。

（6）控制信息类。包含计算步长、迭代精度、仿真时间等计算控制参数。

以上 6 大 C++ 编程类，在程序计算流程中的大致关系如图 3-20 所示。

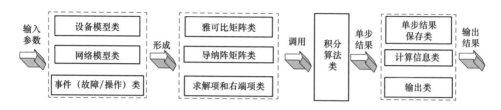

图 3-20　程序中主要对象类之间关系

采用面向对象分析和定义计算类之后，程序开发中对成千上万的变量进行分门别类地存取，使相应的调用和操作变得清晰简单。C++的封装特性不但大大加强了变量存储和使用的安全性，避免了其被误用，而且程序的模块化实现简单易行。通过继承和多态性，使编程代码少，程序的扩展和编程效率也大大提高。

2. 设备模型类的结构

在设备模型类中，其固有的特点使得面向对象的三大特性得到充分地应用。由图 3-21 所示的动态元件模型库结构示意图可以看出，模型类主要由三个层次构成，同一设备的上层类仅与该设备的下层类发生调用关系。设备的总信息类位于第一层，管理各种的设备模型，只

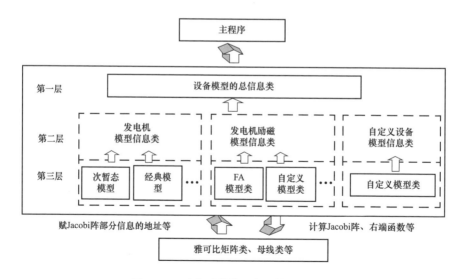

图 3-21　动态元件模型库的结构示意图

有它才能被主程序所调用；第二层也为管理类，管理同类设备，例如，励磁系统总信息类管理 FA、FB、FM 等各种励磁模型；第三层类为具体设备类，是编程开发的重点和难点，也是编程工作量最大的类。各类设备的模型参数、变量和操作由 C＋＋类进行封装后，层次结构清晰，模块化简单，具备统一的接口函数。设备模型之间除了与算法和上层管理类之间有调用关系外，相互之间是独立的，不存在调用关系。这些特点使得开发者能够集中精力于算法的功能实现方面，不必担心重复定义等传统面向过程的程序开发中的常见问题，同时也有利于模块化的独立开发。

3.5　工程应用

电磁-机电-中长期三种时间尺度统一仿真的全过程动态仿真软件（PSD），可以实现超大规模互联电网长时间动态过程仿真，对于准确把握电网运行特性、制定高效合理的控制措施、保障电网安全具有重要作用。该软件是具有完全自主知识产权的创新成果，适应性强、技术先进，目前已在我国电力规划、设计、调度运行部门广泛应用。

3.5.1　华东电网安全稳定性、换相失败范围和单相重合闸时间校核计算

华东电网是典型的多直流馈入受端电网，目前馈入直流达 8 回，总容量达 3572 万 kW。在部分直流密集馈入的地区，由于直流对传统发电机的替代效应，电网的动态电压支撑能力显著降低，发生电压崩溃的风险较高。换相失败是直流的固有特性，在直流逆变侧交流系统中发生短路故障时，极易引起直流换相失败。若发生多回直流同时发生换相失败，短时功率和电压的大幅波动可能对交直流系统的稳定性造成影响。因此，在华东电网的年度方式计算、夏季和冬季滚动计算、2～3 年电网滚动规划方式计算中，电网发生 $N-1$ 和 $N-2$ 故障后的系统稳定性、换相失败范围和单相重合闸校核计算是一项重要计算任务。

计算时华北、华中、华东、西南、西北电网交流部分采用机电暂态和中长期动态模型，馈入华东电网的 11 回高压直流系统采用详细的电磁暂态模型。目前最大的仿真规模为：37057 节点，2727 台发电机，方程组阶数为 28 万阶。

以换相失败范围计算为例进行说明，在 2017 年夏季滚动方式计算中，华东电网的输电线路发生单相永久性故障后，可能导致馈入华东电网的三大特高压直流（复奉、宾金、锦苏）同时发生换相失败。

3.5.2 河南电网 71 事故反演

事故由保护误动引发嵩郑 II 线、郑祥线 N-2 故障开始，随后嵩郑 I 线过负荷保护动作跳开嵩郑 I 线和郑白线，引发 N-4 故障，系统功率电压大幅波动，然后，多条 220kV 线路依次跳开，从初期的 N-4 故障发展到 N-9 故障。伴随着大量机组因低电压跳闸，系统电压支撑进一步降低，最终导致系统失稳。

仿真数据采用华北-华中联网系统 2006 年夏大运行方式，其中：节点数 6078 个，线路 3402 条，发电机 757 台，负荷点 1817 个。

仿真模型主要为：

（1）发电机及其励磁系统、发电机过励限制器、原动机与调速器、ZIP＋感应电动机和直流输电系统等模型。

（2）继电保护和安自装置模型，包括线路过负荷、线路距离保护和零序保护、发电机定子过负荷、发电机快减出力、切机切负荷等。

与豫北和豫中电网相连的 500kV 获嘉线有功功率变化的仿真结果与实际 PMU 录波对比曲线如图 3-22 所示。

仿真结果表明全过程动态仿真程序计算结果与实际录波曲线一致，能够真实地反映大规模电网连锁故障的发生发展过程。

3.5.3 南方电网异步联网频率控制策略仿真

云南电网与南方电网主网架自从 1993 年同步联网以来，于 2016 年

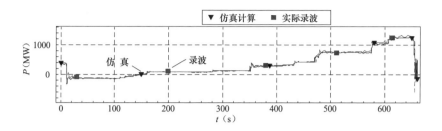

图 3-22　500kV 获嘉线有功功率变化过程

4 月初首次转为异步联网运行，如图 3-23 所示。异步联网后，不仅南方电网同步联网规模减小，而且云南电网的频率特性将发生较大变化，电网调频控制策略面临大幅调整。为保证异步联网试验的顺利进行和电网安全稳定运行，南方电网总调采用全过程动态仿真软件，对异步联网后电网的调频控制策略进行了仿真分析。

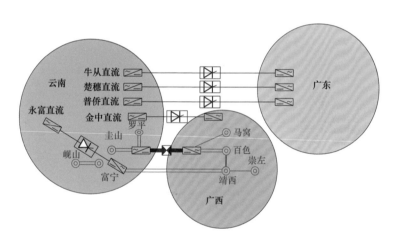

图 3-23　云南电网异步运行后的电网互联示意图

云南电网直流输电系统外送份额大（50％以上），直流输电闭锁等大功率冲击故障将引起云南电网频率的大幅波动。

云南电网自动调频主要手段为：①调速器一次调频；②直流频率限制器（FLC）；③AGC 二次调频。

直流长时间过负荷运行，不利于设备的安全，因此，制定适当的调频控制策略、校验电网一次和二次调频作用后 FLC 能不能正常退出，是云南异步联网前面临的突出问题。

仿真计算的目的是为了校验电网一次和二次调频作用后直流频率限制器（FLC）能不能正常退出。仿真数据基于南方电网 2016 年夏季运行方式，仿真规模为：11678 节点，1222 台发电机。电网扰动的设置为：0.2s 时，楚穗直流输电系统发生单极闭锁故障。闭锁后，云南电网发电盈余为 250 万 kW。

仿真结果表明在电网一次和二次调频作用下，直流频率限制可以在 10min 内退出，电网频率也可恢复到额定值。此外，该仿真时长为 20min 的动态过程计算在 CPU 为 i7-3770 的普通台式机耗时仅 2min 即可执行完毕，说明软件可以对电网复杂的频率动态过程和调频控制措施进行高效计算与分析。

仿真过程如图 3-24～图 3-26 所示。

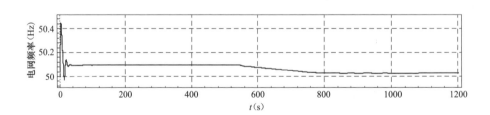

图 3-24　云南电网频率变化

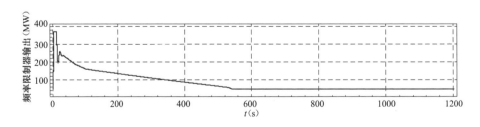

图 3-25　直流频率限制器的输出变化

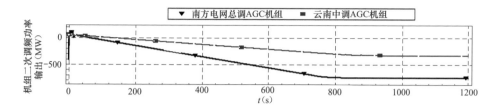

图 3-26　机组二次调频功率的输出

3.5.4　特高压联络线扩建工程中动态电压稳定性分析

研究对象是我国华北-华中同步电网，电网结构如图 3-27 所示。在联网系统运行方式针对南荆线发生三相永久性故障而跳开后电压跌落情况进行仿真计算，研究电网动态电压稳定性问题。

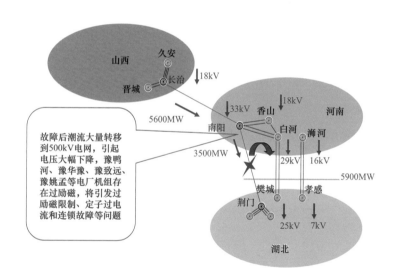

图 3-27　南荆线发生三永故障后的电压变化示意图

仿真电网基本情况为：节点数 13304，支路数 18694，发电机台数 1294，负荷点个数 2888。采用的主要模型有发电机的 6 阶模型、励磁系统模型、原动机调速器模型、静态负荷模型、感应电动机模型和直流输电模型、发电机励磁限制模型等。基于华北、华中两大区域电网联网系统特高压南送大方式下，为了考验电网承受潮流转移能力，电网运行状态设置为接近于极限运行状态下。

典型的动态电压稳定性问题出现在故障后或负荷持续增长的情况下，此时电网电压大幅下降，电压的下降将导致附近机组励磁电流显著增大，机组无功输出大量增加，若低电压持续时间较长，可能使得机组励磁电流达到过励磁限制，引发连锁性的反应。过励磁限制根据热量累积原理对转子电流和时间进行积分，如果达到过励磁限制，则励磁调节器会将发电机励磁电流降低，限制到一定数值。如果系统电压持续偏低，本来需要发电机发出更多无功，但触发过励磁限制后，发电机无功出力反而减少，从而恶化了系统电压稳定。

仿真中事件的时序为：0s，特高压豫南阳-豫荆州输电线路发生三相短路；0.1s 时两侧断路器跳开线路，转移到 500kV 线路的功率为 3600MW，导致南阳附近母线电压大幅下降；125s 时南阳附近的鸭河机组发生过励磁；130s 时南阳机组因过励磁保护切除机组；160s 时致远机组过励限制动作；163s 系统电压大幅下降，系统失稳。

失稳过程如图 3-28 和图 3-29 所示。分析失稳过程可知，潮流转移后机组发生过励磁，导致机组无功功率输出大幅下降是事故的起因；南阳机组过励磁限制后，过励磁保护的误动作切机，已经使得系统运行

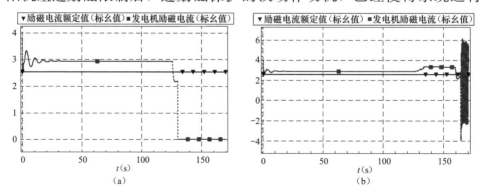

图 3-28 发生过励限制机组的励磁电流变化

（a）发电机组"豫鸭河 3G"励磁输出；（b）发电机组"豫致远 2G"励磁输出

状态恶化，处于失稳的边缘；致远机组的过励磁限制动作后，系统电压大幅下降发生电压崩溃，系统失稳。如果南阳机组过励磁保护不发生误动作切机，虽然系统不会导致失去稳定，但是，过励磁限制机组无功功率输出的大幅降低和频繁过励磁引起的电压波动将使系统运行状态非常差，需要采取其他稳定措施来避免这种安全运行隐患。因此，机组过励磁限制和过励磁保护的协调配合是保证电网安全运行的一项主要措施。

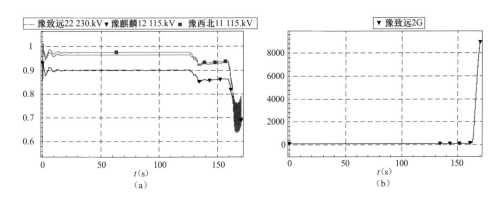

图 3-29　系统电压变化和失稳机组的功角变化

（a）河南电网母线电压输出；（b）发电机组相对功角输出（deg）

3.5.5　西北规划电网长时间尺度分析计算

全过程仿真分析可模拟系统 24h 电压、频率等运行状态变化，在该时间尺度下必须考虑日负荷、发电机出力等变化因素。负荷以及新能源出力可通过预测手段获得 24h 变化曲线，在此基础上考虑功率平衡、系统备用等约束安排常规机组开机及出力曲线。

系统以 2020 年甘肃、青海电网规划方案为基础，高峰负荷日最大负荷为 4317 万 kW，火电开机 103 台合计容量 3794 万 kW，水电开机 211 台合计容量 2284 万 kW，风电装机 2450 万 kW，光伏装机 1962 万 kW。酒泉-湖南、陇东-江西、青海-西藏三条直流向区外送电。仿真规模为 45924 条母线，5634 台机组。

应用全过程仿真模块，对 24h 时间尺度下典型风电、光伏及电力系统负荷波动进行仿真，西北-新疆联网第一至三通道各主要 750kV 线路潮流变化情况如图 3-30 所示。

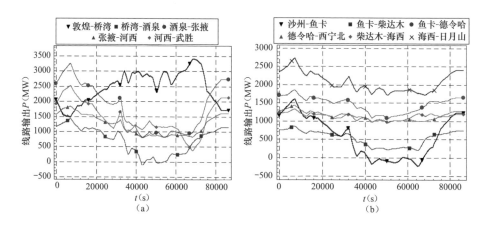

图 3-30　西北-新疆联网第一至三通道各主要 750kV 线路潮流变化

西北新疆联网通道各主要 750kV 母线电压波动情况如图 3-31 所示。

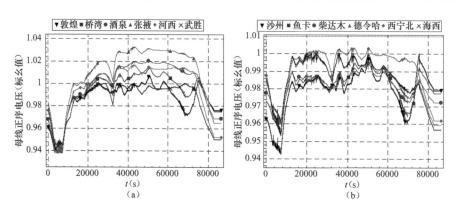

图 3-31　西北-新疆联网一至三通道 750kV 母线电压变化

从仿真结果可以看出，大规模新能源接入后，若风电功率波动幅度较大，则可能引起西北-新疆联网通道线路潮流及母线电压大幅波动，部分线路出现潮流反转现象，部分母线出现电压越限现象，需要做好相应的调度运行安排及电压无功控制应对措施。

风电、光伏间歇式电源出力波动，使得西北电网-新疆联网通道750kV线路功率及母线电压波动较大，部分线路出现潮流反转现象，部分母线出现电压越限现象，需做好合理的调度运行安排及无功电压控制措施。

参 考 文 献

[1] 王梅义，吴竞昌，蒙定中，等. 大电网系统技术. 北京：中国电力出版社，1995.

[2] 宋新立，王皓怀，苏志达，等. 电力系统全过程动态仿真技术的现状与展望. 电力建设，2015，36（12）：22-28.

[3] 余贻鑫，王成山，贾宏杰，等. 电力大系统安全性与稳定性的理论与方法. 天津科技，2003，30（6）：37-38.

[4] 舒印彪，张文亮，周孝信，等. 特高压同步电网安全性评估. 中国电机工程学报，2007，27（34）：1-6.

[5] 印永华，郭剑波，赵建军，等. 美加大停电事故初步分析以及应吸取的教训. 电网技术，2003，27（10）：8-16.

[6] DEVINE-WRIGHT P，Devine-Wright H. 英国大停电事故中公众信任度的定性研究. 电网技术，2007，31（20）：35-45.

[7] 陈亦平，洪军. 巴西大停电原因分析及对我国南方电网的启示. 电网技术，2010，34（5）：77-82.

[8] 陈竟成，黄瀚. 印度大停电事故分析与启示. 中国电力，2012，45（10）：12-16.

[9] 朱方，赵红光，刘增煌，等. 大区电网互联对电力系统动态稳定性的影响. 中国电机工程学报，2007，27（1）：1-7.

[10] 仲悟之，宋新立，汤涌，等. 特高压交直流电网的小干扰稳定性分析. 电力系统自动化，2010，34（1）：1-4.

[11] 李锋，陆一川. 大规模风力发电对电力系统的影响. 中国电力，2006，39（11）：80-84.

[12] 穆钢，崔杨，刘嘉，等. 有待用风电机组且传输受限电网的源网协调调度方法. 电力系统自动化，2013，37（6）：24-29.

[13] 林伟芳，汤涌，卜广全，等. 多馈入交直流系统电压稳定性研究. 电网技术，2008，32（11）：7-12.

[14] 宋新立，汤涌，卜广全，等. 面向大电网安全分析的电力系统全过程动态仿真技术. 电网技术，2008，32（22）：23-28.

［15］杨志新，李乃湖，陈珩. 华东电力系统调度员培训仿真器的动态全过程准实时仿真. 中国电机工程学报，1996，18（3）：205-210.

［16］朱艺颖，蒋卫平，印永华，等. 电力系统数模混合仿真技术及仿真中心建设. 电网技术，2008，32（22）：35-38.

［17］DAVIDSON D R, EWART D N, KIRCHMAYER L K. Long term dynamic response of power system：An analysis of major disturbances，IEEE Transactions on Power Apparatus and systems，PAS-94（3）：1975.

［18］CIGRE task force 38. 02. 08. Tools for simulating long-term dynamics. Electra No. 163 Dec 1995：151-165.

［19］STUBBE M，BIHAIN A，DEUSE J. STAG：A new unified software program for the study of the dynamic behaviour of electrical power systems. IEEE Transactions on Power Systems，1989，4（1）：129-138.

［20］VERNOTTE J F，ANCIATICI P P，MEYER B，etc.. High fidelity simulation of power system dynamics. IEEE CAP，1995，8（1）.

［21］SANCHEZ-GASCA J J，AQILA R D，PASERBA J J，et al. Extended-term simulation using variable time step integration. IEEE Computer application for Power，1993，6（4）：23-28.

［22］汤涌. 电力系统全过程动态（机电暂态与中长期动态过程）仿真技术与软件研究. 北京：中国电力科学研究院，2002.

［23］宋新立. 电力系统全过程动态仿真算法与模型研究. 天津：天津大学，2014

［24］EPRI Research Project RP1208-9. Extended transient midterm stability program. Final report，prepared by Ontario Hydro，December，1992.

［25］Mello F P De，MILLS R J，UNDRILL J M. Interactive computations in power system analysis，IEEE Proceedings，62：1009-1018.

［26］MELLO F P De，FELTES J W，LASKOWSKI T F，et al. Simulating fast and slow dynamic effect in power systems. IEEE CAP，1992，5（3）.

［27］汤涌，宋新立，刘文焯，等. 电力系统全过程动态仿真的数值方法：电力系统全过程动态仿真软件开发之一. 电网技术，2002，26（9）：7-12.

［28］宋新立，汤涌，刘文焯，等. 电力系统全过程动态仿真的组合数值积分算法研究. 中国电机工程学报，2009，29（28）：23-29.

［29］ ABB Corp. SIMPOW dynmic simulation user manual. Västerås，Sweden：ABB Corp.，2003.

［30］ 汤涌，宋新立，刘文焯，等. 电力系统全过程动态仿真中的长过程动态模型：电力系统全过程动态仿真软件开发之三. 电网技术，2002，26（11）：20-25.

［31］ 徐绪海，朱方生. 刚性微分方程的数值方法. 武汉：武汉大学出版社，1997：36-47.

［32］ 刘德贵，费景高，韩天敏. 刚性大系统数字仿真方法. 郑州：河南科学技术出版社，1996.

［33］ 韩祯祥，张琦. 一个大型集成化的电力系统仿真计算软件——NETOMAC. 电力系统自动化，1997，21（9）：47-50.

［34］ 汤涌，卜广全，印永华，等. PSD-BPA 暂态稳定程序用户手册. 北京：中国电力科学研究院，2007.

［35］ ASTIC J Y，BIHAIN A，JEROSOLIMSKI M. The mixed Adams-BDF variable step size algorithm to simulate transient and long term phenomena in power systems. IEEE Transactions on Power Systems，1994，9（2）：929-935.

［36］ 鞠平. 电力系统建模理论与方法. 北京：科学出版社，2010.

［37］ 汤涌. 基于电机参数的同步电机模型. 电网技术，2007，31（12）：47-51.

［38］ 刘增煌，吴中习，周泽昕. 电力系统稳定计算用励磁系统数学模型库. 北京：中国电力科学研究院，1994.

［39］ 朱方，汤涌，张东霞，等. 发电机励磁和调速器模型参数对东北电网大扰动试验仿真计算的影响. 电网技术，2007，31（5）：69-74.

［40］ 宋新立，王成山，刘涛，等. 电力系统全过程动态仿真中的机炉协调控制协调模型研究. 中国电机工程学报，2013，33（9）：167-172.

［41］ 宋新立，王成山，仲悟之，等. 电力系统全过程动态仿真中的自动发电控制模型研究. 电网技术，2013，37（12）：3439-3444.

［42］ 赵兵，汤涌，张文朝. 基于故障拟合法的综合负荷模型验证与校核. 电网技术，2010，34（1）.

［43］ PEREIRA L，UNDRILL J，KOSTEREV D，et al. A new thermal governor modeling approach in the WECC［J］. IEEE Trans. on Power System，2003，18（2）：819-829.

［44］ PEREIRA L，KOSTEREV D，DAVIES D，et al. New thermal governor model selection and validation in the WECC. IEEE Trans. on power systems，2004，19（1）：

517-523.

[45]　荀吉辉，熊尚峰. 稳定计算用发电机励磁系统模型参数测试及校核分析. 电力系统保护与控制，2009，37（17）：20-25.

[46]　宋新立，吴小辰，刘文焯，等. PSD＿BPA 暂态稳定程序中的新直流输电准稳态模型. 电网技术，2010，34（1）：62-67

[47]　KUNDUR P. 电力系统稳定与控制. 本书翻译组，译. 北京：中国电力出版社，2002.

[48]　Wu Guoyang, Song Xinli, Tang Yong, etal. Modeling of protective relay systems for power system dynamic simulations. IEEE PES Power Systems，March 2011.

[49]　吴国旸，宋新立，仲悟之，等. 电力系统动态仿真中的安全稳定控制系统建模. 电力系统自动化，2012，36（3）：71-75.

[50]　夏道止. 电力系统分析（下）. 北京：中国电力出版社，1996.

[51]　宋晓秋. 微分代数方程的数值仿真算法. 计算机工程与设计，2000，21（5）：58-60.

[52]　王锡凡，方万良，杜正春. 现代电力系统分析. 北京：科学出版社，2003.

[53]　汤涌. 电力系统稳定计算隐式积分交替求解. 电网技术，1997，21（2）：1-3.

[54]　ASTIC J Y, BIHAIN A, Jerosolimski M. The mixed Adams-BDF variable step size algorithm to simulate transient and long term phenomena in power systems. IEEE Transactions on Power Systems，1994，9（2）：929-935.

[55]　刘德贵，费景高. 动力学系统数字仿真算法. 北京：科学出版社，2000.

[56]　吴建平. 稀疏线性方程组的高效求解与并行计算. 长沙：湖南科学技术出版社，2004.

[57]　张伯明，陈寿孙，严正. 高等电力网络分析. 北京：清华大学出版社，2007.

[58]　宋新立，陈英时，王成山，等. 全过程动态仿真中大型线性方程组的分块求解算法. 电力系统自动化，2014，38（4）：19-24.

[59]　田亮，曾德良，刘吉臻，等. 简化的 330MW 机组非线性动态模型. 中国工程科学，2004，24（8）：180-184.

[60]　赵婷，田云峰. 用于电网稳定分析的电液伺服及执行机构数学模型. 电力系统自动化，2006，26（18）：126-132.

[61]　韩忠旭，张智，刘敏，等. 北仑 1 和 2 号 600 MW 单元机组协调控制系统的设计与应用. 中国电机工程学报，2006，26（18）：126-132.

[62]　熊淑燕，王兴叶，田建艳，等. 火力发电厂集散控制系统. 北京：科学出版社，2000.

[63]　王官宏，陶向宇，李文峰，等. 原动机调节系统对电力系统动态稳定的影响. 中国电

机工程学报，2008，28（34）：80-86，

[64] 华北电力科学研究院. 汽轮机及其调速系统建模与参数测试研究. 北京：华北电力科学研究院，2004.

[65] IEEE Working Group on prime mover and energy supply models for system dynamic performance studies. Dynamic models for fossil fueled steam units in power system studies. IEEE Trans. on Power Systems, 1991, 6（2）：753-761.

[66] Lin gao, Yiping Dai, Modeling large modern fossil-fueled steam-electric power plant and its coordinated control system for power system dynamic analysis // 2010 International Conference on Power System Technology（POWERCON）. Hangzhou, China, 2010.

[67] 宋新立，刘肇旭，李永庄，等. 电力系统稳定计算中火电厂调速系统模型及其使用方法的分析. 电网技术，2008，32（23）：44-49.

[68] 陈磊，刘辉，闵勇，等. 两区域互联系统联络线功率波动理论分析. 电网技术，2011，35（10）：53-58.

[69] 李茜，刘天琪，李兴源. 大规模风电接入的电力系统优化调度新方法. 电网技术，2013，37（3）：733-739.

[70] Wang Lu, Chen Dingguo. Extended term dynamic simulation for AGC with smart grids // IEEE Power and Energy Society General Meeting. Detroit, Michigan, USA：IEEE, 2011：3790-3796.

[71] Banakar H, Changling L, Ooi B T. Impacts of wind power minute-to-minute variations on power system operation. IEEE Transaction on Power System, 2008, 23（1）：150-160.

[72] 汤涌. 交直流电力系统多时间尺度全过程仿真和建模研究新进展. 电网技术，2009，33（16）：1-8.

[73] IEEE Task Force on Excitation Limiters. Recommended models of overexcitation limiting devices. IEEE Transactions on Energy Conversion, 1995, 10（4）.

[74] IEEE Task Force on Excitation Limiters. Underexcitation Limiter Models for Power System Stability Studies. IEEE Transactions on Energy Conversion, 1995, 10（3）.

[75] IEEE Task Force on load representation for dynamic performance. Standard load models for power flow and dynamic performance simulation. IEEE Transactions on Power System, 1995, 10（3）.

PART 4

统一潮流控制器技术及应用

4.1 概述

4.1.1 柔性交流输电技术发展历程

灵活交流输电系统（flexible alternative current transmission systems，FACTS）自被美国电力科学研究院（Electric Power Research Institute，EPRI）的 N. G. Hingorani 作为一个整体网络控制理念的概念提出以来，已在电力系统中广泛应用于提高系统稳定性、控制功率流校正功率因数和降低网损。灵活是指在电力传输系统变化或运行条件不同时系统的自适应能力及在变化下维持足够稳态和瞬态稳定裕量的能力。而 FACTS 装置是基于高速电力电子器件的一个大家族，能够通过吸收或发出有功、无功功率显著提高电网运行性能。

1. FACTS 技术出现的背景

FACTS 技术的良好发展势头来自于良好的背景条件，这些条件可概括为电网运行控制的客观需求和电力电子技术发展的必然趋势两个方面。

（1）电网运行控制的客观需求。现代电力系统已经发展成为大规模的交直流互联电网，区域内发电和负荷分布不均衡、输变电设备潮流分布不均匀问题日益突出，设备重载和轻载问题并存，而受制于重载设备的承受能力，电网供电能力难以得到充分利用。此外，由于城市规划的限制，线路改造和电网扩建难度日益增大，而受系统结构复杂、运行任务繁重、电能质量要求高以及市场和环保等多种条件制约，对输电网的可靠经济运行的要求越来越高。但传统的控制手段缺乏且自动化水平较低，是限制电力传输的重要因素，也是可能发生电力系统崩溃的潜在隐患。

FACTS 作为一种新的解决方法，在控制电网潮流、提高系统稳定性以及传输容量方面带来了前所未有的契机，且 FACTS 装置是逐渐加入现有交流输电系统，与现行的交流输电系统并行发展。考虑到 FACTS 装置可以在现有设备不做重大改动的前提下，针对局部电网的具体问题，采用经济有效的大功率电力电子技术，以渐进的方式改变电力系统的面貌，因而得到广泛认可和迅速发展。

（2）电力电子技术发展的必然趋势。从历史上看，每一代新型电力电子器件的出现都会带来一场电力电子技术的革命，而将电力电子器件用于高压输电系统则被称为继微电子技术之后"硅片引起的第二次革命"，在科技发展中产生了巨大的技术作用和经济效益。

作为 FACTS 技术的核心，电力电子技术在 20 世纪 40 年代末期曾沿着两个方向发展：其一是集成电路，发展成微电子技术，以信息处理为主要对象；其二是大功率器件，发展成电力电子技术，以能量处理为主要对象。20 世纪 70 年代以后，这两种技术又逐渐融合，形成新型的全控型电力电子器件。

FACTS 是在归纳已有电力电子技术产品的研制和运行经验的基础上自然形成的概念。早在 FACTS 概念形成以前，已有多种后来也属于 FACTS 控制器的装置处于研制或应用中，典型的如静止无功补偿器（static var compensator，SVC）、静止同步补偿器（STATCOM）及次同步谐振阻尼器（NGH-subsynchronous resonance damper，NGH-SSR damper）等，积累了大量的技术经验。FACTS 概念的提出，不仅归纳了这些新型装置共同的技术基础和可能的电网控制功能，而且推广了其技术思路，进一步预见和指导多种新 FACTS 控制器的研制和应用，推动 FACTS 成为一个崭新的电力技术领域。

2. FACTS 中的电力电子器件

经过几十年的发展，电力电子器件已经形成几大门类，各门类下的器件经过几代产品交替更新后，产品的耐压越来越高，通流能力越来越强，开关速度也越来越快。根据可控程度，可以把电力电子器件分成如下两类：

（1）半控型器件。20 世纪 50 年代，美国通用电气公司发明的硅基晶闸管的问世，标志着电力电子技术的开端。此后，晶闸管的派生器件越来越多，到了 20 世纪 70 年代，已经派生了快速晶闸管、逆导晶闸管、双向晶闸管、不对称晶闸管等半控型器件，功率越来越大，性能日益完善。但是由于晶闸管本身工作频率较低，大大限制了它的应用。此外，关断这些器件需要强迫换相电路，使电力电子装置的整体重量和体积增大，效率和可靠性降低。

（2）全控型器件。自 20 世纪 70 年代后期以来，由于全控型器件可以控制开通和关断，大大提高了开关控制的灵活性，可关断晶闸管（GTO）、电力晶体管（giant transistor，GTR）及其模块相继实用化。此后，各种高频全控型器件不断问世，并得到迅速发展。这些器件主要有电力场效应晶体管（metaloxide semiconductor field transistor，MOSFET）、绝缘栅双极晶体管（IGBT）、MOS 控制晶闸管（MOS controlled thyristor，MCT）、集成门极换流晶闸管（intergrated gate commutated thyristors，IGCT）、注入增强栅晶体管（injection enhanced gate transistors，IEGT）等。典型电力电子器件的分类及用途见表 4-1，国内外电力电子器件的功率等级见表 4-2。

表 4-1　　　　　　　　典型电力电子器件的分类及用途

器件名称	英文名称	用途
普通晶闸管	thyristor	整流、逆变
门极可关断晶闸管	gate-turn-off thyristor（GTO）	大容量逆变
功率场效应晶体管	metaloxide semiconductor field transistor（MOSFET）	DC/DC 变换
绝缘栅双极晶体管	insulated gate bipolar transistor（IGBT）	整流、逆变、DC/DC 变换
集成门极换相晶闸管	intergrated gate commutated thyristors（IGCT）	大容量逆变

表 4-2　　　　　　　　国内外电力电子器件的功率等级

器件名称	国外器件功率等级	国内器件功率等级
普通晶闸管	12kV/1kA，8kV/6kA	6.5kV/3.5kA
门极可关断晶闸管	9kV/2.5kA，6kV/6kA	4.5kV/2.5kA

续表

器件名称	国外器件功率等级	国内器件功率等级
功率晶体管	模块：1.8kV/1kA	模块：1.2kV/400A
功率场效应晶体管	200V/60A（2MHz） 500V/50A（400MHz）	1kV/35A
绝缘栅双极晶体管	单管：4.5kV/1kA 模块：3.5kV/1.2kA	单管：1kV/50A 模块：1.2kV/200A
集成门极换相晶闸管	单管：6kV/6kA	

3. FACTS 在电力系统中的作用

FACTS 的控制技术以其响应速度快、无机械运动部件以及可以综合系统广泛的信息等优点，而明显优于传统的电力系统潮流和稳定控制措施。它可以充分利用现有电网资源和实现电能的高效利用，实现对电力系统电压、线路阻抗、相位角、功率潮流的连续调节控制，从而大幅度提高输电线路输送能力和提高电力系统稳定水平，降低输电成本。FACTS 对电力系统的作用具体表现在以下方面：

（1）提高线路的输送能力。采用 FACTS 技术可使输电线路克服系统稳定性的限制要求，将线路的输送功率极限大幅度提高至接近导线的热极限，这样可减缓新建输电线路的需要和提高已有输电线路的利用，不仅节约输电成本和占地，而且有利于环境保护。

（2）提供无功电压支撑。在电力系统的电压稳定中，若无功功率不足，就需要进行无功功率的分层、分区就地补偿。SVC、STAT-COM、UPFC 等 FACTS 装置比传统的固定电容器、同步调相机等更快速、连续、灵活地补偿电力系统的无功功率，同时还能进行无功优化管理，达到最优分布。这对于提高系统电压质量，减少电能损耗，保证系统安全可靠运行具有重要的意义。

（3）提高暂态稳定水平。暂态失稳是由于电力系统受到电气设备开断等大的干扰所引起的，FACTS 装置可以在电网发生或即将发生故障时提供快速、平滑的调整来进行动态潮流控制和电压支持，有助于防止连锁性事故的扩大，减少事故恢复时间及停电损失，在减轻或避免电网潜在故障、防止电压崩溃等方面作用明显，大大提高了系统的暂态运行性能。

（4）助力现代大电网互联。现代电网的发展方向是全国连接成一个大电网，甚至跨国互联。互联最主要的目的就是将低成本的电力输送到各级用户，FACTS 技术带来的灵活控制潮流和提高稳定性的能力为大型互联网的运行提供了技术保障，从而实现能源的优化配置，降低了整个电力系统的热备用容量，提高了电力设备的使用效率，降低了发电成本。因此，FACTS 技术在电网中的广泛应用，可以解决的主要技术问题就是解决互联大电网的稳定、我国西电东送瓶颈和负荷中心动态无功支撑等问题。FACTS 技术可以解决的系统问题见表 4-3。

表 4-3　　　　　　　　　　FACTS 技术可以解决的系统问题

应用		系统中的问题	解决原理	传统解决方法	FACTS 解决方法
系统稳态应用	电压控制	负荷变化时电压波动	无功功率调节	投切并联电容器、电抗器；投退串联电容器、电抗器	SSSC、SVC、TCSC、STATCOM、UPFC、CSR
		故障后产生低电压	提供无功功率；防止过负荷	投切并联电容器、电抗器；投退串联电容器、电抗器	SSSC、SVC、STAT-COM、TCPAR、CSR
	潮流分布控制	线路或变压器过负荷	降低过负荷	增加线路或变压器、串联电抗器	SSSC、TCSC、TC-PAR、UPFC
		潮流调整	调整串联电抗；调整相角	串联电容器、电抗器	SSSC、UPFC、TCSC、TCPAR
		故障后负荷分配	网络重构；使用发热限制	串联电容器、电抗器	TCPAR、UPFC、SSSC、TCSC、STATCOM、CSC
	短路水平	故障电流越限	限制短路电流	串联电抗器；更换开关、断路器	FCL、UPFC、SSSC、TCSC
	次同步谐振	汽轮机或发电机轴损坏	阻尼振荡	投退串联电容器	SSSC、TCSC

续表

应用		系统中的问题	解决原理	传统解决方法	FACTS解决方法
系统动态应用	暂态稳定性	松散网状网络	增加同步扭矩；吸收能量；动态潮流控制	快速响应励磁、串联电容器、制动电阻、快速汽门调节	SSSC、TCSC、UPFC、TCPAR、HVDC
	阻尼振荡	远方发电机、放射状线路	阻尼低频振荡	快速响应励磁、电力系统稳定器	SVC、STATCOM、SS SC、TCSC、UPFC、TCPAR
	事故后电压控制	松散网状网络	动态电压支持；动态潮流控制；减小故障冲击	并联线路	SSSC、SVC、STAT-COM、UPFC
	电压稳定	区域互联；紧密网状网络；松散网状网络	无功支持；网络控制；发电机控制；负荷控制	并联电容器、电抗器、重合闸、快速响应励磁、低电压甩负荷、需求侧管理	SVC、STATCOM、UPFC、TCPAR、CSR

注　SSSC：static series synchronous compensator，静止同步串联补偿器；
　　TCSC：Thyristor Controlled Series Compensation，晶闸管控制串联电容器；
　　UPFC：Unified Power Flow Controller，统一潮流控制器；
　　CSR：controlled shunt reactor，可控并联电抗器；
　　TCPAR：Thyristor Controlled phase angle regulator，晶闸管控制调相器；
　　FCL：fault current limiter，故障电流限制器；
　　CSC：convertible static compensator，可转换静止补偿器；
　　MMC：modular multilevel converter，模块化多电平换流器；
　　HVDC：High Voltage Direct Current Transmission，高压直流输电。

4. 统一潮流控制器技术的提出

由前述 FACTS 装置的分类及原理可知，并联型补偿器可以有效地产生无功电流，补偿系统的无功功率，维持节点电压，但对于线路电压的补偿能力较弱。而基于换流器的串联型补偿器则可以有效地补偿输电系统线路的电压，控制线路的潮流，但对于无功电流的补偿能力不强。统一潮流控制器则将串联型与并联型综合成一种补偿装置，兼具上述两种装置的功能。FACTS 装置改变系统参数示意如图 4-1 所示，由图可知，UPFC 可以方便地控制输电系统的电压、阻抗及相角参数，功能最为全面。

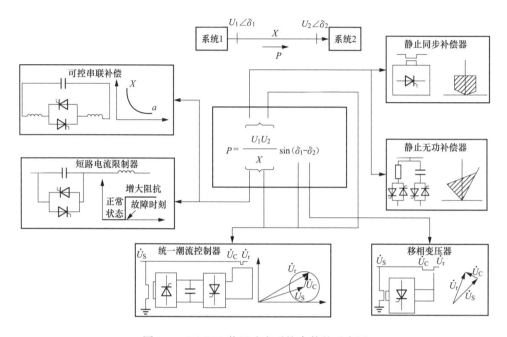

图 4-1　FACTS 装置改变系统参数的示意图

4.1.2　UPFC 的结构与原理

1. 统一潮流控制器的结构

图 4-2 所示为 UPFC 的系统结构图，包括主电路（串联单元、并联单元）和控制单元两部分。主电路由两个共用直流侧电容的电压源换流器（voltage-sourced converters，VSC）组成（注：对于新型的 MMC 型换流器，直流侧母线无需集中电容器组），并分别通过两个变压器接入系统。换流器 1 通过变压器 T1 并联接入系统，换流器 2 通过变压器 T2 串联接入系统。换流器 1 和变压器 T1 统称并联侧，换流器 2 和变压器 T2 统称串联侧，其输出电压均可单独控制，并独立吸收或供给无功功率。

　　从功率流向分析，对于有功功率而言，UPFC 并联换流器通过并联变压器从接入点吸收或发出有功功率，通过 UPFC 直流侧电压，流经串联换流器，最终通过串联侧变压器全部输送至线路侧，UPFC 为所在线路提供了一条有功功率传输通道；对于无功功率而言，UPFC 并联换流器和串联换流器分别通过变压器与节点发生无功交换，由于直流电容的存在，并联侧和串联侧之间不发生无功功率交换。图 4-3 所示为 UPFC 的功率流向示意图。

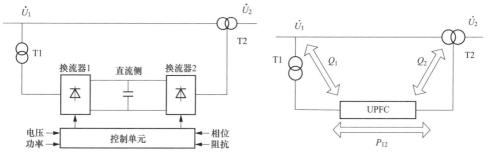

図 4-2　UPFC 系统结构图　　　　　図 4-3　UPFC 功率流向示意图

　　由上述分析可以看出，UPFC 装置可以看作是一台 STATCOM 装置与一台 SSSC 装置的直流侧并联构成的，如图 4-4 所示。因此，UP-FC 装置不仅同时具有 STATCOM 与 SSSC 装置的优点（既有很强的补

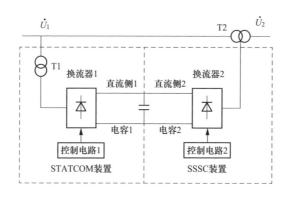

图 4-4　等效的 STATCOM 装置和 SSSC 装置

偿线路电压的能力，又有很强的补偿无功功率的能力），而且可以在四个象限运行——既可以吸收、发出无功功率，也可以吸收、发出有功功率，且并联部分可以为串联部分的有功功率提供通道，因此具有非常强的控制线路潮流的能力。

2. 统一潮流控制器的控制原理

（1）串联侧控制。UPFC 的主要目的是进行电力网络潮流的调整控制，其串联侧换流器的基本工作原理，就是在线路中附加一个幅值和相位可调的串联电压。由于附加的串联电压可以改变线路电压的大小和相位，相当于在线中等值地串联电容或电感，从而通过改变线路的参数而实现潮流的控制。UPFC 的各种控制功能如图 4-5 所示。

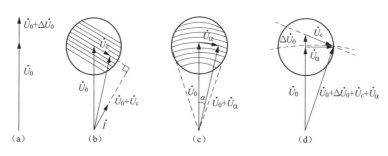

图 4-5　UPFC 的各种控制功能

（a）电压调节；（b）串联补偿；（c）移相；（d）综合调节

1）端电压调节作用。图 4-5（a）所示为 UPFC 的电压调节功能，即 UPFC 串联补偿电压 $\Delta \dot{U}_0$ 和 $\dot{U}_0$ 的方向相同或相反，即只调节电压的大小，不改变电压的相位。由于 UPFC 可以灵活地控制串联输出电压，因而可以很容易地实现电压调节功能。

2）串联补偿作用。UPFC 的串联补偿作用是通过串联接在输电线路中的变压器，由串联换流器向系统注入一个与线路电流垂直的电压来实现的。图 4-5（b）所示为 UPFC 的串联补偿示意图，与一般的串联补偿相同，串联部分与输电线没有有功功率的交换，为使有功功率为零，必须使补偿电压 $\dot{U}_c$ 与线路电流 $\dot{I}$ 垂直。

3）移相作用。图 4-5（c）所示为移相作用示意图，即不改变电压的大小，只改变电压的相角，此时 UPFC 产生的补偿电压如图 4-5 中所示的弧线上，UPFC 相当于移相器。在移相角度给定的情况下，只需根据系统中线路电压幅值和相位，便可确定串联换流器的输出电压幅值和相位。

4）综合调节作用。图 4-5（d）所示为 UPFC 的综合调节功能示意图，此时 UPFC 是前面三种功能的综合，即根据系统运行的需要同时改变电压的大小与相位。

（2）并联侧控制。在采用模块化多电平换流器（MMC）结构的统一潮流控制器中，并联侧换流器通过并联变压器与输电线路进行功率交换，从而实现有功传输及无功补偿。其调节目的是：①有功调节，即稳定直流母线电压，从电网吸收有功功率补偿串联侧所需要的有功功率和整个 UPFC 的有功功率消耗；②无功调节，即可以输出或吸收无功功率以稳定接入点的端电压。

为了维持直流母线电压恒定，若不计整个 UPFC 装置的内部损耗，则流入 UPFC 的有功功率必须与流出 UPFC 的有功功率相等。同时就装置本身而言，它并没有可以永久吸收或者发出有功的器件，因此在 UPFC 的运行过程中，其输出有功功率与输入功率必须保持平衡，也只有这样才能保证直流电压的恒定。并联侧换流器电流可分两部分考虑，即有功分量和无功分量，其中有功分量用来提供串联换流器所需要的有功功率，无功分量根据使用目的分为以下两种情况：

1）无功功率控制模式。在无功功率控制模式下，并联侧根据感性或容性无功的控制目标，将感性或容性无功转化为无功电流的给定值，将给定值与电流实际值进行比较，将差值转化为电压作为并联换流器的输入信号。并联部分可以向系统发送或吸收一定的有功功率以维持直流母线电压的稳定和满足系统内部的有功功率损耗。

2）节点电压控制模式。在电压控制模式下，并联部分可以控制接入点的电压，使其维持在给定值。

4.2 关键设备

UPFC 主设备包括位于阀厅的换流器设备和换流阀冷却系统，位于交流场的桥臂电抗器、启动电阻、串联变压器、并联变压器、晶闸管旁路开关等设备，以及直流场的电流（电压）测量装置、直流支柱绝缘子、直流避雷器、直流隔离开关和接地开关等。

二次设备包括 UPFC 控制保护设备、后台工作站、交流保护设备、阀控制设备、辅助系统、直流屏等，将这些设备均布置在控制保护室内。UPFC 系统主要设备结构如图 4-6 所示。

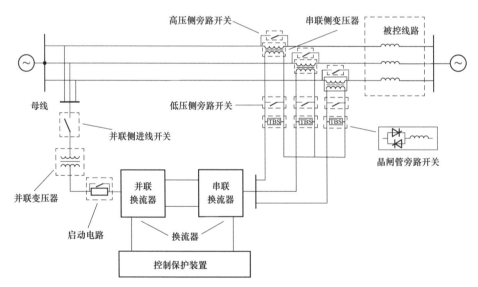

图 4-6 UPFC 系统主要设备结构示意图

4.2.1 换流器

在 UPFC 系统中，换流器是核心设备，作为连接并联侧和串联侧电网的枢纽，并联侧换流器运行于整流模式，串联侧换流器运行于逆变模式。从理论上讲，所有能够实现整流和逆变的电力电子拓扑，都可以用来实现 UPFC 换流器。鉴于现有传统多电平换流器在较高应用电压等级、有功功率传输场合等方面存在的不足，模块化多电平技术（MMC）以其独特的结构和技术优势正成为高压多电平领域的研究热点，并被称为很有发展潜力的下一代中高压电压型换流器。

典型的 MMC 拓扑结构如图 4-7 所示，其各相桥臂由多个功率单元和两个桥臂电感依次串联构成，两个桥臂电感的连接点构成对应相桥臂的交流输出端。功率单元可以采用单相半桥或者单相桥式结构中的一种。

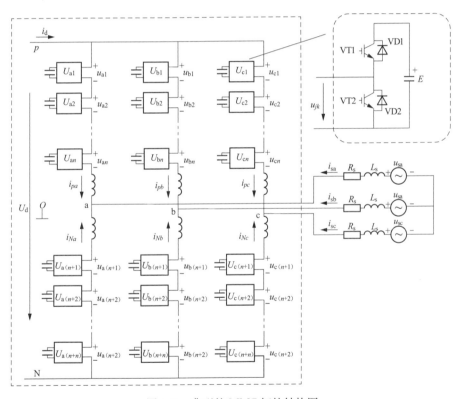

图 4-7　典型的 MMC 拓扑结构图

与传统多电平换流器相比，MMC 继承了传统级联式拓扑在器件数量、模块化结构方面的优势，适用于交流输出频率恒定、对电压和功率等级要求极高的有功功率变换场合。MMC 具有许多适用于高压大功率应用场合的结构和输出特征。

（1）高度模块化的结构。功率单元的主电路和控制系统均采用模块化设计，便于系统扩容，有利于缩短工程设计和加工周期。模块化的功率单元采用相同容量的直流电容和功率开关器件，具有很强的可替代性，便于系统维护。模块化的结构特点使得 MMC 具有出色的硬件和软件兼容性，易于冗余工作设计。

（2）具有公共直流母线。MMC 无需集中电容器组或其他无源滤波元件进行直流侧滤波，可避免直流侧短路引起的浪涌电流以及系统机械破坏的风险，在提高系统可靠性的同时，也有利于降低系统成本。MMC 可实现对公共直流母线电压的有源控制，公共直流母线电压和电流连续可调。

（3）便于工程实现。传统的高压直流母线一般要求具有较低的等效电感，而 MMC 对系统主回路的杂散参数不敏感，采用普通电缆即可实现所有功率单元间的可靠连接，因而换流器的结构设计更加灵活，这是 MMC 的一个突出优点。

（4）具有不平衡运行能力。由于 MMC 各相桥臂的工作原理完全相同，且均可独立控制，当交流输入电压不平衡或者发生局部故障时 MMC 仍可靠运行。当 MMC 交流侧发生不平衡故障（如单相故障）后，其他两相仍可继续满功率传输功率，系统传输容量仅需降低额定总输出能力的 1/3。对于较脆弱的电网，MMC 能有效减少频率波动，避免出现甩负荷或者发电机跳闸。

（5）具有故障穿越和恢复能力。MMC 具有良好的故障穿越能力，这是因为 MMC 的直流储能量大，网侧发生故障时，功率单元不会放电，公共直流母线电压仍然连续，不仅保障了 MMC 的稳定运行，并可在较短的时间内从故障状态恢复，因而具有很强的"黑启动"能力。

（6）MMC 交流输出电压的谐波含量低，通常不需要交流滤波电感，有助于减少主电路元器件数量。MMC 在较低的开关频率下仍能保持较好的交流输出电压波形，等效开关频率较高，输出电压的谐波含量和 EMI 水平较低，因而允许交流侧直接挂网运行。

4.2.2　控制保护系统

控制保护系统是 UPFC 系统的"大脑"，控制着功率转换、调节的全部过程，保护 UPFC 系统所有电气设备免受电气故障的损害。与传统交流输电技术的显著不同在于其工作过程对控制保护系统的依赖性。UPFC 控制保护系统接收运行人员的指令，通过对输入量的高速运算，产生换流器所需的参考值，实现换流器的正确输出，这决定着整个 UPFC 系统的安全稳定运行。

UPFC 控制保护系统要完成以下基本功能：UPFC 系统的启停控制；UPFC 系统的功率控制；抑制换流器不正常运行对交流系统干扰；发生故障时，保护 UPFC 设备；对 UPFC 系统的各种运行参数（如电压及电流等以及控制系统本身）的信息进行监视等。

UPFC 站二次系统总体结构如图 4-8 所示。

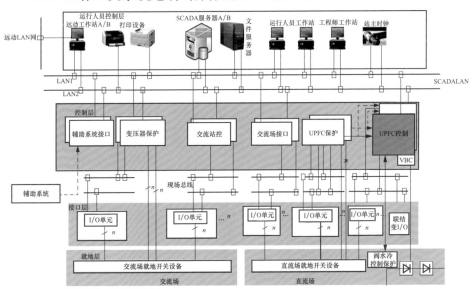

图 4-8　UPFC 站二次系统整体结构示意图

UPFC 控制系统总体分层结构为：

（1）远方调度中心控制层。远方调度中心经由国家电力数据网或专线通道，经过站内的远动工作站对本站的所有设备实施远方控制。

（2）站控制层。站控制层包括运行人员控制系统、交直流站控系统（包括辅助系统接口）、UPFC 控制保护系统，通过站内交流站控设备，实现对该交直流站控所负责设备的控制。UPFC 控制保护负责完成 UPFC 系统的运行控制和保护。

（3）就地控制和设备控制（I/O 单元）层。执行其他控制层的指令，完成对应设备的操作控制。

4.2.3 串联变压器

串联变压器是换流器与交流系统交换功率的枢纽，主要功能包括：连接 UPFC 成套装置和线路，并对 UPFC 装置和交流系统电气隔离；限制系统短路故障电流和换流阀桥臂电流，保护换流阀；缓冲抑制经交流系统侵入的雷电或操作冲击过电压。

串联变压器部件组成与常规变压器相同，但由于串入线路运行，系统电流流过线路侧绕组，其连接方式、绝缘水平、抗短路能力和过励磁耐受能力要求更高，在设计、制造和运行方面具有独特的特点。

4.2.3.1 绕组连接方式

串联变压器结构比较特殊，其线路侧绕组分相串入三相线路，与线路连接需要 6 个端口，采用Ⅲ连接；阀侧绕组与换流器连接，需要 3 个端口，可采用星形连接或者角形连接。

串联变压器阀侧绕组为励磁绕组，若采用星形连接，且无中性点引出，三次谐波电流不能流通，统一潮流控制器接地需额外人为构造。该连接方式下，铁芯中磁通的波形取决于磁路结构。

（1）串联变压器采用三相组式结构，三相磁路之间相互独立、互不关联，三次谐波磁通沿铁芯闭合，磁阻较小，易导致电动势波形严重畸变，产生的过电压有可能危害线圈绝缘。

（2）串联变压器若采用三相三柱结构，磁路各相之间相互关联，三次谐波磁通不能沿铁芯闭合，只能通过油和油箱等形成的闭合磁路，磁阻较大，将大幅削弱三次谐波磁通，使主磁通接近正弦波，但三次谐波磁通通过油箱壁或其他铁构件时，将在这些构件中产生涡流杂散损耗，使变压器效率降低。若采用三相五柱结构，三次谐波磁通通过旁柱与上下铁鄂形成回路，易导致电动势波形畸变。

串联变压器阀侧绕组若采用星形连接，且中性点接地，三次谐波电流能够流通，使相电动势接近于正弦形的同时，还满足了统一潮流控制器接地要求，提高了统一潮流控制器的工作性能。对于大容量高压变压器，可另加一个接成三角形的小容量的第三绕组，兼供改善电动势波形之用。这种接线存在一个缺点，电网故障产生的零序电流能传递到换流器侧，威胁统一潮流控制器安全。

串联变压器阀侧绕组若采用角形连接，其三次谐波电流在三相绕组之间流通，而线路侧绕组是否有零序电流与交流系统有关。该连接方式下，统一潮流控制器接地需额外人为构造。

4.2.3.2　短路阻抗

串联变压器串入交流线路运行，容易承受系统短路电流，而且换流器故障产生的过电压也可能造成换流阀桥臂电流过大。为限制这两类过电流，串联变压器应该有足够大的短路阻抗。通常，选择串联变压器的短路阻抗要综合考虑以下几个方面的因素：

（1）串联变压器短路阻抗能够将系统短路电流限制到要求值。

（2）正常工作时串联变压器上的电压损失不宜太大。

（3）考虑校验短路时母线上的剩余电压。

此外，短路阻抗值的选择还需要考虑串联变压器重量、尺寸和费用等因素。

4.2.3.3　绝缘水平

串联变压器线路侧绕组线端对地及端间绝缘水平与绕组额定电压

无关，而是由交流系统决定。

（1）串联变压器线路侧绕组分相串入线路，没有接地点，虽然注入电压较小（即绕组两端电压不高），但其线端对地绝缘水平与线路电压匹配。

（2）正常运行时，串联变压器绕组的端间电压较小，但当串联变压器出口发生接地短路故障时，串联变压器绕组端间电压会发生很大的突变，电压跨度大，串联变压器绕组的端间绝缘水平需满足故障时的绝缘要求。

此外，考虑交流系统或 UPFC 装置内部故障产生的过电压、串联变压器绕组雷电过电压、操作过电压耐受水平需经过电压分析确定。一般情况下，串联变压器线路侧绕组端间配置避雷器。

由于串联变压器绝缘特性参数的特殊性，其绕组端间、端对地、相间绝缘考核试验等与常规变压器存在一定的差异，尤其是相间绝缘考核试验。对于组式结构变压器，由于单相分体，无需开展相间绝缘考核试验；而对于三相一体变压器，其相间绝缘考核需要综合考虑绕组端对地绝缘水平，试验相对复杂。

4.2.3.4　过励磁耐受能力

系统故障时，无论串联变压器阀侧绕组开路还是短路，串联变压器线路侧绕组端间均承受很大的突变电压，导致变压器铁芯处于较严重的过励磁状态，铁芯拉板温度升高，严重时损坏变压器。因此，串联变压器必须具备较强的过励磁耐受能力。

图 4-9 所示为变压器铁磁材料的起始磁化曲线。图中，a 点为饱和点，b 点为常规变压器正常工作时的磁通密度点。对于常规变压器，为了节省材料、降低造价，减少运输重量，铁芯的额定工作磁通密度都设计得较高，约为饱和磁密的 90% 左右，过电压情况下很容易产生过励磁。而且，变压器发生过励磁时，由于铁芯饱和，励磁阻抗下降，励磁电流迅速增加。当磁密达到正常工作磁密的 1.3～1.4 倍时，励磁

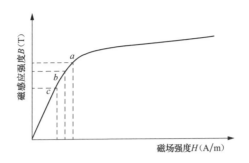

图 4-9　铁磁材料的起始磁化曲线

电流可达到额定电流水平。此外，励磁电流是非正弦波，含有许多高次谐波分量，而铁芯和其他金属构件的涡流损耗与频率的平方成正比，可引起铁芯、金属构件、绝缘材料的严重过热，若过励磁倍数较高，持续时间过长，可能使变压器损坏。

为保证串联变压器具备较强的过励磁耐受能力，可通过适当降低工作磁密实现，如串联变压器正常工作在图中 c 点。

4.2.4　晶闸管旁路开关

晶闸管旁路开关（thyristor bypass switch，TBS）接在串联变压器阀侧绕组之间，在线路故障、变压器故障或者 UPFC 换流器区故障时，能够迅速导通（小于 5ms），将串联侧换流器旁路，隔离换流阀和交流线路，避免交流系统和阀区故障的相互影响，提高系统的可靠性。TBS 结构图如图 4-10 所示。

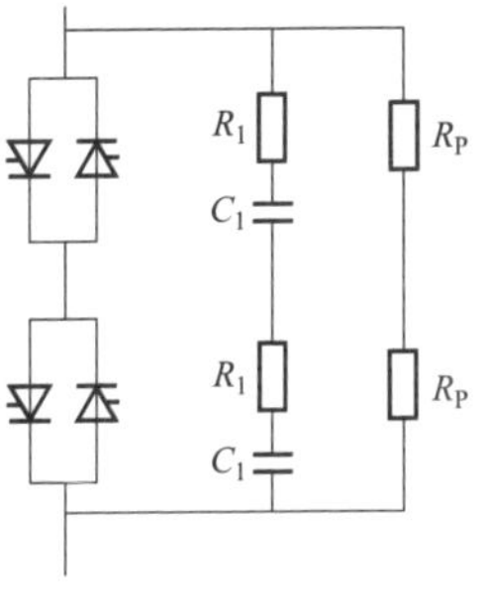

TBS 的特点是：系统正常运行时 TBS 有电压无电流，此时 TBS 不触发导通，承受电压换流器阀侧电压。系统发生故障、UPFC 保护装置检测到故障后，立即触发 TBS 导通信号以及高低压侧旁路开关的合闸信号，TBS 在几毫秒内即导通；在 TBS 触发导通前，其两端可能承受较大的电压（过电压大小与故障类型及系统短路阻

图 4-10　晶闸管
旁路开关结构图

抗有关）；TBS 触发导通后，将承受较大的电流但无电压（过电流大小与故障类型及系统短路阻抗有关），待控制保护装置检测到旁路开关合上后，闭锁 TBS 触发脉冲，故障电流全转为从机械旁路开关流过，整个过程中，TBS 上流过的故障电流大但时间短，因此，设计时主要考虑如下问题：

（1）TBS 阀采用晶闸管反并联，保证故障电流能够双向流通。

（2）TBS 与变压器二次绕组并联，其额定电压和绝缘与变压器二次侧绕组一致。

（3）TBS 只在系统故障时短时合闸（<500ms），在串联变压器低压侧机械旁路开关（low voltage break，LVB）或者高压侧机械旁路开关（high voltage break，HVB）合闸后，TBS 即闭锁脉冲，因此 TBS 不考虑阀冷却设备。

（4）TBS 所承受的最大短路电流与线路最大短路电流成比例关系，设计时采用在串联变压器出口处线路发生三相短路故障时的电流。

（5）当 TBS 布置的位置离换流阀厅较远、其间通过电缆连接时，由于换流电抗器和电缆电容的作用使流过 TBS 的电流存在着振荡，因此需要在 TBS 的晶闸管阀上串联一个小电抗抑制该振荡。

TBS 阀体由一定数量的晶闸管及其附属器件组成，主回路接成反并联串。晶闸管及其散热器采用压装在一起的标准化硅串结构，阀内按级配线，电位均匀分布，不同电位的高压线不交叉，电连接回路清晰。

晶闸管是 TBS 阀组的核心元件，因此，其性能和寿命至关重要。由于器件制造的工艺误差，晶闸管的静态特性和动态参数不可能完全相同，因此串联使用时，必须加入阻容缓冲电路，以解决串联晶闸管动态和静态均压、反向恢复过冲、开通关断缓冲等问题。

图 4-10 中，R_p 为静态均压电阻，R_1 和 C_1 为动态均压电阻和电容。

由于晶闸管在阻断状态下一般漏电流较小，故采用并联电阻的方法实现静态均压。阻容缓冲支路可以在晶闸管关断时对晶闸管两端电压上升率及可能出现的过电压加以抑制，有效解决串联晶闸管的动态均压问题。

为防止晶闸管两端过电压，快速晶闸管阀体两端通常并联 MOV 结构，当线路发生故障时，先通过 MOV 限制串联变压器阀侧端电压，并通过 UPFC 控制保护系统的快速保护功能触发 TBS 晶闸管，将串联变压器两端旁路，从而实现故障与 UPFC 阀组部分快速隔离，同时也降低了串联变压器的饱和情况，从故障出现到晶闸管导通，整个过程延时不超过 2ms。

4.3 工程应用

4.3.1 国外 UPFC 示范工程

国外对 UPFC 的研究较早，1998 年世界上第一套 UPFC 装置在美国的 138kV 高压输电线路上成功运行，目前仍运行良好。截至 2016 年底，国外真正投入工业化运行的 UPFC 仅有三套，分别位于美国电力公司（American Electric Power，AEP）肯塔基州的 Inez 变电站、美国纽约电力公司（New York Power Authority，NYPA）的 Marcy 变电站和韩国南半部的 Kangjin 变电站，且都在 10 年以前建成，近年来国外未见新的 UPFC 工程项目投入建设。

4.3.1.1 美国 INEZ 变电站 UPFC 工程

20 世纪 90 年代，AEP 为 7 个中西部州近 170 万用户提供电力服务，最大系统负荷达到 26000MW。AEP 所辖大部分发电厂沿俄亥俄河及其支流分布，因此，需要通过长线路远距离输电来满足这些河流东部和南部的电力需求，且已达到输电线路的最大允许输送容量。

Inez 变电站的地区负荷为 2000MW，由几条长距离重负荷的

138kV 线路供电，其周边地区有发电厂和 138kV 变电站。系统电压由 20 世纪 80 年代早期安装在 Beaver Creek 的 SVC 及几个 138kV 及更低电压等级的输变电站的并联电容器组支撑。尽管该地区安装了很多并联电容器组，138kV 线路两端压降仍高达 7%～8%。系统正常运行时，许多 138kV 线路输送的功率高达 300MVA，远远超过线路自然功率，电网对紧急事故的稳定裕度很小，一旦发生故障，就可能导致大面积的停电事故。经过分析和计算机模拟研究表明，Inez 地区迫切需要增加线路传输容量并提供电压支撑。针对此，AEP 与美国电力科学研究院（EPRI）和美国西屋公司合作，研制了世界上第一套 UPFC 装置（额定电压 138kV、额定容量 320MVA）。该 UPFC 装置安装在东肯塔基州的 Inez 变电站，并于 1998 年 6 月投运，是 AEP 输电系统升级改造工程中除新建线路、变电站扩容外的一项重大举措。

Inez 变电站 UPFC 整体布局如图 4-11 所示。

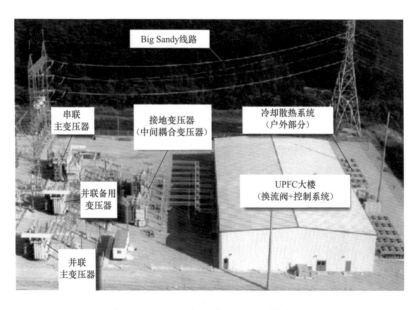

图 4-11　Inez 变电站 UPFC 整体布局

UPFC 大楼占地约 30.5m×61m，布局如图 4-12 所示。

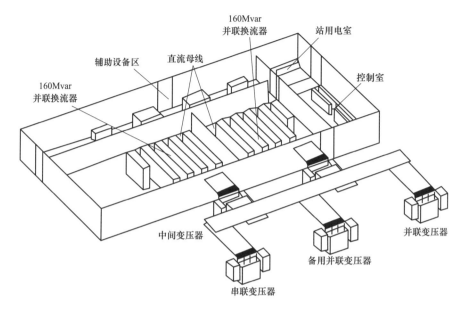

图 4-12　UPFC 大楼布局

Inez 变电站 UPFC 工程主要用于提高新建线路传输功率、解决电压偏低问题，UPFC 投运后，提升线路传输有功功率 125MW，稳定交流母线电压波动在 1% 以内。此外，Inez 变电站 UPFC 工程投运还使得系统有功损耗降低了 24MW，每年少排放 85000t CO_2。

4.3.1.2　美国 Marcy 变电站 UPFC 工程

Marcy 变电站位于纽约州的东南部地区，该地区负荷持续增长（预计每年增加 3%），却没有相应的新增电源计划，所需电力主要由 7 条 115～345kV 的区域联络线馈入。受电压稳定性限制，联络线传输功率最低仅为线路额定传输容量的 25%，最高也不超过 75%，因此需要采取有效手段挖掘已有线路的输电能力。研究表明，导致该地区线路输送能力受限的系统约束随着负荷实时变化，多种补偿需求相互交织。

为了满足该地区电网在多种运行工况下的补偿需求，NYPA 和美国电科院，西门子公司合作，研制并在纽约州 Marcy 变电站安装了世界上第一套可转换式静止补偿器（CSC）。该套 CSC 装置额定电压为 345kV，额定容量为 200MVA，于 2004 年 6 月投运，有效解决了区域间电力输送瓶颈问题，促进该地区实现电力经济调度。

Marcy CSC 户内设备布局如图 4-13 所示。

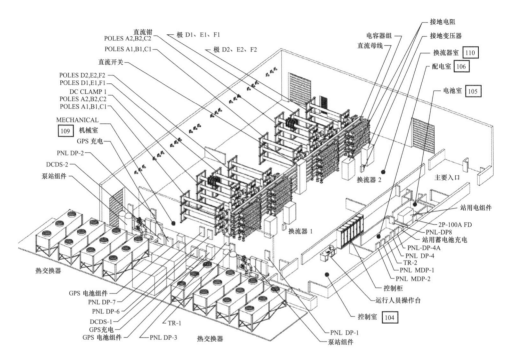

图 4-13　Marcy CSC 户内设备布局

4.3.1.3　韩国 Kangjin 变电站 UPFC 工程

在韩国的电力系统中，发电厂主要集中在沿海区域，而负荷中心则主要是内陆都市圈。长线路远距离输电带来的电压下降问题、大容量发电厂集中布置带来的系统稳定性问题以及电网结构导致的短路容量不断增大等问题对北送断面的潮流控制提出了更高的要求。

针对此，韩国电力公司（Korean Electric Power Corporation，KEPCO）和韩国电力科学研究院（Korea Electric Power Research Institute，KEPRI）、Hyosung 公司、西门子公司合作，研制了世界上第

二套 UPFC 装置（额定电压 154kV、额定容量 80MVA），安装在朝鲜半岛南半部的 Kangjin 变电站，以向系统提供无功支撑、改善系统潮流分布、解决该地区电压偏低和电网过负荷问题。Kangjin 变电站 UPFC 工程是 FACTS 技术在韩国 345kV 骨干电网系统应用前的验证性项目，已于 2003 年投运，其总体布局如图 4-14 所示。

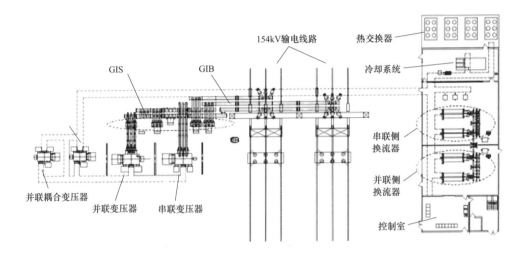

图 4-14　Kangjin 变电站 UPFC 工程的总体布局

通过 Kangjin 变电站 UPFC 工程的投运，电网故障期间 345kV Singwangju 变电站主变压器过载率从 108.7％降低到 104.5％。测试结果也表明 Kangjin 变电站 UPFC 工程有效解决了系统过负荷和低电压等问题，提高了 Kangjin 地区电力系统稳定性。

4.3.2　南京 220kV 西环网 UPFC 示范工程

4.3.2.1　工程介绍

（1）南京西环网运行中存在的问题。南京西环网是指南京主城 220kV 环网西部，是南京城网的主要负荷中心，结构示意如图 4-15 所示。工程投运前，该区域主要由 500kV 东善桥变电站、龙王山变电站从南北两端共同供电。由于南京主城环网的电网结构及电源、负荷分布特点，南京西环网供电的主要输电通道存在较严重的潮流分布不均情况，其中500kV龙王山变电站向西环网的220kV输电通道潮流偏重，尤其是西环网内220kV晓庄南送下关、中央门断面潮流过重情况尤为突出，存在 N-1 过负荷的情况，而500kV东善桥变电站向西环网220kV输电通道潮流较轻，从而最终影响了向西环网的整体供电能力和安全可靠水平。

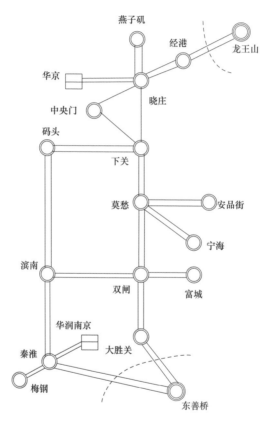

图 4-15　2015 年南京西环网结构示意图

根据电网建设规划，"十三五"末期，500kV秋藤变电站江南侧主变压器投运后，西环网晓庄以南地区的电力需求由秦淮变电站、秋藤江南侧主变压器以及晓庄南送通道的潮流共同满足。分析表明，秋藤变电站向西环网供电的北送主通道潮流过重，存在 N-1 过负荷情况；龙王山变电站向西环网供电的 220kV 晓庄南送下关、中央门断面潮流较轻。

（2）UPFC 建设的必要性。

1）南京城区 220kV 电网输电断面存在瓶颈问题，急需采取措施提高输电能力，且近期和远期存在潮流双向调节的需求。

2）通过传统网架加强方案解决南京城区 220kV 电网输电断面瓶颈问题存在的总投资最多、远景适应性较差、建设难度大难以实施等不合理因素。

3）综合可行性、经济性等比较，采用 UPFC 可以解决上述南京城区 220kV 西环网输电瓶颈问题。

常规的电网加强手段由于造价高、远景适应性差及建设周期长，无法有效解决南京西环网输电瓶颈的问题，而 UPFC 装置本期及远景适应性均较好，工程可实施性综合较优。加装 UPFC 装置之后，正常方式下，UPFC 可将晓庄断面潮流控制至线路热稳定极限内；若晓庄断面或秦淮—滨南线路发生 $N-1$ 故障，UPFC 可将另一回线路潮流调至线路热稳定极限内。UPFC 的投运，可以有效解决南京城区 220kV 电网输电线路过负荷问题。且结合电网远景发展规划适应性较好。

4.3.2.2 接入方案及控制功能

工程通过在 220kV 电网中安装 UPFC 来解决南京西环网存在的潮流问题，综合考虑安装场地等因素，UPFC 装置安装在 220kV 铁北开关站，在铁北—晓庄双线上加装 2 台 UPFC，安装方案如图 4-16 所示。

（1）系统方案。南京 UPFC 工程的系统结构如图 4-17 所示，3 个换流器均通过隔离开关连接至一个启动电阻，再通过两个并联侧变压器分别接入站内 35kV 母线的两个分段；3 个换流器采用背靠背的连接方式，通过隔离开关连接至直流公共母线上。

1）UPFC 系统方案。工程新建 UPFC 和相关线路，换流器采用 MMC，容量为 $3 \times 60MVA$，其中串联换流器 2 组，容量为 $2 \times 60MVA$，并联换流器 1 组，容量为 $60MVA$，额定直流电压 $\pm 20kV$。

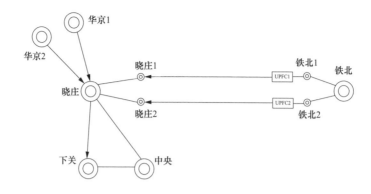

图 4-16　南京西环网 UPFC 的安装方案

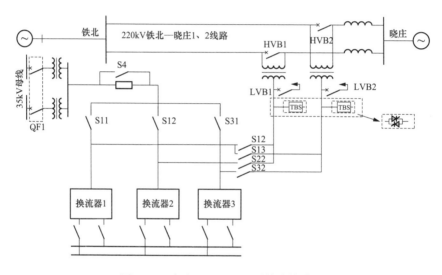

图 4-17　南京 UPFC 工程系统主接线图

2）并联换流器接入系统方案。并联换流器经过 2 组互为备用的三相变压器分别接入站内燕子矶 35kV 母线的两个分段上。

3）串联换流器接入系统方案。串联换流器经 2 组三相变压器分别串入晓庄-经港双回 220kV 线路 π 接后形成的晓庄—铁北 220kV 双回线路。

4）变压器容量。串联变压器容量为 $2 \times 70 \mathrm{MVA}$，网侧额定电压 26.5kV，阀侧额定电压 20.8kV，带平衡绕组，接线形式为 ⅢYNd。并联侧容量为 $2 \times 60 \mathrm{MVA}$，网侧额定电压 35kV，阀侧额定电压 20.8kV，接线形式为 Dyn，正常运行时一主一备。

（2）运行方式。采用上述结构后，提高了 UPFC 的灵活性和可靠性，其具有多种运行方式，适用不同的系统工况。各种运行方式的基本结构如下：

1）UPFC 运行方式。一个换流器并联接入交流系统，另外一个或两个换流器通过串联变压器串联接入 220kV 母线，换流器直流侧连接，可作为单回线 UPFC 或双回线 UPFC 运行。

2）STATCOM 运行方式。一个换流器通过并联变压器并联接入交流系统，换流器直流侧断开。

3）SSSC 运行方式。一个换流器分别通过串联变压器串联接入 220kV 母线，换流器直流侧断开。

（3）控制功能。南京西环网 UPFC 控制系统完成了 UPFC 设备的控制算法，具备多种控制模式可供选择。

1）并联换流器。UPFC 并联侧换流器典型控制方式为控制直流系统电压恒定，同时控制与并联侧交流系统的无功功率交换或者控制并联侧系统的交流电压，包括自动控制模式和手动控制模式。

自动控制模式：实现与自动电压控制系统（AVC）的接口，接收来自 AVC 系统的无功指令，进行换流器注入电网的无功控制，同时保证系统电压在允许的范围之内。

手动控制模式：包括无功控制和电压控制两种。无功控制模式保证注入系统的无功功率为参考值；电压控制模式下，通过换流器输出系统无功功率的调节保证 UPFC 并联侧接入系统节点电压恒定。

2）串联换流器。UPFC 串联侧换流器通过控制串联变压器交流侧串入线路电压的幅值和相角来调节线路潮流，包括自动控制模式和手动控制模式。

自动控制模式：串联换流器输出一个小的固定电压相量，线路功率随系统潮流波动，基本为自然潮流，当线路电流越限时进行限制防止线路过负荷。

手动控制模式：设定线路功率指令，通过自动控制换流器的输出电压使线路功率恒定在指令值。线路有功和无功解耦控制，线路有功按指令值控制，线路无功可以选择按无功指令值控制或者恒定功率因数控制。

3）系统级控制策略。南京西环网 UPFC 除了基本的控制功能之外，还配置了系统级控制功能。

双回线协调控制：南京西环网 UPFC 通过两个串联换流器控制双回线的潮流，每个串联换流器均可以选择为双回线路功率控制或者单回线路功率控制两种方式，通过双回线协调控制实现指令均分、功率转代等功能。

断面功率控制：南京西环网 UPFC 工程一个重要的作用是控制 220kV 晓庄南送断面潮流不越限，在晓庄变电站配置功率测量单元，实时测量晓庄变电站各支路的功率，并通过光纤通道送到 UPFC 站控系统。当 UFPC 串联侧处于断面功率控制时，根据来自晓庄变电站实测功率实现晓庄南送断面的有功功率控制。当晓庄断面线路发生 N-1 故障后，如果断面发生过负荷，则通过紧急功率控制将断面功率控制到限制值之下。

4.3.2.3 工程运行情况

（1）整体运行情况。在 UPFC 装置投运初期，采用限额控制策略。随着 500kV 秦淮升压工程的投产，西环网秦淮变电站外送潮流逐步上升，特别是进入夏季高温期之后，东龙分区用电负荷攀升，220kV 秦淮-滨南通道北送潮流持续升高，尤其是当华京电厂 2 号机退出时，西环网南北输电断面潮流分布不均更趋严重，严重影响电网安全运行。主要表现为：秦滨断面潮流较重，而晓庄断面潮流较轻。因此，在迎峰度夏期间，运行部门根据秦淮送出线路潮流情况，将 UPFC 控制策略切换为定功率控制模式，并对控制策略进行了 5 次调整，见表 4-4。

表 4-4		UPFC 控制策略调整列表
序号	调整时间	控制策略
1	2016-07-21 17：15	晓庄断面定功率控制 35 万 kW
2	2016-07-25 12：15	晓庄断面定功率控制 40 万 kW
3	2016-07-26 17：16	晓庄断面定功率控制 50 万 kW
4	2016-08-02 17：56	晓庄断面定功率控制 40 万 kW
5	2016-08-15 17：56	晓庄断面定功率控制 45 万 kW

（2）UPFC 调控效果。南京西环网 UPFC 投运至今，分别采用了预防控制和定断面功率控制两种模式，其控制效果分别如下：

1）预防控制效果。2016 年 7 月 1～19 日期间，UPFC 采用预防控制模式，即根据功率采集装置的信息，当检测到晓庄南送断面功率大于限额 60 万 kW，或晓下 2577/晓中 2578 某条线路过负荷时，UPFC 调节铁晓双回线功率，使得断面功率或线路功率降低至限额以内；同时，铁晓双回线路中任一回线路故障后，通过控制保证另一回线路的功率不超过额定功率。

对图 4-18 所示的 7 月 1～19 日期间的晓庄南送断面和秦滨北送断面功率曲线进行分析可知，上述断面功率始终运行在稳定限额以内。

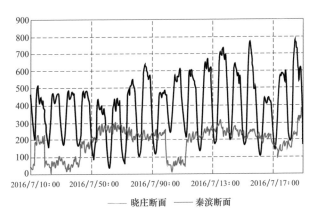

图 4-18　7 月 1～19 日断面功率运行情况

2）定断面功率控制效果。2016 年迎峰度夏期间，由于西环网负荷逐步升高，秦滨北送断面出现重载情况，而晓庄南送断面输送功率相

对较小。为均衡南北通道的负载程度，7 月 20 日～8 月 28 日期间，
UPFC 采用定断面功率控制模式，晓庄南送及秦滨北送通道潮流如
图 4-19 所示。

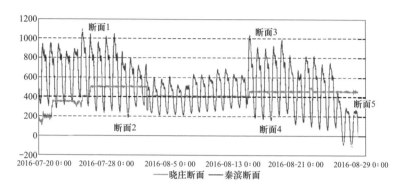

图 4-19　7 月 20 日～8 月 28 日期间西环网断面潮流

为进一步分析 UPFC 在定断面功率模式下的控制效果，选取图 4-19
中具有代表性的负荷高峰、低谷时刻等 5 个时间断面，对 UPFC 调节
效果进行分析，见表 4-5。

表 4-5　　　　　　　　　　　UPFC 调节效果分析

断面时刻	东龙分区负荷（万 kW）	晓庄断面功率变化（MW）	秦滨断面功率变化（MW）	断面功率定值（万 kW）	UPFC 阀侧串入电压（kV）
7 月 25 日 13：26	924.56	40.8	−35.9	40	5.96
7 月 31 日 05：15	562.99	262.1	−229.6	50	17.21
8 月 15 日 12：55	860	−160.4	140.8	45	9.74
8 月 18 日 04：35	544.98	156.2	−136.6	45	10.40
8 月 28 日 09：30	514.43	337.8	−296	45	20.73

以表 4-5 中 8 月 28 日 9 时 30 分为例，UPFC 调节前，秦淮-滨南断
面功率为 435.9MW，晓庄南送断面功率为 112MW；UPFC 调节后，
秦淮-滨南断面功率为 139.9MW，降低了 296MW，晓庄南送断面功率
为 449.8MW，提升了 337.8MW，如图 4-20 所示。

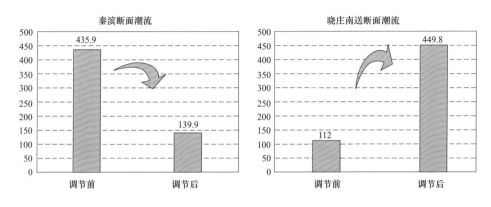

图 4-20 调节前后关键断面潮流变化

由上述运行数据分析可知，2016 年 7 月 20 日～8 月 28 日 UPFC 运行在定断面功率控制模式时，将秦滨北送断面的功率转移至晓庄南送断面，改善了上述两个断面的负载均衡度，有效提高了西环网运行的安全性。

4.3.2.4 应用成效

南京 220kV 西环网基于 MMC 技术建设统一潮流控制器示范工程，对关键断面潮流进行控制，有利于提升西环网的供电能力。调试试验和运行情况表明，UPFC 成套设备性能及系统功能达到了设计效果，运行可靠，能满足近期对晓庄变电站南送断面潮流控制的迫切需求，同时远景适应性强，具有重要意义。

（1）现实意义。南京 220kV 西环网主要供电范围是南京城区电网的主要负荷中心。UPFC 工程可在西环网发展的各个阶段都起到均衡各输电通道潮流、提升供电能力的作用，满足负荷发展需求。

（2）经济效益。工程提升西环网供电能力 500～600MW，可替代一个投资 10 亿元以上的 220kV 输电通道，年增供电量约 25 亿 kWh，增收利润约 5000 万元。可推迟建设 500kV 输变电工程 2 年以上，节约动态投资 1.7 亿元以上。

（3）社会效益。示范工程的建设避免了长度较长的电缆输电通道的建设，不仅节约了宝贵的社会资源和地下通道资源，而且避免了电缆通道建设时城市中心地区道路长时间开挖给城市交通、居民生活带来的巨大干扰；工程在运行中可以利用其潮流调节能力，对系统有功、无功潮流分布进行优化，有利于降低网损。

该工程通过潮流优化控制提升现有电网供电能力，是国家电网公司智能电网建设、一次设备智能化发展的一项重要探索，将为国家电网公司智能电网建设起到良好的示范作用，为破解廊道资源紧张、线路建设困难的城市核心区域供电难题提供重要实践，其成功应用有着巨大的推广价值，也为更高电压等级电网的工程应用奠定基础。

4.3.3 苏州南部 500kV UPFC 示范工程

4.3.3.1 工程介绍

（1）苏州南部电网概况。苏州南部电网包括苏州市区及吴江地区，地理接线示意见图 4-21。2015 年，该地区最大负荷 1027 万 kW。预计

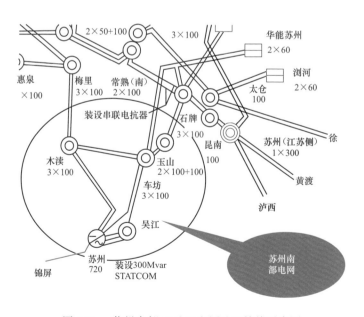

图 4-21 苏州南部 500kV 电网地理接线示意图

"十三五"期间，苏州南部地区负荷仍将平稳增长，2018、2020 年该地区最大负荷将达到 1200 万 kW、1300 万 kW，饱和负荷将达到约 1500 万 kW。苏州南部电网的主要电源为锦苏直流，并通过梅里—木渎、华能苏州—（石牌）—车坊及石牌—玉山—车坊 3 个 500kV 输电通道受电。

（2）苏州南部电网运行存在的问题。苏州南部电网的主要电源锦苏直流（扣除网损，苏州换流站出力约 670 万 kW）为水电直流，季节性强：夏季通常满送，冬季枯水期送电降至 10%～20%。从而使得苏州南部电网的受进电力规模及潮流分布季节变化较大。经分析，苏州南部 500kV 电网存在直流小方式下受电能力受限、动态无功支撑不足、直流双极闭锁后应急拉限电多等问题。

1）直流小方式下受电能力受限。冬季锦苏直流小方式下，梅里-木渎双线潮流过重。2018～2020 年，双线功率约 340 万 kW，$N-1$ 后剩下 1 回线潮流 306 万 kW，超过线路输送能力（约 295 万 kW）。地区达到饱和负荷时，梅里—木渎双线潮流达到 389 万 kW，$N-1$ 后潮流达 345 万 kW，超过线路输送能力 50 万 kW，需要限电约 120 万 kW。

2）动态无功支撑不足。苏州南部 500kV 电网负荷总量大，常规电源少，主要电源锦苏直流不能向该地区提供无功支撑，动态无功电压支撑能力不足。

3）直流双极闭锁后应急拉限电多。在夏季高峰、锦苏直流满送方式下，若发生锦苏直流双极闭锁，苏州南部电网受进功率将增加约 670 万 kW。此时，苏州南部电网相关通道潮流大幅增加，引起受电通道潮流重载，其中梅里—木渎双线负载最重。经初步估算，2018 年夏季高峰，锦苏直流双极闭锁后在事故应急处理中需要拉限负荷 200 万 kW。

（3）统一潮流控制器应用。对于苏州南部电网存在直流小方式下受电能力受限、动态无功支撑不足及直流双极闭锁后应急拉限电多等问题，采用常规的线路增容、新增输电通道等方案均存在难以控制的风险，技术经济不合理。同时，苏州南部 500kV 电网结构在规划期内保持稳定，其影响潮流分布的主要因素——锦苏直流运行方式的季节性变化长期存在。各方案技术经济比较见表4-6，通过对比可看出，苏州南部电网是应用 UPFC 等柔性输电技术比较理想的场合。考虑到该地区同时存在潮流控制及无功电压问题，推荐应用具有潮流、无功电压综合调节能力的 UPFC 来解决上述问题。

表 4-6 各方案技术经济比较表

项目	新增输电通道方案	木渎装设 UPFC 方案
输电能力提升 （需求为 120 万 kW）	提升 300 万 kW	提升 120 万 kW
防止短路电流越限	控制点（石牌）短路电流 上升 1.1kA，越限	不增加短路电流
减少直流换相失败风险	不能减少锦苏直流换相失败风险	减少锦苏直流换相失败风险近一半
工程实施 可行性	线路路径途径苏南经济发达 地区，实施难度极大	木渎变电站具备装设 UPFC 的场地条件
投资	约 15 亿元	约 9.4 亿元

4.3.3.2 工程实施方案

（1）工程选址。经分析，在苏州南部电网的 500kV 木渎变电站装设 UPFC 能够解决冬季直流小方式下的电力受进问题和夏季直流大方式下发生双极闭锁后，拉限负荷过多的问题，同时还能对电网起到动态无功支撑的作用。综合考虑后计划在木渎变电站装设 500kV UPFC，站址位于苏州市吴中区藏书镇篁村，南距藏书镇约 4km，北距苏州世纪大道约 3km，西侧距藏北路约 300m，紧邻 500kV 木渎变电站北侧围墙，见图 4-22。

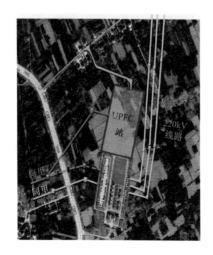

图 4-22 苏州南部 500kV 站位置

（2）系统方案。经研究，推荐在 500kV 木渎变电站装设 500kV UPFC 工程并串入 500kV 木渎—梅里双线。

借鉴 220kV 南京西环网 UPFC 的经验，500kV UPFC 采用两个串联侧换流器加 1 个并联侧换流器的结构，其中串联侧换流器接入梅里-木渎双线，并联侧换流器接入木渎 500kV 母线，见图 4-23。

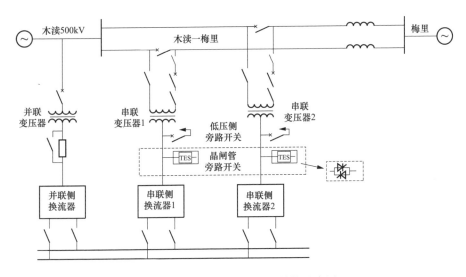

图 4-23　500kV UPFC 拓扑结构示意图

根据近远期潮流控制需求，500kV UPFC 换流器容量取 2×250MVA（串联侧）+1×250MVA（并联侧）。

4.3.3.3　预期效益

（1）苏州南部电网 500kV UPFC 工程计划 2017 年底投运，投运后主要作用包括：

1）苏南电网冬季大负荷方式情况，锦苏直流小方式下，消除梅里木渎断面 N-1 过负荷的问题。

2）夏季大方式情况，锦苏直流大方式下发生双极闭锁时，通过提升地区电网供电能力，减小苏南地区切负荷量。

3）通过 UPFC 无功电压控制，提高苏南地区电网电压恢复水平，有助于一定程度上减少锦苏直流发生换相失败。

（2）苏州南部电网 500kV UPFC 工程具有显著的安全效益、经济效益和示范效应如下：

1）显著提升苏州南部 500kV 电网接纳特高压来电的安全稳定水平。直流双极闭锁后，UPFC 能够在事故应急处理时减少拉限负荷约 120 万 kW；通过 UPFC 的动态无功支撑能力，UPFC 能够提高故障后恢复电压 3kV，并减少交流系统故障后诱发锦苏直流换相失败的风险。

2）提高苏州南部 500kV 电网整体受电能力。工程投运后，通过 UPFC 优化受电通道的潮流分布，能够使苏州南部电网的整体受电能力提高约 120 万 kW，满足用电需求。

3）经济、社会效益显著。示范工程投资约 9.4 亿元，能够避免 1 个代价高昂、建设难度极大的 500kV 输电通道的建设（总长度达 2×60km），不仅节约投资约 5.6 亿元，而且节约了宝贵的社会资源和通道资源。

苏州南部电网 500kV UPFC 示范工程建成后，将是世界上电压等级最高、容量最大的 UPFC 工程（目前国际上电压等级最高为 345kV、容量最大为 32 万 kVA，均位于美国）。500kV 电网目前为电力输送骨干电网，省际、省内电网输电断面存在潮流分布不均情况，给电网输电能力提升及安全运行带来很大困难，工程的建设，将为我国 500kV 电网采用智能技术提升输电能力和安全稳定水平，提高省级电网对特高压交直流电网的承接能力和支撑作用，促进全球能源互联网在江苏的落地，起到示范作用。

4.4 技术展望

UPFC 的装备研制和示范应用，受到各方高度关注。本工程完成了国内第一套 UPFC、世界首套基于 MMC 的 UPFC 成套设备研制及投运，为破解城市核心区域供电难题提供重要探索实践，为了进一步提高南京 UPFC 工程的运行水平，并为后续同类工程建设提供技术支撑，未来的技术研究建议重点关注如下几个方面：

（1）优化完善 UPFC 规划理论与设计方法。综合考虑系统选址、电网接线方式等多个因素，兼顾投资成本、地方政策及社会效益等约束条件，研究形成一套体系化、标准化的通用方案。

（2）深入研究 UPFC 与其他电力电子装置的多目标协调控制策略。未来电网不但包含大容量直流馈入系统，而且还包含 UPFC、STATCOM、大容量同步调相机等，需研究这些设备间的交互影响，提出协调控制策略。

（3）继续提升 UPFC 装置的精细化运维管理水平。研究优化调度运行与运维检修技术手段，推进调度、监控、检修一体化管理，使 UPFC 始终运行在最优区间，最大程度地发挥城市负荷密集区电网供电能力。

参 考 文 献

［1］ HINGORANI N G. High Power Electronics and Flexible AC Transmission System. IEEE Power Engineering Review, 1988, 8 (7): 3-4.

［2］ 王仲鸿, 沈斐, 吴铁铮. FACTS 技术研究现状及其在中国的应用与发展. 电力系统自动化, 2000, 23: 1-5, 70.

［3］ 邱成龙. 统一潮流控制器潮流控制策略及选址定容研究. 重庆: 重庆大学, 2014.

［4］ 王宇. 统一潮流控制器（UPFC）的模型与仿真研究. 南昌: 南昌大学, 2008.

［5］ 姚蜀军, 宋晓燕, 汪燕. 基于 PSASP 的统一潮流控制器潮流建模与仿真. 华北电力大学学报（自然科学版）, 2011 (05): 11-16.

［6］ 刘新. 统一潮流控制器（UPFC）的建模与应用研究 ［D］. 北京: 华北电力大学, 2009.

［7］ 杨晓峰. 模块组合多电平变换器（MMC）研究. 北京: 北京交通大学, 2011.

［8］ MAHMAN R, MHMED A, RUTMAN G, et al. UPFC application on the AEP system: planning considerations. IEEE Transactions on Power Systems, 1997, 12 (4): 1695-1701.

［9］ SCHAUDER C, STACEY E, LUND M, et al. AEP UPFC project: installation, commissioning and operation of the ±160 MVA STATCOM (phase I). IEEE Transactions on Power Delivery, 1998, 13 (4): 1530-1535.

［10］ MEHRABAN B, KOVALSKY L. Unified power flow controller on the AEP system: commission and operation. 1999 IEEE Power-Engineering-Society Winter Meeting, New York, USA, Jan. 31-Feb. 4, 1999: 6.

［11］ MEHRABAN A S, PROVANZANA J H, EDRIS A, et al. Installation, commissioning, and operation of the world's first UPFC pn the AEP system ［C］. 1998 International Conference on Power System Technology, Beijing, China, Aug. 18- Aug. 21, 1998: 5.

［12］ RENZ B A, KERI A, MEHRABAN A S, et al. AEP unified power flow controller performance. IEEE Transactions on Power Delivery, 1999, 14 (4): 1374-1381.

［13］ SCHAUDER C. The unified power flow controller——a concept becomes reality. 1998

IEE Colloquium on Flexible AC Transmission Systems-the FACTS，London，UK，Nov. 23：6.

[14] CHOO J B，CHANG B H，LEE H S，et al. Development of FACTS operation technology to the KEPCO power network - installation & operation. 2002 IEEE/PES Transmission and Distribution Conference and Exhibition：Asia Pacific，Yokahama，Japan，2002，Oct. 6-Oct. 12：6.

[15] CHANG B H，CHOO J B，IM S J，et al. Study of operational strategies of UPFC in KEPCO transmission system. 2005 IEEE/PES Transmission and Distribution Conference & Exhibition：Asia and Pacific，Dalian，China，2005，Aug. 15-Aug. 18：6.

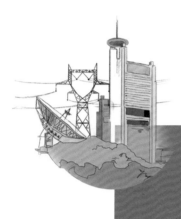

PART 5

交直流混合配电网技术

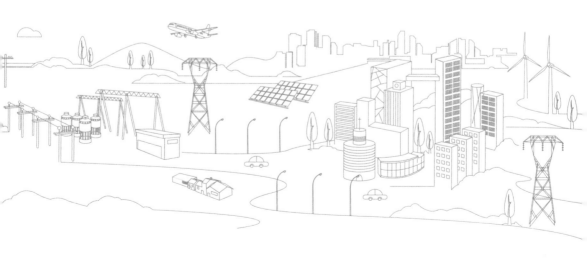

5.1 概述

5.1.1 交流配电网技术

19 世纪下半叶，几乎所有人都认为交流电无法使用。1882 年，爱迪生在纽约建立了第一座发电站，安装了三台 110V "巨无霸"号直流发电机，由地下输电线输送到预先签约的 59 位客户的楼房中，形成了最早的直流输配电系统。

1882 年，法国科学家戈拉尔和英国的商业伙伴吉布斯对法拉第在实验室里发明的变压器进行了改进，利用变压器改变交流电的电压。同一年，特斯拉利用两个异相交流电换相器，保证充分而强大的电流使发动机运转。1883 年，特斯拉制造出了第一个小型交流电动机。

1885 年，由费朗蒂设计的伦敦泰晤士河畔的大型交流电站开始输电。他用钢皮铜心电缆将 10kV 的交流电送往相距 10km 外的市区变电站，在这里降为 2500V，再分送到各街区的二级变压器，降为 100V 供用户照明。1895 年，威斯汀豪斯的公司在尼亚加拉大瀑布建造了世界上第一座水力发电站，使用了 3 台特斯拉研制的 110kW 交流发电机，将电流传输到距发电站 35km 外的布法罗市。自此，交流电系统由于经济实惠、便于制造而快速普及，交流电从此成为了工业、商业和民用电的唯一选择。

目前，交流电网的输配电技术已非常成熟。但随着交流电网规模的扩大，电压等级的提高，复杂交流互联电网的短路容量不断增大，其运行控制过程愈发复杂，系统的安全稳定问题越发严重。同时，面对数据中心、电动汽车、分布式电源（如光伏）和 LED 照明等直流设备的大规模接入，交流电网由于电能变换环节多，供配电的效率受到了影响。

5.1.2　直流配电网技术

人们对电能的应用和认识首先从直流开始，直流输电也是历史上最早的输电方式。随后，由于社会对于电能需求的增大，直流电电压变化困难，远距离输电经济性差，直流电动机结构复杂、成本高的劣势越发凸显，于是逐步被交流电取代。

目前，世界范围内的大规模配电网都是交流配电网。但随着交流电网规模的扩大，交流系统的各种问题逐渐突出，直流输电重新受到重视，一方面是由于海底电缆等特殊输电方式的需要；另一方面，大功率电力电子技术的进步，使得直流输电的电能变换成为可能。20 世纪 50 年代，高压大容量可控汞弧整流器研制成功，为高压直流输电的发展创造了条件。1954 年瑞典本土和哥得兰岛之间建成一条 96km 长的海底电缆直流输电线，直流电压为±100kV，传输功率为 20MW，是世界上第一条高压直流输电线，从此开启了直流技术在输电领域的规模化应用。

美国在 2003 年就提出了直流配电的相关方案。北卡罗来纳大学提出的方案参考了舰船配电，其方案中直流电压母线采用 400V 作为其电压等级，并配有 120V 交流母线。能量管理装置作为中继，从 12KV 交流母线获取电能，并通过 400V 直流母线和 120V 交流母线将电能分配给负荷。2010 年，弗吉尼亚大学提出了 "Sustainable Building and Nanogrids（SBN）" 研究计划，SBN 计划中考虑不同负荷，直流配电网电压等级采用 380V 和 48V 双电压等级。380V 电压主要针对家用和工业用负荷，48V 电压等级考虑通信及小型设备，其供电能力极其有限。此结构整合不同分布式电源并考虑了混合动力汽车的影响，十分具有前瞻性。

日本大阪大学在 2006 年提出双极直流配电网结构，此结构中 6.6kV 交流电先通过变压器变为 230V，再通过整流器输出±170V 直流电能。双极母线的使用使得传输容量更大，电力电子器件的大量使用也将±170V直流电压变换为不同电压等级的交流、直流电压，供不同负载使用。

欧洲国家中，意大利和罗马尼亚对于直流配电网均有研究。罗马尼亚在 2007 年提出的系统采用双电源交替供电。系统中设计 750V 作为直流母线电压等级，整合各类分布式电源并与交流电网连接，其供电能力较强，供电可靠性也较高。

我国对于直流配电的研究起步较晚，但近年来已成为研究热点。对于直流配电网的研究，国内学者主要集中在以下几个研究方向：

（1）直流配电网系统结构。直流配电网的网络拓扑结构可分为三种，分别为辐射型、环型和两端供电型。

（2）低压直流配电系统电压等级。对于配电系统电压等级，各国的标准并不相同。美国提出 380V 为直流配电最佳电压等级，日本选取 400V，欧洲一些国家如芬兰等采用±750V 作为直流配电电压。综合考虑安全性和经济性，380V 电压等级较为理想。

（3）低压直流配电网接地方式。双极低压直流配电接地方式有三种，即 TT 方式（电源侧和用电设备外露导体均直接接地）、TN 方式（电源侧直接接地，用电设备外露导体经保护线接地）、IT 方式（电源侧不接地或经高阻抗接地，用电设备外露导体直接接地）。

（4）交直流配电网的可靠性与经济性对比。目前由于直流断路器研究并未有实质性突破，直流配电网的可靠性受到很大限制，换流器也存在一定故障率，现阶段的可靠性并不如交流系统。但随着电力电子技术的发展，未来的直流配电网可靠性将会提高。经济性上，相同电压等级下直流配电系统容量明显大于交流系统。而由于电力电子设备造价昂贵，投资成本高于交流系统，电力电子装置的效率也有待提高。

直流配电技术虽是研究的热点，但尚未广泛开展应用。目前应用主要有大型发电厂升压变电站、大电网高压变电站一次设备的操作，以及二次设备及通信设备的保安电源。另外有很多电力大用户采用了直流配电技术，如电信部门等大型企业的通信机房供电系统、船舶供电系统和城轨铁路交通供电系统。

5.1.3   交直流混合配电网

交直流混合配电网可更好地接纳分布式电源和直流负荷，可缓解城市电网站点走廊有限与负荷密度高的矛盾，同时在负荷中心提供动态无功支持，可提高系统安全稳定水平并降低损耗。近年来的研究成果表明，基于柔性直流技术的交直流混合配电网更适合现代城市配电网的发展，是配电网的一个重要发展趋势，可以有效提升城市配电系统的电能质量、可靠性与运行效率。目前，由于直流断路器、直流电缆等关键设备的不成熟以及建设标准的不完善，采用柔性直流装置升级改造现有交流配电网也是交直流混合配电网发展的有效途径。在充分利用配电网骨干网架和现有交流设备的基础上，通过在关键节点部署柔性直流装置，可大幅度提升系统的运行控制与优化能力。

目前国内外在交直流混合配电网领域的相关研究及示范工程尚在起步阶段。在北美，弗吉尼亚理工大学 CPES 中心于 2010 年提出"Sustainable Building and Nanogrids（SBN）"计划，随后又进行了改进，提出了基于分层互联交直流子网混合结构概念性互联网络结构。北卡罗莱纳州立大学于 2011 年提出"The Future Renewable Electric Energy Delivery and Management（FREEDM）"结构，是适用于"即插即用"型分布式电源及分布式储能的交直流混合配电网结构。阿尔伯塔大学于 2012 年提出了基于变流器的交直流混合配电网结构，给出小信号分析模型并分析其稳定性。在欧洲，意大利罗马第二大学和英国诺丁汉大学于 2008 年针对交直流混合配电网提出"Universal and Flexible Power Management（UNIFLEX-PM）"方案，在各个电网的不同工况下实现能量的双向流动。

在国内，目前相关研究成果主要集中在直流配电网方面，混合配电网的拓扑结构、规划方法、可靠性、经济性和综合评估方法、运行调度技术、控制保护技术等均在开展深入研究。目前，北京市电力公司承担的"863 计划"项目课题"交直流混合配电网关键技术"于 2015 年正式启动，旨在实现面向城市不同供电区域之间柔性直流互联和交直流混合环网闭环运行控制，从而解决高密度可再生能源接入问题并保障交流配电网可靠性。随着柔性直流技术的不断发展以及电力电子器件成本的降低，柔性直流技术在配电网中的应用前景将更加广泛，经济效益将更加显著。

5.1.4 交直流混合配电网典型拓扑

传统交流配电网为限制短路电流，主要采用分区供电，高压配电网网架结构主要有链式、环网和辐射状结构；中压配电网结构主要有双环式、单环式、多分段适度联络和辐射状结构；低压配电网一般采用辐射状结构。当最高电压等级（如 500kV）环网运行且网架坚强，为确保电网结构优化，低一电压等级（如 220kV）电网应分区规划和运行，分区间保持合理联络和支援，应采用环网结构；110kV 主要采用环网布置，开环运行方式。10kV 配网结构根据架空网和电缆网的不同可以分为两类：架空网主要包括辐射式接线和多分段适度联络接线两种模式；电缆网主要包括单环式接线和双环式接线两种模式。

直流配电网网架结构主要有辐射型、两端供电型及环型直流配电网。辐射型直流配电网由不同电压等级的直流母线组成骨干网络，分布式电源、交流负载与直流负载通过电力电子装置与直流母线相连。辐射型直流配电网结构简单，对控制保护要求低，但供电可靠性较低。两端供电型直流配电网与辐射型直流配电网相比，当一侧电源故障时，可以通过操作联络开关，由另一侧电源供电，实现负荷转供，提高整体可靠性。环型直流配电网相比于两端供电型直流配电网，可实现故障快速定位、隔离，其余部分电网可像两端供电型运行，供电可靠性更高。

5.1.4.1　含直流网的交直流混合配电网网络结构

针对直流负载接入较为集中的区域，若采用传统交流电网通过换流器接入直流负载的方式，需要为每个直流负载单独配备独立的换流器，换流过程中存在电能损耗且投资较大。采用构建直流网的方式，将直流负载统一并入直流电网中，再统一换流与交流电网相连，是一种经济、高效的方式。

（1）辐射型（见图 5-1）。辐射型交直流混合配电网结构中，交、

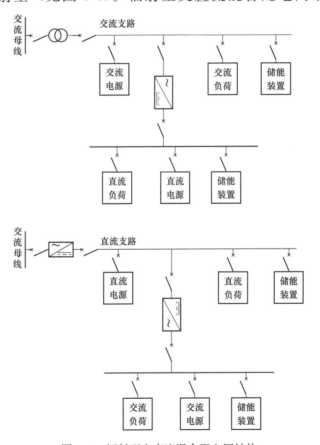

图 5-1　辐射型交直流混合配电网结构

直流线路间无联络线，交流母线经由换流器引出直流母线，直流母线接入直流电源、直流负荷和储能装置。辐射型结构控制简单、易于实现，相比于独立的直流源、荷直接通过换流器接入交流电网方式，具有更好的经济性和可靠性。

辐射型网络结构适用于居民住宅等场合；因为交直流母线中都接有储能装置，相当于备用电源，可实现不间断供电，也可应用于大型工业园区等对供电可靠性要求较高的场合。

（2）多分段适度联络型（见图5-2）。

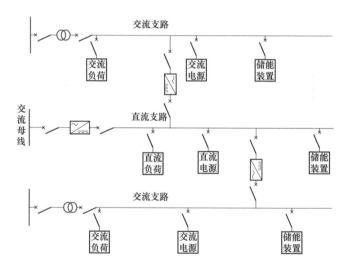

图 5-2　多分段适度联络型交直流混合配电网结构

多分段适度联络型交直流混合配电网结构中，交、直流线路间有联络线，可实现交、直流线路间的负荷转供，相比于辐射型，供电方式更加灵活，可靠性更高。多分段适度联络型控制较为复杂，需要统一考虑交流母线和直流母线潮流、换流器容量等问题。

多分段适度联络型网络结构适用于对供电可靠性要求很高的场合，一方面交、直流母线分别接有电源及储能装置；另一方面，通过交直流线路互联，提升了线路间的负荷转供能力，进一步提升了网络的供电可靠性，可应用于对供电可靠性有很高要求的场合，如数据中心等。

（3）两端供电型（见图 5-3）。

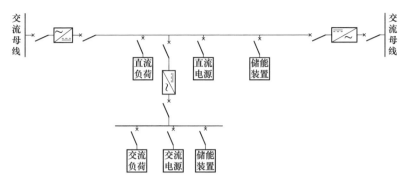

图 5-3　两端供电型交直流混合配电网结构

两端供电型交直流混合配电网结构中，交、直流线路间无联络线，直流母线两端通过换流器与交流母线相连，控制相对于辐射型要复杂，供电可靠性介于辐射型与多分段适度联络型两者之间。

两端供电型网络结构适用于对供电可靠性要求适中的场合，一方面直流母线自带直流源，可一定程度上起到备用电源的作用；另一方面，若直流母线发生故障，两端的交流母线可在一定程度上起到支撑电压的作用，可应用于对供电可靠性要求不高的城市电网。

5.1.4.2　含柔直装置的交直流混合配电网网络结构

交流配电线路之间通过柔性环网控制装置互联，可实现不同交流配电线路间的互联互通和闭环运行，系统任意一段故障或检修时，都可以通过柔性环网控制装置和联络开关及时恢复供电，提高系统供电能力和供电可靠性。柔性环网控制装置的安装位置可以灵活多变，控制方式多样，整个网络满足 $N-1$ 准则。对于当前城市配网常常是环网设计，开环运行的情况，采用柔性环网控制装置（三端或两端）可以解决两端母线不同步的问题，顺利合环，提高系统供电安全水平。多端口的柔性直流装置能够汇集多条馈线，将改变目前交流配电网不同位置多联络的结构。

（1）含两端柔性环网控制装置的接线模式。利用两端柔性环网控制装置实现交流配电线路互联环网运行，主要适用于架空网中的单联络及辐射式和电缆网中的单环式，见图5-4。

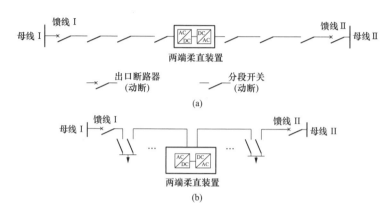

图 5-4　含两端柔性环网控制装置的交直流混合配电网接线模式

（a）架空网；（b）电缆网

用两端柔性环网控制装置实现中压交流配电线路的环网运行，可以实现正常工况下负荷转移，提高系统的供电能力和可靠性程度。但是对辐射式线路要实现环网运行，需对线路进行增容，改造成本相对较大，单环网不需要增容。

（2）含三端柔性环网控制装置的接线模式（见图5-5）。

利用三端柔性环网控制装置可以实现三条辐射线路的互联，可以广泛地应用到多分段适度联络的网架中，还可以实现单环网闭环运行并与相邻线路互联。三端柔性环网控制装置可以实现多种的环网形式，包括辐射式线路改造成环网，多分段适度联络接线改造环网运行，单环网配电线与相邻中压线路互联等。正常运行时，馈线Ⅰ、Ⅱ、Ⅲ通过柔性直流装置实现闭环运行，三条线路之间的潮流能够灵活控制；某条馈线故障时，根据需求通过柔性环网装置由其他两条馈线同时或单独提供紧急功率支援，及时恢复供电，且负荷能够连续分配。因此能够在保证 $N-1$ 的前提下达到 66.7% 的最大负载率；检修时，由于闭环运行，检修区两侧负荷均可避免短时停电。

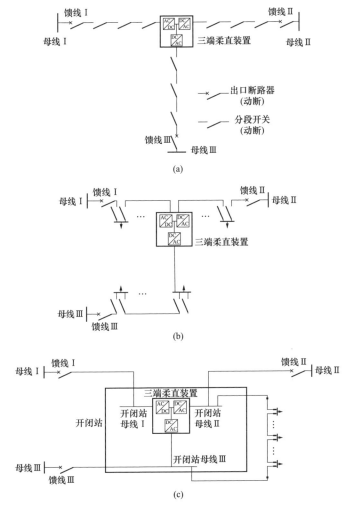

图 5-5　含三端柔性环网控制装置的交直流混合配电网接线模式

(a) 架空网；(b) 电缆网（单环式）；(c) 电缆网（开闭站式）

利用三端柔性环网控制装置升级改造后的网架结构，虽然实现了环网运行，但对线路容量限制也提出了要求。故障情况下，要满足 $N-1$ 要求，三条线路的负载率之和需控制在 200% 以内，即平均每条线路的负载率控制在 66.7% 以内。对于供电可靠性要求特别高的地区，若要满足 $N-2$，需平均每条线路的负载率控制在 33.3% 以内，这样才能保证在两条线路故障情况下，仍能通过柔性环网控制装置满足负荷转移的需求，增强系统的持续供电能力、提高系统的供电可靠性。含两端、三端柔性环网控制装置的典型电网的特点及适用范围如下：

（1）两端（架空网）。特点：满足 $N-1$ 要求，主干线正常运行时的负载率需控制不大于 50%；可靠性较高，但不满足 $N-2$；由于需留有 50% 的备用容量，线路投资较大。

过渡方式：一般由两条辐射式线路或一对单联络线路经过柔性环网控制装置升级改造得到。

适用范围：两端口的架空网接线模式是含柔性环网控制装置的架空网中最为基本的形式，适用于负荷密度不高，负荷对供电可靠性有较高要求的地区，随着电网的发展，可以逐步过渡为三端口或更多端口的接线模式。

（2）三端（架空网）。

特点：满足 $N-1$ 要求，主干线正常运行时的负载率需控制不大于 67%；可靠性较高，可满足 $N-2$；增加了联络线路数量，减少了每条线路的备用容量，提高了线路的利用率。

过渡方式：一般由一对单联络线路和一条辐射式线路经过柔性环网控制装置升级改造得到。

适用范围：适用于负荷密度较大，可靠性要求较高的区域。

（3）两端（电缆网）。

特点：满足 $N-1$ 要求，主干线正常运行时的负载率需控制不大于 50%；可靠性较高，但不满足 $N-2$；由于需留有 50% 的备用容量，线路投资较大。

过渡方式：一般由单环网线路经过柔性环网控制装置升级改造得到。

适用范围：适用于负荷密度不高、对供电可靠性要求较高的城市电网建设初期，随着电网的发展，可以逐步过渡为三端口或更多端口的接线模式。

（4）三端单环式（电缆网）。

特点：满足 $N-1$ 要求，主干线正常运行时的负载率需控制不大于67％；可靠性高，可满足 $N-2$；增加了联络线路数量，减少了每条线路的备用容量，提高了线路的利用率。

过渡方式：一般由一对单环网和一条单射式线路经过柔性环网控制装置升级改造得到。

适用范围：适用于负荷密度较高、可靠性要求较高、开发比较成熟的区域，以及城市核心区、繁华地区，重要用户的供电等。

（5）三端开闭站式（电缆网）。

特点：满足 $N-1$ 要求，主干线正常运行时的负载率需控制不大于67％；可靠性高，可满足 $N-2$；增加了联络线路数量，减少了每条线路的备用容量，提高了线路的利用率。

过渡方式：一般由一对单环网和一条单射式线路或三条单射式线路经过柔性环网控制装置升级改造得到。

适用范围：开闭站宜建于负荷中心区，适用于负荷密度较高、可靠性要求较高的区域，尤其是用户容量较大的地区。

5.2　交直流混合配电网核心设备

在交流配电网中，电能变换的核心设备为交流变压器，起到了升压、降压的作用；与交流配电网不同，交直流混合配电网还具有 AC/DC、DC/DC 的变换环节，其核心设备为 AC/DC 变流器和 DC/DC 变流器，另外，为实现直流故障的快速隔离，还需要配置直流短路器。

5.2.1　AC/DC 变流器

AC/DC 变流器是连接配电网的交流与直流的关键节点，可以实现交流与直流电网的有功交换，改善交流配电系统的功率和电压控制能力，提高配电网的供电可靠性，是交直流混合配电网的关键设备。电压源型换流器（voltage source converter，VSC）可以实现 AC/DC 变换，其有功、无功可以独立解耦控制。VSC 具有多种拓扑结构，不同的 VSC 拓扑的工作机理、运行特性有所差异，各具有优缺点。本章针对配电网的应用特点，比较分析多种不同的柔性直流换流器类型。

5.2.1.1　两电平换流器

两电平换流器是最为简单的电压源换流器拓扑结构，三相两电平电压源换流器的主电路结构如下图所示。换流器包含 3 个桥臂，每个桥臂均由两组可关断器件及其相应的反并联续流二极管构成。每相桥臂通过上下开关的导通和关断控制，使交流侧交替输出 V_{dc} 或 0 的状态。

两电平电压源换流器的输出通常是采用脉冲宽度调制（Pulse Width Modulation，PWM）技术，见图 5-6，即参考波（所期望输出的交流电压波形）与三角载波相比较，当参考电压大于载波时，触发导通桥臂上管，则输出相电压相对于中点的电压为 $+U_d$；当参考电压小于载波时，触发导通桥臂下管，则输出相电压相对于中点的电压为 $-U_d$；调制过程中上下管的驱动信号是互补。根据 PWM 调制得到一系列的控制脉冲，从而使换流器交流侧输出相应的脉冲电压波形。

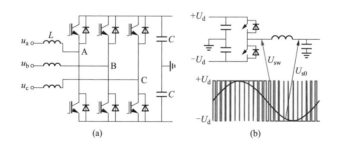

图 5-6　两电平换流器拓扑

5.2.1.2　三电平换流器拓扑

20 世纪 80 年代有学者提出了在两个电力电子开关器件串联的基础上，中性点加一对钳位二极管的三电平换流方案（Neutral Point Clamped，NPC），主电路结构见图 5-7。换流器每桥臂包含 4 个主开关器件、4 个续流二极管、2 个钳位二极管，当桥臂上端的两个开关器件导通时，输电端电压电平为 $+U_d$；当桥臂中间两个开关器件导通时，输电端电压电平为 0；当桥臂下端的两个开关器件导通时，输电端电压电平为 $-U_d$；每个桥臂能输出 3 个电平状态，三电平换流器输出波形见图 5-8。

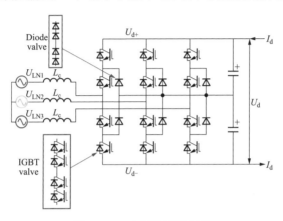

图 5-7　三电平换流器拓扑

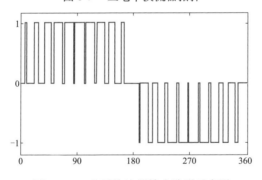

图 5-8　三电平换流器输出波形示意图

相对于常规的两电平换流器，使用同样的开关器件，三电平 NPC 换流器可以使交流输出的电压等级提高一倍。另一方面，在谐波特性上，采用同样的开关频率，交流输出侧的谐波频率也会提高一倍。这也是多电平换流器的优势所在。

5.2.1.3　模块化多电平换流器拓扑

自从三电平中点箝位 NPC 换流器出现后，多电平换流器技术成为一个关注的热点，研究和应用的目标主要是在拓扑结构设计上继续提高电平数目，以实现高电压等级的应用，并得到更低的损耗和更好的谐波性能。目前多电平换流器技术已经得到了极大的发展，并在拓扑结构上出现了多个分支。目前基本的多电平拓扑结构可以分为以下三类：二极管箝位结构；悬浮电容结构；单相桥（H 桥）串联接构。虽然提出了多种多电平换流器结构，但是由于各方面的限制都难以直接应用于柔性直流系统的应用。一直到 2010 年之前，所投运的柔性直流输电工程仍是以两电平换流器为主，2010 年西门子投运了第一个MMC 多电平结构的换流器。

MMC 换流器每个桥臂可等效为一个可控的交流电源，见图 5-9。通过控制开关状态，可以控制换流器输出电压的幅值和相位，从而控制注入电网的交流电流，实现与电网之间交换有功功率或无功功率。

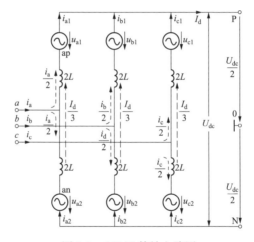

图 5-9　MMC 等效电路图

模块化多电平换流器由于其模块化特性，采用低压器件实现高电压输出，避免了开关器件直接串联存在的均压问题，适用于高压大容量应用，电压、容量等级易于扩展，且便于工程实现。模块化多电平换流器根据采用的子模块具体可分为：HBSM（半桥子模块)-MMC、FBSM（全桥子模块)-MMC、CDSM（钳位双子模块)-MMC 等多种，见图 5-10。

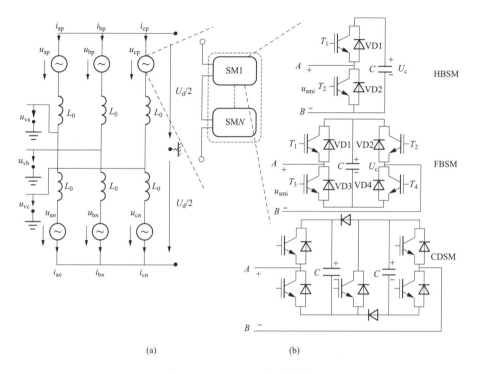

(a)   (b)

图 5-10   MMC 电路示意图

换流器拓扑还可以采用半桥子模块（HBSM）＋全桥子模块（FB-SM）的混合型换流器拓扑（FH-MMC），见图 5-11。将各种子模块拓扑组合起来，综合了两种拓扑的部分优点，一方面可以换流器具有直流故障的自清除能力，另一方面可以减低换流器中功率器件的适用数量，以达到较好的性能。该类拓扑换流器损耗介于 MMC 和采用全桥子模块换流器之间。

5.2.1.4   级联两电平换流器拓扑

ABB 公司在 2010 年国际大电网会议上提出了级联两电平换流器（cascaded two-level converter，CTL），见图 5-12。

实际上这种结构与 MMC 换流器非常类似，只是每个单元的出线顺序略有改动，每个子模块采用包含若干个级联的子模块，见图 5-13。工作原理与 MMC 换流器也基本相同，甚至可以认为就是属于 MMC 换

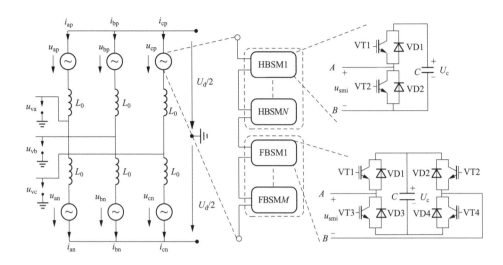

图 5-11　混合型换流器的拓扑结构

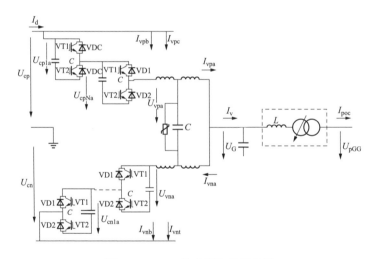

图 5-12　CTL 换流器拓扑结构图

流器的一类。一定程度上可以认为这种拓扑结构是为了避开西门子公司在 MMC 换流器的专利而提出的一种略微变化的结构。

　　ABB 将采用 CTL 技术的柔性直流换流器归公司的第四代柔性直流换流器，与前面几代相比，由于采用了多电平技术换流阀的损耗显著降低。ABB 2010 年以后逐步在工程中应用采用 CTL 的柔性直流技术，目前正在实施的 Dolwin 工程等工程均采用 CTL 技术。对于 10kV 柔性环网控制装置，电压等级较低，不适合采用基于开关器件串联的 CTL 型换流器拓扑。

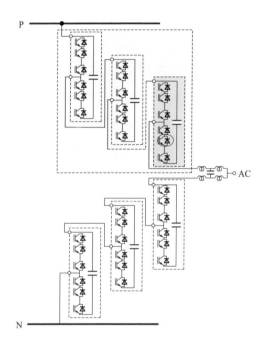

图 5-13　CTL 换流阀单元结构示意图

5.2.1.5　换流器拓扑结构比较

两电平换流器、三电平 NPC 换流器和 MMC 换流器是目前最为主要的三种应用于柔性直流输电系统的电压源换流器（voltage sourced converters，VSC）拓扑，是柔性直流拓扑采用的最主要的技术路线。

两电平换流器和三电平换流器优点：工作原理简单，控制系统构造简单。在 2010 年之前是最为主要的拓扑结构（其中两电平换流器占大多数），应用于低压配电网优势明显。其不足之处在于：两电平换流器和三电平换流器均需要大量的开关器件直接串联，一方面要求必须采用具有短路失效模式的压接式 IGBT，在器件的可选择性方面存在较大限制，并且存在一定的技术风险。除 IGBT 直接串联的自身问题之外，在工艺和结构方面也将带来较大的实施困难。两电平、三电平另外一个缺点在于由于换流器采用 PWM 高频调制，系统具有较高的损耗，开关频率 1950Hz 两电平的柔性直流换流站功率损耗为 6%，开关频率 1260Hz 的三电平换流站损耗为 3.6%。采用优化的正弦波调制策略后，两电平换流器损耗降为 1.6% 左右。另外两电平、三电平换流器输出电压中谐波含量丰富，通常需要辅助的谐波滤波器滤除特定次谐波，使并网点的电能质量满足要求。通常在交流场和直流场分别配置谐波滤波器，滤波器等一次设备将增加交流场和直流场的占地。

MMC 换流器的优点在于：换流器不需要器件直接串联，易于实现大电平数目和模块化，谐波和 dv/dt 也越低，无需配置交流谐波、直流谐波滤波器，换流器开关频率低，换流器损耗低。并且采用模块式 IGBT 和压接式 IGBT 均可实现冗余运行，根据现有的工程估算采用 MMC 换流器的成本单位造价低于两电平和三电平换流器，该拓扑在中压配电网应用优势明显。MMC 变流器不足之处：级联模块数目较多，需要考虑功率模块之间的脉冲移相和电压均衡，主控制器和功率模块之间需要大量的通信联系，控制器设计相对复杂。模块化多电平换流器由于其模块化特性，电压、容量等级易于扩展，且便于工程实现，另外，较低的开关频率使得换流器损耗降低，提高了电压源换流器的可靠性，相对于两电平电压源换流器，虽然开关器件数目增加一倍，但其紧凑、灵活的结构设计，总体经济性并不一定会降低。

5.2.1.6　中压配电网柔性环网装置

中压配电网一般为环网设计，开环运行，不具备潮流调节、负荷均衡和连续负荷转移的能力。针对该问题，交直流混合配电网可以通过直流互联的两个、三个甚至多个 AC/DC 组成柔性环网装置实现两端、三端甚至多端的中压配电网柔性互联。

在实际设计环网装置时，应综合考虑保护配置、电压等级、容量等级、占地、造价、损耗、维护等多种因素。以 10kV/10MW 三端柔性环网装置为例，根据连接变压器的配置情况其主接线分为四种：①三端均采用连接变压器（方案1）；②三端均无变压器（方案2）；③一端无变器、两端采用变压器（方案3）；④两端无变压器、一端有变压器（方案4）。各方案的比较见表5-1。

表5-1　　　　　　　　　　　柔性环网控制装置接线方式比较

分类	方案1 （三端有变压器）	方案2 （三端无变压器）	方案3（一端无变压器、 两端有变压器）	方案4（两端无变压器、 1端有变压器）
换流器	半桥型MMC换流器、两电平、三电平换流器等拓扑结构	FH-MMC换流器	无连接变器端为全桥型MMC换流器	无连接变压器端为FH-MMC换流器
故障隔离	可以实现交流、直流故障隔离	可以隔离对称故障；不对称交流故障可以通过故障侧换流器停运隔离故障，交流故障清除后，快速启动恢复，非故障端交流系统不受影响	当无连接变压器的交流系统故障时，非故障侧的换流器阀侧会出现零序分量，因变压器的隔离作用，非故障侧的网侧不受影响	无变压器端口间的故障情况同方案2；变压器可以对相连接的端口故障进行隔离
占地	占地最大	节省3台变压器占地；整体占地较方案1小30m²以上	节省1台变压器占地；整体占地较方案1小10m²以上	节省2台变压器占地；整体占地较方案1小20m²以上
造价	—	与方案1相当	与方案1相当	与方案1相当
损耗	1.3%～1.5%	与方案1相当	与方案1相当	与方案1相当

在柔性环网控制装置的端口间增加旁路开关可以提高柔性环网控制装置运行的灵活性，增加运行方式。图5-14为增加旁路开关后的柔性环网控制装置的接线方案，三端口柔性环网控制装置两两之间增加旁路开关。

当其中一侧旁路合闸后旁路开关两端连接的合闸后，两端换流停运一端，柔性环网装置其余的两端口可以继续运行。每个旁路开关合闸后，换流器可以有三种运行方式，见图5-15。

与单个AC/DC装置不同，柔性环网装置不仅要考虑变流器层面的控制保护技术，更要综合考虑10kV交直流混合系统的控制与保护，其主要体现在：

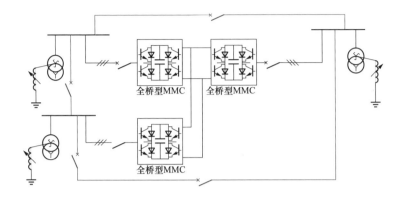

图 5-14　增加旁路开关后侧柔性环网控制装置接线方式

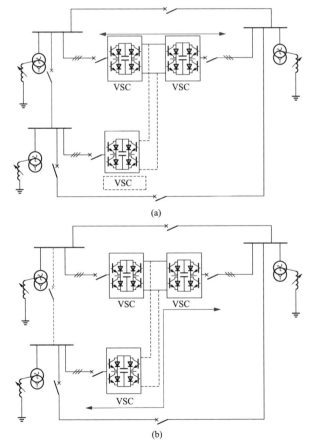

图 5-15　柔性环网控制装置一端旁路开关合闸后的运行方式（一）

（a）运行方式 1；（b）运行方式 2

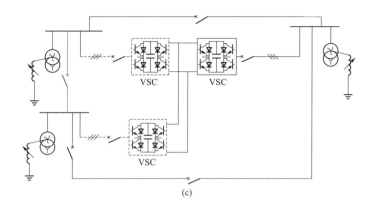

(c)

图 5-15　柔性环网控制装置一端旁路开关合闸后的运行方式（二）

（c）运行方式 3

（1）多 AC/DC 变流器之间的协调控制，如主从控制、下垂控制；

（2）考虑柔性环网装置的调节能力，实现多源协同的系统优化调度，主要的优化方面包括系统电压、线路载流能力、系统可靠性、线损及经济性等；

（3）柔性环网装置的故障穿越能力，主要包括：在系统发生故障后，如果是区外故障，需要柔性环网装置实现低电压穿越；在故障恢复后柔性环网装置可以调节系统实现并离网切换；交流系统保护定制、重合闸等应充分考虑与柔性环网装置的配合。

5.2.2　DC/DC 变流器

DC/DC 变流器是直流电网中又一关键设备，可实现直流电网中的电压变化、直流负载供电、直流隔离、直流网潮流控制等功能。DC/DC 变流器伴随着电力电子技术的发展出现了多种多样的拓扑类型，根据不同功能及应用主要包含如下的特点：①根据潮流方向可分为单向和双向；②根据有无隔离变压器可分为非隔离型和隔离型；③根据是否采用软开关技术分为硬开关型和软开关型；④根据是否采用多电平技术分为多电平型和非多电平型。

5.2.2.1　基本型非隔离 DC/DC 变流器

不隔离单管直流变换器是最基础的变换器，有降压式（Buck）、升压式（Boost）、升降压式（Buck/Boost）、Cuk、Zeta、Sepic 等 6 种，见图 5-16。

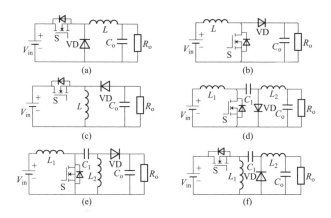

图 5-16　六种基本非隔离型单管 DC/DC 变换器

（a）降压式；（b）升压式；（c）升降压式；（d）Cuk；（e）Sepic；（f）Zeta

将基础的不隔离单管直流变换器的二极管上反并联开关管，可以得到 6 个双向 DC/DC 变换器，其中降压式（Buck）与升压式（Boost）得到的双向直流变换器一致，Zeta 和 Sepic 得到的双向结构也一致。因此，通过对不隔离单管直流变换器进行变换可以得到 4 种不同的双向直流变换器，分别为：Buck-Boost 双向直流变换器、Buck/Boost 双向直流变换器、Cuk 双向直流变换器、Sepic-Zeta 双向直流变换器。见图 5-17。

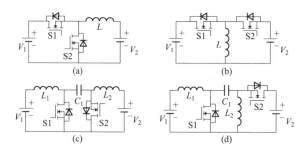

图 5-17　四种基本非隔离型双向 DC/DC 变换器

（a）双向 Buck-Boost；（b）双向 Buck/Boost；（c）双向 Cuk；（d）双向 Sepic-Zeta

5.2.2.2　基本型隔离 DC/DC 变流器

隔离型 DC/DC 变流器根据拓扑结构可以分为正激式、反激式、推挽式、半桥式、全桥式，见图 5-18。

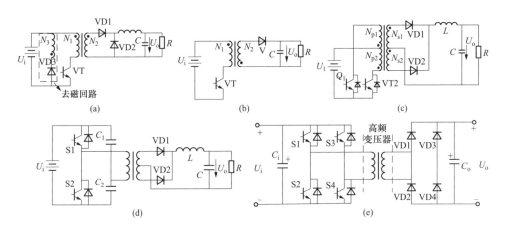

图 5-18　隔离型单向 DC/DC 变换器

（a）正激式变换器电路拓扑；（b）反激式变换器电路拓扑；

（c）推挽式变换器电路拓扑；（d）半桥式变换器电路拓扑；（e）全桥式变换器电路拓扑

通过对基本的隔离型 DC/DC 变换器进行转化，能够得到双向 DC/DC 变换器拓扑：双向正激式、双向反激式、双向半桥、双向推挽、双向全桥，见图 5-19。

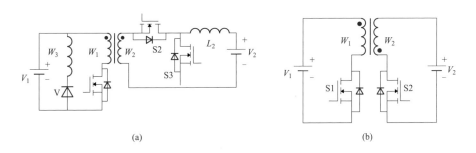

图 5-19　隔离型双向 DC/DC 变换器（一）

（a）双向正激式；（b）双向反激式

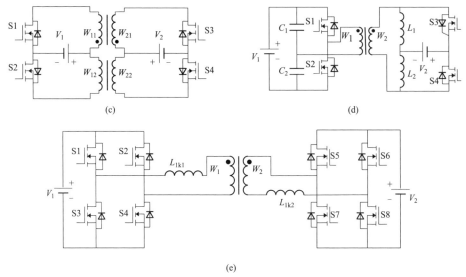

图 5-19　隔离型双向 DC/DC 变换器（二）

（c）双向推挽式；（d）双向半桥式；（e）双向全桥式

5.2.2.3　软开关型 DC/DC 变流器

软开关技术是采用零电压开关（ZVS）或零电流开关（ZCS）的原理来有效解决开关器件的损耗的方法，在开关频率越来越高的 DC/DC 变流器中得到了非常广泛的应用，见图 5-20。

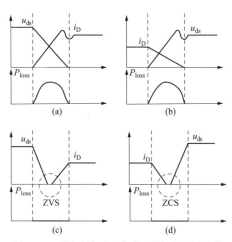

图 5-20　硬开关过程与软开关过程的比较

（a）硬开通过程；（b）硬关断过程；（c）零电压开通过程；（d）零电流关断过程

软开关型 DC/DC 变流器主要有：

（1）移相全桥零电压开关 PWM 电路。该电路在移相控制的基础上采用加入谐振元件，使功率变换器的四个开关管都实现零电压开通，从而可以实现软开关，见图 5-21。

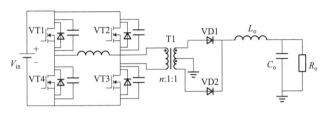

图 5-21   移相全桥变换器

（2）串联谐振变换器。串联谐振变换器（SRC）是最早出现也是最简单的谐振变换器，见图 5-22，LC 谐振网络与负载一起组成分压器，通过控制两个开关管 VT1，VT2 的频率，可以改变谐振网络的阻抗，输入电压通过谐振网络分压加到反射负载上。

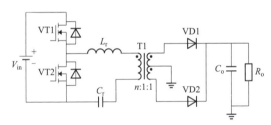

图 5-22   串联谐振变换器

（3）并联谐振变换器。并联谐振变换器（PRC）见图 5-23，PRC 的负载通过变压器与谐振电容并联，为了工作在零电压区域，开关频率必须大于谐振频率，与 SRC 相比其工作范围较窄。

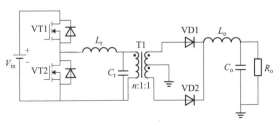

图 5-23   并联谐振变换器

（4）串并联谐振变换器。串并联谐振变换器（SPRC）的谐振网络由 L_r、C_r 和 C_p 组成，因此也叫 LCC 变换器。负载与 L_r 和 C_r 串联，与 C_p 并联，由于变压器原边与 C_p 并联，输出端同样需要加电感。作为 SRC 和 PRC 的组合，LCC 变换器既解决了并联谐振变换器中循环电流大的问题，也解决了串联谐振变换器中轻载时输出电压不稳定的问题。为了保持零电压开通，LCC 的工作频率也要大于谐振频率。当输入电压或负载变化时，开关频率不需要太大的变动就能稳定输出电压。另外，LCC 的输入电流也比并联谐振变换器小，见图 5-24。

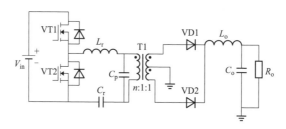

图 5-24　串并联谐振变换器

（5）LLC 谐振变换器。将 LCC 变换器中的并联谐振电容 Cp 换成电感 L_m 就得到 LLC 谐振变换器。采用并联电感可以减小谐振网络的环流，增加初级绕组的电流，使更多能量传递到负载。LLC 谐振变换器有很多卓越的特性，它能工作在宽输入电压和整个负载波动范围下，开关频率却只有很小的波动。而且在整个工作范围都可以实现一次侧开关管 ZVS，二次侧二极管 ZCS，因此没有开通损耗和反向恢复损耗。另外，并联谐振电感可以通过加大变压器励磁电感来实现，串联谐振电感可以通过变压器漏感来实现，有利于磁集成，降低功率密度。基于上述种种优点，LLC 变换器被认为是一种符合电源发展方向的拓扑，得到了业界更广泛的应用，见图 5-25。

5.2.2.4　模块化多电平 DC/DC 变流器

模块化多电平技术不仅应用在 AC/DC 变流器中，在 DC/DC 也存在着较广泛的应用。针对不同应用对象，模块化多电平 DC-DC 变换器拓扑结构具有多样性，主要可分为隔离型和非隔离型两类。

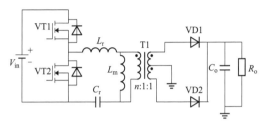

图 5-25　LLC 谐振变换器

（1）非隔离型模块化多电平 DC/DC 变换器。相比隔离型变换器，非隔离型 DC-DC 变换器能实现功率的直接变换，减少电能变换中间环节，具有效率高、结构简单的特点，见图 5-26。

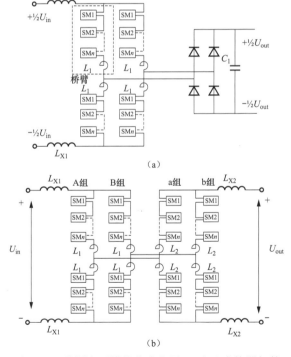

图 5-26　非隔离型模块化多电平 DC/DC 变换器拓扑
（a）单向非隔离型模块化多电平 DC/DC；（b）双向非隔离型模块化多电平 DC/DC

（2）隔离型模块化多电平 DC/DC 变换器。隔离型模块化多电平 DC/DC 变换器中通过一个中高频变压器实现输入输出的隔离。通过隔离变压器可以有效地实现电压调节、故障隔离的效果。其单向及双向拓扑见图 5-27。

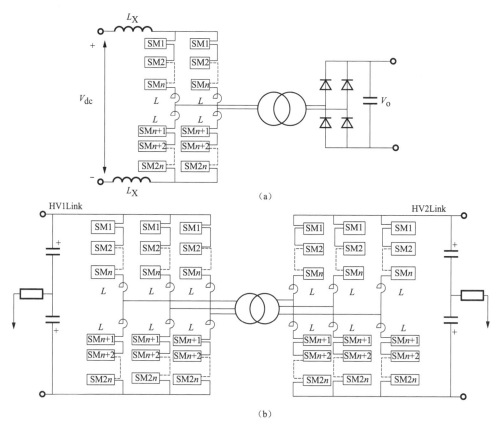

（a）

（b）

图 5-27　隔离型模块化多电平 DC/DC 变换器拓扑

（a）单向隔离型模块化多电平 DC/DC；（b）双向隔离型模块化多电平 DC/DC

5.2.3　直流断路器

在交直流混合配电网中，当直流线路发生故障时，故障电流上升迅速，可能在极短的时间内给系统设备造成热的或电的损害。这要求直流线路保护装置能够快速有效地切除故障，由于直流电流不存在自然过零点，所以灭弧甚为困难，给直流断路器的研发提出挑战。相比于输电系统，直流配电系统由于电压等级低、直流电流小等特点，研发难度有所降低。直流断路器研发需要克服：①开断能力问题，要求能够开断无过零点的直流故障电流；②开断速度问题，一方面，由于电力电子变流器的存在，直流保护需要直流断路器先于变流器动作，另一方面，为避免短路电流对变流器等设备造成损坏，要求快速断开故障，根据系统故障电流大小、保护配合等要求，一般要求直流断路器开断时间小于 5～20ms。

与输电系统中的直流断路器相同，配电网中的直流断路器主要分为三类：机械式、全固态式、混合式（机械开关与固态开关相结合）。

5.2.3.1　机械式直流断路器

机械式直流断路器具有成本低、损耗小的优点，但受物理特性的限制，其开断过程产生的拉弧难以熄灭，其开断速度一般在 10ms 以上。

对于低压直流系统（1000V 及以下），若故障电流在断路器开断能力范围内，可以直接利用空气或真空断路器实现分段。若分段电流较大，可以采取采用二极、三极、四极串联的办法，增加断口，使各断口承担一部分电弧能量，实现灭弧。目前该类型产品相对成熟，根据分段电流的大小可分为框架式、塑壳式。

对于故障电流较大或中压直流系统，应采用一些特殊的手段实现灭弧开断，其中最流行的一种方法是"人工零点法"。"人工电流零点"机械式直流断路器的关键是为机械开断单元制造类似交流零点的开断环境。其基本拓扑结构见图 5-28。该类型直流断路器主要由机械开关、过零点发生支路，以及吸能支路三部分构成。

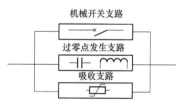

图 5-28　"人工电流零点"法原理图

过正常运行时，直流电流通机械开

关，运行损耗小。短路故障时，机械开关触头分断并燃弧；触头打开至一定开距后，过零点发生支路导通并产生高频反向电流叠加在机械开关上，形成"人工电流零点"，断路器利用电流零点熄灭电弧；随后，当机械开关两端恢复电压上升至一定值，吸能支路导通吸收直流系统能量，完成直流故障开断。

5.2.3.2　全固态式直流断路器

全固态式直流断路器利用了电力电子可控型开关器件来实现电路的关断，因此其技术发展水平完全取决于电力电子器件的发展水平。目前电力电子可控器件有晶闸管（SCR）、可关断晶闸管（GTO）、绝缘栅型场效应管（MOS）、绝缘栅极双极型晶体管（IGBT）、集成门极换流晶闸管（IGCT）等，目前绝大多数的器件都是采用 Si 材料做成，而近几年市场上也陆续出现了一些 SiC 型的器件，其导通损耗将大大降低。

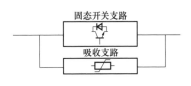

图 5-29　全固态式直流断路器
基本结构

固态式直流断路器的基本拓扑结构见图 5-29，主要由固态开关和吸能支路两部分组成。线路正常运行时，电流直接流过电力电子固态开关。故障发生时，电力电子器件迅速关断。系统中感性元件存储的磁场能量转化为电场能量使断路器两端电压升高至吸能支路动作阈值，吸能支路动作并吸收系统能量，完成直流电流开断。受器件耐压的限制，在中压领域应用时，电力电子器件需要通过串联的形式降低器件两端电压。

由于导通损耗的原因，全固态式直流断路器主要应用于对开断速度要求高的低压直流配电网，而在中压配电网，混合式直流断路器更加适用。

5.2.3.3　混合式直流断路器

混合式直流断路器是将机械开关与电力电子器件结合而构成。该类型直流断路器充分利用了机械开关的通态压降小和电力电子器件关断能力强、关断速度快的优势。根据电路拓扑不同，混合式直流断路器可分为机械开关直接并联混合型及带机械隔离开关的混合固态断路器。

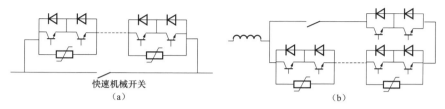

图 5-30　混合式直流断路器基本结构

(a) 机械开关直接并联型混合型直流断路器；(b) 带机械隔离开关的混合固态断路器

机械式直流断路器具有运行稳定、可靠性高、通态损耗小等优点，但由于自身结构的制约，断开时产生的电弧易损坏触头，故障电流切除时间相对较长，无法实时、灵活、快速动作。

全固态式直流断路器的优势在于动作迅速、无弧操作、结构简单，但由于电力电子器件耐压能力有限，在高压直流系统应用时需要串并联大量的电力电子器件，带来了均压均流问题、冷却问题，同时通态损耗过高，故一般只能应用于中低压系统中。

混合式直流断路器结合了机械开关良好的静态特性与电力电子器件良好的动态性能，理论上具有开断时间短、通态损耗小、无需专用冷却设备等优点。但是，以 ABB 混合式直流断路器为例，主开关中需要串联大量 IGBT 器件，仍然存在可靠性低、一致性差和价格昂贵等弊病。

对于不同类型的直流断路器，就目前国内外的研究情况看来，无论是在技术性能上，如开断大电流、承受高电压、动作快速性等方面，还是在工程应用价值上，如体积小型化、经济可靠等方面，都有自己的优势与不足。因此，直流断路器的研制工作应该选择在技术上满足特定系统要求的拓扑方案，然后结合具体经济性、可靠性和体积要求等指标，有针对性地进行优化设计。

5.3　交直流混合配电网关键技术

5.3.1　交直流混合配电网运行控制关键技术

根据时间尺度的长短，可将交直流混合配电网运行控制关键技术分为：①短时间尺度的交直流混合配电网控制技术；②中长时间尺度的交直流混合配电网调度技术。

5.3.1.1 交直流混合配电网控制技术

交直流混合配电网控制技术主要有主从控制、下垂控制等。

（1）主从控制。主从控制方式是指网络中某一节点电源接口变流器采用定直流电压控制（称为主变流器），用来平衡系统的功率波动。其他与外部有源系统连接的换流装置采用定有功功率或定电流控制方式。主从控制模式下的电压/功率特性如图 5-31 所示。

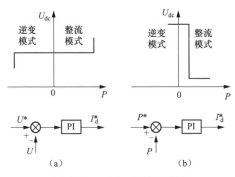

图 5-31   主从控制原理图

（a）定直流电压控制；（b）定功率控制

在主从控制方式下，主变流器承担全部调节电网功率平衡压力，当主变流器输出功率达到限制或退出运行时，全网可能出现突然崩溃。主从控制模式对主变流器的性能和容量要求较高，且必须由上层控制器统一协调各电源节点输出功率的整定值，对通信系统的依赖性较高。

（2）下垂控制。下垂控制是指多个与外部有源系统连接的换流器，同时参与电压的调节，优点是承担调压任务的变流器退出不会影响系统的稳定。下垂控制模式下电压/功率特性见图 5-32。

下垂控制的特点是正常稳定运行时不需要上层控制器进行整定值的协调，失去通信也不影响系统运行；同时扩展方便，适宜大量分布式电源的接入。但由于风力与光伏发电系统一般期望最大功率输出，且其间歇波动性特点限制了调压能力，需要配合储能系统进行调压。

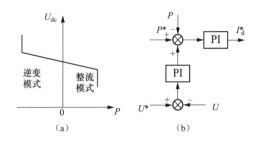

图 5-32　下垂控制原理图

(a) 下垂控制特性；(b) 控制结构

5.3.1.2　交直流混合配电网调度技术

交直流混合配电网的调度技术主要实现整个配电网络的源网荷储的系统优化运行。交直流系统能量优化管理策略中的算法模型主要由约束条件和优化目标两部分组成。前者要求管理策略在不同的运行条件下都能保证系统的稳定与安全，并满足并网单元和重要设备的安全可靠运行要求；而后者则要求在满足约束条件的前提下，针对问题特点选择有效的解决手段以实现系统预定的目标最优化计算。

在典型的交直流混合配电网中，若干交流区域通过一个直流区域实现互联，各个配电网区域一方面协作运行，另一方面又有很强的自主性。这样的特点很适合采用分布式优化的方法进行调度，利用分布式的处理方法既可以充分利用各个配电网区域的自主运行能力，简化调度系统的部署难度；又可以有效地保护每个区域内部运行数据的安全性和隐私性，避免了调度过程中大量数据的报送和传输。

交直流混合主动配电网分层分布式优化调度策略在整体结构上分为两层，分别为局部调度层和区域调度层，见图 5-33。

局部调度层限于某一配电网区域内部，对可再生分布式能源发电 (renewable distributed generation，R-DG)，结合储能 (energy storage，ES) 装置进行联合出力优化。在局部调度层优化结束后，其优化结果将上报给区域调度层。

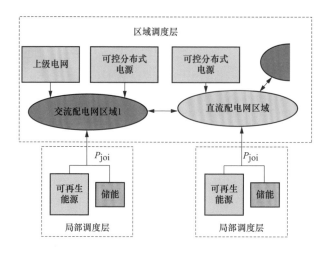

图 5-33　交直流混合主动配电网分层分布式优化调度策略

区域调度层将局部调度层的优化结果作为输入条件，利用分布式优化的方法，对配电网区域内的可控分布式发电（controllable distributed generation，C-DG）以及区域间的交换功率进行调度，优化配电网的供电方式，以实现交直流混合主动配电网内电能的优化调度。

局部调度层优化的目标包括：①增加 R-DG 和 ES 的联合发电收益。通过这一目标，可以促使 R-DG 尽可能提高其出力水平，起到了最大化可再生资源利用率的目的。②减小调度周期内 R-DG 和 ES 的联合出力的波动。通过这一目标，发挥利用 ES 平抑 R-DG 出力波动的作用，为电网提供更好的输出特性。

区域调度层优化问题则相对复杂，其可调度的对象主要为各个配电网区域内的 C-DG 以及各配电网区域之间的交换功率。采用分布式优化的方法，充分考虑各区域的局部变量与共享变量，并考虑从上级电网购电功率约束、柔性直流换流站容量约束和安全运行约束下，对各个交、直流配电网区域的优化调度问题交替求解，并综合求解出整个系统最优运行策略，见图 5-34。

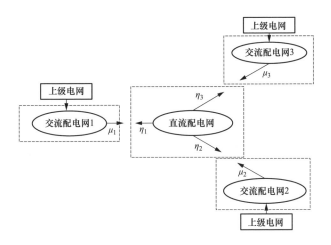

图 5-34　优化问题分解示意图

5.3.2　交直流混合配电网保护技术

交直流混合配电网由于的保护技术与传统交流配电网的保护技术不同，其主要体现在：①直流配电网保护技术；②由于直流配电网的加入，导致的交流配电网保护技术变化。

5.3.2.1　直流配电网保护技术

由于直流配电网在国内外尚处于起步阶段，其保护技术尚未形成体系，但基于目前研究的进展，根据是否使用直流短路器，可以将保护分为不基于直流断路器和基于直流断路器两种类型。

（1）不基于直流断路器的保护。不基于直流断路器的保护主要包含两种方式，一种是采用交流断路器和直流侧隔离开关配合的方式，另外一种是基于变流器本身的主动保护方式。

1）采用交流断路器保护的方式：针对基于电压源型换流器（voltagesource converter，VSC）的多端直流配电系统，使用直流电流突变、直流功率或直流功率突变等方法检测是否发生直流故障；在判断故障发生后，利用握手方法，实现直流故障的定位和隔离。该方法基于本地信息量配置保护，不依赖直流断路器和快速通信技术，很大程度上降低了系统建设成本;不过非故障母线存在短时电力中断问题,且供电可靠性不高、速动性较差。但在直流配电系统保护的发展历程中,这种方案仍不失为中间过渡阶段使用的经济型保护方案。

2)基于变流器本身主动保护技术,即基于电力电子变换器的拓扑结构和控制原理,将保护动作"融于"变换器控制逻辑,基于多重保护策略,有效利用电力电子变换器的隔离单元和电力电子器件来实现直流配电系统中多种故障的自然隔离和严重故障回路的开断,防止轻微故障发展为严重故障,最大限度保障系统正常运行。

该技术对于短路故障可以在百 μs 内快速关断短路电流,无需开关动作,同时可以对接地故障、直流系统绝缘下降、交直流混接、环网进行主动隔离,将故障限制在故障支路,避免故障扩大为短路故障。

但主动保护技术对变流器的拓扑结构要求较高,需要变流器能够有效断开直流故障。

(2)基于直流断路器的保护。基于直流断路器的保护,则是直接使用直流断路器来清除故障。该技术基于快速通信系统,利用直流断路器配合继电器快速检测并隔离故障。该方案将保护、控制、通信集成模块化,可靠性高,速动性好,复杂度低,效率高。但该方案必须依赖成熟可靠的直流断路器技术。

5.3.2.2 直流系统对交流系统保护的影响

在交直流混联系统中,交流保护的运行不仅仅要考虑来自交流系统本身的故障与扰动,还要充分考虑直流系统的扰动或故障对其的影响。一方面,直流系统特有的大电流和对扰动的非线性快速响应特性可能突破纯交流系统中继电保护设计时所考虑的工况和时序配合关系,交流保护在直流系统的故障或扰动下有误动的可能。另一方面,交直流系统特有的相互作用问题突破了纯交流电网故障之间的关联关系,交直流相互作用带来的暂态功率倒向会引起方向元件的误动。一般情况下,直流工况的变化均在直流控制系统的可控范围内,对交流系统造成的冲击幅值较小，对交流保护基本无影响，单在实际含直流的交流配电网保护中应充分考虑：

（1）来自直流系统的扰动通过直流系统对交流系统的注入电流变化量 ΔI 传递到交流电网中，ΔI 的幅值、相位及动态特性决定了直流系统对交流保护的影响程度。

（2）直流换相失败带来的快速功率倒向会使交流变化量方向元件和负序方向元件有误动的可能，也会导致零序过流保护的保护范围增大。

（3）直流故障后的停运会导致交流系统功率的重新分配，进而引起交流距离保护测量阻抗的变化。距离保护在整定时需注意躲开直流系统功率变化时导致的最大负荷。直流停运后交流线路上无功的富余可能导致交流过电压保护的误动。

5.3.2.3　含柔性环网装置的配电网保护方案

（1）基于区域高速信息交互的故障定位、隔离技术。基于区域高速信息交互的故障定位、隔离技术是通过高速 GOOSE 通信网络，与同一供电环路内相邻智能保护、测控、安自一体化装置实现信息交互，根据预设条件自动实现快速故障定位、隔离。

（2）智能分布式 FA 故障定位、隔离技术。交流配电网可采用智能分布式 FA 的故障处理技术。一个典型的交直流混合配电网如图 5-35 所示，线路上由一组相邻开关围成的线路部分成为一个区域，各个开关为该区域的端点。如区域 A（S1、K1）、区域 B（K1，K2，K7）等。

若一个断路器的某一相流过了超过电流整定值的故障电流，则保护、测控、安自一体化装置报过流故障信号，并向其相邻断路器的保护、测控、安自一体化装置发送过流故障信号。若一个配电区域有且只有一个端点上报流过了故障电流，则故障发生在该配电区域内部；否则，故障就没有发生在该配电区域内部。

区域 B（K1，K2，K7），若 K1 上报流过了故障电流，而 K2 和

K7 均未上报流过故障电流，则可断定故障发生在该区域中；若 K2 和 K7 均上报流过了故障电流，则可断定故障没有发生在该区域中。

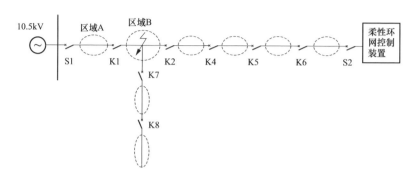

图 5-35　交直流混合配电网典型一次结构图

一个非联络断路器（包括中压进、出线开关和馈线上的分段开关）的智能分布式 FA 的故障处理步骤为：若保护、测控、安自一体化装置采集到一条流过故障电流的信息（可能来自其本身或其相邻开关），则从保护启动后的短暂延时时间内继续收集其相邻开关的故障信息。该短暂延时时间到后根据收到的故障电流信息判断以该智能电子设备所控制的开关为端点的配电区域内是否有故障。若判断出故障发生在以该智能电子设备所控制的开关为端点的配电区域，则令其所控制的开关跳闸；否则使其所控制开关为原状态不变。

（3）含柔性环网装置的保护策略。含柔性环网装置的交流配电网保护策略应充分考虑与柔直装置的相互配合。

为保证柔直装置可靠运行，在交流线路故障时，应在短时间内断开柔直装置与配网线路的连接，并控制柔直装置转为离网运行型式。

柔直交流电网侧应该采用就地 FA 策略，通过上下游关系进行相互闭锁，判断故障点并隔离。柔直侧一体化装置设置一段保护，各一体化装置组播柔直侧保护启动信号。发生故障后，各一体化装置的柔直侧保护启动后，查看上游设备是否启动，如未有启动信号，则判断该点发生故障，跳开本断路器。

故障点隔离后，应选定一个边界点，在保证柔直装置可以带区域内负荷离网运行条件下，恢复部分非故障线路供电。

另外，在上游没有故障的情况下，上级失电可以通过电压、频率异常判断柔直处于孤岛状态，断开柔直设备运行边界点分段开关。

5.4　交直流混合配电网应用及展望

目前，全球配电网的发展都面临进一步提高供电可靠性、接纳逐步增长的分布式可再生能源等难题。对于如何解决这一难题，国内外相关研究机构如欧洲电力电子学会、美国电力科学研究院以及国内外知名学者均认为，采用基于电压源换流器的新一代直流技术，在海岛供电、城市配电网的增容改造、交流系统互联、大规模风电场并网等方面具有较强的技术优势。利用直流技术加强交流配电网，是实现风电、太阳能等分布式电源并网的有效途径，且能较好地解决大型配电网存在的短路电流偏大、动态无功补偿不足等问题，是未来电力系统的发展方向和战略选择。

目前，国际上关于柔性直流输电技术的研究，无论在基础理论方面还是在工程实用化方面都比较深入。国际大电网会议成立了专门研究 VSC-HVDC 技术的 B4-37 工作组，以推动柔性直流输电技术研究和发展。在工程应用方面，国外柔性直流输电工程主要设备大部分由ABB、西门子等公司提供，而国内柔性直流输电工程主要设备则主要由南瑞、许继和中电普瑞等公司提供。

我国也已进入了柔性直流输电技术大规模研发和工程推广应用阶段。2011 年 7 月，亚洲首个柔性直流输电示范工程（上海南汇±30kV柔性直流输电示范工程）的顺利投运，其中关键设备由国家电网公司智能电网研究院研制，使国家电网公司成为世界上第三家具备柔性直流系统总成套能力的企业。2013 年 12 月，世界首个多端柔性直流输电示范工程（广东汕头南澳±160kV 多端柔性直流输电示范工程）已并网试运行。2014 年 7 月，世界首个五端柔性直流输电示范工程正式投运（浙江舟山±200kV 多端柔性直流输电示范工程，单端最大容量400MW）。2015 年 12 月，世界上首个双极柔性直流输电工程在福建厦门正式投运（额定电压±320kV，额定容量 1000MW），2016 年 8 月，云南鲁西背靠背柔性直流输电工程正式投运（额定电压±350kV，额定容量 1000MW）。

目前，国内外对柔性直流的理论研究和工程实践，主要集中于高电压、大容量的输电工程应用；而在交流配电网方面的应用研究较少，主要集中在低压交直流微电网方面。如：美国弗吉尼亚大学 CPES 中心提出的 SBN（sustainable building and nanogrids）系统、日本东京工业大学等机构提出的基于直流微电网的配电系统等。SBN 计划中考虑不同负荷，直流配电网电压等级采用 380V 和 48V 双电压等级。380V电压主要针对家用和工业用负荷，48V 电压等级考虑通信及小型设备，其供电能力极其有限。此结构整合不同分布式电源并考虑了混合动力汽车的影响，十分具有前瞻性。其后，弗吉尼亚大学在 SBN 系统基础上又提出改进方案，改进方案中采用交直流混合配电，并针对不同负荷和分布式电源进行分层，力求能源的高效利用。

参 考 文 献

[1] 楚杰. 科学史上的电流大战. 世界发明，2003（10）：34-35.

[2] 戴吾三. 科学史上的直流电与交流电之战. 科学：上海，2014，66（6）：44-48.

[3] 黄仁乐. 交直流混合配电网关键技术研究. 电力建设，2015，36（1）：1-1.

[4] 孙国萌，齐琛，韩蓓，等. 交直流混合配电网规划运行关键技术研究. 供用电，2016，33（8）：7-17.

[5] 张志强. 双向 DC/DC 变换器的设计与研究. 黑龙江：哈尔滨理工大学，2015.

[6] 蒋群. 应用于直流微电网系统的移相控制. 浙江：浙江大学，2015.

[7] 闫大鹏. 1.5kW 半桥 LLC 谐振 DC/DC 变换器的研究. 黑龙江：哈尔滨工业大学，2015.

[8] 赵成勇. 新型模块化高压大功率 DC-DC 变换器. 电力系统自动化，2014，38（4）：72-78.

[9] 任强. 模块化多电平 DC-DC 变换器研究综述. 电源学报，2016.

[10] 高银银，地铁用直流断路器灭弧方案的研究. 四川：西南交通大学，2010.

[11] 何俊佳. 直流断路器技术发展综述. 南方电网技术，2015，9（2）：9-15.

[12] 胡竞竞. 直流配电系统保护技术研究综述. 电网技术，2014，38（4）：844-845.

[13] 交直流混合主动配电网的分层分布式优化调度. 中国电机工程学报，2017，37（7）：1909-1917.

[14] 吴鸣. 中低压直流配电系统的主动保护研究. 中国电机工程学报，2016，36（4），891-899.

[15] 薛士敏. 直流配电系统保护技术研究综述. 电网技术，2014，34（19）：3114-3122.

[16] 蔡泽祥. 直流扰动对交流继电保护动态行为的影响. 高电压技术，2016，42（10），3246-3252.

[17] HERTEM D V, GHANDHARI M. Multi-terminal VSC HVDC for the European Super-grid：Obstacles, Renewable and Sustainable Energy Reviews. 2010，14（9）：3156-3163.

[18] HUANG A Q, CROW M L, et al. The Future Renewable Electric Energy Delivery and

Management（FREEDM）System：The Energy Internet. Proceedings of the IEEE 2011，99（1）：133-148.

[19] ANDERSEN B R，GROEMAN F，et al. Integration of Large Scale Wind Generation Using HVDC and Power Electronics. CIGRE，370，2009.

[20] Yang Yuefeng，Yang Jie，He Zhiyuan. Research on Control and Protection System for Shanghai Nanhui MMC VSC-HVDC Demonstration Project. 10th IET International Conference on AC and DC Power Transmission，Birmingham，United Kingdom：IEEE，2012，4：1-6.

[21] 周浩，沈扬，李敏，等. 舟山多端柔性直流输电工程换流站绝缘配合. 电网技术，2013，37（4）：879-890.

[22] 汤广福，等. 基于电压源换流器的高压直流输电技术. 北京：中国电力出版社，2010.

[23] 蔡光宗，何晖，包海龙，袁智强. 柔性直流输电技术在上海电网的应用研究. 供用电，2012，29（2）：1-5.

[24] 马钊，安婷，尚宇炜. 国内外配电前沿技术动态及发展. 中国电机工程学报，2016，36（06）：1552-1567.